CCF优博丛书

# 吉布斯分布的局部、动态与快速采样算法

## Local, Dynamic and Fast Algorithms for Sampling from Gibbs Distributions

凤维明——著

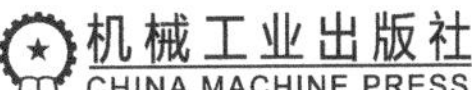

机械工业出版社
CHINA MACHINE PRESS

本书的内容安排基于作者的博士学位论文。在南京大学的博士研究生阶段，作者的研究方向是理论计算机科学，主要研究课题是随机采样算法。本书收录了作者在博士研究生期间的研究成果，同时也涵盖了此领域的若干基础知识。

采样是理论计算机科学的一个基本问题。本书既研究了采样领域的经典问题，也针对大数据背景下出现的新问题提出了新的技术和原理，给出了适用于分布式计算模型的局部采样算法、适用于动态数据的动态采样算法以及若干经典问题的近线性时间采样算法。

本书的适读人群为计算机或数学领域的高年级本科生、研究生、高校教师和科研人员。

**图书在版编目（CIP）数据**

吉布斯分布的局部、动态与快速采样算法/风维明著.—北京：机械工业出版社，2022.12
（CCF 优博丛书）
ISBN 978-7-111-71685-3

Ⅰ.①吉… Ⅱ.①风… Ⅲ.①随机采样-算法-研究 Ⅳ.①TP271

中国版本图书馆 CIP 数据核字（2022）第 179094 号

机械工业出版社（北京市百万庄大街 22 号 邮政编码 100037）
策划编辑：梁 伟 责任编辑：游 静
责任校对：张亚楠 王明欣 封面设计：鞠 杨
责任印制：李 昂
北京捷迅佳彩印刷有限公司印刷
2023 年 2 月第 1 版第 1 次印刷
148mm×210mm · 16 印张 · 305 千字
标准书号：ISBN 978-7-111-71685-3
定价：89.00 元

电话服务 网络服务
客服电话：010-88361066 机 工 官 网：www.cmpbook.com
010-88379833 机 工 官 博：weibo.com/cmp1952
010-68326294 金 书 网：www.golden-book.com
 机工教育服务网：www.cmpedu.com

# 丛书序

博士研究生教育是教育的最高层级，是一个国家高层次人才培养的主渠道。博士学位论文是青年学子在其人生求学阶段，经历“昨夜西风凋碧树，独上高楼，望尽天涯路”和“衣带渐宽终不悔，为伊消得人憔悴”之后的学术巅峰之作。因此，一般来说，博士学位论文都在其所研究的学术前沿点上有所创新、有所突破，为拓展人类的认知和知识边界做出了贡献。博士学位论文应该是同行学术研究者的必读文献。

为推动我国计算机领域的科技进步，激励计算机学科博士研究生潜心钻研，务实创新，解决计算机科学技术中的难点问题，表彰做出优秀成果的青年学者，培育计算机领域的顶级创新人才，中国计算机学会（CCF）于2006年决定设立“中国计算机学会优秀博士学位论文奖”，每年评选不超过10篇计算机学科优秀博士学位论文。截至2021年已有145位青年学者获得该奖。他们走上工作岗位以后均做出了显著的科技或产业贡献，有的获国家科技大奖，有的获评国际高被引学者，有的研发出高端产品，大都成为计算机领域国内国际知名学者、一方学术带头人或有影响力的企业家。

博士学位论文的整体质量体现了一个国家相关领域的科技发展程度和高等教育水平。为了更好地展示我国计算机学科博士生教育取得的成效，推广博士生科研成果，加强高端学术交流，中国计算机学会于2020年委托机械工业出版社以“CCF优博丛书”的形式，陆续选择2006年至今及以后的部分优秀博士学位论文全文出版，并以此庆祝中国计算机学会建会60周年。这是中国计算机学会又一引人瞩目的创举，也是一项令人称道的善举。

希望我国计算机领域的广大研究生向该丛书的学长作者们学习，树立献身科学的理想和信念，塑造“六经责我开生面”的精神气度，砥砺探索，锐意创新，不断摘取科学技术明珠，为国家做出重大科技贡献。

谨此为序。

中国工程院院士

2022年4月30日

# 推荐序 I

按照给定的概率分布进行随机采样是一个基本的计算问题。早在20世纪40年代，冯·诺依曼等计算机科学先驱们已经在第一台通用计算机ENIAC上运行了基于随机采样的蒙特卡洛算法。时至今日，人们开始尝试用最先进的量子计算机解决采样问题。在众多采样任务中，吉布斯分布的采样是一类尤为重要的问题。给定一系列随机变量，吉布斯分布通过变量之间的局部相互作用定义出一类复杂的高维联合分布。吉布斯分布起源于物理学对粒子系统的研究，如今在计算机科学、数据科学和人工智能等众多领域都有着非常广泛的应用。

《吉布斯分布的局部、动态与快速采样算法》总结了作者在博士期间对吉布斯分布采样理论的研究。作者探索了大数据背景下的分布式采样和动态采样两类新问题，提出了一系列具有严格理论保障的采样算法。作者还成功解决了一些采样算法领域的经典公开问题。例如，作者提出的一种全新的基于“状态压缩”的算法设计方案，对采样逻辑公式满足解这一基本问题给出了目前已知的最快算法，把此问题的计算时间复杂度由巨大的多项式时间降低至近线性时间。这种方法得到了国际同行的关注，催生了一些重要的后续研究。

除去对最新结果的收录，该书也很好地整理了采样领域的若干基础知识和重要技术。该书详细介绍了马尔可夫链蒙特卡洛方法和局部拒绝采样等常用采样算法。对于算法分析技术，该书既介绍了经典的耦合分析法和势函数分析法，又囊括了最新的单纯复形和谱独立性等分析工具。目前，介绍采样算法理论的中文读物依然较少，该书亦可作为相关领域工作人员的参考资料。

**祝恩**

国防科技大学教授

2022 年 6 月 13 日

# 推荐序II

吉布斯分布（Gibbs distribution）是概率图模型中的一类重要分布，它起源于统计物理学，原本用于描述闭合系统中宏观物体的分布函数，现在被广泛应用于统计物理学和计算机科学等研究领域，包括机器学习、信息编码、图像处理等研究方向。吉布斯分布的采样问题是理论计算机科学研究领域的一个重要研究课题，主要研究内容包括设计高效的采样算法，研究吉布斯采样的计算复杂度等。

《吉布斯分布的局部、动态与快速采样算法》一书，一方面针对在大数据场景下吉布斯分布采样所遇到的一些新问题，从基于局部信息的分布式采样和基于增量的动态采样等新模型入手，研究了相应的吉布斯采样问题，给出了一系列有理论保证的新算法；另一方面围绕一些经典的采样问题研究了更高效的采样算法，通过提出新的算法设计和分析技术来突破现有的障碍，从而得到更高效的采样算法。上述这些研究加深了我们对于吉布斯分布采样问题的理解，并且拓展了吉布斯分布采样的研究范围和场景。

**孙晓明**

中国科学院计算技术研究所研究员

2022 年 8 月 30 日

# 导师序

我在此很荣幸地向各位读者推荐《吉布斯分布的局部、动态与快速采样算法》。该书的内容获得2021年度的“CCF优秀博士学位论文奖”。作者凤维明于2016年作为直博生进入南京大学计算机科学与技术系学习，研究方向是理论计算机科学。我有幸担任他的导师，他也是我录取的第一位直博生。凤维明于2019年6月博士毕业，赴爱丁堡大学计算机科学基础实验室（LFCS）做博士后。

该书聚焦于采样算法理论。依特定概率分布从样本空间中进行采样，是一类基本的计算问题。在计算机诞生之初，冯·诺依曼等计算机科学的先驱即在ENIAC计算机上实现了蒙特卡洛模拟，利用随机采样提高数值计算的效率，因此采样乃是最早被应用于通用电子计算机上的算法之一。当计算机科学进入了大数据时代，如何高效地从高维概率空间中进行采样，也成为现代数据科学的核心计算任务之一。在众多的高维概率分布中，有一类分布尤其受到重视，这就是吉布斯（Gibbs）分布。对这一类分布，人们可利用简单的局部规则描述复杂的高维联合分布。此类分布在概率图模型、统计推断、统计物理的研究中都扮演了十分重要的角色。而在大数据计算这一新背景下，当前采样算法的理论研究面临如下几个方面的挑战：在并行与分布式等局部计算模型上如何进行高效采样；在输入数据随着时间动态变化时如何进行高效采样；针对一般的采样问题如何在近线性时间进行快速采样。

该书针对吉布斯分布这类基本的概率分布，面对当前局部、动态与快速采样算法的三个方面的主要技术挑战，均做出了突破性的创新成果：给出了达到理论最优的线性加速比的分布式局部采样算法；给出了首个具有严格理论保障的高效动态采样算法；对 SAT 满足解采样这一采样基本问题给出了近线性时间的快速采样算法。这一系列成果极具创新性，是近年来国际理论计算机科学领域中关于采样算法理论的重要进展。

经典的马尔可夫链蒙特卡洛（Markov Chain Monte Carlo，MCMC）采样算法都是串行并且面向静态输入的。当面对大数据场景时，人们亟需并行和分布式以及可面向动态变化输入数据的高效采样算法。而采样输出的是样本空间中的一个典型解，因此计算结果反映了整个概率空间的统计信息。长久以来，人们并不确信这类可以反映整个解空间统计信息的计算问题究竟可否被如此局部以及动态化地解决。这为采样问题在大数据场景下的高效解决提出了根本性的挑战。在该书中，这些挑战被逐一克服。作者提出了一类新的分布式局部采样算法，并且对经典的梅特罗波利斯（Metropolis）采样算法给出了达到理论最优的线性加速的并行化。在研究局部采样算法的过程中，作者也发现了可支持动态输入的动态采样算法——这也是目前已知的首个具有严格理论保障的动态采样算法。为了验证此类采样算法的正确性而定义的条件吉布斯（conditional Gibbs）性质，在该书中也依此发展出了动态采样算法的理论框架。

采样算法的理论分析在理论计算机科学中扮演着重要角色，曾获得理论计算机科学最高成果奖——哥德尔奖。目前采样算法研究有两大类前沿理论工具，其一基于洛华兹局部引理（Lovász Local Lemma，LLL），其二基于高维扩张器（High-Dimensional eXpander，HDX）。该书对这两类理论工具均做出了重要的发展与创新：利用洛华兹局部引理给出了 SAT 满足解采样的近线性时间快速算法，将高维扩张器用于超布尔域变量的采样算法分析。这些都对采样算法理论前沿的发展产生了若干关键影响。

理论计算机科学是计算机科学的数学理论根基。其研究中论证之严谨、思维之创新、思想之深刻，既是这个研究领域的巨大魅力，吸引着无数学者投身其中、孜孜不倦地钻研和求索，同时也可能是令许多青年学生望而却步的巨大挑战。凤维明博士的研究在采样算法理论这条主线上，做出了系统而创新的贡献，拓展了人类对于采样算法认识的边界。其中的具体成果已经连续发表在理论计算机科学领域的著名会议（STOC、FOCS、SODA 等）和著名期刊（*JACM* 和 *SI-*

*COMP*）上。这一成绩已不逊于国际一流大学毕业的理论计算机科学方向的优秀博士生。希望该书能够为采样算法理论的研究者提供新的研究思路与启发，也能给予有志于从事理论计算机科学研究的青年学子们鼓励与感召。希望未来我国在理论计算机科学这一基础领域能涌现出越来越多的优秀青年人才！

**尹一通**

南京大学计算机科学与技术系教授

2022 年 8 月 8 日

# 摘　要

吉布斯分布是一类重要的概率模型，它在概率论、统计物理和计算机科学等领域有着非常广泛的应用。采样是关于吉布斯分布的核心计算任务，它要求算法按照给定的分布生成一个随机样本。吉布斯分布的采样问题是理论计算机科学的重要课题之一，人们致力于探索具有严格理论保障的算法以及采样问题的计算复杂性。经过数十年的深入研究，拒绝采样、马尔可夫链蒙特卡洛方法等采样技术逐渐被发展起来，很多重要的采样问题被成功解决。

虽然先前的研究回答了关于采样的若干基本问题，但是目前已知的采样算法较少，分析工具也有待加强，一些重要的问题没有得到很好的解决。例如对于均匀采样逻辑公式满足解的问题，因为很多经典算法无法适用，所以长期缺乏高效算法；对于均匀采样合法图染色问题，因为缺乏有力的分析工具，所以目前已知的算法收敛条件和猜想依然有很大差距。一方面，这些公开问题代表了当前技术上的本质障碍，解决这些问题需要在原理层面上做出创新。另一方面，在大数据时代，很多新的采样问题涌现出来。一些经典的采样技术只能给出高度串行、适用于静态数据的采样算法。而在如今的应用中，并行的、动态的采样算法受到越来越多的关注。传统的采样理论难以解决新的问题，在大数据背景下，人们需要建立新的采样理论体系。

本书研究吉布斯分布的采样算法。对于大数据背景下的新问题，本书从分布式采样和动态采样这两个具体问题入手，给出有理论保障的算法并研究新模型下采样问题的复杂性。对于一些经典的公开问题，本书提出新的算法设计和分析技术来突破先前的障碍，从而得到更快的采样算法。

第一个课题是*分布式采样*问题。我们在分布式计算的 LOCAL 模型上研究吉布斯分布的采样。在这个模型中，每个节点通过收集局部信息输出一个随机变量，所有节点输出变量的联合分布称为目标吉布斯分布。我们给出全新的分布式采样算法，证明分布式采样问题的下界，并且在分布式计算模型上复现图灵机模型上的若干经典结论，例如采样问题和计数问题的计算等价性、采样问题的计算相变现象。这些结论揭示了分布式采样和传统串行采样之间的联系，对理解分布式采样的原理有重要意义。

第二个课题是*动态采样*问题。假设我们有一个吉布斯分布以及一个服从此分布的随机样本。给定一个更新操作，它把当前吉布斯分布更新成一个新的吉布斯分布。算法需要以相对较小的增量代价，把原随机样本更新成一个服从新分布的随机样本。我们给出了两种设计动态采样算法的技术。第一种技术是条件吉布斯技术，它不仅能解决动态采样问题，还能用于设计精确的采样算法，并且和吉布斯分布的空间混合性质有着密切的联系。第二种技术是动态马尔可夫链技术，它能把一些原本静态的马尔可夫链蒙特卡洛方法动态化，从而使一些静态采样的成果可以直接应用到动态采样上来。

最后一个课题是具体问题的快速采样算法。一些吉布斯分布在我们的研究之前只有运行时间为 $n^{f(\theta)}$ 的算法，其中 $n$ 是吉布斯分布变量数，$\theta$ 是吉布斯分布的某个参数（例如变量的最大度数），$f(\theta)$ 是 $\theta$ 的一个多项式函数或指数函数。这类采样算法只对 $\theta=O(1)$ 的问题有多项式运行时间，且多项式的指数非常巨大。我们的工作将解决问题的复杂度优化到 $\mathrm{poly}(n\theta)$ 的时间，有些问题的时间复杂度可以和 $n$ 呈接近线性的关系。在技术上，我们对具体问题提出了新的算法设计技术和算法分析技术，从原理上突破了先前的技术障碍。

**关键词：** 吉布斯分布；采样算法；分布式算法；动态算法；马尔可夫链

# ABSTRACT

The *Gibbs distribution* is an important probabilistic model, which is widely-used in Probability Theory, Statistical Physics and Computer Science. Sampling is a center computational task for Gibbs distributions, which asks the algorithm to generate random samples from the target distribution. Sampling from Gibbs distributions is an important research topic in Theoretical Computer Science. The research aims to give algorithms with provable guarantees and study its computational complexity. In recent decades, sampling techniques such as the rejection sampling and the Markov chain Monte Carlo method, were developed, and they solved many problems successfully.

Although previous studies have answered several fundamental questions about sampling, currently, there are only few sampling algorithms, the analysis tools need to be strengthened, and and many important problems are not well addressed. For example, for the problem of sampling uniform Boolean formula solutions, it lacks efficient algorithms for a long time because many classic ones are not applicable; for the problem of sampling uniform proper graph colorings, the current best-known convergence condition is still far from the conjecture due to the lack of powerful analysis tools. These classic open problems actually represent the essential barriers to current technique, and solving them requires innovation at the principle level. On the other hand, many new sampling problems arise in the Big Data Era. Many classic sampling algorithms are highly sequential and only work for static data. But in today's applications, parallel and dynamic sampling algorithms attract considerably more attentions. The classic sampling theory encounters challenges in these new problems. We need to develop new sampling theory in the Big Data Era.

This thesis studies sampling algorithms for Gibbs distributions. For new problems in the Big Data Era, we focus on two specific ones: distributed sampling and dynamic sampling. We give algorithms with provable guarantees and also study their computational complexity. For classic open problems, we give new algorithm design and analysis techniques to bypass old barriers, so that we can obtain faster algorithms.

The first topic is the *distributed sampling* problem. We consider the problem of sampling from Gibbs distributions in the LOCAL model. In this model, each node collects the local information and computes a random output. All output values should jointly follow the law of the target Gibbs distribution. We give novel algorithms and prove lower bounds. We also find that many classic results still hold in the distributed computing model, for example, the computational equivalence between sampling and counting, and the computational phase transitions of the sampling problems. Previously, these results were only established in the Turing machine model.

The second topic is the *dynamic sampling* problem. Suppose we have a Gibbs distribution and a random sample that follows it. Given an update that modifies the current distribution into a new distribution, the algorithm needs to maintain the random sample with a small incremental cost. Specifically, the algorithm modifies the random sample to make it follow the new distribution. We give two techniques for dynamic sampling. The first one is the conditional Gibbs technique. It not only solves dynamic sampling problems, but also designs perfect sampling algorithms and has a close relation with the spatial mixing property of Gibbs distributions. The second one is the dynamic Markov chain technique. It can dynamize some Markov chain Monte Carlo methods, so that some classic static sampling results can be directly used in dynamic sampling.

The last topic is *fast sampling algorithms*. Before our work, some Gibbs distributions only have sampling algorithms with $n^{f(\theta)}$ running time, where $n$ is the number of variables; $\theta$ is some parameter such as the maximum degree of the variable; and $f(\theta)$ is a polynomial or exponential function in $\theta$. These algorithms require $\theta=O(1)$, and the running time is a huge polynomial. Our work improves the running time to poly$(n\theta)$, for some problems, the dependency to $n$ is close to linear. Technique-wise, we give new algorithm design and analysis techniques so that we can obtain faster algorithms.

**Key Words:** Gibbs distribution; sampling algorithms; distributed algorithms; dynamic algorithms; Markov chain

# 目 录

# 第2部分 分布式采样

## 第3章 分布式采样总览



## 第4章 分布式采样算法

## 第 5 章　分布式采样复杂性



# 第 3 部分　动态采样

## 第 6 章　动态采样总览



## 第 7 章　条件吉布斯采样技术

## 第 10 章 谱独立性与混合时间

# 第 1 部分
## 绪论与预备知识

# 第 1 章

# 绪论

## 1.1 研究背景

采样（sampling）问题是现代计算机科学的一个重要计算任务。给定一个问题描述所定义的概率分布，采样问题要求算法返回一个服从或者近似服从该分布的随机样本。采样得到的随机样本代表着目标分布的“典型情况”，可以有效地反映出整个概率空间的信息，因此采样是解决诸多计算任务的重要工具。在学习（learning）和推断（inference）等具体计算任务[1]中，一些目标分布由复杂的概率模型定义，分布本身难以被算法精确计算，但是计算任务却要求在一定程度上掌握目标分布的整体信息，具体任务包括计算边缘概率分布和估计变量的数学期望。采样是解决上述矛盾的有效手段，人们可以先利用采样算法生成足够多的随机样本，然后利用这些样本来给目标量一个足够精确的估计，这种蒙特卡洛方法在实践中有着非常广泛且重要的应用[2]。在理论计算机科学领域，采样问题同样有着深入的研究。一方面，以**马尔可夫链蒙特卡洛**（Markov chain Monte Carlo，MCMC）方法[3] 为代表的现代采样算法逐步发展起来，人们积累出了一套采样算法的设计和分析技术；另一方面，人们研究了若干重要采样问题的计算复杂性，发现了采样问题和计数（counting）、推断问题之间的重要联系[4-6]。利用采样算法，人们成功解决了若干重要的理论问题，著名的例子有估计凸体体积[7]，近似计算非负矩阵的积和式（permanent）[8]，以及近似计算物理模型的配分函数[9]。

**概率图模型**（probabilistic graphical model）的**吉布斯分布**（Gibbs distribution）是采样问题关注的一类重要概率分布，它是概率论、统计物理学以及计算机科学等多个学科领域的重要研究课题。概率图模型由变量集合和约束集合组成。每个约束定义在一个变量子集上，用于规定局部变量之间的相互作用。所有局部约束共同作用可以得到所有随机变量整体的联合分布——吉布斯分布。由于概率图模型可以利用简单的局部相互作用规则定义出复杂的高维联合分布，因此它经常被用于描述各种复杂的概率系统[10]。早在现代计算机诞生之前，物理学家就已经开始利用吉布斯分布研究微观粒子之间的相互作用[11]。如今随着计算机科学的发展，这一经典的概率模型在机器学习[1]、信息编码[12]、图像处理[13] 以及计算复杂性[14] 等众多领域都有着重要的应用。

吉布斯分布的采样问题是理论计算机科学的重要课题。采样理论的研究主要致力于如下两个方面，一是给出有**严格理论保障**的采样算法，二是研究采样问题的计算复杂性。这两类研究都需要坚实的理论基础作为支撑。首先，采样算法的输出不仅是一个满足解，还是一个服从特定分布的随机变量，因此，验证算法的正确性就需要相应的理论分析[15-16]；其次，分析采样算法的效率需要强有力的理论工具，例如，马尔可夫链蒙特卡洛方法是一种重要的采样算法[3]，而马尔可夫链的收敛时间是 MCMC 算法的重要研究课题，目前的分析方法已经利用到概率论、组合数学、矩阵理论和泛函分析等多个领域的数学工具[15]；最后，采样问题的复杂性是计算复杂性理论的重要分支[17]，它与理论物理学中的**相变现象**也产生了深刻联系[14,18-23]。经过数十年的研究，人们在采样问题上取得了若干重要的理论成果。一个著名的例子是均匀采样图上随机独立集的问题，目前已经证明了当图的最大度数小于等于 5 时，存在多项式时间采样算法[24-26]；当图的最大度数大于等于 6 时，在一定的复杂性假设下不存在多项式时间采样算法[14]。这类**计算相变现象**是现代理论计算机科学的重要成果之一，它深刻地诠释了计算问题由易到难的转变。除此之外，对于其他重要吉布斯分布，如图染色[27-29]、图匹配[26,30] 以及物理学的伊辛模型[9,26,31-32] 等，人们都做出了一系列重要的成果并且发展出一套经典的采样算法理论。这些算法在实践中也有着广泛且重要的应用[2]。

虽然之前的研究成功回答了若干基本问题，但是目前积累的原理和技术依然十分有限。想要继续推动此领域的发展，不仅要完善现有的理论，还要做出本质上的创新。目前人们知道的采样算法设计原理为数不多，有很多重要的问题没有找到合适的采样算法，例如逻辑公式的满足解是计算机科学最根本的研究对象之一。但是因为经典的马尔可夫链在其解空间上不连通[33]，所以其所对应的采样问题经过数十年都没有出现高效的算法。即使对于已知的算法原理，目前也缺乏强有力的算法分析技术。例如对于均匀采样合法图染色问题，人们普遍相信马尔可夫链是解决此问题的有效算法。随着分析工具的发展，马尔可夫链的收敛条件也被不断改进[34]，但是目前最好的结论[29] 和公认猜想仍有很大差距。这些经典问题代表了当前原理和技术上的障碍，解决它们需要突破原有框架，做出本质创新。

除去经典的公开问题，大数据时代的到来也给采样理论提出了新的挑战。随着数据规模的增长，计算产生了新的需求，人们需要可以高效处理分布式的、动态的数据的采样算法[1,35]。例如在机器学习领域中，并行和分布式计算是加速采样算法的重要手段，很多实际应用产生了对分布式采样的需求[35-44]。但是在采样问题上，传统的理论研究大多都聚焦经典的计算模型，即计算是串行的、依赖对全局信息的访问以及假设输入为静态数据。这就使得很多在传统意义上高效的采样算法难以适用于新的应用场景。在大数据背景下，人们需要在新模型、新设定下重新研究采样理论的基本问题，建立新的“大数据采样理论”。研究此类新问题不但有着很强的现实意义，而且这些新问题本身就可以提供新的理论研究视角，由此诞生的新原理和新技术也有望解决采样理论的经典公开问题。

## 1.2 研究问题

本书尝试探索上述两个方面的问题。具体而言，我们将从如下三个角度探索更加高效的吉布斯分布采样算法：①分布式模型下基于局部信息的采样算法；②动态概率图模型的低增量复杂性动态采样算法；③经典问题更加快速的采样算法。

本书研究的第一个问题是分布式采样。传统的吉布斯分布采样算法很多是串行算法，也有很多算法需要获得全局信息才能进行计算。在一些大数据的应用中，串行计算并收集全局信息需要付出很高的计算代价，因此分布式的、基于局部信息的采样算法备受关注。在分布式机器学习领域，人们已经提出了一系列分布式采样算法[35-44]，其中有很多是启发式算法，部分算法有一定的理论保障[35,40,43]。尽管已经有了一部分算法性的成果，但是分布式采样系统性的理论研究依然十分匮乏。在分布式计算理论中，一个核心课题是研究计算一个问题需要多少局部信息。传统的分布式计算理论关注约束满足问题解的构造，即给定一个由局部约束定义的约束满足问题（例如图染色、极大独立集等），局部地构造一个满足解需要用到多少局部信息[45,46]。例如对于图染色问题，它由一系列定义在边上的局部约束构成，每条边上的约束要求两个端点的颜色不同。在分布式计算中，图上的每个点均收集局部信息并输出一个颜色，从而使得所有点的颜色构成整个图。分布式采样问题的目标不仅仅是构造一个满足解，而是从所有满足解的均匀分布中生成一个随机解。通俗地讲，给定任意一种由局部约束定义的联合分布，分布式采样问题要求分布式算法采样一个随机样本。分布式采样的核心是回答如下问题：

> 由局部约束定义的吉布斯分布是否能被基于局部信息的算法采样？

在分布式计算模型上，很多关于采样的基本问题值得深入探讨。第一个问题是分布式采样的算法和下界，我们一方面希望给出有理论保障的一般性分布式采样算法，另一方面我们要理解分布式采样的极限，即解决一个分布式采样问题至少需要付出多少代价，综合这两个方面才可以解释何种算法是高效的分布式采样算法。第二个问题是计数问题和采样问题在分布式计算模型上的联系。对于可自归约问题，计数问题和采样问题在图灵机模型上具有计算等价性[4]，利用这种等价性，人们在采样和计数领域做出了一系列成果。一个自然的问题是采样和计数的等价性在分布式计算上是否成立，如果成立，能否加以利用，构造分布式采样和计数算法。最后一个问题是满足何种性质的概率分布可以被分布式算法高效采样。在图灵机模型上，计算相变现象深刻地诠释了采样问题由易到难的转变过程[14,24]，那么分布式模型上是否也存在类似的计算相变现象。我们希望逐一讨论这些基本问题，对分布式采样给出一个系统性的理论刻画。

本书研究的第二个问题是动态采样。动态变化的概率图模型在各类应用中十分常见。在动态采样问题中，算法需要对动态变化的概率图模型维护一个随机样本，即给定一个概率图模型，以及一个服从当前模型吉布斯分布的随机样本，利用更新操作修改当前概率图模型的某个局部使其成为新的概率图模型。动态采样算法需要修改当前的随机样本使其服从新模型所定义的吉布斯分布。这类问题有很多应用场景，例如图像降噪问题可以归结到概率图模型的随机采样问题，而一段视频可以视为一串连续的图像，相邻图像之间往往只有微小的差异[2]。在理论计算机领域，从近似计数到随机采样的归约也会生成一连串动态变化的概率图模型[4-5]。先前的理论研究已经出现了一些动态采样的算法设计思路[47-48]，但是针对性的研究依然非常匮乏。本书将定义一类动态采样问题并给出具体算法。动态采样问题最直接的解决方法是在更新后的模型上重新执行一遍静态采样算法，但是这种算法效率非常低下，因为一个局部性的修改就需要算法做全局性的改动。给定一个局部更新操作，我们希望局部地修改当前随机样本使其服从新的吉布斯分布。核心研究问题如下：

**动态采样问题能否被低增量复杂度的算法解决？**

对概率图模型的局部修改可能明显改变整个概率空间，因此高效动态的采样算法是否存在，其本身就是一个非平凡的问题。我们从如下两个方面探索这一问题。一方面，我们希望对动态采样问题给出一般性的算法设计技术，利用这些技术可以尝试对不同问题设计不同的动态采样算法；另一方面，静态采样是动态采样的一个特例，所有动态采样的技术都可以直接应用于静态采样。事实上，动态采样问题本身就给出了一种看待采样问题的新视角，从这个视角出发，可以帮助我们回答一些采样算法领域的重要问题，例如精确采样算法的设计，采样算法和吉布斯分布相关性衰减性质的联系等。最后，动态采样算法有很强的应用潜力，研究动态采样具有很重要的现实意义。

本书研究的最后一个问题是快速采样算法。除去新问题，一些经典的吉布斯分布采样问题长期缺乏快速采样算法。其中一类是以逻辑公式、超图染色为代表的**洛瓦兹局部引理**（Lovász Local Lemma，LLL）采样问题。给定一个约束满足问题，如果它满足局部引理条件，则一定存在满足解[49]，而且著名的 Moser-Tardos 算法[50] 可以高效地构造一个满足解。本书考虑的问题是在一定的局部引理条件下，能否等概率地随机采样一个满足解。数十年来，这类问题都没有得到很好的回答，主要原因是经典的马尔可夫链蒙特卡洛方法（例如吉布斯采样算法（Gibbs sampling algorithm）和梅特罗波利斯算法（Metropolis algorithm））在其解空间上不连通而无法适用[33]。在我们的研究之前，这类问题在一般情况下只有基于近似计数的采样算法，算法的复杂度是一个指数巨大的多项式[51]。在这类问题上取得进展需要使用新的算法设计思路打破传统马尔可夫链在此问题上的连通性障碍。在原理上，我们需要回答如下公开问题：

> 当问题定义的状态空间不连通时，是否存在快速采样算法？

除本书研究的问题外，还有一类公开问题是马尔可夫链收敛性分析。很多吉布斯分布都容易验证经典的马尔可夫链最终可以收敛到目标分布，但是难以分析马尔可夫链的收敛速度。例如对于均匀采样合法图染色问题，当颜色数和图的最大度数满足何种关系时，马尔可夫链可以快速收敛。这个问题有着数十年的深入研究[34]，但是目前最好的结果[29] 和公认的猜想依然有很大差距。在一定条件下，之前的工作只给出了基于近似计数的采样算法，但是和本书研究的第三个问题一样，采样算法的复杂度是一个指数巨大的多项式[52]。马尔可夫链能否在此条件下快速收敛是一个重要的公开问题。在这一类问题上取得进展需要新的马尔可夫链收敛性分析工具。马尔可夫链蒙特卡洛方法是理论研究最深刻、实际应用最广泛的采样算法之一。从本质上说，这两类具体问题代表了此方法当前在算法设计和算法分析上的技术障碍。研究这两类问题的意义不仅在于对具体问题给出更好的算法，还可以在原理上加深对马尔可夫链蒙特卡洛方法的理解，充实现有的理论体系。

## 1.3 主要成果

本书从三个方面研究了吉布斯分布的采样算法。

首先，我们在经典的分布式 LOCAL 模型上研究了吉布斯分布采样问题。LOCAL 模型是一种同步通信模型，网络中的节点每一轮都可以和邻居通信，算法的复杂度是通信的总轮数。在算法层面，本书给出了两种有理论保障的分布式采样算法，一个是为分布式计算模型专门设计的马尔可夫链，另一个是在分布式计算模型上模拟梅特罗波利斯算法。这两个算法可以用 $O(\log n)$ 的时间复杂度解决一类吉布斯分布的采样问题，其中 $n$ 是吉布斯分布变量的个数。在复杂性层面上，我们研究了分布式采样复杂性的下界，分布式采样和分布式计数的相互归约，以及分布式采样和吉布斯分布强空间混合性质的关系。下界结果说明，对于一大类自然的吉布斯分布，LOCAL 采样算法的时间复杂度为 $\Omega(\log n)$，从而说明之前的算法达到了理论最优运行时间。进一步地说，对于有强相关性的吉布斯分布，LOCAL 采样算法必须收集全图信息，因此不存在基于局部信息的采样算法。除此之外，我们在分布式计算模型上成功复现了图灵机计算模型上的一些经典结论，例如采样和计数的计算等价性[4]、采样问题的计算相变现象[14,20] 等。这些结论深刻反映出串行采样和分布式采样的联系，一些原先已有的结果可以直接应用到分布式采样问题上，从而得到一大类吉布斯分布的分布式采样算法。

其次，我们研究了动态采样问题。假设当前有一个概率图模型 $\mathcal{I}$ 和一个（近似）服从其吉布斯分布 $\boldsymbol{\mu}_{\mathcal{I}}$ 的随机样本 $\boldsymbol{X}$。考虑对概率图模型的更新，令 $D$ 为被修改的变量和约束的集合，它把 $\mathcal{I}$ 更新成新模型 $\mathcal{I}'$。算法需要把 $\boldsymbol{X}$ 修改成 $\boldsymbol{X}'$，使得 $\boldsymbol{X}'$（近似）服从新的吉布斯分布 $\boldsymbol{\mu}_{\mathcal{I}'}$。我们给出了两类动态采样算法的设计技术。第一种技术是条件吉布斯技术，它以 $O(|D|)$ 的时间复杂度解决一类吉布斯分布的动态采样问题。此外，条件吉布斯技术可以用于设计精确采样算法，并且和吉布斯分布的空间混合性质[53] 有密切的联系。考虑网格图 $\mathbb{Z}^d$ 上定义的吉布斯分布，如果吉布斯分布满足**强空间混合性质**（strong spatial mixing），则动态采样问题可以被高效解决，因为静态采样是动态采样的

一个特例，我们可以得出一个线性期望复杂度的精确静态采样算法。空间混合性质和采样算法的联系是吉布斯分布的核心课题之一，这个推论首次建立了精确采样和空间混合性质之间的联系，并把文献［54］中的经典结论由近似采样增强到精确采样。第二种技术是动态马尔可夫链技术，它利用数据结构使得经典的马尔可夫链蒙特卡洛方法可用于动态采样问题。因为对经典的马尔可夫链采样算法已经有了非常深入且系统的研究，所以很多已有的结论可以直接适用于动态采样问题。例如对于图的 $q$ 染色问题，如果颜色数 $q=O(1)$ 和图的最大度数 $\Delta$ 始终满足 $q>2\Delta$，则动态马尔可夫链以 $\widetilde{O}(|D|)$ 的复杂度解决动态采样问题。动态算法的收敛条件 $q>2\Delta$ 和静态算法的经典结论[27,55]一致。从原理上来看，两种动态采样技术都是根据一定的规则局部性地修改随机样本 $\boldsymbol{X}$，从而得到新的样本 $\boldsymbol{X}'$，算法本质上构造了一种新旧样本之间的**耦合**。这种采样算法的设计原理在以前的工作中很少出现，新算法在各种模型上的性能可以在未来做更加深入的研究。

最后，我们对几类经典的公开问题给出了基于马尔可夫链的快速采样算法。第一个问题是以逻辑公式和超图染色为代表的**洛瓦兹局部引理**（Lovász Local Lemma，LLL）采样问题。洛瓦兹局部引理是一种重要的概率方法。给定一个约束满足问题，如果它满足局部引理条件，则该问题存在满足解[49]，且 Moser-Tardos 算法可以构造满足解[50]。例如，考虑 $k$-CNF（Conjunctive Normal Form，合取范式）公式，其中每个子句包含 $k$ 个变量。假设每个变量最多出现在 $d$ 个子句中，当 $k \gtrsim \log d$ 时，满足解存在且可被算法高效构造。本书关注另一个问题，即在局部引理条件下随机均匀地采样满足解。在此类问题上，经典的马尔可夫链因为在解空间上不连通而无法适用[33]。Moitra[51] 在此问题上取得了一个突破性进展，他给出了第一个确定性计数算法。利用采样和计数之间的计算等价性，他成功得出了此问题的采样算法。对于 $k$-CNF 公式，当 $k \gtrsim 60 \log d$ 时，Moitra 的算法复杂度为 $n^{\mathrm{poly}(dk)}$，$n$ 为变量个数。受 Moitra 技术的启发，我们提出了一种新的算法设计技术，利用把多个状态压缩成一个状态的方法，成功突破了马尔可夫链的连通性障碍，把该问题的时间复杂度从巨大多项式降低到接近线性的时间。对于 $k$-CNF 公式，当 $k \geqslant 13 \log d + 13 \log k + 60$ 时，我们算法的复杂度为 $\widetilde{O}(d^2 k^3 n^{1.000\,001})$。即使 $d$，$k = \omega(1)$，算法运行时间依然是多项式，且运行时间和 $n$ 始终呈接近线性的关系。第二个问题研究吉布斯采样算法这一经典马尔可夫链的收敛时间。我们推广了文献［25］在布尔随机变量上的收敛性分析工具，对一般分布给出了吉布斯采样算法收敛的充分条件。作为一个具体应用，我们考虑图的 $q$ 染色问题，令 $\Delta$ 为图的最大度数。如果图上不含三角形且 $q \geqslant (\alpha + \delta)\Delta$

$\left(\text{其中 }\delta>0\text{ 是一个常数，}\alpha=1.763\cdots\text{满足 }\alpha=\exp\left(\frac{1}{\alpha}\right)\right)$，则吉布斯采样算法可以在 $n^{O(1/\delta)}\log q$ 的时间内收敛。这个条件和已知最好的图染色问题的相关性衰减条件[56,57]一致。在我们的研究之前，类似条件下唯一可行的采样算法的时间复杂度为 $n^{\exp(\mathrm{poly}(\Delta))}$。本书算法更快并且可以使用到 $\Delta=\omega(1)$ 的图上。在技术层面上，我们为马尔可夫链蒙特卡洛理论引入新的算法设计技术和算法分析技术，这些新技术成功克服了先前的障碍，并且有潜力推广到更加一般的问题上。

## 1.4 本书结构与章节安排

本书结构按照上文所述的三个部分展开，具体如下：

- 在第 2 章，给出吉布斯分布和采样问题的严格数学定义，介绍本书经常使用的相关概念，并总结一部分已有的算法设计和分析技术。
- 第 2 部分（第 3 章~第 5 章）：局部采样。从算法和复杂性两个层面介绍研究成果。这部分的结果主要基于两篇 PODC 会议论文和一篇 SODA 会议论文。
- 第 3 部分（第 6 章~第 8 章）：动态采样。给出两种不同的动态采样算法设计技术，并分析二者对应的算法性能。这部分的结果主要基于一篇 STOC 会议论文、一篇 ITCS 会议论文以及一篇在投手稿。

- 第4部分（第9章~第10章）：快速采样。研究经典的公开问题，给出一种新的算法设计技术和一种新的马尔可夫链收敛时间分析技术。这一部分主要基于两篇STOC会议论文和一篇SODA会议论文。

对于所有介绍新结果的章节，我们都会在最后给出本章小结，小结里总结了此章的主要成果，并给出了该研究方向遗留的公开问题。

# 第 2 章

# 吉布斯分布与预备知识

## 2.1 吉布斯分布

本节介绍吉布斯分布以及相关背景知识。2.1.1 节介绍一般的概率图模型。2.1.2 节介绍一种重要的概率图模型——自旋系统（spin system）。

### 2.1.1 概率图模型

概率图是用来描述复杂概率分布的一类模型，它可以用极少的参数描述一个定义在指数级大小样本空间上的概率分布。常见的概率图模型有自旋系统、马尔可夫随机场、因子图以及贝叶斯网络等。概率图模型在概率论、统计物理、机器学习以及理论计算机等领域都有着重要的应用[10,13]。

在本书中，我们研究如下定义的离散概率图模型。一个离散概率图模型由四元组 $\mathcal{I}=(V,E,Q,\Phi)$ 定义。在四元组中，$V$ 是随机变量集合，$E\subseteq 2^{V}$ 表示定义在变量上的一系列约束，$Q$ 是一个有限大小的**取值范围**，$V$ 中每个变量从有限集合 $Q$ 上取值，$\boldsymbol{\Phi}=(\phi_a)_{a\in V\cup E}$ 表示一系列**约束函数**的集合。每个变量 $v\in V$ 关联了一个局部场分布 $\boldsymbol{\phi}_v: Q\to[0,1]$ ⊖。每个约束 $e\in E$ 关联了一个约束函数 $\boldsymbol{\phi}_e: Q^e\to[0,1]$。对于每一种**配置**（configuration）$\sigma\in Q^V$，它的**权重**定义为

$$w(\sigma)=w_{\mathcal{I}}(\sigma)\triangleq\prod_{v\in V}\boldsymbol{\phi}_v(\sigma_v)\prod_{e\in E}\boldsymbol{\phi}_e(\sigma_e)\tag{2-1}$$

它在**吉布斯分布** $\boldsymbol{\mu}$ 中对应的概率为

$$\boldsymbol{\mu}(\sigma)=\boldsymbol{\mu}_{\mathcal{I}}(\sigma)\triangleq\frac{w(\sigma)}{Z}\tag{2-2}$$

其中归一化常数

$$Z=Z_{\mathcal{I}}\triangleq\sum_{\sigma\in Q^V}w(\sigma)\tag{2-3}$$

是此概率图模型的**配分函数**（partition function）。定义吉布斯分布 $\boldsymbol{\mu}$ 的支持集为

$$\Omega=\Omega_{\mathcal{I}}\triangleq\{\sigma\in Q^V\mid\boldsymbol{\mu}(\sigma)>0\}$$

**评注 2-1**（局部场分布与约束函数） 在概率图模型的定义中，我们不失一般性地假设对于每个 $v\in V$，$\boldsymbol{\phi}_v$ 是一个概率分布；对于每个约束 $e\in E$，$\boldsymbol{\phi}_e$ 的值域为 $[0,1]$。在一般情况下，$\boldsymbol{\phi}_v$、$\boldsymbol{\phi}_e$ 可以是值域为 $[0,\infty)$ 的一般函数，一般函数经过归一化之后满足上述假设，且归一化不改变吉布斯分布 $\boldsymbol{\mu}$。

对于一个约束函数 $\boldsymbol{\phi}_e$，当且仅当 $\boldsymbol{\phi}_e$ 的值域是 $\{0,1\}$

---

⊖ 每个函数 $\boldsymbol{\phi}_v$ 满足 $\sum_{c\in Q}\boldsymbol{\phi}_v(c)=1$。

时，$\boldsymbol{\phi}_e$ 被称为**硬性约束**（hard constraint）；当且仅当 $\boldsymbol{\phi}_e$ 的值域是 $(0,1]$ 时，$\boldsymbol{\phi}_e$ 被称为**柔性约束**（soft constraint）。如果所有的 $\boldsymbol{\phi}_e$ 都是硬性约束，则 $\boldsymbol{\mu}$ 被称为由硬性约束定义的吉布斯分布；如果所有的 $\boldsymbol{\phi}_e$ 都是柔性约束，则 $\boldsymbol{\mu}$ 被称为由柔性约束定义的吉布斯分布。给定一个吉布斯分布 $\boldsymbol{\mu}$，当且仅当 $\boldsymbol{\mu}(\boldsymbol{\sigma})>0$ 时，配置 $\boldsymbol{\sigma}\in Q^V$ 被称为**合法配置**；反之则被称为**非法配置**；当且仅当 $\boldsymbol{\tau}$ 可以被扩展成一个合法配置时，在子集 $\Lambda\subseteq V$ 上的部分配置 $\boldsymbol{\tau}\in Q^\Lambda$ 被称为合法部分配置；反之则被称为非法部分配置。

对于任意合法的部分配置 $\boldsymbol{\tau}\in Q^\Lambda$，我们用 $\boldsymbol{\mu}_{V\setminus\Lambda}^{\boldsymbol{\tau}}$ 表示给定 $\boldsymbol{\tau}$ 之后，$\boldsymbol{\mu}$ 在 $V\setminus\Lambda$ 上的边缘分布。对于任意 $S\subseteq V\setminus\Lambda$，我们用 $\boldsymbol{\mu}_S^{\boldsymbol{\tau}}$ 表示 $\boldsymbol{\mu}_{V\setminus\Lambda}^{\boldsymbol{\tau}}$ 投影在 $S$ 上的边缘分布。当 $S=\{v\}$ 时，我们把 $\boldsymbol{\mu}_{\{v\}}^{\boldsymbol{\tau}}$ 简记为 $\boldsymbol{\mu}_v^{\boldsymbol{\tau}}$。

本书经常使用推广版本的条件概率分布。给定一个子集 $\Lambda\subseteq V$（$\Lambda$ 可能为一个空集）以及一个配置 $\boldsymbol{\sigma}\in Q^\Lambda$（$\boldsymbol{\sigma}$ 可能不合法），我们定义配置 $\boldsymbol{\tau}\in Q^{V\setminus\Lambda}$ 的**条件权重**为

$$w_{V\setminus\Lambda}^{\boldsymbol{\sigma}}(\boldsymbol{\tau})=w_{\mathcal{I},V\setminus\Lambda}^{\boldsymbol{\sigma}}(\boldsymbol{\tau})\triangleq\prod_{v\in V\setminus\Lambda}\boldsymbol{\phi}_v(\boldsymbol{\tau}_v)\prod_{\substack{e\in E\\ e\nsubseteq\Lambda}}\boldsymbol{\phi}_e((\boldsymbol{\sigma}\cup\boldsymbol{\tau})_e)\tag{2-4}$$

其中 $(\boldsymbol{\sigma}\cup\boldsymbol{\tau})\in Q^V$ 表示 $V$ 上的一个配置，它在 $\Lambda$ 上和 $\boldsymbol{\sigma}$ 一致，在 $V\setminus\Lambda$ 上和 $\boldsymbol{\tau}$ 一致。定义**条件配分函数**

$$Z_{V\setminus\Lambda}^{\boldsymbol{\sigma}}=Z_{V\setminus\Lambda,\mathcal{I}}^{\boldsymbol{\sigma}}\triangleq\sum_{\boldsymbol{\tau}\in Q^{V\setminus\Lambda}}w_{\mathcal{I}}^{\boldsymbol{\sigma}}(\boldsymbol{\tau})$$

如果 $\sigma$ 对应的条件配分函数 $Z_{V\setminus\Lambda}^{\sigma}>0$，我们可以定义如下条件概率分布 $\mu_{V\setminus\Lambda}^{\sigma}$

$$\forall \tau \in Q^{V}, \quad \mu_{V\setminus\Lambda}^{\sigma}(\tau) \triangleq \frac{w_{V\setminus\Lambda}^{\sigma}(\tau)}{Z_{V\setminus\Lambda}^{\sigma}} \tag{2-5}$$

上述集合可以看成一个扩展版的条件概率定义，因为 $\mu_{V\setminus\Lambda}^{\sigma}$ 可以允许 $\sigma$ 不合法。注意，当 $\sigma$ 是 $\Lambda$ 上的一个合法状态时，$\mu_{V\setminus\Lambda}^{\sigma}$ 就是在给定 $\sigma$ 以后 $\mu$ 生成的条件概率分布。

给定一个概率图模型 $\mathcal{I}=(V,E,Q,\Phi)$，令 $H=(V,E)$ 为一个超图。当且仅当所有相邻点 $v_i$、$v_{i+1}$ 都属于图上的一条超边（即存在 $e\in E$ 使得 $v_i\in e$ 且 $v_{i+1}\in e$）时，点序列 $v_0,v_1,v_2,\cdots,v_\ell$ 被称为超图 $H$ 上的路径。**条件独立性**（conditional independence）是吉布斯分布的一个重要性质。

**命题 2-1**（条件独立性[10]） 令 $A$、$B$、$C\subseteq V$ 为三个不相交的集合且满足超图 $H$ 上所有 $A$、$B$ 之间的路径都经过 $C$。对于任意部分配置 $\sigma_A\in Q^A$、$\sigma_C\in Q^C$ 满足 $Z_{V\setminus(A\cup B)}^{\sigma_A\cup\sigma_C}>0$ 且 $Z_{V\setminus C}^{\sigma_C}>0$，任意部分配置 $\sigma_B\in Q^B$ 都有

$$\mu_B^{\sigma_A\cup\sigma_C}(\sigma_B)=\mu_B^{\sigma_C}(\sigma_B)$$

即给定 $C$ 上的配置后，$A$ 和 $B$ 上的配置相互独立。

我们考虑如下定义的**可拓展概率图模型**。

**定义 2-1** 当且仅当对于任意 $\Lambda\subseteq V$，任意 $\sigma\in Q^{\Lambda}$ 都有 $Z_{V\setminus\Lambda}^{\sigma}>0$ 时，概率图模型 $\mathcal{I}=(V,E,Q,\Phi)$ 被称为可拓展的。

很多概率图模型都是可拓展的。所有由柔性约束定义的吉

布斯分布都是可拓展的，例如统计物理学中的伊辛模型和玻茨模型。由硬性约束定义的模型也有很多是可拓展的，例如满足 $q\geqslant\Delta+1$ 的图 $q$ -染色模型以及硬核模型（具体模型定义见 2.1.2 节）。如果一个概率图模型是可拓展的，则对于任意 $\Lambda\subseteq V$，任意部分配置 $\sigma\in Q^{\Lambda}$ 的条件概率分布 $\boldsymbol{\mu}_{V\setminus\Lambda}^{\sigma}$ 为良定义。

### 2.1.2 自旋系统与具体模型

**自旋系统**是一类特殊的概率图模型，有时也被称为**马尔可夫随机场**（Markov Random Field，MRF）。自旋系统用于描述二元约束定义的概率图模型。当且仅当对于任意 $e\in E$，$|e|=2$ 且 $\boldsymbol{\phi}_e$ 是一个对称函数时，概率图模型 $\mathcal{I}=(V,E,Q,\boldsymbol{\Phi})$ 被称为自旋系统：

$$c,c'\in Q,\quad \boldsymbol{\phi}_e(c,c')=\boldsymbol{\phi}_e(c',c)$$

本书常用 $G=(V,E)$ 表示自旋系统所在的无向图。在描述自旋系统时，我们经常把 $\boldsymbol{\phi}_v$ 视为一个向量，把 $\boldsymbol{\phi}_e$ 视为一个对称矩阵。

本书中，我们尤其关注以下几类具体的自旋系统。在描述这些特殊系统时，我们不限制 $\boldsymbol{\phi}_v$、$\boldsymbol{\phi}_e$ 的值域，归一化后可以得到 2.1.1 节定义的模型（见评注 2-1）。

- **图染色**：图染色模型由三元组 $\mathcal{I}=(V,E,[q])$ 定义，其中 $G=(V,E)$ 为一张图，$Q=[q]=\{1,2,\cdots,q\}$ 为 $q$ 种颜色。一个图的合法 $q$ -染色 $X\in[q]^V$ 赋予每个节

点一种颜色使得对于任意边 $e=\{u,v\}\in E$，$X_u\neq X_v$。对应到自旋系统，

$$\forall v\in V,\ c\in[q],\qquad \boldsymbol{\phi}_v(c)=1$$

$$\forall e\in E,\ c,c'\in[q],\quad \boldsymbol{\phi}_e(c,c')=\begin{cases}1 & \text{如果 } c\neq c'\\ 0 & \text{如果 } c=c'\end{cases}$$

对于每个点 $v\in V$，$\boldsymbol{\phi}_v=1$ 为全 1 向量；对于每条边 $e\in E$，任意颜色 $i,j\in[q]$，如果 $i=j$，则 $\boldsymbol{\phi}_e(i,j)=0$；如果 $i\neq j$，则 $\boldsymbol{\phi}_e(i,j)=1$。吉布斯分布 $\boldsymbol{\mu}$ 为图上所有合法 $q$-染色的均匀分布。

- **硬核模型（hardocre model）**：硬核模型由三元组 $\mathcal{I}=(V,E,\lambda)$ 定义，其中 $G=(V,E)$ 为一张图，$\boldsymbol{\lambda}\in\mathbb{R}_{\geqslant 0}$ 为逸度参数。当且仅当 $I$ 中任意两个点在图 $G$ 上不相邻时，集合 $I\subseteq V$ 称为图 $G$ 上的独立集。吉布斯分布 $\boldsymbol{\mu}$ 是图上所有独立集的加权分布。对于每个独立集 $I\subseteq V$，$\boldsymbol{\mu}(I)\propto\boldsymbol{\lambda}^{|I|}$。对应到自旋系统，每个点从 $Q=\{0,1\}$ 中取值，0 代表不在独立集中，1 代表在独立集中。自旋系统的具体参数定义如下

$$\forall v\in V,\ \boldsymbol{\phi}_v=\begin{bmatrix}1\\ \lambda\end{bmatrix},\quad \forall e\in E,\quad \boldsymbol{\phi}_e=\begin{bmatrix}1 & 1\\ 1 & 0\end{bmatrix}$$

- **伊辛模型（Ising model）**：伊辛模型由三元组 $\mathcal{I}=(V,E,\beta)$ 定义，其中 $G=(V,E)$ 为一张图，$\boldsymbol{\beta}\in\mathbb{R}$ 为温度参数。图上每个点的取值范围为 $Q=\{-1,+1\}$。

在吉布斯分布中，任意一种配置 $\sigma \in \{-1,+1\}^V$ 出现的概率为

$$\mu(\sigma) \propto \exp\left(\beta \sum_{e=\{u,v\} \in E} \sigma_u \sigma_v\right)$$

当 $\beta>0$ 时，此模型称为**铁磁伊辛模型**；当 $\beta<0$ 时，此模型称为**反铁磁伊辛模型**。对应到自旋系统，具体参数定义如下

$$\forall v \in V,\ \boldsymbol{\phi}_v = \begin{bmatrix} 1 \\ 1 \end{bmatrix}, \quad \forall e \in E,\ \boldsymbol{\phi}_e = \begin{bmatrix} \mathrm{e}^{\beta} & \mathrm{e}^{-\beta} \\ \mathrm{e}^{-\beta} & \mathrm{e}^{\beta} \end{bmatrix}$$

## 2.2 采样与近似计数

给定一个概率图模型 $\mathcal{I}=(V,E,Q,\Phi)$，令其所对应的吉布斯分布为 $\mu$（定义见式（2-2））。一个重要的计算问题是从吉布斯分布 $\mu$ 中产生一个随机样本 $\boldsymbol{X} \in Q^V$。令随机样本 $\boldsymbol{X}$ 的概率分布为 $v$。根据对样本精度的不同要求，采样问题可以分为**精确采样**和**近似采样**两类。

- **精确采样问题**：随机样本 $\boldsymbol{X}$ 的分布 $v$ 恰好是吉布斯分布 $\mu$。
- **近似采样问题**：给定一个参数 $\varepsilon>0$，随机样本 $\boldsymbol{X}$ 的分布和吉布斯分布 $\mu$ 的**全变差**不超过 $\varepsilon$，即

$$d_{\mathrm{TV}}(\mu,v) \triangleq \frac{1}{2}\sum_{\sigma \in Q^V} |\mu(\sigma) - v(\sigma)| \leqslant \varepsilon$$

令 $N$ 为概率图模型 $\mathcal{I}$ 输入的大小。对于精确采样问题，高效采样算法要求运行时间的期望是 $N$ 的多项式；对于近似采样问题，高效采样算法要求运行时间是 $N$ 和 $\frac{1}{\varepsilon}$ 的多项式。特别指出，当 $\mathcal{I}$ 中所有约束 $\phi\in\Phi$ 的值域为 $\{0,1\}$ 时，吉布斯分布 $\mu$ 是一个**约束满足问题**所有解的均匀分布。此时，高效的近似采样算法经常被称为 FPAUS（Fully Polynomial-time Almost Uniform Sampler）。

**近似计数**是一个和随机采样密切相关的问题。给定一个概率图模型 $\mathcal{I}=(V,E,Q,\Phi)$，计数问题就是计算模型的配分函数 $Z$（定义见式（2-3））。对于很多概率图模型，精确计数问题是#**P**-难问题，所以我们关注近似计数问题。近似计数问题有确定性和随机性两种类型。

- **确定性计数问题**：给定一个参数 $\varepsilon>0$，算法要求输出一个数 $\hat{Z}$ 满足 $(1-\varepsilon)Z\leqslant\hat{Z}\leqslant(1+\varepsilon)Z$。
- **随机性计数问题**：给定一个参数 $\varepsilon>0$，算法要求输出一个随机数 $\hat{Z}$ 满足 $(1-\varepsilon)Z\leqslant\hat{Z}\leqslant(1+\varepsilon)Z$ 的概率至少为 3/4。

一个高效计数算法要求运行时间是输入规模 $N$ 和误差 $\frac{1}{\varepsilon}$ 的多项式，此类确定性算法经常被称为 FPTAS（Fully Polynomial-Time Approximation Scheme），此类随机性算法经常被称为 FPRAS（Fully Polynomial-time Randomized Approximation

Scheme)。

随机采样和近似计数有密切的联系。对于**可自归约问题**，近似计数和采样问题可以在多项式时间内相互归约[4]。

# 2.3 马尔可夫链

## 2.3.1 基本概念

**马尔可夫链**（Markov chain）是一类重要的随机过程，也是最为重要的采样工具之一。令 $\boldsymbol{\Omega}$ 是一个有限大小的**状态空间**。一个 $\boldsymbol{\Omega}$ 上的马尔可夫链 $(X_t)_{t\geqslant 0}$ **被转移矩阵** $\boldsymbol{P}\in\mathbb{R}_{\geqslant 0}^{\Omega\times\Omega}$ 定义

$$\begin{aligned}\forall t\geqslant 0,\ &\mathbb{P}[X_{t+1}=x_{t+1}\mid X_0=x_0,X_1=x_1,\cdots,X_t=x_t]\\&=\mathbb{P}[X_{t+1}=x_{t+1}\mid X_t=x_t]\\&=\boldsymbol{P}(x_t,\ x_{t+1})\end{aligned}$$

我们经常用转移矩阵来指代其所对应的马尔可夫链。当且仅当对于任意 $x$，$y\in\boldsymbol{\Omega}$，存在 $t\geqslant 0$ 使得 $\boldsymbol{P}^t(x,y)>0$ 时，马尔可夫链 $\boldsymbol{P}$ 是**不可约的**（irreducible）；当且仅当对任意 $x\in\boldsymbol{\Omega}$，$\gcd\{t>0\mid \boldsymbol{P}^t(x,x)>0\}=1$ 时，不可约链 $\boldsymbol{P}$ 是**非周期的**（aperiodic）。当且仅当 $\boldsymbol{\pi P}=\boldsymbol{\pi}$ 时，$\boldsymbol{\Omega}$ 上的分布 $\boldsymbol{\pi}$（视为一个行向量）是马尔可夫链 $\boldsymbol{P}$ 的**平稳分布**（stationary distribution）。如果马尔可夫链 $\boldsymbol{P}$ 是不可约且非周期的，那么 $\boldsymbol{P}$ 有唯一平稳分

布。当且仅当下列**细致平衡方程**（detailed balance equation）成立时，马尔可夫链 $\boldsymbol{P}$ 相对于分布 $\boldsymbol{\pi}$ **可逆**（reversible）

$$\forall x,y\in\Omega,\quad \boldsymbol{\pi}(x)\boldsymbol{P}(x,y)=\boldsymbol{\pi}(y)\boldsymbol{P}(y,x) \tag{2-6}$$

这可以推导出 $\boldsymbol{\pi}$ 是 $\boldsymbol{P}$ 的一个平稳分布。

假设马尔可夫链 $\boldsymbol{P}$ 是不可约且非周期的，令 $\boldsymbol{\pi}$ 是其唯一平稳分布，则从任意 $X_0\in\Omega$ 开始，当 $t\to\infty$ 时，$X_t$ 的分布收敛到平稳分布 $\boldsymbol{\pi}$。**混合时间**是马尔可夫链的一个重要参数，它衡量了马尔可夫链的收敛速度，它的定义为

$$T_{\mathrm{mix}}(\varepsilon)\triangleq\max_{x\in\Omega}\min\{t\mid d_{\mathrm{TV}}(\boldsymbol{P}^t(x,\cdot),\ \boldsymbol{\pi})\leqslant\varepsilon\}$$

其中 $\boldsymbol{P}^t(x,\cdot)$ 是一个行向量，是矩阵 $\boldsymbol{P}^t$ 的第 $x$ 行，表示从 $x$ 出发转移 $t$ 步后的分布。由定义可知，从任意初始状态 $X_0$ 出发，只要转移 $T_{\mathrm{mix}}(\varepsilon)$ 步，$X_t$ 的分布和 $\boldsymbol{\pi}$ 的全变差不会超过 $\varepsilon$。有些文献将混合时间直接定义为

$$T_{\mathrm{mix}}\triangleq T_{\mathrm{mix}}\left(\frac{1}{4\mathrm{e}}\right)$$

这是因为马尔可夫链满足 $T_{\mathrm{mix}}(\varepsilon)\leqslant T_{\mathrm{mix}}\log\dfrac{1}{\varepsilon}$。

### 2.3.2 马尔可夫链蒙特卡洛方法

**吉布斯采样算法**是一种重要的**马尔可夫链蒙特卡洛方法**。给定一个概率分布 $\mu$，马尔可夫链蒙特卡洛方法设计一个马尔可夫链 $\boldsymbol{P}$ 使得 $\mu$ 是 $\boldsymbol{P}$ 的唯一平稳分布。算法模拟 $\boldsymbol{P}$ 足够多步以完成从分布 $\mu$ 中的近似采样。

令 $V$ 为一个随机变量的集合，每个 $v \in V$ 的取值范围为 $Q$。令 $\mu$ 为 $Q^V$ 上的一个联合分布。两种重要的马尔可夫链蒙特卡洛方法分别是**吉布斯采样算法**和**梅特罗波利斯算法**。

吉布斯采样算法又称为 Glauber dynamics。单点更新的吉布斯采样算法从一个初始状态 $X_0$ 开始，第 $t$ 步执行

- 随机等概率选择一个点 $v \in V$，对所有 $u \neq v$，令 $X_t(u) = X_{t-1}(u)$。
- 从条件概率分布 $\mu_v^{X_{t-1}(V \setminus \{v\})}$ 中采样 $X_t(v)$。

容易验证，吉布斯采样算法相对于 $\mu$ 可逆。

考虑概率图模型的吉布斯采样算法。给定一个概率图模型 $\mathcal{I} = (V, E, Q, \Phi)$。设其吉布斯分布为 $\mu = \mu_{\mathcal{I}}$。令 $H = (V, E)$ 为 $\mathcal{I}$ 所在的超图。对每个 $v \in V$，令

$$\Gamma(v) = \{u \in V \mid u \neq v \wedge \exists e \in E \text{ 使得 } u \in e \text{ 且 } v \in e\}$$

为点 $v$ 在超图 $H$ 上的邻居。由概率图模型的条件独立性可知，吉布斯采样的转移概率可以由局部信息计算。$\mathcal{I}$ 的吉布斯采样算法描述见算法 1。

---

**算法 1：** 概率图模型吉布斯采样算法

---

**初始化：** 初始配置 $\boldsymbol{X}_0 \in Q^V$（初始配置可能不合法）；

**for** $t = 1, 2, \cdots, T$ **do**

  随机等概率选择一个点 $v \in V$；

  从条件边缘分布 $\mu_v^{X_{t-1}(\Gamma(v))}$ 中采样一个随机样本 $c \in Q$；

  令 $X_t(v) \leftarrow c$，$X_t(V \setminus \{v\}) \leftarrow X_{t-1}(V \setminus \{v\})$；

**return** $X_T$；

---

对于一些概率图模型，允许吉布斯采样算法从一个非法状态开始，此时每步转移的条件概率由式（2-5）定义。

另一种著名的算法是梅特罗波利斯算法，该算法有很多不同的版本。令 $\mu$ 为任意一种 $Q^V$ 上的联合分布。一种常见的梅特罗波利斯算法定义如下。梅特罗波利斯算法从一个初始状态 $X_0$ 开始，第 $t$ 步执行

- 随机等概率选择一个点 $v \in V$。
- 随机等概率采样一个值 $c \in Q$，把 $X_t$ 在 $v$ 的值改成 $c$，得到一个候选状态 $X'$。
- 以概率 $\min\left\{1,\ \frac{\mu(X')}{\mu(X_t)}\right\}$ 令 $X_t$ 为 $X'$；否则令 $X_t$ 为 $X_{t-1}$。

容易验证，梅特罗波利斯算法相对于 $\mu$ 可逆。一般情况下，这种每步转移时先生成一个**候选状态**，再以一定概率**接受**或**拒绝**候选状态的马尔可夫链都可以看成一种梅特罗波利斯算法。

给定一个概率图模型 $\mathcal{I}=(V,E,Q,\Phi)$。设其吉布斯分布为 $\mu=\mu_{\mathcal{I}}$。由条件独立性可知，梅特罗波利斯算法的接受概率可以由局部信息计算：

$$p(X_{t-1},v,c) = \min\left\{1,\ \frac{\mu(X')}{\mu(X_{t-1})}\right\}$$

$$= \min\left\{1,\ \frac{\boldsymbol{\phi}_v(c)\prod_{e\in E:\ v\in E}\boldsymbol{\phi}_e(X'_e)}{\boldsymbol{\phi}_v(X_{t-1}(v))\prod_{e\in E:\ v\in E}\boldsymbol{\phi}_e(X_{t-1}(e))}\right\}$$

概率图模型的梅特罗波利斯算法描述见算法 2。

---

**算法 2**：单点更新的梅特罗波利斯算法

---

**初始化**：初始状态 $X_0 \in Q^V$；

**for** $t=1,2,\cdots,T$ **do**

  随机等概率选择一个变量 $v \in V$，令 $X_t(V \setminus \{v\}) \leftarrow X_{t-1}(V \setminus \{v\})$；

  随机等概率采样一个候选取值 $c \in Q$；

  以概率 $p(X_{t-1},v,c)$ 令 $X_t(v) \leftarrow c$；否则令 $X_t(v) \leftarrow X_{t-1}(v)$；

**return** $X_T$；

---

通过改变生成候选值的概率分布和接受候选值的概率，可以对概率图模型定义不同版本的梅特罗波利斯算法。另一种概率图模型的梅特罗波利斯算法会在 4.2 节的算法 3 中给出。

### 2.3.3 混合时间分析工具

要应用马尔可夫链蒙特卡洛方法，关键是要分析马尔可夫链的混合时间。本节介绍分析马尔可夫链混合时间的工具。

#### 2.3.3.1 耦合分析

马尔可夫链的耦合（coupling）是一种重要的分析工具。我们首先介绍随机变量的耦合。令 $\mu$ 和 $v$ 是 $\Omega$ 上的两种概率分布，分布 $\mu$ 和 $v$ 的一个耦合是联合分布 $(X,Y) \in \Omega \times \Omega$，使得 $X$ 的边缘分布为 $\mu$ 且 $Y$ 的边缘分布为 $v$。下面的定理是著名的耦合不等式。

**命题 2-2**（文献［15］） 令 $\mu$ 和 $v$ 是 $\Omega$ 上的两种概率分布,对任意 $\mu$ 和 $v$ 的耦合 $(X,Y)$ 都有

$$d_{\mathrm{TV}}(\mu,v)\leqslant\mathbb{P}[X\neq Y]$$

进一步地说，存在一个**最优耦合** $(X,Y)$，使得 $d_{\mathrm{TV}}(\mu,v)=\mathbb{P}[X\neq Y]$。

现在介绍马尔可夫链的耦合。给定一个有唯一平稳分布的马尔可夫链 $\boldsymbol{P}$，定义

$$d(t)\triangleq\max_{x,y\in\Omega}d_{\mathrm{TV}}(\boldsymbol{P}^t(x,\cdot),\ \boldsymbol{P}^t(y,\cdot))$$

$d(t)$ 考虑从最坏的两种初始状态出发，经过马尔可夫链 $\boldsymbol{P}$ 的 $t$ 步转移之后，第 $t$ 步的随机状态分布的全变差，混合时间满足 $T_{\mathrm{mix}}(\varepsilon)\leqslant\min\{t\mid d(t)\leqslant\varepsilon\}$。马尔可夫链的耦合可以给全变差 $d_{\mathrm{TV}}(\boldsymbol{P}^t(x,\cdot),\ \boldsymbol{P}^t(y,\cdot))$ 一个上界。马尔可夫链 $\boldsymbol{P}$ 的耦合是一个联合过程 $(X_t,Y_t)_{t\geqslant0}$，满足 $(X_t)_{t\geqslant0}$ 和 $(Y_t)_{t\geqslant0}$ 各自服从 $\boldsymbol{P}$ 的转移规则，且如果 $X_k=Y_k$，则对于任意 $t\geqslant k$ 有 $X_t=Y_t$。下面的结论是命题 2-2 的推论。

**命题 2-3** 令 $\boldsymbol{P}$ 是一个 $\Omega$ 上的马尔可夫链。令 $(X_t,Y_t)_{t\geqslant0}$ 是马尔可夫链的耦合且满足 $X_0=x_0$，$Y_0=y_0$。则有

$$\forall t\geqslant1,\quad d_{\mathrm{TV}}(\boldsymbol{P}^t(x_0,\cdot),\ \boldsymbol{P}^t(y_0,\cdot))\leqslant\mathbb{P}[X_t\neq Y_t]$$

命题 2-3 指出，只要我们可以设计出一种马尔可夫链的耦合，并分析第 $t$ 步时 $X_t\neq Y_t$ 的概率，就可以给 $d(t)$ 一个上界，从而得出马尔可夫链的混合时间。

马尔可夫链耦合分析的关键是构造一个合适的耦合方案，耦合方案的设计有很强的技巧性。由 Bubley 和 Dyer 提出的**路径耦合**（path coupling）[58] 是一种设计马尔可夫链耦合的工具，它能极大地简化耦合方案的设计过程。

**命题 2-4**（文献［58］） 令 $\Omega$ 为一个状态空间，令 $\boldsymbol{P}$ 是 $\Omega$ 上不可约且非周期的马尔可夫链，令 $G$ 为定义在点集 $\Omega$ 上的加权无向连通图，图上每一条边 $e=\{X,Y\}$ 的长度 $\ell(e)\geqslant 1$ 且 $e$ 是 $X$ 和 $Y$ 之间的一条最短路。对任意 $X,Y\in\Omega$，令 $\rho(X,Y)$ 为 $X$ 和 $Y$ 在图 $G$ 上最短路的长度。假设存在一个马尔可夫链 $\boldsymbol{P}$ 的耦合 $(X,Y)\to(X',Y')$，这个耦合定义在图 $G$ 中所有相邻的 $X$，$Y\in\Omega$ 上且有

$$\mathbb{E}[\rho(X',Y')\mid X,Y]\leqslant(1-\lambda)\rho(X,Y)$$

其中 $0<\lambda<1$ 是一个常数。则马尔可夫链的混合时间满足

$$T_{\text{mix}}(\varepsilon)\leqslant\frac{1}{\lambda}\log\left(\frac{\text{diam}}{\varepsilon}\right)$$

其中 $\text{diam}=\max\limits_{X,Y\in\Omega}\rho(X,Y)$ 是图 $G$ 的直径。

利用路径耦合分析技术，只需要对相邻的状态对 $(X,Y)$ 设计耦合 $(X,Y)\to(X',Y')$，而不需要对一般的状态对设计耦合，从而简化构造过程。

使用路径耦合引理时，我们经常考虑状态空间 $\Omega=Q^N$，其中 $N\geqslant 1$ 是一个整数。当且仅当 $X$ 和 $Y$ 只在一个点上取值不同时，两个状态 $X$、$Y$ 在图 $G$ 上相邻，图 $G$ 上每条边的权重为 1。对任意 $X,Y\in\Omega$，定义 $X$、$Y$ 之间的**汉明距离**为

$$d_{\text{Ham}}(X,Y) \triangleq |\{1 \leqslant i \leqslant N \mid X(i) \neq Y(i)\}|$$

这样，图 $G$ 上任意两个状态的距离就正好是它们之间的汉明距离。如果存在一个耦合 $(X,Y) \to (X',Y')$，耦合定义在 $d_{\text{Ham}}(X,Y)=1$ 的状态对 $X$，$Y$ 上且有 $\mathbb{E}[d_{\text{Ham}}(X',Y') \mid X,Y] \leqslant 1-\lambda$，则马尔可夫链的混合时间为 $T_{\text{mix}}(\varepsilon) \leqslant \frac{1}{\lambda}\log\left(\frac{N}{\varepsilon}\right)$。

读者可以在文献［15］的第 14 章查阅使用路径耦合分析混合时间的例子。本书会在第 4 章和第 9 章应用路径耦合分析技术。

#### 2.3.3.2 谱分析

马尔可夫链的另一种分析工具是谱分析，这个分析工具适用于可逆马尔可夫链，它通过分析转移矩阵的特征根来分析混合时间。对于可逆的马尔可夫链，转移矩阵的特征根满足如下定理。

**命题 2-5**（文献［15］） 令 $\boldsymbol{\Omega}$ 是一个大小为 $|\boldsymbol{\Omega}|=n$ 的状态空间,令 $\boldsymbol{\pi}$ 是 $\boldsymbol{\Omega}$ 上的一个概率分布，令 $\boldsymbol{P} \in \mathbb{R}_{\geqslant 0}^{\Omega \times \Omega}$ 是一个相对于 $\boldsymbol{\pi}$ 可逆的马尔可夫链，则

- $\boldsymbol{P}$ 有 $n$ 个实数特征根 $1=\lambda_1 \geqslant \lambda_2 \geqslant \lambda_3 \geqslant \cdots \geqslant \lambda_n \geqslant -1$；
- 存在实数向量 $\boldsymbol{f}_1,\boldsymbol{f}_2,\cdots,\boldsymbol{f}_n \in \mathbb{R}^{\Omega}$ 使得对于任意 $1 \leqslant i \leqslant n$ 有 $\boldsymbol{P}\boldsymbol{f}_i=\lambda_i \boldsymbol{f}_i$，$\boldsymbol{f}_1=\mathbf{1}$ 是一个全 1 向量，对于任意 $1 \leqslant i$，$j \leqslant n$，

$$\sum_{x \in \Omega} \boldsymbol{f}_i(x)\boldsymbol{f}_j(x)\boldsymbol{\pi}(x) = \mathbf{1}[i=j]$$

马尔可夫链的混合时间与转移矩阵的特征根有如下关系。

**命题 2-6**（文献［15］） 令 $\Omega$ 是一个大小为 $|\Omega|=n\geqslant 2$ 的状态空间，令 $\boldsymbol{\pi}$ 是一个支持集为 $\Omega$ 的概率分布，令 $\boldsymbol{P}\in\mathbb{R}_{\geqslant 0}^{\Omega\times\Omega}$ 是一个相对于 $\boldsymbol{\pi}$ 可逆的马尔可夫链的转移矩阵，令 $1=\lambda_1\leqslant\lambda_2\leqslant\cdots\leqslant\lambda_n\leqslant -1$ 表示 $\boldsymbol{P}$ 的特征根，定义**绝对谱间隙**（absolute spectral gap）为

$$\gamma_\star \triangleq 1-\lambda_\star = 1-\max\{\,|\lambda_i|\;|\;2\leqslant i\leqslant n\}$$

令 $\boldsymbol{\pi}_{\min}\triangleq\min\limits_{x\in\Omega}\boldsymbol{\pi}(x)$。如果 $\gamma_\star>0$，则有

$$\forall\, 0<\varepsilon<1,\quad T_{\mathrm{mix}}(\varepsilon)\leqslant\frac{1}{\gamma_\star}\left(\log\frac{1}{\varepsilon\boldsymbol{\pi}\min}\right)$$

其中 $T_{\mathrm{mix}}(\varepsilon)\triangleq\max\limits_{x\in\Omega}\min\{t\mid d_{\mathrm{TV}}(\boldsymbol{P}^t(x,\cdot),\boldsymbol{\pi})\leqslant\varepsilon\}$ 是马尔可夫链的混合时间。

命题 2-6 指出，只要能给出绝对谱间隙的下界，就可以得出马尔可夫链的混合时间。马尔可夫链的另一个重要参数是**谱间隙**（spectral gap），它定义为

$$\gamma\triangleq 1-\lambda_2$$

半正定矩阵满足绝对谱间隙等于谱间隙。命题 2-6 可得如下推论。

**推论 2-7** 如果命题 2-6 中的转移矩阵 $\boldsymbol{P}$ 是半正定的，则有

$$\forall\, 0<\varepsilon<1,\quad T_{\mathrm{mix}}(\varepsilon)\leqslant\frac{1}{\gamma}\left(\log\frac{1}{\varepsilon\pi_{\min}}\right)$$

而对于一般的转移矩阵 $\boldsymbol{P}$，可以利用如下方法得到一个半正定转移矩阵。在每步转移的时候，以 1/2 的概率使马尔可夫链停留在当前状态；以剩下 1/2 的概率执行 $P$ 定义的转移，这样可以得到一个新的转移矩阵

$$\boldsymbol{Q}=\frac{1}{2}\boldsymbol{P}+\frac{1}{2}\boldsymbol{I}$$

其中 $\boldsymbol{I}$ 是一个单位矩阵。容易验证转移矩阵 $\boldsymbol{Q}$ 一定半正定，而且 $\boldsymbol{Q}$ 的谱间隙是 $\boldsymbol{P}$ 的谱间隙的一半。因此对于一般的马尔可夫链 $\boldsymbol{P}$，只要它的谱间隙有下界，由推论 2-7 可知，马尔可夫链 $Q$ 可以快速收敛。

反过来说，命题 2-8 指出，如果一个马尔可夫链可以快速收敛，那么其转移矩阵的谱间隙有下界。

**命题 2-8**（文献［15,59］） 令 $\Omega$ 是一个满足 $|\Omega|\geqslant 2$ 的状态空间，令 $\boldsymbol{\pi}$ 是分布 $\Omega$ 的支持集。令 $\boldsymbol{P}\in\mathbb{R}_{\geqslant 0}^{\Omega\times\Omega}$ 是一个相对于 $\boldsymbol{\pi}$ 可逆的马尔可夫链的转移矩阵。矩阵 $\boldsymbol{P}$ 的第二大特征根满足

$$\forall\, t\geqslant 1,\quad |\lambda_2|^t\leqslant d(t)\triangleq\max_{x,y\in\Omega} d_{\mathrm{TV}}(\boldsymbol{P}^t(x,\cdot),\ \boldsymbol{P}^t(y,\cdot))$$

**证明：** 定义 $\Omega$ 上的距离函数 $\delta$ 为

$$\forall\, x,y\in\Omega:\quad \delta(x,y)\triangleq\mathbf{1}[x\neq y]$$

对于任意函数 $f:\Omega\to\mathbb{R}$，定义它相对于 $\delta$ 的利普希茨常数为

$$\mathrm{Lip}(f)\triangleq\max_{x,y\in\Omega:x\neq y}\frac{|f(x)-f(y)|}{\delta(x,y)}$$

固定一个二元组 $x,y\in\Omega$，用 $\mathcal{C}(x,y)$ 表示分布 $\boldsymbol{P}^t(x,\cdot)$ 和 $\boldsymbol{P}^t(y,\cdot)$ 之间的最优耦合。注意到

$$\boldsymbol{P}^t f(x)=\mathbb{E}_{X\sim\boldsymbol{P}^t(x,\cdot)}[f(X)]$$

则对于任意 $t\geqslant 1$，任意函数 $f:\Omega\to\mathbb{R}$ 以及任意 $x,y\in\Omega$，

$$\begin{aligned}|\boldsymbol{P}^t f(x)-\boldsymbol{P}^t f(y)|&=|\mathbb{E}_{(X,Y)\sim\mathcal{C}(x,y)}[f(X)-f(Y)]|\\&\leqslant\mathbb{E}_{(X,Y)\sim\mathcal{C}(x,y)}[|f(X)-f(Y)|]\end{aligned}$$

其中最后一个不等式成立是因为期望的线性性质。对任意 $t\geqslant 1$，任意 $f$ 以及任意 $x$，$y$，

$$\begin{aligned}|\boldsymbol{P}^t f(x)-\boldsymbol{P}^t f(y)|&\leqslant\mathrm{Lip}(f)\mathbb{P}_{(X,Y)\sim\mathcal{C}(x,y)}[X\neq Y]\\&=\mathrm{Lip}(f)d_{\mathrm{TV}}(\boldsymbol{P}^t(x,\cdot),\boldsymbol{P}^t(y,\cdot))\leqslant\mathrm{Lip}(f)d(t)\end{aligned}$$

注意上述不等式对任意 $x,y\in\Omega$ 都成立。这说明 $\mathrm{Lip}(\boldsymbol{P}^t f)\leqslant\mathrm{Lip}(f)d(t)$。

重申 $|\Omega|=n$。令 $\boldsymbol{f}_1,\boldsymbol{f}_2,\cdots,\boldsymbol{f}_n\in\mathbb{R}^\Omega$ 为命题 2-5 中的特征函数，其中 $\boldsymbol{f}_1=1$。令 $f=\boldsymbol{f}_2$ 是 $\boldsymbol{\lambda}_2$ 对应的特征函数，我们有

$$|\boldsymbol{\lambda}_2|^t\,\mathrm{Lip}(\boldsymbol{f}_2)=\mathrm{Lip}(\boldsymbol{\lambda}_2^t\boldsymbol{f}_2)=\mathrm{Lip}(\boldsymbol{P}^t\boldsymbol{f}_2)\leqslant\mathrm{Lip}(\boldsymbol{f}_2)d(t)$$

注意到 $\boldsymbol{f}_2\neq 0$，因为 $\boldsymbol{f}_1=1$ 是一个常值向量且

$$\sum_{x\in\Omega}\boldsymbol{f}_1(x)\boldsymbol{\pi}(x)\boldsymbol{f}_2(x)=\sum_{x\in\Omega}\boldsymbol{\pi}(x)\boldsymbol{f}_2(x)=0$$

所以向量 $\boldsymbol{f}_2$ 不可能是一个常值向量，$\mathrm{Lip}(\boldsymbol{f}_2)>0$，对于任意的 $t\geqslant 1$ 都有 $|\boldsymbol{\lambda}_2|^t\leqslant d(t)$。 □

分析谱间隙是分析可逆马尔可夫链混合时间的重要课题。著名的分析技术有正则路径（canonical path）[30,60]、马尔可夫链的比较[15]，以及高维扩张器（High Dimensional eXpanders，HDX）[26,61-64] 等技术。读者可以从文献[15,65] 中查阅关于谱间隙的更多知识。在本书中，主要使用基于高维扩张器的谱间隙分析技术。

#### 2.3.3.3 高维扩张器（HDX）

高维扩张器（HDX）是一种最近发展起来的分析吉布斯采样算法的强大工具[25-26,32,61-64]。这种分析方法首先定义*单纯复形*（simplicial complexes），然后再把吉布斯采样算法解释成单纯复形上的一种*全局随机游走*（global random walk）；接着利用单纯复形的结构性质定义出单纯复形上的局部随机游走（local random walk）；最后只要证明局部随机游走的谱间隙有下界，则全局随机游走（即吉布斯采样算法）的谱间隙就有下界。这套分析技术也被形象地称为*局部到整体*（local-to-global）的分析技术。和吉布斯采样算法的状态空间相比，局部随机游走的状态空间有指数级的减小，所以在一些问题上局部随机游走更加容易分析。它已经成功地应用到对数凹分布（log-concave distributions）[64,66] 以及自旋系统[25-26,32] 的采样问题上。

**单纯复形与随机游走**

令 $U$ 是一个全集，单纯复形 $X\subseteq 2^U$ 是一个向下闭合的 $U$ 子集的集合，即 $X$ 中的元素都是 $U$ 的子集，且如果 $\alpha\in X$，则所有子集 $\beta\subseteq\alpha$ 都有 $\beta\in X$。每个子集 $\alpha\in X$ 称为一个*面*

(face)。一个面 $\alpha$ 的**维度**是它的大小 $|\alpha|$ ㊀。我们用 $X(j)$ 表示所有维度为 $j$ 的面。单纯复形 $X$ 的维度是所有面中最大的维度。如果 $X$ 中每个极大的面㊁的维度都为 $d$，则我们称 $X$ 是一个**纯** $d$-维单纯复形。本书只考虑纯单纯复形（pure simplicial complexes）。

我们考虑加权版本的单纯复形。令 $X$ 是一个纯 $d$-维单纯复形，令 $\Pi: X(d)\to\mathbb{R}_{\geqslant 0}$ 为一个权重函数，它的值定义在 $X(d)$ 上。对于 $X$ 中任意一个面，可以定义诱导权重函数为

$$\forall\alpha\in X,\quad \Pi(\alpha)=\sum_{\beta\in X(d):\ \beta\supseteq\alpha}\Pi(\beta) \tag{2-7}$$

对于每个面 $\alpha\in X$，它的**链接**（link）$X_\alpha$ 是符合如下定义的一种单纯复形

$$X_\alpha\triangleq\{\beta\setminus\alpha\mid\beta\in X\wedge\alpha\subseteq\beta\}$$

令 $\Pi_\alpha$ 为在链接 $X_\alpha$ 上由 $\Pi$ 诱导出的权重。严格来讲，对于每个面 $\beta\in X_\alpha$，

$$\Pi_\alpha(\beta)\triangleq\Pi(\alpha\uplus\beta)$$

单纯复形 $X_\alpha$ 的 **1-骨架**（one-skeleton）是一个加权无向图 $G_\alpha=(V_\alpha,E_\alpha,\Phi_\alpha)$，其中点集 $V_\alpha=X_\alpha(1)$ 是 1 维面的集合，边集 $E_\alpha=X_\alpha(2)$ 是 2 维面的集合，并且对于任意边 $\{u,v\}\in E_\alpha$，它的权重定义为 $\Phi_\alpha(u,v)=\Pi_\alpha(\{u,v\})$。用 $P_\alpha$ 表示 1-骨架 $G_\alpha$ 上的简单随机游走，这个随机游走又被称为局部随机

---

㊀ 在文献［62,63］中，面 $\alpha$ 的维度定义成 $|\alpha|-1$。

㊁ 当且仅当不存在 $\beta\in X$ 使得 $\alpha\subset\beta$ 时，一个面 $\alpha$ 在 $X$ 中是极大的。

游走。它的转移概率定义为

$$\forall u,v\in V_\alpha,\quad P_\alpha(u,v)\triangleq\begin{cases}\dfrac{\Phi_\alpha(u,v)}{\sum\limits_{w:\{u,w\}\in E_\alpha}\Phi_\alpha(u,w)} & \text{如果}\{u,v\}\in E_\alpha\\ 0 & \text{如果}\{u,v\}\notin E_\alpha\end{cases}\tag{2-8}$$

给定一个纯 $d$-维加权单纯复形 $(X,\Pi)$，我们可以定义 $X(d)$ 上的**先下后上**随机游走（down-up random walk）为 $P_d^{\vee}$。这个随机游走也被称为全局随机游走。假设当前的状态是 $\boldsymbol{\sigma}_t\in X(d)$，下一个状态 $\boldsymbol{\sigma}_{t+1}\in X(d)$ 由如下规则生成。

- （下行游走） 随机等概率选择 $x\in\boldsymbol{\sigma}_t$，把 $x$ 扔掉得到新集合

$$\boldsymbol{\sigma}'=\boldsymbol{\sigma}_t\setminus\{x\}\in X(d-1)$$

- （上行游走） 采样 $\boldsymbol{\sigma}_{t+1}\in X(d)$ 且满足 $\boldsymbol{\sigma}'\subseteq\boldsymbol{\sigma}_{t+1}$，$\boldsymbol{\sigma}_{t+1}$ 被采样到的概率正比于 $\Pi(\boldsymbol{\sigma}_{t+1})$。

可得先下后上随机游走的转移矩阵为

$\forall\alpha,\beta\in X(d)$,

$$P_d^{\vee}(\alpha,\beta)\triangleq\begin{cases}\sum\limits_{\tau\in X(d-1):\ \tau\subset\alpha}\dfrac{\Pi(\alpha)}{d\cdot\Pi(\tau)} & \text{如果}\alpha=\beta\\ \dfrac{\Pi(\beta)}{d\cdot\Pi(\alpha\cap\beta)} & \text{如果}\alpha\cap\beta\in X(d-1)\\ 0 & \text{其他情况}\end{cases}$$

先下后上随机游走 $P_d^{\vee}$ 和 1-骨架随机游走 $P_\alpha$ 的关系被很

多工作[61-63] 研究。这个关系也被称为“局部到整体”的关系。注意到 $P_d^{\vee}$ 和 $P_\alpha$ 都是可逆的。由命题 2-5 可知，它们都有实数特征根。

**定义 2-2**（局部谱扩张器（local-spectral expander）[61-63]） 令 $(X,\Pi)$ 是一个纯 $d$-维加权单纯复形。当且仅当对任意 $0 \leqslant k \leqslant d-2$ 有

$$\max\{\lambda_2(P_\alpha) \mid \alpha \in X(k)\} \leqslant \gamma_k$$

时，$(X,\Pi)$ 是一个 $(\gamma_0,\gamma_1,\cdots,\gamma_{d-2})$-局部谱扩张器，其中 $\lambda_2(P_\alpha)$ 是 $P_\alpha$ 的第二大特征根，$P_\alpha$ 定义在式（2-8）中，是 1-骨架 $X_\alpha$ 上简单随机游走的转移矩阵。

文献［63］证明了如下“局部到整体”的结论[㊀]。

**定理 2-9**（文献［63］） 令 $(X,\Pi)$ 是一个纯 $d$-维加权单纯复形。如果 $(X,\Pi)$ 是一个 $(\gamma_0,\gamma_1,\cdots,\gamma_{d-2})$-局部谱扩张器，则

$$\lambda_2(P_d^{\vee}) \leqslant 1 - \frac{1}{d}\prod_{k=0}^{d-2}(1-\gamma_k)$$

其中 $\lambda_2(P_d^{\vee})$ 是先下后上随机游走转移矩阵 $P_d^{\vee}$ 的第二大特征根。

#### 单纯复形上的随机游走和吉布斯采样算法的联系

令 $\mu$ 为定义在 $Q^V$ 上的一个联合分布（未必是吉布斯分布），其中 $Q$ 是一个有限大小的取值范围且 $|Q|=q$，$V$ 是变

㊀ 注意在文献[63] 中，$P_d^{\vee}$ 被记成 $P_{d-1}^{\triangledown}$。

量集合且 $|V|=n$。令 $\Omega\subseteq Q^V$ 表示 $\mu$ 的支持集。我们定义有 $nq$ 个元素的全集如下

$$U\triangleq\{(u,c)\mid u\in V\land c\in Q\}$$

对于每个配置 $\sigma\in Q^{\Lambda}$，其中 $\Lambda\subseteq V$ 是一个变量的子集，我们定义面 $f_\sigma\subseteq U$ 为

$$f_\sigma\triangleq\{(u,\sigma_u)\mid u\in\Lambda\}$$

令 $X$ 是面集合 $\{f_\sigma\mid\sigma\in\Omega\}$ 生成的向下闭合的闭包，则 $X$ 是一个纯 $n$-维单纯复形。对于每个极大面 $f_\sigma\in X$，其中 $\sigma\in\Omega$，我们根据 $\mu$ 定义一个权重

$$\Pi(f_\sigma)=\mu(\sigma)$$

之后，$X$ 中所有的面可以根据式（2-7）获得一个诱导权重。因此，$(X,\Pi)$ 是一个加权纯 $n$-维单纯复形。下面这个观察容易验证。

**观察 2-10** 针对 $\mu$ 的吉布斯采样算法恰好是在 $X(n)$ 上定义的先下后上随机游走。

令 $\Lambda\subseteq V$ 是一个变量的子集。对于每一种合法的部分配置 $\sigma=\sigma_\Lambda\in Q^\Lambda$，$X$ 中存在一个面 $f_\sigma=\{(u,\sigma_u)\mid u\in\Lambda\}$。反过来说，对于 $X$ 中的任意一个面 $f\subseteq U$，由 $(\sigma_u=c)_{(u,c)\in f}$ 定义出的 $\sigma$ 也是一种合法部分配置。

为了简化记号，我们用 $P_\sigma$ 表示在链接 $X_{f_\sigma}$ 的 1-骨架上定义的简单随机游走 $P_{f_\sigma}$（定义见式（2-8））。根据定义，$P_\sigma$ 是 $U_\sigma=\{(u,c)\in\overline{\Lambda}Q\mid\mu_u^\sigma(c)>0\}$ 上的随机游走，其中 $\overline{\Lambda}=V\setminus\Lambda$。

固定 $\boldsymbol{x}=(\boldsymbol{u},i)\in U_\sigma$ 和 $\boldsymbol{y}=(v,j)\in U_\sigma$。在链接 $X_{f_\sigma}$ 的 1 -骨架上，边 $\{\boldsymbol{x},\boldsymbol{y}\}$ 的权重定义为

$$\Phi_{f_\sigma}(\boldsymbol{x},\boldsymbol{y})=\sum_{\substack{\tau\in\Omega\\ \tau_\Lambda=\sigma,\ \tau_u=i,\ \tau_v=j}}\mu(\tau)=\mathbb{P}_{X\sim\mu}[X_\Lambda=\sigma\wedge X_u=i\wedge X_v=j]$$

所以

$$\forall(u,i),(v,j)\in U_\sigma,\quad P_\sigma((u,i),(v,j))=\frac{1[u\neq v]}{|V|-|\Lambda|-1}\mu_v^{\sigma,u\leftarrow i}(j)\tag{2-9}$$

其中 $\mu_v^{\sigma,u\leftarrow i}$ 是在 $\Lambda$ 上的配置固定为 $\boldsymbol{\sigma}$ 且 $u$ 的值固定为 $i$ 的条件下，$\boldsymbol{\mu}$ 在 $v$ 上诱导出的条件边缘分布。

因为 1 -骨架上的简单随机游走是可逆的，所以 $P_\sigma$ 是可逆的。由定理 2-9 可知，要分析针对 $\boldsymbol{\mu}$ 的吉布斯采样算法的谱间隙，只需要分析定义在式（2-9）中的局部随机游走的谱间隙。

**条件 2-11** 令 $\mu$ 为 $Q^V$ 上的分布，其中 $n=|V|$。存在一个序列 $\alpha_0,\alpha_1,\cdots,\alpha_{n-2}$ 使得对任意 $0\leqslant k\leqslant n-2$，大小为 $k$ 的集合 $\Lambda\subseteq V$ 以及任意合法的 $\boldsymbol{\sigma}_\Lambda\in Q^\Lambda$，转移矩阵 $\boldsymbol{P}_{\sigma_\Lambda}$ 满足

$$\lambda_2(\boldsymbol{P}_{\sigma_\Lambda})\leqslant\alpha_k$$

其中 $\lambda_2(\boldsymbol{P}_{\sigma_\Lambda})$ 是 $\boldsymbol{P}_{\sigma_\Lambda}$ 的第二大特征根。

**推论 2-12** 令 $\mu$ 为 $Q^V$ 上的分布，其中 $n=|V|$。令 $\alpha_0,\alpha_1,\cdots,\alpha_{n-2}$ 为一个序列，对所有 $0\leqslant i\leqslant n-2$ 都有 $0\leqslant\alpha_i<1$。如果 $\mu$ 以参数 $\alpha_0,\alpha_1,\cdots,\alpha_{n-2}$ 满足条件 2-11，则针对 $\mu$ 的吉布斯采样算法有如下谱间隙

$$1 - \lambda_2(\boldsymbol{P}_{\text{Gibbs}}) \geqslant \frac{1}{n}\prod_{k=0}^{n-2}(1 - \alpha_k)$$

其中 $\lambda_2(\boldsymbol{P}_{\text{Gibbs}})$ 是吉布斯采样算法转移矩阵 $\boldsymbol{P}_{\text{Gibbs}}$ 的第二大特征根。

注意到局部随机游走状态空间的大小至多为 $O(nq)$，而在一些情况下，因为很多吉布斯分布状态空间的大小为 $|\boldsymbol{\Omega}| = \Omega(q^n)$，所以在一些问题中分析局部随机游走更加容易。我们将在第 10 章中使用基于高维扩张器的技术来分析吉布斯采样算法的收敛时间。

# 第 2 部分
# 分布式采样

# 第 3 章

# 分布式采样总览

## 3.1 分布式计算与 LOCAL 模型

分布式计算是计算机科学的重要研究分支。计算一个问题需要多少局部信息是分布式计算理论的重要研究课题之一。Linial[45]、Naor 和 Stockmeyer[46] 的著名研究引入了两个重要的概念：LOCAL 计算模型和**局部可检测标签问题**（Locally Checkable Labeling problems，LCL problems），这两个概念深刻地刻画了分布式**计算局部性**。

在 LOCAL 模型中，计算在一张网络 $G=(V,E)$ 上进行，网络中的每个节点 $v\in V$ 是一个处理器，每个处理器有一个唯一的编号。每条无向边 $e=\{u,v\}\in E$ 是节点 $u$ 和节点 $v$ 之间的双向通信信道。LOCAL 模型是一个理想的同步计算模型，计算和通信按轮进行。在每一轮中，每个节点利用已知信息进行本地计算，再发送消息给邻居，并接收来自邻居的消息。所有节点都可以做任意计算量的本地计算。每条消息的大小没有限制，节点之间的通信没有延迟，当轮发送的消息可以当轮送达。一个 LOCAL 算法的复杂度为通信的总轮数。所以一个 $t$ 轮的 LOCAL 算法可以看成一个函数，即每个节点先收集距离自己小于等于 $t$ 的所有节点上的信息，然后利用这个函数将收集到的所有信息映射成自己的输出。因此，一个 LOCAL 算法的复杂度就刻画了解决一个问题需要多少局部信息。

局部可检测标签问题是分布式计算重点关注的一类计算问题。这个问题要求算法构造出一个约束满足问题的可行解，这个约束满足问题由一系列局部约束定义。算法结束时，每个节点输出一个自己的标签。问题的每个约束可以通过收集网络上局部节点的标签进行检测。著名的局部可检测标签问题有极大独立集问题以及图的 $q$-染色问题㊀。例如在图的 $q$-染色问题中，每个节点使用集合 $\{1,2,\cdots,q\}$ 中的颜色给自己染色以构造一个全图的合法染色。节点输出的标签就是自己的颜色。合法图染色要求所有相邻的点颜色不同。问题的约束定义在所有边上，每条边只需要收集两个端点的颜色就可以检查一条边上的约束是否被满足，因此这是一个局部可检测标签问题。

在 LOCAL 模型中研究局部可检测标签问题是分布式计

㊀ 在很多分布式计算理论的研究中，颜色数 $q=\Delta+1$，$\Delta$ 是图的最大度数。

算理论的一个重要研究课题。更专业地说，人们想理解一个由局部约束定义的问题能否仅利用局部信息构造出一个可行解。分布式计算领域对经典的局部可检测标签问题的 LOCAL 算法，以及问题的理论下界有着非常深入的研究并且取得了一系列重要的成果[46,67-83]。

## 3.2 分布式采样与分布式计数

在本节中，我们关注一类重要的新问题，即基于局部信息的分布式采样问题。考虑局部可检测标签问题，例如图的 $q$-染色问题，传统的分布式计算关注如何构造一种图的合法 $q$-染色。而在本节中，我们想利用一个分布式算法，在图的所有合法 $q$-染色中等概率地采样出一种随机染色。更一般地说，考虑一个分布式网络 $G=(V,E)$，网络上每个节点 $v\in V$ 有一个随机变量 $X_v$。根据一系列的局部约束，我们可以定义所有满足解的均匀分布，从而得到所有随机变量 $\boldsymbol{X}=(X_v)_{v\in V}$ 的联合分布。我们希望利用分布式算法从联合分布中采样。分布式采样主要研究如下问题：

> 由局部约束定义的联合分布是否可以利用局部信息进行采样？

分布式采样问题比传统的构造可行解问题更加困难，因为如果一个算法可以实现采样，那么它一定也能用来构造可行解。采样问题输出的随机样本在一定程度上可以反映整个解空间的信息。因此采样问题在机器学习、统计物理和理论计算机科学等领域中都有着重要的应用[10]，例如机器学习中的统计推断问题就经常利用随机采样来解决。随着大数据时代的到来，分布式并行采样问题越来越受到关注。在分布式机器学习领域，人们已经针对很多实际问题提出了分布式采样算法[35-44]。这些算法中有很多是启发式算法，有些算法有一定程度的理论保障，例如基于染色方法的并行策略[40]、Hog-Wild！算法[35,43]。但是在理论方面，分布式采样问题仍然缺乏系统性的研究。我们的工作希望给出有理论保障的分布式采样算法，并对分布式采样的一些基本理论问题给出回答。

对于采样问题，我们不仅关注所有解的均匀分布，还可以把联合分布推广到更一般的加权分布。例如在统计物理学的硬核模型中，给定一个图 $G=(V,E)$ 和一个参数 $\lambda \in \mathbb{R}_{\geqslant 0}$，我们可以定义图上所有独立集的加权分布。图上的每一个独立集 $I \subseteq V$ 出现的概率正比于 $\lambda^{|I|}$。这种更一般的加权概率分布，在机器学习、统计物理等领域有着非常重要的应用[10,13]。我们将在分布式网络中研究吉布斯分布的采样算法和下界。

近似计数是一个和随机采样密切相关的问题。对于约束满足问题，近似计数的计算任务是估计所有满足解的个数。对于更一般的吉布斯分布，其计算任务为估计吉布斯分布的配分函数。Jerrum-Valiant-Vazirani 的著名工作[4] 证明，对于可自归约问题，近似计数和随机采样在多项式图灵机上具有计算等价性。我们想研究采样问题和计数问题在分布式计算模型上的联系。计数问题是一个需要全局信息才能解决的问题，我们考虑计数问题的分布式版本——统计推断问题，即计算一个随机变量的边缘概率分布。计数问题和推断问题有着非常密切的联系，即对于可自归约问题，利用链式法则，计数问题可以归约成求解一系列随机变量的边缘概率分布[4]。所以，推断问题可以看成一种局部版本的计数问题，而且分布式计算模型下的推断问题本身在机器学习领域就有着重要的应用[84]。在本书中，我们将研究在分布式计算模型下计数（推断）问题的算法，以及它和采样问题的联系。

## 3.3 分布式采样部分章节安排

在第 4 章，我们将给出两个基于马尔可夫链蒙特卡洛方法的分布式采样算法。第一个算法是**局部梅特罗波利斯算法**，它是一个为分布式网络计算专门设计的分布式马尔可夫链。第二个算法能在分布式网络上**完美模拟**出串行的梅特罗波利斯算法。

在第 5 章，我们研究分布式采样的**复杂性**。对于一大类吉布斯分布，我们给出了一个 $\Omega(\log n)$ 的分布式采样理论下界，其中 $n$ 是网络中的节点数。对于存在远距离相关性的吉布斯分布，我们给出了一个 $\Omega(\text{diam})$ 的分布式采样理论下界，其中 diam 表示网络的直径，这说明一些分布的随机采样需要全局信息，它们不可能被分布式算法采样。最后我们在分布式模型上证明了采样和近似计数（推断）的计算等价性，给出了一个分布式版本的 Jerrum-Valiant-Vazirani 定理。

# 第 4 章

# 分布式采样算法

## 4.1 问题定义

我们研究 LOCAL 模型上自旋系统的采样问题。考虑一个自旋系统 $\mathcal{I}=(V,E,Q,\boldsymbol{\Phi}=(\boldsymbol{\phi}_a)_{a\in V\cup E})$，其中 $E\in\binom{V}{2}$ 表示一系列二元约束的集合。每个点 $v\in V$ 是一个在有限集合 $Q$ 上取值的随机变量且关联了外场向量 $\boldsymbol{\phi}_v\in\mathbb{R}_{\geqslant 0}^{Q}$；每条边 $e\in E$ 关联了一个对称矩阵 $\boldsymbol{\phi}_e\in\mathbb{R}_{\geqslant 0}^{Q\times Q}$。令 $\boldsymbol{\mu}$ 为 $\mathcal{I}$ 定义的吉布斯分布，每个配置 $\boldsymbol{\sigma}\in Q^V$ 出现的概率为

$$\boldsymbol{\mu}(\boldsymbol{\sigma}) \propto \prod_{v\in V}\boldsymbol{\phi}_v(\sigma_v)\prod_{e=\{u,v\}\in E}\boldsymbol{\phi}_e(\sigma_u,\sigma_v)$$

自旋系统更严格的定义见 2.1.2 节。

图染色模型是一类非常重要的自旋系统。令 $G=(V,E)$ 为一张图，令 $Q=[q]=\{1,2,\cdots,q\}$ 为 $q$ 种颜色。一个图的合法 $q$-染色 $X\in[q]^V$ 给每个节点一种颜色使得对于任意边

$e=\{u,v\}\in E, X_u\neq X_v$。图染色模型对应的吉布斯分布为图上所有合法染色的均匀分布。

本章考虑如下定义的分布式近似采样问题。考虑一个 LOCAL 计算模型的分布式网络 $G=(V,E)$。给定一个定义在这个网络上的自旋系统 $\mathcal{I}=(V,E,Q,\boldsymbol{\Phi})$，令 $\boldsymbol{\mu}=\boldsymbol{\mu}_{\mathcal{I}}$ 为此自旋系统定义的吉布斯分布。分布式采样问题的输入输出如下。

- **输入：** 每个点 $v\in V$ 的输入包含值域 $Q$，向量 $\boldsymbol{\phi}_v$，所有的矩阵 $\boldsymbol{\phi}_e$ 满足 $v\in e$，以及一个误差参数 $\varepsilon>0$。
- **输出：** 每个点 $v\in V$ 输出一个随机值 $X_v\in Q$。

我们用 $\boldsymbol{\pi}$ 表示所有输出变量 $\boldsymbol{X}=(X_v)_{v\in V}$ 的联合概率分布。分布式采样问题要求算法输出的分布 $\boldsymbol{\pi}$ 和吉布斯分布 $\boldsymbol{\mu}$ 之间的全变差满足

$$d_{\mathrm{TV}}(\boldsymbol{\mu},\boldsymbol{\pi})\triangleq\frac{1}{2}\sum_{\sigma\in Q^V}|\boldsymbol{\mu}(\sigma)-\boldsymbol{\pi}(\sigma)|\leqslant\varepsilon$$

## 4.2 局部梅特罗波利斯算法

### 4.2.1 算法与主要结论

令 $\mathcal{I}=(V,E,Q,\boldsymbol{\Phi})$ 为一个自旋系统。重申对于每个点 $v\in V$，$\boldsymbol{\phi}_v$ 为一个概率分布；对于每条边，$\boldsymbol{\phi}_e$ 是一个值域为 $[0,1]$ 的对称矩阵。梅特罗波利斯算法是一种重要的马尔可夫链蒙特卡洛方法。在自旋系统上，我们考虑一种如下定义的梅特罗波利斯算法，如算法 3 所示。

---

**算法 3**：一种针对自旋系统的梅特罗波利斯算法

---

**输入**：一个吉布斯分布为 $\mu$ 的自旋系统 $\mathcal{I}=(V,E,Q,\Phi)$

初始 $\boldsymbol{X}$ 取 $Q^V$ 上的任意一种配置（可能不合法）；

**for** $t=1$ 到 $T$ **do**

  随机等概率选择一个点 $v\in V$；

  从概率分布 $\boldsymbol{\phi}_v$ 中随机采样一个值 $c_v\in Q$；

  以概率 $\prod_{u:\{u,v\}\in E}\boldsymbol{\phi}_{uv}(c_v,X_u)$ 执行更新 $X_v\leftarrow c_v$；否则保持 $X_v$ 不变；

**return** $\boldsymbol{X}$；

---

算法 3 是一种重要的串行采样算法。对于一大类自旋系统，它都可以快速收敛到其所对应的吉布斯分布。在本节中，我们依照梅特罗波利斯算法，为分布式计算模型设计一个专门的分布式马尔可夫链——局部梅特罗波利斯算法。

令图 $G=(V,E)$ 是一个 LOCAL 模型的通信网络。考虑一个定义在 $G$ 上的自旋系统 $\mathcal{I}=(V,E,Q,\Phi)$。令 $0<p<1$ 为一个实数参数，$T>0$ 为一个整数参数，$p$ 和 $T$ 的具体取值将在之后确定。算法初始每个点 $v\in V$ 从 $Q$ 中任意取一个值 $X_v\in Q$；之后，算法执行 $T$ 次如下步骤。

- 每个点 $v\in V$ 独立地以概率 $p$ 变为**活跃状态**，否则点 $v$ 变成**休眠状态**。
- 所有活跃的点 $v\in V$ 独立地从概率分布 $\boldsymbol{\phi}_v$ 中采样一个随机取值 $c_v\in Q$。
- 当且仅当 $u$ 和 $v$ 中至少一个点处于活跃状态时，每条边 $e=\{u,v\}\in E$ 变为活跃状态。所有活跃的边 $e\in E$ 独立地抛一枚硬币，正面向上的概率 $p_e$ 为

$$p_e=\begin{cases}\boldsymbol{\phi}_e(c_u,c_v)\boldsymbol{\phi}_e(c_u,X_v)\boldsymbol{\phi}_e(X_u,c_v) & \text{如果 } u\text{、}v\text{ 都活跃}\\ \boldsymbol{\phi}_e(c_u,X_v) & \text{如果 } u \text{ 活跃，} v \text{ 休眠}\\ \boldsymbol{\phi}_e(X_u,c_v) & \text{如果 } u \text{ 休眠，} v \text{ 活跃}\end{cases}$$

- 对于所有点 $v\in V$，如果点 $v$ 活跃且和 $v$ 相关的所有边的抛硬币结果都是正面向上，则点 $v$ 更新 $X_v\leftarrow c_v$；否则点 $v$ 保持 $X_v$ 不变。

算法执行完 $T$ 次上述步骤之后，算法结束，每个点输出当前的 $X_v\in Q$。

局部梅特罗波利斯算法的伪代码见算法 4。

---

**算法 4**：局部梅特罗波利斯算法

---

**输入**：每个点 $v\in V$ 收敛到值域 $Q$，向量 $\boldsymbol{\phi}_v$，以及满足 $v\in e$ 的所有矩阵 $\boldsymbol{\phi}_e$，实数参数 $0<p<1$，整数参数 $T$；

每个点 $v\in V$ 把 $X_v$ 设置为 $Q$ 中任意一个值；
**for** $t=1$ 循环到 $T$ **do**
　**foreach** $v\in V$ **do**
　　└ 以概率 $p$ 变成活跃，否则变成休眠；
　**foreach** 活跃的点 $v\in V$ **do**
　　└ 从概率分布 $\boldsymbol{\phi}_v$ 中采样一个随机值 $c_v\in Q$；
　**foreach** $u$ 和 $v$ 都活跃的边 $\{u,v\}\in E$ **do**
　　└ 以概率 $\boldsymbol{\phi}_e(c_u,c_v)\boldsymbol{\phi}_e(c_u,X_v)\boldsymbol{\phi}_e(X_u,c_v)$ 通过测试；
　**foreach** $u$ 活跃且 $v$ 休眠的边 $\{u,v\}\in E$ **do**
　　└ 以概率 $\boldsymbol{\phi}_e(c_u,X_v)$ 通过测试；
　**foreach** 活跃的点 $v\in V$ **do**
　　**if** 所有和 $v$ 相关的边都通过测试 **then**
　　　└ $X_v\leftarrow c_v$；
每个 $v\in V$ 输出 $X_v$；

---

局部梅特罗波利斯算法是一个分布式马尔可夫链 $(X_t)_{t\geq 0}$。下述定理说明，对于一个可拓展概率图模型（定义 2-1），如果梅特罗波利斯算法可以最终收敛到吉布斯分布 $\mu$，那么局部梅特罗波利斯算法最终也可以收敛到 $\mu$。

**定理 4-1** 对于一个可拓展自旋系统 $\mathcal{I}=(V,E,Q,\Phi)$，如果串行梅特罗波利斯算法在合法解空间上不可约，则对于参数为任意 $0<p<1$ 的局部梅特罗波利斯算法 $(X_t)_{t\geq 0}$，从任意初始状态 $X_0 \in Q^V$ 出发，当 $t\leftarrow\infty$ 时，$X_t$ 可以收敛到 $\mu$。

对于一类自旋系统，局部梅特罗波利斯算法可以在 $O(\log n)$ 的时间内快速收敛。我们以图染色模型为例，给出收敛性结论。

**定理 4-2** 对于任意 $\delta>0$，存在一个常数 $C=C(\delta)$ 使得对于任意 $n$ 个点最大度数为 $\Delta$ 的图 $G$，如果 $q\geq(2+\delta)\Delta$，则参数为 $p=\min\left\{\frac{\delta}{3},\frac{1}{2}\right\}$ 的局部梅特罗波利斯算法可以用 $C\log\frac{n}{\varepsilon}$ 轮的时间返回一个随机样本 $\boldsymbol{X}\in[q]^V$ 满足 $d_{\mathrm{TV}}(\boldsymbol{X},\mu)\leq\varepsilon$，其中 $\mu$ 是所有合法 $q$-染色的均匀分布。

### 4.2.2 局部梅特罗波利斯算法的平稳分布

我们先证明从任意初始状态出发，局部梅特罗波利斯算法一定可以收敛到合法状态。因为 $\mathcal{I}$ 是可拓展的，对于每个点 $v\in V$，如果点 $v$ 活跃且点 $v$ 的所有邻居都休眠，那么以非零的概率，点 $v$ 在一次马尔可夫链更新之后，可以满足点 $v$ 以及和 $v$ 相关的边上的约束，即 $\boldsymbol{\phi}_v(X_v)\prod_{u:\{u,v\}\in E}\boldsymbol{\phi}_{uv}(X_v,X_u)>0$。注意到局部梅特罗波利斯算法不可能把一个合法状态更新成非法状态，所以局部梅特罗波利斯算法一定可以收敛到合法状态。

我们接着证明，局部梅特罗波利斯算法在合法状态空间上是连通的。令 $n$ 为总点数。令 $P$ 为局部梅特罗波利斯算法的转移矩阵。我们证明对于任何合法状态 $X$、$Y$，存在 $t$ 使得 $P^t(X,Y)>0$。根据假设，梅特罗波利斯算法在合法解空间上是连通的。在局部梅特罗波利斯算法上，以概率 $np(1-p)^{(n-1)}$ 来说，只有一个点活跃且其他点都休眠。在此条件下，局部梅特罗波利斯算法的转移规则和梅特罗波利斯算法一致。所以当每一步均以非零概率时，局部梅特罗波利斯算法可以完全模拟梅特罗波利斯算法的转移。因此局部梅特罗波利斯算法在合法解空间上也是连通的。注意到局部梅特罗波利斯算法每一步以概率 $(1-p)^n$ 使所有点都休眠，因此 $P(X,X)>0$，局部梅特罗波利斯算法是非周期马尔可夫链。所以局部梅特罗波利斯算法存在唯一平稳分布，且平稳分布只在合法状态上有非零概率。

最后我们验证局部梅特罗波利斯算法满足细致平衡方程

$$\forall X,Y\in Q^V,\quad \mu(X)P(X,Y)=\mu(Y)P(Y,X) \tag{4-1}$$

从而说明吉布斯分布 $\mu$ 是局部梅特罗波利斯算法的唯一平稳

分布。注意到如果 $X$、$Y$ 都是非法状态，显然式（4-1）成立。如果 $X$、$Y$ 一个合法一个非法，假设 $X$ 合法 $Y$ 非法，因为 $P(X,Y)=0$，所以式（4-1）成立。现在我们考虑 $X$、$Y$ 都是合法的情况。局部梅特罗波利斯算法所定义的马尔可夫链的每一步转移都有以下三个步骤：

- 生成一个活跃点的集合 $S\subseteq V$。
- 每一个活跃的点 $v\in V$ 按照概率分布 $\boldsymbol{\phi}_v$ 随机生成 $c_v\in Q$，记向量 $\boldsymbol{c}=(c_v)_{v\in S}$。
- 记集合 $E(S)$ 为两个端点都活跃的所有边的集合，记集合 $\delta(S)$ 为恰好只有一个端点活跃的边的集合，我们称 $E(S)\cup\delta(S)$ 里的边为活跃的边；所有活跃的边 $e\in E(S)\cup\delta(S)$ 抛一枚硬币，记 $r_e\in\{0,1\}$ 为抛硬币结果，$r_e=1$ 表示正面向上，$r_e=0$ 表示背面向上，记向量 $\boldsymbol{r}=(r_e)_{e\in E(S)\cup\delta(S)}$。

给定当前状态，局部梅特罗波利斯算法生成随机三元组（$\mathbb{S},\mathbb{c},\mathbb{r}$），再利用三元组完成转移。记 $\boldsymbol{\Omega}_{X\to Y}$ 是所有能把 $\boldsymbol{X}$ 转移成 $\boldsymbol{Y}$ 的三元组的集合，则

$$P(X,Y)=\sum_{(S,\boldsymbol{c},\boldsymbol{r})\in\Omega_{X\to Y}}\mathbb{P}[(\mathbb{S},\mathbb{c},\mathbb{r})=(S,\boldsymbol{c},\boldsymbol{r})]$$

同理可以对 $P(Y,X)$ 写出类似的等式。定义 $D\triangleq\{v\in V\mid X_v\neq Y_v\}$。记 $E(D)$ 为两个端点都在集合 $D$ 中的边的集合，记 $\delta(D)$ 为恰好只有一个端点在 $D$ 中的边的集合。要验证细致平衡方程式（4-1），我们只需要验证如下关系

$$P(X,Y)=P(Y,X)=0$$

或 $P(X,Y)$、$P(Y,X)>0$ 满足以下关系

$$\frac{P(X,Y)}{P(Y,X)}=\frac{\sum_{(S,\boldsymbol{c},\boldsymbol{r})\in\Omega_{X\to Y}}\mathbb{P}[(\mathbb{S},\mathbb{c},\mathbb{r})=(S,\boldsymbol{c},\boldsymbol{r})]}{\sum_{(S,\boldsymbol{c},\boldsymbol{r})\in\Omega_{Y\to X}}\mathbb{P}[(\mathbb{S},\mathbb{c},\mathbb{r})=(S,\boldsymbol{c},\boldsymbol{r})]}$$

$$=\frac{\prod_{v\in D}\boldsymbol{\phi}_v(Y_v)\prod_{e=E(D)\cup\delta(D)}\boldsymbol{\phi}_e(Y_e)}{\prod_{v\in D}\boldsymbol{\phi}_v(X_v)\prod_{e=E(D)\cup\delta(D)}\boldsymbol{\phi}_e(X_e)}=\frac{\mu(Y)}{\mu(X)}$$

证明方法是先构造一个双射 $h_{X\to Y}$: $\boldsymbol{\Omega}_{X\to Y}\to\boldsymbol{\Omega}_{Y\to X}$。然后，对于任意的（$S,\boldsymbol{c},\boldsymbol{r}$）$\in\boldsymbol{\Omega}_{X\to Y}$，记（$S',\boldsymbol{c}',\boldsymbol{r}'$）$=h_{X\to Y}(S,\boldsymbol{c},\boldsymbol{r})$，我们只需要证明如下关系就能验证细致平衡方程

$$\mathbb{P}[(\mathbb{S},\mathbb{c},\mathbb{r})=(S,\boldsymbol{c},\boldsymbol{r})]=\mathbb{P}[(\mathbb{S},\mathbb{c},\mathbb{r})=(S',\boldsymbol{c},\boldsymbol{r}')]=0 \tag{4-2}$$

或 $\mathbb{P}[(\mathbb{S},\mathbb{c},\mathbb{r})=(S,\boldsymbol{c},\boldsymbol{r})]$、$\mathbb{P}[(\mathbb{S},\mathbb{c},\mathbb{r})=(S',\boldsymbol{c}',\boldsymbol{r}')]>0$ 满足

$$\frac{\mathbb{P}[(\mathbb{S},\mathbb{c},\mathbb{r})=(S,\boldsymbol{c},\boldsymbol{r})]}{\mathbb{P}[(\mathbb{S},\mathbb{c},\mathbb{r})=(S',\boldsymbol{c}',\boldsymbol{r}')]}=\frac{\prod_{v\in D}\boldsymbol{\phi}_v(Y_v)\prod_{e=E(D)\cup\delta(D)}\boldsymbol{\phi}_e(Y_e)}{\prod_{v\in D}\boldsymbol{\phi}_v(X_v)\prod_{e=E(D)\cup\delta(D)}\boldsymbol{\phi}_e(X_e)} \tag{4-3}$$

对于任意点 $v\in V$，我们用 $\Gamma(v)$ 表示 $v$ 在图 $G=(V,E)$ 上的邻居。注意到，当且仅当满足以下条件，三元组（$S,\boldsymbol{c},\boldsymbol{r}$）在集合 $\Omega_{X\to Y}$ 中。

- $D\subseteq S$。
- 对于任意的 $v\in D$，$c_v=Y_v$，且对于任意邻居 $u\in\Gamma(v)$，

$r_{uv}=1$。

- 对于任意的 $v \in S \setminus D, c_v = X_v = Y_v$ 或存在邻居 $u \in \Gamma(v)$，$r_{uv}=0$。

双射的构造规则是，给定一个 $(S,\boldsymbol{c},\boldsymbol{r}) \in \boldsymbol{\Omega}_{X\to Y}$，构造 $(S',\boldsymbol{c}',\boldsymbol{r}')=h_{X\to Y}(S,\boldsymbol{c},\boldsymbol{r})$ 如下：

- $S'=S$。
- 对于任意的 $v \in D$，$c'_v=X_v$；对于任意的 $v \in S \setminus D$，$c'_v=c_v$。
- 对于任意的 $e \in E(S) \cup \delta(S)$，$r'_e=r_e$。

现在证明 $h_{X\to Y}$ 是一个双射，首先容易验证 $(S',\boldsymbol{c}',\boldsymbol{r}')$ 一定可以把 $Y$ 变成 $X$，所以 $h_{X\to Y}$ 的值域是 $\boldsymbol{\Omega}_{Y\to X}$。在上述定义中，我们交换 $X$ 和 $Y$ 的位置，可以得到一个从 $\boldsymbol{\Omega}_{Y\to X}$ 到 $\boldsymbol{\Omega}_{X\to Y}$ 的映射 $h_{Y\to X}$。容易验证 $h_{X\to Y}$ 和 $h_{Y\to X}$ 为互逆映射，即对于任意 $(S,\boldsymbol{c},\boldsymbol{r}) \in \boldsymbol{\Omega}_{X\to Y}, h_{Y\to X}(h_{X\to Y}(S,\boldsymbol{c},\boldsymbol{r}))=(S,\boldsymbol{c},\boldsymbol{r})$；对于任意 $(S',\boldsymbol{c}',\boldsymbol{r}') \in \boldsymbol{\Omega}_{Y\to X}, h_{X\to Y}(h_{Y\to X}(S',\boldsymbol{c}',\boldsymbol{r}'))=(S',\boldsymbol{c}',\boldsymbol{r}')$。所以 $h_{X\to Y}$ 是一个双射。

现在证明式（4-2）和式（4-3）。由链式法则可得

$$\begin{aligned}&\mathbb{P}[(\mathbb{S},\mathbb{c},\mathbb{r})=(S,\boldsymbol{c},\boldsymbol{r})]\\&=\mathbb{P}[\mathbb{S}=S]\mathbb{P}[\mathbb{c}=\boldsymbol{c}\mid\mathbb{S}=S]\mathbb{P}[\mathbb{r}=\boldsymbol{r}\mid\mathbb{S}=S\wedge\mathbb{c}=\boldsymbol{c}]\end{aligned}$$

$$\begin{aligned}&\mathbb{P}[(\mathbb{S},\mathbb{c},\mathbb{r})=(S',\boldsymbol{c}',\boldsymbol{r}')]\\&=\mathbb{P}[\mathbb{S}=S']\mathbb{P}[\mathbb{c}=c'\mid\mathbb{S}=S']\mathbb{P}[\mathbb{r}=r'\mid\mathbb{S}=S'\wedge\mathbb{c}=\boldsymbol{c}']\end{aligned}$$

根据双射的定义可得 $S=S'$。因为 $0<p<1$，所以 $\mathbb{P}[\mathbb{S}=S=S']>$

0。又因为对于每个活跃的点 $v$，随机值 $c_v$ 是从概率分布 $\boldsymbol{\phi}_v$ 中独立产生的。注意到 $X$、$Y$ 都是合法状态，$c(D)=Y(D)$，$c'(D)=X(D)$，且 $c(S\setminus D)=c'(S\setminus D)$。于是，要么 $\mathbb{P}[\mathbb{c}=\boldsymbol{c}\mid\mathbb{S}=S]=\mathbb{P}[\mathbb{c}=\boldsymbol{c}'\mid\mathbb{S}=S']=0$，要么两者同时非零。如果同时取 0，则式（4-2）成立。我们假设

$$\mathbb{P}[\mathbb{S}=S]\mathbb{P}[\mathbb{c}=\boldsymbol{c}\mid\mathbb{S}=S],\ \mathbb{P}[\mathbb{S}=S']\mathbb{P}[\mathbb{c}=\boldsymbol{c}'\mid\mathbb{S}=S']>0$$

于是有

$$\frac{\mathbb{P}[\mathbb{S}=S]\mathbb{P}[\mathbb{c}=\boldsymbol{c}\mid\mathbb{S}=S]}{\mathbb{P}[\mathbb{S}=S']\mathbb{P}[\mathbb{c}=\boldsymbol{c}'\mid\mathbb{S}=S']}=\frac{\mathbb{P}[\mathbb{c}=\boldsymbol{c}\mid\mathbb{S}=S]}{\mathbb{P}[\mathbb{c}=\boldsymbol{c}'\mid\mathbb{S}=S']}=\frac{\prod_{v\in D}\boldsymbol{\phi}_v(Y_v)}{\prod_{v\in D}\boldsymbol{\phi}_v(X_v)}$$

最后考虑 $\mathbb{P}[\mathbb{r}=\boldsymbol{r}\mid\mathbb{S}=S\wedge\mathbb{c}=\boldsymbol{c}]$ 和 $\mathbb{P}[\mathbb{r}=\boldsymbol{r}'\mid\mathbb{S}=S'\wedge\mathbb{c}=\boldsymbol{c}']$ 的比值。因为所有的边独立地抛硬币，我们研究每一条边的概率的比值关系。我们把活跃的边 $E(S)\cup\delta(S)$ 分为三类，依次考虑每一类的比值。

- $E(D)$ 中的边：集合 $e=\{u,v\}\in E(D)$ 中的边，$u$、$v$ 都是活跃的点而且 $r_e=r'_e=1$，$c_u=Y_u$，$c_v=Y_v$，$c'_u=X_u$，$c'_v=X_v$，于是我们有

$$\begin{aligned}\mathbb{P}[\mathbb{r}_e=1\mid\mathbb{S}=S\wedge\mathbb{c}=\boldsymbol{c}]&=\boldsymbol{\phi}_e(c_u,c_v)\boldsymbol{\phi}_e(c_u,X_v)\boldsymbol{\phi}_e(X_u,c_v)\\&=\boldsymbol{\phi}_e(Y_u,Y_v)\boldsymbol{\phi}_e(Y_u,X_v)\boldsymbol{\phi}_e(X_u,Y_v)\end{aligned}$$

$$\begin{aligned}\mathbb{P}[\mathbb{r}'_e=1\mid\mathbb{S}=S'\wedge\mathbb{c}=\boldsymbol{c}']&=\boldsymbol{\phi}_e(c'_u,c'_v)\boldsymbol{\phi}_e(c'_u,Y_v)\boldsymbol{\phi}_e(Y_u,c'_v)\\&=\boldsymbol{\phi}_e(X_u,X_v)\boldsymbol{\phi}_e(X_u,Y_v)\boldsymbol{\phi}_e(Y_u,X_v)\end{aligned}$$

  如果 $\boldsymbol{\phi}_e(X_u,Y_v)\boldsymbol{\phi}_e(Y_u,X_v)=0$，则两个概率值 $\mathbb{P}[\mathbb{r}_e=1\mid\mathbb{S}=S\wedge\mathbb{c}=\boldsymbol{c}]$ 和 $\mathbb{P}[\mathbb{r}'_e=1\mid\mathbb{S}=S'\wedge\mathbb{c}=\boldsymbol{c}']$ 都为 0；否则

$$\frac{\mathbb{P}[\mathbb{r}_e=1\mid\mathbb{S}=S\wedge\mathbb{c}=\boldsymbol{c}]}{\mathbb{P}[\mathbb{r}'_e=1\mid\mathbb{S}=S'\wedge\mathbb{c}=\boldsymbol{c}']}=\frac{\boldsymbol{\phi}_e(Y_e)}{\boldsymbol{\phi}_e(X_e)}。$$

- $\delta(D)$ 中的边：考虑一条边 $e=\{u,v\}\in\delta(D)$，我们假设 $u\in D$，$v\notin D$。根据双射的定义，一定有 $u$ 是活跃的点，使 $r_e=1$、$c_u=Y_u$、$c'_u=X_u$。根据点 $v$ 是否为活跃的点考虑如下两种子情况。①点 $v$ 为活跃的点。根据双射的定义，我们有 $c_v=c'_v$。因为 $v\notin D$，所以 $X_v=Y_v$。于是

$$\begin{aligned}\mathbb{P}[\mathbb{r}_e=1\mid\mathbb{S}=S\wedge\mathbb{c}=\boldsymbol{c}]&=\boldsymbol{\phi}_e(c_u,c_v)\boldsymbol{\phi}_e(c_u,X_v)\boldsymbol{\phi}_e(X_u,c_v)\\&=\boldsymbol{\phi}_e(Y_u,c_v)\boldsymbol{\phi}_e(Y_u,Y_v)\boldsymbol{\phi}_e(X_u,c_v)\\\mathbb{P}[\mathbb{r}'_e=1\mid\mathbb{S}=S'\wedge\mathbb{c}=\boldsymbol{c}']&=\boldsymbol{\phi}_e(c'_u,c'_v)\boldsymbol{\phi}_e(c'_u,Y_v)\boldsymbol{\phi}_e(Y_u,c'_v)\\&=\boldsymbol{\phi}_e(X_u,c_v)\boldsymbol{\phi}_e(X_u,X_v)\boldsymbol{\phi}_e(Y_u,c_v)\end{aligned}$$

  如果 $\boldsymbol{\phi}_e(Y_u,c_v)\boldsymbol{\phi}_e(X_u,c_v)=0$，则上述两个概率值 $\mathbb{P}[\mathbb{r}_e=1\mid\mathbb{S}=S\wedge\mathbb{c}=\boldsymbol{c}]$ 和 $\mathbb{P}[\mathbb{r}'_e=1\mid\mathbb{S}=S'\wedge\mathbb{c}=\boldsymbol{c}']$ 都为 0；否则 $\frac{\mathbb{P}[\mathbb{r}_e=1\mid\mathbb{S}=S\wedge\mathbb{c}=\boldsymbol{c}]}{\mathbb{P}[\mathbb{r}'_e=1\mid\mathbb{S}=S'\wedge\mathbb{c}=\boldsymbol{c}']}=\frac{\boldsymbol{\phi}_e(Y_e)}{\boldsymbol{\phi}_e(X_e)}$。②点 $v$ 不是活跃的点。因为 $v\in D$，所以 $X_v=Y_v$。于是

$$\mathbb{P}[\mathbb{r}_e=1\mid\mathbb{S}=S\wedge\mathbb{c}=\boldsymbol{c}]=\boldsymbol{\phi}_e(c_u,X_v)=\boldsymbol{\phi}_e(Y_u,X_v)=\boldsymbol{\phi}_e(Y_u,Y_v)$$

$$\mathbb{P}[\mathbb{r}'_e=1\mid\mathbb{S}=S'\wedge\mathbb{c}=\boldsymbol{c}']=\boldsymbol{\phi}_e(c'_u,Y_v)=\boldsymbol{\phi}_e(X_u,Y_v)=\boldsymbol{\phi}_e(X_u,X_v)$$

  此时一定有 $\frac{\mathbb{P}[\mathbb{r}_e=1\mid\mathbb{S}=S\wedge\mathbb{c}=\boldsymbol{c}]}{\mathbb{P}[\mathbb{r}'_e=1\mid\mathbb{S}=S'\wedge\mathbb{c}=\boldsymbol{c}']}=\frac{\boldsymbol{\phi}_e(Y_e)}{\boldsymbol{\phi}_e(X_e)}$

- 既不在 $E(D)$ 中也不在 $\delta(D)$ 中的边：对于这种边 $e=\{u,v\}$，一定有 $X_u=Y_u$、$X_v=Y_v$。根据双射的定义，如果 $u$ 是活跃的点，一定有 $c_u=c'_u$；如果 $v$ 是活跃的点，一定

有 $c_v=c'_v$；如果 $e$ 存在活跃的端点，一定有 $r_e=r'_e$。所以

$$\mathbb{P}[\mathbb{r}_e=1 \mid \mathbb{S}=S\wedge \mathbb{c}=\boldsymbol{c}]=\mathbb{P}[\mathbb{r}'_e=1 \mid \mathbb{S}=S'\wedge \mathbb{c}=\boldsymbol{c}']$$

因为所有的边都独立地抛硬币，综合以上三种情况，可以验证式（4-2）或者式（4-3）成立，所以局部梅特罗波利斯算法满足细致平衡方程。正确性得证。

### 4.2.3 局部梅特罗波利斯算法的混合时间

本节证明局部梅特罗波利斯算法可以在图染色模型上快速收敛。局部梅特罗波利斯算法的伪代码见算法 5。

**算法 5**：图染色模型的局部梅特罗波利斯算法

**输入**：每个点 $v\in V$ 收敛到值域［$q$］，实数参数 $0<p<1$，整数参数 $T$；

每个点 $v\in V$ 把 $X_v$ 设置为［$q$］中任意一个值；<br>
**for** $t=1$ 循环到 $T$ **do**<br>
    **foreach** $v\in V$ **do**<br>
        以概率 $p$ 变成活跃，否则变成休眠；<br>
    **foreach** 活跃的点 $v\in V$ **do**<br>
        随机均匀地采样一个颜色 $c_v\in[q]$；<br>
    **foreach** $u$ 和 $v$ 都活跃的边 $\{u,v\}\in E$ **do**<br>
        当且仅当 $c_u\neq c_v\wedge c_u\neq X_v\wedge X_u\neq c_v$ 时通过测试；<br>
    **foreach** $u$ 活跃且 $v$ 休眠的边 $\{u,v\}\in E$ **do**<br>
        当且仅当 $c_u\neq X_v$ 时通过测试；<br>
    **foreach** 活跃的点 $v\in V$ **do**<br>
        **if** 所有和 $v$ 相关的边都通过测试 **then**<br>
            $X_v\leftarrow c_v$；<br>
每个 $v\in V$ 输出 $X_v$；

局部梅特罗波利斯算法是一个马尔可夫链 $(\boldsymbol{X}_t)_{t\geq 0}$。我们在汉明距离上使用路径耦合分析技术来证明马尔可夫链的混合时间。

假设 $X,Y\in[q]^V$ 为两个只在点 $v_0$ 处不同的图染色（未必合法）。我们不失一般性地假设 $X(v_0)=$ **Red**，$Y(v_0)=$ **Blue**。我们接着构造一个耦合 $(X,Y)\to(X',Y')$。给定当前染色 $X$，下一步的随机染色 $X'$ 由 $(S_X,\boldsymbol{c}_X)$ 确定，其中 $S_X$ 是所有跃点的集合，$\boldsymbol{c}_X\in[q]^{S_X}$ 是由所有活跃点产生的随机颜色。马尔可夫链的耦合 $(X,Y)\to(X',Y')$ 由随机二元组 $(S_X,\boldsymbol{c}_X)$ 和 $(S_Y,\boldsymbol{c}_Y)$ 的耦合所确定。随机二元组按如下规则进行耦合。

- 第一步，节点的活跃性按相同规则进行耦合。在两条链中，每个点 $v\in V$ 以相同的随机性，独立地以概率 $p$ 变得活跃。令 $S=S_X=S_Y$ 表示所有活跃点的集合。
- 第二步，所有活跃点产生的随机颜色 $(\boldsymbol{c}_X,\boldsymbol{c}_Y)$ 按照如下规则一步一步进行耦合。重申 $\Gamma(v_0)$ 表示 $v_0$ 在图上的所有邻居。
  1）对于每个活跃的点 $v\notin\Gamma(v_0)$，随机颜色 $(\boldsymbol{c}_X(v),\boldsymbol{c}_Y(v))$ 用**一致策略**进行耦合，即 $\boldsymbol{c}_X(v)=\boldsymbol{c}_Y(v)=\boldsymbol{c}(v)\in[q]$ 是一个独立且均匀的随机颜色。
  2）对于每个活跃的点 $v\in\Gamma(v_0)$，如果满足下列任意一个条件，则 $(\boldsymbol{c}_X(v),\boldsymbol{c}_Y(v))$ 用**一致策略**进行

耦合：

- 存在一个 $v$ 的邻居 $u \neq v_0$，$u$ 的当前颜色满足 $X(u)=Y(u)\in\{\textbf{Red},\textbf{Blue}\}$。
- 存在一个 $v$ 的活跃邻居 $u\notin\Gamma(v_0)$，$u$ 在第1）步采样的随机颜色满足 $\boldsymbol{c}_X(u)=\boldsymbol{c}_Y(u)\in\{\textbf{Red},\textbf{Blue}\}$。

对于剩下的所有活跃点 $v\in\Gamma(v_0)$，随机颜色（$\boldsymbol{c}_X(v)$，$\boldsymbol{c}_Y(v)$）以**交换策略**进行耦合：先独立均匀采样 $\boldsymbol{c}_X(u)\in[q]$，如果 $\boldsymbol{c}_X(u)=\textbf{Red}$，则 $\boldsymbol{c}_Y(u)=\textbf{Blue}$；如果 $\boldsymbol{c}_X(u)=\textbf{Blue}$，则 $\boldsymbol{c}_Y(u)=\textbf{Red}$；其他情况令 $\boldsymbol{c}_X(u)=\boldsymbol{c}_Y(u)$。

容易验证这是一个局部梅特罗波利斯算法的合法耦合。在每一条单独的链中，每个点都独立地以概率 $p$ 变得活跃，每个活跃的点都独立并且均匀地产生一个随机颜色。引理4-3分析了（$X',Y'$）之间的差异。

**引理 4-3** 对于 $X$，$Y\in[q]^V$ 不一致的点 $v_0$，我们有

$$\mathbb{P}[X'(v_0)=Y'(v_0)\mid X,\ Y]\geqslant\frac{p(q-\Delta)}{q}\left(1-\frac{3p}{q}\right)^{\Delta}\tag{4-4}$$

对于每个点 $u\in\Gamma(v_0)$，我们有

$$\mathbb{P}[X'(u)\neq Y'(u)\mid X,Y]\leqslant\frac{p}{q}\tag{4-5}$$

对于每个点 $w\in V\setminus\Gamma^+(v_0)$，我们有

$$\mathbb{P}[X'(w)\neq Y'(w)\mid X,Y]=0\tag{4-6}$$

我们先假设引理4-3正确。我们现在来证明定理4-2。

**定理 4-2 的证明：** 我们用 $X'\oplus Y'$表示 $\{v\in V \mid X'_v\neq Y'_v\}$。结合引理 4-3 中的式（4-4）~式（4-6）以及期望的线性性质，我们有

$$\begin{aligned}\mathbb{E}[\ |X'\oplus Y'|\ |X,\ Y] &= \sum_{v\in V}\mathbb{P}[X'(v)\neq Y'(v)\mid X,Y]\\ &=\mathbb{P}[X'(v_0)\neq Y'(v_0)\mid X,Y]+\\ &\quad\sum_{u\in\Gamma(v_0)}\mathbb{P}[X'(u)\neq Y'(u)\mid X,Y]\end{aligned}$$

于是有

$$\begin{aligned}\mathbb{E}[\ |X'\oplus Y'|\ |X,Y] &\leqslant 1-\frac{p(q-\Delta)}{q}\left(1-\frac{3p}{q}\right)^{\Delta}+\frac{p\Delta}{q}\\ (q\geqslant(2+\delta)\Delta) &\leqslant 1-p\left(\frac{1+\delta}{2+\delta}\left(1-\frac{3p}{(2+\delta)\Delta}\right)^{\Delta}-\frac{1}{2+\delta}\right)\\ (\text{假设 } p\leqslant 1/2) &\leqslant 1-p\left(\frac{1+\delta}{2+\delta}\left(1-\frac{3p}{2+\delta}\right)-\frac{1}{2+\delta}\right)\end{aligned}$$

最后一个不等式成立是因为伯努利不等式：对于 $r\geqslant 1$，$x\geqslant -1$ 有 $(1+x)^r\geqslant 1+rx$。如果 $p=\min\left\{\frac{\delta}{3},\frac{1}{2}\right\}$，则有

$$\mathbb{E}[\ |X'\oplus Y'|\ |X,\ Y]\leqslant\begin{cases}1-\dfrac{\delta^2}{3(2+\delta)^2} & \text{如果 } \delta\leqslant\dfrac{3}{2}\\[2ex] 1-\dfrac{2\delta^2-\delta}{4(2+\delta)^2} & \text{如果 } \delta>\dfrac{3}{2}\end{cases}$$

两个染色之间的汉明距离最多为 $n$。由路径耦合引理（2-4），此马尔可夫链的混合时间为 $\tau(\varepsilon)=O\left(\log n+\log\frac{1}{\varepsilon}\right)$，其中

$O(\cdot)$ 隐藏的常数因子只和 $\delta$ 有关。 □

现在我们来证明引理 4-3。根据耦合的构造，我们有如下观察。

**观察 4-4** 马尔可夫链的耦合满足如下性质：

- 对于每个满足 $X_u=Y_u\in\{\mathbf{Red},\mathbf{Blue}\}$ 的点 $u\neq v_0$，它所有活跃的邻居 $w\in\Gamma(u)\cap S$ 以一致策略耦合随机颜色 $(c_w^X,c_w^Y)$。
- 对于每个点 $u\in\Gamma(v_0)$，仅当存在一个邻居 $w\in\Gamma(u)$ 时，$c_u^X=c_u^Y$ 使得 $X_w=Y_w\in\{\mathbf{Red},\mathbf{Blue}\}$ 或 $c_w^X=c_w^Y\in\{\mathbf{Red},\mathbf{Blue}\}$。
- 对于每个点 $u\neq v_0$，仅当 $u\in S$ 且 $\{c_u^X,c_u^Y\}\subseteq\{\mathbf{Red},\mathbf{Blue}\}$ 时，事件 $X'_u\neq Y'_u$ 发生。

**证明：** 前两个性质容易验证，我们证明最后一个性质。如果 $u$ 休眠，则 $X'_u=X_u=Y_u=Y'_u$ 显然成立。我们假设点 $u$ 活跃且 $\{c_u^X,c_u^Y\}\not\subseteq\{\mathbf{Red},\mathbf{Blue}\}$，不管随机颜色（$c_u^X,c_u^Y$）以何种策略进行耦合，一定都有 $c_u^X=c_u^Y\notin\{\mathbf{Red},\mathbf{Blue}\}$。假设 $c_u^X=c_u^Y\notin\{\mathbf{Red},\mathbf{Blue}\}$，我们证明当且仅当 $uw$ 在 $Y$ 中通过测试时，边 $uw\in E$ 在 $X$ 中通过测试。注意到 $X_u=Y_u$。这就导出矛盾的结果 $X'_u=Y'_u$。

对 $u\neq v_0$，我们有如下两种情况：

- **情况** $X_u=Y_u\in\{\mathbf{Red},\mathbf{Blue}\}$。根据第一个观察，对于每一个 $w\in\Gamma(u)$ 都有

1）要么 $\{X_w, Y_w\} = \{\mathbf{Red}, \mathbf{Blue}\}$，要么 $X_w = Y_w$；

2）如果 $w$ 活跃，则 $c_w^X = c_w^Y$。

因为我们假设 $c_u^X = c_u^Y \notin \{\mathbf{Red}, \mathbf{Blue}\}$，当且仅当 $uw$ 在 $Y$ 中通过测试时，边 $uw \in E$ 在 $X$ 中通过测试。

- **情况** $X_u = Y_u \notin \{\mathbf{Red}, \mathbf{Blue}\}$。因为交换策略只交换颜色 **Red** 和 **Blue**，$v_0$ 的颜色一边是 **Red** 一边是 **Blue**，所以对于每个 $w \in \Gamma(u)$ 都有

  1）要么 $\{X_w, Y_w\} = \{\mathbf{Red}, \mathbf{Blue}\}$，要么 $X_w = Y_w$；

  2）如果 $w$ 活跃，要么 $\{c_w^X, c_w^Y\} = \{\mathbf{Red}, \mathbf{Blue}\}$，要么 $c_w^X = c_w^Y$。

  因为我们假设 $c_u^X = c_u^Y \notin \{\mathbf{Red}, \mathbf{Blue}\}$，所以当且仅当 $uw$ 在 $Y$ 中通过测试时，边 $uw \in E$ 在 $X$ 中通过测试。

综合以上情况证明观察。 □

**引理 4-3 的证明：**如果下面两件事同时发生则有 $X'(v_0) = Y'(v_0)$。

- 点 $v_0$ 活跃，这件事发生的概率为 $p$。
- $c_X(v_0) \notin \{X(u) \mid u \in \Gamma(v_0)\}$（所以 $c_Y(v_0) \notin \{Y(u) \mid u \in \Gamma(v_0)\}$，这是因为对所有 $u \in \Gamma(v_0)$，$X(u) = Y(u), c_X(v_0) = c_Y(v_0)$）。因为 $v_0$ 最多有 $\Delta$ 个邻居，在上一个事件发生的条件下，这个事件发生的概率最少为 $\frac{q-\Delta}{q}$。

- 对于每个点 $u \in \Gamma(v_0)$，要么 $u$ 休眠，要么 $c_X(u) \notin \{\mathbf{Red}, \mathbf{Blue}, c_X(v_0)\}$（这样我们始终有 $c_Y(u) \notin \{\mathbf{Red}, \mathbf{Blue}, c_Y(v_0)\}$）。因为 $v_0$ 最多有 $\Delta$ 个邻居，在上述两个事件发生的条件下，这个事件发生的概率最少为 $\left(1-p+p\dfrac{q-3}{q}\right)^{\Delta}=\left(1-\dfrac{3p}{q}\right)^{\Delta}$。

由链式法则可得，式(4-4)成立。

对于每个 $u \in \Gamma(v_0)$，由观察 4-4 可得，仅当 $u$ 活跃且 $\{c_X(u), c_Y(u)\} \subseteq \{\mathbf{Red}, \mathbf{Blue}\}$ 时，事件 $X'(u) \neq Y'(u)$ 发生。点 $u$ 活跃的概率为 $p$。假设 $u$ 活跃，我们的证明考虑如下两种情况。

- **情况一：**$(c_X(u), c_Y(u))$ 以一致策略进行耦合。注意到仅当 $\{c_X(u), c_Y(u)\} \subseteq \{\mathbf{Red}, \mathbf{Blue}\}$ 时，$X'(u) \neq Y'(u)$。根据观察 4-4，一定存在一个 $w \in \Gamma(u)$ 满足 $X(w)=Y(w) \in \{\mathbf{Red}, \mathbf{Blue}\}$ 或 $c_X(w)=c_Y(w) \in \{\mathbf{Red}, \mathbf{Blue}\}$。我们不失一般性地假设 $X(w)=Y(w)=\mathbf{Red}$（另一种情况同理可证）。如果 $c_X(u)=c_Y(u)=\mathbf{Red}$，那么边 $\{u,w\}$ 不能在任何一条链中通过测试，这说明 $X'(u)=X(u)=Y(u)=Y'(u)$。所以，在 $u$ 活跃的条件下，$X'(u) \neq Y'(u)$ 发生的概率最多为 $\dfrac{1}{q}$。
- **情况二：**$(c_X(u), c_Y(u))$ 以交换策略进行耦合。注意到仅当 $\{c_X(u), c_Y(u)\} \subseteq \{\mathbf{Red}, \mathbf{Blue}\}$ 时，$X'(u) \neq Y'(u)$。

如果 $c_X(u)=\mathbf{Red}=X(v_0)$ 且 $cY(u)=\mathbf{Blue}=Y(v_0)$，那么边 $\{u,v_0\}$ 不能在任何一条链中通过测试，这说明 $X'(u)=X(u)=Y(u)=Y'(u)$。所以，在 $u$ 活跃的条件下，$X'(u)\neq Y'(u)$ 发生的概率最多为 $\frac{1}{q}$。

结合两种情况可以证明式（4-5）。

现在我们证明式（4-6）。如果 $w$ 到 $v_0$ 的距离至少为 3，那么对于所有点 $u\in\Gamma^+(w)$ 都有 $X(u)=Y(u)$；进一步地说，对于所有点 $u\in\Gamma^+(w)\cap S$ 都有 $c_X(u)=c_Y(u)$，这说明 $X'(w)=Y'(w)$。如果 $w$ 到 $v_0$ 的距离为 2，根据观察 4-4，仅当 $w$ 活跃且 $\{c_X(w),c_Y(w)\}\subseteq\{\mathbf{Red},\mathbf{Blue}\}$ 时，$X'(w)\neq Y'(w)$。注意到 $w$ 产生的随机颜色以一致规则进行耦合。如果 $c_X(w)=c_Y(w)\in\{\mathbf{Red},\mathbf{Blue}\}$，那么所有的 $u\in\Gamma^+(w)\cap S$ 以一致规则耦合产生随机颜色。注意到，对于所有的点 $u\in\Gamma^+(w)$ 都有 $X(u)=Y(u)$，所以 $X'(w)=Y'(w)$。 □

## 4.3 梅特罗波利斯算法的分布式模拟

梅特罗波利斯算法是一种非常根本的串行采样算法。算法 3 给出了一种针对自旋系统的梅特罗波利斯算法。考虑一个定义在图 $G=(V,E)$ 上的自旋系统。对于每个点 $v\in V$，我们用 $\Gamma(v)$ 表示 $v$ 在图 $G$ 上的邻居。更加一般的梅特罗波利斯算法可以抽象成如下形式（如算法 6 所示）。

**算法 6**：抽象版本的梅特罗波利斯算法

**输入**：一个初始配置 $\boldsymbol{X}_0 \in Q^V$

**for** $t=1$ 循环到 $N$ **do**

  随机均匀地选择一个点 $v \in V$ 并令 $c=X_{t-1}(v)$；

  从分布 $\boldsymbol{\nu}_v$ 中采样一个值 $c' \in Q$，构造新配置 $X' \in Q^V$ 满足 $X'(v)=c'$，$X'(V\setminus\{v\})=X_{t-1}(V\setminus\{v\})$；

  以概率 $f^v_{c,c'}(X_{t-1}(\Gamma_v))$ 令 $X_t \leftarrow X'$；否则令 $X_t \leftarrow X_{t-1}$；

**return** $X_N$；

在算法 6 中，每个点 $v \in V$ 有一个分布 $\boldsymbol{\nu}_v$，以及一系列接受率函数 $(f^v_{c,c'})_{c,c' \in Q}$，每个函数 $f^v_{c,c'}$：$Q^{\Gamma(v)} \to [0,1]$ 把邻居的当前配置映射成一个概率值。梅特罗波利斯算法的第 $t$ 步转移随机等概率地选择一个点 $v \in V$，令 $c=X_{t-1}(v)$ 为 $v$ 的当前值，然后点 $v$ 从分布 $\boldsymbol{\nu}_v$ 中采样一个候选值 $c' \in Q$，算法以概率 $f^v_{c,c'}(X_{t-1}(\Gamma_v))$ 接受候选值，以概率 $1-f^v_{c,c'}(X_{t-1}(\Gamma_v))$ 拒绝候选值。所以，一个抽象的梅特罗波利斯算法由分布 $(\boldsymbol{\nu}_v)_{v \in V}$ 和接受率函数 $(f^v_{c,c'})_{c,c' \in Q, v \in V}$ 确定。在算法 3 中，$\boldsymbol{\nu}_v = \boldsymbol{\phi}_v, f^v_{c,c'}(\tau) = \prod_{u \in \Gamma(v)} \boldsymbol{\phi}_{uv}(c', \tau_u)$。

具体到图的 $q$-染色模型上，梅特罗波利斯算法的每步转移均随机等概率地选择一个点 $v \in V$，随机等概率地提出一个新颜色 $c \in [q]$，如果 $c$ 和邻居当前的颜色无冲突，则接受新颜色；否则拒绝新颜色。在这个具体的例子中，对于所有点 $v \in V$，$\boldsymbol{\nu}_v$ 是 $[q]$ 上的均匀分布；对于所有点 $v \in V$，所有颜色 $c$、$c' \in [q]$，

$$\forall \tau \in [q]^{\Gamma(v)}, \quad f_{c,c'}^{v}(\tau) = \prod_{u \in \Gamma(v)} 1[c' \neq \tau_u]$$

上述的梅特罗波利斯算法 $(X_t)_{t\geqslant 0}$ 是一个本质串行的算法。$(X_t)_{t\geqslant 0}$ 是一个**连续时间马尔可夫链** $(Y_t)_{t\in\mathbb{R}_{\geqslant 0}}$ 的离散化版本。先定义速率 $k$ **泊松时钟**（Poisson clock）。令 $(x_i)_{i=1}^{\infty}$ 为一串独立同分布的服从指数分布的随机变量且 $\mathbb{E}[x_i]=1/k$，泊松时钟从 0 时刻开始运行，在 $t_1$，$t_2$，$t_3\cdots$时刻钟响且 $t_i = \sum_{j\leqslant i} x_j$。连续时间马尔可夫链是一个天然并行的过程，其定义如下（见算法 7）。

---

**算法 7：** 连续时间梅特罗波利斯算法

---

**输入：** 初始配置 $Y\in[q]^V$

每个点 $v\in V$ 放置一个独立的速率为 1 的泊松时钟；

**for** $t=0$ 到 $T\in\mathbb{R}$ **do**

  当点 $v$ 上的泊松时钟钟响，$Y(v)$ 按照算法 6 的第 3~4 行的规则更新；

**return** $Y$;

---

两个随机过程 $(X_t)_{t\geqslant 0}$ 和 $(Y_t)_{t\in\mathbb{R}_{\geqslant 0}}$ 只差一个因子 $n=|V|$。严格地说，$Y_T$ 和 $X_N$ 的分布相同，$N\sim\text{Pois}(nT)$ 是一个服从均值为 $nT$ 的**泊松分布**的随机变量。事实上，连续时间马尔可夫链很早就由物理学家提出，分析离散时间马尔可夫链时也会经常用到连续时间马尔可夫链[15]。

虽然并行化的连续时间马尔可夫链已经被发现了半个多世纪，但如何在分布式系统中正确有效地执行这个算法依然是一个公开问题。由于对变量的更新操作并不是原子操作，对相邻变量的并发访问可能会引起**竞争冒险**，产生错误的样本。例如，对于图染色模型，如图 4-1 所示，同时更新相邻节点的颜色可能导致不正确的染色。

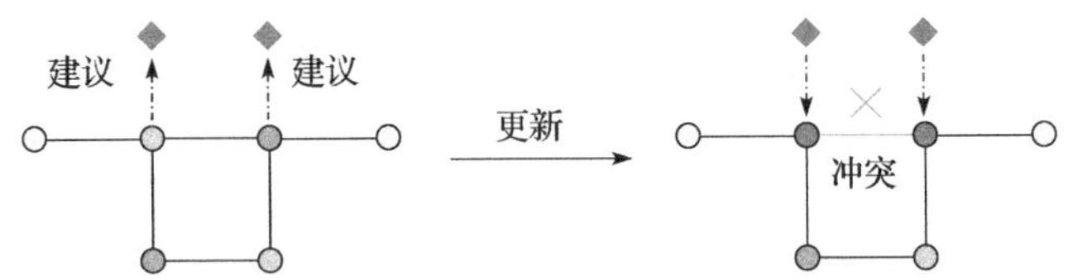


**图 4-1　同时更新相邻节点的颜色导致不正确的染色**

如果不允许相邻的节点同时更新，我们就可以避免这种情况。这样的话，因为一圈邻居内部每轮只有一个点可以更新，所以这会让效率降低 $\Delta=\max_v|\Gamma(v)|$ 倍。本书研究如下基本问题：

**我们能不能在分布式系统中正确高效地模拟连续时间马尔可夫链？**

对这个问题的肯定回答将为经典的连续时间马尔可夫链提供一个高效的分布式模拟，而且，将首次把串行马尔可夫链的所有快速混合结果转化为高效的分布式采样算法。此模拟算法可以弥补现有的分布式采样算法的几个劣势：①运行时间慢[40]；②样本分布不准确[35,43,85]；③收敛条件苛刻[86]。

## 4.3.1　主要结论

我们先以图 $G=(V,E)$ 上的 $q$-染色为例给出主要结论。

令 $(Y_t)_{t\geq 0}$ 为采样图染色模型的连续时间马尔可夫链。我们考虑在 LOCAL 模型下模拟连续时间马尔可夫链。每个点 $v\in V$ 的输入为颜色集合 $[q]$、初始颜色 $Y_0(v)$ 以及一个时间 $T$。算法结束时，每个点输出随机颜色 $Y_T(v)$。

令 $n=|V|$ 为图 $G$ 的点数，$\Delta$ 为图的最大度数。我们称一个事件高概率发生，则其发生的概率为 $1-O\left(\frac{1}{n}\right)$。

**定理 4-5** *存在一个分布式 LOCAL 算法，它可以正确地模拟图 $q$-染色模型的连续时间马尔可夫链 $(Y_t)_{t\in R_{\geq 0}}$ 到时刻 $T$，算法的时间复杂度高概率为 $O(\Delta T+\log n)$ 轮。进一步地说，如果存在常数 $\alpha>0$ 使得 $q\geq\alpha\Delta$，则算法的时间复杂度高概率为 $O(T+\log n)$ 轮。*

重申连续时间马尔可夫链的 $Y_T$ 和离散时间马尔可夫链的 $X_N$ 同分布，其中 $N\sim\mathrm{Pois}(nT)$。根据泊松分布的概率集中性质，这个定理给出了一个分布式算法，它可以用 $O(N/n+\log n)$ 轮模拟 $N$ 步离散时间马尔可夫链。在表达式中，$N/n$ 给出了最优的线性倍数加速，根据泊松分布的反概率集中性质，$\log n$ 也是一个必要的冗余时间。

注意到定理 4-5 中的 $q\geq\alpha\Delta$ 条件非常弱。马尔可夫链不可约的充分条件是 $q\geq\Delta+2$，图染色模型的唯一性条件（uniqueness condition，图染色模型可采样的必要条件）为 $q\geq\Delta+1$[19,22]。这说明，即使马尔可夫链收敛很慢，本书算法也能够在分布式系统中高效地模拟它。

对于一般的马尔可夫链，我们对接受率函数定义如下利普希茨条件。

**条件 4-6** 在一个常数 $C>0$ 使得对于任意 $(u,v)\in E$，任意 $a$，$b$，$c\in[q]$，

$$\mathbb{E}_{c'\sim\nu_v}[\delta_{u,a,b}f^v_{c,c'}]\leqslant\frac{C}{\Delta}$$

其中算子 $\delta_{u,a,b}$ 定义为

$$\delta_{u,a,b}f^v_{c,c'}\triangleq\max_{(\sigma,\tau)}|f^v_{c,c'}(\sigma)-f^v_{c,c'}(\tau)|$$

上式中的最大值枚举所有的 $\sigma$，$\tau\in[q]^{\Gamma(v)}$ 满足 $\sigma_u=a$、$\tau_u=b$，对所有 $w\neq u$，$\sigma_w=\tau_w$。

令 $(Y_t)_{t\geqslant0}$ 为一个抽象的连续时间马尔可夫链。我们考虑在 LOCAL 模型下模拟 $(Y_t)_{t\geqslant0}$。每个点 $v\in V$ 的输入为值域 $Q$、分布 $\nu_v$、接受率函数 $(f^v_{c,c'})_{c,c'\in Q}$、初始值 $Y_0(v)$ 以及一个时间 $T$。算法结束时，每个点输出随机值 $Y_T(v)$。

**定理 4-7** 存在一个分布式 LOCAL 算法，它可以正确地模拟抽象连续时间马尔可夫链 $(Y_t)_{t\in\mathbb{R}_{\geqslant0}}$ 到时刻 $T$，算法的时间复杂度高概率为 $O(\Delta T+\log n)$ 轮。进一步地说，如果满足条件 4-6，则算法的时间复杂度高概率为 $O(T+\log n)$ 轮。

除去图染色模型，条件 4-6 在其他一些经典模型上的要求也很弱，弱于这些模型的唯一性条件。这说明，在一些模型上，即使马尔可夫链收敛很慢，本书算法也能够在分布式系统中高效地模拟它。

- **图染色模型：** 定理 4-5 是定理 4-7 在图染色模型上的

推论，其中条件 4-6 变成了存在常数 $\alpha>0$ 使得 $q\geqslant\alpha\Delta$。

- **硬核模型**：硬核模型 $(V,E,\lambda)$ 的定义见 2.1.2 节。自然的梅特罗波利斯算法定义为，对每个点 $v\in V$，$\boldsymbol{\nu}_v$ 定义在 $\{0,1\}$ 上满足 $\boldsymbol{\nu}_v(0)=\frac{1}{1+\lambda}$ 且 $\boldsymbol{\nu}_v(1)=\frac{\lambda}{1+\lambda}$，而且 $\forall c,\ c'\in\{0,1\}$，$\tau\in\{0,1\}^{\Gamma_v}$：$f_{c,\ c'}^{v}(\tau)=\prod_{u\in\Gamma_v}I[\tau_u+c'\leqslant 1]$。条件 4-6 变为

$$\exists\text{ 常数 } C,\quad \lambda<\frac{C}{\Delta}$$

而唯一性条件为 $\lambda<\frac{(\Delta-1)^{\Delta-1}}{(\Delta-2)^{\Delta}}\approx\frac{\mathrm{e}}{\Delta}$[14,24]。

- **伊辛模型**：伊辛模型 $(V,E,\beta)$ 的定义见 2.1.2 节。自然的梅特罗波利斯算法定义为，对每个点 $v\in V$，$\boldsymbol{\nu}_v$ 是 $\{-1,1\}$ 上的均匀分布，而且 $\forall c,c'\in\{-1,1\}$，$\tau\in\{-1,1\}^{\Gamma_v}$：$f_{c,c'}^{v}(\tau)=\exp\left(\min\left\{0,\beta(c'-c)\sum_{u\in\Gamma_v}\tau_u\right\}\right)$。

  条件 4-6 变为

$$\exists\text{ 常数 } C,\quad 1-\mathrm{e}^{-2|\beta|}<\frac{C}{\Delta}$$

而唯一性条件为 $1-\mathrm{e}^{-2|\beta|}<\frac{2}{\Delta}$[21,87]。

### 4.3.2 模拟算法

考虑算法 6 中定义的梅特罗波利斯算法的连续版本

$(Y_t)_{t\in R_{\geqslant 0}}$。每一个点 $v\in V$ 有一个速率为 1 的独立泊松时钟，每当点 $v$ 处的泊松时钟钟响，$Y(v)$ 以算法 6 中第 3~4 行的规则进行更新。我们的分布式算法可以正确地模拟连续时间马尔可夫链 $(Y_t)_{t\in \mathbb{R}_{\geqslant 0}}$。输入一个初始配置 $Y_0\in[q]^V$ 和一个时刻 $T\geqslant 0$，算法结束时输出 $Y_T$（算法如下所示）。

---

**点 $v\in V$ 处的算法**

**阶段Ⅰ：** 本地模拟速率为 1 的泊松时钟生成时刻 $T$ 之前的所有更新时间 $0<t_v^1<\cdots<t_v^{m_v}<T$，从分布 $\boldsymbol{\nu}_v$ 中采样所有更新使用的候选随机值 $c_v^1,\cdots,c_v^{m_v}\in Q$，把这些信息以及 $Y_0(v)$ 发送给所有的邻居；
收到所有来自邻居的消息后，进入阶段Ⅱ。

**阶段Ⅱ：** **For** $i=1$ 到 $m_v$ **do**：
接收来自邻居的消息；
（★）只要 $v$ 得到**足够多的信息**，则解决第 $i$ 个更新：解决点 $v$ 的第 $i$ 个更新，并把更新处理的结果（“**接受**”或者“**拒绝**”）发送给所有的邻居。

---

本书的算法有两个阶段。在阶段Ⅰ中，每个点 $v\in V$ 在本地生成所有要用到的随机性，并且把这些随机性发送给所有的邻居。所以在阶段Ⅱ的开始，点 $v$ 知道每个邻居的初始值、时刻 $T$ 之前的所有更新时间以及更新的候选随机值。

在阶段Ⅱ，点 $v\in V$ 处的算法在（★）行解决更新。一个实现（★）行最直接的策略是当且仅当点 $v$ 知道邻居时刻 $t$ 之前所有更新的处理结果时，点 $v$ 解决时刻 $t$ 的更新。这时候 $v$ 可以知道 $Y_t(\Gamma_v)$，这样 $v$ 就能解决时刻 $t$ 的更新。因为这个策略不允许相邻的节点同时更新，所以模拟的速率会损失$\Delta$倍。为了得到最优的并行加速，我们必须像图 4-1 一样允许相邻节点同时更新，但是依然要正确模拟马尔可夫链。

考虑图染色模型，当点$v$一次更新生成一个随机颜色$c'$后，如果下列两个事件之一发生，此更新就可以被处理。

- $\forall u \in \Gamma_v$，$Y_t(u) \neq c'$，这时候新颜色就会被接受。
- $\exists u \in \Gamma_v$，$Y_t(u) = c'$，这时候新颜色就会被拒绝。

我们最关键的观察是，即使状态$Y_t(\Gamma_v)$没有被完全确定，更新也有可能被提前解决。这是因为对于一个邻居$u$，$v$即使只知道$u$在某个时刻$t_u<t$的准确颜色，$v$也可以推断出$u$在时刻$t$所有可能颜色$Y_t(u)$的集合，这是因为$Y_t(u)$要么是$Y_{t_u}(u)$，要么是时刻$t_u$和$t$之间某个更新生成的候选颜色。所以，如果$c'$和所有邻居的所有可能颜色都不冲突，这个更新就可以被提前接受。如果存在一个邻居，它在时刻$t$的颜色只能是$c'$，这个更新就可以被提前拒绝。所以，在$Y_t(\Gamma_v)$被完全确定之前，算法也可以解决当前更新。

对于一般的连续时间马尔可夫链$(Y_t)_{t\in\mathbb{R}_{\geqslant 0}}$，假设时刻$t$有一个候选值为$c' \in [q]$的更新。为了解决这个更新，点$v$需要抛一枚正面向上的概率为$f^v_{c,c'}(Y_t(\Gamma_v))$的硬币，其中$c \triangleq Y_{t-\varepsilon}(v)$是点$v$在更新之前的取值。和之前一样，点$v$可以推出邻居$u$在时刻$t$所有可能取值$Y_t(u)$的集合。对所有邻居所有可能的取值做笛卡尔积，点$v$可以得出所有可能配

置 $Y_t(\Gamma_v)$ 的集合。给定当前可能配置的集合，点 $v$ 可以算出 $f^v_{c,c'}(Y_t(\Gamma_v))$ 的上界和下界，我们可以利用上下界尝试提前解决更新。我们从区间 $[0,1]$ 上采样一个均匀的实数 $\beta$。如果 $\beta$ 比当前 $f^v_{c,c'}(Y_t(\Gamma_v))$ 的下界小，则接受更新；如果 $\beta$ 比当前 $f^v_{c,c'}(Y_t(\Gamma_v))$ 的上界大，则拒绝更新；否则等待接收更多来自邻居的信息，进一步缩小可能的配置集合。随着点 $v$ 收到越来越多的信息，这个可能配置的集合就会越来越小，直到最后，这个集合只剩下唯一确定的配置 $Y_t(\Gamma_v)$。所以更新最终一定可以被解决。具体细节见算法描述。

**主模拟算法**

我们现在来严格描述把连续时间马尔可夫链模拟到时间 $T$ 的分布式算法。固定一个节点 $v \in V$，在节点 $v$ 上的算法有两个阶段。在**阶段Ⅰ**，节点 $v$ 在本地生成如下随机值。

- 本地模拟泊松时钟到时刻 $T$，生成所有更新时间 $0 < t_v^1 < \cdots < t_v^{m_v} < T$，其中 $m_v \sim \mathrm{Pois}(T)$ 是钟响的总次数。
- 从 $\nu_v$ 独立同分布地生成随机候选颜色 $c_v^1, c_v^2, \cdots, c_v^{m_v} \in [q]$。

节点 $v$ 发送生成的随机值和初始值 $Y_0(v)$ 给所有的邻居 $\Gamma_v$。一轮之后，节点 $v$ 收到了来自邻居的这些信息，然后进入**阶段Ⅱ**。

给定更新时间和候选随机值 $(t_v^i, c_v^i)$，连续时间马尔可夫链 $(Y_t)_{t\in[0,T]}$ 可以从 $Y_0 \in [q]^V$ 开始，在每个更新时间以如下规则生成：

$$Y_t(v)=\begin{cases} c_v^i & \text{以概率 } f^v_{c,c'}(Y_t(\Gamma_v)) \\ Y_{t-\varepsilon}(v) & \text{以概率 } 1-f^v_{c,c'}(Y_t(\Gamma_v)) \end{cases}, \tag{4-7}$$

其中 $c'=c_v^i$ 且 $c=Y_{t-\varepsilon}(v)$

这里我们用 $Y_{t-\varepsilon}(v)$ 表示在时刻 $t$ 更新之前 $Y(v)$ 的取值。对于任意 $0<t\leqslant T$ 和 $v\in V$：对于 $t_v^i\leqslant t<t_v^{i+1}$，都有 $Y_t(v)=Y_{t_v^i}(v)$。进一步地说，对于任意 $v\in V$ 和 $0\leqslant i\leqslant m_v$，我们把 $v$ 在第 $i$ 次更新之后的值记为：

$$Y_v^{(i)}\triangleq Y_{t_v^i}(v) \tag{4-8}$$

点 $v$ 处的**阶段Ⅱ**算法描述如算法 8 所示。

---

**算法 8：** 点 $v$ 处阶段Ⅱ的算法

---

**假设：** 对于每个邻居 $u\in\Gamma_v\cup\{v\}$，点 $v\in V$ 知道初始值 $Y_0(u)$ 以及更新时间和候选随机值向量 $(t_u^i,c_u^i)_{1\leqslant i\leqslant m_u}$；

分别初始化 $\hat{Y}_v^{(0)}$，$\boldsymbol{j}=(j_u)_{u\in\Gamma_v}$ 和 $\boldsymbol{Y}=\left(\hat{Y}_u^{(j)}\right)_{u\in\Gamma_v,0\leqslant j\leqslant j_u-1}$ 为：

  $\hat{Y}_v^{(0)}\leftarrow Y_0(v)$ 以及对所有 $u\in\Gamma_v$：$j_u\leftarrow 1$ 且 $\hat{Y}_u^{(0)}\leftarrow Y_0(u)$；

**for** $i=1$ 到 $m_v$ **do**

  $\left(\hat{Y}_v^{(i)},\boldsymbol{j},\boldsymbol{Y}\right)\leftarrow\text{Resolve}\left(i,\hat{Y}_v^{(i-1)},\boldsymbol{j},\boldsymbol{Y}\right)$ ▷解决第 $i$ 个更新

**return** $\hat{Y}_v^{(m_v)}$；

---

节点 $v$ 上算法的目的是输出 $\hat{Y}_v^{(m_v)}=Y_T(v)$。为了达到这个目的，节点 $v$ 需要逐个地解决所有 $m_v$ 个更新。在第 $i$ 次循环时，节点 $v$ 已经解决了前 $i-1$ 个更新，当前值为 $\hat{Y}_v^{(i-1)}$。在本次循环中，$v$ 解决第 $i$ 个更新，把当前值从 $\hat{Y}_v^{(i-1)}$ 更新为 $\hat{Y}_v^{(i)}$，

这样就能很自然地定义出连续时间马尔可夫链 $(\hat{Y}_t)_{t\in[0,T]}$：

$$\forall 0\leqslant t\leqslant T \text{ 和 } \forall v\in V\text{：}\hat{Y}_t(v)=\hat{Y}_v^{(i)}\text{，其中 } i \text{ 满足 } t_v^i\leqslant t<t_v^{i+1} \tag{4-9}$$

在算法 8 中，点 $v$ 利用如下数据结构更新 $\hat{Y}_v^{(i)}$：

- 一个多元组 $j=(j_u)_{u\in\Gamma_v}$，每个 $j_u$ 表示邻居 $u$ 正在解决第 $j_u$ 个更新，而且 $v$ 已知 $u$ 的前（$j_u-1$）个更新的处理结果。
- 一个多元组 $\boldsymbol{Y}=(\hat{Y}_u^{(j)})_{u\in\Gamma_v,0\leqslant j\leqslant j_u-1}$，每个 $\hat{Y}_u^{(j)}$ 记录了 $u$ 在解决第 $j$ 个更新后的取值。

给定 $\boldsymbol{j}=(j_u)_{u\in\Gamma_v}$ 和 $\boldsymbol{Y}=(\hat{Y}_u^{(j)})_{u\in\Gamma_v,0\leqslant j\leqslant j_u-1}$，对于任意邻居 $u\in\Gamma_v$ 以及任意时间 $t<t_u^{j_u}$，根据式（4-9），点 $v$ 可以知道 $\hat{Y}_t(u)$ 的准确值 $\hat{Y}_t(u)=\hat{Y}_u^{(k-1)}$，其中 $k$ 满足 $t_u^{k-1}\leqslant t<t_u^k$。对于 $t\geqslant t_u^{j_u}$，点 $v$ 不能得到邻居 $u\in\Gamma_v$ 在 $t$ 时刻的准确值 $\hat{Y}_t(u)$，但是点 $v$ 依然可以得出 $\hat{Y}_t(u)$ 所有可能的取值。

**定义 4-1（可能取值的集合）** 固定一个节点 $v\in V$，给定 $\boldsymbol{j}=(j_u)_{u\in N(v)}$ 和 $\boldsymbol{Y}=(\hat{Y}_u^{(j)})_{u\in\Gamma_v,0\leqslant j\leqslant j_u-1}$，对于任何邻居 $u\in\Gamma_v$ 以及任何时刻 $0\leqslant t<T$，$u$ 在 $t$ 时刻可能取值的集合定义为

$$\mathcal{S}_t(u)\triangleq\begin{cases}\{\hat{Y}_u^{(k-1)}\} & \text{其中 } t_u^{k-1}\leqslant t<t_u^k \quad \text{如果 } 0\leqslant t<t_u^{j_u}\\ \{\hat{Y}_u^{(j_u-1)}\}\cup\{c_u^k\mid t_u^{j_u}\leqslant t_u^k\leqslant t\} & \text{如果 } t_u^{j_u}\leqslant t<T\end{cases} \tag{4-10}$$

对于梅特罗波利斯算法，每次更新我们都有 $\hat{Y}_u^{(j)}\in\{c_u^j,$

$\hat{Y}_u^{(j-1)}\}$，所以很容易验证 $\hat{Y}_t(u)\in\mathcal{S}_t(u)$。进一步地说，点 $v$ 可以由 $\boldsymbol{j}$ 和 $\boldsymbol{Y}$ 在本地计算出集合 $\mathcal{S}_t(u)$（对所有的 $u\in\Gamma_v$ 和 $0\leqslant t<T$）。接下来，我们说明如何利用 $\mathcal{S}_t(u)$ 提供的关于 $Y_t(u)$ 的部分信息来提前解决更新。

**例子：图染色模型**

我们用图染色模型为例介绍 Resolve。为了区别一般的算法，我们把这个子程序记为 Resolve-Coloring$(i,\hat{Y}(v),\boldsymbol{j},\boldsymbol{Y})$。子程序描述在算法 9 中。

算法 9 解决了图染色模型的第 $i$ 个更新 $(t_v^i,c_v^i)$。节点 $v$ 根据已知的 $\boldsymbol{j}$ 和 $\boldsymbol{Y}$，对每个邻居 $u\in\Gamma_v$ 维护可能颜色的集合 $\mathcal{S}(u)=\mathcal{S}_{t_v^i}(u)$。此算法为事件驱动型算法，如果多个事件同时发生，算法按照算法中列出的事件顺序处理。节点 $v$ 不停

---

**算法 9**：点 $v$ 处的 Resolve-Coloring$(i,\hat{Y}(v),\boldsymbol{j},\boldsymbol{Y})$ 子程序

---

**输入：** 当前更新的下标 $i$；当前颜色 $\hat{Y}(v)$；多元组 $\boldsymbol{j}=(j_u)_{u\in\Gamma_v}$ 和 $\boldsymbol{Y}=\left(\hat{Y}_u^{(j)}\right)_{u\in\Gamma_v,0\leqslant j\leqslant j_u-1}$；

对每个 $u\in\Gamma_v$，按照式（4-10）构造 $\mathcal{S}(u)=\mathcal{S}_{t_v^i}(u)$；

**upon** $c_v^i\notin\bigcup_{u\in\Gamma_v}\mathcal{S}(u)$ **do**

  向所有邻居 $u\in\Gamma_v$ 发送消息“接受”；

  **return** $(c_v^i,\ \boldsymbol{j},\ \boldsymbol{Y})$；

**upon** $\exists u\in\Gamma_v s.t.\ \mathcal{S}(u)=\{c_v^i\}$ **do**

  向所有邻居 $u\in\Gamma_v$ 发送消息“拒绝”；

  **return** $\left(\hat{Y}(v),\boldsymbol{j},\boldsymbol{Y}\right)$；

**upon** 从邻居 $u\in\Gamma_v$ 接收到消息“接受”**do**
　更新 $\boldsymbol{Y}$：令 $\hat{Y}_u^{(j_u)}=c_u^{j_u}$；
　$j_u\leftarrow j_u+1$；
　利用新的 $\boldsymbol{j}$ 和 $\boldsymbol{Y}$，根据式（4-10），重新计算 $\mathcal{S}(u)=\mathcal{S}_{t_v^i}(u)$；
**upon** 从邻居 $u\in\Gamma_v$ 接收到消息“拒绝”**do**
　更新 $\boldsymbol{Y}$：令 $\hat{Y}_u^{(j_u)}=\hat{Y}_u^{(j_u-1)}$；
　$j_u\leftarrow j_u+1$；
　利用新的 $\boldsymbol{j}$ 和 $\boldsymbol{Y}$，根据式（4-10），重新计算 $\mathcal{S}(u)=\mathcal{S}_{t_v^i}(u)$；

地对每个邻居更新 $\mathcal{S}(u)$。如果下列事件之一发生，则更新 $(t_v^i,c_v^i)$ 可以被解决：

- $c_v^i\notin\bigcup\limits_{u\in\Gamma_v}\mathcal{S}(u)$，在这种情况下，候选颜色 $c_v^i$ 不会和任何邻居的颜色起冲突，所以 $c_v^i$ 会被接受。
- $\exists u\in\Gamma_v$ 使得 $\mathcal{S}(u)=\{c_v^i\}$，在这种情况下，一定存在一个邻居的颜色和候选颜色 $c_v^i$ 一致，所以 $c_v^i$ 会被拒绝。

这两个事件互斥，最后这两个事件总有一个会发生，所以算法一定会结束。

**一般模型**

我们给出一般情况下，解决节点 $v$ 第 $i$ 个更新的子程序 $\text{Resolve}(i,\hat{Y}(v),\boldsymbol{j},\boldsymbol{Y})$。我们把点 $v$ 的当前取值和候选取值记为

$$c\triangleq\hat{Y}(v)\text{ 且 }c'\triangleq c_v^i$$

算法以概率 $f_{c,c'}^{v}\left(\hat{Y}_{t_v^i}(\Gamma_v)\right)$ 接受候选值 $c_v^i$。我们尝试在 $\hat{Y}_{t_v^i}(\Gamma_v)$

完全确定之前解决更新。

给定$\boldsymbol{j}$和$\boldsymbol{Y}$，所有邻居$u \in \Gamma_v$在时刻$t_v^i$可能的取值集合$\mathcal{S}_{t_v^i}(u)$可以根据定义4-1构造。我们进一步定义邻居$\Gamma_v$上所有可能配置的集合

$$C_v^i \triangleq \bigotimes_{u \in \Gamma_v} S_{t_v^i}(u) \tag{4-11}$$

集合$\mathcal{C}_v^i$一定包含所有可能的配置$\hat{Y}_{t_v^i}(\Gamma_v)$，因为$\hat{Y}_{t_v^i}(u) \in \mathcal{S}_{t_v^i}(u)$。本书的算法把所有可能的接受概率耦合在一起来解决更新。

具体而言，对每个$\tau \in \mathcal{C}_v^i$，我们定义指示随机变量$I_{\mathrm{AC}}(\tau) \in \{0,1\}$为$\mathbb{P}[I_{\mathrm{AC}}(\tau)=1]=f_{c,c'}^v(\tau)$。我们把所有$\tau \in \mathcal{C}_v^i$的$I_{\mathrm{AC}}(\tau)$以如下规则进行耦合

$$I_{\mathrm{AC}}(\tau)=\begin{cases}1 & \text{如果}\ \beta<f_{c,c'}^v(\tau) \\ 0 & \text{如果}\ \beta \geqslant f_{c,c'}^v(\tau)\end{cases},\quad \beta\text{是}[0,1)\text{上一个随机等概率的实数}$$

因为真正的$\hat{Y}_{t_v^i}(\Gamma_v) \in \mathcal{C}_v^i$，所以如果所有$\tau \in \mathcal{C}_{t(v,i)}$的$I_{\mathrm{AC}}(\tau)$成功耦合在一起，则更新可以被解决，即$\forall_{\tau_1,\tau_2} \in \mathcal{C}_v^i$：$I_{\mathrm{AC}}(\tau_1)=I_{\mathrm{AC}}(\tau_2)$。

为了检查所有指示随机变量是否成功耦合，我们定义最小接受率$P_{\mathrm{AC}}$和最小拒绝率$P_{\mathrm{RE}}$：

$$\begin{aligned} P_{\mathrm{AC}} &\triangleq \min_{\tau \in \mathcal{C}_v^i} f_{c,c'}^v(\tau) \\ P_{\mathrm{RE}} &\triangleq \min_{\tau \in \mathcal{C}_v^i}(1-f_{c,c'}^v(\tau))=1-\max_{\tau \in \mathcal{C}_v^i} f_{c,c'}^v(\tau) \end{aligned} \tag{4-12}$$

如果$\beta<P_{\mathrm{AC}}$或者$\beta \geqslant 1-P_{\mathrm{RE}}$，则所有指示变量可以成功耦

合在一起。前者表示所有指示变量都满足 $I_{\mathrm{AC}}(\tau)=1$，而后者则表示所有指示变量都满足 $I_{\mathrm{AC}}(\tau)=0$。

子程序 Resolve$(i,\hat{Y}(v),\boldsymbol{j},\boldsymbol{Y})$ 的描述在算法 10 中。

---

**算法 10**：点 $v$ 处的 Resolve$(i,\hat{Y}(v),\boldsymbol{j},\boldsymbol{Y})$

---

**输入**：当前更新的下标 $i$；当前值 $\hat{Y}(v)$；多元组 $\boldsymbol{j}=(j_u)_{u\in\Gamma_v}$ 和 $\boldsymbol{Y}=\left(\hat{Y}_u^{(j)}\right)_{u\in\Gamma_v,0\leqslant j\leqslant j_u-1}$；

从区间 $[0,1]$ 中随机均匀地采样 $\beta\in[0,1)$；

按照式（4-12）计算 $P_{\mathrm{AC}}$ 和 $P_{\mathrm{RE}}$，每个 $u\in\Gamma_v$ 的 $\mathcal{S}_{t_v^i}(u)$ 按照式（4-10）构造；

**upon** $\beta<P_{\mathrm{AC}}$ **do**

 向所有邻居 $u\in\Gamma_v$ 发送消息“接受”；

 **return** $(c_v^i,\boldsymbol{j},\boldsymbol{Y})$；

**upon** $\beta\geqslant1-P_{\mathrm{RE}}$ **do**

 向所有邻居 $u\in\Gamma_v$ 发送消息“拒绝”；

 **return** $(\hat{Y}(v),\boldsymbol{j},\boldsymbol{Y})$；

**upon** 从邻居 $u\in\Gamma_v$ 接收到消息“接受” **do**

 更新 $\boldsymbol{Y}$：令 $\hat{Y}_u^{(j_u)}=c_u^{j_u}$；

 $j_u\leftarrow j_u+1$；

 利用新的 $\boldsymbol{j}$ 和 $\boldsymbol{Y}$，根据式（4-10），重新计算 $\mathcal{S}(u)=\mathcal{S}_{t_v^i}(u)$、$P_{\mathrm{AC}}$、$P_{\mathrm{RE}}$；

**upon** 从邻居 $u\in\Gamma_v$ 接收到消息“拒绝” **do**

 更新 $\boldsymbol{Y}$：令 $\hat{Y}_u^{(j_u)}=\hat{Y}_u^{(j_u-1)}$；

 $j_u\leftarrow j_u+1$；

 利用新的 $\boldsymbol{j}$ 和 $\boldsymbol{Y}$，根据式（4-10），重新计算 $\mathcal{S}(u)=\mathcal{S}_{t_v^i}(u)$、$P_{\mathrm{AC}}$、$P_{\mathrm{RE}}$；

---

在算法 10 中，随机数 $\beta \in [0,1)$ 只在最开头被采样一次，整个算法都使用同一个随机数 $\beta$。此算法为事件驱动型算法，如果多个事件同时发生，算法按照算法中列出的事件顺序处理。一旦 $\beta < P_{AC}$，则点 $v$ 的第 $i$ 个更新 $(t_v^i, c_v^i)$ 被接受；一旦 $\beta \geqslant 1-P_{RE}$，因为 $P_{AC}+P_{RE} \leqslant 1$，所以这个事件是互斥的。算法接收到来自邻居的“**接受**”或“**拒绝**”消息后，更新 $\boldsymbol{j}$ 和 $\boldsymbol{Y}$，两个阈值 $P_{AC}$，$P_{RE} \in [0,1]$ 也随之更新。到了最终 $|\mathcal{C}_v^i|=1$，$\beta < P_{AC}$ 或 $\beta \geqslant 1-P_{RE}$ 一定有一个会发生，因为这时候有 $P_{AC}+P_{RE}=1$。算法有可能在这个最终时刻之前就能解决更新。

### 4.3.3 算法分析

在本节中，我们证明一般性定理 4-7。定理 4-5 是定理 4-7 的推论。首先介绍算法正确性的证明思路，即证明算法可以正确地模拟梅特罗波利斯算法。考虑梅特罗波利斯算法 $(Y_t)_{t\geqslant 0}$ 的如下实现，即假设时刻 $t$ 点 $v$ 处的泊松时钟钟响，点 $v$ 执行如下操作：

- 记 $c=Y_{t-\varepsilon}(v)$ 为 $v$ 的当前值，从分布 $\boldsymbol{\nu}_v$ 中采样一个候选值 $c' \in Q$。
- 从区间 $[0,1)$ 中随机均匀地采样一个实数 $\beta$。
- 如果 $\beta < f_{c,c'}^{v}(Y_{t-\varepsilon}(\Gamma_v))$，则接受候选值，令 $Y_t(v)=c'$；否则拒绝候选值，令 $Y_t(v)=Y_{t-\varepsilon}(v)$。

我们构造算法和梅特罗波利斯算法的一个完美耦合来证明算法的正确性。两个过程使用相同的泊松时钟，每次更新采样相同的候选值和相同的随机实数。可以证明，在这个条件下，两个过程可以完美地耦合在一起。这就是算法正确性的证明思路。

接着证明算法的运行时间。首先证明 $O(\Delta T+\log n)$ 的运行时间。注意到如果 $v$ 的邻居都解决了时刻 $t$ 之前的更新，那么 $v$ 一定可以解决时刻 $t$ 的更新。如果在某一轮，点 $v$ 没能解决一个在时刻 $t$ 的更新，那么相邻节点 $u\in\Gamma_v\cup\{v\}$ 以及更新时刻 $t'<t$，点 $u$ 没能在前一轮解决 $t'$时刻的更新。所以，如果 $v$ 经过 $\ell+O(1)$ 轮没能停止，一定存在一条路径 $v_1,v_2,\cdots,v_\ell$ 满足 $v_\ell=v$ 且对任意 $1<i\leqslant\ell$，$v_i\in\Gamma(v_{i-1})\cup\{v_{i-1}\}$，以及一个更新时间的序列 $0<t_1<t_2<\cdots<t_\ell<T$ 满足每个 $v_i$ 在时刻 $t_i$ 有一个更新。固定这样一条路径 $v_1,v_2,\cdots,v_\ell$。注意到 $0<t_1<t_2<\cdots<t_\ell<T$ 是由泊松时钟生成的。所以这样的序列产生的概率为 $(\mathrm{e}T/\ell)^\ell$。对 $n(\Delta+1)^\ell$ 可能的路径做联合界可得算法运行时间超过 $\ell+O(1)$ 轮的概率最多为 $n(\Delta+1)^\ell(\mathrm{e}T/\ell)^\ell$。所以，算法高概率以 $O(\Delta T+\log n)$ 轮结束。类似的分析思路在分布式算法的分析[88]中也出现过。

现在证明 $O(T+\log n)$ 运行时间。我们用二元组 $(v,i)$ 表示节点 $v$ 的第 $i$ 个更新。在算法 9 中，更新 $(v,i)$ 以下列两种方式之一被解决。

- **自驱动解决**：算法在第一次计算 $\mathcal{S}(u)$（第 1 行）之后，就能立刻解决更新。
- **邻居更新 $(u,j)$ 驱动解决**：点 $v$ 接收到 $(u,j)$ 的处理结果（“接受”或“拒绝”）之后，立刻解决更新。

在一次算法的运行过程中，对于每个更新 $(v,i)$，我们用 $\mathcal{D}_{(v,i)}$ 表示终点为 $(v,i)$ 的依赖关系链。依赖关系链 $\mathcal{D}_{(v,i)}$ 是一系列更新的序列 $(v_1,i_1),(v_2,i_2),\cdots,(v_\ell,i_\ell)$，其中 $(v_\ell,i_\ell)=(v,i)$。$\mathcal{D}_{(v,i)}$ 的定义如下

$$\mathcal{D}_{(v,i)} \triangleq \begin{cases} (v,i) & \text{如果}(v,i)\text{被自驱动解决且 } i=1, \\ \mathcal{D}_{(v,i-1)},(v,i) & \text{如果}(v,i)\text{被自驱动解决且 } i>1, \\ \mathcal{D}_{(u,j)},(v,i) & \text{如果}(v,i)\text{被邻居更新}(u,j)\text{驱动解决} \end{cases} \tag{4-13}$$

给定一次算法的运行过程，$\mathcal{D}_{(v,i)}$ 可以被唯一构造。容易看出阶段Ⅰ的轮数是 1，阶段Ⅱ的轮数不超过最长链的长度。所以我们只需要证明高概率最长的依赖关系链长度为 $O(T+\log n)$ 即可。

固定一个点 $v\in V$。我们用 $R_v$ 表示点 $v$ 在阶段Ⅱ的时间复杂度。固定一个整数 $\ell>0$。我们分析概率 $R_v\geqslant\ell$。注意到，如果 $(u,j)$ 能驱动 $(v,i)$ 的解决，则一定有 $t_u^j<t_i^v$，其中 $t_u^j$ 表示 $(u,j)$ 的更新时刻，$t_v^i$ 表示 $(v,i)$ 的更新时刻。如果 $R_v\geqslant\ell$，则一定存在一个点序列 $v_1,v_1,\cdots,v_\ell\in V$ 和时间序列 $0<t_1<t_2<\cdots<t_\ell<T$ 满足

1）对每个 $1\leqslant j\leqslant \ell-1$，$v_\ell=v$ 且 $v_{j+1}\in N_{v_j}\cup\{v_j\}$；

2）对每个 $1\leqslant j\leqslant \ell$，$t_j$ 是 $v_j$ 的一个更新时间，我们设其为 $v_j$ 的第 $k_j$ 个更新，即 $t_j=t_{v_j}^{k_j}$；

3）对每个 $2\leqslant j\leqslant \ell, t_{j-1}<t_j$，且如果 $v_{j-1}\neq v_j$，更新（$v_j,k_j$）是被邻居更新（$v_{j-1},k_{j-1}$）驱动解决的。

我们称这个序列 $v_1,v_1,\cdots,v_\ell\in V$ 为一个依赖路径。当且仅当存在时间序列 $0<t_1<t_2<\cdots<t_\ell<T$ 时，它和 $v_1,v_1,\cdots,v_\ell\in V$ 满足上述三个条件。

令 $0\leqslant s<\ell$ 为一个整数。我们用 $\mathcal{P}(\ell,s)$ 表示满足如下条件的序列 $v_1,v_2,\cdots,v_\ell\in V$ 集合：$v=v_\ell$；对每个 $1\leqslant j<\ell$，$v_{j+1}\in\Gamma(v_j)\cup\{v_j\}$；且 $s=\left|\{1\leqslant j\leqslant \ell-1 \mid v_j\neq v_{j+1}\}\right|$。则我们有

$$\mathbb{P}[R_v\geqslant \ell]\leqslant\sum_{s=0}^{\ell-1}\sum_{P\in\mathcal{P}(\ell,s)}\mathbb{P}[P\text{ 是一条依赖路径}]\tag{4-14}$$

我们现在分析，$P$ 是一条依赖路径的概率上界。我们用 $\mathcal{N}\in\mathbb{Z}_{\geqslant 0}$ 表示在时刻 $T$ 之前整个网络中更新的总次数。根据泊松时钟的性质，$\mathcal{N}$ 服从均值为 $nT$ 的泊松分布。我们有

$$\begin{aligned}&\mathbb{P}[P\text{ 是一条依赖路径}]\\&=\sum_{m\geqslant 0}\mathbb{P}[\mathcal{N}=m]\mathbb{P}[P\text{ 是一条依赖路径}\mid\mathcal{N}=m]\\&=\mathrm{e}^{-nT}\sum_{m\geqslant 0}\frac{(nT)^m}{m!}\mathbb{P}[P\text{ 是一条约束路径}\mid\mathcal{N}=m]\end{aligned}\tag{4-15}$$

$$
\begin{aligned}
&\mathbb{P}[P\text{ 是一条约束路径}]\\
&=\sum_{m\geqslant 0}\mathbb{P}[\mathcal{N}=m]\mathbb{P}[P\text{ 是一条约束路径}\mid\mathcal{N}=m]\\
&=\mathrm{e}^{-nT}\sum_{m\geqslant 0}\frac{(nT)^m}{m!}\mathbb{P}[P\text{ 是一条约束路径}\mid\mathcal{N}=m]
\end{aligned}
$$

在 $\mathcal{N}=m$ 的条件下，我们定义如下随机变量

$$
(U_1,T_1,C_1,\beta_1),(U_2,T_2,C_2,\beta_2),\cdots,(U_m,T_m,C_m,\beta_m) \tag{4-16}
$$

其中每个 $U_i\in V$ 是一个随机节点，$0<T_1<T_2<\cdots<T_m<T$ 是随机更新时刻，每个 $C_i\in Q$ 是从 $\nu_{U_i}$ 中生成的随机候选取值。它们满足如下性质：

- 点 $U_i$ 处的泊松时钟在时刻 $T_i$ 钟响。
- 点 $U_i$ 对时刻 $T_i$ 的更新生成了随机候选取值 $C_i$。
- 点 $U_i$ 在算法 10 的第 1 行生成了随机实数 $\beta_i\in[0,1)$ 用于解决 $T_i$ 时刻的更新。

我们现在用 $\mathbf{UD}_k$ 表示更新（$(U_k,T_k,C_k,\beta)_k$）。给定 $\mathcal{N}=m$，如果 $P=v_1,v_2,\cdots,v_\ell$ 是一条依赖路径，则存在 $\ell$ 个下标 $1\leqslant p(1)<p(2)<,\cdots,<p(\ell)\leqslant m$ 使得下列事件同时发生。

- **事件** $\mathcal{A}_1$：对任意 $1\leqslant j\leqslant\ell$，$U_{p(j)}=v_j$。
- **事件** $\mathcal{A}_2^{(j)}$（其中 $2\leqslant j\leqslant\ell$）：要么 $U_{p(j-1)}=U_{p(j)}$，要么 $\mathbf{UD}_{p(j)}$ 是被邻居更新 $\mathbf{UD}_{p(j-1)}$ 启发解决的。

固定 $\ell$ 个下标 $1\leqslant p(1)<p(2)<,\cdots,<p(\ell)\leqslant m$。我们分析下列概率

$$\mathbb{P}\left[\mathcal{A}_1 \wedge \left(\bigwedge_{j=2}^{\ell} \mathcal{A}_2^{(j)}\right) \mid \mathcal{N}=m\right]$$
$$=\mathbb{P}[\mathcal{A}_1 \mid \mathcal{N}=m]\prod_{j=2}^{\ell}\mathbb{P}\left[\mathcal{A}_2^{(j)} \mid \mathcal{N}=m \wedge \mathcal{A}_1 \wedge \left(\bigwedge_{k=2}^{j-1} \mathcal{A}_2^{(k)}\right)\right] \tag{4-17}$$

给定$\mathcal{N}=m$，可以证明每个$U_i$是从$V$中独立均匀采样出来的。这是因为我们可以考虑一个等效的泊松时钟定义，全局只有一个速率为$n$的泊松时钟，每次钟响从所有点中等概率地选择一个来更新。于是，我们有

$$\mathbb{P}[\mathcal{A}_1 \mid \mathcal{N}=m]=\left(\frac{1}{n}\right)^{\ell} \tag{4-18}$$

我们可以证明如下结论：

**引理 4-8** 假设条件 4-6 成立。对于任意 $2\leqslant j\leqslant \ell$ 满足 $v_j\neq v_{j-1}$，都有如下结论成立

$$\mathbb{P}\left[\mathcal{A}_2^{(j)} \mid \mathcal{N}=m\wedge\mathcal{A}_1\wedge\left(\bigwedge_{k=2}^{j-1} \mathcal{A}_2^{(k)}\right)\right]\leqslant\frac{2C}{\Delta}$$

其中$C$是条件 4-6 中的常数。

我们继续证明主结论，引理的证明放在本节的末尾。因为$P\in\mathcal{P}(\ell,s)$，存在$s$个下标$j$满足$v_j\neq v_{j+1}$。结合式（4-17）、式（4-18）以及引理 4-8 可得

$$\mathbb{P}\left[\mathcal{A}_1\wedge\left(\bigwedge_{j=2}^{\ell} \mathcal{A}_2^{(j)}\right) \mid \mathcal{N}=m\right]\leqslant\left(\frac{1}{n}\right)^{\ell}\left(\frac{2}{\alpha\Delta}\right)^{s}$$

对所有可能的$\binom{m}{\ell}$种下标$1\leqslant p(1)<p(2)<,\cdots,<p(\ell)\leqslant m$做

联合界可得

$$\mathbb{P}[P\text{ 是一条约束路径}\mid \mathcal{N}=m]\leqslant\binom{m}{\ell}\left(\frac{1}{n}\right)^{\ell}\left(\frac{2}{\alpha\Delta}\right)^{s}$$

最后，注意到 $|\mathcal{P}(\ell,s)|\leqslant\binom{\ell-1}{s}\Delta^{s}$。再根据式（4-14）和式（4-15）可得

$$\begin{aligned}\mathbb{P}[R_v\geqslant\ell]&\leqslant\sum_{s=0}^{\ell-1}\sum_{P\in\mathcal{P}(\ell,s)}\mathrm{e}^{-nT}\sum_{m=0}^{\infty}\frac{(nT)^m}{m!}\binom{m}{\ell}\left(\frac{1}{n}\right)^{\ell}\left(\frac{2}{\alpha\Delta}\right)^{s}\\&\leqslant\sum_{s=0}^{\ell-1}\binom{\ell-1}{s}\Delta^{s}\mathrm{e}^{-nT}\sum_{m=\ell}^{\infty}\frac{(nT)^m}{m!}\binom{m}{\ell}\left(\frac{1}{n}\right)^{\ell}\left(\frac{2}{\alpha\Delta}\right)^{s}\\&\leqslant\frac{T^{\ell}}{\ell!}\left(1+\frac{2}{\alpha}\right)^{\ell}\leqslant\left(\frac{T\mathrm{e}(1+2/\alpha)}{\ell}\right)^{\ell}\end{aligned}$$

选取 $\ell=2\mathrm{e}(1+2/\alpha)T+5\log n$，我们有

$$\mathbb{P}[R_v\geqslant 2\mathrm{e}(1+2/\alpha)T+5\log n]\leqslant\left(\frac{1}{2}\right)^{5\log n}=\frac{1}{n^5}$$

对所有 $n$ 个点做联合界可得阶段Ⅱ高概率以 $O(T+\log n)$ 轮结束。显然，阶段Ⅰ的复杂度为 $O(1)$。所以总体复杂度高概率为 $O(T+\log n)$。

现在我们来证明引理 4-8。

**引理 4-8 的证明**：我们考虑 **LOCAL** 模型。对于算法的每一轮，每个节点 $v\in V$ 会按照一定的顺序收到来自所有邻居 $\Gamma_v$ 的消息。我们假设每轮点 $v$ 按照 $\Gamma_v$ 中所有点编号的顺序收到并立刻处理消息，一旦算法 10 中第 3 或 6 行的条件成立，点 $v$ 立刻处理掉当前更新。事实上，我们的分析可以用

于更一般的情况，即点 $v$ 每一轮按照 $\Gamma_v$ 中所有点的任意一个顺序收到消息，且顺序和算法的随机性无关。

重申 $\mathcal{N}$ 是整个网络中泊松时钟钟响的总次数。考虑式（4-16）中定义的随机变量

$$(U_1, T_1, C_1, \beta_1), (U_2, T_2, C_2, \beta_2), \cdots, (U_{\mathcal{N}}, T_{\mathcal{N}}, C_{\mathcal{N}}, \beta_{\mathcal{N}}) \tag{4-19}$$

其中 $T_1<T_2<\cdots<T_{\mathcal{N}}$。我们固定泊松时钟的随机性。

- $\mathcal{F}_1$：固定 $\mathcal{N}=m, U_1, U_2, \cdots, U_m$ 以及 $T_1, T_2, \cdots, T_m$。

  重申 $P=v_1, v_2, \cdots, v_\ell$ 是固定的路径，$1 \leqslant p(1) < p(2) < \cdots < p(\ell) \leqslant m$ 是 $\ell$ 个固定的下标。固定一个 $2 \leqslant j \leqslant \ell$ 满足 $v_{j-1} \neq v_j$。我们接着固定序列（式(4-19)）中的前 $p(j)-1$ 个更新。

- $\mathcal{F}_2$：对于任意 $1 \leqslant k \leqslant p(j)-1$，固定 $C_k$ 和 $\beta_k$。

我们证明以下两点：

（R1）给定任意 $\mathcal{F}_1$ 和 $\mathcal{F}_2$，则有 $\mathcal{N}=m$，且事件 $\mathcal{A}_1$ 和所有 $2 \leqslant k \leqslant j-1$ 对应的事件 $\mathcal{A}_2^{(k)}$ 是否发生完全确定。

（R2）给定任意 $\mathcal{F}_1$ 和 $\mathcal{F}_2$ 使得事件 $\mathcal{A}_1$ 和所有 $2 \leqslant k \leqslant j-1$ 对应的事件 $\mathcal{A}_2^{(k)}$ 发生，如果条件 4-6 成立，则有

$$\mathbb{P}[\mathcal{A}_2^{(j)} \mid \mathcal{F}_1 \wedge \mathcal{F}_2] \leqslant \frac{2C}{a\Delta}$$

其中 $\mathbb{P}[\cdot]$ 只取决于 $C_{p(j)}$ 和 $\beta_{p(j)}$ 的随机性。

引理 4-8 可以结合以上两点来证明。

我们先证明性质（R1）。容易看出 $\mathcal{F}_1$ 决定了事件 $\mathcal{A}_1$ 是

否发生。我们说明对于所有 $2\leqslant k\leqslant j-1$，事件 $\mathcal{A}_2^{(k)}$ 是否发生被完全确定。给定 $\mathcal{F}_1$ 和 $\mathcal{F}_2$，连续时间梅特罗波利斯算法 $Y_t$ 从时刻 $t=0$ 到时刻 $t=T_{p(j)}-\varepsilon$ 的变化过程完全确定。考虑一个分布式 **LOCAL** 算法，它把 $Y_t$ 从时刻 $t=0$ 模拟到时刻 $t=T_{p(j)}-\varepsilon$。给定 $\mathcal{F}_1$ 和 $\mathcal{F}_2$ 之后，这个分布式算法的过程完全确定。所以对于每个 $2\leqslant k\leqslant j-1$，事件 $\mathcal{A}_2^{(k)}$ 是否发生也被完全确定。

我们接着证明性质（R2）。现在我们只考虑使 $\mathcal{A}_1$ 和所有 $\mathcal{A}_2^{(k)}$（$2\leqslant k\leqslant j-1$）发生的 $\mathcal{F}_1$ 和 $\mathcal{F}_2$。所以，我们假设 $U_{p(j-1)}=v_{j-1}$ 且 $U_{p(j)}=v_j$。重申 $v_j\neq v_{j-1}$ 且 $\mathbf{UD}_k$ 表示式（4-19）中的第 $k$ 个更新（$U_k,T_k,C_k,\beta_k$）。当且仅当 $\mathbf{UD}_{p(j)}$ 是被邻居的更新 $\mathbf{UD}_{p(j-1)}$ 启发时，事件 $\mathcal{A}_2^{(j)}$ 发生。在算法 10 中，为了解决更新 $\mathbf{UD}_{p(j)}$，节点 $v_j$ 需要对所有的 $w\in\Gamma(v_j)$ 计算定义在式（4-10）中的集合 $\mathcal{S}_{T_{p(j)}}(w)$。对任意 $1\leqslant k\leqslant m$ 和 $w\in\Gamma(U_k)$，令 $\mathbf{Msg}_k^{\to w}$ 表示从 $w$ 到 $U_k$ 的消息，它表示更新 $\mathbf{UD}_k$ 是否被接受。当对 $w\in\Gamma(v_j)$ 计算 $\mathcal{S}_{T_{p(j)}}(w)$ 时，节点 $v_j$ 只需要使用如下信息：

（I1）$\{T_k\mid 1\leqslant k\leqslant m\wedge U_k=w\}\cup\{T_{p(j)}\}$；

（I2）$\{C_k\mid k\leqslant p(j)-1\wedge U_k=w\}\cup\{\hat{Y}_0(w)\}$；

（I3）$v_j$ 收到的所有消息 $\mathbf{Msg}_k^{\to v_j}$ 满足 $k\leqslant p(j)-1$ 且 $U_k=w$。

根据式（4-10）中的定义，节点 $v_j$ 根据 $j_w$ 和（$\hat{Y}_w^{(j)}$）$_{0\leqslant j\leqslant j_w}$ 计算 $\mathcal{S}_{T_{p(j)}}(w)$，其中 $j_w$ 和（$\hat{Y}_w^{(j)}$）$_{0\leqslant j\leqslant j_w}$ 由从节点 $w$ 处接收到的信息

计算。注意到给定（I1）、（I2）之后，计算 $\mathcal{S}_{T_{p(j)}}(w)$ 只需要来自 $w$ 处理更新的信息，且这些更新的时间早于 $T_{p(j)}$。所以节点 $v_j$ 只使用（I1）、（I2）和（I3）中的信息去计算 $\mathcal{S}_{T_{p(j)}}(w)$。

给定 $\mathcal{F}_1$ 和 $\mathcal{F}_2$，（I1）和（I2）中的集合固定，且 $v_j$ 知道这些集合。定义消息的集合

$$\mathcal{M}=\{\mathbf{Msg}_k^{\to v_j} \mid k\leqslant p(j)-1 \wedge U_k\in\Gamma(v_j)\}$$

根据性质（R1）的证明我们可以知道，对于每个消息 $M\in\mathcal{M}$，给定 $\mathcal{F}_1$ 和 $\mathcal{F}_2$ 之后，消息 $M$ 的内容以及 $v_j$ 处理 $M$ 的时刻完全确定。考虑一个时刻 $\mathcal{T}$，在这个时刻，$v_j$ 处理消息 $\mathbf{Msg}_{p(j-1)}^{\to v_j}\in\mathcal{M}$ 并且更新当前的（$\boldsymbol{Y},\boldsymbol{j}$）。假设更新之后，二元组（$\boldsymbol{Y},\boldsymbol{j}$）变成了（$\boldsymbol{Y}',\boldsymbol{j}'$）。对任意 $w\in\Gamma(v_j)$，令 $\mathcal{S}(w)$ 是 $v_j$ 基于（$\boldsymbol{Y},\boldsymbol{j}$）根据式（4-10）计算出来的集合 $\mathcal{S}_{T_{p(j)}}(w)$；令 $\mathcal{S}'(w)$ 是 $v_j$ 基于（$\boldsymbol{Y}',\boldsymbol{j}'$）根据式（4-10）计算出来的集合 $\mathcal{S}_{T_{p(j)}}(w)$。给定 $\mathcal{F}_1$ 和 $\mathcal{F}_2$，我们有

- 对任意 $w\in\Gamma(v_j)$，$\mathcal{S}(w)$ 和 $\mathcal{S}'(w)$ 都完全确定。

进一步地说，我们有 $U_{p(j-1)}=v_{j-1}$ 且

（P1）对任意 $w\in\Gamma(v_j)\setminus\{v_{j-1}\}$，$\mathcal{S}(w)=\mathcal{S}'(w)$；

（P2）$\mathcal{S}'(v_{j-1})\subseteq\mathcal{S}(v_{j-1})$ 且 $|\mathcal{S}(v_{j-1})|-|\mathcal{S}'(v_{j-1})|\leqslant 1$；

（P3）对任意 $w\in\Gamma(v_j)$，$|\mathcal{S}'(w)|\geqslant 1$。

性质（P1）和（P2）成立是因为 $v_j$ 在时刻 $\mathcal{T}$ 只处理了来自 $v_{j-1}$ 的消息 $\mathbf{Msg}_{p(j-1)}^{\to v_j}$。

性质（P3）成立是因为根据式（4-10），$\mathcal{S}_{T_{p(j)}}(w)$ 至少包含

一个元素。

令 $c$ 表示 $\hat{Y}_t(v_j)$，其中 $t=T_{p(j)}-\varepsilon$。注意到给定 $\mathcal{F}_1$ 和 $\mathcal{F}_2$ 之后，$c$ 被完全确定。令 $c'$ 表示候选取值 $C_{p(j)}$。令 $P_{\mathrm{AC}}$、$P_{\mathrm{RE}}$ 表示基于 $(\mathcal{S}(w))_{w\in\Gamma(v_j)}$ 计算的更新 $\mathbf{UD}_{p(j)}$ 接受或者拒绝的阈值；令 $P'_{\mathrm{AC}}$、$P'_{\mathrm{RE}}$ 表示基于 $(\mathcal{S}'(w))_{w\in\Gamma(v_j)}$ 计算的阈值。严格地说，

$$P_{\mathrm{AC}}=\min_{\tau\in\mathcal{C}} f_{c,c'}^{v_j}(\tau) \quad P_{\mathrm{RE}}=1-\max_{\tau\in\mathcal{C}} f_{c,c'}^{v_j}(\tau)$$

$$P'_{\mathrm{AC}}=\min_{\tau\in\mathcal{C}'} f_{c,c'}^{v_j}(\tau) \quad P'_{\mathrm{RE}}=1-\max_{\tau\in\mathcal{C}'} f_{c,c'}^{v_j}(\tau)$$

其中 $\mathcal{C}=\bigotimes_{w\in\Gamma(v_j)}\mathcal{S}(w)$ 且 $\mathcal{C}'=\bigotimes_{w\in\Gamma(v_j)}\mathcal{S}'(w)$。

如果 $\mathcal{A}_2^{(j)}$ 发生，则事件 $\mathcal{B}_j$ 一定发生。

- **事件** $\mathcal{B}_j$：$(P_{\mathrm{AC}}\leqslant\beta_{p(j)}<1-P_{\mathrm{RE}})\wedge(\beta_{p(j)}<P'_{\mathrm{AC}}\vee\beta_{p(j)}\geqslant 1-P'_{\mathrm{RE}})$。

假设 $\mathcal{A}_2^{(j)}$ 发生，注意到 $v_j$ 在时刻 $\mathcal{T}$ 之后马上能解决 $\mathbf{UD}_{p(j)}$，这说明 $\beta_{p(j)}<P'_{\mathrm{AC}}\vee\beta_{p(j)}\geqslant 1-P'_{\mathrm{RE}}$。而且 $v_j$ 不能在时刻 $\mathcal{T}$ 之前解决更新 $\mathbf{UD}_{p(j)}$，这说明 $P_{\mathrm{AC}}\leqslant\beta_{p(j)}<1-P_{\mathrm{RE}}$。

给定 $\mathcal{F}_1$ 和 $\mathcal{F}_2$，注意到 $c'=C_{p(j)}$ 是从 $\boldsymbol{\nu}_{v_j}$ 中独立生成的随机候选值，且 $\beta_{p(j)}$ 是从 $[0,1)$ 的均匀分布中独立生成的随机值。所以

$$\begin{aligned}\mathbb{P}[\mathcal{A}_2^{(j)}\mid\mathcal{F}_1\wedge\mathcal{F}_2]&\leqslant\mathbb{P}[\mathcal{B}_j\mid\mathcal{F}_1\wedge\mathcal{F}_2]\\&\leqslant\mathbb{E}_{c'\sim\nu_{v_j}}[(P'_{\mathrm{AC}}-P_{\mathrm{AC}})+(P'_{\mathrm{RE}}-P_{\mathrm{RE}})\mid\mathcal{F}_1\wedge\mathcal{F}_2]\end{aligned} \tag{4-20}$$

其中，最后一个不等式成立是因为 $\beta_{p(j)}$ 服从 $[0,1)$ 上的均

匀分布。$P'_{\mathrm{AC}} \geqslant P_{\mathrm{AC}}$ 且 $P'_{\mathrm{RE}} \geqslant P_{\mathrm{RE}}$（因为对所有 $w \in \Gamma(v_j)$，我们有 $\mathcal{S}'(w) \subseteq \mathcal{S}(w)$）。

最后，我们分析式（4-20）中的数学期望。给定 $\mathcal{F}_1$ 和 $\mathcal{F}_2$，$c=\hat{Y}_{T_{p(j)-\varepsilon}}(v_j)$ 和所有集合 $\mathcal{S}(w)$、$\mathcal{S}'(w)$ 都完全确定，且性质（P1）、（P2）和（P3）都成立。重申

$$(P'_{\mathrm{AC}}-P_{\mathrm{AC}})+(P'_{\mathrm{RE}}-P_{\mathrm{RE}})$$

$$=\min_{\tau\in\mathcal{C}'} f^{v_j}_{c,c'}(\tau)-\min_{\tau\in\mathcal{C}} f^{v_j}_{c,c'}(\tau)+\max_{\tau\in\mathcal{C}} f^{v_j}_{c,c'}(\tau)-\max_{\tau\in\mathcal{C}'} f^{v_j}_{c,c'}(\tau)$$

我们用下面的优化问题在 $\mathcal{F}_1$ 和 $\mathcal{F}_2$ 的最坏情况下找出式（4-20）中期望的最大值。固定两个点 $\{v,u\}\in E$，定义优化问题 $\mathfrak{P}(v,u)$ 如下。

$$\begin{array}{lll}
\text{变量} & S_1(w)\subseteq Q,\ S_2(w)\subseteq Q \quad \forall w\in\Gamma_v & (4\text{-}21)\\
 & c\in Q & \\
\text{最大化} & \sum_{c'\in Q}\nu_v(c')\Big(\min_{\tau\in\mathcal{C}_2} f^{v}_{c,c'}(\tau)-\min_{\tau\in\mathcal{C}_1} f^{v}_{c,c'}(\tau)+\max_{\tau\in\mathcal{C}_1} f^{v}_{c,c'}(\tau)- & \\
 & \max_{\tau\in\mathcal{C}_2} f^{v}_{c,c'}(\tau)\Big) & \\
\text{约束} & \mathcal{C}_1=\bigotimes_{w\in\Gamma_v} S_1(w),\ \mathcal{C}_2=\bigotimes_{w\in\Gamma_v} S_2(w) & \\
 & S_2(u)\subset S_1(u) & \\
 & |S_1(u)|-|S_2(u)|=1 & \\
 & |S_2(w)|\geqslant 1 & \forall w\in\Gamma_v\\
 & S_2(w)=S_1(w) & \forall w\in\Gamma_v\setminus\{u\}
\end{array}$$

在此强调我们用约束 $|S_1(u)|-|S_2(u)|=1$ 而不是

$|S_1(u)|-|S_2(u)|\leqslant 1$，这是因为如果 $|S_1(u)|=|S_2(u)|$，则目标函数的值为 0。

我们断言上述优化问题 $\mathfrak{P}(v,u)$ 最优解的函数值最多是

$$2\max_{a,b,c\in Q}\mathbb{E}_{c'\sim\nu_v}[\delta_{u,a,b}f^v_{c,c'}]$$

这个断言会在稍后给出证明。式（4-20）的期望不会超过优化问题 $\mathfrak{P}(v_j,v_{j-1})$ 最优解的函数值。根据条件 4-6，我们有

$$\mathbb{P}[\mathcal{A}_2^{(j)}\mid\wedge\mathcal{F}_1\wedge\mathcal{F}_2]\leqslant 2\max_{a,b,c\in Q}\mathbb{E}_{c'\sim\nu_{v_j}}[\delta_{v_{j-1},a,b}f^{v_j}_{c,c'}]\leqslant\frac{2C}{\Delta}$$

这就证明了引理 4-8。 □

**引理 4-9** 固定一条边 $\{v,u\}\in E$。令 OPT 表示式（4-21）中优化问题 $\mathfrak{P}(v,u)$ 的最优目标函数值，我们有

$$\mathrm{OPT}\leqslant 2\max_{a,b,c\in Q}\mathbb{E}_{c'\sim\nu_v}[\delta_{u,a,b}f^v_{c,c'}]$$

**证明**：假设我们把 $\mathfrak{P}(v,u)$ 中的目标函数替换为

$$\text{最大化}\quad\sum_{c'\in Q}\nu_v(c')\left(\min_{\tau\in\mathcal{C}_2}f^v_{c,c'}(\tau)-\min_{\tau\in\mathcal{C}_1}f^v_{c,c'}(\tau)\right)\tag{4-22}$$

且保持所有约束不变。我们可以得到一个新的优化问题。令 $\mathrm{OPT}_1$ 表示这个优化问题的最优目标函数值。

同样，我们可以把 $\mathfrak{P}(v,u)$ 中的目标函数替换为

$$\text{最大化}\quad\sum_{c'\in Q}\nu_v(c')\left(\max_{\tau\in\mathcal{C}_1}f^v_{c,c'}(\tau)-\min_{\tau\in\mathcal{C}_2}f^v_{c,c'}(\tau)\right)$$

且保持所有约束不变。我们可以得到一个新的优化问题。令 $\mathrm{OPT}_2$ 表示这个优化问题的最优目标函数值。

显然有

$$\mathrm{OPT}\leqslant\mathrm{OPT}_1+\mathrm{OPT}_2$$

我们证明

$$\mathrm{OPT}_1\leqslant\max_{a,b,c\in Q}\mathbb{E}_{c'\sim\nu_v}[\delta_{u,a,b}f^v_{c,c'}] \tag{4-23}$$

$$\mathrm{OPT}_2\leqslant\max_{a,b,c\in Q}\mathbb{E}_{c'\sim\nu_v}[\delta_{u,a,b}f^v_{c,c'}] \tag{4-24}$$

这就得出了引理4-9。

我们证明式（4-23）。式（4-24）可以用类似方法证明。

考虑目标函数是式（4-22）的优化问题。我们有如下引理，证明稍后给出。

**引理4-10** *存在一个最优解* $\mathrm{SOL}^\star=(\boldsymbol{S}_1^\star,\boldsymbol{S}_2^\star,c^\star)$ *使得* $|S_2^\star(u)|=1$，*其中* $\boldsymbol{S}_1^\star=(S_1^\star(w))_{w\in N(v)}$ *且* $\boldsymbol{S}_2^\star=(S_2^\star(w))_{w\in N(v)}$。

根据问题的约束，我们有 $|S_1^\star(u)|=2$。假设 $S_1^\star(u)=\{a,b\}$ 且 $S_2^\star(u)=\{b\}$。固定一个值 $c'\in Q$，定义

$$\gamma_1(c')=\min_{\tau\in\mathcal{C}_1^\star}f^v_{c^\star,c'}(\tau)=f^v_{c^\star,c'}(\tau')$$

$$\gamma_2(c')=\min_{\tau\in\mathcal{C}_2^\star}f^v_{c^\star,c'}(\tau)=f^v_{c^\star,c'}(\tau'')$$

其中

$$\mathcal{C}_1^\star=\bigotimes_{w\in N_v}S_1^\star(w),\qquad \mathcal{C}_2^\star=\bigotimes_{w\in N_v}S_2^\star(w)$$

且 $\tau'=\arg\min_{\tau\in\mathcal{C}_1^\star}f^v_{c^\star,c'}(\tau)$，$\tau''=\arg\min_{\tau\in\mathcal{C}_2^\star}f^v_{c^\star,c'}(\tau)$。我们一定有 $\tau''_u=b$，这是因为 $S_2^\star(u)=\{b\}$。此时有如下两种情况即，$\tau'_u=a$ 或 $\tau'_u=b$，因为 $S_1^\star(u)=\{a,b\}$。

假设 $\tau'_u=b$。因为对所有 $w\in N_v\setminus\{u\}$，都有 $S_1^\star(w)=S_2^\star(w)$，所以

$$\gamma_2(c')-\gamma_1(c')=0\leqslant\delta_{u,a,b}f^v_{c^\star,c'}$$

假设 $\tau'_u=a$。我们定义 $\tau'''\in Q^{N_v}$ 为

$$\tau'''_w=\begin{cases}b & \text{如果 } w=u\\ \tau'_w & \text{如果 } w\neq u\end{cases}$$

注意到 $b\in S^\star_2(u)$ 且对所有 $w\in N_v\setminus\{u\}$，都有 $\tau'_w\in S^\star_2(w)$（因为 $S^\star_2(w)=S^\star_1(w)$）。我们有 $\tau'''\in\mathcal{C}^\star_2$，这说明 $f^v_{c^\star,c'}(\tau''')\geqslant f^v_{c^\star,c'}(\tau'')$。因此，

$$\begin{aligned}\gamma_2(c')-\gamma_1(c')&=f^v_{c^\star,c'}(\tau'')-f^v_{c^\star,c'}(\tau')\\&\leqslant f^v_{c^\star,c'}(\tau''')-f^v_{c^\star,c'}(\tau')\leqslant\delta_{u,a,b}f^v_{c^\star,c'}\end{aligned}$$

最后一个不等式成立是因为 $\tau'$ 和 $\tau'''$ 只在 $u$ 上不同且 $\tau'_u=a$，$\tau'''_u=b$。

结合两种情况，我们有

$$\begin{aligned}\mathrm{OPT}_1&=\sum_{c'\in Q}\nu_v(c')\left(\min_{\tau\in\mathcal{C}^\star_2}f^v_{c^\star,c'}(\tau)-\min_{\tau\in\mathcal{C}^\star_1}f^v_{c^\star,c'}(\tau)\right)\\&=\sum_{c'\in Q}\nu_v(c')(\gamma_2(c')-\gamma_1(c'))\\&\leqslant\sum_{c'\in Q}\nu_v(c')\delta_{u,a,b}f^v_{c^\star,c'}\\&=\mathbb{E}_{c'\sim\nu_v}[\delta_{u,a,b}f^v_{c^\star,c'}]\\&\leqslant\max_{a,b,c\in Q}\mathbb{E}_{c'\sim\nu_v}[\delta_{u,a,b}f^v_{c,c'}]\end{aligned}$$

这就证明了式（4-23）。 □

**引理 4-10 的证明：** 假设 $\mathrm{SOL}^*=(\boldsymbol{S}^*_1,\boldsymbol{S}^*_2,c^*)$ 是一个最优解且 $|S^*_2(u)|>1$。注意到 $S^*_2(u)\subset S^*_1(u)$，令 $b\in[q]$ 是

$S_2^*(u)$ 中的任意一个元素。我们把 $b$ 从 $S_1^*(u)$ 和 $S_2^*(u)$ 中删除得到一个新的解 $\text{SOL}^\circ=\{\boldsymbol{S}_1^\circ,\boldsymbol{S}_2^\circ,c^\circ\}$。严格地说，

$$S_1^\circ(u)=S_1^*(u)\setminus\{b\}$$

$$S_2^\circ(u)=S_2^*(u)\setminus\{b\}$$

且 $c^\circ=c^*$，$S_1^\circ(w)=S_1^*(w)$，对所有 $w\in N_v\setminus\{u\}$ 有 $S_2^\circ(w)=S_2^*(w)$。容易验证新的解 $\text{SOL}^\circ$ 也满足所有的约束。我们证明 $\text{SOL}^\circ$ 也是一个最优解，因为 $|S_2^\circ(u)|=|S_2^*(u)|-1$，我们可以重复这个过程直到找到一个 $\text{SOL}^\star$ 满足 $|S_2^\star(u)|=1$。

在解为 $\text{SOL}^*$ 的条件下，我们记目标函数的值为

$$g(\text{SOL}^*)=\sum_{c'\in[q]}\nu_v(c')\left(\min_{\tau\in\mathcal{C}_2^*}f_{c^*,c'}^v(\tau)-\min_{\tau\in\mathcal{C}_1^*}f_{c^*,c'}^v(\tau)\right)$$

其中

$$\mathcal{C}_1^*=\bigotimes_{w\in N_v}S_1^*(w),\qquad \mathcal{C}_2^*=\bigotimes_{w\in N_v}S_2^*(w)$$

同样，在解为 $\text{SOL}^\circ$ 的条件下，我们记目标函数的值为 $g(\text{SOL}^\circ)$。假设 $S_1^*(u)\setminus S_2^*(u)=\{a\}$。我们定义集合 $S_a\subseteq[q]$ 为

$$S_a\triangleq\left\{c'\in[q]\;\middle|\;\min_{\tau\in\mathcal{C}_2^*}f_{c^*,c'}^v(\tau)>\min_{\tau\in\mathcal{C}_1^*}f_{c^*,c'}^v(\tau)\right\}$$

注意到 $\mathcal{C}_2^*\subset\mathcal{C}_1^*$，所以对所有的 $c'\in[q]$ 都有 $\min\limits_{\tau\in\mathcal{C}_2^*}f_{c^*,c'}^v(\tau)\geqslant\min\limits_{\tau\in\mathcal{C}_1^*}f_{c^*,c'}^v(\tau)$。所以 $g(\text{SOL}^*)$ 可以被重写为

$$g(\text{SOL}^*)=\sum_{c'\in S_a}\nu_v(c')\left(\min_{\tau\in\mathcal{C}_2^*}f_{c^*,c'}^v(\tau)-\min_{\tau\in\mathcal{C}_1^*}f_{c^*,c'}^v(\tau)\right)\tag{4-25}$$

对每个 $c'\in S_a$，假设$\min_{\tau\in\mathcal{C}_1^*} f^v_{c^*,c'}(\tau)=f^v_{c^*,c'}(\tau^*)$，则一定有 $\tau^*_u=a$。这是因为 $S_1^*(u)$ 和 $S_2^*(u)$ 只相差 $a$ 一个元素，而且对所有 $w\in N_v\setminus\{u\}$，$S_1^*(w)=S_2^*(w)$。如果 $\tau^*_u\neq a$，我们一定有$\min_{\tau\in\mathcal{C}_2^*} f^v_{c^*,c'}(\tau)=\min_{\tau\in\mathcal{C}_1^*} f^v_{c^*,c'}(\tau)$。这和 $c'\in S_a$ 矛盾。

考虑解 SOL°。注意到 $S_1^\circ(u)=S_1^*(u)\setminus\{b\}$ 且 $S_2^\circ(u)=S_2^*(u)\setminus\{b\}$，其中 $b\neq a$，因为 $b\in S_2^*(u)$。根据 SOL°$(u)$ 的定义，我们有

$$\forall c'\in S_a:\min_{\tau\in\mathcal{C}_1^*} f^v_{c^*,c'}(\tau)=\min_{\tau\in\mathcal{C}_1^\circ} f^v_{c^\circ,c'}(\tau) \tag{4-26}$$

$$\forall c'\in S_a:\min_{\tau\in\mathcal{C}_2^*} f^v_{c^*,c'}(\tau)\leqslant\min_{\tau\in\mathcal{C}_2^\circ} f^v_{c^\circ,c'}(\tau) \tag{4-27}$$

其中

$$\mathcal{C}_1^\circ=\bigotimes_{w\in N_v} S_1^\circ(w),\quad \mathcal{C}_2^\circ=\bigotimes_{w\in N_v} S_2^\circ(w)$$

重申 $c^\circ=c^*$，$S_1^\circ(w)=S_1^*(w)$，对所有 $w\in N_v\setminus\{u\}$，$S_2^\circ(w)=S_2^*(w)$。所以式（4-26）成立，这是因为 $S_2^\circ(u)\subset S_2^*(u)$，由此可得 $a\in S_1^\circ(u)$ 且式（4-27）成立（因此 $\mathcal{C}_2^\circ\subset\mathcal{C}_2^*$）。结合式（4-26）和式（4-27），我们有

$$\begin{aligned}
g(\mathrm{SOL}^\circ)&=\sum_{c'\in[q]}\nu_v(c')\left(\min_{\tau\in\mathcal{C}_2^\circ} f^v_{c^\circ,c'}(\tau)-\min_{\tau\in\mathcal{C}_1^\circ} f^v_{c^\circ,c'}(\tau)\right)\\
&\geqslant\sum_{c'\in S_a}\nu_v(c')\left(\min_{\tau\in\mathcal{C}_2^\circ} f^v_{c^\circ,c'}(\tau)-\min_{\tau\in\mathcal{C}_1^\circ} f^v_{c^\circ,c'}(\tau)\right)\\
&\geqslant\sum_{c'\in S_a}\nu_v(c')\left(\min_{\tau\in\mathcal{C}_2^*} f^v_{c^*,c'}(\tau)-\min_{\tau\in\mathcal{C}_1^*} f^v_{c^*,c'}(\tau)\right)\\
&=g(\mathrm{SOL}^*)
\end{aligned}$$

其中最后一个不等式成立是因为式（4-25），所以 SOL°也是一个最优解。 □

## 4.4 本章小结

本章给出了两种分布式采样算法。一种是为分布式模型专门设计的分布式马尔可夫链——局部梅特罗波利斯算法。另一种是在分布式模型上模拟经典的串行梅特罗波利斯算法。对于第一种类型的分布式马尔可夫链，我们使用了路径耦合的分析方法在具体模型上证明了 $O(\log n)$ 的混合时间，一个有趣的问题是能否给出更一般的分析，对分布式马尔可夫链做出更加通用的收敛性总结。对于第二种类型的模拟算法，我们目前的技术只适用于梅特罗波利斯算法，一个重要的问题是能否将其推广到更加一般的串行马尔可夫链中，例如吉布斯采样算法（定义 1）。一个具体的问题是，当 $q>\Delta$ 时，能不能以 $O(T+\log n)$ 的时间复杂度高概率地把图染色模型的连续时间吉布斯采样算法模拟到时刻 $T$。

# 第 5 章

# 分布式采样复杂性

## 5.1 分布式采样下界

在本节中我们证明分布式采样问题的下界。考虑 4.1 节定义的分布式采样问题。令 $G=(V,E)$ 为一个分布式计算网络，$\mathcal{I}=(V,E,Q,\Phi)$ 为一个自旋系统，其所对应的吉布斯分布为 $\boldsymbol{\mu}$。

在下界的证明中，我们只使用分布式算法的如下性质。任意一个 $t$ 轮的 LOCAL 算法产生的输出 $\boldsymbol{X}=(X_v)_{v\in V}$ 一定满足

$$\forall u,v\in V:\quad \mathrm{dist}(u,v)>2t \quad\Rightarrow\quad X_u \text{ 和 } X_v \text{ 相互独立} \tag{5-1}$$

这是因为 LOCAL 模型每个点在本地生成的随机性相互独立，而一个 $t$ 轮的算法中的每个点 $v\in V$ 只能收集以 $v$ 为中心且距离不超过 $t$ 的所有点上的信息（包括其所产生的随机性），所以距离超过 $2t$ 的点收集到的信息无交集，输出一定**相互独立**。我们的下界证明只用到了式（5-1）中随机性的独立性。即使每个点知道整个输入的自旋系统 $\mathcal{I}=(V,E,Q,\Phi)$，本章

证明的下界依然成立。

**一类自旋系统的分布式采样 $\Omega(\log n)$ 下界**

很多自旋系统都满足以下相关性性质。存在常数$\delta$，$\eta>0$使得对于任意长度为 $n$ 的链 $P$，在链上的任意两个点 $u$、$v$，存在两个取值 $\sigma_u$，$\sigma'_u \in Q$ 满足 $\mu_u(\sigma_u) \geqslant \delta$，$\mu_u(\sigma'_u) \geqslant \delta$，其中 $\mu_u$ 是 $\mu$ 投影到 $u$ 上的边缘分布，而且以下性质成立

$$d_{\mathrm{TV}}(\mu_v(\cdot \mid \sigma_u), \mu_v(\cdot \mid \sigma'_u))\eta^{\mathrm{dist}(u,v)} \tag{5-2}$$

满足此性质的自旋系统包含 $q$ 是常数的图的 $q$ 染色模型。如果自旋系统满足上述性质，则对于任意的 $\varepsilon>\exp(-o(n))$，对于任意一对满足 $\mathrm{dist}(u,v)=\Omega\left(\log \frac{1}{\varepsilon}\right)$ 的点（$u,v$），由于相关性的存在，吉布斯分布产生的（$\sigma_u,\sigma_v$）和完全独立的（$X_u,X_v$）之间至少有 $\varepsilon$ 的全变差。对于此类系统上 $\varepsilon$-全变差近似的分布式采样问题，这就可以直接给出一个$\Omega\left(\log \frac{1}{\varepsilon}\right)$下界。

进一步地说，对于常数误差 $\varepsilon$，我们可以证明 $\Omega(\log n)$ 的下界，这个结果直接说明定理 4-2 中的 $O(\log n)$ 上界是理论最优上界。我们以图染色为例给出结论。

**定理 5-1** 令 $q\geqslant 3$ 为一个常数，令 $\varepsilon<\frac{1}{3}$。对于任意一个以 $\varepsilon$ 误差采样一条链上均匀 $q$-染色的 LOCAL 算法，其时间复杂度为 $\Omega(\log n)$，$n$ 是链上的点数。

**证明：** 我们的证明可以用于满足如下性质的自旋系统。存

在常数$\delta$，$\eta>0$满足长度为$n$的任意链$P$，对于链上任意4个从左到右的点$x$、$u$、$v$、$y$，任意两种取值$\sigma_x$，$\sigma_y\in[q]$，存在$\sigma_u$，$\sigma'_u\in[q]$ 满足$\mu_u(\sigma_u\mid\sigma_x,\sigma_y)\geqslant\delta$，$\mu_u(\sigma_u\mid\sigma'_x,\sigma_y)\geqslant\delta$，

$$d_{\mathrm{TV}}(\mu_v(\cdot\mid\sigma_u,\sigma_x,\sigma_y),\mu_v(\cdot\mid\sigma'_u,\sigma_x,\sigma_y))\geqslant\eta^{\mathrm{dist}(u,v)}\tag{5-3}$$

可以验证，当$q\geqslant3$时，链上的$q$-染色模型满足这一性质[89]。

考虑一个$t$轮 LOCAL 算法。令$P=(w_0,w_1,\cdots,w_{n-1})$ 为一条$n$个点的链。对于$i=0,1,\cdots,m$，其中$m=\left\lfloor\frac{n-1}{3(2t+1)}\right\rfloor$，我们记$x_i=w_{3(2t+1)i}$；对于$i=0,1,\cdots,m-1$，我们记$u_i=w_{3(2t+1)i+2t+1}$且$v_i=w_{3(2t+1)i+2(2t+1)}$。我们记$F=\{x_i\mid0\leqslant i\leqslant m\}$，$U=\{u_i,v_i\mid0\leqslant i\leqslant m-1\}$，再令$C=F\cup U$。我们称$F$中的点为固定点，$U$中的点为非固定点。任意非固定点的二元组（$u_i,v_i$）都被$F$中的固定点隔开。在给定固定点的配置$\sigma_F\in[q]^F$的条件下，考虑吉布斯分布$\mu$在此条件下采样的所有随机二元组（$\sigma_{u_i},\sigma_{v_i}$），根据条件独立性，不同二元组之间相互独立。在接下来的分析中，我们一直固定一种固定点$F$上的取值$\sigma_F\in[q]^F$。

令$X_{u_i}$和$X_{v_i}$为一个$t$-轮算法在$u_i$和$v_i$上的输出。根据式（5-1），$X_{u_i}$和$X_{v_i}$相互独立。根据式（5-3），通过选择一个合适的$t=O(\log n)$，随机二元组（$\sigma_{u_i},\sigma_{v_i}$）和随机二元组（$X_{u_i},X_{v_i}$）之间的全变差至少是$\exp(-\Omega(t))=n^{-\frac{1}{2}}$。

我们记$\mathcal{X}_i=(X_{u_i},X_{v_i})$，$\mathcal{Y}_i=(\sigma_{u_i},\sigma_{v_i})$。考虑随机向量$\mathcal{X}=(\mathcal{X}_i)_{0\leqslant i\leqslant m-1}$和$\mathcal{Y}=(\mathcal{Y}_i)_{0\leqslant i\leqslant m-1}$，其中$\mathcal{Y}$是在给定$\sigma_F\in[q]^F$之

后，从吉布斯分布的条件概率分布中采样得来。假设 $\mathcal{X}$ 的分布为 $\pi_0\times\pi_1\times\cdots\times\pi_{m-1}$，假设 $\mathcal{Y}$ 的分布为 $\nu_0\times\nu_1\times\cdots\times\nu_{m-1}$。根据之前的分析 $\mathcal{X}=(\mathcal{X}_i)$ 和 $\mathcal{Y}=(\mathcal{Y}_i)$ 都是由独立随机变量构成的向量，且 $d_{\mathrm{TV}}(\pi_i,\nu_i)\geqslant n^{-\frac{1}{4}}$。对于任意 $0\leqslant i\leqslant m-1$，定义函数 $f_i:[q]\to\{0,1\}$ 为

$$\forall c\in[q],\quad f_i(c)=\begin{cases}1 & \text{如果 } \pi_i(c)>\nu_i(c)\\ 0 & \text{如果 } \pi_i(c)\leqslant\nu_i(c)\end{cases}$$

定义函数 $f:[q]^m\to\mathbb{N}$ 为

$$\forall\sigma\in[q]^m,\quad f(\sigma)=\sum_{i=0}^{m-1}f_i(\sigma_i)$$

我们有

$$\mathbb{E}_{X\sim\pi}[f(X)]-\mathbb{E}_{Y\sim\nu}[f(Y)]\geqslant mn^{-1/4}\geqslant\frac{n}{20t}n^{-1/4}\geqslant 2n^{2/3}$$

其中最后一个不等式成立是因为 $t=O(\log n)$ 且 $n$ 足够大。给定一个样本 $\sigma\in[q]^m$，当且仅当

$$f(\sigma)>\frac{\mathbb{E}_{X\sim\pi}[f(X)]+\mathbb{E}_{Y\sim\nu}[f(Y)]}{2}$$

我们定义事件 $A$ 发生，此处 $m=n/O(\log n)$。根据 Hoeffding 不等式，我们有

$$\begin{aligned}\mathbb{P}_\pi[A]=1-\mathbb{P}_\pi[\overline{A}]&\geqslant 1-\exp\left(-\frac{2n^{4/3}}{m}\right)\\ &=1-o(1)\text{ 且 }\mathbb{P}_\nu[A]\leqslant\exp\left(-\frac{2n^{4/3}}{m}\right)=o(1)\end{aligned}$$

由全变差的定义可知

$$d_{\mathrm{TV}}(\pi,\nu)=\max_{B\subseteq[q]^m}|\pi(B)-\nu(B)|$$
$$\geqslant\mathbb{P}_\pi[A]-\mathbb{P}_\nu[A]=1-o(1) \tag{5-4}$$

重申 $\mathcal{Y}$ 是在固定 $\boldsymbol{\sigma}_F\in[q]^F$ 之后的吉布斯分布上采样的。现在我们令 $\boldsymbol{\sigma}\in[q]^P$ 是直接从吉布斯分布中采样的配置。令 $\boldsymbol{X}$ 是一个 $t$ 轮算法的随机输出。如果在 $t=O(\log n)$ 时，我们可以证明 $d_{\mathrm{TV}}(\boldsymbol{X},\boldsymbol{\sigma})>\frac{1}{3}$，则下界得证。重申 $F=\{x_i\}$，$U=\{u_i,v_i\}$，$C=F\cup U$。我们有如下关系

$$\begin{aligned}
d_{\mathrm{TV}}(\boldsymbol{X},\boldsymbol{\sigma}) &\geqslant d_{\mathrm{TV}}(\boldsymbol{X}_C,\boldsymbol{\sigma}_C)\\
&=\frac{1}{2}\sum_{\sigma_F\in[q]^F}\sum_{\sigma_U\in[q]^U}(|\mu(\boldsymbol{\sigma}_F,\boldsymbol{\sigma}_U)-\mathbb{P}[\boldsymbol{X}_F=\boldsymbol{\sigma}_F\wedge\boldsymbol{X}_U=\boldsymbol{\sigma}_U]|)\\
&=\frac{1}{2}\sum_{\sigma_F\in[q]^F}\sum_{\sigma_U\in[q]^U}(|\mu(\boldsymbol{\sigma}_F)\mu(\boldsymbol{\sigma}_U|\boldsymbol{\sigma}_F)-\mathbb{P}[\boldsymbol{X}_F=\boldsymbol{\sigma}_F]\mathbb{P}[\boldsymbol{X}_U=\boldsymbol{\sigma}_U]|)\\
&\geqslant\sum_{\sigma_F\in[q]^F}\mu(\boldsymbol{\sigma}_F)\cdot\frac{1}{2}\sum_{\sigma_U\in[q]^U}|\mu(\boldsymbol{\sigma}_U|\boldsymbol{\sigma}_F)-\mathbb{P}[\boldsymbol{X}_U=\boldsymbol{\sigma}_U]|-\\
&\quad\frac{1}{2}\sum_{\sigma_F\in[q]^F}|\mu(\boldsymbol{\sigma}_F)-\mathbb{P}[\boldsymbol{X}_F=\boldsymbol{\sigma}_F]|
\end{aligned} \tag{5-5}$$

最后一个不等式可以由三角不等式 $|a-b|\geqslant|a|-|b|$ 推出。注意到

$$\begin{aligned}
d_{\mathrm{TV}}(\boldsymbol{X},\boldsymbol{\sigma}) &\geqslant d_{\mathrm{TV}}(\boldsymbol{X}_F,\boldsymbol{\sigma}_F)\\
&=\frac{1}{2}\sum_{\sigma_F\in[q]^F}|\mu(\boldsymbol{\sigma}_F)-\mathbb{P}[\boldsymbol{X}_F=\boldsymbol{\sigma}_F]|
\end{aligned}$$

如果这个量比 1/3 大，则我们马上有 $d_{\mathrm{TV}}(\boldsymbol{X},\boldsymbol{\sigma})>1/3$，下界

得证。我们假设

$$\frac{1}{2}\sum_{\sigma_F\in[q]^F}|\mu(\sigma_F)-\mathbb{P}[X_F=\sigma_F]|\leqslant\frac{1}{3}$$

对于任意的 $\sigma_F\in[q]^F$，我们有

$$\frac{1}{2}\sum_{\sigma_U\in[q]^U}|\mu(\sigma_U\mid\sigma_F)-\mathbb{P}[X_U=\sigma_U]|=d_{\mathrm{TV}}(\mathcal{X},\mathcal{Y})\geqslant 1-o(1)$$

其中 $\mathcal{Y}=(\mathcal{Y}_i=(\sigma_{u_i},\sigma_{v_i}))_{0\leqslant i\leqslant m-1}$ 是在给定 $\sigma_F$ 的条件下从吉布斯分布中采样得来。上面这个不等式成立是因为式（5-4）。所以式（5-5）中的全变差至少是

$$\begin{aligned}d_{\mathrm{TV}}(X,\sigma)&\geqslant\sum_{\sigma_F\in[q]^F}\mu(\sigma_F)(1-o(1))-\frac{1}{3}\\&=1-o(1)-\frac{1}{3}>\frac{1}{3}\end{aligned}$$

□

**硬核模型非唯一性条件下的分布式采样 $\Omega$(diam) 下界**

我们考虑定义在 2.1.2 节的硬核模型。给定一个图 $G(V,E)$ 和一个参数 $\lambda>0$，下列集合中的每一个配置 $\sigma$

$$\mathrm{IS}(G)=\{\sigma\in\{0,1\}^V:\ \forall\{u,v\}\in E,\ \sigma_u\sigma_v=0\}$$

表示了图 $G$ 上的独立集，它的权重为 $w(\sigma)=\lambda^{|I|}$。吉布斯分布 $\mu$ 定义在 IS($G$) 上，且每个配置出现的概率正比于它的权重。

令图 $G$ 的最大度数为 $\Delta$。硬核模型表现出在**唯一性阈值** $\lambda_c(\Delta)=\dfrac{(\Delta-1)^{\Delta-1}}{(\Delta-2)^{\Delta}}$处的计算相变现象。当 $\lambda<\lambda_c$ 时，采样硬核

模型存在多项式时间算法[24,90]；当 $\lambda>\lambda_c$ 时，除非 **NP** = **RP**，否则不存在多项式时间采样算法[14,21,23,91]。下面的定理证明在非唯一性区域（$\lambda>\lambda_c$）内，采样硬核模型需要 $\Omega(\mathrm{diam})$ 的时间复杂度，其中 diam 表示图的直径。这说明此采样问题不能被局部算法解决。

**定理 5-2** 令 $\Delta\geqslant 3$，$\lambda>\lambda_c(\Delta)$。令 $\varepsilon>0$ 是一个足够小的常数。对于任意 $N>0$，存在一个具有 $\Theta(N)$ 个点的图，它的最大度数为 $\Delta$ 且直径为 $\mathrm{diam}(\mathcal{G})=\Omega(N^{1/11})$。对于此图上参数为 $\lambda$ 的硬核模型，任何一个能以 $\varepsilon$ 全变差为误差采样硬核模型吉布斯分布的 LOCAL 算法的时间复杂度为 $t=\Omega(\mathrm{diam}(\mathcal{G}))$。

证明借鉴了文献［14，21-23，91］中对于计算相变的研究。我们构造 gadget$G$，再选取图 $H$ 为一个有偶数个点的环，把网络 $G=H^G$ 定义为 $H$ 相对于 $G$ 的 lifting-图。我们证明如果能在 $\lambda>\lambda_c(\Delta)$ 的条件下采样 $H^G$ 上的硬核模型，则算法就可以采样 $H$ 的最大割。因为 $H$ 是一个偶环，它只有两种最大割，所以存在远距离相关性，从而证明不存在局部采样算法。

和之前研究计算相变的文献［14，21-23，91］不同，我们这里证明的是 LOCAL 模型下无条件计算下界。我们的证明依赖远距离相关性而不是一些公认困难的计算任务。在技术上，我们不光要归约到 $H$ 的最大割，还要证明 $H$ 的最大割可以被近似均匀地采样出来。

**Gadget 的构造：** Gadget 的构造分为两步。固定正整数

$n$、$r$ 和 $\Delta$，第一步构造一个随机二分图（允许重边）$\mathcal{G}_n^r$：

- 令 $V^+$ 和 $V^-$ 是两个满足 $|V^+|=|V^-|=n+r$ 的点集，其中 $V^\pm=U^\pm\uplus W^\pm$，$|U^\pm|=n$ 且 $|W^\pm|=r$。令 $V=V^+\cup V^-$，$W=W^+\cup W^-$，$U=U^+\cup U^-$。
- 均匀独立地采样 $\Delta-1$ 个 $V^+$ 和 $V^-$ 之间的完美匹配，均匀独立地采样一个 $U^+$ 和 $U^-$ 之间的完美匹配。把这些匹配合在一起构造出二分图（允许重边）$\mathcal{G}_n^r$，二分图中 $U$ 里面的点的度数为 $\Delta$，$W$ 里面的点的度数为 $\Delta-1$。

然后介绍构造的第二步。令 $0<\theta<\psi<1/8$ 为一个常数。令 $r'\triangleq(\Delta-1)^{\lfloor\theta\log_{\Delta-1}n\rfloor+2\left\lfloor\frac{\psi}{2}\log_{\Delta-1}n\right\rfloor}$，注意到 $r'=o(n^{1/4})$。首先，我们从 $\mathcal{G}_n^{r'}$ 中采样图 $G$，对 $W^+$ 和 $W^-$ 分别接上 $k=(\Delta-1)^{\lfloor\theta\log_{\Delta-1}n\rfloor}$ 个（$\Delta-1$）叉树，每棵树的深度为偶数 $l=2\left\lfloor\dfrac{\psi}{2}\log_{\Delta-1}n\right\rfloor$。在拼接的时候，我们让 $W$ 中的每个点恰好为某一棵树的叶子节点。令 $T^\pm$ 表示这些树的树根（$|T^+|=|T^-|=k$），我们把这些树根称为“终端”。我们把这个方法构造出来的图类称为 $\widetilde{\mathcal{G}}(k,n,\Delta)$。注意到这个方法构造的二分图大小为 $\Theta(n)$，$T^+$ 和 $T^-$ 属于二分图的两侧。

一个配置 $\sigma$ 的“相”记为 $Y(\sigma)$，它的定义如下

$$Y(\sigma)=\begin{cases}+ & \text{如果}\sum_{v\in U^+}\sigma_v\geqslant\sum_{v\in U^-}\sigma_v\\ - & \text{如果}\sum_{v\in U^+}\sigma_v<\sum_{v\in U^-}\sigma_v\end{cases}$$

文献［91］证明了如下定理。

**命题 5-3**（文献［91］，引理 8 和引理 9）　如果 $\lambda > \lambda_c(\Delta) = \frac{(\Delta-1)^{\Delta-1}}{(\Delta-2)^{\Delta}}$，则存在两个常数 $0<q^-<q^+<1$ 使得如下性质成立。令 $Q_T^{\pm}$ 表示 $\{0,1\}^T$ 上的如下概率分布：$T^+$ 上的点独立服从参数为 $q^{\pm}$ 的伯努利分布；$T^-$ 上的点独立服从参数为 $q^{\mp}$ 的伯努利分布，严格地说，

$$Q_T^{\pm}(\sigma_T) = (q^{\pm})^{\sum_{v\in T^+}\sigma_v}(1-q^{\pm})^{|T^+|-\sum_{v\in T^+}\sigma_v}$$

$$(q^{\mp})^{\sum_{v\in T^-}\sigma_v}(1-q^{\mp})^{|T^-|-\sum_{v\in T^-}\sigma_v}$$

对任意 $\delta>0$，存在一个足够大的常数 $N_0(\delta)$ 使得对所有 $n>N_0(\delta)$，下列事件以正概率在 $G\sim\widetilde{\mathcal{G}}(k,n,\Delta)$ 上同时发生：

- （扩张器，expander）$G$ 连通且 $\mathrm{diam}(G)=O(\log n)$。
- （平衡相）$\mathbb{P}_G\,[Y(\sigma)=\pm]\in[(1-\delta)/2,(1+\delta)/2]$。
- （相几乎独立）$\forall_{\tau_T}\in\{0,1\}^T$，

  $$\mathbb{P}_G[\sigma_T=\tau_T \mid Y(\sigma)=\pm]/Q_T^{\pm}(\tau_T)\in[1-\delta,1+\delta]$$

其中 $\mathbb{P}_G[\cdot]$ 是指图 $G$ 上的硬核模型吉布斯分布。

由概率方法可知，存在图 $G$ 满足上述条件。

**到最大割的归约：** 令 $H$ 是一个有 $m$ 个点的环且 $m>0$ 是偶数。固定 $\theta=\psi=1/9$。令 $G\in\widetilde{\mathcal{G}}(2k,n,\Delta)$，$k=\Theta(m^{10/9})$ 且 $n=\Theta(k^{1/\theta})=\Theta(m^{10})$ 是一个满足命题 5-3 的图。

- 对于每个点 $x\in H$，令 $G_x$ 为 $G$ 的一份复制。我们用

$T_x^{\pm}$ 表示 $G_x$ 的 $2k$ 个终端。令 $\hat{H}^G$ 为 $m$ 个 $G_x$，其中每个 $x \in H$。

- 对于每条边 $\{x,y\} \in H$，在 $T_x^+$和 $T_y^+$之间连接 $k$ 条边，在 $T_x^-$和 $T_y^-$之间连接 $k$ 条边，连接之后使得 $H^G$ 是一个 $\Delta$-正则图。

**定义 5-1** 对于每个 $x \in H$，我们用 $Y_x = Y_x(\sigma)$ 表示 $G_x$ 上配置 $\sigma$ 的相。令 $\mathcal{Y} = (Y_x)_{x\in H} \in \{+,-\}^{V(H)}$。给定 $\mathcal{Y}' \in \{+,-\}^{V(H)}$，我们定义

$$Z_{H^G}(\mathcal{Y}') = \sum_{\sigma \in \mathrm{IS}(H^G)} \lambda^{\|\sigma\|_1} 1\{\mathcal{Y}(\sigma) = \mathcal{Y}'\}$$

其中

$$\mathrm{IS}(H^G) = \{\sigma \in \{0,1\}^{V(H^G)}:\quad \forall \{u,v\} \in E(H^G),\ \sigma_u\sigma_v = 0\}$$

是 $H^G$ 上所有的独立集。我们用 $\mathbb{P}_{H^G}[\cdot]$ 表示图 $H^G$ 上的硬核模型吉布斯分布。

注意到 $H$ 有两个最大割。在非唯一性范围内，从 $H^G$ 上采样硬核模型等效于在 $H$ 上均匀采样最大割。

**引理 5-4** 令 $\lambda > \lambda_c(\Delta)$。令 $\mathcal{Y}_1$，$\mathcal{Y}_2 \in \{+,-\}^{V(H)}$ 表示 $H$ 中的两个最大割，则有

$$\mathbb{P}_{H^G}[\mathcal{Y}(\sigma) = \mathcal{Y}_1] = \mathbb{P}_{H^G}[\mathcal{Y}(\sigma) = \mathcal{Y}_2] \geqslant \frac{1}{2} - o(1) \quad (5\text{-}6)$$

为了证明引理 5-4，我们引入如下引理。它可以通过结合命题 5-3 以及文献［14］中的技术证明。

**引理 5-5** 令 $\mathcal{Y}'$，$\mathcal{Y}'' \in \{+,-\}^{V(H)}$，$\delta > 0$。假设 $G$ 满足命

题 5-3 中的性质，则我们有

$$\frac{\mathbb{P}_{H^G}[\mathcal{Y}(\sigma)=\mathcal{Y}']}{\mathbb{P}_{H^G}[\mathcal{Y}(\sigma)=\mathcal{Y}'']} \geqslant \left(\frac{1-\delta}{1+\delta}\right)^{2m} (\Theta/\Gamma)^{k[\mathrm{Cut}(\mathcal{Y}')-\mathrm{Cut}(\mathcal{Y}'')]}$$

其中 $\Theta=(1-q^+q^-)^2$ 且 $\Gamma=(1-(q^+)^2)\ (1-(q^-)^2)$；对某个 $\mathcal{Y}\in\{+,-\}^{V(H)}$ 有 $\mathrm{Cut}(\mathcal{Y})=|\{(x,y)\in E(H):\mathcal{Y}_x\neq\mathcal{Y}_y\}|$。

**证明：** 因为 $\hat{H}^G$ 是一系列不连通的图 $G$ 的复制，所以 $\hat{H}^G$ 上配置的分布是一系列 $(G_x)_{x\in H}$ 上配置的乘积分布。特别指出，所有的相都独立，所以有

$$\frac{Z_{\hat{H}^G}(\mathcal{Y}')}{Z_{\hat{H}^G}(\mathcal{Y}'')}=\frac{Z_{\hat{H}^G}(\mathcal{Y}')/Z_{\hat{H}^G}}{Z_{\hat{H}^G}(\mathcal{Y}'')/Z_{\hat{H}^G}}$$

$$=\frac{\mathbb{P}_G[Y(\sigma)=+]^{\sum_{x\in H}1\{Y'_x=+\}}\ \mathbb{P}_G[Y(\sigma)=-]^{\sum_{x\in H}1\{Y'_x=-\}}}{\mathbb{P}_G[Y(\sigma)=+]^{\sum_{x\in H}1\{Y''_x=+\}}\ \mathbb{P}_G[Y(\sigma)=-]^{\sum_{x\in H}1\{Y''_x=-\}}}$$

$$\geqslant\left(\frac{1-\delta}{1+\delta}\right)^m \tag{5-7}$$

注意到 $Z_{H^G}(\mathcal{Y}')/Z_{\hat{H}^G}$（$\mathcal{Y}'$）正好是从 $\mu_{\hat{H}^G}$ 采样的一个 $\sigma$ 是 $H^G$ 上的一个独立集的概率。根据命题 5-3，给定相 $\mathcal{Y}'$ 的条件下，$\sigma\bigcup_{x\in H}T_x$ 几乎就是独立的伯努利分布，伯努利分布的参数根据不同的相为 $q^+$ 或者 $q^-$，所以我们有

$$\frac{Z_{H^G}(\mathcal{Y}')}{Z_{\hat{H}^G}(\mathcal{Y}')}=\mathbb{P}_{\hat{H}^G}[\sigma \text{ 是 } H^G \text{ 的一个独立集} \mid \mathcal{Y}(\sigma)=\mathcal{Y}']$$

$$=\mathbb{P}_{\hat{H}^G}[\forall(u,v)\in E(H^G)\setminus E(\hat{H}^G),\ \sigma_u\sigma_v\neq 1 \mid \mathcal{Y}(\sigma)=\mathcal{Y}']$$

$$\geqslant(1-\delta)^{m}\sum_{\sigma_{\cup x\in H}T_x}Q_{\sigma_T}(\mathcal{Y}')$$
$$=(1-\delta)^{m}\Gamma^{k|E(H)|}(\Theta/\Gamma)^{k\mathrm{Cut}(\mathcal{Y}')} \tag{5-8}$$

其中

$$Q_{\sigma_T}(\mathcal{Y}')=1\{\forall(u,v)\in E(H^G)\setminus E(\hat{H}^G)\sigma_u\sigma_v\neq 1\}\prod_{x\in H}Q_{T_x}^{Y'_x}(\sigma_{T_x})$$

同样我们有

$$\frac{Z_{H^G}(\mathcal{Y}'')}{Z_{\hat{H}^G}(\mathcal{Y}'')}\leqslant(1+\delta)^{m}\Gamma^{k|E(H)|}(\Theta/\Gamma)^{k\mathrm{Cut}(\mathcal{Y}'')} \tag{5-9}$$

结合式（5-7）~式（5-9），我们有

$$\frac{\mathbb{P}_{H^G}[\mathcal{Y}(\sigma)=\mathcal{Y}']}{\mathbb{P}_{H^G}[\mathcal{Y}(\sigma)=\mathcal{Y}'']}=\frac{Z_{H^G}(\mathcal{Y}')}{Z_{H^G}(\mathcal{Y}'')}$$
$$\geqslant\left(\frac{1-\delta}{1+\delta}\right)^{m}(\Theta/\Gamma)^{k[\mathrm{Cut}(\mathcal{Y}')-\mathrm{Cut}(\mathcal{Y}'')]}\frac{Z_{\hat{H}^G}(\mathcal{Y}')}{Z_{\hat{H}^G}(\mathcal{Y}'')}$$
$$\geqslant\left(\frac{1-\delta}{1+\delta}\right)^{2m}(\Theta/\Gamma)^{k[\mathrm{Cut}(\mathcal{Y}')-\mathrm{Cut}(\mathcal{Y}'')]}$$

□

**引理 5-4 的证明：** 令 $\mathcal{Y}'$，$\mathcal{Y}''\in\{+,-\}^{V(H)}$ 满足 $\mathrm{Cut}(\mathcal{Y}')>\mathrm{Cut}(\mathcal{Y}'')$。令 $\delta>0$，根据引理 5-5，我们有

$$\frac{\mathbb{P}_{H^G}[\mathcal{Y}(\sigma)=\mathcal{Y}']}{\mathbb{P}_{H^G}[\mathcal{Y}(\sigma)=\mathcal{Y}'']}\geqslant\left(\frac{1-\delta}{1+\delta}\right)^{2m}(\Theta/\Gamma)^{k[\mathrm{Cut}(\mathcal{Y}')-\mathrm{Cut}(\mathcal{Y}'')]}$$

注意到对 $\lambda>\lambda_c(\Delta)=\dfrac{(\Delta-1)^{\Delta-1}}{(\Delta-2)^{\Delta}}$，我们有 $\Theta>\Gamma$。所以对于 $k=\Theta(m^{10/9})$，我们有

$$\frac{\mathbb{P}_{H^G}[\mathcal{Y}(\sigma)=\mathcal{Y}']}{\mathbb{P}_{H^G}[\mathcal{Y}(\sigma)=\mathcal{Y}'']}\geqslant\left(\frac{1-\delta}{1+\delta}\right)^{2m}(\Theta/\Gamma)^{k}\geqslant 4^{m}$$

因为 $\{+,-\}^{V(H)}$ 的大小是 $2^m$，相 $\mathcal{Y}(\sigma)$ 以至少 $1-o(1)$ 的概率，是 $H$ 的一个最大割。所以我们只需要对 $H$ 上两种最大割 $\mathcal{Y}_1$ 和 $\mathcal{Y}_2$ 证明 $Z_{H^G}(\mathcal{Y}_1)=Z_{H^G}(\mathcal{Y}_2)$。由计算可知

$$\begin{aligned}Z_{H^G}(\mathcal{Y}_1)&=Z_{\hat{H}^G}(\mathcal{Y}_1)\mathbb{P}_{\hat{H}^G}[\sigma\in \mathrm{IS}(H^G)\mid\mathcal{Y}(\sigma)=\mathcal{Y}_1]\\&=Z_{\hat{H}^G}(\mathcal{Y}_1)\mathbb{P}_{\hat{H}^G}[\forall(u,v)\in E(H^G)\backslash E(\hat{H}^G),\\&\quad\sigma_u\sigma_v\neq 1\mid\mathcal{Y}(\sigma)=\mathcal{Y}_1]\\&=Z_{\hat{H}^G}\mathbb{P}_G[Y=+]^{m/2}\mathbb{P}_G[Y=-]^{m/2}\times\\&\quad\mathbb{P}_{\hat{H}^G}[\forall(u,v)\in E(H^G)\backslash E(\hat{H}^G),\sigma_u\sigma_v\neq 1\mid\mathcal{Y}(\sigma)=\mathcal{Y}_1]\end{aligned}$$

且

$$\begin{aligned}Z_{H^G}(\mathcal{Y}_2)&=Z_{\hat{H}^G}(\mathcal{Y}_2)\mathbb{P}_{\hat{H}^G}[\sigma\in \mathrm{IS}(H^G)\mid\mathcal{Y}(\sigma)=\mathcal{Y}_2]\\&=Z_{\hat{H}^G}(\mathcal{Y}_2)\mathbb{P}_{\hat{H}^G}[\forall(u,v)\in E(H^G)\backslash E(\hat{H}^G),\\&\quad\sigma_u\sigma_v\neq 1\mid\mathcal{Y}(\sigma)=\mathcal{Y}_2]\\&=Z_{\hat{H}^G}\mathbb{P}_G[Y=+]^{m/2}\mathbb{P}_G[Y=-]^{m/2}\times\\&\quad\mathbb{P}_{\hat{H}^G}[\forall(u,v)\in E(H^G)\backslash E(\hat{H}^G),\sigma_u\sigma_v\neq 1\mid\mathcal{Y}(\sigma)=\mathcal{Y}_2]\end{aligned}$$

由偶环的对称性，我们有

$$\begin{aligned}&\mathbb{P}_{\hat{H}^G}[\forall(u,v)\in E(H^G)\setminus E(\hat{H}^G),\ \sigma_u\sigma_v\neq 1\mid\mathcal{Y}(\sigma)=\mathcal{Y}_1]\\=&\mathbb{P}_{\hat{H}^G}[\forall(u,v)\in E(H^G)\setminus E(\hat{H}^G),\ \sigma_u\sigma_v\neq 1\mid\mathcal{Y}(\sigma)=\mathcal{Y}_2]\end{aligned}$$ □

现在，我们来证明定理 5-2 中的 $\Omega(\mathrm{diam})$ 的下界结论。

**定理 5-2 的证明：** 令 $N$ 为一个足够大的整数。我们选一个 $n=\Theta(N^{10/11})$ 以及一个偶数 $m=\Theta(N^{1/11})$ 满足 $m/2$ 是奇数。构造一个满足命题 5-3 的 gadget$G$，令 $H$ 为有 $m$ 个点的偶环，再构造图 $\mathcal{G}=H^G$。注意到 $\mathrm{diam}(\mathcal{G})\geqslant\mathrm{diam}(H)\geqslant m/2$ 且 $|V(\mathcal{G})|=$

$\Theta(N)$，所以 $\text{diam}(\mathcal{G})=\Omega(N^{1/11})$。令 $\sigma'$表示一个网络 $\mathcal{G}$ 上 $t$-轮 LOCAL 算法的输出，其中 $t\leqslant 0.49\text{diam}(\mathcal{G})$，记 $\sigma'$的概率分布为 $\mu_t$。令 $\sigma$ 是从 $\mathcal{G}$ 上硬核模型吉布斯分布 $\mu=\mu_{\mathcal{G}}$ 中采样到的随机配置，硬核模型的参数在非唯一性范围内。利用反证法，假设 $d_{\text{TV}}(\mu_t,\mu)\leqslant\varepsilon$ 且 $\varepsilon$ 是一个足够小的常数。

令 $\mathcal{Y}'$，$\mathcal{Y}''\in\{+,-\}^{V(H)}$ 表示 $H$ 上两个最大割对应的相。由引理 5-4 可得

$$\mathbb{P}[\mathcal{Y}(\sigma)\in\{\mathcal{Y}',\mathcal{Y}''\}]\geqslant 1-o(1)$$

我们选取 $u$，$v\in V(\mathcal{G})$ 满足 $\text{dist}_{\mathcal{G}}(u,v)=\text{diam}(\mathcal{G})$。因为在 $\mathcal{G}=H^G$ 的构造中，$H$ 中的每个点 $x$ 被换成了图 $G$ 的一个副本 $G_x$，所以有 $u\in G_x$，$v\in G_y$，其中 $x$，$y$ 是 $H$ 里面的点且 $\text{dist}_H(x,y)=m/2$。因为 $m/2$ 是一个奇数，我们不失一般性地假设 $Y'_x=+$，$Y'_y=-$且 $\mathcal{Y}''_x=-$，$\mathcal{Y}''_y=+$。进一步地说，对于所有 $u'\in G_x$，$v'\in G_y$，

$$\text{dist}_{\mathcal{G}}(u,u')+\text{dist}_{\mathcal{G}}(u,v')+\text{dist}_{\mathcal{G}}(v',v)\geqslant\text{dist}_{\mathcal{G}}(u,v)=\text{diam}(\mathcal{G})$$

根据命题 5-3，我们有 $\text{diam}(G)=O(\log n)$，所以

$$\text{dist}_{\mathcal{G}}(u',v')\geqslant\text{diam}(\mathcal{G})-O(\log n)=(1-o(1))\text{diam}(\mathcal{G})$$

因为 $\sigma'$ 由一个 $t$-轮算法生成，其中 $t\leqslant 0.49\text{diam}(\mathcal{G})$，由式（5-1）可知，$\sigma'_{G_x}$和 $\sigma'_{G_y}$相互独立，所以在 $\sigma'$中，$G_x$ 和 $G_y$ 的相互独立：

$$\mathbb{P}[Y_x(\sigma')=+\mid Y_y(\sigma')=-]=\mathbb{P}[Y_x(\sigma')=+\mid Y_y(\sigma')=+]\tag{5-10}$$

因为 $d_{\mathrm{TV}}(\sigma',\sigma)\leqslant\varepsilon$，所以

$$
\begin{aligned}
&\mathbb{P}[Y_x(\sigma')=+\mid Y_y(\sigma')=-]\\
&=\frac{\mathbb{P}[Y_x(\sigma')=+\wedge Y_y(\sigma')=-]}{\mathbb{P}[Y_y(\sigma')=-]}\\
&\geqslant\frac{\mathbb{P}[Y_x(\sigma)=+\wedge Y_y(\sigma)=-]-\varepsilon}{\mathbb{P}[Y_y(\sigma)=-]+\varepsilon} \quad (\text{由 } d_{\mathrm{TV}}(\sigma',\sigma)\leqslant\varepsilon \text{ 可得})\\
&\geqslant\frac{\mathbb{P}[\mathcal{Y}(\sigma)=\mathcal{Y}']-\varepsilon}{\mathbb{P}[Y_y(\sigma)=-]+\varepsilon}\\
&\geqslant\frac{1/2-o(1)-\varepsilon}{\mathbb{P}[\mathcal{Y}(\sigma)\neq\mathcal{Y}'']+\varepsilon}\\
&\geqslant\frac{1-2\varepsilon-o(1)}{1+2\varepsilon+o(1)} \quad (\text{由定理 5-4 可得})
\end{aligned}
$$

而且

$$
\begin{aligned}
&\mathbb{P}[Y_x(\sigma')=+\mid Y_y(\sigma')=+]\\
&=\frac{\mathbb{P}[Y_x(\sigma')=+\wedge Y_y(\sigma')=+]}{\mathbb{P}[Y_y(\sigma')=+]}\\
&\leqslant\frac{\mathbb{P}[Y_x(\sigma)=+\wedge Y_y(\sigma)=+]+\varepsilon}{\mathbb{P}[Y_y(\sigma)=+]-\varepsilon} \quad (\text{由 } d_{\mathrm{TV}}(\sigma',\sigma)\leqslant\varepsilon \text{ 可得})\\
&\leqslant\frac{\mathbb{P}[\mathcal{Y}(\sigma)\notin\{\mathcal{Y}',\ \mathcal{Y}''\}]+\varepsilon}{\mathbb{P}[\mathcal{Y}(\sigma)=\mathcal{Y}'']-\varepsilon}\\
&\leqslant\frac{2\varepsilon+o(1)}{1-2\varepsilon-o(1)} \quad (\text{由定理 5-4 可得})
\end{aligned}
$$

这可以推出，如果 $\varepsilon$ 足够小，则有

$$
\mathbb{P}[Y_x(\sigma')=+\mid Y_y(\sigma')=+]<\mathbb{P}[Y_x(\sigma')=+\mid Y_y(\sigma')=-]
$$

这和式（5-10）中的独立性结果矛盾。 □

## 5.2 分布式 Jerrum-Valiant-Vazirani（JVV）定理

### 5.2.1 基本定义

**分布式采样和计数问题**

在4.1节，我们定义了自旋系统的分布式采样问题。在本节，我们考虑更加一般的分布式采样问题，并且定义分布式计数问题。我们用 $\mathfrak{M}=\{\mu_{(G,x)}\}$ 表示分布式采样/计数问题考虑的一类概率分布，每个分布的下标是一个二元组（$G,\boldsymbol{x}$），$G=(V,E)$ 是一个简单无向图，$\boldsymbol{x}=(x_v)_{v\in V}$ 是一个 $|V|$ 维向量。每一个 $\mu_{(G,x)}$ 是 $Q^V$ 上的一个联合分布，其中 $Q=Q_{(G,x)}$ 是变量取值范围，$q=|Q|\leqslant\text{poly}(n)$。

**定义 5-2**（分布式采样/计数问题实例） 令 $\mathfrak{M}=\{\mu_{(G,x)}\}$ 是一类联合分布。一个分布式采样/计数问题的实例是一个三元组（$G,\boldsymbol{x},\tau$），其中（$G,\boldsymbol{x}$）定义 $Q^V$ 上的一个联合分布 $\mu=\mu_{(G,x)}$，$\tau\in Q^\Lambda$ 是一个在子集 $\Lambda\subseteq V$ 上相对于 $\mu$ 合法的部分配置。令 $\mu^\tau$ 为目标分布，它在集合 $\Lambda$ 上的取值固定为 $\tau$，在 $V\setminus\Lambda$ 上为给定 $\tau$ 之后，$\mu$ 在 $V\setminus\Lambda$ 上的条件概率分布。

给定一个实例（$G,\boldsymbol{x},\tau$），其中 $\tau$ 是 $\Lambda\subseteq V$ 上的配置，初始每个 $v\in V$ 的输入为 $x_v$，如果 $v\in\Lambda$ 则输入包含 $\tau_v$。我们假

设 $x_v$ 包含一个 $v$ 的唯一编号，一个 $n$ 的多项式上界。如果是近似计算问题，$x_v$ 还包含一个全局误差上界。

**评注 5-1** 问题实例中加入一个部分配置 $\tau$ 的原因是引入自归约的性质。本章的所有定理均考虑有自规约性质的分布类。对于采样和计数问题，**自归约性质**（self-reducibility）非常重要[92]。在本书中，自归约的含义是给定任意一个部分配置 $\tau$，剩下自由变量上的条件分布构成一个问题实例㊀。

举一个例子，令 $\mu$ 是图 $G$ 上 $q$-染色的均匀分布。给定任意子集 $\Lambda\subseteq V$ 上的部分 $q$-染色 $\tau\in[q]^{\Lambda}$，$\mu^{\tau}$ 是在 $\Lambda$ 上染色为 $\tau$ 的所有合法染色的均匀分布。这等价于在子图 $G[V\setminus\Lambda]$ 上由 $\tau$ 导出的列表染色，每个 $v\in V\setminus\Lambda$ 上的可用颜色列表为 $L_v=[q]\setminus\{\tau_u\mid\{u,v\}\in E\}$。

我们假设分布式算法的时间复杂度固定。在结束时，算法要么成功，要么失败。我们假设算法以高概率成功，算法的失败可以被局部信息检测到。算法结束时，每个点输出一个随机比特 $F_v\in\{0,1\}$ 指示点 $v$ 上的局部算法是否失败，且满足 $\sum_{v\in V}\mathbb{E}[F_v]=O\left(\frac{1}{n}\right)$。这种算法在分布式计算中被称为分

---

㊀ 我们可以等价地让分布类 $\mathfrak{M}=\{\mu_{(G,x)}\}$ 满足自归约性质：对于任意 $\mu_{(G,x)}\in\mathfrak{M},G=(V,E)$，对于任意 $\Lambda\subseteq V$ 上的合法配置 $\tau\in Q^{\Lambda}$，存在一个 $\mu_{(G',x')}\in\mathfrak{M}$ 满足 $G'=(V,E')$ 是和 $G$ 拥有相同点集的子图而且 $\mu^{\tau}_{(G,x)}=\mu_{(G',x')}$，新问题实例（$G',x'$）可以在 $\tau$ 给定后由（$G,x$）构造得出。

布式拉斯维加斯算法（distributed Las Vegas algorithm）[93]。分布式采样的目标是给定问题实例（$G,\boldsymbol{x},\tau$）后，从目标分布 $\mu^{\tau}$ 中采样随机样本。

**精确采样：**给定任意问题实例（$G,\boldsymbol{x},\tau$），算法结束时每个点 $v\in V$ 输出 $Y_v$ 或者算法失败。在所有点都没有输出失败的条件下，$\boldsymbol{Y}=(Y_v)_{v\in V}$ 的分布恰好是 $\boldsymbol{\mu}^{\tau}$。

**近似采样：**给定任意问题实例（$G,\boldsymbol{x},\tau$），以及任意 $\varepsilon>0$，算法在成功时输出一个随机向量 $\boldsymbol{Y}=(Y_v)_{v\in V}$。令 $\hat{\mu}$ 为在所有点都成功的条件下 $\boldsymbol{Y}$ 的概率分布，问题要求满足 $d_{\mathrm{TV}}(\hat{\mu},\ \mu^{\tau})\leqslant\varepsilon$。

我们用分布式推断问题来表示分布式模型下的计数问题。计算目标是估计 $v\in V$ 上的边缘分布 $\mu_v^{\tau}$，其中 $\mu^{\tau}$ 是问题实例（$G,\boldsymbol{x},\tau$）的目标分布。对于非零相关性的概率分布，由于信息的局部性，精确推断不可能被分布式算法完成，因此我们关注近似推断问题。

**近似推断：**给定任意一个问题实例（$G,\boldsymbol{x},\tau$），任意 $\delta>0$，每个点 $v\in V$ 需要输出 $Q$ 上的一个边缘分布 $\hat{\mu}_v$，它是一个满足 $\|\hat{\mu}_v\|_1=1$ 的向量 $\hat{\mu}_v\in[0,1]^Q$，且有 $d_{\mathrm{TV}}(\hat{\mu}_v,\mu_v^{\tau})\leqslant\delta$。

**局部约束定义的联合分布**

我们用吉布斯分布来描述由局部约束定义的联合分布。令 $G=(V,E)$ 为一个分布式网络。我们考虑概率图模型 $\mathcal{I}=(V,C,Q,\boldsymbol{\Phi})$，这里 $C\subseteq 2^V$ 表示所有约束的集合。方便起见，我们规定 $V\subseteq C$，即所有的外场约束也在集合 $C$ 中。$\boldsymbol{\Phi}=$

$(\phi_S)_{S\in C}$ 为所有约束函数的集合。令 $\mu=\mu_{\mathcal{I}}$ 为 $\mathcal{I}$ 定义的吉布斯分布。每个配置 $\sigma\in Q^V$ 出现的概率正比于权重

$$\mu(\sigma)\propto w(\sigma)=\prod_{S\in C}\phi(\sigma_S) \tag{5-11}$$

**定义 5-3**（局部吉布斯分布） 当且仅当对于任意约束 $\mathcal{S}\in\mathcal{C}$ 时，吉布斯分布（$V,C,Q,\Phi$）是局部的集合 $S$ 在图 $G=(V,E)$ 上的直径是一个常数，即 $\max\limits_{u,v\in\mathcal{S}}\mathrm{dist}_G(u,v)=O(1)$。

我们也考虑一类特殊的吉布斯分布——可拓展吉布斯分布（定义 2-1）。可拓展吉布斯分布满足给定集合 $\Lambda\subseteq V$ 上的任意配置 $\tau\in Q^\Lambda$，总存在一个配置 $\sigma\in Q^{V\setminus\Lambda}$ 使得

$$\prod_{S\in\mathcal{C}:S\cap(V\setminus\Lambda)\neq\varnothing}\phi_S((\sigma\cup\tau)s)>0$$

于是给定一个配置 $\tau\in Q^\Lambda$，如果 $\tau$ 满足 $\Lambda$ 内部的所有约束，那么 $\tau$ 一定可以扩展成一个 $V$ 上的合法配置。

**评注 5-2** 给定任意一个可拓展的局部吉布斯分布 $\mu$，构造一个合法解 $\sigma\in Q^V(\mu(\sigma)>0)$ 可以由一个串行的贪心算法完成。

#### LOCAL 与 SLOCAL 模型

令 $G=(V,E)$ 为一个分布式计算网络，$n=|V|$。LOCAL 模型的定义见 3.1 节。串行 LOCAL 模型（简称 SLOCAL 模型）是一个研究计算局部性的重要模型[79]，它和 LOCAL 模型密切相关。我们这里使用 SLOCAL 模型的随机化版本。每个节点利用不受限制的内存维护一个本地状态 $S_v$。初始 $S_v$ 只有 $v$ 的输入，以及一个由 $v$ 生成的任意长的随机串。给定任意一个顺序 $\pi=(v_1,v_2,\cdots,v_n)$，局部性为 $r(n)$ 的 SLOCAL 算

法 $\mathcal{A}$ 以顺序 $\pi$ 扫描每一个点。在处理点 $v$ 的时候，$\mathcal{A}$ 读取每一个 $u\in B_{r_v}(v)=\{w\in V\mid \mathrm{dist}_G(v,w)\leqslant r_v\}$ 的状态 $S_u$，然后使用不受限制的计算能力更新 $S_v$ 以及计算点 $v$ 的输出 $Y_v$。

标准的 SLOCAL 算法扫描所有点一次。一个重要的推广是允许算法扫描所有点 $k$ 次。这种算法称为 $k$ 次 SLOCAL 算法。

SLOCAL 算法和 LOCAL 算法之间有如下转换关系[79]。

**引理 5-6**（文献［79］） **令 $\mathcal{A}$ 是一个 $k$ 次 SLOCAL 算法。给定任意一个有 $n$ 个点的图 $G=(V,E)$ 上的问题实例 $\mathcal{I}$ 和任意 $V$ 上的顺序 $\pi$，$\mathcal{A}$ 按照顺序 $\pi$ 扫描所有的点 $k$ 次，第 $i$ 次的局部性为 $r_i(n)$。算法 $\mathcal{A}$ 输出一个随机向量 $\boldsymbol{Y}=(Y_v)_{v\in V}$，每个点 $v\in V$ 输出 $Y_v$，向量 $\boldsymbol{Y}$ 服从分布 $\hat{\mu}_{\mathcal{I},\pi}$。**

存在一个 LOCAL 算法 $\mathcal{B}$，给定任意一个有 $n$ 个点的图 $G=(V,E)$ 上的问题实例 $\mathcal{I}$，经过 $O(kr(n)\log^2 n)$ 时间，每个点 $v\in V$ 输出二元组（$Y_v,F_v$），其中 $r(n)=\max\limits_{1\leqslant i\leqslant k} r_i(n)$ 且 $F_v\in\{0,1\}$ 是一个布尔随机变量，用于指示 $v$ 点的算法是否失败。所有指示变量满足 $\sum\limits_{v\in V}\mathbb{E}[F_v]<\dfrac{1}{n^2}$，且在所有 $v\in V$ 的 $F_v=0$ 的条件下，随机向量 $\boldsymbol{Y}=(Y_v)_{v\in V}$ 的分布恰好是 $\hat{\mu}_{\mathcal{I},\pi}$，其中 $\pi$ 是某种有 $V$ 个点的排列。

由引理 5-6 可知，给定一个分布式计算问题，如果存在一个 SLOCAL 算法使得给定任意顺序，算法都能得出正确的分布，则存在 LOCAL 算法，在其成功时也能得出正确的分布。

### 5.2.2 近似采样和近似推断之间的归约

**定理 5-7** 对于任意一类联合分布 $\mathfrak{M}=\{\mu_{(G,x)}\}$，如果存在一个以 $t(n,\delta)$ 时间复杂度做近似推断（全变差误差为任意 $\delta>0$）的 LOCAL 算法，则存在一个以 $O\left(t\left(n,\frac{\delta}{n}\right)\log^2 n\right)$ 时间复杂度做近似采样（全变差误差为任意 $\delta>0$）的 LOCAL 算法。

首先注意到对于推断问题，任何可判定失败的 LOCAL 随机算法可以变成一个一定成功的确定性算法，因为 $v$ 可以选择一种让算法成功的随机比特，然后确定性地执行。这一点对一般性满足如下条件的 LOCAL 算法都成立：点 $v$ 输出的正确性只和输入的问题实例有关，和其他点的输出无关。

**命题 5-8** 对于任意一类联合分布 $\mathfrak{M}=\{\mu_{(G,x)}\}$，如果存在一个以时间复杂度 $t(n,\delta)$ 做近似推断的随机 LOCAL 算法（全变差误差为任意 $\delta>0$），且算法失败的概率满足 $\sum_{v\in V}\mathbb{E}[F_v]<1$，则存在一个以时间复杂度 $t(n,\delta)$ 做近似推断（全变差误差为任意 $\delta>0$）的确定性 LOCAL 算法。

有了这个命题，我们假设所有的推断算法都是确定性的。现在简要说明定理 5-7 的证明思路。我们首先可以用推断算法构造一个 SLOCAL 采样算法。算法按照顺序 $v_1,v_2,\cdots,v_n$ 扫描，处理 $v_i$ 时，$v_1,v_2,\cdots,v_{i-1}$ 的取值确定，在 $v_i$ 上利用

推断算法以 $\delta/n$ 的全变差误差计算当前条件分布在 $v_i$ 上的边缘分布，然后从这个分布中采样随机值 $Y_{v_i}$，采样完成之后固定 $v_i$ 的状态。可以证明，对于任意给定的顺序 $v_1,v_2,\cdots,v_n$，都有 $d_{\mathrm{TV}}(\boldsymbol{Y},\mu_{(G,x)})\leqslant\delta$，其中 $\boldsymbol{Y}=(Y_v)_{v\in V}$。利用引理 5-6 可证明定理 5-7。

**定理 5-9** 对于任意一类联合分布 $\mathfrak{M}=\{\mu_{(G,x)}\}$，如果存在一个以 $t(n,\delta)$ 时间复杂度做近似采样（全变差误差为任意 $\delta>0$）的 LOCAL 算法，则存在一个以 $t(n,\delta)$ 时间复杂度做近似推断（全变差误差为 $\delta+\varepsilon_0$）的 LOCAL 算法，其中 $\varepsilon_0\geqslant\sum\limits_{v\in V}\mathbb{E}[F_v]$ 是近似采样算法失败概率的上界。

现在简要说明定理 5-9 的证明思路。有了定理中的采样算法，可以构造出一个总是成功且全变差误差不超过 $\delta+\varepsilon_0$ 的采样算法。利用 LOCAL 模型不受限的计算能力，我们可以枚举点 $v$ 处算法所有可能用到的随机比特，然后得出点 $v$ 处每种输出出现的概率，从而得到一个全变差误差为 $\delta+\varepsilon_0$ 的推断算法。

### 5.2.3 分布式 JVV 采样算法

在图灵机计算模型上，一个经典的结论是对于可自归约问题，精确采样问题可以归约成近似计数问题。在本节中，我们在分布式模型上证明类似的结论。我们证明如下两个结论。

- 带加性误差（全变差误差）的分布式近似推断算法可以变成带乘性误差的分布式近似推断算法。
- 分布式 JVV 采样算法：由分布式推断算法构造分布式精确采样算法。

**分布式推断提升引理**

我们考虑有更强准确性保证的近似推断。乘性误差 $\mathbf{err}(\cdot,\cdot)$ 定义如下，对于任意两个定义在 $Q$ 上的分布 $\mu$ 和 $\hat{\mu}$，

$$\mathrm{err}(\mu,\hat{\mu}) \triangleq \max_{x\in Q} \left| \ln\mu(x) - \ln\hat{\mu}(x) \right| \tag{5-12}$$

规定 $0/0=1$ 且 $\ln 0-\ln 0=\ln(0/0)=0$。

**带 $\boldsymbol{\varepsilon}$ 乘性误差的推断：** 对于任意问题实例 $(G,\boldsymbol{x},\boldsymbol{\tau})$，任意 $0<\varepsilon<1$，每个点 $v$ 返回一个边缘概率分布 $\hat{\mu}_v$，使得 $\mathbf{err}(\hat{\mu}_v,\mu_v^\tau)\leqslant\varepsilon$。

对于足够小的 $\varepsilon>0$，条件 $\mathbf{err}(\hat{\mu}_v,\mu_v^\tau)\leqslant\varepsilon$ 可以推出

$$\forall c\in Q: 1-\varepsilon \approx \mathrm{e}^{-\varepsilon} \leqslant \frac{\hat{\mu}_v(c)}{\mu_v^\tau(c)} \leqslant \mathrm{e}^{\varepsilon} \approx 1+\varepsilon$$

这就给出了比全变差误差更强的准确性。

分布式推断提升引理说明对于局部吉布斯分布，带加性误差（全变差误差）的近似推断算法可以提升成带乘性误差的近似推断算法。

**引理 5-10**（提升引理） 对于任意局部吉布斯分布 $\mathfrak{M}=\{\mu_{(G,x)}\}$，如果存在一个以 $t(n,\delta)$ 时间复杂度做近似推断（全变差误差为 $\delta>0$）的 LOCAL 算法，则存在一个以

$O\left(t\left(n,\frac{\varepsilon}{5qn}\right)\right)$ 时间复杂度做近似推断(乘性误差为 $0<\varepsilon<1$) 的 LOCAL 算法，其中 $q=|Q|\leqslant\text{poly}(n)$ 是取值集合的大小。

**证明：** 令 $\mathcal{A}_\delta^+$ 为时间复杂度是 $t(n,\delta)$ 的带 $\delta$ 全变差误差的 LOCAL 推断算法。我们构造一个带 $\varepsilon$ 乘性误差的 LOCAL 推断算法 $\mathcal{A}_\varepsilon^\times$。

令 $(G,\boldsymbol{x},\tau)$ 是一个输入实例，$G=(V,E)$，$\tau\in Q^\Lambda$。联合分布 $\mu=\mu_{(G,x)}$ 是一个由 $(V,C,Q,\Phi)$ 定义的局部吉布斯分布，记 $q=|Q|$。因为吉布斯分布是局部的，所以存在 $\ell=O(1)$ 满足任意 $\mathcal{S}\in\mathcal{C}$: $\max\limits_{u,v\in\mathcal{S}}\text{dist}_G(u,v)\leqslant\ell$。

算法 $\mathcal{A}_\varepsilon^\times$ 定义如下，令 $v\in V$，我们假设 $v\notin\Lambda$，否则推断问题非常容易解决。令 $\delta=\frac{\varepsilon}{5qn}$，$t=t\left(n,\frac{\varepsilon}{5qn}\right)$ 是 $\mathcal{A}_\delta^+$ 的时间复杂度。节点 $v$ 收集所有距离自己不超过 $2t+\ell$ 的点上的所有信息，然后执行如下算法。重申 $B_r(v)=\{u\in V\mid\text{dist}_G(u,v)\leqslant r\}$ 表示到 $v$ 距离不超过 $r$ 的所有点的集合。我们定义

$$\Gamma=B_{t+\ell}(v)\setminus(B_t(v)\cup\Lambda)$$

令 $v_1,v_2,\cdots,v_m$ 是 $\Gamma$ 中所有的点，$m=|\Gamma|$ 且所有点按照其唯一编号的顺序枚举。一个配置的序列 $\tau_i\in Q^{\Lambda_i}(0\leqslant i\leqslant m)$ 按照如下规则构造：

- 初始 $\Lambda_0=\Lambda$，$\tau_0=\tau$。
- 对于 $i=1,2,\cdots,m$，令 $\Lambda_i=\Lambda_{i-1}\cup\{v_i\}$，配置 $\tau_i\in Q^{\Lambda_i}$

按照如下规则构造，$\tau_i$ 和 $\tau_{i-1}$ 在集合 $\Lambda_{i-1}$ 上一致且 $\tau_i(v_i)=c_i$，取值 $c_i \in Q$ 最大化边缘概率 $\hat{\mu}_{v_i}^{\tau_{i-1}}(c_i)$，其中 $\hat{\mu}_{v_i}^{\tau_{i-1}}$ 是点 $v$ 处的算法 $\mathcal{A}_\delta^+$ 在输入 $(G,\boldsymbol{x},\tau_{i-1})$ 上返回的边缘分布。

最后算法返回 $\mu_v^{\tau_m}$。根据命题 2-1 中的条件独立性，分布 $\mu_v^{\tau_m}$ 完全由 $B_{t+\ell}(v)$ 内部信息确定。具体而言，记 $B=B_{t+\ell}(v)$，定义 $\mathcal{S}$ 为所有满足如下条件的配置 $\sigma \in Q^B$ 的集合，$\sigma$ 在集合 $B\cap\Lambda_m$ 上与 $\tau_m$ 一致：

$$\mathcal{S}=\{\sigma \in Q^B \mid \forall u \in B\cap(\Gamma\cup\Lambda):\ \sigma_u=\tau_m(u)\}$$

对于任意 $c \in Q$，边缘概率 $\mu_v^{\tau_m}(c)$ 按如下规则计算

$$\mu_v^{\tau_m}(c)=\frac{\sum_{\sigma\in\mathcal{S}:\sigma_v=c} w_B(\sigma)}{\sum_{\sigma\in\mathcal{S}} w_B(\sigma)}$$

其中 $w_B(\sigma)=\prod_{S\in\mathcal{C}:\ S\subseteq B}\phi_S(\sigma_S)$。这就是算法 $\mathcal{A}_\varepsilon^\times$ 的定义。

我们证明 $\tau_m$ 相对于 $\mu$ 合法，所以边缘分布 $\mu_v^{\tau_m}$ 良定义。进一步地说，

$$\forall c \in Q:\ \mathrm{e}^{-\varepsilon}\mu_v^{\tau}(c)\leqslant\mu_v^{\tau_m}(c)\leqslant\mathrm{e}^{\varepsilon}\mu_v^{\tau}(c) \tag{5-13}$$

这就证明了引理。

对于配置序列 $\tau_i \in Q^{\Lambda_i}(0\leqslant i\leqslant m)$，任意 $c \in Q$，令 $\tau_i^c \in Q^{\Lambda_i\cup\{v\}}$ 表示 $\Lambda_i\cup\{v\}$ 上的一个配置，$\tau_i^c$ 在 $\Lambda_i$ 上和 $\tau_i$ 一致且 $\tau_i^c(v)=c$，则有如下结论。

**引理 5-11** 如果 $\tau_0^c$ 相对于 $\mu$ 合法，那么所有的 $\tau_i^c$ 相对

于 $\mu$ 合法。

**证明：** 我们对 $i$ 做数学归纳。对于 $i=0$，引理显然成立。对于一般的 $i$，假设 $\tau_{i-1}^c$ 合法，那么 $\tau_{i-1}$ 也一定合法。两个配置 $\tau_{i-1}^c$ 和 $\tau_{i-1}$ 只在点 $v$ 处不同且 $\mathrm{dist}_G(v,v_{i-1})>t$，其中 $t=t\left(n,\frac{\varepsilon}{5qn}\right)$。对于两个输入 $(G,\boldsymbol{x},\tau_{i-1}^c)$ 和 $(G,\boldsymbol{x},\tau_{i-1})$，算法 $\hat{\mu}_{v_{i-1}}^{\tau_{i-1}}$ 会在点 $v_{i-1}$ 处有相同的输出 $\hat{\mu}_{v_{i-1}}^{\tau_{i-1}}$，且满足 $d_{\mathrm{TV}}(\hat{\mu}_{v_{i-1}}^{\tau_{i-1}},\mu_{v_i}^{\tau_{i-1}^c})\leqslant\frac{\varepsilon}{5qn}$，$d_{\mathrm{TV}}(\hat{\mu}_{v_{i-1}}^{\tau_{i-1}},\mu_{v_i}^{\tau_{i-1}})\leqslant\frac{\varepsilon}{5qn}$。由三角不等式可得

$$d_{\mathrm{TV}}\ (\mu_{v_i}^{c_{i-1}},\mu_{v_i}^{\tau_{i-1}})\leqslant\frac{2\varepsilon}{5nq}\tag{5-14}$$

重申 $\tau_i$ 由 $\tau_{i-1}$ 构造而来且满足 $\tau_i(v_i)=c_i$，且 $c_i\in Q$ 最大化边缘概率 $\hat{\mu}_{v_i}^{\tau_{i-1}}(c_i)$。令 $q=|Q|$。我们有

$$\mu_{v_i}^{\tau_{i-1}}(\tau_i(v_i))\geqslant\frac{1}{q}-\frac{\varepsilon}{5nq}\tag{5-15}$$

注意到 $\mu_{\Lambda_i\cup\{v\}}(\tau_i^c)=\mu_{\Lambda_{i-1}\cup\{v\}}(\tau_{i-1}^c)\mu_{v_i}^{\tau_{i-1}^c}(c_i)$，其中 $c_i=\tau_i(v_i)$。根据归纳假设 $\tau_{i-1}^c$ 合法，所以有 $\mu_{\Lambda_{i-1}\cup\{v\}}(\tau_{i-1}^c)>0$。结合式（5-14）和式（5-15），我们有

$$\mu_{\Lambda_i\cup\{v\}}(\tau_i^c)\geqslant\mu_{v_i}^{\tau_{i-1}^c}(c_i)\geqslant\mu_{v_i}^{\tau_{i-1}}(c_i)-\frac{2\varepsilon}{5nq}\geqslant\frac{1}{q}-\frac{3\varepsilon}{5nq}>0$$

这说明 $\tau_i^c$ 相对于 $\mu$ 合法，引理得证。 □

重申 $\tau_0=\tau$ 且 $\tau\in Q^\Lambda$ 合法，所以一定存在一个 $c\in Q$ 使得

$\tau_0^c$ 合法，利用引理可知所有的 $\tau_i^c$ 合法。这说明 $\tau_m^c$ 合法，$\tau_m$ 也一定合法。

考虑每个 $c \in Q$ 满足$\mu_v^\tau(c)>0$。对于这样的 $c \in Q$，$\tau_0^c$ 一定合法，因为 $\tau_0=\tau$，根据引理得 $\tau_m^c$ 合法。对于每个 $0 \leqslant i \leqslant m$，记 $c_i=\tau_i(v_i)$。利用两种顺序的链式法则，我们有

$$\mu_{\Lambda \cup \{v\}}^\tau(\tau_m^c) = \left(\prod_{i=1}^m \mu_{v_i}^{\tau_{i-1}}(c_i)\right)\mu_v^{\tau_m}(c)$$

$$\text{且}\quad \mu_{\Lambda \cup \{v\}}^\tau(\tau_m^c) = \mu_v^\tau(c)\left(\prod_{i=1}^m \mu_{v_i}^{\tau_{i-1}^c}(c_i)\right)$$

解方程可得

$$\mu_v^{\tau_m}(c)=\left(\prod_{i=1}^m \frac{\mu_{v_i}^{\tau_{i-1}^c}(c_i)}{\mu_{v_i}^{\tau_{i-1}}(c_i)}\right)\mu_v^\tau(c)$$

对每个 $1 \leqslant i \leqslant m$，根据式（5-14）和式（5-15），我们有

$$\mathrm{e}^{-\varepsilon/n} \leqslant 1-\frac{2\varepsilon}{5n-\varepsilon} \leqslant \frac{\mu_{v_i}^{\tau_{i-1}^c}(c_i)}{\mu_{v_i}^{\tau_{i-1}}(c_i)} \leqslant 1+\frac{2\varepsilon}{5n-\varepsilon} \leqslant \mathrm{e}^{\varepsilon/n}$$

因为 $m=|\Lambda| \leqslant n$，我们有

$$\mathrm{e}^{-\varepsilon} \leqslant \frac{\mu_v^{\tau_m}(c)}{\mu_v^\tau(c)} \leqslant \mathrm{e}^{\varepsilon}$$

对于使得$\mu_v^\tau(c)=0$ 的 $c \in Q$，我们有 $\tau_0^c$ 不合法，于是一定有 $\mu_v^{\tau_m}(c)=0$，否则$\mu_v^{\tau_m}(c)>0$ 说明 $\tau_m^c$ 合法。因为 $\tau_m^c$ 是 $\tau_0^c$ 的扩展配置，那么 $\tau_0^c$ 一定也合法，由此产生矛盾。 □

### JVV 采样算法

原始的 Jerrum-Valiant-Vazirani（JVV）采样算法[92] 是一个精确采样到近似计数的归约，原始归约是一个使用全局信息的拒绝采样算法。现在我们给出一个分布式版本的 JVV 采样算法。

**定理 5-12** 对于一类局部吉布斯分布 $\mathfrak{M}=\{\mu_{(G,x)}\}$，令 $q=|Q|\leqslant \mathrm{poly}(n)$ 为取值集合的大小，如果存在一个以 $t(n)$ 时间复杂度做近似推断（全变差误差 $\leqslant 1\backslash 5qn^4$）的 LOCAL 算法，则存在一个以 $O(t(n)\ \log^2 n)$ 时间复杂度做精确采样的 LOCAL 算法。

利用近似推断提升引理（引理 5-10），定理 5-12 中假设的带全变差误差的近似推断算法可以提升成复杂度为 $O(t(n))$ 的带 $1/n^3$ 乘性误差的近似推断算法。所以定理 5-12 是下列命题的推论。

**命题 5-13** 对于一类局部吉布斯分布 $\mathfrak{M}=\{\mu_{(G,x)}\}$，如果存在一个以 $t(n)$ 时间复杂度做近似推断（乘性误差 $\leqslant 1/n^3$）的 LOCAL 算法，则存在一个以 $O(t(n)\log^2 n)$ 时间复杂度做精确采样的 LOCAL 算法。

令 $\mathcal{A}$ 为以 $t(n)$ 时间复杂度做近似推断（乘性误差 $\leqslant 1/n^3$）的 LOCAL 算法。我们构造一个局部性为 $O(t)$ 的 SLOCAL 精确采样算法——局部 JVV 算法。为了方便描述，局部 JVV 算法将被表述成多次扫描的 SLOCAL 算法，且每个点有能力将信息写到附近点的内存中。文献［79］中有如下结论。

**引理 5-14**（文献［79］，观察 2.2） 令 $\mathcal{A}$ 为如下 SLOCAL 算法。$\mathcal{A}$ 的局部性为 $R$，且扫描到点 $v$ 时，$v$ 允许将信息写到所有满足 $\mathrm{dist}_G(u,v)\leqslant r\leqslant R$ 的内存 $S_u$ 中，则 $\mathcal{A}$ 可以转化为一个 SLOCAL 算法 $\mathcal{B}$。$\mathcal{B}$ 的局部性为 $r+R$，且扫描到点 $v$ 时，$v$ 只允许在内存 $S_v$ 中写信息。

令（$G,\boldsymbol{x},\tau$）是一个问题输入实例，$G=(V,E)$，$\tau\in Q^{\Lambda}$。联合分布 $\boldsymbol{\mu}=\boldsymbol{\mu}_{(G,\boldsymbol{x})}$ 是一个由（$V,C,Q,\Phi$）定义的局部吉布斯分布，记 $q=|Q|$。因为吉布斯分布是局部的，所以存在 $\ell=O(1)$ 满足任意 $\mathcal{S}\in\mathcal{C}:\max\limits_{u,v\in\mathcal{S}}\mathrm{dist}_G(u,v)\leqslant\ell$。$\boldsymbol{\mu}^{\tau}$ 为问题实例定义的条件分布。方便起见，我们令 $\boldsymbol{\mu}^{\tau}$ 为一个 $Q^V$ 上的概率分布，它满足 $\Lambda$ 上的配置且一定为 $\tau$，$V\setminus\Lambda$ 的配置服从条件分布 $\boldsymbol{\mu}^{\tau}_{V\setminus\Lambda}$。令 $\boldsymbol{\mu}^{\tau}$ 为需要采样的目标分布。对于每个点 $v\in V$，任意整数 $\ell\geqslant0$，我们令 $B_{\ell}(v)\triangleq\{u\in V\mid\mathrm{dist}_G(u,v)\leqslant\ell\}$ 表示和 $v$ 距离不超过 $\ell$ 的点集。

**局部 JVV 算法：**局部 JVV 算法是一个基于局部信息的拒绝采样 SLOCAL 算法。算法结束时返回（$Y,F'$）$=((Y_v)_{v\in V},(F'_v)_{v\in V})$，其中每个点 $v\in V$ 输出 $Y_v$ 和 $F'_v$。$Y\in Q^V$ 是一个随机配置，$F'_v\in\{0,1\}$ 指示点 $v$ 处的算法是否失败。

SLOCAL 算法进行 3 次扫描。令 $\pi=v_1,v_2,\cdots,v_n$ 为任意一种给定的顺序，每次扫描都会按照顺序 $\pi$ 进行。每次扫描的局部性为 $R=6t+2\ell=O(t)$。

在第一次扫描中，算法构造一个相对于 $\mu^\tau$ 合法的配置 $\sigma_0 \in Q^V$。我们把 $\sigma_0$ 称为基本配置，它按照如下规则构造：

- 初始 $\sigma_0$ 是一个空状态。
- 在第 $i$ 步，在点 $v_i$ 上对问题实例（$G, x, \sigma_0$）模拟 $\mathcal{A}$，算法返回一个边缘分布 $\hat{\mu}_{v_i}^{\sigma_0}$；选择任意一个满足 $\hat{\mu}_{v_i}^{\sigma_0}(c_i)>0$ 的 $c_i \in Q$，把当前的 $\sigma_0$ 扩展到点 $v_i$ 上并令 $\sigma_0(v_i) \leftarrow c_i$。

  在第二次扫描中，一个随机配置 $Y \in Q^V$ 独立地以如下规则生成：

- 初始 $Y$ 是一个空状态。
- 在第 $i$ 步，在点 $v_i$ 上对问题实例（$G, x, Y$）模拟算法 $\mathcal{A}$，算法返回一个边缘分布 $\hat{\mu}_{v_i}^{Y}$；从 $\hat{\mu}_{v_i}^{Y}$ 中独立采样 $Y_i \in Q$，把当前的 $Y$ 扩展到点 $v_i$ 上并令 $Y(v_i) \leftarrow Y_i$。

令 $\hat{\mu}^\tau$ 为 $Y \in Q^V$ 的分布，这个分布和目标分布 $\mu^\tau$ 非常接近。

**引理 5-15** 对任意 $\sigma \in Q^V$ 都有 $\mathrm{e}^{-1/n^2} \leqslant \dfrac{\hat{\mu}^\tau(\sigma)}{\mu^\tau(\sigma)} \leqslant \mathrm{e}^{1/n^2}$。

在第三次扫描中，每个点 $v_i$ 计算概率 $q_{v_i}$，然后独立地采样 $F'_{v_i} \in \{0,1\}$ 来指示点 $v_i$ 处的算法是否失败，$F'_{v_i}=0$ 的概率为 $q_{v_i}$。

- 初始令 $\sigma_0 \in Q^V$ 为第一次扫描构造的基本配置。
- 构造一个配置序列 $\sigma_1, \sigma_2, \cdots, \sigma_n \in Q^V$，其中 $\sigma_n = Y$ 是第二次扫描构造的随机配置且对于每个 $0 \leqslant i \leqslant n$，有

如下条件成立：

$$\sigma_i \text{ 相对于 } \mu^\tau \text{ 合法} \tag{5-16}$$

$$\forall 1 \leqslant j \leqslant i: \quad \sigma_i(v_j) = Y(v_j) \tag{5-17}$$

$$\sigma_i \text{ 和 } \sigma_{i-1} \text{ 只在 } B_t(v_i) \text{ 内取值不同} \tag{5-18}$$

上述性质显然对 $\sigma_0$ 成立。在第 $i$ 步，假设上述性质对 $\sigma_{i-1}$ 成立。我们用如下算法构造满足性质的 $\sigma_i \in Q^V$：枚举所有可能的在 $B=B_t(v_i)$ 上的配置 $\sigma' \in Q^B$，尝试把 $\sigma_{i-1}(B)$ 替换成 $\sigma'$。如下引理保证了 $\sigma_i \in Q^V$ 的存在性。

**引理 5-16** 假设 $\sigma_{i-1} \in Q^V$ 相对于 $\mu^\tau$ 合法且对所有 $1 \leqslant j \leqslant i-1$，$\sigma_{i-1}(v_j) = Y(v_j)$。存在一个 $\sigma_i \in Q^V$ 满足式（5-16）~式（5-18）。

假设引理成立，算法只需要 $v_i$ 的局部信息就能构造出 $\sigma_i$。具体而言，假设所有性质对 $\sigma_{i-1}$ 成立，那么式（5-17）和式（5-18）只需要收集到距离 $v_i$ 不超过 $t$ 的信息就可以验证；根据条件独立性，式（5-16）只需要收集到距离 $v_i$ 不超过 $t+\ell$ 的信息就可以验证。一旦找到 $\sigma_i$，点 $v$ 修改 $B_t(v_i)$ 内的信息把当前配置更新为 $\sigma_i$。

点 $v_i$ 计算

$$q_{v_i} = q_{v_i}(Y) \triangleq \frac{\hat{\mu}^\tau(\sigma_{i-1}) w(\sigma_i)}{\hat{\mu}^\tau(\sigma_i) w(\sigma_{i-1})} \mathrm{e}^{-3/n^2} \tag{5-19}$$

其中 $\hat{\mu}^\tau$ 表示第二次扫描生成的 $Y$ 的概率分布，$w(\cdot)$ 是吉布斯分布的权重（定义见式（5-11））。

**引理 5-17** 式（5-19）中定义的 $q_{v_i}$ 可以由点 $v_i$ 收集距离不超过 $3t+\ell=O(t)$ 的信息计算，且始终有 $e^{-5/n^2}\leqslant q_{v_i}\leqslant 1$。

之后，$v_i$ 随机采样 $F'_{v_i}\in\{0,1\}$ 使得 $F'_{v_i}=0$ 的概率为 $q_{v_i}$。最后，每个点 $v_i$ 返回（$Y_{v_i},F'_{v-i}$）。$Y=(Y_{v_i})_{1\leqslant i\leqslant n}$ 是第二次扫描生成的随机值。如果 $F'_{v_i}=1$，则 $v_i$ 处算法失败。

现在，我们来证明算法描述中出现的 3 条引理。

**引理 5-15 的证明：** 令 $Y^i$ 为局部 JVV 算法在第二次扫描的第 $i$ 步生成的部分配置。对于任意 $\sigma\in Q^V$，令 $\sigma^i$ 为当 $Y=\sigma$ 时的 $Y^i$，则 $\sigma^0$ 是空状态，$\sigma^n=Y=\sigma$。显然 $Y$ 的分布 $\hat{\mu}^\tau$ 满足

$$\hat{\mu}^\tau(\sigma)=\prod_{i=1}^{n}\hat{\mu}_{v_i}^{\sigma^{i-1}}(\sigma_{v_i}) \tag{5-20}$$

另一方面，对吉布斯分布 $\mu^\tau$ 使用链式法则。我们有

$$\mu^\tau(\sigma)=\prod_{i=1}^{n}\mu_{v_i}^{\sigma^{i-1}}(\sigma_{v_i})$$

因为每个边缘分布 $\hat{\mu}_{v_i}^{\sigma_{i-1}}(\sigma_{v_i})$ 都是由带 $1/n^3$ 乘性误差的近似推断算法 $\mathcal{A}$ 计算得出，所以

$$e^{-1/n^3}\leqslant\frac{\hat{\mu}_{v_i}^{\sigma^{i-1}}(\sigma_{v_i})}{\mu_{v_i}^{\sigma^{i-1}}(\sigma_{v_i})}\leqslant e^{1/n^3} \qquad \square$$

引理得证。

**引理 5-16 的证明：** 假设 $\sigma_{i-1}\in Q^V$ 相对于 $\mu^\tau$ 合法，假设对于所有 $1\leqslant j\leqslant i-1$，$\sigma_{i-1}(v_j)=Y(v_j)$。我们证明存在 $\sigma_i\in Q^V$ 满足式（5-16）~式（5-18）。定义节点集合

$$\Gamma=\{v_j\in V \mid v_j\notin B_t(v) \quad \text{或} \quad j\leqslant i-1\}\cup\Lambda$$

令 $\tau_1=\sigma_{i-1}(\Gamma)$ 和 $\tau_2=Y(\Gamma)$ 是 $\Gamma$ 上的两种配置。根据假设，$\sigma_{i-1}$ 和 $Y$ 都合法，所以 $\tau_1$ 和 $\tau_2$ 也合法且 $\sigma_{i-1}(\Lambda)=Y(\Lambda)=\tau$。

在两个问题实例（$G,\boldsymbol{x},\tau_1$）和（$G,\boldsymbol{x},\tau_2$）上，点 $v_i$ 处的算法 $\mathcal{A}$ 会返回一样的边缘分布，这是因为 $\tau_1$ 和 $\tau_2$ 在集合 $B_t(v_i)$ 上一致。我们记算法返回的分布为 $\hat{\mu}_{v_i}^{\tau_1}=\hat{\mu}_{v_i}^{\tau_2}$，它是 $\mu_{v_i}^{\tau_1}$ 和 $\mu_{v_i}^{\tau_2}$ 带 $1/n^3$ 乘性误差的近似。我们有

$$\mathrm{e}^{1/n^3}\mu_{v_i}^{\tau_1}(Y(v_i))\geqslant\hat{\mu}_{v_i}^{\tau_1}(Y(v_i))\geqslant\mathrm{e}^{-1/n^3}\mu_{v_i}^{\tau_2}(Y(v_i))>0$$

不等式成立因为 $Y$ 是合法的。

这就证明了 $\mu_{v_i}^{\tau_1}(Y(v_i))>0$，由此说明存在一个合法配置 $\sigma\in Q^V$ 使得 $\sigma(\Gamma)=\tau_1=\sigma_{i-1}(\Gamma)$ 且 $\sigma(v_i)=Y(v_i)$。这个 $\sigma$ 就是我们想要的 $\sigma_i$。容易验证它满足式（5-16）~式（5-18）。

□

**引理 5-17 的证明：** 重申 $q_{v_i}$ 定义为

$$q_{v_i}=\frac{\hat{\mu}^{\tau}(\sigma_{i-1})w(\sigma_i)}{\hat{\mu}^{\tau}(\sigma_i)w(\sigma_{i-1})}\mathrm{e}^{-3/n^2}$$

由引理 5-16 可知，每个 $\sigma_i$ 相对于 $\mu^{\tau}$ 合法，所以 $w(\sigma_i)>0$。由引理 5-15 可知，我们有 $\hat{\mu}^{\tau}(\sigma_i)>0$，所以比值 $q_{v_i}$ 良定义。

考虑由局部 JVV 算法第三次扫描构造的配置 $\sigma_0,\sigma_1,\cdots,\sigma_n\in Q^V$。对每个 $\sigma_i$，我们定义配置序列 $\sigma_i^0,\sigma_i^1,\cdots,\sigma_i^n$，其中 $\sigma_i^0=\tau$ 且 $\sigma_i^n=\sigma_i$。令 $\sigma_i^j$表示 $Y=\sigma_i$ 时的 $Y^j$，其中 $Y^j$ 是由局部 JVV 算法第二次扫描的前 $j$ 步构造。由式（5-20）可得

$$\frac{\hat{\mu}^{\tau}(\sigma_{i-1})}{\hat{\mu}^{\tau}(\sigma_i)}=\prod_{j=1}^{n}\frac{\hat{\mu}_{v_j}^{\sigma_{i-1}^{j-1}}(\sigma_{i-1}(v_j))}{\hat{\mu}_{v_j}^{\sigma_i^{j-1}}(\sigma_i(v_j))}$$

注意到 $\boldsymbol{\sigma}_i$ 和 $\boldsymbol{\sigma}_{i-1}$ 只在 $B_t(v_i)$ 上不同，对于所有 $\boldsymbol{\sigma}_i$ 和 $\boldsymbol{\sigma}_{i-1}$ 在所有 $v_k \notin B_{2t}(v_i)$ 的 $B_t(v_k)$ 上一致。所以，在这些 $v_k \notin B_{2t}(v_i)$ 上，局部算法 $\mathcal{A}$ 无法区分两个输入实例 $(G,\boldsymbol{x},\sigma_{i-1}^{k-1})$ 和 $(G,\boldsymbol{x},\sigma_i^{k-1})$，所以

$$\hat{\mu}_{v_k}^{\sigma_{i-1}^{k-1}}(\sigma_{i-1}(v_k))=\hat{\mu}_{v_k}^{\sigma_i^{k-1}}(\sigma_i(v_k))$$

这说明

$$\frac{\hat{\mu}^{\tau}(\sigma_{i-1})}{\hat{\mu}^{\tau}(\sigma_i)}=\prod_{v_j\in B_{2t}(v_i)}\frac{\hat{\mu}_{v_j}^{\sigma_{i-1}^{j-1}}(\sigma_{i-1}(v_j))}{\hat{\mu}_{v_j}^{\sigma_i^{j-1}}(\sigma_i(v_j))} \tag{5-21}$$

其中每个边缘分布 $\hat{\mu}_{v_j}^{\cdot}(\cdot)$ 可以由 $v_j$ 处的算法 $\mathcal{A}$ 收集距离不超过 $t$ 的信息计算。除此之外，为了计算式（5-21），我们需要知道 $B_{3t+\ell}(v_i)$ 里的点在 $\boldsymbol{\pi}=(v_1,v_2,\cdots,v_n)$ 里的相对顺序。重申 $R=6t+2\ell$。算法的第一次扫描可以对每个 $v_i\in V$ 维护一个值 $\mathrm{rank}(v_i)\in\mathbb{N}$。初始所有点的值 $\mathrm{rank}(v_i)=0$。算法第一次扫描到 $v_i$ 时，做如下更新

$$\mathrm{rank}(v_i)\leftarrow 1+\max\{\mathrm{rank}(v_j)\mid v_j\in B_R(v_i)\} \tag{5-22}$$

然后更新 $S_{v_i}$ 中的 $\mathrm{rank}(v_i)$。第一次扫描的局部性为 $R=6t+2\ell$。容易验证，对于任意 $u\in B_{3t+\ell}(v_i)$，$\mathrm{rank}(u)$ 取值互不相同；对于任意 $v_j$，$v_k\in B_{3t+\ell}(v_i)$，当且仅当 $\mathrm{rank}(v_j)<\mathrm{rank}(v_k)$ 时，$j<k$。所以在第三次扫描中，算法可以知道 $B_{3t+\ell}(v_i)$ 内

所有点的相对顺序。

另一方面，$\sigma_i$ 和 $\sigma_{i-1}$ 只在 $B_t(v_i)$ 上不同，根据式（5-11）中 $w(\cdot)$ 的定义，我们有

$$\frac{w(\sigma_i)}{w(\sigma_{i-1})}=\prod_{\substack{S\in\mathcal{C}\\ S\subseteq B_{t+\ell}(v_i)}}\frac{\phi_S(\sigma_i(S))}{\phi_S(\sigma_{i-1}(S))} \tag{5-23}$$

式（5-21）和式（5-23）说明 $v_i$ 计算 $q_{v_i}$ 只需要收集距离不超过 $3t+\ell$ 的信息。对于吉布斯分布 $\mu$，我们有 $\frac{\mu^\tau(\sigma_{i-1})w(\sigma_i)}{\mu^\tau(\sigma_i)w(\sigma_{i-1})}=1$。由引理 5-15 可知

$$\mathrm{e}^{-2/n^2}\leqslant\frac{\hat{\mu}^\tau(\sigma_{i-1})w(\sigma_i)}{\hat{\mu}^\tau(\sigma_i)w(\sigma_{i-1})}\leqslant\mathrm{e}^{2/n^2}$$

这说明 $\mathrm{e}^{-5/n^2}\leqslant q_{v_i}(\sigma)\leqslant\mathrm{e}^{-1/n^2}\leqslant 1$。 □

**命题 5-13 的证明**

局部 JVV 算法的正确性由如下引理保证。

**引理 5-18** 对于任意点的顺序，局部 JVV 算法失败的概率最多为 $\sum_{i=1}^{n}\mathbb{E}[F'_{v_i}]=1-O(1/n)$。在所有 $v_i$ 满足 $F'_{v_i}=0$ 的条件下，$Y\in Q^V$ 精确服从目标分布 $\mu^\tau$。

**证明：** 令事件 $\mathcal{G}$ 表示局部 JVV 算法成功，即对于所有 $v_i$ 有 $F'_{v_i}=0$。重申对于任意 $\sigma\in Q^V$，

$$\mathbb{P}[F'_{v_i}=1\mid Y=\sigma]=q_{v_i}(\sigma)$$

其中 $q_{v_i}(\sigma)=q_{v_i}(Y)\big|_{Y=\sigma}$ 定义在式（5-19）中。根据引理 5-17，对任意 $\sigma\in Q^V$，

$$\mathbb{P}[\mathcal{G} \mid Y=\sigma] = \prod_{i=1}^{n} q_{v_i}(\sigma) \geqslant \mathrm{e}^{-5/n} = 1-O\left(\frac{1}{n}\right)$$

这就证明了算法成功的概率至少为 $\mathbb{P}[\mathcal{G}]=1-O\left(\frac{1}{n}\right)$。

接下来，我们证明，对任意 $\sigma \in Q^V$ 都有 $\mathbb{P}[Y=\sigma \mid \mathcal{G}] = \mu^\tau(\sigma)$。

对任意 $\sigma \in Q^V$ 满足 $\mu^\tau(\sigma)=0$，根据引理 5-15，我们有 $\hat{\mu}^\tau(\sigma)=\mathbb{P}[Y=\sigma]=0$，所以 $\mathbb{P}[Y=\sigma \mid \mathcal{G}]=0$。

对任意 $\sigma \in Q^V$ 满足 $\mu^\tau(\sigma)>0$，根据引理 5-15，我们有 $\hat{\mu}^\tau(\sigma)=\mathbb{P}[Y=\sigma]>0$。算法成功且输出 $Y=\sigma$ 的概率为

$$\begin{aligned}
\mathbb{P}[Y=\sigma \wedge \mathcal{G}] &= \hat{\mu}^\tau(\sigma)\mathbb{P}[\mathcal{G} \mid Y=\sigma] \\
&= \hat{\mu}^\tau(\sigma) \prod_{i=1}^{n} q_{v_i}(\sigma) \\
&= \hat{\mu}^\tau(\sigma) \prod_{i=1}^{n} \left(\frac{\hat{\mu}^\tau(\sigma_{i-1})w(\sigma_i)}{\hat{\mu}^\tau(\sigma_i)w(\sigma_{i-1})}\mathrm{e}^{-3/n^2}\right) \Bigg|_{\sigma_n=Y=\sigma} \\
&= \left(\frac{\hat{\mu}^\tau(\sigma_0)}{w(\sigma_0)}\mathrm{e}^{-3/n}\right) w(\sigma)
\end{aligned}$$

注意到因子$\left(\frac{\hat{\mu}^\tau(\sigma_0)}{w(\sigma_0)}\mathrm{e}^{-3/n}\right)$和 $\sigma$ 无关，所以

$$\begin{aligned}
\mathbb{P}[Y=\sigma \mid \mathcal{G}] &= \frac{\mathbb{P}[Y=\sigma \wedge \mathcal{G}]}{\sum_{\sigma':\, \mu^\tau(\sigma')>0} \mathbb{P}[Y=\sigma' \wedge \mathcal{G}]} \\
&= \frac{w(\sigma)}{\sum_{\sigma':\, \mu^\tau(\sigma')>0} w(\sigma')}
\end{aligned}$$

$$=\mu^{\tau}(\sigma)$$ □

最后，我们证明命题5-13。容易验证局部JVV算法算法的局部性为$O(t)$，$t=t(n)$是近似推断LOCAL算法$\mathcal{A}$的复杂度。

我们使用引理5-14和引理5-6把局部JVV算法变成LOCAL算法。根据引理5-6，在转换成功时，LOCAL算法输出的$(Y,F')$正好是SLOCAL算法在某种顺序上的输出，其中$Y=(Y_v)_{v\in V}$是随机配置，$F'=(F'_v)_{v\in V}$指示局部JVV算法是否失败。转换成LOCAL算法的过程也会引入失败，令$F''_v\in\{0,1\}$指示点$v$处的转换是否失败，$F''$和$(Y,F')$独立，且$\sum_{v\in V}\mathbb{E}[F''_v]=O(1/n^2)$[79]。我们定义$F_v=F'_v\vee F''_v$，$F_v$指示$v$处LOCAL算法是否失败。显然

$$\sum_{v\in V}\mathbb{E}[F_v]\leqslant\sum_{v\in V}\mathbb{E}[F'_v]+\sum_{v\in V}\mathbb{E}[F''_v]=O\left(\frac{1}{n}\right)$$

进一步地说，因为$(F''_v)_{v\in V}$独立于$(Y,F')$，所以当所有$F_v=0$时，输出$Y$服从正确的分布。

## 5.3 强空间混合性质与分布式采样/计数

在本节中，我们建立强空间混合性质与分布式采样/计数之间的联系。本节的结论对可拓展的局部吉布斯分布（定义2-1）成立。

强空间混合性质是一类重要的相关性衰减性质。我们使用如下强空间混合性质的定义[24]。

**定义 5-4** 令 $\delta_n: \mathbb{N}\to\mathbb{R}_{\geqslant 0}$ 为一系列单调不减函数。当且仅当对任意 $Q^V$ 上的分布 $\mu_{(G,x)}\in\mathfrak{M}$，其中 $G=(V,E)$ 且 $n=|V|$ 时。联合分布 $\mathfrak{M}=\{\mu_{(G,x)}\}$ 有速率为 $\delta_n(\cdot)$ 的强空间混合性质，对任意 $v\in V$，$\Lambda\subseteq V$，任意合法配置 $\sigma$，$\tau\in Q^{\Lambda}$，

$$d_{\mathrm{TV}}(\mu_v^{\sigma},\ \mu_v^{\tau})\leqslant\delta_n(\mathrm{dist}_G(v,D)) \tag{5-24}$$

其中 $D\subseteq\Lambda$ 是 $\sigma$ 和 $\tau$ 取不同值的集合。

特别指出，当且仅当速率函数 $\delta(\cdot)$ 为 $\delta_n(t)=\mathrm{poly}(n)\alpha^t$ 时，分布有速率为 $0<\alpha<1$ 的指数级强空间混合性质。

强空间混合性质和分布式计数（推断）有如下关系。

**定理 5-19** 对于任意一类联合分布 $\mathfrak{M}=\{\mu_{(G,x)}\}$。如果存在一个以 $t(n,\delta)$ 时间复杂度做近似推断（全变差误差为任意 $\delta>0$）的 LOCAL 算法，则 $\mathfrak{M}$ 有如下速率的强空间混合性质。

$$\delta_n(t)=2\min\{\delta\mid t(n,\delta)\leqslant t-1\}$$

反过来说，对于一类可拓展的局部吉布斯分布 $\mathfrak{M}=\{\mu_{(G,x)}\}$，如果 $\mathfrak{M}$ 有速率为 $\delta_n(t)$ 的强空间混合性质，则存在一个做近似推断（全变差误差为任意 $\delta>0$）的 LOCAL 算法，它的时间复杂度为

$$t(n,\delta)=\min\{t\mid\delta_n(t)\leqslant\delta\}+O(1)$$

**证明：** 令 $\mu=\mu_{(G,x)}\in\mathfrak{M}$ 为一个 $Q^V$ 上的联合分布，且

$G=(V,E)$。令 $\sigma$，$\tau\in Q^{\Lambda}$ 为两个子集 $\Lambda\subseteq V$ 上的合法配置，它们只在 $D\subseteq\Lambda$ 上不同。固定一个点 $v\notin D$，假设 $\mathrm{dist}_G(v,D)=t$，令 $\mathcal{A}$ 是复杂度为 $t(n,\delta)$ 的近似推断 LOCAL 算法。根据命题 5-8，我们可以不失一般性地假设 $\mathcal{A}$ 是确定性算法。

对任意 $\delta>0$，如果 $t(n,\delta)\leqslant t-1$，对于两个问题实例 $(G,\boldsymbol{x},\sigma)$ 和 $(G,\boldsymbol{x},\tau)$，算法 $\mathcal{A}$（给定全变差误差为 $\delta$）在点 $v$ 处返回相同的边缘分布 $\hat{\mu}_v$。这是因为这两个实例只基于 $v$ 的局部信息无法区分。算法输出满足 $d_{\mathrm{TV}}(\hat{\mu}_v,\ \mu_v^{\sigma})\leqslant\delta$ 且 $d_{\mathrm{TV}}(\hat{\mu}_v,\mu_v^{\tau})\leqslant\delta$。因为这一性质对任意 $\delta>0$，$t(n,\delta)\leqslant t-1$ 成立，我们有

$$d_{\mathrm{TV}}(\hat{\mu}_v,\mu_v^{\sigma})\leqslant\min\{\delta\mid t(n,\delta)\leqslant t-1\}$$

$$d_{\mathrm{TV}}(\hat{\mu}_v,\mu_v^{\tau})\leqslant\min\{\delta\mid t(n,\delta)\leqslant t-1\}$$

由三角不等式得 $d_{\mathrm{TV}}(\mu_v^{\sigma},\mu_v^{\tau})\leqslant 2\min\{\delta\mid t(n,\delta)\leqslant t-1\}$。所以，$\mathfrak{M}$ 有速率为 $\delta_n(t)=2\min\{\delta\mid t(n,\delta)\leqslant t-1\}$ 的强空间混合性质。

令 $\mathfrak{M}$ 是一类可拓展的局部吉布斯分布，$\mathfrak{M}$ 有速率为 $\delta_n(t)$ 的强空间混合性质。给定任意全变差误差 $\delta>0$，我们构造一个近似推断的 LOCAL 算法 $\mathcal{A}$。

令 $(G,\boldsymbol{x},\tau)$ 为一个问题实例，且 $G=(V,E)$。联合分布 $\mu=\mu_{(G,\boldsymbol{x})}\in\mathfrak{M}$ 是一个由 $(V,C,Q,\Phi)$ 定义的吉布斯分布，其中 $q=|Q|$。因为吉布斯分布是局部的，我们假设存在 $\ell=O(1)$ 使得任意 $\mathcal{S}\in\mathcal{C}:\max\limits_{u,v\in\mathcal{S}}\mathrm{dist}_G(u,v)\leqslant\ell$。$\tau\in Q^{\Lambda}$ 是集合 $\Lambda\subseteq V$ 上的

任意合法配置。在 $Q^V$ 上定义的条件分布 $\mu^\tau$ 为目标分布（分布 $\mu^\tau$ 在 $\Lambda$ 上取值为 $\tau$ 的概率为 1）。

算法 $\mathcal{A}$ 如下。对于任意点 $v \in V$，点 $v$ 收集所有距离不超过 $t+2\ell$ 的信息，

$$t=\min\{t' \mid \delta_n(t') \leqslant \delta\}$$

然后本地进行如下计算。

- 把 $\tau$ 扩展成 $\Lambda \cup \Gamma$ 上的合法配置 $\tau'$，其中

  $$\Gamma = B_{t+\ell}(v) \setminus (B_t(v) \cup \Lambda)$$

  因为 $\tau$ 合法且 $\mu$ 可拓展，所以当且仅当

  $$\prod_{\substack{S \in \mathcal{C} \\ S \subseteq A}} \phi_S(\tau_S) > 0 \tag{5-25}$$

  时，$\tau'$合法，其中 $A = B_{t+2\ell}(v) \cap (\Gamma \cup \Lambda)$。这个条件可以由 $v$ 在本地判定。

- 计算边缘分布 $\mu_v^{\tau'}$。根据命题 2-1 中的条件独立性，$\mu_v^{\tau'}$ 由 $B_{t+\ell}(v)$ 中的信息完全确定。令 $B = B_{t+\ell}(v)$，定义配置集合

  $$\mathcal{E} = \{\sigma \in Q^B \mid \forall u \in B \cap (\Gamma \cup \Lambda): \sigma_u = \tau'_u\}$$

  对每个 $c \in Q$，边缘概率计算如下

  $$\mu_v^{\tau'}(c) = \frac{\sum_{\sigma \in \mathcal{E}: \sigma_v = c} w_B(\sigma)}{\sum_{\sigma \in \mathcal{E}} w_B(\sigma)}$$

  其中 $w_B(\sigma) = \prod_{S \in \mathcal{C}: S \subseteq B} \phi_S(\sigma_S)$。

令 $\mathcal{S}$ 为 $\Lambda \cup \Gamma$ 上所有合法配置 $\sigma$ 的集合，$\sigma$ 满足在 $\Lambda$ 上

和 $\tau$ 一致。固定一个 $\sigma\in\mathcal{S}$，令 $D$ 表示 $\sigma$ 和 $\tau'$取值不同的点集，注意到 $\mathrm{dist}_G(v,D)\geqslant t$。根据强空间混合性质，

$$d_{\mathrm{TV}}(\mu_v^{\tau'},\ \mu_v^{\sigma})\leqslant\delta_n(t)\leqslant\delta$$

我们耦合两个分布 $\mu_v^{\tau'}$ 和 $\mu_v^{\tau}$，首先以概率 $\mu_{\Lambda\cup\Gamma}^{\tau}(\sigma)$ 采样 $\sigma\in\mathcal{S}$；然后用 $\mu_v^{\tau'}$ 和 $\mu_v^{\sigma}$ 的最优耦合采样二元组（$(x,y)\in Q\times Q$）。容易验证，$y$ 的分布恰好为 $\mu_v^{\tau}$。根据耦合不等式，

$$\begin{aligned} d_{\mathrm{TV}}(\mu_v^{\tau'},\ \mu_v^{\tau}) &\leqslant \mathbb{P}[x\neq y]=\sum_{\sigma\in S}\mu_{\Lambda\cup\Gamma}^{\tau}(\sigma)\mathbb{P}[x\neq y\mid\sigma] \\ &=\sum_{\sigma\in S}\mu_{\Lambda\cup\Gamma}^{\tau}(\sigma)d_{\mathrm{TV}}(\mu_v^{\tau'},\ \mu_v^{\sigma})\leqslant\delta \end{aligned}$$

所以，$\mathcal{A}$ 是一个近似推断 LOCAL 算法，且它的复杂度为 $t(n,\delta)=t+2\ell=\min\{t\mid\delta_n(t)\leqslant\delta\}+O(1)$。 □

结合定理 5-19 和分布式 JVV 采样算法（定理 5-12），我们有如下推论。

**推论 5-20** 对于任意一类可拓展的局部吉布斯分布 $\mathfrak{M}=\{\mu_{(G,x)}\}$，如果 $\mathfrak{M}$ 有速率为 $0<\alpha<1$ 的指数级衰减的强空间混合性质，则存在一个以 $O\left(\frac{1}{1-\alpha}\log^3 n\right)$ 时间复杂度做精确采样的 LOCAL 算法。

结合强空间混合性质的结论[24,94-97]，我们有如下精确采样 LOCAL 算法的推论。

- 一个 $O(\sqrt{\Delta}\log^3 n)$ 轮精确采样均匀图匹配的 LOCAL 算法，其中 $\Delta$ 是图的最大度数[94]。
- 一个 $O(\log^3 n)$ 轮精确采样满足唯一性条件的硬核模

型（$\lambda<\lambda_c(\Delta)\triangleq(\Delta-1)^{(\Delta-1)}/(\Delta-2)^{\Delta}$）的 LOCAL 算法[24]。

- 一个 $O(\log^3 n)$ 轮精确采样均匀图 $q$ 染色的 LOCAL 算法，其中图染色模型满足图上不含三角形且 $q\geqslant(\alpha^*+\delta)\Delta+\beta(\delta)$，$\delta>0$ 是一个常数且 $\alpha^*\approx1.763\cdots$ 满足 $\alpha^*=\exp\left(\frac{1}{\alpha^*}\right)$[95]。
- 一个 $O(\log^3 n)$ 轮精确采样满足唯一性条件的反铁磁伊辛模型的 LOCAL 算法[96]。

对于硬核模型，当 $\lambda>\lambda_c(\Delta)$ 时，根据定理 5-2，分布式采样问题有 $\Omega(\mathrm{diam})$ 的下界；而当 $\lambda<\lambda_c(\Delta)$ 时，根据推论 5-20，存在一个时间复杂度为 $O(\log^3 n)$ 的分布式采样算法。我们在分布式采样问题上发现了第一个计算相变现象。在同一阈值 $\lambda_c(\Delta)$ 处，多项式图灵机上的采样和计数问题也有计算相变现象[14,24]。

## 5.4 本章小结

我们研究了分布式计算模型上的采样和计数问题。分布式的计数问题由推断问题表示。我们证明了一大类分布的采样问题有 $\Omega(\log n)$ 的下界，从而得知 $O(\log n)$ 是衡量一个算法是否最优的标准。对于不满足唯一性条件的加权独立集分布（硬核模型），我们证明了其不存在局部采样算法。注意到分布式构造一个独立集不需要任何通信（全图输出一个空集），这说明在分布式模型上，采样远比构造问题困难。我们接着证明了分布式模型上采样问题和计数问题有计算等价性，而且当且仅当吉布斯分布有强空间混合性质时，这两个问题存在高效算法。

这类问题有很多值得探索的方向。第一，我们的分布式归约算法需要不受限制的本地算力以及不受限制的消息大小，如果能改进这些特点则可以由分布式算法得到图灵机上的高效算法。第二，我们可以尝试建立分布式采样的复杂度类，分布式采样和计数是否存在复杂度层级。第三，我们的研究方法把分布式计算问题表示成联合分布。在研究下界时，我们对比算法可以生成的分布和问题对应的分布，这个方法能否用于证明其他分布式计算问题的下界。

# 第 3 部分
# 动态采样

# 第 6 章

# 动态采样总览

## 6.1 研究背景

从给定的概率图模型所定义的吉布斯分布中采样随机样本是计算机领域重要的研究课题之一。考虑一个概率图模型 $\mathcal{I}=(V,E,Q,\boldsymbol{\Phi}=(\phi_a)_{a\in V\cup E})$。（概率图模型定义见 2.1.1 节）令 $\mu$ 为 $\mathcal{I}$ 定义的吉布斯分布，每个配置 $\sigma\in Q^V$ 出现的概率为

$$\mu(\sigma)\propto\prod_{v\in V}\phi_v(\sigma_v)\prod_{e\in E}\phi_e(\sigma_e)$$

概率图模型上有很多重要的计算问题，比如编码、计算边缘分布（统计推断），以及基于概率图模型的机器学习任务[1,10,13]。在这些计算任务中，很多问题都很难在最坏的情况下求出精确解。因此，随机算法和近似算法受到了广泛的关注。常见的算法有马尔可夫链蒙特卡洛方法[15]、相关性衰减[53]、置信传播[98] 和连续优化[99]。

很多概率图模型上的计算问题都需要通过采样随机样本来解决。传统的采样算法大多数都是静态算法，即输入是一

个固定的概率图模型。在现今的应用当中，动态变化的概率图模型在很多场景都会出现。例如，在计算机视觉研究领域，离散概率图模型经常用于表示一张图片，而图像去噪问题可以归结为从概率图模型中随机采样。一个视频可以视为一串连续变化的图片，相邻图片之间只有很小的变化，因此就得到了一串动态变化的概率图模型[2]。再例如，在训练受限玻尔兹曼机的算法中，最终的模型是由不断修改参数而产生的，这个训练过程也会生成一串动态变化的概率图模型[1,100]。在理论计算机科学中，从近似计数到随机采样的归约[4]、非负矩阵行列式近似算法[8]、模拟退火算法[5] 等诸多方向都使用了动态概率图模型的框架。

本书在理论上研究动态概率图模型上的**动态采样**问题。这个问题虽然在实际中有很多应用，但是系统性的理论研究仍然十分匮乏。当概率图模型发生改变时，一个简单的策略是直接在新模型上重新执行一遍静态采样算法。这个方法可以得出正确的样本，但是效率很低，因为即使概率图模型只有局部的改动，这个算法也需要重新采样整个模型。因此一个重要的研究课题是：**什么样的动态采样问题可以被动态算法高效地解决**。

## 6.2 问题定义

### 动态概率图模型

我们考虑动态变化的概率图模型。我们用一个四元组

$\mathcal{I}=(V,E,Q,\Phi)$ 表示一个概率图模型，其中 $\Phi=(\boldsymbol{\phi}_v)_{v\in V}\cup(\boldsymbol{\phi}_e)_{e\in E}$。令 $\mu=\mu_{\mathcal{I}}$ 表示 $\mathcal{I}$ 所定义的吉布斯分布。考虑如下两种概率图模型的更新。

- 约束的更新：修改一个约束的函数 $\boldsymbol{\phi}_e(e\in E)$；或者添加一个新约束 $\boldsymbol{\phi}_e(e\notin E)$。
- 变量的更新：修改一个变量的函数 $\boldsymbol{\phi}_v(v\in V)$。

在一次更新的过程中，多个约束的更新和多个变量的更新可以组合在一起。一个更新用二元组（$D,\Phi_D$）表示。这里 $D\in V\cup 2^V$，其中每个 $a\in D$ 可以是 $V$ 中的变量（更新变量），也可以是 $E$ 中的约束（更新变量的函数），还可以是 $2^V\setminus E$ 中的一个新约束 $e$（添加新约束，$e$ 满足 $|e|>1$）。$\Phi_D=(\phi_a)_{a\in D}$ 表示一系列约束的集合，$\phi_a$ 表示变量 $a$ 或约束 $a$ 对应的新函数。

**评注 6-1**（删除变量和其他更新）删除一个约束 $e\in E$ 可以看成把 $\boldsymbol{\phi}_e$ 修改成函数值为 1 的常值函数。对于添加或者删除一个独立的变量 $v$（$v$ 独立表示 $v$ 不关联任何约束），这种更新的动态采样非常容易解决。不失一般性地，我们假设变量集合 $V$ 不变。

**动态采样问题**

令 $Q$ 为一个有限集合。$V$ 为一个随机变量集合。令 $\varepsilon\geqslant 0$ 为一个误差参数。动态采样问题要求算法维护一个随机样本 $\boldsymbol{X}\in Q^V$。假设 $\boldsymbol{X}$ 的概率分布为 $\boldsymbol{\pi}$，当前概率图模型为 $\mathcal{I}$，则 $\boldsymbol{\pi}$

和吉布斯分布 $\mu_{\mathcal{I}}$ 的全变差要求满足

$$d_{TV}(\pi,\ \mu_{\mathcal{I}}) \triangleq \frac{1}{2}\sum_{\sigma\in Q^V} |\pi(\sigma)-\mu_{\mathcal{I}}(\sigma)| \leqslant \varepsilon$$

动态算法允许使用额外的数据结构维护样本。给定一个把当前模型 $\mathcal{I}$ 更新成一个新模型 $\mathcal{I}'$ 的更新（$D,\Phi_D$），算法要求把 $\boldsymbol{X}$ 更新成一个新随机样本 $\boldsymbol{X}'$（等价于算法输出 $\boldsymbol{X}$ 和 $\boldsymbol{X}'$ 之间的差异），使得 $\boldsymbol{X}'$ 的概率分布 $\pi'$ 满足 $d_{TV}(\pi',\mu_{\mathcal{I}'})\leqslant\varepsilon$。

当参数 $\varepsilon=0$ 时，此问题称为**精确动态采样问题**；当参数 $\varepsilon>0$ 时，此问题称为**近似动态采样问题**。我们假设更新由一个离线的**对手**产生，即更新的随机性与算法、样本的随机性均无关。

## 6.3 主要结论

对于精确动态采样问题，我们提出了一种新的采样技术——条件吉布斯采样技术。基于这个技术，我们得到了两种算法，一种是**局部拒绝采样算法**，另一种是**精确吉布斯采样算法**。令 $\mathcal{I}'$ 为更新后的概率图模型，其所对应的吉布斯分布为 $\mu_{\mathcal{I}'}$。此类算法维护一个二元组（$\boldsymbol{X},\mathcal{R}$），其中 $\boldsymbol{X}\in Q^V$ 是 $V$ 上的随机配置，$\mathcal{R}\subseteq V$ 是一个随机集合。二元组（$\boldsymbol{X},\mathcal{R}$）始终满足如下**条件吉布斯性质**：在 $\mathcal{R}=R$ 且 $\boldsymbol{X}_R=\sigma$ 的条件下，$\boldsymbol{X}_{V\setminus R}$ 服从给定 $\sigma$ 后的 $V\setminus R$ 上的条件分布 $\mu^{\sigma}_{V\setminus R,\mathcal{I}}$。算法动态更新二元组（$\boldsymbol{X},\mathcal{R}$），当 $\mathcal{R}=\varnothing$ 时，算法停止。根据条件吉

布斯性质，输出恰好服从$\mu_{\mathcal{I}'}$。

**局部拒绝采样算法相关结论**

令$\mathcal{I}=(V,E,Q,\Phi)$ 为一个概率图模型。定义无向图 $G_D$ 为$\mathcal{I}$的依赖关系图。$G_D$ 中每个点对应 $E$ 中的一个约束。当且仅当 $e_1\cap e_2\neq\varnothing$时，约束 $e_1$、$e_2$ 在 $G_D$ 中相邻。对于每个约束 $e\in E$，令 $\Gamma_{G_D}(e)$ 表示 $e$ 在依赖关系图 $G_D$ 中的邻居。

**条件 6-1** 令$\mathcal{I}=(V,E,Q,\Phi)$ 为一个概率图模型，它满足对于每一个约束 $e\in E$ 都有 $\boldsymbol{\phi}_e:Q^e\to[B_e,1]$，其中 $0<B_e\leqslant 1$ 为一个实数参数，而且存在一个常数 $0<\delta<1$ 满足

$$\forall e\in E,\quad B_e\geqslant\left(1-\frac{1-\delta}{d+1}\right)^{1/2}$$

其中 $d\triangleq\max\limits_{e\in E}|\Gamma_{G_D}(e)|$是$\mathcal{I}$的依赖图的最大度数。

**定理 6-2** 令$\mathcal{I}=(V,E,Q,\Phi)$为一个概率图模型，$(D,\Phi_D)$为一个对$\mathcal{I}$的更新。假设更新后的概率图模型$\mathcal{I}'=(V,E',Q,\Phi')$满足条件 6-1。如果$\mathcal{I}'$依赖图的最大度数 $d=O(1)$ 且$\max\limits_{e\in E}|e|=O(1)$，则局部拒绝采样算法能以 $O(|D|)$ 的期望时间复杂度解决动态采样问题。

把上述结论应用到伊辛模型(定义见 2.1.2 节)上，需要更新后的伊辛模型满足 $\exp(-2|\beta|)>1-\frac{1}{4\Delta}+o\left(\frac{1}{\Delta}\right)$，其中 $\Delta$ 是更新后伊辛模型的最大度数。这个条件在渐进意义上是最优的，因为对于反铁磁伊辛模型而言，如果 $\exp(-2|\beta|)<$

$1-\frac{2}{\Delta}$，即使是静态采样也是 **NP**-难问题[22]。

条件 6-1 要求对应的模型是由柔性约束定义的模型。事实上本书的算法也可以处理一部分由硬性约束定义的模型。考虑硬核模型（定义见 2.1.2 节）$\mathcal{I}=(V,E,\lambda)$ 上的动态采样，我们只考虑加增边、删边两种更新。

**定理 6-3** 令 $\mathcal{I}=(V,E,\lambda)$ 为一个硬核模型，$(D,\Phi_D)$ 为一个对 $\mathcal{I}$ 的增删边的更新，更新之后依然是一个硬核模型 $\mathcal{I}'=(V,E',\lambda)$。令 $\Delta$ 表示 $G=(V,E')$ 的最大度数，如果 $\lambda\leqslant\frac{1}{\sqrt{2}\Delta-1}$ 且 $\Delta=O(1)$，则算法以 $O(|D|)$ 的期望代价解决硬核模型动态采样问题。

**精确吉布斯采样算法相关结论**

精确吉布斯采样算法适用于可拓展的概率图模型（见定义 2-1）。令 $\mathcal{I}=(V,E,Q,\Phi)$ 为一个可拓展概率图模型。我们经常使用一个超图 $H=(V,E)$ 来表示 $\mathcal{I}$。对于每个点 $v\in V$，定义 $v$ 在 $H$ 中的度数为 $\deg_H(v)\triangleq|\{e\in E\mid v\in e\}|$，即点 $v$ 出现在多少条超边中。令 $\Delta\triangleq\max\limits_{v\in V}\deg_H(v)$ 为 $H$ 的最大度数。当且仅当所有相邻点 $v_i$、$v_{i+1}$ 在超图上相邻（即存在 $e\in E$ 使得 $v_i\in e$，$v_{i+1}\in e$）时，我们称点序列 $v_0$，$v_1,v_2,\cdots,v_\ell$ 为一个长度为 $\ell$ 的路径。对于任意两个点 $u$，$v\in V$，我们用 $\mathrm{dist}_H(v,u)$ 表示 $u$ 和 $v$ 在图 $H$ 上的最短路径距离。

**条件 6-4** 令 $\mathcal{I}=(V,E,Q,\Phi)$ 为一个可拓展的概率图模型，

令 $H=(V,E)$ 为一个超图。存在一个常数 $\ell^*=\ell^*(|Q|)\geqslant 2$ 使得下面条件成立：对于每个 $v\in V$，$\Lambda\subseteq V$，任意两个配置 $\sigma$，$\tau\in Q^{\Lambda}$ 满足 $\min\{\mathrm{dist}_G(v,u)\mid u\in\Lambda,\ \sigma_u\neq\tau_u\}=\ell^*$，

$$\forall a\in Q:\left|\frac{\mu_{v,\mathcal{I}}^{\sigma}(a)}{\mu_{v,\mathcal{I}}^{\tau}(a)}-1\right|\leqslant\frac{1}{5\,|S_{\ell^*}(v)|}\quad(\text{假设 }0/0=1)\tag{6-1}$$

其中 $\mathcal{S}_{\ell^*}(v)\triangleq\{u\in V\mid \mathrm{dist}_H(v,u)=\ell^*\}$ 为 $H$ 上到点 $u$ 距离为 $\ell^*$ 的点的集合。

**定理 6-5** 令 $\mathcal{I}=(V,E,Q,\Phi)$ 为一个概率图模型，$(D,\Phi_D)$ 为一个对 $\mathcal{I}$ 的更新。

假设更新后的概率图模型 $\mathcal{I}'=(V,E',Q,\Phi')$ 满足条件 6-4。如果 $\mathcal{I}'$的最大度数 $\Delta=O(1)$ 且 $\max\limits_{e\in E}|e|=O(1)$，则精确吉布斯采样算法能以 $O(|D|)$ 的期望时间复杂度解决动态采样问题。

条件 6-4 和自旋系统（定义见 2.1.2 节）的强空间混合性质密切相关。对于满足强空间混合性质，且定义在邻居次指数级增长的图上的自旋系统，定理 6-5 可以给出如下推论。

**定义 6-1**（强空间混合性质[24,53]） 令 $\delta$：$\mathbb{N}\to\mathbb{R}^+$是一个函数。当且仅当对任意自旋系统 $\mathcal{I}=(V,E,Q,\Phi)\in\mathfrak{I}$时，可拓展自旋系统$\mathfrak{I}$满足速率为 $\delta(\cdot)$ 的强空间混合性质。令图 $G=(V,E)$，对于任意集合 $\Lambda\subseteq V$，任意点 $v\in V$，任意两个部分配置 $\sigma$，$\tau\in Q^{\Lambda}$，都有

$$d_{\mathrm{TV}}(\mu_{v,\mathcal{I}}^{\sigma},\mu_{v,\mathcal{I}}^{\tau})\leqslant\delta(\ell)\tag{6-2}$$

其中 $\ell=\min\{\operatorname{dist}_G(v,u)\mid u\in\Lambda,\sigma_u\neq\tau_u\}$ 表示 $\sigma$ 和 $\tau$ 的不相同处与点 $v$ 的距离，$d_{\mathrm{TV}}(\mu_{v,\mathcal{I}}^{\sigma},\mu_{v,\mathcal{I}}^{\tau})\triangleq\frac{1}{2}\sum_{a\in Q}|\mu_{v,\mathcal{I}}^{\sigma}(a)-\mu_{v,\mathcal{I}}^{\tau}(a)|$ 表示 $\mu_{v,\mathcal{I}}^{\sigma}$ 和 $\mu_{v,\mathcal{I}}^{\tau}$ 的全变差。

特别指出，当且仅当其满足速率为 $\delta(\ell)=\alpha\exp(-\beta\ell)$ 的强空间混合性质时，$\mathfrak{I}$ 满足（$\alpha,\beta$）-指数级衰减的强空间混合性质。

**定义 6-2**（邻居次指数级增长） 当且仅当存在一个函数 $s:\mathbb{N}\rightarrow\mathbb{N}$ 使得 $s(\ell)=\exp(o(\ell))$ 且对于任意图 $G=(V,E)\in\mathfrak{G}$ 时，图 $\mathfrak{G}$ 被称为邻居次指数级增长的图类

$$\forall_v\in V,\ \forall\ell\geqslant 0,\quad |S_\ell(v)|\leqslant s(\ell)$$

其中 $S_\ell(v)\triangleq\{u\in V\mid\operatorname{dist}_G(v,u)=\ell\}$ 表示图 $G$ 中到点 $v$ 距离为 $\ell$ 的点集。

**定理 6-6** 令 $|Q|$ 是一个有限大小的集合。令 $\mathfrak{G}$ 为一个邻居次指数级增长的图类。令 $\mathfrak{I}$ 为一类定义在 $\mathfrak{G}$ 上、每个变量值域为 $Q$ 的可拓展自旋系统且满足指数级衰减的强空间混合性质。存在一个动态采样算法满足下列性质。令 $\mathcal{I}=(V,E,Q,\Phi)$ 为一个自旋系统，$(D,\Phi_D)$ 为一个对 $\mathcal{I}$ 的更新。假设更新后的自旋系统 $\mathcal{I}'=(V,E',Q,\Phi')\in\mathfrak{I}$，则算法以 $O(|D|)$ 的期望代价解决动态采样问题。

利用文献［101-103］中的相关结论可以得出定理 6-6 中的自旋系统满足条件 6-4，所以定理 6-6 可由定理 6-5 推出。定理 6-6 的证明在 7.4.2.2 节给出。

作为一个应用，我们考虑列表染色模型。一个列表染色模型被三元组$\mathcal{I}=(G,[q],\boldsymbol{L})$定义，其中$\boldsymbol{L}\triangleq\{L_v\subseteq[q]\mid v\in V\}$给每个点$v\in V$一个颜色列表$L_v\subseteq[q]$。$\mathcal{I}$的合法列表染色$\boldsymbol{\sigma}\in[q]^V$满足对所有点$v\in V$都有$\boldsymbol{\sigma}_v\in L_v$，对所有$\{u,v\}\in E$都有$\boldsymbol{\sigma}_u\neq\boldsymbol{\sigma}_v$。令$\boldsymbol{\mu}_{\mathcal{I}}$表示$\mathcal{I}$中所有合法列表染色的均匀分布。显而易见，2.1.2节定义的图染色模型是列表染色模型的一种特例。

考虑一个列表染色模型$\mathcal{I}=(G,[q],\boldsymbol{L})$。令$\deg_G(v)$表示$v\in V$在$G$上的度数，且$\Delta\triangleq\max\limits_{v\in V}\deg_G(v)$表示图$G$的最大度数。对于列表染色模型，我们只考虑加边、删边两种更新。

**定理 6-7** 令$q>2$为一个常数。存在一个列表染色的动态采样算法满足下列性质。令$\mathcal{I}=(G,[q],\boldsymbol{L})$为一个列表染色模型，$(D,\Phi_D)$为一个对$\mathcal{I}$的更新，更新之后依然是一个列表染色模型。令$\mathcal{I}=(G',[q],\boldsymbol{L})$为更新后的列表染色模型，令$\Delta$表示$G'=(V,E')$的最大度数，如果下列三个条件之一被满足，

- 对任意$v\in V$，$|L(v)|\geqslant\Delta^2-\Delta+2$。
- 图$G'$满足邻居次指数级增长，且对任意$v\in V$，$|L(v)|\geqslant 2\deg_G(v)$。
- 图$G'$满足邻居次指数级增长且不含三角形，且对任意$v\in V$，$|L(v)|\geqslant\alpha\deg_G(v)+\beta$，其中$\alpha>\alpha^*$，$\alpha^*\approx$

$1.763\cdots$ 是方程 $x=\exp(1/x)$ 的根，$\beta \geqslant \frac{\sqrt{2}}{\sqrt{2}-1}$ 满足

$(1-1/\beta)\alpha e^{\frac{1}{\alpha}(1-1/\beta)}>1$。

则算法以 $O(|D|)$ 的期望代价解决动态列表染色采样问题。

利用文献［57］中的相关技术可以得出定理 6-7 中的列表染色模型以参数 $\ell^*=\mathrm{poly}(q)$ 满足条件 6-4，所以定理 6-7 可由定理 6-5 推出。

**精确静态采样算法的推论**

动态采样的一个特例是静态采样算法。给定一个概率图模型 $\mathcal{I}=(V,E,Q,\Phi)$，精确静态采样要求输出一个样本使其恰好服从 $\mathcal{I}$ 定义的吉布斯分布。要解决此问题，我们可以从一个空概率图模型 $\mathcal{I}_0$ 出发，$\mathcal{I}_0$ 是 $\mathcal{I}$ 删掉所有约束 $E$ 后得到的概率图模型。在 $\mathcal{I}_0$ 中，所有变量相互独立，因此从 $\mathcal{I}_0$ 定义的吉布斯分布中采样精确样本非常容易。之后使用一次更新，把 $\mathcal{I}_0$ 直接变成 $\mathcal{I}$，再套用精确动态采样算法，就能得到一个精确静态采样算法。

**推论 6-8** 存在一个满足如下条件的精确静态采样算法。令 $\mathcal{I}=(V,E,Q,\Phi)$ 为有 $n$ 个变量的概率图模型。如果 $\mathcal{I}$ 满足上述动态采样结论中的条件，则此算法能以 $O(n)$ 的期望时间输出一个随机样本使其恰好服从 $\mathcal{I}$ 定义的吉布斯分布。

注意到在动态采样的结论中，我们始终假设模型的最大度数是一个常数，所以 $|E|=O(n)$，因此静态算法的复杂

度是 $O(n)$。利用定理 6-6 可以得出任何满足强空间混合性质，且定义在邻居次指数级增长的图上的自旋系统都有线性时间的精确采样算法。对于此类系统，文献［54］给出了一个时间复杂度为 $O(n\log n)$ 的近似采样算法，而我们的结论可以给出一个更快的精确采样算法。

常见的精确采样算法有 Fill 算法[104]，CFTP[105,106]，bounding chain[107,108]，randomness recycler[47]，部分拒绝采样算法[48,109]。相对于这些技术，我们的静态采样算法有两个主要的优势：①算法可以用于一般概率图模型；②算法建立了空间混合性质和精确采样之间的一种联系。

对于近似动态采样问题，我们提出了一种新的采样技术——**动态马尔可夫链**技术。马尔可夫链蒙特卡洛方法是一种重要的采样技术。吉布斯采样是一类广泛应用的马尔可夫链蒙特卡洛方法。给定一个概率图模型 $\mathcal{I}$，令 $\boldsymbol{\mu}=\boldsymbol{\mu}_{\mathcal{I}}$ 为其所对应的吉布斯分布。针对 $\boldsymbol{\mu}$ 的吉布斯采样 $(\boldsymbol{X}_t)_{t\geqslant 0}$ 定义如下。马尔可夫链从一个合法状态 $\boldsymbol{X}_0$ 开始，第 $t$ 步更新执行如下操作：

- 随机等地概率地选择一个点 $v\in V$，令 $X_t(V\setminus\{v\})=X_{t-1}(V\setminus\{v\})$。
- 从分布 $\boldsymbol{\mu}_v^{X_t(V\setminus\{v\})}$ 中采样 $X_t(v)$。

令 $T$ 为一个参数，吉布斯采样更新 $T$ 步后输出 $X_T$。

假设当前的概率图模型为 $\mathcal{I}$，动态马尔可夫链维护一

个针对 $\mathcal{I}$ 的吉布斯采样随机序列（$(\boldsymbol{X}_t)_{t=0}^{T}$。当模型被更新成 $\mathcal{I}'$ 之后，动态马尔可夫链技术利用数据结构把（$(\boldsymbol{X}_t)_{t=0}^{T}$ 修改成（$(\boldsymbol{Y}_t)_{t=0}^{T}$，使得（$(\boldsymbol{Y}_t)_{t=0}^{T}$，是针对 $\mathcal{I}'$ 的吉布斯采样序列。我们把这个算法称为动态吉布斯采样算法。动态马尔可夫链技术还可以应用到其他马尔可夫链上，得到相应的算法。

**动态吉布斯采样算法相关结论**

本书考虑动态吉布斯采样算法在可拓展（定义 2-1）自旋系统（定义见 2. 1. 1 节）上的应用。

给定一个自旋系统 $\mathcal{I}=(V,E,Q,\Phi)$，令 $G=(V,E)$ 表示 $\mathcal{I}$ 所在的图。对于每个点 $v\in V$，令 $\Gamma_G(v)$ 表示点 $v$ 在图 $G$ 上的邻居。

**条件 6-9**（Dobrushin-Shlosman 条件[110,111]）令 $\mathcal{I}=(V,E,Q,\Phi)$ 是一个吉布斯分布为 $\mu=\mu_{\mathcal{I}}$ 的可拓展自旋系统。令 $\boldsymbol{A}_{\mathcal{I}}\in\mathbb{R}_{\geqslant 0}^{V\times V}$ 为定义如下的影响矩阵，

$$\boldsymbol{A}_{\mathcal{I}}(u,v)\triangleq\begin{cases}\max\limits_{(\sigma,\tau)\in B_{u,v}} d_{\mathrm{TV}}(\mu_v^{\sigma},\ \mu_v^{\tau}), & \{u,v\}\in E\\ 0 & \{u,v\}\notin E\end{cases}$$

其中求最大值枚举集合 $B_{u,v}$ 中的所有二元组（$(\sigma,\tau)\in Q^{\Gamma_G(v)}\times Q^{\Gamma_G(v)}$，每个二元组只在点 $u$ 处不同。如果存在一个常数 $\delta>0$ 使得

$$\max_{u\in V}\sum_{v\in V}\boldsymbol{A}_{\mathcal{I}}(u,v)\leqslant 1-\delta$$

则自旋系统 $\mathcal{I}$ 满足 Dobrushin-Shlosman 条件。

**定理 6-10** 令 $\mathcal{I}=(V,E,Q,\Phi)$ 为一个可拓展自旋系统，$(D,\Phi_D)$ 为一个对 $\mathcal{I}$ 的更新，假设更新后的 $\mathcal{I}'=(V,E',Q,\Phi')$ 依然是一个可拓展自旋系统，$|Q|=O(1)$，$\mathcal{I}$、$\mathcal{I}'$ 都满足条件 6-9。令 $\boldsymbol{n}=|V|$，$\Delta_G$ 是图 $G=(V,E)$ 的最大度数，$\Delta_{G'}$ 是图 $G'=(V,E')$ 的最大度数，$\Delta=\max\{\Delta_G,\Delta_{G'}\}$。令 $\varepsilon>0$ 为误差参数。

动态吉布斯采样算法利用数据结构维护当前模型的一个随机样本 $\boldsymbol{X}\in Q^V$，使得 $d_{\mathrm{TV}}(\boldsymbol{X},\mu_{\mathcal{I}})\leqslant\varepsilon$。算法使用 $O\left(n\log\frac{n}{\varepsilon}\right)$ 个字段，每个字段包含 $O\left(\log\frac{n}{\varepsilon}\right)$ 个比特。当 $\mathcal{I}$ 更新成 $\mathcal{I}'$ 时，算法把 $\boldsymbol{X}$ 更新成 $\boldsymbol{X}'\in Q^V$，使得 $d_{\mathrm{TV}}(\boldsymbol{X}',\mu_{\mathcal{I}'})\leqslant\varepsilon$。算法的期望时间复杂度为 $O\left(\Delta^3|D|\log^2\frac{n}{\varepsilon}\right)$。

应用到具体的自旋系统上，我们有如下结论。在表 6-1 中，$\delta>0$ 是一个常数，且我们假设 $\Delta=\max\{\Delta_G,\Delta_{G'}\}=O(1)$。

**表 6-1 动态吉布斯采样算法在具体模型上的应用**

| 模型 | 条件 | 空间复杂性 | 时间复杂性 |
|---|---|---|---|
| 伊辛模型 | $\mathrm{e}^{-2\|\beta\|}\geqslant 1-\frac{2-\delta}{\Delta+1}$ | $O\left(n\log\frac{n}{\varepsilon}\right)$ | $O\left(\|D\|\log^2\frac{n}{\varepsilon}\right)$ |
| 硬核模型 | $\lambda\leqslant\frac{1-\delta}{\Delta-1+\delta}$ | $O\left(n\log\frac{n}{\varepsilon}\right)$ | $O\left(\|D\|\log^2\frac{n}{\varepsilon}\right)$ |
| 图 $q$-染色 | $q\geqslant(2+\delta)\Delta$ | $O\left(n\log\frac{n}{\varepsilon}\right)$ | $O\left(\|D\|\log^2\frac{n}{\varepsilon}\right)$ |

对比基于条件吉布斯技术的相关结论，动态马尔可夫链是近似采样算法，运行时间有 poly $\log(n, 1/\varepsilon)$ 的因子。动态马尔可夫链的优势是应用范围更广，收敛条件更好。这是因为利用动态马尔可夫链技术，可以把一些静态马尔可夫链相关结论直接应用到动态采样问题上。

# 第 7 章

# 条件吉布斯采样技术

本章给出两个基于条件吉布斯技术的采样算法。基于条件吉布斯技术的算法是精确动态采样算法，即算法维护的样本精确服从当前吉布斯分布。此类算法只需要维护当前的随机样本，无须维护其他信息。我们可以把动态采样问题简化成如下形式。

- 输入：当前的概率图模型 $\mathcal{I}$，当前的随机样本 $X\sim\boldsymbol{\mu}_{\mathcal{I}}$，以及一个更新（$\boldsymbol{D},\boldsymbol{\Phi}_D$），它可以把概率图模型更新成 $\mathcal{I}'$。
- 输出：新的随机样本 $\boldsymbol{X}'\sim\boldsymbol{\mu}_{\mathcal{I}'}$。

**评注 7-1**（初始随机样本） 上述定义中，问题假设输入中包含当前概率图模型的一个随机样本 $\boldsymbol{X}$。我们不妨假设最初始的概率图模型没有任何约束，初始吉布斯分布中所有变量相互独立，因此初始随机样本很容易产生。通过增加约束的更新操作，我们可以把初始模型变成任意概率图模型。

## 7.1 局部拒绝采样算法

为了描述局部拒绝采样算法，我们需要引入一些记号。对于一个变量和约束的子集 $D\subseteq V\cup E$，我们使用

$$\mathrm{vbl}(D)\triangleq(D\cap V)\cup\left(\bigcup_{e\in D\cap E}e\right)$$

表示集合 $D$ 中的变量和集合 $D$ 中约束关联的变量。给定一个变量的集合 $S\subseteq V$，我们使用

$$E(S)\triangleq\{e\in E\mid e\subseteq S\}$$

表示集合 $S$ 的内部约束；

$$\delta(S)\triangleq\{e\in E\mid e\nsubseteq S\wedge e\cap S\neq\varnothing\}$$

表示集合 $S$ 的边界约束；以及

$$E^{+}(S)\triangleq E(S)\cup\delta(S)$$

表示涉及 $S$ 中变量的所有约束。

我们第一个动态采样算法是局部拒绝采样算法（如算法 11 所示)。算法 11 初始把集合 $\mathcal{R}$ 置为 vbl（$D$)，然后不断调用 Local-Resample 子程序（如算法 12 所示）直到集合 $\mathcal{R}$ 变为空集。

---

**算法 11**：局部拒绝采样算法

---

**输入**：一个概率图模型 $\mathcal{I}$ 和一个随机样本 $X\sim\mu_{\mathcal{I}}$；
**更新**：一个更新（$D,\Phi_D$）把 $\mathcal{I}$ 更新成 $\mathcal{I}'$；
**输出**：一个随机样本 $X\sim\mu_{\mathcal{I}'}$；
**1** $\mathcal{R}\leftarrow$vbl（$D$)；

**while** $\mathcal{R} \neq \varnothing$ **do**

$\lfloor (X, \mathcal{R}) \leftarrow$ Local-Resample$(\mathcal{I}', X, \mathcal{R})$;

**return** $X$。

---

**算法 12**：Local-Resample$(\mathcal{I}, X, \mathcal{R})$

**输入**：一个概率图模型 $\mathcal{I}=(V,E,Q,\Phi)$，一个配置 $X \in Q^V$ 和一个集合 $\mathcal{R} \subseteq V$;

**输出**：一个新二元组$(X', \mathcal{R}')$包含配置 $X' \in Q^V$ 和子集 $\mathcal{R}' \subseteq V$;

对每个 $e \in E^+(\mathcal{R})$，并行地计算 $\kappa_e \triangleq \frac{1}{\phi_e(X_e)} \min_{x \in Q^e: x_{e\cap\mathcal{R}}=X_{e\cap\mathcal{R}}} \phi_e(x)$;

对每个 $v \in \mathcal{R}$，并行独立地从分布 $\phi_v$ 中重新采样 $X_v \in Q$;

对每个 $e \in E^+(\mathcal{R})$，并行独立地采样 $F_e \in \{0,1\}$，使得 $\mathbb{P}[F_e=0]=\kappa_e \phi_e(X_e)$; $X' \leftarrow X$，$\mathcal{R}' \leftarrow \bigcup_{e \in E: F_e=1} e$;

**return**$(X', \mathcal{R}')$。

---

局部拒绝采样算法的核心是 Local-Resample 子程序（如算法 12 所示）。给定一个概率图模型 $\mathcal{I}=(V,E,Q,\Phi)$，Local-Resample 子程序的输入是一个二元组（$X, \mathcal{R}$），其中 $X \in Q^V$ 是一个配置，$\mathcal{R} \subseteq V$ 是一个集合。集合 $\mathcal{R}$ 表示当前需要被重新采样的变量集合。$\mathcal{R}$ 中包含了当前“有问题”的变量集合。子程序利用如下规则把二元组（$X, \mathcal{R}$）变成一个新的二元组（$X', \mathcal{R}'$）。

- 对于任意一个“问题变量” $v \in \mathcal{R}$，我们从概率分布 $\phi_v$ 中独立重新采样一个随机值 $X_v \in Q$，并用 $X'$ 表示重新采样之后得到的新配置。

- 对于每个被重新采样影响到的约束 $e(e\cap\mathcal{R}\neq\varnothing)$，约束 $e$ 独立地以概率 $1-\kappa_e\phi$（$X'_e$）被违反（如果在算法中 $F_e=1$，我们称约束 $e$ 被违反）。所有被违反约束的内部变量构成新的变量集合 $\mathcal{R}'$。

这里，$\kappa_e\in[0,1]$ 是一个纠正系数，它由重新采样之前的样本 $\boldsymbol{X}$ 用如下方式计算得来

$$\kappa_e \frac{1}{\boldsymbol{\phi}_e(X_e)} \min_{\substack{x\in Q^e \\ x_{e\cap\mathcal{R}}=X_{e\cap\mathcal{R}}}} \boldsymbol{\phi}_e(x) \quad \text{（假设 } 0/0=1\text{）} \tag{7-1}$$

这里的最小值是指把 $e\cap\mathcal{R}$ 上变量的值固定成 $X_{e\cap\mathcal{R}}$ 之后，函数 $\boldsymbol{\phi}_e$ 所能取到的最小值。

我们强调 $\kappa_e$ 是由重新采样之前的 $\boldsymbol{X}$ 计算得到的（所以在算法 12 中，第 1 行和第 2 行的顺序不能交换）。对于所有内部约束 $e\in E(\mathcal{R})$，$\kappa_e$ 的取值始终为 1。对于边界约束 $e\in\delta(\mathcal{R})$，$\kappa_e$ 可能增加约束 $e$ 被违反的概率。算法 11 重复重新采样的过程直到集合 $\mathcal{R}$ 变为空集。在之后的算法分析中可以看出，纠正因子 $\kappa_e$ 对保证算法的正确性起到了非常重要的作用。

**评注 7-2**（算法特性） 和常见的马尔可夫链蒙特卡洛方法不同，本书的算法是一个拉斯维加斯算法，即算法知道什么时候可以停止。这一点在实际使用中很有优势。本书的算法不光能解决动态采样问题，它也是一个分布式算法，可以在分布式网络中实现。分布式采样问题在第 3 章具体讨论。

**评注 7-3**（和基于洛瓦兹局部引理的构造及采样算法的比较） 著名的 Moser-Tardos 算法[50,112-114] 可以构造洛瓦兹局部

引理实例的满足解，这个算法也需要重新采样被违反约束内部的变量。人们已经知道，除去很特殊的问题，Moser-Tardos 算法的输出不服从所有满足解的均匀分布[48,115]，之后有人基于 Moser-Tardos 算法提出了部分拒绝采样算法[48]，它可以从洛瓦兹局部引理实例所有满足解的均匀分布中采样（在我们的设定下，这等价于概率图模型中，每个约束的函数 $\boldsymbol{\phi}_e$ 取值只能是 0 或者 1）。部分拒绝采样算法通过合理地扩大重新采样的集合来保证算法的正确性（用我们的定义来说，部分拒绝采样算法要求新集合所有的边界约束满足 $\boldsymbol{\kappa}_e=1$）。与之前的算法相比，一个显著的不同是，本书的算法同时基于重新采样之前变量的取值和当前变量的取值来判断一个约束是否被违反。这一点是保证一般概率图模型上算法正确性的关键。

## 7.2 精确吉布斯采样算法

本节介绍精确吉布斯采样算法。精确吉布斯采样算法适用于可拓展概率图模型（定义 2-1）。

首先引入一些记号。我们经常使用一个超图 $H=(V,E)$ 来表示概率图模型 $\mathcal{I}=(V,E,Q,\Phi)$。当且仅当所有相邻点 $v_i$、$v_{i+1}$ 在超图上相邻（即存在 $e\in E$ 使得 $v_i\in e$，$v_{i+1}\in e$）时，我们称一个点序列 $v_0$，$v_1,v_2,\cdots,v_\ell$ 为一个长度为 $\ell$ 的路径。对于任意两个点 $u$，$v\in V$，我们用 $\mathrm{dist}_H(v,u)$ 表示 $u$ 和 $v$ 在图 $H$ 上的最短路径距离。对于任意一个点 $u$，任意一个整数 $\ell\geqslant 0$，定义

$$B_{\ell}(u) \triangleq \{v \in V \mid \mathrm{dist}_H(u,v) \leqslant \ell\}$$

为图 $H$ 上到 $u$ 距离不超过 $\ell$ 的点集。对于任意一个子集 $B \subseteq V$，定义

$$\partial B \triangleq \{v \in V \setminus B \mid \exists e \in E \text{ 使得 } v \in e \text{ 且 } B \cap e \neq \varnothing\}$$

为集合 $B$ 在图 $H$ 上的外边界点。

考虑动态采样问题，假设当前概率图模型是 $\mathcal{I}=(V,E,Q,\Phi)$，$\boldsymbol{X} \in Q^V$ 是服从 $\mu_{\mathcal{I}}$ 的一个随机样本。给定一个更新 $(D,\Phi_D)$，它把 $\mathcal{I}$ 更新成新概率图模型 $\mathcal{I}'=(V,E',Q,\Phi')$。我们假设 $\mathcal{I}'$是一个可拓展的概率图模型。重申

$$\mathbf{vbl}(D)=(D \cap V) \cup \Big(\bigcup_{e \in D \setminus V} e\Big)$$

精确吉布斯采样算法如算法 13 中所示。算法 13 首先找到被更新影响到的集合

---

**算法 13：** 精确吉布斯采样算法

---

**输入：** 一个概率图模型 $\mathcal{I}=(V,E,Q,\Phi)$，一个随机样本 $\boldsymbol{X} \sim \mu_{\mathcal{I}}$，一个更新（$D,\Phi_D$）把 $\mathcal{I}$ 更新成一个可拓展的概率图模型 $\mathcal{I}'$；

**输出：** 修改后的样本 $\boldsymbol{X} \sim \mu_{\mathcal{I}'}$；

$\mathcal{D} \leftarrow \mathrm{vbl}$（$D$）；

基于 $X_{\partial \mathcal{D}}$，用确定性贪心算法修改 $X_{\mathcal{D}}$ 使得 $w_{\mathcal{I}'}(\boldsymbol{X})>0$；

$\mathcal{R} \leftarrow \mathcal{D} \cup \partial \mathcal{D}$;

**while** $\mathcal{R} \neq \varnothing$ **do**

　⌊ $(\boldsymbol{X},\mathcal{R}) \leftarrow \mathrm{Fix}(\mathcal{I}',\boldsymbol{X},\mathcal{R})$；

**return** $\boldsymbol{X}$。

---

$\mathcal{D}=\mathrm{vbl}$（$D$），然后修改样本 $\boldsymbol{X}$ 在集合 $\mathcal{D}$ 上的取值，使得 $\boldsymbol{X}$

在$\mathcal{I}'$中是一个合法状态。注意到$\boldsymbol{X}$服从分布$\mu_{\mathcal{I}}$，更新前后的概率图模型$\mathcal{I}$和$\mathcal{I}'$只在集合$D$上不同。所以对于任意约束$e \in E'$且$e \cap D = \varnothing$，$\boldsymbol{X}$一定满足$e$。算法只需要基于$\partial D$上的配置$\boldsymbol{X}_{\partial D}$去修改$\boldsymbol{X}_D$即可。因为$\mathcal{I}'$可拓展，所以一个简单的确定性贪心算法就可以完成修改。给定$X_{\partial \mathcal{D}}$之后，算法 13 的第 2 行产生的$\boldsymbol{X} \in Q^V$满足$X_D$和$X_{V \setminus \{D \cup \partial D\}}$相互独立。

接着，算法 13 令集合$\mathcal{R} = \mathcal{D} \cup \partial \mathcal{D}$，然后调用 Fix 子程序更新二元组（$\boldsymbol{X}, \mathcal{R}$）直到集合$\mathcal{R}$变成空集。Fix 子程序在更新后的模型$\mathcal{I}'$上运行。Fix 子程序如算法 14 中所示。

---

**算法 14**：Fix($\mathcal{I}, \boldsymbol{X}, \mathcal{R}$)（Fix 子程序）

---

**输入**：一个可拓展概率图模型$\mathcal{I} = (V, E, Q, \Phi)$，一个配置$\boldsymbol{X} \in Q^V$，一个非空集合$\mathcal{R} \subseteq V$，以及一个整数参数$\ell \geqslant 0$；

随机等概率地选择一个$u \in \mathcal{R}$，令集合$B \leftarrow (B_\ell(u) \setminus \mathcal{R}) \cup \{u\}$；

对于所有的$\sigma \in Q^{\partial B}$满足$\sigma_{\mathcal{R} \cap \partial B} = X_{\mathcal{R} \cap \partial B}$，求概率$\mu_{u, \mathcal{I}}^{\sigma}(X_u)$的最小值，并令这个最小值为$\mu_{\min}$；

**with probability** $\mu_{\min} / \mu_{u, \mathcal{I}}^{X_{\partial B}}(X_u)$ **do**

  重新采样$X_B \sim \mu_{B, \mathcal{I}}^{X_{\partial B}}$来更新$\boldsymbol{X}$；

  $\mathcal{R} \leftarrow \mathcal{R} \setminus \{u\}$；

**else**

  ⌊ $\mathcal{R} \leftarrow \mathcal{R} \cup \partial B$；

**return**（$\boldsymbol{X}, \mathcal{R}$）。

---

算法 14 总是从条件概率$\mu_{B, \mathcal{I}}^{X_{\partial B}}$中采样$X_B$来更新$\boldsymbol{X}$。所以我们有如下观察。

**观察 7-1** 算法 13 经过第 2 行之后，配置$\boldsymbol{X} \in Q^V$总是新

概率图模型 $\mathcal{I}'$中的一个合法配置。

算法 14 的在更新后的模型 $\mathcal{I}'$上运行。这个观察直接说明$\mu_{u,\mathcal{I}'}^{X_{\partial B}}(X_u)>0$，所以算法 14 的第 3 行中的概率始终良定义。算法 14 的第 3 行是一个概率过滤器。如果过滤器成功，算法从条件分布$\mu_{u,\mathcal{I}'}^{X_{\partial B}}$中重新采样来更新$X_B$，并且把$u$从集合$\mathcal{R}$中去掉。如果过滤器失败，算法则把集合 **B** 的所有边界节点$\partial B$加入集合 $\mathcal{R}$。

算法 14 的输入中有一个整数参数 $\ell\geqslant 0$。算法会根据参数 $\ell$ 来构造集合 $B$。针对不同的概率图模型，我们选择不同的参数 $\ell$ 来保证算法的效率。这会在 7.4.2 节中详细讨论。

## 7.3 正确性分析

在本节中，我们证明局部拒绝采样算法（算法 11）和精确吉布斯采样算法（算法 13）的正确性。

**定理 7-2** 局部拒绝采样算法（算法 11）和精确吉布斯采样算法（算法 13）都满足如下性质。假设输入的随机样本 $\boldsymbol{X}$ 服从吉布斯分布 $\mu_{\mathcal{I}}$，当算法结束时，算法输出的随机样本 $\boldsymbol{X}'$服从吉布斯分布 $\mu_{\mathcal{I}'}$。

### 7.3.1 均衡条件

这两种算法的正确性都源于一个均衡条件：算法始终满

足条件吉布斯性质。为了描述条件吉布斯性质，我们需要引入一些定义。

令 $\mathcal{I}=(V,E,Q,\Phi)$ 为一个概率图模型。令 $\mu=\mu_{\mathcal{I}}$ 为 $\mathcal{I}$ 所定义的吉布斯分布。给定一个子集 $S\subseteq V$($S$ 可能为一个空集)以及 $S$ 补集上的一个配置 $\tau\in Q^{V\setminus S}$($\tau$ 可能不合法)，式 (2-5) 定义了一个 $Q^S$ 上的概率分布 $\mu_S^\tau$。严格来说，

$$\forall \sigma\in Q^S,\ \mu_S^\tau(\sigma)\triangleq\frac{w_S^\tau(\sigma)}{Z_S^\tau} \tag{7-2}$$

其中条件权重定义为

$$w_S^\tau(\sigma)\triangleq\prod_{v\in S}\phi_v(\sigma_v)\prod_{\substack{e\in E\\ e\cap S\neq\varnothing}}\phi_e((\tau\cup\sigma)_e)$$

$Z_S^\tau\triangleq\sum_{\sigma\in Q^S}w_S^\tau(\sigma)$ 是条件配分函数。分布 $\mu_S^\tau$ 满足如下性质：

- 如果 $\tau$ 是 $V\setminus S$ 上的合法配置，则 $\mu_S^\tau$ 是给定 $\tau$ 后 $\mu$ 在 $S$ 上的条件概率分布。
- 对于任意 $\tau$($\tau$ 可能不合法)，当且仅当 $Z_S^\tau>0$ 时，分布 $\mu_S^\tau$ 良定义。

由第二条性质可以看出，对于可拓展的概率图模型 $\mathcal{I}$，分布 $\mu_S^\tau$ 一定良定义。对于一般的概率图模型 $\mathcal{I}$，$\mu_S^\tau$ 只对一些特定的 $S$ 和 $\tau$ 良定义。

**定义 7-1**（条件吉布斯性质） 当且仅当它满足以下条件时，随机二元组 $(X,\mathcal{S})\subseteq Q^V\times 2^V$ 相对概率图模型 $\mathcal{I}$ 满足条件吉布斯性质。对于任意集合 $S\subseteq V$，任意配置 $\tau\in Q^{V\setminus S}$ 使得

$\mathbb{P}_{(X,\mathcal{S})}[\mathcal{S}=S\wedge X_S=\tau]>0$，都有 $\mu_S^\tau$ 是一个良定义的概率分布且

$$\forall\sigma\in Q^S,\quad \mathbb{P}_{(X,\mathcal{S})}[X_S=\sigma\mid\mathcal{S}=S\wedge X_S=\tau]=\mu_S^\tau(\sigma)$$

即，在 $\mathcal{S}=S$ 且 $X_S=\tau$ 的条件下，$X_S$ 的概率分布服从条件吉布斯分布 $\mu_S^\tau$。

条件吉布斯性质是保证算法正确性的关键。局部拒绝采样算法的核心是子程序 Local-Resample（算法 12），精确吉布斯采样算法的核心是子程序 Fix（算法 14）。这两个子程序都可以看成一个重采样马尔可夫链。这个马尔可夫链把二元组（$\boldsymbol{X},\mathcal{R}$）变成新的二元组（$\boldsymbol{X}',\mathcal{R}'$）。算法的关键是保证（$\boldsymbol{X}$，$\mathcal{S}$）=（$\boldsymbol{X},V\setminus\mathcal{R}$）满足条件吉布斯性质。我们分别对局部拒绝采样算法和精确吉布斯采样算法定义如下两种重采样马尔可夫链。

**定义 7-2**（重采样马尔可夫链） 令 $\mathcal{I}=(V,E,Q,\Phi)$ 为一个概率图模型。令 $\mathfrak{M}_{\text{Res}}$ 和 $\mathfrak{M}_{\text{Fix}}$ 为两个定义在空间 $Q^V\times2^V$ 上的重采样马尔可夫链。令（$\boldsymbol{X},\mathcal{S}$）$\in Q^V\times2^V$ 为当前随机二元组，马尔可夫链 $\mathfrak{M}_{\text{Res}}$ 的转移 $(\boldsymbol{X},\mathcal{S})\rightarrow(\boldsymbol{X}',\mathcal{S}')$ 定义为

$$(X',\mathcal{R}')\leftarrow\text{Local-Resample}(\mathcal{I},X,V\setminus S)$$

$$\mathcal{S}'\leftarrow V\setminus\mathcal{R}'$$

马尔可夫链 $\mathfrak{M}_{\text{Fix}}$ 的转移 $(\boldsymbol{X},\mathcal{S})\rightarrow(\boldsymbol{X}',\mathcal{S}')$ 定义为

$$(X',\mathcal{R}')\leftarrow\text{Fix}(\mathcal{I},X,V\setminus S)$$

$$\mathcal{S}'\leftarrow V\setminus\mathcal{R}'$$

当集合 $\mathcal{S}=V$ 时，两个马尔可夫链 $\mathfrak{M}_{\text{Res}}$、$\mathfrak{M}_{\text{Fix}}$ 都停止转移。

在马尔可夫链的定义中，我们考虑集合 $\mathcal{S}=V\setminus\mathcal{R}$。这是因为我们要对二元组（$\boldsymbol{X},\mathcal{S}$）证明如下均衡条件。

**条件 7-3**（均衡条件） 如果一个随机二元组（$\boldsymbol{X},\mathcal{S}$）$\in Q^V\times 2^V$ 相对于概率图模型 $\mathcal{I}$ 满足条件吉布斯性质，经过一步转移之后，新随机二元组（$\boldsymbol{X}',\mathcal{S}'$）$\in Q^V\times 2^V$ 也相对概率图模型 $\mathcal{I}$ 满足条件吉布斯性质。

正确性证明的关键就是验证如下引理。

**引理 7-4** 马尔可夫链 $\mathfrak{M}_{\mathrm{Res}}$ 和 $\mathfrak{M}_{\mathrm{Fix}}$ 都满足均衡性质。

引理 7-4 的证明推后到 7.3.2 节和 7.3.3 节。现在，我们先假设引理 7-4 成立，直接证明定理 7-2 中的正确性结论。

**正确性证明（定理 7-2 的证明）**

我们同时考虑算法 11 和算法 13。我们先假设两个算法初始生成的二元组（$\boldsymbol{X},\mathcal{S}$）=（$\boldsymbol{X},V\setminus\mathcal{R}$）相对于更新后的概率图模型 $\mathcal{I}'$满足条件吉布斯性质。两个算法在调用子程序的时候，子程序都是在更新后的概率图模型 $\mathcal{I}'$上运行。由引理 7-4 可知，随机二元组（$\boldsymbol{X},\mathcal{S}$）总是相对于概率图模型 $\mathcal{I}'$满足条件吉布斯性质。在算法停止时，一定有 $\mathcal{S}=V$，由条件吉布斯性质可得，此时 $\boldsymbol{X}$ 服从概率分布 $\mu_{\mathcal{I}'}$。正确性得证。

现在验证算法 11 生成的初始二元组相对于 $\mathcal{I}'$满足条件吉布斯性质。根据假设，更新（$D,\Phi_D$）与输入随机样本 $\boldsymbol{X}$ 的随机性无关。初始的 $\mathcal{R}=\mathrm{vbl}(D)$。因为 $\boldsymbol{X}\sim\mu_{\mathcal{I}}$，随机二元组（$\boldsymbol{X},V\setminus\mathcal{R}$）相对于更新之前的概率图模型 $\mathcal{I}$ 满足条件吉布斯性质。如果 $\mathcal{I}$ 和 $\mathcal{I}'$的函数在点 $v$ 或边 $e$ 上不同，那么一

定有 $v\in\mathcal{R}$，$e\subseteq\mathcal{R}$。注意到初始 $\boldsymbol{X}\sim\mu_{\mathcal{I}}$，所以分布 $\mu_{V\setminus\mathcal{R},\mathcal{I}}^{X_{\mathcal{R}}}$ 良定义。因为这两个条件分布 $\mu_{V\setminus\mathcal{R},\mathcal{I}}^{X_{\mathcal{R}}}$、$\mu_{V\setminus\mathcal{R},\mathcal{I}'}^{X_{\mathcal{R}}}$ 的定义不涉及 $\mathcal{R}$ 内部的变量和约束，所以两者完全相同且都良定义。因此，初始二元组相对于 $\mathcal{I}'$ 满足条件吉布斯性质。

现在验证算法 13 生成的初始二元组相对于 $\mathcal{I}'$ 满足条件吉布斯性质。根据假设，更新（$D,\Phi_D$）与输入随机样本 $\boldsymbol{X}$ 的随机性无关。算法 13 的初始 $\mathcal{R}$ 为 $\mathcal{R}=\mathrm{vbl}(D)\cup(\partial\ \mathrm{vbl}(D))$。因为 $\boldsymbol{X}\sim\mu_{\mathcal{I}}$，随机二元组（$\boldsymbol{X},V\setminus\mathcal{R}$）相对于更新之前的概率图模型 $\mathcal{I}$ 满足条件吉布斯性质，注意此二元组中的 $\boldsymbol{X}$ 为输入的 $\boldsymbol{X}\sim\mu_{\mathcal{I}}$。在第 2 行，算法 13 基于 $X_{\partial\ \mathrm{vbl}(D)}$ 修改了 $X_{\mathrm{vbl}(D)}$ 的取值。固定 $\partial\,\mathrm{vbl}(D)$ 上的一个配置 $\sigma$，给定 $\sigma$ 之后，$X_{\mathrm{vbl}(D)}$ 完全确定。考虑条件分布 $\mu_{V\setminus\mathcal{R},\mathcal{I}}^{X_{\mathcal{R}}}$，由条件分布定义（式（7-2））可知，给定 $\sigma$ 之后，条件分布 $\mu_{V\setminus\mathcal{R},\mathcal{I}}^{X_{\mathcal{R}}}$ 也唯一确定。这是因为条件分布 $\mu_{V\setminus\mathcal{R},\mathcal{I}}^{X_{\mathcal{R}}}$ 的定义只和 $X_{\partial\,\mathrm{vbl}(D)}$ 有关，和 $X_{\partial\,\mathrm{vbl}(D)}$ 无关，所以修改完 $X_{\mathrm{vbl}(D)}$ 的取值之后，二元组（$\boldsymbol{X},V\setminus\mathcal{R}$）相对于更新之前的概率图模型 $\mathcal{I}$ 依然满足条件吉布斯性质。同理可得，分布 $\mu_{V\setminus\mathcal{R},\mathcal{I}}^{X_{\mathcal{R}}}$、$\mu_{V\setminus\mathcal{R},\mathcal{I}'}^{X_{\mathcal{R}}}$ 完全相同且都良定义。因此，初始二元组相对于 $\mathcal{I}'$ 满足条件吉布斯性质。

**改进版均衡条件**

在一般情况下，条件 7-3 难以直接验证。我们给出一个更容易验证的充分条件。

**条件 7-5**（改进版均衡条件） 令 $\mathcal{I}=(V,E,Q,\Phi)$ 为一

个概率图模型。令 $\mathfrak{M}$ 是空间 $Q^V \times 2^V$ 上的一个马尔可夫链，它的转移矩阵为 $\boldsymbol{P}$。$\mathfrak{M}$ 满足对于任意四元组 $(S,\sigma,T,\tau)$，其中 $S,T\subseteq V$、$\sigma\in Q^{V\setminus S}$、$\tau\in Q^{V\setminus T}$，都有

$$\forall \boldsymbol{y}\in Q^V \text{ 满足 } y_{V\setminus T}=\tau: \sum_{\substack{\boldsymbol{x}\in Q^V\\ x_{V\setminus S}=\sigma}} \mu_S^{\sigma}(x_S)\cdot \boldsymbol{P}((x,S),(y,T))$$
$$=\mu_T^{\tau}(y_T)C(S,\sigma,T,\tau)$$

其中 $C(S,\sigma,T,\tau)\geqslant 0$ 是一个只和 $(S,\sigma,T,\tau)$ 相关的有限常数。

改进版均衡条件对转移矩阵 $\boldsymbol{P}$ 定义了一个线性约束系统。所有的约束方程按照四元组 $S$、$\sigma$、$T$、$\tau$ 分组，每一组约束只考虑满足 $x_{V\setminus S}=\sigma$ 的 $x$ 和满足 $y_{V\setminus T}=\tau$ 的 $y$，而且一组约束由相同的常数 $C(S,\sigma,T,\tau)$ 定义。正确算法所对应的转移矩阵 $\boldsymbol{P}$ 是这个约束系统的解。

直观来说，改进版均衡条件有如下解释。给定一个满足条件吉布斯性质的二元组 $(\boldsymbol{X},\mathcal{S})$，在给定输入满足 $\mathcal{S}=S$ 且 $X_S=\sigma$ 的条件下，经过马尔可夫链一步转移，输出的二元组依然要满足条件吉布斯性质。

如下引理说明了改进版均衡条件是均衡条件的一个充分条件。

**引理 7-6** 如果一个马尔可夫链 $\mathfrak{M}$ 满足条件 7-5，则它满足条件 7-3。

**证明**：令 $(\boldsymbol{X},\mathcal{S})\in Q^V\times 2^V$ 为一个随机二元组。考虑马尔可夫链 $\mathfrak{M}$ 从 $(\boldsymbol{X},\mathcal{S})$ 到 $(\boldsymbol{Y},\mathcal{T})$ 的一步转移。我们定义

$$H \triangleq \{(S,\sigma) \mid S \subseteq V, \sigma \in Q^{V \setminus S}, \mathbb{P}_{(X,S)}[X_{V \setminus S}=\sigma \wedge \mathcal{S}=S]>0\}$$

假设 $(\boldsymbol{X}, \mathcal{S})$ 相对于 $\mathcal{I}$ 满足条件吉布斯性质。对于任意 $(S,\sigma) \in H$，条件分布 $\boldsymbol{\mu}_S^\sigma$ 是一个在 $Q^S$ 上良定义的概率分布。当 $\mathcal{S}=S$ 且 $X_{V \setminus S}=\sigma$ 时，$X_S$ 满足这个条件概率分布。对于任意 $T \subseteq V$，$\tau \in Q^{V \setminus T}$，任意 $y \in Q^V$ 满足 $y_{V \setminus T}=\tau$，我们有

$$\mathbb{P}[\boldsymbol{Y}=y \wedge \mathcal{T}=T] = \sum_{(S,\sigma) \in H} \mathbb{P}[X_{V \setminus S}=\sigma \wedge \mathcal{S}=S] \sum_{\substack{x \in Q^V \\ x_{V \setminus S}=\sigma}} \mu_S^\sigma(x_S) \boldsymbol{P}((x,S),(y,T))$$

$$(\text{由条件 7-5 可得}) = \boldsymbol{\mu}_T^\tau(y_T) \sum_{(S,\sigma) \in H} C(S,\sigma,T,\tau) \mathbb{P}[X_{V \setminus S}=\sigma \wedge \mathcal{S}=S]$$

$$= C' \boldsymbol{\mu}_T^\tau(y_T)$$

其中 $C'=C'(T,\tau)$ 是一个和 $y_T$ 无关的常数。所以，固定任意 $T \subseteq V$ 以及任意 $\tau \in Q^{V \setminus T}$，使得 $(\boldsymbol{Y},\mathcal{T})$ 可能出现（即 $C'(T,\tau)>0$），概率 $\mathbb{P}[Y_T=\cdot \wedge \mathcal{T}=T \wedge Y_{V \setminus T}=\tau]$ 正比于 $\boldsymbol{\mu}_T^\tau(\cdot)$。严格来说，

$$\forall \eta \in Q^T, \quad \mathbb{P}[Y_T=\eta \wedge \mathcal{T}=T \wedge Y_{V \setminus T}=\tau] = C' \boldsymbol{\mu}_T^\tau(\eta) \tag{7-3}$$

我们强调 $C'$ 是一个和 $\boldsymbol{\eta}$ 无关的常数。这可以推导出，对于任意 $\eta \in Q^T$，

$$\mathbb{P}[Y_T=\eta \mid \mathcal{T}=T \wedge Y_{V \setminus T}=\tau] = \frac{\mathbb{P}[Y_T=\eta \wedge \mathcal{T}=T \wedge Y_{V \setminus T}=\tau]}{\mathbb{P}[\mathcal{T}=T \wedge Y_{V \setminus T}=\tau]}$$

$$= \frac{\mathbb{P}[Y_T=\eta \wedge \mathcal{T}=T \wedge Y_{V \setminus T}=\tau]}{\sum_{\rho \in Q^T} \mathbb{P}[Y_T=\rho \wedge \mathcal{T}=T \wedge Y_{V \setminus T}=\tau]}$$

$$(\text{由式(7-3)可得}) \quad = \frac{C'\mu_T^\tau(\eta)}{\sum_{\rho\in Q^T} C'\mu_T^\tau(\rho)}$$

$$(\text{由 } C'=C'(T,\tau)>0 \text{ 可得}) = \mu_T^\tau(\eta)$$

这就说明，给定任意可能出现的 $\mathcal{T}=T$ 以及 $y_{V\setminus T}=\tau$，$Y_T$ 服从概率分布 $\mu_T^\tau$，所以（$\boldsymbol{Y},\mathcal{T}$）相对于 $\mathcal{I}$ 满足条件吉布斯性质。 □

### 7.3.2 局部拒绝采样算法均衡条件验证

在本节中，我们对局部拒绝采样算法验证均衡条件，即对马尔可夫链 $\mathfrak{M}_{\text{Res}}$ 证明引理 7-4。由引理 7-6 可知，我们只需要对马尔可夫链 $\mathfrak{M}_{\text{Res}}$ 验证改进版均衡条件（条件 7-5）即可。

用 $\boldsymbol{P}$ 表示马尔可夫链 $\mathfrak{M}_{\text{Res}}$ 的转移矩阵。固定一个四元组（$S,\sigma,T,\tau$），其中 $S$，$T\subseteq V$，$\sigma\in Q^{V\setminus S},\tau\in Q^{V\setminus T}$，再固定一个 $y\in Q^V$ 满足 $y_{V\setminus T}=\tau$。如果下面等式成立，则条件 7-5 成立。

$$\sum_{\substack{x\in Q^V\\ x_{V\setminus S}=\sigma}} \mu_S^\sigma(x_S)\boldsymbol{P}((x,S),(y,T))=\mu_T^\tau(y_T)C(S,\sigma,T,\tau) \quad (7\text{-}4)$$

其中 $C(S,\sigma,T,\tau)\geqslant 0$ 是一个只和（$S,\sigma,T,\tau$）有关的常数。

注意到算法 12 只重新采样集合 $V\setminus S$ 中的元素，我们有

$$\forall x\in Q^V:\quad x_S\neq y_S \quad\Rightarrow\quad P((x,S),\ (y,T))=0$$

所以，在式（7-4）的左边，只存在一个 $x\in Q^V$ 满足 $x_{V\setminus S}=\sigma$，使得 $\boldsymbol{P}((x,S),(y,T))$ 可能取到不为 0 的值。这个 $x=x(S,\sigma,y)\in Q^V$ 可以被唯一地定义为

$$x_v=\begin{cases}\sigma_v & v\in V\setminus S\\ y_v & v\in S\end{cases} \tag{7-5}$$

简单起见，在 $S$、$\sigma$ 意义明确时，我们用 $x$ 表示 $x(S,\sigma,y)$。

式（7-4）中的条件可以简化为

$$\mu_S^\sigma(x_S)\boldsymbol{P}((x,S),(y,T))=\mu_T^\tau(y_T)C(S,T,\sigma,\tau) \tag{7-6}$$

其中 $x$ 按照式（7-5）中的规则构造。

我们首先计算上式左边的量 $\mu_S^\sigma(x_S)$，有如下结论。

**引理 7-7** 式（7-6）左边的 $\mu_S^\sigma$（$x_S$）满足

$$\mu_S^\sigma(x_S)=C_1\prod_{v\in S\cap T}\boldsymbol{\phi}_v(y_v)\prod_{e\in\delta(S)\cap E^+(T)}\boldsymbol{\phi}_e(x_e)\prod_{e\in E(S)\cap E^+(T)}\boldsymbol{\phi}_e(y_e)$$

其中 $C_1=C_1(S,\sigma,T,\tau)\geqslant 0$ 是一个只和（$S,\sigma,T,\tau$）有关的常数。

我们先假设引理 7-7 正确，对引理 7-7 的证明推迟到本节的末尾。不失一般性地，我们可以做如下假设，

$$\forall e\in E^+(T)\cap\delta(S),\ \forall z\in Q^e \text{ 满足 } z_{e\setminus S}=x_{e\setminus S},\quad \boldsymbol{\phi}_e(z)>0 \tag{7-7}$$

否则，存在一个约束 $e\in E^+(T)\cap\delta(S)$ 使得对于某个满足 $z_{e\setminus S}=x_{e\setminus S}$ 的 $z_e\in Q^e$ 有 $\boldsymbol{\phi}_e(z_e)=0$，那么式（7-6）的左边一定取值为 0，所以式（7-6）在 $C(S,T,\sigma,\tau)=0$ 时显然成立。这个结论可以通过考虑如下两种情况来验证。情况一：$\boldsymbol{\phi}_e(x_e)=0$，其中 $x$ 按照式（7-5）中的规则构造。这种情况下，我们直接有 $\mu_S^\sigma(x_S)=0$。情况二：$\boldsymbol{\phi}_e(x_e)>0$。当算法 12 的输入为（$x,V\setminus S$）时，我们一定有 $\kappa_e=\min\limits_{z\in Q^e:z_{e\setminus S}=x_{e\setminus S}}\boldsymbol{\phi}_e(z)=0$，这

说明 $e$ 一定在算法 12 输出的集合 $\mathcal{R}'$ 中，但是我们有 $e\in E^{+}(T)$，这说明 $\boldsymbol{P}((x,S),(y,T))=0$。

接着，假设式（7-7）成立，我们计算转移概率 $\boldsymbol{P}((x,S),(y,T))$。

**引理 7-8** 式（7-6）左边的 $\boldsymbol{P}((x,S),(y,T))$ 满足如下性质，

$$\boldsymbol{P}((x,S),(y,T))=C_2\prod_{v\in T\setminus S}\boldsymbol{\phi}_v(y_v)\prod_{e\in\delta(S)\cap E^{+}(T)}\frac{\boldsymbol{\phi}_e(y_e)}{\boldsymbol{\phi}_e(x_e)}\prod_{e\in E(V\setminus S)\cap E^{+}(T)}\boldsymbol{\phi}_e(y_e)$$

其中 $x\in Q^V$ 按照式（7-5）中的规则构造，$y\in Q^V$ 满足 $y_{V\setminus T}=\tau$，$C_2=C_2(S,\sigma,T,\tau)\geqslant 0$ 是一个只和（$S,\sigma,T,\tau$）相关的常数。

上述引理中的乘积是良定义的，因为根据假设（式（7-7）），$\frac{\boldsymbol{\phi}_e(y_e)}{\boldsymbol{\phi}_e(x_e)}$中的分母不为 0。我们先假设引理 7-8 正确，引理 7-8 的证明推迟到本节的末尾。

对于两个配置 $\boldsymbol{\sigma}_A\in Q^A$ 和 $\boldsymbol{\sigma}_B\in Q^B$ 满足 $A\uplus B=V$，我们使用 $\boldsymbol{\sigma}_A\cup\boldsymbol{\sigma}_B$ 表示 $V$ 上的配置，它在集合 $A$ 上与 $\boldsymbol{\sigma}_A$ 一致，在集合 $B$ 上与 $\boldsymbol{\sigma}_B$ 一致。结合引理 7-7 和引理 7-8，我们有

$$\begin{aligned}
&\boldsymbol{\mu}_S^{\sigma}(x_S)\boldsymbol{P}((x,S),(y,T))\\
&=C_1C_2\prod_{v\in T}\boldsymbol{\phi}_v(y_v)\prod_{e\in E^{+}(T)}\boldsymbol{\phi}_e(y_e)\\
&=C_1C_2\prod_{v\in T}\boldsymbol{\phi}_v(y_v)\prod_{e\in E^{+}(T)}\boldsymbol{\phi}_e((y_T\cup\tau)_e) \qquad （因为 y_{V\setminus T}=\tau）
\end{aligned}$$

这个表达式正好是$\boldsymbol{\mu}_T^{\tau}(y_T)C(S,\sigma,T,\tau)$，其中 $C(S,\sigma,T,\tau)$ 是一

个只和 $(S,\sigma,T,\tau)$ 相关的常数。第一个等号成立是因为 $\delta(S)$、$E(S)$ 和 $E(V\setminus S)$ 是三个不相交的集合且 $\delta(S)\cup E(S)\cup E(V\setminus S)=E$。

我们现在来证明引理 7-7 和引理 7-8。

**引理 7-7 的证明：** 重申 $y_{V\setminus T}=\tau$，$x$ 满足 $x_{V\setminus S}=\sigma$ 且 $x_S=y_S$。根据条件吉布斯分布的定义，我们有

$$\mu_S^{\sigma}(x_S)=C_{1,1}\prod_{v\in S}\boldsymbol{\phi}_v(x_v)\prod_{e\in E^+(S)}\boldsymbol{\phi}_e(x_e) \tag{7-8}$$

其中 $C_{1,1}$ 是配分函数 $Z_S^{\sigma}$ 的倒数，只和 $S$，$\sigma$ 有关。

注意到 $S$ 可以被分成两个不相交的集合 $S\setminus T$ 和 $S\cap T$。而且，由 $x$ 和 $y$ 的定义可知，对于每个 $v\in S\setminus T$，我们有 $x_v=y_v=\tau_v$，对于每个 $v\in S\cap T$，我们有 $x_v=y_v$。所以，

$$\prod_{v\in S}\boldsymbol{\phi}_v(x_v)=C_{1,2}\prod_{v\in S\cap T}\boldsymbol{\phi}_v(y_v)$$

其中 $C_{1,2}=\prod_{v\in S\setminus T}\boldsymbol{\phi}_v(\tau_v)$ 是一个只和 $(S,T,\tau)$ 有关的常数。

注意到 $E^+(S)$ 可以被分成两个不相交的集合 $E^+(S)\cap E(V\setminus T)$ 和 $E^+(S)\cap E^+(T)$，这是因为 $E(V\setminus T)$ 和 $E^+(T)$ 互为补集。进一步地说，对于每个 $e\in E(V\setminus T)$，$x_e$ 都被四元组 $(S,\sigma,T,\tau)$ 完全确定。这是因为 $x_{V\setminus S}=\sigma$ 且 $x_{S\setminus T}=\tau_{S\setminus T}$。所以，

$$\prod_{e\in E^+(S)}\boldsymbol{\phi}_e(x_e)=C_{1,3}\prod_{e\in E^+(S)\cap E^+(T)}\boldsymbol{\phi}_e(x_e)$$

其中 $C_{1,3}=\prod_{e\in E^+(S)\cap E(V\setminus T)}\boldsymbol{\phi}_e(x_e)$ 只和 $(S,\sigma,T,\tau)$ 有关。具体来说，如果 $v\in V\setminus S$，则 $x_v=\sigma_v$；如果 $v\in S\setminus T$，则 $x_v=\tau_v$。

集合 $E^+(S)\cap E^+(T)$ 可以进一步被分为两个不相交的集

合$\delta(S)\cap E^+(T)$ 和$E(S)\cap E^+(T)$，这是因为$E^+(S)=\delta(S)\uplus E(S)$。进一步地说，对于每个$e\in E(S)\cap E^+(T)$，我们有$x_e=y_e$，这是因为$x_S=y_S$。因此，

$$\prod_{e\in E^+(S)\cap E^+(T)}\boldsymbol{\phi}_e(x_e)=\prod_{e\in\delta(S)\cap E^+(T)}\boldsymbol{\phi}_e(x_e)\prod_{e\in E(S)\cap E^+(T)}\boldsymbol{\phi}_e(y_e)$$

把上面所有结论结合在一起，我们可以把式（7-8）重写为

$$\boldsymbol{\mu}_S^{\sigma}(x_S)=C_1\prod_{v\in S\cap T}\boldsymbol{\phi}_v(y_v)\prod_{e\in\delta(S)\cap E^+(T)}\boldsymbol{\phi}_e(x_e)\prod_{e\in E(S)\cap E^+(T)}\boldsymbol{\phi}_e(y_e)$$

其中$C_1=C_{1,1}C_{1,2}C_{1,3}$是一个只和（$S,\boldsymbol{\sigma},T,\boldsymbol{\tau}$）有关的常数。引理得证。 □

**引理 7-8 的证明：**固定一个四元组（$S,\boldsymbol{\sigma},T,\boldsymbol{\tau}$），以及一个满足$y_{V\setminus T}=\boldsymbol{\tau}$的$y\in Q^V$。令$x\in Q^V$为式（7-5）中构造的$x$。我们接着计算转移概率$\boldsymbol{P}((x,S),(y,T))$。

马尔可夫链$\mathfrak{M}_{\mathrm{Res}}$在定义 7-2 中定义。算法 12 的输入是$(x,R)$，其中$R\triangleq V\setminus S$。对于每个$v\in R$，我们从分布$\boldsymbol{\phi}_v$中采样了一个随机值$Y_v\in Q$。而对于每个$v\in S=V\setminus R$，它满足$Y_v=x_v$。对于每个$e\in E^+(R)$，随机值$F_e\in\{0,1\}$以概率$\mathbb{P}[F_e=0]=\kappa_e\boldsymbol{\phi}_e(Y_e)$被采样出来，其中$\kappa_e\triangleq\min_{z\in Q^e:z_{e\setminus S}=x_{e\setminus S}}\boldsymbol{\phi}_e(z)/\boldsymbol{\phi}_e(x_e)$（假设 0/0=1）。最后，随机集合$\mathcal{R}'\subseteq V$以规则$\mathcal{R}'=\bigcup_{\substack{e\in E^+(R)\\F_e=1}}e$被算法构造出来。

当且仅当下列事件同时发生时，$\boldsymbol{P}((x,S),(y,T))$是$Y=y$且$\mathcal{R}'=R'$的概率，其中$R'\triangleq V\setminus T$。

$\mathcal{A}_1$: $Y_R = y_R$。

$\mathcal{A}_2$: $\exists \mathcal{F} \subseteq E^+(R) \cap E(R')$，满足 $\mathrm{vbl}(\mathcal{F}) = R' \wedge (\forall e \in \mathcal{F}, F_e = 1)$。

$\mathcal{A}_3$: $\forall e \in E^+(R) \setminus E(R')$，$F_e = 0$。

第一个事件保证了 $Y = y$，另外两个事件共同保证了 $\mathcal{R}' = R'$。所以，根据链式法则

$$
\begin{aligned}
\boldsymbol{P}((x,S),(y,T)) &= \mathbb{P}[\mathcal{A}_1 \wedge \mathcal{A}_2 \wedge \mathcal{A}_3] \\
&= \mathbb{P}[\mathcal{A}_1]\mathbb{P}[\mathcal{A}_2 \mid \mathcal{A}_1]\mathbb{P}[\mathcal{A}_3 \mid \mathcal{A}_1 \wedge \mathcal{A}_2]
\end{aligned}
$$

我们分别计算上面 3 个概率。

- 对于每个 $v \in R$，$Y_v$ 独立地从分布 $\boldsymbol{\phi}_v$ 中采样，我们有

$$
\begin{aligned}
\mathbb{P}[\mathcal{A}_1] = \mathbb{P}[Y_R = y_R] &= \prod_{v \in R} \boldsymbol{\phi}_v(y_v) \\
&= \prod_{v \in R \cap R'} \boldsymbol{\phi}_v(\tau_v) \prod_{v \in R \setminus R'} \boldsymbol{\phi}_v(y_v) \quad (y_{R'} = y_{V \setminus T} = \tau) \\
&= C_{2,1} \prod_{v \in T \setminus S} \boldsymbol{\phi}_v(y_v) \quad (R = V \setminus S \text{ 且 } R' = V \setminus T) \quad \text{(7-9)}
\end{aligned}
$$

其中 $C_{2,1} = C_{2,1}(S,T,\tau) = \prod_{v \in V \setminus (T \cup S)} \boldsymbol{\phi}_v(\tau_v)$ 只和 $(S,T,\tau)$ 有关。

- 事件 $\mathcal{A}_2$ 可以表示成一系列互斥事件的并集，其中每个事件对应一个集合 $\mathcal{F} \subseteq E^+(R) \cap E(R')$ 满足 $\mathrm{vbl}(\mathcal{F}) = R'$，当且仅当 $\mathcal{F}$ 正好是所有 $F_e = 1$ 的 $e$ 的并集时，这个事件发生。我们用 $\mathcal{E}(\mathcal{F})$ 表示事件 $\forall e \in \mathcal{F}$，$F_e = 1 \wedge \forall e \in (E^+(R) \cap E(R')) \setminus \mathcal{F}$，$F_e = 0$。我们有

$$
\begin{aligned}
\mathbb{P}[\mathcal{A}_2 \mid \mathcal{A}_1] &= \sum_{\substack{\mathcal{F} \subseteq E^+(R) \cap E(R') \\ \mathrm{vbl}(\mathcal{F}) = R'}} \mathbb{P}[\mathcal{E}(\mathcal{F}) \mid \mathcal{A}_1] \\
&= \sum_{\substack{\mathcal{F} \subseteq E^+(R) \cap E(R') \\ \mathrm{vbl}(\mathcal{F}) = R'}} \left( \prod_{e \in \mathcal{F}} \mathbb{P}[F_e = 1 \mid \mathcal{A}_1] \prod_{\substack{e \in E^+(R) \cap E(R') \\ e \notin \mathcal{F}}} \mathbb{P}[F_e = 0 \mid \mathcal{A}_1] \right)
\end{aligned}
$$

$$= \sum_{\substack{\mathcal{F} \subseteq E^+(R) \cap E(R') \\ \mathrm{vbl}(\mathcal{F}) = R'}} \left( \prod_{e \in \mathcal{F}} (1 - \kappa_e \boldsymbol{\phi}_e(\tau_e)) \prod_{\substack{e \in E^+(R) \cap E(R') \\ e \notin \mathcal{F}}} \kappa_e \boldsymbol{\phi}_e(\tau_e) \right)$$

第二个等式是因为，给定 $Y$ 之后，对于所有 $e \in E^+(R)$，$F_e$ 都独立。第三个等式是因为对所有 $e \in E(R')$，$y_e = \tau_e$。我们只需要验证上面公式中的 $\kappa_e$ 只和（$S, \sigma, T, \tau$）相关即可。这只需要验证对于所有 $e \in E(R')$，$x_e$ 被四元组决定。$x_e$ 被四元组确定是因为 $x_R = x_{V \setminus S} = \sigma$ 且 $x_{R' \setminus R} = x_{S \setminus T} = y_{S \setminus T} = \tau_{S \setminus T}$。所以，我们有

$$\mathbb{P}[\mathcal{A}_2 \mid \mathcal{A}_1] = C_{2,2} \tag{7-10}$$

其中 $C_{2,2} = C_{2,2}(S, \sigma, T, \tau)$ 是一个只和（$S, \sigma, T, \tau$）相关的常数。

- 给定 $Y$，所有 $F_e$ 相互独立。所以，我们有

$$\mathbb{P}[\mathcal{A}_3 \mid \mathcal{A}_1 \wedge \mathcal{A}_2] = \mathbb{P}[\mathcal{A}_3 \mid \mathcal{A}_1] = \prod_{e \in E^+(R) \setminus E(R')} \kappa_e \boldsymbol{\phi}_e(y_e)$$

$$= \prod_{e \in \delta(R) \setminus E(R')} \kappa_e \boldsymbol{\phi}_e(y_e) \prod_{e \in E(R) \setminus E(R')} \kappa_e \boldsymbol{\phi}_e(y_e)$$

$$= \prod_{e \in \delta(R) \setminus E(R')} \frac{\boldsymbol{\phi}_e(y_e)}{\boldsymbol{\phi}_e(x_e)} \left( \min_{\substack{z \in Q^e \\ z_{e \setminus S} = x_{e \setminus S}}} \boldsymbol{\phi}_e(z) \right) \prod_{e \in E(R) \setminus E(R')} \boldsymbol{\phi}_e(y_e)$$

第二个等式是因为 $E^+(R) = E(R) \cup \delta(R)$。最后一个等式是因为对于所有 $e \in E(R)$，$\kappa_e = 1$。注意到 $\delta(R) = \delta(V \setminus S) = \delta(S)$。根据式（7-7）中的假设，这些比值始终良定义。

注意到 $R = V \setminus S$ 且 $R' = V \setminus T$。对于任意 $e \in \delta(R)$，$\min\limits_{z \in Q^e : z_{e \setminus S} = x_{e \setminus S}} \boldsymbol{\phi}_e(z)$ 的值只被 $S$ 和 $\sigma$ 决定，这是因为 $x_{e \setminus S} = \sigma_{e \setminus S}$。所以我们有

$$\mathbb{P}[\mathcal{A}_3 \mid \mathcal{A}_1 \wedge \mathcal{A}_2] = C_{2,3} \prod_{e \in \delta(V \setminus S) \setminus E(V \setminus T)} \frac{\boldsymbol{\phi}_e(y_e)}{\boldsymbol{\phi}_e(x_e)} \prod_{e \in E(V \setminus S) \setminus E(V \setminus T)} \boldsymbol{\phi}_e(y_e)$$

$$= C_{2,3} \prod_{e \in \delta(S) \cap E^{+}(T)} \frac{\boldsymbol{\phi}_e(y_e)}{\boldsymbol{\phi}_e(x_e)} \prod_{e \in E(V \setminus S) \cap E^{+}(T)} \boldsymbol{\phi}_e(y_e)$$

(7-11)

其中 $C_{2,3} = \prod_{e \in \delta(V\setminus S) \setminus E(V\setminus T)} \min_{z \in Q^e : z_{e\setminus S} = x_{e\setminus S}} \boldsymbol{\phi}_e(z)$ 是一个只和 $(S,\sigma,T)$ 相关的常数。第二个等式是因为 $\delta(V\setminus S) = \delta(S)$ 且 $E(V\setminus T) = E\setminus E^{+}(T)$。

结合式（7-9）~式（7-11），我们有

$$\boldsymbol{P}((x,S),(y,T)) = C_2 \prod_{v \in T\setminus S} \boldsymbol{\phi}_v(y_v) \prod_{e \in \delta(S) \cap E^{+}(T)} \frac{\boldsymbol{\phi}_e(y_e)}{\boldsymbol{\phi}_e(x_e)} \prod_{e \in E(V \setminus S) \cap E^{+}(T)} \boldsymbol{\phi}_e(y_e)$$

其中 $C_2 = C_{2,1}C_{2,2}C_{2,3}$ 是一个只和 $(S,\sigma,T,\tau)$ 相关的常数。引理得证。 □

## 7.3.3 精确吉布斯采样算法均衡条件验证

在本节中，我们对局部拒绝采样算法验证均衡条件，即对马尔可夫链 $\mathfrak{M}_{\text{Fix}}$ 证明引理 7-4。由引理 7-6 可知，我们只需要对马尔可夫链 $\mathfrak{M}_{\text{Fix}}$ 验证改进版均衡条件（条件 7-5）。

由观察 7-1 可知，在算法 14 运行的过程中，$\boldsymbol{X}$ 相对于 $\mathcal{I}$ 一定是一个合法状态。固定一个集合 $R \subseteq V$，以及集合 $R$ 上的一个合法配置 $\sigma \in Q^R$。令集合 $S = V\setminus R$。再固定一个集合 $T \subseteq V$，令 $R' = V\setminus T$。固定一个配置 $\tau \in Q^{R'}$。令 $\boldsymbol{P}$ 为 $\mathfrak{M}_{\text{Fix}}$ 的转移矩阵，我们需要验证对于任意的 $x$，$y \in Q^V$ 满足 $x_R = \sigma$ 且 $y_{R'} = \tau$，

$$\sum_{\substack{x\in Q^V\\ x_{V\setminus S}=\sigma}}\mu_S^\sigma(x_S)\boldsymbol{P}((x,S),(y,T))=\mu_T^\tau(y_T)C(S,\sigma,T,\tau)\tag{7-12}$$

进一步地说，固定 $u\in R=V\backslash S$。假设 $u$ 是算法 14 的第 1 行选择的点。因为 $u$ 是算法从 $R$ 中所有点内等概率独立选取的，所以固定 $u$ 之后，输入 $\boldsymbol{X}$ 的概率分布保持不变。我们用 $\boldsymbol{P}_u$ 表示假设算法选择点 $u$ 后的转移矩阵。此时，我们只需要证明

$$\sum_{\substack{x\in Q^V\\ x_{V\setminus S}=\sigma}}\mu_S^\sigma(x_S)\boldsymbol{P}_u((x,S),(y,T))$$

$$=\mu_T^\tau(y_T)C(S,\sigma,T,\tau,u)\tag{7-13}$$

这是因为

$$\sum_{\substack{x\in Q^V\\ x_{V\setminus S}=\sigma}}\mu_S^\sigma(x_S)\boldsymbol{P}((x,S),(y,T))$$

$$=\frac{1}{|V\setminus R|}\sum_{u\in V\setminus S}\sum_{\substack{x\in Q^V\\ x_{V\setminus S}=\sigma}}\mu_S^\sigma(x_S)\boldsymbol{P}_u((x,S),(y,T))$$

$$=\frac{1}{|V\setminus R|}\sum_{u\in V\setminus S}\mu_T^\tau(y_T)C(S,\sigma,T,\tau,u)=\mu_T^\tau(y_T)C(S,\sigma,T,\tau)$$

假设算法 14 的输入是（$\boldsymbol{X}=x$，$\mathcal{R}=R$），其中 $x_R=\sigma$。固定一个点 $u\in R$。令 $\ell\geqslant 0$ 为算法 14 输入的参数，算法构造的集合 $B$ 为

$$B=(B_\ell(u)\setminus R)\cup\{u\}$$

我们分两种情况考虑算法 14 的输出（$\boldsymbol{X}'=y,\mathcal{R}'=R'$）。令 $\mathcal{F}$ 为算法第 3 行的过滤器。当 $\mathcal{F}$ 成功时，算法输出的集合一定为 $\mathcal{R}'=\mathcal{R}\setminus\{u\}$；当 $\mathcal{F}$ 失败时，算法输出的集合一定为

$\mathcal{R}'=R\cup\partial B$。当计算 $\mathcal{F}$ 成功的概率时，$\mu_{\min}$ 定义为

$$\mu_{\min}=\mu_{\min}(S,\sigma,u)\triangleq\min\{\mu_u^{\eta}(\sigma_u)\mid\eta\in Q^{\partial B}\text{ 满足 }\eta_{R\cap\partial B}=\sigma_{R\cap\partial B}\}\tag{7-14}$$

所以我们可以按照 $\mathcal{F}$ 的成功与失败，分两种情况讨论。

首先考虑 $\mathcal{F}$ 失败。这种情况下算法的输出为 $\boldsymbol{X}'=\boldsymbol{X}$。此时先固定 $S\subseteq V(R=V\backslash S)$，一个点 $u\in R$，以及一个合法配置 $\sigma\in Q^S$。令 $R'=R\cup\partial B$，$T=V\backslash R'$。注意到 $R\subseteq R'$，固定一个合法配置 $\boldsymbol{\tau}\in Q^{R'}$满足 $\boldsymbol{\tau}_R=\boldsymbol{\sigma}$。固定一个 $y\in Q^V$ 满足 $y_{R'}=\boldsymbol{\tau}$，我们只需要考虑 $\boldsymbol{x}=\boldsymbol{y}$ 并验证

$$\mu_S^{\sigma}(x_S)\boldsymbol{P}_u((x,S),(y,T))=\mu_T^{\tau}(y_T)C(S,\sigma,T,\tau,u)$$

因为对于其他的 $(x,S)$，$(y,T)$ 一定有 $p_u((x,S),(y,T))=0$。注意到 $x_{R'}=y_{R'}=\boldsymbol{\tau}$。我们可以把上式左边展开成

$$\mu_S^{\sigma}(x_S)\boldsymbol{P}_u((x,S),(y,T))=\mu_{R'\backslash R}^{\sigma}(x_{R'\backslash R})\mu_T^{x_{R'}}(x_T)\left(1-\frac{\mu_{\min}}{\mu_u^{x_{\partial B}}(x_u)}\right)$$

（由 $x=y$，$x_{R'}=\tau$ 可得） $$=\mu_{R'\backslash R}^{\sigma}(\tau_{R'\backslash R})\left(1-\frac{\mu_{\min}}{\mu_u^{\tau_{\partial B}}(\tau_u)}\right)\mu_T^{\tau}(y_T)$$

（由式（7-14）可得） $$=\mu_T^{\tau}(y_T)C(S,\sigma,T,\tau,u)$$

现在考虑 $\mathcal{F}$ 成功的情况。在这种情况下，我们可以直接假设

$$\mu_{\min}=\mu_{\min}(S,\sigma,u)>0\tag{7-15}$$

否则 $\mathcal{F}$ 成功的概率为 0。如果 $\mathcal{F}$ 成功，算法 14 只修改集合 $B$ 中的变量的取值，而且 $\mathcal{R}'=\mathcal{R}\backslash\{u\}$，注意到 $u\in B$ 且 $R\backslash\{u\}\subseteq V\backslash B$。

所以，式（7-12）可以简化为如下条件。首先固定集合 $S\subseteq V(R=V\backslash S)$，一个点 $u\in R$，以及一个合法的配置 $\sigma\in Q^{R}$。给定 $S$ 和 $u$ 之后，集合 $T$ 确定。令 $R'=R\backslash\{u\}$，$T=V\backslash R'$。固定一个 $y\in Q^{V}$ 满足 $y_{R'}=\sigma_{R'}$，我们需要验证

$$\sum_{\substack{x\in Q^{V}\\ x_R=\sigma,\ x_{V\backslash B}=y_{V\backslash B}}}\mu_{S}^{\sigma}(x_S)\boldsymbol{P}_{u}((x,S),(y,T))$$
$$=\mu_{T}^{\sigma_{R'}}(y_T)C(S,\sigma,u) \tag{7-16}$$

定义集合

$$H\triangleq(V\backslash B)\backslash R',\quad 则有\ B\uplus R'\uplus H=V$$

因为 $S=V\backslash R$，$u\in B$，所以 $H\subseteq S$。条件概率 $\mu_{S}^{\sigma}(x_S)$ 可以写成如下形式，

$$\mu_{S}^{\sigma}(x_S)=\mu_{H}^{\sigma}(x_H)\mu_{B\backslash\{u\}}^{\sigma\cup x_H}(x_{B\backslash\{u\}})=\mu_{H}^{\sigma}(y_H)\mu_{B\backslash\{u\}}^{\sigma\cup y_H}(x_{B\backslash\{u\}}) \tag{7-17}$$

如果 $\mathcal{F}$ 成功，算法从条件概率分布中重新采样 $X_B$ 的取值，于是我们有

$$\boldsymbol{P}_{u}((x,S),(y,T))=\frac{\mu_{\min}(S,\sigma,u)}{\mu_{u}^{x_{\partial B}}(x_u)}\mu_{B}^{x_{\partial B}}(y_B)$$
$$=\frac{\mu_{\min}(S,\sigma,u)}{\mu_{u}^{y_{\partial B}}(\sigma_u)}\mu_{B}^{y_{\partial B}}(y_B) \tag{7-18}$$

因为我们在式（7-15）中假设 $\mu_{\min}>0$，所以 $\mu_{u}^{x\partial B}(X_u)\geqslant\mu_{\min}>0$。上式中的比值良定义。注意到式（7-16）的求和本质上在枚举 $B\backslash\{u\}$ 上所有的配置。所以，结合式（7-17）和式（7-18），式（7-16）可以写成

$$\sum_{\substack{x \in Q^V \\ x_R=\sigma,\ x_{V\setminus B}=y_{V\setminus B}}} \mu_S^{\sigma}(x_S)\boldsymbol{P}_u((x,S),\ (y,T))$$

$$=\mu_H^{\sigma}(y_H)\frac{\mu_{\min}(S,\ \sigma,\ u)}{\mu_u^{y_{\partial B}}(\sigma_u)}\mu_B^{y_{\partial B}}(y_B)$$

$$=\frac{\mu_u^{\sigma_{R'}\cup y_H}(\sigma_u)\mu_H^{\sigma_{R'}}(y_H)}{\mu_u^{\sigma_{R'}}(\sigma_u)}\frac{\mu_{\min}(S,\ \sigma,\ u)}{\mu_u^{y_{\partial B}}(\sigma_u)}\mu_B^{y_{\partial B}}(y_B)$$

$$=C(S,\sigma,u)\frac{\mu_u^{\sigma_{R'}\cup y_H}(\sigma_u)\cdot\mu_H^{\sigma_{R'}}(y_H)}{\mu_u^{y_{\partial B}}(\sigma_u)}\mu_B^{y_{\partial B}}(y_B) \tag{7-19}$$

在第一个等式中，$\mu_u^{\sigma_{R'}}(\sigma_u)>0$，这是因为 $\sigma$ 是一个合法的配置。注意到 $y_{R'}=\sigma$ 且 $R'\uplus B\uplus H=V$。由条件独立性（命题2-1）可得，我们有

$$\mu_H^{\sigma_{R'}}(y_H)\mu_B^{y_{\partial B}}(y_B)=\mu_H^{\sigma_{R'}}(y_H)\mu_B^{y_{R'}\cup H}(y_B)=\mu_{V\setminus R'}^{\sigma_{R'}}(y_{V\setminus R'})=\mu_T^{\sigma_{R'}}(y_T)$$

注意到 $u\in B$，再由条件独立性（命题2-1）可得，我们有

$$\frac{\mu_u^{\sigma_{R'}\cup y_H}(\sigma_u)}{\mu_u^{y_{\partial B}}(\sigma_u)}=\frac{\mu_u^{y_{R'}\cup y_H}(\sigma_u)}{\mu_u^{y_{\partial B}}(\sigma_u)}=\frac{\mu_u^{y_{\partial B}}(\sigma_u)}{\mu_u^{y_{\partial B}}(\sigma_u)}=1$$

结合上面两个式子，根据式（7-19），我们有

$$\text{式}(7\text{-}19)=C(S,\sigma,u)\mu_T^{\sigma_{R'}}(y_T)$$

式（7-16）得证。

### 7.3.4 推广版算法

这两种基于条件吉布斯采样技术的算法都可以推广成更一般的算法。我们有如下更一般的重采样算法 GenResample。

该算法输入一个二元组$(\boldsymbol{X},\mathcal{R})\in Q^V\times 2^V$，输出一个新的随机二元组$(\boldsymbol{X}',\mathcal{R}')$。伪代码描述如算法 15 所示。

---

**算法 15**：GenResample（$\mathcal{I},\boldsymbol{X},\ \mathcal{R}$）

---

**输入**：一个概率图模型$\mathcal{I}=(V,E,Q,\Phi)$，一个配置$\boldsymbol{X}\in Q^V$以及一个集合$\mathcal{R}\subseteq V$;

**输出**：一个新二元组$(\boldsymbol{X}',\mathcal{R}')$，其中$\boldsymbol{X}'\in Q^V$和$\mathcal{R}'\subseteq V$;

$\mathcal{R}''\leftarrow\text{Expand}(\boldsymbol{X},\mathcal{R})$;

$(\boldsymbol{X}',\mathcal{R}')\leftarrow\mathcal{A}(\mathcal{I},\boldsymbol{X},\mathcal{R}'')$;

**return**$(\boldsymbol{X}',\mathcal{R}')$。

---

算法 15 先调用 Expand 子程序把集合$\mathcal{R}$变成$\mathcal{R}'$。Expand 是一个抽象的子程序，针对不同问题可以设计成不同的子程序。之后，算法调用$\mathcal{A}$把二元组$(\boldsymbol{X},\mathcal{R}'')$更新成二元组$(\boldsymbol{X}',\mathcal{R}')$。算法$\mathcal{A}$可以为 Local-Resample（算法 12），也可以为 Fix（算法 14）。要得到一个完整的算法，当$\mathcal{A}$为 Local-Resample 时，我们可以把算法 11 中的 Local-Resample 子程序替换成 GenResample；当$\mathcal{A}$为 Fix 时，我们可以把算法 13 中的 Fix 子程序替换成 GenResample。

同样，我们也可以针对 Expand 子程序定义如下马尔可夫链$\mathfrak{M}_{\text{Exp}}$：

$$\mathcal{R}'\leftarrow\text{Expand}(\boldsymbol{X},V\setminus\mathcal{S})$$

$$\mathcal{S}'\leftarrow V\setminus\mathcal{R}'$$

$$\boldsymbol{X}'\leftarrow\boldsymbol{X}$$

由类似的正确性证明，我们有如下结论。

**定理 7-9** 假设 $\mathfrak{M}_{\text{Exp}}$ 满足条件 7-3 且输入为 $\boldsymbol{X}\sim\mu_{\mathcal{I}}$，则推广版的动态采样算法在结束时可以返回 $\boldsymbol{X}'\sim\mu_{\mathcal{I}'}$。

在算法 12 和算法 14 中，我们可以把 Expand 看成 $\mathcal{R}=\text{Expand}(\boldsymbol{X},\mathcal{R})$。对于一些特殊的问题（如定理 6-3 中的硬核模型），我们可以通过合理设置 Expand 来得到高效的动态采样算法。

**硬核模型动态采样算法**

令 $\mathcal{I}=(V,E,\lambda)$ 为一个硬核模型，$(D,\boldsymbol{\Phi}_D)$ 为一个对 $\mathcal{I}$ 增删边的更新，$\mathcal{I}$ 被更新之后依然是一个硬核模型 $\mathcal{I}'=(V,E',\lambda)$。我们对硬核模型使用局部拒绝采样算法，把算法 11 中的 Local-Resample 替换为 GenResample。GenResample 中的 $A$ 为 Local-Resample，子程序 Expand 定义为

$$\text{Expand}(\boldsymbol{X},\mathcal{R})\triangleq\mathcal{R}\cup\{v\in V\backslash\mathcal{R}\mid\exists u\in\mathcal{R}\text{ 使得}(u,v)\in E\wedge X_u=1\}\tag{7-20}$$

这样针对硬核模型就得到了如下动态采样算法。

---

**算法 16**：硬核模型动态采样算法

---

**输入**：一个硬核模型 $\mathcal{I}=(V,E,\lambda)$ 以及一个随机样本 $\boldsymbol{X}\sim\mu_{\mathcal{I}}$；

**更新**：一个增删边的更新 $(D,\boldsymbol{\Phi}_D)$，$D\subseteq\binom{V}{2}$，把 $\mathcal{I}$ 更新成 $\mathcal{I}'=(V,E',\lambda)$；

**输出**：一个随机样本 $\boldsymbol{X}\sim\mu_{\mathcal{I}'}$；

$\mathcal{R}\leftarrow\text{vbl}(D)$；

**while** $\mathcal{R}\neq\varnothing$ **do**

　　对每个 $X_v=1$ 的 $v\in\mathcal{R}$，把 $v$ 在 $G=(V,E')$ 上的所有邻居加入 $\mathcal{R}$；

　　对每个 $v\in\mathcal{R}$，以概率 $\mathbb{P}[X_v=1]=\frac{\lambda}{1+\lambda}$ 独立采样 $X_v\in\{0,1\}$；

　　$\mathcal{R}\leftarrow\bigcup_{\substack{e=(u,v)\in E'\\ X_u=X_v=1}} e$；

**return** $\boldsymbol{X}$。

---

定义在式（7-20）中的子程序 Expand（$\boldsymbol{X},\mathcal{R}$）在算法中以如下形式实现。每个 $X_v=1$ 的点 $v\in\mathcal{R}$ 把自己在图 $G=(V,E')$ 上的所有邻居加入到集合 $\mathcal{R}$ 中，以此得到新集合 $\mathcal{R}''=\text{Expand}(\boldsymbol{X},\mathcal{R})$。

容易验证马尔可夫链 $\mathfrak{M}_{\text{Exp}}$ 满足均衡条件。新的集合 $\mathcal{R}''=\text{Expand}$（$\boldsymbol{X},\mathcal{R}$）被 $\mathcal{R}$ 和 $X_{\mathcal{R}}$ 完全确定。给定 $\mathcal{R}$ 和 $X_{\mathcal{R}}$ 之后，新的集合 $\mathcal{R}''$不提供$X_{V\setminus\mathcal{R}''}$的任何额外信息。注意到$\mathcal{R}\subseteq\mathcal{R}''$，所以$(V\setminus\mathcal{R}'')\subseteq(V\setminus\mathcal{R})$。如果二元组（$\boldsymbol{X},V\setminus\mathcal{R}$）满足条件吉布斯性质，那么新二元组（$\boldsymbol{X},V\setminus\mathcal{R}''$）一定也满足条件吉布斯性质。根据定理 7-9，算法正确性得证。

文献［48］也推出了一个硬核模型采样算法。该算法也可以看成推广版算法，其中 $\text{Expand}(\boldsymbol{X},\mathcal{R})=\text{vbl}(E^{+}(\mathcal{R}))$。事实上，算法 16 可以看成这个算法的动态推广版本。我们在 7.4.1 节中分析算法的收敛性，分析结果改进了文献［48］中的收敛条件。

# 7.4 收敛性分析

## 7.4.1 局部拒绝采样算法收敛性分析

**定理6-2中的收敛性结论证明**

令$\mathcal{I}=(V,E,Q,\Phi)$为一个概率图模型。定义无向图$G_D$为$\mathcal{I}$的依赖关系图。$G_D$中每个点对应$E$中的一个约束。当且仅当$e_1\cap e_2\neq\varnothing$时，约束$e_1$、$e_2$在$G_D$中相邻。对于每个约束$e\in E$，令$\Gamma_{G_D}(e)$表示$e$在图$G$上邻居的集合。当意义明确时，我们把$\Gamma_{G_D}(e)$简记为$\Gamma(e)$。我们证明如下收敛性定理。

**定理7-10** 令$\mathcal{I}=(V,E,Q,\Phi)$为一个概率图模型，$(D,\Phi_D)$为一个对$\mathcal{I}$的更新。假设更新后的概率图模型$\mathcal{I}'=(V,E',Q,\Phi')$满足如下性质。对于每一个约束$e\in E'$，我们有$\phi'_e$: $Q^e\to[B_e,1]$，其中参数$0<B_e\leqslant 1$，而且存在一个常数$0<\delta<1$满足

$$\forall e\in E',\quad B_e\geqslant\left(1-\frac{1-\delta}{d+1}\right)^{1/2} \tag{7-21}$$

其中$d\triangleq\max_{e\in E}|\Gamma(e)|$是$\mathcal{I}'$的依赖图的最大度数。算法11期望执行的循环次数是$O(\log|D|)$。进一步地说，如果$d=O(1)$且$\max_{e\in E}|e|=O(1)$，算法期望总的重采样次数为$O(|D|)$。

**证明**：考虑算法 12 子程序，

$$(\boldsymbol{X}',\mathcal{R}')\leftarrow\text{Local-Resampie}(\boldsymbol{X},\mathcal{R})$$

我们定义一个整数值的势能函数 $H:2^V\to\mathbb{Z}_{\geqslant 0}$ 并证明势能函数的值下降。令 $\mathcal{R}\subseteq V$ 为变量的集合。势能函数 $H(\mathcal{R})$ 定义为能覆盖集合 $\mathcal{R}$ 的最小约束集合的大小。严格来说，

$$\forall\,\mathcal{R}\subseteq V:\quad H(\mathcal{R})\triangleq\min\left\{|\mathcal{F}|:\mathcal{F}\subseteq E\text{ and }\mathcal{R}\subseteq\bigcup_{e\in\mathcal{F}}e\right\}$$

不失一般性地，我们假设每个变量至少和一个约束关联，所以势能函数总是良定义。否则，如果一个变量不和任何约束相关，则它是一个完全独立的变量，可以单独采样它的值。我们证明势能函数满足如下条件

$$\mathbb{E}[H(\mathcal{R}')]\leqslant(1-\delta)H(\mathcal{R})\tag{7-22}$$

我们先假设式（7-22）成立来证明定理，之后证明式（7-22）。令 $\mathcal{R}_0=\text{vbl}(D)$，$\boldsymbol{X}_0=\boldsymbol{X}\sim\mu_{\mathcal{I}}$。对于任意 $t\geqslant 1$，定义

$$(\boldsymbol{X}_t,\mathcal{R}_t)=\text{Resample}(\mathcal{I}',\boldsymbol{X}_{t-1},\mathcal{R}_{t-1})$$

令 $T$ 是最小的整数，满足 $\mathcal{R}_T=\varnothing$。算法 11 在 $T$ 次循环后结束。根据式（7-22），对于任意 $t\geqslant 1$，我们有

$$\mathbb{E}[H(\mathcal{R}_t)\mid\mathcal{R}_{t-1}]\leqslant(1-\delta)H(\mathcal{R}_{t-1})$$

不等式两边同时对 $\mathcal{R}_{t-1}$ 取期望，我们有如下递归式

$$\forall\,t\geqslant 1:\quad\mathbb{E}[H(\mathcal{R}_t)]\leqslant(1-\delta)\mathbb{E}[H(\mathcal{R}_{t-1})]$$

对于初始情况，根据势能函数的定义有 $H(\mathcal{R}_0)\leqslant|D|$。利用递归式可以得出，对于任意 $t\geqslant 0$：

$$\mathbb{E}[H(\mathcal{R}_t)] \leqslant |D|(1-\delta)^t \leqslant |D|\mathrm{e}^{-t\delta} \tag{7-23}$$

令 $\ell=\frac{1}{\delta}\ln|D|+1$，则 $|D|\mathrm{e}^{-\ell\delta}<1$。根据势能函数的定义，当且仅当 $\mathcal{R}=\varnothing$ 时，$H(\mathcal{R})=0$。所以，期望的循环次数最多是

$$\begin{aligned}\mathbb{E}[T] &= \sum_{t\geqslant 1}\mathbb{P}[T\geqslant t]\\ &= \sum_{t\geqslant 1}\mathbb{P}[H(\mathcal{R}_t)\geqslant 1]\\ &\leqslant \ell+\sum_{t\geqslant \ell}|D|\mathrm{e}^{-t\delta} \qquad \text{（马尔可夫不等式）}\\ &\leqslant \ell+\frac{1}{1-\mathrm{e}^{-\delta}}\\ &= O(\log|D|)\end{aligned}$$

算法在期望 $O(\log|D|)$ 次循环后结束。

令 $d=\max_{e\in E}|\Gamma(e)|$ 是依赖图的最大度数。令 $k=\max_{e\in E}|e|$ 是最大约束的大小。算法第 $t$ 次循环的代价最多是 $O(kdH(\mathcal{R}_{t-1}))$。这是因为变量集合 $\mathcal{R}_{t-1}$ 最多和 $O(dH(\mathcal{R}_{t-1}))$ 个约束相关。根据式（7-23），我们有

$$\sum_{t\geqslant 0}\mathbb{E}[H(\mathcal{R}_t)] \leqslant \sum_{t\geqslant 0}|D|\mathrm{e}^{-t\delta}=O(|D|)$$

如果 $k$，$d=O(1)$，算法期望的总代价是 $O(kd|D|)=O(|D|)$。

现在证明式（7-22）。算法 12 得到输入 $\boldsymbol{X}$ 后输出 $\boldsymbol{X}'$。对于所有的 $v\in\mathcal{R}$，$X'_v$ 由独立重新采样得来；对于所有的 $v\notin\mathcal{R}$，$X'_v=X_v$。每个约束 $e\in E^+(\mathcal{R})$ 以概率 $\mathbb{P}[F_e=0]=\kappa_e\boldsymbol{\phi}_e(X'_e)$ 采样了 $F_e\in\{0,1\}$。因为 $\boldsymbol{\phi}_e$：$Q^e\to[B_e,1]$，所以我们有

$$\mathbb{P}[F_e=1]\leqslant 1-B_e^2 \tag{7-24}$$

算法 12 输出的集合 $\mathcal{R}'$ 为

$$\mathcal{R}'=\bigcup_{e\in E:F_e=1} e=\bigcup_{e\in E^+(\mathcal{R}):F_e=1} e$$

根据势能函数的定义，$H(\mathcal{R}')$ 最多是满足 $F_e=1$ 的 $e\in E^+(\mathcal{R})$ 的个数。根据期望的线性性质和式（7-24），我们有

$$\mathbb{E}[H(R')]\leqslant \sum_{e\in E^+(\mathcal{R})}\mathbb{P}[F_e=1]\leqslant \sum_{e\in E^+(\mathcal{R})}(1-B_e^2) \tag{7-25}$$

令 $\mathcal{F}\subseteq E$ 为一个约束的子集，满足 $\mathcal{R}\subseteq \bigcup_{e\in\mathcal{F}} e$ 且 $H(\mathcal{R})=|\mathcal{F}|$。如果 $\mathcal{F}$ 多种选择，则任意选取一个。因为 $\mathcal{R}\subseteq\bigcup_{e\in\mathcal{F}} e$，所以我们有 $E^+(\mathcal{R})\subseteq\left(\bigcup_{e\in\mathcal{F}}\Gamma(e)\right)\cup\mathcal{F}$。结合式（7-25）可得

$$\mathbb{E}[H(\mathcal{R}')]\leqslant\sum_{e\in\mathcal{F}}\left(1-B_e^2+\sum_{f\in\Gamma(e)}(1-B_f^2)\right) \tag{7-26}$$

根据式（7-21），我们有

$$\forall e\in E:\quad B_e^2\geqslant 1-\frac{1-\delta}{1+d}$$

其中 $d=\max_{e\in E}|\Gamma(e)|$ 是依赖图的最大度数。所以

$$\begin{aligned}\mathbb{E}[H(\mathcal{R}')]&\leqslant\sum_{e\in\mathcal{F}}\left(\frac{1-\delta}{1+d}+\sum_{f\in\Gamma(e)}\frac{1-\delta}{1+d}\right)\\&\leqslant(1-\delta)|\mathcal{F}|=(1-\delta)H(\mathcal{R})\end{aligned}$$ □

**定理 6-3 中的收敛性结论证明**

对于这个算法，我们定义一个新的势能函数 $H_{\mathrm{HC}}:2^V\to\mathbb{Z}_{\geqslant 0}$ 为

$$\forall \mathcal{R} \subseteq V: \quad H_{\mathrm{HC}}(\mathcal{R}) \triangleq |E(\mathcal{R})|$$

令 $\boldsymbol{X} \in \{0,1\}^V$ 为一个硬核模型的配置，$\mathcal{R} \subseteq V$ 为一个点的子集。二元组（$\boldsymbol{X}, \mathcal{R}$）相对于 $\mathcal{I}$ 满足条件吉布斯性质。固定算法 16 中的一次 while 循环。二元组（$\boldsymbol{X}, \mathcal{R}$）被变成了新的二元组($\boldsymbol{X}', \mathcal{R}'$)。假设 $\lambda \leqslant \dfrac{1}{\sqrt{2}\Delta-1}$。固定任意一对 $\mathcal{R}, X_{\mathcal{R}}$，我们证明以下性质成立。

$$\mathbb{E}[H_{\mathrm{HC}}(\mathcal{R}') \mid \mathcal{R}, X_{\mathcal{R}}] \leqslant \left(1-\frac{1}{2\Delta}\right) H_{\mathrm{HC}}(\mathcal{R})$$

因为上述不等式对于任意的 $\mathcal{R}$ 和 $X_{\mathcal{R}}$ 都成立，所以我们有

$$\mathbb{E}[H_{\mathrm{HC}}(\mathcal{R}')] \leqslant \left(1-\frac{1}{2\Delta}\right) \mathbb{E}[H_{\mathrm{HC}}(\mathcal{R})]$$

重申 $\Delta = O(1)$。势能函数的期望值以一个常数因子衰减。所以之后的证明可以利用定理 7-10 的证明来完成。

根据算法 16，当且仅当 $X'_u$ 和 $X'_v$ 重新采样之后的值都为 1 时，任意一条边（$u,v) \in E$ 属于 $E(\mathcal{R}')$。所以我们有

$$\forall (u,v) \in E: \quad (u,v) \in E(\mathcal{R}') \quad \Leftrightarrow \quad X'_u = X'_v = 1$$

于是要计算 $H_{\mathrm{HC}}(\mathcal{R}') = |E(\mathcal{R}')|$ 的上界。对于每一条边 $(u,v) \in E^+(\mathcal{R}'')$，我们只需要计算 $X'_u = X'_v = 1$ 的概率上界，这里 $\mathcal{R}'' = \mathrm{Expand}(\boldsymbol{X}, \mathcal{R})$ 是扩展之后的重采样集合。重申 $\mathcal{R}''$ 只和 $\mathcal{R}$ 以及 $X_{\mathcal{R}}$ 有关。所以集合 $\mathcal{R}''$ 是完全确定的。

考虑一条边（$u,v) \in E(\mathcal{R}'')$。因为 $X'_u$ 和 $X'_v$ 是被独立采样的。所以我们有对于任意（$u,v) \in E(\mathcal{R}'')$，

$$\mathbb{P}[(u,\ v)\in E(\mathcal{R}')]=\mathbb{P}[X'_u=1\wedge X'_v=1]$$
$$=\frac{\lambda^2}{(1+\lambda)(1+\lambda)} \tag{7-27}$$

考虑一条边 $(u,v)\in\delta(\mathcal{R}'')$，其中 $u\in\mathcal{R}''$且 $v\notin\mathcal{R}''$。因为 $X'_u$是被独立采样的，而且 $X'_v=X_v$，所以我们有对于任意 $(u,v)\in\delta(\mathcal{R}'')$ 满足 $u\in\mathcal{R}''\wedge v\notin\mathcal{R}''$，

$$\mathbb{P}[(u,v)\in E(\mathcal{R}')]=\frac{\lambda}{1+\lambda}\mathbb{P}[X_v=1] \tag{7-28}$$

注意到二元组 $(\boldsymbol{X},\mathcal{R}'')$ 相对于模型 $\mathcal{I}$ 满足条件吉布斯性质。根据 Expand 在式（7-20）里面的定义，对于任意一条边 $(u,v)\in\delta(\mathcal{R}'')$ 满足 $u\in\mathcal{R}''$且 $v\notin\mathcal{R}''$，一定有 $X_u=0$。所以 $X_{V/\mathcal{R}''}$是一个在子图 $G[V\backslash\mathcal{R}'']$ 定义的硬核模型上的随机样本。我们把这个概率分布记为 $\mu_{V/\mathcal{R}''}$。对于每个点 $v\in V\backslash\mathcal{R}''$，假设 $\sigma\in\{0,1\}^{V/\mathcal{R}''}$是子图 $G[V\backslash\mathcal{R}'']$上的一个独立集，且满足 $\sigma_v=1$，则 $\sigma'\in\{0,1\}^{V\backslash\mathcal{R}''}$满足 $\sigma'_v=0$。任意 $u\in V\backslash(\mathcal{R}''\cup\{v\})$ 都有 $\sigma'_u=\sigma_u$，也是子图 $G[V\backslash\mathcal{R}'']$上的一个独立集。注意到 $\frac{\mu_{V\backslash\mathcal{R}''(\sigma)}}{\mu_{V\backslash\mathcal{R}''(\sigma')}}=\lambda$。我们有 $\frac{\mathbb{P}[X_v=1]}{\mathbb{P}[X_v=0]}\leqslant\frac{\lambda}{1}$，这说明

$$\forall v\in V\backslash\ \mathcal{R}''\quad \mathbb{P}[X_v=1]\leqslant\frac{\lambda}{1+\lambda} \tag{7-29}$$

结合式（7-27）~式（7-29），我们有

$$\mathbb{E}[H_{\mathrm{HC}}(\mathcal{R}')\mid\mathcal{R},X_{\mathcal{R}}]\leqslant\sum_{e=(u,\ v)\in E+(\mathcal{R}'')}\frac{\lambda^2}{(1+\lambda)(1+\lambda)}$$

$$\leqslant \sum_{e=(u,v)\in E^{+}(\mathcal{R}'')} \left(\frac{\lambda}{1+\lambda}\right)^{2}$$

根据 Expand 的定义有 $|E(\mathcal{R}'')| \leqslant (2\Delta-1)|E(\mathcal{R})|$。这是因为一条边在依赖图里最多关联 $2\Delta-2$ 条边，其中 $\Delta$ 是依赖关系图的最大度数。同理，$\delta(\mathcal{R}'')$ 里面的边数最多为 $|\delta(\mathcal{R}'')| \leqslant (2\Delta-1)(\Delta-1)|E(\mathcal{R})|$。所以

$$\mathbb{E}[H_{\mathrm{HC}}(\mathcal{R}')|\mathcal{R},X_{\mathcal{R}}] \leqslant \Delta(2\Delta-1)\left(\frac{\lambda}{1+\lambda}\right)^{2} H_{\mathrm{HC}}(\mathcal{R})$$

因为 $\lambda \leqslant \dfrac{1}{\sqrt{2}\Delta-1}$，我们有

$$\mathbb{E}[H_{\mathrm{HC}}(\mathcal{R}')|\mathcal{R},X_{\mathcal{R}}] \leqslant \Delta(2\Delta-1)\left(\frac{1}{\sqrt{2}\Delta}\right)^{2} H_{\mathrm{HC}}(\mathcal{R})$$

$$\leqslant \left(1-\frac{1}{2\Delta}\right) H_{\mathrm{HC}}(\mathcal{R})$$

## 7.4.2 精确吉布斯采样算法收敛性分析

### 7.4.2.1 精确吉布斯采样算法主结论证明

**定理 7-11** 令 $\mathcal{I}=(V,E,Q,\Phi)$ 为一个概率图模型，$(D,\Phi_D)$ 为一个对 $\mathcal{I}$ 的更新。假设更新后的概率图模型 $\mathcal{I}'=(V,E',Q,\Phi')$ 满足条件 6-4。如果把算法 14 中的参数 $\ell$ 设为条件 6-4 中的 $\ell^*-1$，算法 13 的期望循环次数为 $O(k^2\Delta|D|)$。进一步地说，如果 $k$，$\Delta$，$|Q|=O(1)$，则算法 13 的总期望

复杂度为 $O(|D|)$。

**证明**：令 $q=|Q|$。我们用 $T$ 表示算法 13 调用算法 14 的次数。要证明定理，只需要证明以下两点

- 算法 14 的时间复杂度为 $q^{(\Delta k)^{O(\ell)}}$。
- $\mathbb{E}[T]\leqslant O(k^2\Delta|D|)$。

注意到算法 14 的第 2 行的复杂度为 $O(k^2\Delta q|D|)$。如果 $k$，$\Delta$，$q=O(1)$，则算法期望的总代价是 $O(|D|)$。

首先分析算法 14 的时间复杂度。算法 14 需要计算 $\boldsymbol{\mu}_{\min}$ 和 $\boldsymbol{\mu}_{u,\mathcal{I}}^{X_{\partial B}}(X_u)$，以及从 $\boldsymbol{\mu}_{B,\mathcal{I}}^{X_{\partial B}}$ 中采样。根据条件独立性（命题 2-1)，计算这些量只需要考虑 $B\cup\partial B$ 上的所有变量和约束。利用暴力算法，复杂度最多为 $q^{(\Delta k)^{O(\ell)}}$。

令 $\boldsymbol{X}_0$、$\mathcal{R}_0$ 表示初始的随机配置和集合。令 $\boldsymbol{X}_t$、$\mathcal{R}_t$ 表示算法 14 执行 $t$ 次之后的随机配置和集合。令随机变量 $Y_t=|\mathcal{R}_t|$。令停止时间 $T$ 为 $Y_t=0$ 的第一个时刻。算法 14 要么把 $\mathcal{R}$ 变成 $\mathcal{R}\backslash\{u\}$，要么把集合 $\partial B$ 加入集合 $R$。我们用 $\mathcal{F}$ 表示算法 14 第 3 行的过滤器。如果 $\mathcal{F}=1$ 表示过滤器成功；如果 $\mathcal{F}=0$ 表示过滤器失败。注意到 $\partial B\backslash R\subseteq S_{\ell+1}(u)=S_{\ell *}(u)$。对于任意 $1\leqslant t\leqslant T$，我们有

$$\mathbb{E}[Y_t\mid(\boldsymbol{X}_0,\mathcal{R}_0),(\boldsymbol{X}_1,\mathcal{R}_1),\cdots,(\boldsymbol{X}_{t-1},\mathcal{R}_{t-1})]$$

$$\leqslant Y_{t-1}-\mathbb{P}[\mathcal{F}=0]+\mathbb{P}[\mathcal{F}=1]|S|$$

$$\leqslant Y_{t-1}+\frac{2}{5|S|}-\frac{3}{5} \qquad \text{(因为(6-1))}$$

$$\leqslant Y_{t-1}-\frac{1}{5}$$

我们定义一个新序列 $Y'_0,Y'_1,\cdots,Y'_T$，其中每个 $Y'_t=Y_t+\frac{t}{5}$。因此 $Y'_0$，$Y'_1,\cdots,Y'_T$相对于（$\boldsymbol{X}_0,\mathcal{R}_0$），（$\boldsymbol{X}_1,\mathcal{R}_1$），$\cdots$，（$\boldsymbol{X}_T$，$\mathcal{R}_T$）是一个上鞅，且 $T$ 是一个停止时间。注意到 $|Y'_t-Y'_{t-1}|$ 有界且 $\mathbb{E}[T]$ 有穷。根据可选停时定理[116]（optional stopping theorem），我们有 $\mathbb{E}[Y'_T]\leqslant\mathbb{E}[Y'_0]=\mathbb{E}[Y_0]$。所以

$$\mathbb{E}[T]\leqslant 5\mathbb{E}[Y_0]\leqslant 5|\mathcal{R}_0|=O(k^2\Delta|D|) \qquad \square$$

#### 7.4.2.2 邻居次指数级增长的自旋系统

在本节中，我们利用定理 7-11 证明定理 6-6。我们需要使用如下命题，它给出了式（6-1）中乘性误差衰减和式（6-2）中加性误差衰减的关系。类似的结论在文献［103，117，118］中也出现过。

**命题 7-12** 令 $\delta$: $\mathbb{N}\to\mathbb{N}$ 是一个单调不增的函数。令 $\mathfrak{I}$ 是一类可拓展自旋系统，且满足速率为 $\delta$ 的强空间混合性质（定义 6-1）。对每个实例 $\mathcal{I}=(V,E,Q,\Phi)\in\mathfrak{I}$，其中 $G=(V,E)$。对每个 $v\in V$，$\Lambda\subseteq V$，任意两种配置 $\sigma$，$\tau\in Q^{\Lambda}$ 以及 $\ell\geqslant 2$ 有

$$\forall a\in Q,\quad \min\left(\left|\frac{\mu^{\sigma}_{v,\mathcal{I}}(a)}{\mu^{\tau}_{v,\mathcal{I}}(a)}-1\right|,1\right)\leqslant 10q\,|S_{\lfloor \ell/2\rfloor}(v)|\,\delta(\lfloor \ell/2\rfloor) \tag{7-30}$$

在上式中，我们假设 $0/0=1$，$\ell\triangleq\min\{\mathrm{dist}_G(v,u)\mid u\in\Lambda,$

$\sigma(u)\neq\tau(u)\}\geqslant 2$ 且 $S_{\lfloor\ell/2\rfloor}(v)\triangleq\{u\in V\mid \mathrm{dist}_G(v,u)=\lfloor\ell/2\rfloor\}$ 表示在图 $G$ 上到 $v$ 的距离为 $\lfloor\ell/2\rfloor$ 的点集。

命题 7-12 的证明会在本节的最后给出。我们先用命题 7-12 去证明定理 6-6。

**定理 6-6 的证明**：令 $q$ 是一个有限大的整数。假设 $\mathfrak{I}$ 是一类有 $q$ 种状态的自旋系统，它定义在邻居次指数级增长的图类上，该图类以函数 $s:\mathbb{N}\to\mathbb{N}$ 满足定义 6-2。假设 $\mathfrak{I}$ 以参数 $\alpha>0$，$\beta>0$ 满足指数级衰减的强空间混合性质。令 $\delta$ 为函数 $\delta(x)=\alpha\exp(-\beta x)$。

固定一个实例 $\mathcal{I}=(V,E,Q,\Phi)\in\mathfrak{I}$，其中 $G=(V,E)$。由命题 7-12 可得，我们有对任意 $\Lambda\subseteq V$，任意 $v\in V$，任意两个部分配置 $\sigma$，$\tau\in Q^{\Lambda}$，它们满足 $\ell\triangleq\min\{\mathrm{dist}_G(v,u)\mid u\in\Lambda,\sigma(u)\neq\tau(u)\}\geqslant 2$，我们有

$$\forall a\in Q,\quad \min\left(\left|\frac{\mu_{v,\mathcal{I}}^{\sigma}(a)}{\mu_{v,\mathcal{I}}^{\tau}(a)}-1\right|,1\right)\leqslant 10q\,|S_{\lfloor\ell/2\rfloor}(v)|\,\delta(\lfloor\ell/2\rfloor)$$

$$(\text{由 } |S_r(v)|\leqslant s(r)\text{ 可得})\qquad \leqslant 10qs(\lfloor\ell/2\rfloor)\delta(\lfloor\ell/2\rfloor) \tag{7-31}$$

注意到 $\delta(\ell)=\alpha\exp(-\beta\ell)$。我们取 $\ell_0=\ell_0(q,\alpha,\beta,s)$ 使得 $\ell_0\geqslant 2$ 且

$$\begin{aligned}10\alpha qs(\lfloor\ell_0/2\rfloor)\exp(-\beta\lfloor\ell_0/2\rfloor)&\leqslant\frac{1}{5s(\ell_0)}\\&\leqslant\frac{1}{5\,|S_{\ell_0}(v)|}\end{aligned}\tag{7-32}$$

注意到式（7-32）等价于

$$\begin{aligned}\delta(\lfloor \ell_0/2 \rfloor) &= \alpha\exp(-\beta\lfloor \ell_0/2 \rfloor)\\ &\leqslant \frac{1}{50qs(\lfloor \ell_0/2 \rfloor)s(\ell_0)}\end{aligned} \tag{7-33}$$

这种 $\ell_0=\ell_0(q,\alpha,\beta,s)$ 一定存在，因为对所有 $r\geqslant 0$ 有 $s(r)=\exp(O(r))$。结合式（7-31）以及式（7-32）可以得出 $\mathcal{I}$ 以参数 $\ell_0\geqslant 2$ 满足条件 6-4。注意到自旋系统中，每个约束只关联 2 个变量。根据定理 7-11，如果算法 14 中的参数 $\ell$ 设定为 $\ell=\ell_0-1$，给定 $\mathcal{I}$，算法 13 的期望运行时间为 $\Delta\mid D\mid q^{(\Delta)^{O(\ell_0)}}$。因为 $\ell_0=O(1)$，$q=O(1)$，$\Delta\leqslant s(1)=O(1)$，算法 13 的期望运行时间为 $O(\mid D\mid)$。 □

我们现在来证明命题 7-12。令 $S\subseteq V$ 为一个集合，$\sigma\in Q^S$ 为一个配置，$v\in V$ 为一个点。在证明中，我们常用 $\mu_{v,\mathcal{I}}^{S\leftarrow\sigma}$ 来表示 $\mu_{v,\mathcal{I}}^{\sigma}$。类似的证明出现在文献［103，117，118］中。

**命题 7-12 的证明：** 固定实例 $\mathcal{I}=(V,E,Q,\Phi)\in\mathfrak{I}$，其中 $G=(V,E)$。固定两个配置 $\sigma$，$\tau\in Q^{\Lambda}$，令 $\ell\triangleq\min\{\mathrm{dist}_G(v,u)\mid u\in\Lambda,\sigma(u)\neq\tau(u)\}$。我们用 $D\triangleq\{v\in\Lambda\mid\sigma(v)\neq\tau(v)\}$ 表示 $\sigma$ 和 $\tau$ 取值不同的集合。固定一个取值 $a\in Q$。因为 $\mathcal{I}$ 是可拓展的（定义 2-1），我们有

$$\mu_{v,\mathcal{I}}^{\sigma}(a)=0 \quad\Leftrightarrow\quad \boldsymbol{\phi}_v(a)\prod_{u\in\Gamma_G(v)\cap\Lambda}\phi_{uv}(a,\sigma(v))=0$$

$$\mu_{v,\mathcal{I}}^{\tau}(a)=0 \quad\Leftrightarrow\quad \boldsymbol{\phi}_v(a)\prod_{u\in\Gamma_G(v)\cap\Lambda}\phi_{uv}(a,\tau(v))=0$$

其中 $\Gamma_G(v)$ 是 $v$ 在 $G$ 上的邻居。因为 $\ell\geqslant 2$，$v$ 和 $D$ 之间没有边，我们有 $\Gamma_G(v)\cap D=\varnothing$。这说明当且仅当 $\mu^{\tau}_{v,\mathcal{I}}(a)=0$ 时，$\mu^{\sigma}_{v,\mathcal{I}}(a)=0$。如果 $\mu^{\sigma}_{v,\mathcal{I}}(a)=\mu^{\tau}_{v,\mathcal{I}}(a)=0$，则命题显然成立。我们假设

$$\mu^{\sigma}_{v,\mathcal{I}}(a)>0\wedge\mu^{\tau}_{v,\mathcal{I}}(a)>0 \tag{7-34}$$

定义点的集合 $H\triangleq S_{\lfloor\ell/2\rfloor}(v)\setminus\Lambda$，其中 $S_{\lfloor\ell/2\rfloor}(v)=\{u\in V\mid \mathrm{dist}(u,v)=\lfloor\ell/2\rfloor\}$ 是图 $G$ 中到 $v$ 距离为 $\lfloor\ell/2\rfloor$ 的点的集合。由定义可知，我们有 $H\cap D=\varnothing$。如果 $H=\varnothing$，则有 $S_{\lfloor\ell/2\rfloor}(v)\subseteq\Lambda$，命题根据条件独立性成立。在剩下的证明中，我们假设 $H\neq\varnothing$。

对于任意两个不相交的集合 $S$，$S'\subseteq V$，以及部分配置 $\eta\in Q^{S}$，$\eta'\in Q^{S'}$，我们用 $\mu_{\mathcal{I}}^{S\leftarrow\eta,S'\leftarrow\eta'}$ 表示分布 $\mu_{\mathcal{I}}^{\eta\uplus\eta'}$。

对任意满足 $\mu_{H,\mathcal{I}}^{\Lambda\leftarrow\sigma,v\leftarrow a}(\rho)>0$ 和 $\mu_{H,\mathcal{I}}^{\Lambda\leftarrow\tau,v\leftarrow a}(\rho)>0$ 的 $\rho\in Q^{H}$，我们有

$$\mu^{\sigma}_{v,\mathcal{I}}(a)=\frac{\mu^{\sigma}_{H,\mathcal{I}}(\rho)\mu^{\sigma\uplus\rho}_{v,\mathcal{I}}(a)}{\mu_{H,\mathcal{I}}^{\Lambda\leftarrow\sigma,v\leftarrow a}(\rho)},\quad \mu^{\tau}_{v,\mathcal{I}}(a)=\frac{\mu^{\tau}_{H,\mathcal{I}}(\rho)\mu^{\tau\uplus\rho}_{v,\mathcal{I}}(a)}{\mu_{H,\mathcal{I}}^{\Lambda\leftarrow\tau,v\leftarrow a}(\rho)}$$

第一个等式成立是因为 $\mu^{\sigma}_{H,\mathcal{I}}(\rho)\mu^{\sigma\uplus\rho}_{v,\mathcal{I}}(a)=\mu^{\sigma}_{v,\mathcal{I}}(a)\ \mu_{H,\mathcal{I}}^{\Lambda\leftarrow\sigma,v\leftarrow a}(\rho)$ 且 $\mu_{H,\mathcal{I}}^{\Lambda\leftarrow\sigma,v\leftarrow a}(\rho)>0$；第二个等式类似可证。注意到 $\mu^{\sigma}_{v,\mathcal{I}}(a)>0$ 且 $\mu^{\tau}_{v,\mathcal{I}}(a)>0$。我们有

$$\frac{\mu^{\sigma}_{v,\mathcal{I}}(a)}{\mu^{\tau}_{v,\mathcal{I}}(a)}=\left(\frac{\mu^{\sigma\uplus\rho}_{v,\mathcal{I}}(a)}{\mu^{\tau\uplus\rho}_{v,\mathcal{I}}(a)}\right)\left(\frac{\mu^{\sigma}_{H,\mathcal{I}}(\rho)}{\mu^{\tau}_{H,\mathcal{I}}(\rho)}\right)\left(\frac{\mu_{H,\mathcal{I}}^{\Lambda\leftarrow\tau,v\leftarrow a}(\rho)}{\mu_{H,\mathcal{I}}^{\Lambda\leftarrow\sigma,v\leftarrow a}(\rho)}\right)$$

注意到 $(\Lambda\backslash D)\cup H$ 把 $v$ 和 $D$ 在图 $G$ 上分开，两个配置 $\sigma\uplus\rho$ 和 $\tau\uplus\rho$ 只在 $D$ 上不同。根据条件独立性，我们有 $\mu^{\sigma\uplus\rho}_{v,\mathcal{I}}(a)=$

$\mu_{v,\mathcal{I}}^{\tau\uplus\rho}(a)$。因此，我们有

$$\frac{\mu_{v,\mathcal{I}}^{\sigma}(a)}{\mu_{v,\mathcal{I}}^{\tau}(a)}=\left(\frac{\mu_{H,\mathcal{I}}^{\sigma}(\rho)}{\mu_{H,\mathcal{I}}^{\tau}(\rho)}\right)\left(\frac{\mu_{H,\mathcal{I}}^{\Lambda\leftarrow\tau,v\leftarrow a}(\rho)}{\mu_{H,\mathcal{I}}^{\Lambda\leftarrow\sigma,v\leftarrow a}(\rho)}\right) \tag{7-35}$$

注意到式（7-35）对任意满足$\mu_{H,\mathcal{I}}^{\Lambda\leftarrow\sigma,v\leftarrow a}(\rho)>0$和$\mu_{H,\mathcal{I}}^{\Lambda\leftarrow\tau,v\leftarrow a}(\rho)>0$的$\rho\in Q^H$都成立。我们的目的就是选择一个合适的$\rho$去分析等式的右侧。令

$$\varepsilon\triangleq\delta(\lfloor \ell/2 \rfloor)$$

不失一般性地，我们假设

$$10q\mid S_{\lfloor\ell/2\rfloor}(v)\mid\delta(\lfloor \ell/2 \rfloor)=10q\varepsilon\mid S_{\lfloor\ell/2\rfloor}(v)\mid<1 \tag{7-36}$$

如果式（7-36）不成立，则式（7-30）显然成立。我们有如下断言。

**引理 7-13** 假设式（7-36）。存在一个满足$\mu_{H,\mathcal{I}}^{\Lambda\leftarrow\sigma,v\leftarrow a}(\rho)>0$和$\mu_{H,\mathcal{I}}^{\Lambda\leftarrow\tau,v\leftarrow a}(\rho)>0$的配置$\rho\in Q^H$使得

$$\left(1-\frac{2q\varepsilon}{1+q\varepsilon}\right)^{2m}\leqslant\left(\frac{\mu_{H,\mathcal{I}}^{\sigma}(\rho)}{\mu_{H,\mathcal{I}}^{\tau}(\rho)}\right)\left(\frac{\mu_{H,\mathcal{I}}^{\Lambda\leftarrow\tau,v\leftarrow a}(\rho)}{\mu_{H,\mathcal{I}}^{\Lambda\leftarrow\sigma,v\leftarrow a}(\rho)}\right)\leqslant\left(1+\frac{2q\varepsilon}{1-q\varepsilon}\right)^{2m}$$

其中$m\triangleq\mid S_{\lfloor\ell/2\rfloor}(v)\mid$，$\varepsilon\triangleq\delta(\lfloor \ell/2\rfloor)$。

引理的证明稍后给出。先假设引理得证，我们继续证明。

根据式（7-36）可以推出

$$q\varepsilon m\leqslant\frac{1}{10} \tag{7-37}$$

结合引理 7-13 和式（7-37），我们有

$$\left(\frac{\mu_{H,\mathcal{I}}^{\sigma}(\rho)}{\mu_{H,\mathcal{I}}^{\tau}(\rho)}\right)\left(\frac{\mu_{H,\mathcal{I}}^{\Lambda\leftarrow\tau,v\leftarrow a}(\rho)}{\mu_{H,\mathcal{I}}^{\Lambda\leftarrow\sigma,v\leftarrow a}(\rho)}\right)\leqslant\exp\left(\frac{4q\varepsilon m}{1-q\varepsilon}\right)$$

$$\leqslant\exp(5q\varepsilon m)\quad(由式(7\text{-}37)可得)$$

$$\leqslant 1+10q\varepsilon m\quad(由式(7\text{-}37)可得)$$

同样我们有

$$\left(\frac{\mu_{H,\mathcal{I}}^{\sigma}(\rho)}{\mu_{H,\mathcal{I}}^{\tau}(\rho)}\right)\left(\frac{\mu_{H,\mathcal{I}}^{\Lambda\leftarrow\tau,v\leftarrow a}(\rho)}{\mu_{H,\mathcal{I}}^{\Lambda\leftarrow\sigma,v\leftarrow a}(\rho)}\right)\geqslant(1-2q\varepsilon)^{2m}$$

$$\geqslant\exp(-8q\varepsilon m)\quad(由式(7\text{-}37)可得)$$

$$\geqslant 1-10q\varepsilon m$$

重申 $m\triangleq|S_{\lfloor\ell/2\rfloor}(v)|$ 且 $\varepsilon\triangleq\delta(\lfloor\ell/2\rfloor)$。这就证明了命题。 □

**引理 7-13 的证明：** 假设 $|H|=h\geqslant 1$。令 $H=\{v_1,v_2,\cdots,v_h\}$。定义一个子集的序列 $H_0,H_1,\cdots,H_h$ 为 $H_i\triangleq\{v_j\mid 1\leqslant j\leqslant i\}$。注意到 $H_0=\varnothing$ 且 $H_h=H$。我们现在用如下 $h$ 步构造 $\rho\in Q^H$。

- 初始，$\rho=\varnothing$是一个空配置。
- 在第 $i$ 步，注意到 $\rho\in Q^{H_{i-1}}$，选择一个 $c_i\in Q$ 最大化 $\mu_{v_i,\mathcal{I}}^{\Lambda\leftarrow\sigma,v\leftarrow a,H_{i-1}\leftarrow\rho}(c_i)$（如果有目标值相同的情况，任意选择一个最大化目标值的值），把 $\rho$ 扩展到 $v_i$ 并令 $\rho(v_i)=c_i$，因此在第 $i$ 步之后有 $\rho\in Q^{H_i}$。

根据构造，我们有

$$\forall 1\leqslant i\leqslant h,\quad\mu_{v_i,\mathcal{I}}^{\Lambda\leftarrow\sigma,v\leftarrow a,H_{i-1}\leftarrow\rho(H_{i-1})}(\rho(v_i))\geqslant\frac{1}{q}>0$$

重申 $H\triangleq S_{\lfloor\ell/2\rfloor}(v)\setminus\Lambda$。我们有 $\mathrm{dist}_G(H,D)\geqslant\ell-\lfloor\ell/2\rfloor\geqslant\lfloor\ell/2\rfloor$，其中 $D$ 是 $\sigma$ 和 $\tau$ 取值不同的集合，且 $\mathrm{dist}_G(H,D)\ \triangleq\min\{\mathrm{dist}_G$

$(u_1,u_2)|u_1\in H\wedge u_2\in D\}$。重申 $\varepsilon\triangleq\delta(\lfloor \ell/2\rfloor)$ 且 $\delta$ 是一个单调不增的函数。根据定义 6-1 中的空间混合性质，我们有

$$\forall 1\leqslant i\leqslant h,\quad \mu_{v_i,\mathcal{I}}^{\Lambda\leftarrow\tau,v\leftarrow a,H_{i-1}\leftarrow\rho(H_{i-1})}(\rho(v_i))\geqslant\frac{1}{q}-\varepsilon>0$$

其中$\frac{1}{q}-\varepsilon>0$ 成立是因为式（7-36）。根据链式法则，我们有 $\mu_{H,\mathcal{I}}^{\Lambda\leftarrow\sigma,v\leftarrow a}(\rho)>0$ 且 $\mu_{H,\mathcal{I}}^{\Lambda\leftarrow\tau,v\leftarrow a}(\rho)>0$。

我们现在证明 $\rho$ 满足引理 7-13 中的不等式。对任意 $1\leqslant i\leqslant h$，定义

$$p_i\triangleq\mu_{v_i,\mathcal{I}}^{\Lambda\leftarrow\sigma,v\leftarrow a,H_{i-1}\leftarrow\rho(H_{i-1})}(\rho(v_i))\tag{7-38}$$

重申 $\text{dist}_G(H,v)\geqslant\lfloor \ell/2\rfloor$ 且 $\text{dist}_G(H,D)\geqslant\lfloor \ell/2\rfloor$。重申 $\varepsilon\triangleq\delta(\lfloor \ell/2\rfloor)$ 且 $\delta$ 是一个单调不增的函数。根据定义 6-1 中的强空间混合性质。我们有对任意的 $c\in Q$，任意的 $1\leqslant i\leqslant h$，

$$0<p_i-\varepsilon\leqslant\mu_{v_i,\mathcal{I}}^{\Lambda\leftarrow\sigma,v\leftarrow c,H_{i-1}\leftarrow\rho(H_{i-1})}(\rho(v_i))\leqslant p_i+\varepsilon\tag{7-39}$$

$$0<p_i-\varepsilon\leqslant\mu_{v_i,\mathcal{I}}^{\Lambda\leftarrow\tau,v\leftarrow c,H_{i-1}\leftarrow\rho(H_{i-1})}(\rho(v_i))\leqslant p_i+\varepsilon\tag{7-40}$$

注意到 $p_i-\varepsilon\geqslant\frac{1}{q}-\varepsilon>0$，这是因为式（7-36）。结合式（7-39）、式（7-40）以及链式法则，我们有

$$\forall c,\ c'\in Q,\ \prod_{i=1}^{h}\left(\frac{p_i-\varepsilon}{p_i+\varepsilon}\right)\leqslant\frac{\mu_{H,\mathcal{I}}^{\Lambda\leftarrow\tau,v\leftarrow c}(\rho)}{\mu_{H,\mathcal{I}}^{\Lambda\leftarrow\sigma,v\leftarrow c'}(\rho)}\leqslant\prod_{i=1}^{h}\left(\frac{p_i+\varepsilon}{p_i-\varepsilon}\right)$$

由 $\rho$ 的构造可知对任意 $1\leqslant i\leqslant h$ 有 $p_i\geqslant\frac{1}{q}$；由式（7-36）可知 $q\varepsilon<1$。我们有

$$\forall c,\ c'\in Q,\ \left(1-\frac{2q\varepsilon}{1+q\varepsilon}\right)^{h}\leqslant\frac{\mu_{H,\mathcal{I}}^{\Lambda\leftarrow\tau,v\leftarrow c}(\rho)}{\mu_{H,\mathcal{I}}^{\Lambda\leftarrow\sigma,v\leftarrow c'}(\rho)}\leqslant\left(1+\frac{2q\varepsilon}{1-q\varepsilon}\right)^{h} \tag{7-41}$$

且

$$\forall c,\ c'\in Q,\ \left(1-\frac{2q\varepsilon}{1+q\varepsilon}\right)^{h}\leqslant\frac{\mu_{H,\mathcal{I}}^{\Lambda\leftarrow\sigma,v\leftarrow c}(\rho)}{\mu_{H,\mathcal{I}}^{\Lambda\leftarrow\tau,v\leftarrow c'}(\rho)}\leqslant\left(1+\frac{2q\varepsilon}{1-q\varepsilon}\right)^{h} \tag{7-42}$$

注意到

$$\begin{aligned}\mu_{H,\mathcal{I}}^{\sigma}(\rho)&=\sum_{c\in Q}\mu_{v,\mathcal{I}}^{\sigma}(c)\mu_{H,\mathcal{I}}^{\Lambda\leftarrow\sigma,v\leftarrow c}(\rho),\mu_{H,\mathcal{I}}^{\tau}(\rho)\\&=\sum_{c\in Q}\mu_{v,\mathcal{I}}^{\tau}(c)\mu_{H,\mathcal{I}}^{\Lambda\leftarrow\tau,v\leftarrow c}(\rho)\end{aligned}$$

$\mu_{H,\mathcal{I}}^{\sigma}(\rho)$ 是 $\mu_{H,\mathcal{I}}^{\Lambda\leftarrow\sigma,v\leftarrow c}(\rho)$ 的一个凸组合，且 $\mu_{H,\mathcal{I}}^{\tau}(\rho)$ 是 $\mu_{H,\mathcal{I}}^{\Lambda\leftarrow\tau,v\leftarrow c}(\rho)$ 的一个凸组合。根据式（7-41）和式（7-42），我们有

$$\left(1-\frac{2q\varepsilon}{1+q\varepsilon}\right)^{2h}\leqslant\left(\frac{\mu_{H,\mathcal{I}}^{\sigma}(\rho)}{\mu_{H,\mathcal{I}}^{\tau}(\rho)}\right)\left(\frac{\mu_{H,\mathcal{I}}^{\Lambda\leftarrow\tau,v\leftarrow a}(\rho)}{\mu_{H,\mathcal{I}}^{\Lambda\leftarrow\sigma,v\leftarrow a}(\rho)}\right)\leqslant\left(1+\frac{2q\varepsilon}{1-q\varepsilon}\right)^{2h}$$

注意到 $h=|H|$ 且 $H\subseteq S_{\lfloor\ell/2\rfloor}(v)$，则有 $m=|S_{\lfloor\ell/2\rfloor}(v)|\geqslant h$。这就证明了引理。 □

#### 7.4.2.3 列表染色模型分析

我们证明定理 6-7。令 $\mathfrak{L}$ 是一系列定义在颜色集合 $q$ 上的列表染色模型，其中 $q>0$ 是一个有限大的整数。令 $\alpha^{*}\approx 1.763\cdots$ 是方程 $x=\exp(1/x)$ 的根。假设存在 $\alpha>\alpha^{*}$ 和 $\beta\geqslant\frac{\sqrt{2}}{\sqrt{2}-1}$ 满足 $(1-1/\beta)\alpha\mathrm{e}^{\frac{1}{\alpha}(1-1/\beta)}>1$，使得对任意 $\mathcal{I}=(G=(V,E),$

$[q],\mathcal{L})\in\mathfrak{L}$，$G$不含三角形，且

$$\forall v\in V,\quad |L(v)|\geqslant\alpha\deg_G(v)+\beta$$

Gamarnik、Katz 和 Misra[57] 证明了$\mathfrak{L}$有指数级衰减的强空间混合性质。注意到此条件下一定有$\Delta=O(q)=O(1)$。如果$\mathfrak{L}$定义在邻居次指数级增长的图上，由定理 6-6 可以推出定理 6-7。

定理 6-7 中还有两种剩余情况。我们假设$\mathfrak{L}$满足下列两个条件之一。

（Ⅰ）存在$s:\mathbb{N}\to\mathbb{N}$满足$s(\ell)=\exp(o(\ell))$使得对任意$\mathcal{I}=(G=(V,E),[q],\mathcal{L})\in\mathfrak{L}$，

$$\forall v\in V,\ \ell\geqslant 0,\quad |S_\ell(v)|\leqslant s(\ell)$$

$$\forall v\in V,\quad |L(v)|\geqslant 2\deg_G(v)$$

（Ⅱ）对任意$\mathcal{I}=(G=(V,E),[q],\mathcal{L})\in\mathfrak{L}$，

$$\forall v\in V,\quad |L(v)|\geqslant\Delta^2-\Delta+2$$

**引理 7-14** 令$\mathfrak{L}$是一系列定义在颜色集合$q$上的列表染色模型，其中$q>0$是一个有限大的整数。假设$\mathfrak{L}$满足（Ⅰ）或者（Ⅱ），存在一个有限大的$A>0$和$\theta>0$，使得对任意$\mathcal{I}=(G,[q],L)\in\mathfrak{L}$，其中$G=(V,E)$，对任意$v\in V$，任意$\Lambda\subseteq V$，以及任意满足$\ell\triangleq\min\{\mathrm{dist}_G(v,u)\mid u\in\Lambda,\ \sigma(u)\neq\tau(u)\}=\Omega(q\log q)$的$\sigma,\tau\in[q]^\Lambda$都有

$$\forall a\in[q]:\quad\left|\frac{\mu_{v,\mathcal{I}}^{\sigma}(a)}{\mu_{v,\mathcal{I}}^{\tau}(a)}-1\right|\leqslant\frac{A\mathrm{e}^{-\theta\ell}}{|S_\ell(v)|}$$

上式中假设 0/0=1；如果$\mathfrak{L}$以参数 $s:\mathbb{N}\to\mathbb{N}$ 满足（Ⅰ），则有 $A=A(q,s)>0$ 且 $\theta=\frac{1}{2q}>0$；如果$\mathfrak{L}$满足（Ⅱ），则有 $A=\mathrm{poly}(q)$ 且 $\theta=\frac{1}{2q^2}>0$。

定理 7-11 和引理 7-14 证明了定理 6-7 剩下的两种情况。我们取一个足够大的 $\ell^*$ 使得 $\ell^*=\Omega(q\log q)$ 且 $A\mathrm{e}^{-\theta\ell^*}\leqslant\frac{1}{5}$。由引理 7-14 可知，实例$\mathfrak{L}$以参数 $\ell^*\geqslant 2$ 满足条件 6-4，所以结论可以由定理 7-11 证明。注意到 $\ell^*$ 只和 $q$ 以及函数 $s$ 有关，且每个 $\mathcal{I}\in\mathfrak{L}$满足 $\Delta\leqslant q$。所以 $\ell$，$q$，$\Delta=O(1)$，运行时间是 $O(|D|)$。

现在我们来证明引理 7-14。在文献［57］中，Gamarnik、Katz 和 Misra 对有限度数的图证明了强空间混合性质。这几乎就是我们要的性质，但是我们需要在满足（Ⅰ）和（Ⅱ）的情况下证明出我们需要的相关性衰减。利用文献［57］的证明技术，我们可以得到如下结论。类似的分析在文献［52］中也出现过。

**命题 7-15**（文献［57］） 令 $\mathcal{I}=(G,[q],\boldsymbol{L})$ 是一个列表染色模型，其中 $G=(V,E)$。假设 $\mathcal{I}$ 对所有 $v\in V$ 满足 $|L(v)|\geqslant\deg_G(v)+1$。假设

$$\max_{u\in V}\frac{\deg_G(u)-1}{|L(u)|-\deg_G(u)}\leqslant\chi<1$$

则对任意 $\Lambda \subseteq V$，任意点 $v \in V \backslash \Lambda$，以及任意两种满足 $\ell \triangleq \min\{\operatorname{dist}_G(v,u) \mid u \in \Lambda, \sigma(u) \neq \tau(u)\} = \Omega\left(\frac{\log q}{\log(1/\chi)}\right)$ 的部分染色 $\sigma$，$\tau \in [q]^{\Lambda}$，我们有

$$\forall a \in [q]: \quad \left|\frac{\mu_{v,\mathcal{I}}^{\sigma}(a)}{\mu_{v,\mathcal{I}}^{\tau}(a)} - 1\right| \leqslant B_{\chi^{\ell}}$$

上式假设 0/0=1，其中 $B=\operatorname{poly}(q/\chi)$ 只与 $q$ 和 $\chi$ 有关。

**引理 7-14 的证明：** 固定一个实例 $\mathcal{I}=(G,[q],\boldsymbol{L}) \in \mathfrak{L}$，其中 $G=(V,E)$。假设 $\mathfrak{L}$ 满足（Ⅰ），我们有

$$\max_{u \in V} \frac{\deg_G(u)-1}{|L(u)|-\deg_G(u)} \leqslant \max_{u \in V} \frac{\deg_G(u)-1}{\deg_G(u)} = \frac{\Delta-1}{\Delta} \leqslant \frac{q-1}{q}$$

命题 7-15 中的参数 $\chi$ 和 $B$ 可以被设置为 $\chi=\frac{q-1}{q}$ 且 $B=\operatorname{poly}(q/\chi) \leqslant B_{\max}=\operatorname{poly}(q)$，则有对任意子集 $\Lambda \subseteq V$，任意点 $v \in V \backslash \Lambda$，任意两种颜色 $\sigma$，$\tau \in [q]^{\Lambda}$，它们只在 $D \subseteq \Lambda$ 上不同，且满足 $\ell \triangleq \min\{\operatorname{dist}_G(u,v) \mid u \in D\} = \Omega\left(\frac{\log q}{\log 1/\chi}\right) = \Omega(q\log q)$，有

$$\forall a \in [q]: \quad \left|\frac{\mu_{v,\mathcal{I}}^{\sigma}(a)}{\mu_{v,\mathcal{I}}^{\tau}(a)} - 1\right| \leqslant B_{\max}\chi^{\ell} \leqslant B_{\max}\frac{|S_{\ell}(v)|}{|S_{\ell}(v)|}\chi^{\ell}$$

因为 $G$ 是邻居次指数级增长的图，我们有 $|S_{\ell}(v)| \leqslant s(\ell) = \exp(o(\ell))$。所以

$$\forall a \in [q]: \quad \left|\frac{\mu_{v,\mathcal{I}}^{\sigma}(a)}{\mu_{v,\mathcal{I}}^{\tau}(a)} - 1\right| \leqslant B_{\max}\frac{s(\ell)}{|S_{\ell}(v)|}\left(\frac{q-1}{q}\right)^{\ell}$$

$$\leqslant \frac{s(\ell)B_{\max}}{|S_\ell(v)|}e^{-\ell/q} \leqslant \frac{Ae^{-\theta\ell}}{|S_\ell(v)|}$$

其中 $A=A(q,s)>0$，$\theta=\frac{1}{2q}>0$。

假设 $\mathfrak{L}$ 满足（Ⅱ）。重申 $\Delta$ 是图 $G$ 的最大度数。我们有

$$\max_{u\in V}\frac{\deg_G(u)-1}{|L(u)|-\deg_G(u)} \leqslant \frac{\Delta-1}{(\Delta-1)^2+1}$$

命题 7-15 中的参数 $\chi$ 和 $B$ 可以被设置为 $\chi=\frac{\Delta-1}{(\Delta-1)^2+1}$ 且 $B=\text{poly}(q/\chi)$。因此 $1/\chi\leqslant\Delta^2\leqslant q^2$。我们有 $B=\text{poly}(q/\chi)\leqslant B_{\max}=\text{poly}(q)$。对任意子集 $\Lambda\subseteq V$，任意点 $v\in V\backslash\Lambda$，任意两种颜色 $\sigma$，$\tau\in[q]^\Lambda$，它们只在 $D\subseteq\Lambda$ 上不同，且满足 $\ell\triangleq\min\{\text{dist}_G(u,v)\mid u\in D\}=\Omega\left(\frac{\log q}{\log 1/\chi}\right)=\Omega(\log q)$，有

$$\forall a\in[q]:\quad \left|\frac{\mu^\sigma_{v,\mathcal{I}}(a)}{\mu^\tau_{v,\mathcal{I}}(a)}-1\right| \leqslant B_{\max}\chi^\ell \leqslant B_{\max}\frac{\Delta(\Delta-1)^{\ell-1}}{|S_\ell(v)|}\chi^\ell$$

其中最后一个不等式成立是因为 $|S_\ell(v)|\leqslant\Delta(\Delta-1)^{\ell-1}$。因为 $\chi=\frac{\Delta-1}{(\Delta-1)^2+1}$，我们有

$$\forall a\in[q]:\quad \left|\frac{\mu^\sigma_{v,\mathcal{I}}(a)}{\mu^\tau_{v,\mathcal{I}}(a)}-1\right| \leqslant \frac{B_{\max}\Delta}{\Delta-1}\frac{1}{|S_\ell(v)|}\left(\frac{(\Delta-1)^2}{(\Delta-1)^2+1}\right)^\ell$$

$$\text{（由 }\Delta\leqslant q\text{ 可得）}\qquad \leqslant \frac{2B_{\max}}{|S_\ell(v)|}\left(\frac{(q-1)^2}{(q-1)^2+1}\right)^\ell$$

$$\leqslant \frac{2B_{\max}}{|S_\ell(v)|}e^{-\frac{\ell}{2q^2}} = \frac{Ae^{-\theta\ell}}{|S_\ell(v)|}$$

其中 $A=2B_{\max}=\mathrm{poly}(q)$，$\theta=\frac{1}{2q^2}>0$。 □

## 7.5 本章小结

本章给出了基于条件吉布斯技术的两种动态采样算法。两种算法都能产生没有误差的精确样本，且适用于一般的吉布斯分布。算法是拉斯维加斯算法，即算法自身可以判断停止条件。因为静态采样是动态采样的特例，所以两种算法都能给出静态精确采样算法。

一个重要的问题是，这类技术能否有更好的收敛条件。在硬核模型上，局部拒绝采样算法的收敛条件和最优收敛条件仍有差距；在图染色模型上，局部拒绝采样算法无法收敛。精确吉布斯采样算法要求吉布斯分布有相当强的空间混合性质。空间混合性质和采样算法的关系是一个重要的核心课题。我们能否利用条件吉布斯技术，从有指数级衰减的强空间混合性质的吉布斯分布中得到采样算法。另一个问题是推广算法使之能应用到更一般的分布上，如连续变量的分布、有全局约束的分布等。

# 第 8 章

# 动态马尔可夫链技术

## 8.1 动态吉布斯采样算法

本书算法基于吉布斯采样算法（算法 1）。令 $\mathcal{I}=(V,E,Q,\Phi)$ 表示当前自旋系统。令 $\varepsilon>0$ 为误差上界。假设所有的自旋系统都是可拓展的，且满足参数为 $\delta$ 的 Dobrushin-Shlosman 条件（条件 6-9）。算法维护一个随机序列 $(\boldsymbol{X}_t)_{t=0}^{T}$，这个序列是针对 $\mathcal{I}$ 的吉布斯采样算法所产生的长度为 $T$ 的序列。长度 $T$ 具体设为

$$T(\mathcal{I})=\left\lceil\frac{n}{\delta}\log\frac{n}{\varepsilon}\right\rceil \tag{8-1}$$

在 8.1.3 节，我们将验证，对于任意一个满足 Dobrushin-Shlosman 条件的自旋系统，随机样本 $\boldsymbol{X}_T$ 满足 $d_{\mathrm{TV}}(\boldsymbol{X}_T,\mu_{\mathcal{I}})\leqslant\varepsilon$。

给定一个更新之后，当前的自旋系统 $\mathcal{I}$ 变成一个新的自旋系统 $\mathcal{I}'=(V,E',Q,\Phi')$。算法把序列 $(\boldsymbol{X}_t)_{t=0}^{T}$ 变成一个新序列 $(\boldsymbol{Y}_t)_{t=0}^{T}$，同时维护如下不变关系：$(\boldsymbol{Y}_t)_{t=0}^{T}$ 是针对 $\mathcal{I}'$ 的吉布斯

采样算法所产生的长度为 $T$ 的序列。注意到从 $\mathcal{I}$ 到 $\mathcal{I}'$，变量集合不变，且 $\mathcal{I}'$ 也满足 Dobrushin-Shlosman 条件。因此新随机样本 $Y_T$ 满足 $d_{\mathrm{TV}}(\boldsymbol{Y}_T,\mu_{\mathcal{I}'})\leqslant\varepsilon$。算法的更新由如下两个步骤构成：

1）我们构造一种 $(\boldsymbol{X}_t)_{t=0}^T$ 和 $(\boldsymbol{Y}_t)_{t=0}^T$ 之间的**耦合**，使得只需要小幅度地修改随机序列 $(\boldsymbol{X}_t)_{t=0}^T$ 就能得到新的随机序列 $(\boldsymbol{Y}_t)_{t=0}^T$。

2）我们用一个**数据结构**来维护序列 $(\boldsymbol{X}_t)_{t=0}^T$，通过这个数据结构进行查询和更新操作，算法就能高效地修改序列。

## 8.1.1 动态自旋系统上马尔可夫链的耦合

由吉布斯算法产生的随机序列 $(\boldsymbol{X}_t)_{t=0}^T$ 可以被如下信息唯一确定：初始状态为 $\boldsymbol{X}_0\in Q^V$，二元组序列为 $\langle v_t,X_t(v_t)\rangle_{t=1}^T$，其中 $v_t$ 表示算法第 $t$ 步选择的变量，$X_t(v_t)$ 为算法第 $t$ 步给 $v_t$ 更新的值。我们称 $\langle v_t,X_t(v_t)\rangle_{t=1}^T$ 为序列 $(\boldsymbol{X}_t)_{t=0}^T$ 的执行日志，并把它记为

$$\text{Exe-Log}(\mathcal{I},T)\triangleq\langle v_t,X_t(v_t)\rangle_{t=1}^T$$

算法维护的执行日志始终满足如下条件。

**条件 8-1**（执行日志的条件） 令 $\mathcal{I}$ 为当前自旋系统。固定一个初始状态 $\boldsymbol{X}_0\in Q^V$，随机执行日志 $\text{Exe-Log}(\mathcal{I},T)=\langle v_t,X_t(v_t)\rangle_{t=1}^T$ 满足如下条件，

- $T(\mathcal{I})=\left\lceil\frac{n}{\delta}\log\frac{n}{\varepsilon}\right\rceil$。

- 被随机执行日志 $\text{Exe-Log}(\mathcal{I},T)=\langle v_t,X_t(v_t)\rangle_{t=1}^{T}$ 唯一确定的随机序列 $(\boldsymbol{X}_t)_{t=0}^{T}$ 恰好是针对 $\mathcal{I}$ 的吉布斯采样算法，算法从 $\boldsymbol{X}_0$ 开始，第 $t$ 步选择点 $v_t$。

这个条件保证了 $\boldsymbol{X}_T$ 一定满足 $d_{\mathrm{TV}}(\boldsymbol{X}_T,\boldsymbol{\mu}_{\mathcal{I}})\leqslant\varepsilon$。

给定一个更新 $(D,\boldsymbol{\Phi}_D)$，假设当前的自旋系统 $\mathcal{I}$ 被更新为新系统 $\mathcal{I}'$。令 $\boldsymbol{X}_0\in Q^V$ 和 $\text{Exe-Log}(\mathcal{I},T)=\langle v_t,X_t(v_t)\rangle_{t=1}^{T}$ 是针对 $\mathcal{I}$ 的执行日志和初始状态；令 $\boldsymbol{Y}_0\in Q^V$ 和 $\text{Exe-Log}(\mathcal{I}',T)=\langle v_t,Y_t(v_t)\rangle_{t=1}^{T}$ 是针对 $\mathcal{I}'$ 的执行日志和初始状态。我们构造两者之间的耦合，使得如果 $\boldsymbol{X}_0\in Q^V$ 和 $\text{Exe-Log}(\mathcal{I},T)$ 相对于 $\mathcal{I}$ 满足条件 8-1，那么 $\boldsymbol{Y}_0\in Q^V$ 和 $\text{Exe-Log}(\mathcal{I}',T)$ 相对于 $\mathcal{I}'$ 满足条件 8-1。传统的马尔可夫链耦合从不同的状态出发以相同的规则转移。我们这里的耦合和传统的耦合不同，两个链以不同的规则转移。

我们用 $\mathcal{S}\subseteq V$ 表示被更新影响到的变量的集合

$$\mathcal{S}\triangleq\mathrm{vbl}(D)\tag{8-2}$$

我们用如下规则把 $\boldsymbol{X}_0\in Q^V$ 和 $\langle v_t,X_t(v_t)\rangle_{t=1}^{T}$ 变成新的初始状态 $\boldsymbol{Y}_0\in Q^V$ 和针对 $\mathcal{I}'$ 的执行日志 $\langle v_t,Y_t(v_t)\rangle_{t=1}^{T}$。两个执行日志选择相同的点序列 $(v_t)_{t=1}^{T}$；两个链 $(\boldsymbol{X}_t)_{t=0}^{T}$ 和 $(\boldsymbol{Y}_t)_{t=0}^{T}$ 以如下贪心规则进行耦合。

**定义 8-1**（动态吉布斯采样单步最优耦合） 自旋系统 $\mathcal{I}=(V,E,Q,\Phi)$ 上的 $(\boldsymbol{X}_t)_{t=0}^{\infty}$ 和 $\mathcal{I}'=(V,E',Q,\Phi')$ 上的 $(\boldsymbol{Y}_t)_{t=0}^{\infty}$ 以如下规则耦合：

- 初始 $\boldsymbol{X}_0=\boldsymbol{Y}_0\in Q^V$。
- 对于任意 $t=1, 2,\cdots$，两个链 $\boldsymbol{X}$ 和 $\boldsymbol{Y}$ 执行如下联合过程。

1）随机选择同一个 $v_t\in V$，对于所有 $u\in V\setminus\{v_t\}$，

$$(X_t(u),Y_t(u))\leftarrow(X_{t-1}(u),Y_{t-1}(u))$$

2）从耦合 $D^{\sigma,\tau}_{v_t,\mathcal{I},\mathcal{I}'}$ 中采样二元组 $(X_t(v_t),Y_t(v_t))$，$D^{\sigma,\tau}_{v_t,\mathcal{I},\mathcal{I}'}$ 是边缘分布 $\boldsymbol{\mu}^{\sigma}_{v_t,\mathcal{I}}$ 和 $\boldsymbol{\mu}^{\tau}_{v_t,\mathcal{I}'}$ 的耦合，其中 $\boldsymbol{\sigma}=X_{t-1}(\Gamma_G(v_t))$，$\boldsymbol{\tau}=Y_{t-1}(\Gamma_{G'}(v_t))$，$\Gamma_G(v_t)$ 表示 $v_t$ 在 $G=(V,E)$ 上的邻居；$\Gamma_{G'}(v_t)$ 表示 $v_t$ 在 $G'=(V,E')$ 上的邻居。

**局部耦合**规则 $D^{\sigma,\tau}_{v,\mathcal{I},\mathcal{I}'}$ 定义如下，

$$\forall\,\sigma\in Q^{\Gamma_G(v)},\quad \tau\in Q^{\Gamma_{G'}(v)}:\quad D^{\sigma,\tau}_{v,\mathcal{I},\mathcal{I}'}=\begin{cases}D^{\sigma,\tau}_{v,\text{opt},\mathcal{I}} & \text{如果 } v\notin\mathcal{S}\\ \boldsymbol{\mu}^{\sigma}_{v,\mathcal{I}}\boldsymbol{\mu}^{\tau}_{v,\mathcal{I}'} & \text{如果 } v\in\mathcal{S}\end{cases}\tag{8-3}$$

其中 $D^{\sigma,\tau}_{\text{opt},v,\mathcal{I}}$ 是边缘分布 $\boldsymbol{\mu}^{\sigma}_{v,\mathcal{I}}$ 和 $\boldsymbol{\mu}^{\tau}_{v,\mathcal{I}}$ 的最优耦合。显然，$D^{\sigma,\tau}_{v,\mathcal{I},\mathcal{I}'}$ 是边缘分布 $\boldsymbol{\mu}^{\sigma}_{v,\mathcal{I}}$ 和 $\boldsymbol{\mu}^{\tau}_{v,\mathcal{I}'}$ 的合法耦合。因为对于任意 $v\notin\mathcal{S}$，$\boldsymbol{\mu}^{\tau}_{v,\mathcal{I}}$ 和 $\boldsymbol{\mu}^{\tau}_{v,\mathcal{I}'}$ 是同一种概率分布，所以 $\boldsymbol{\mu}^{\sigma}_{v,\mathcal{I}}$ 和 $\boldsymbol{\mu}^{\tau}_{v,\mathcal{I}'}$ 可以由 $D^{\sigma,\tau}_{\text{opt},v,\mathcal{I}}$ 耦合在一起。

显然，如果 $(\boldsymbol{X}_t)_{t=0}^{T}$ 是针对 $\mathcal{I}$ 的吉布斯采样算法，那么 $(\boldsymbol{Y}_t)_{t=0}^{T}$ 是针对 $\mathcal{I}'$ 的吉布斯采样算法。定义

$$\mathcal{D}_t\triangleq\{v\in V\mid X_t(v)\neq Y_t(v)\}$$

是 $\boldsymbol{X}_t$ 和 $\boldsymbol{Y}_t$ 取值不同的点的集合。根据耦合的定义，我们有如下观察。

**观察 8-2** 对于任意 $t\in[1,T]$，如果 $v_t\notin\mathcal{S}\cup\Gamma_G^+(\mathcal{D}_{t-1})$，则 $\boldsymbol{X}_t(v_t)=\boldsymbol{Y}_t(v_t)$ 且 $\mathcal{D}_t=\mathcal{D}_{t-1}$，其中 $\Gamma_G^+(\mathcal{D}_{t-1})=\mathcal{D}_{t-1}\cup\{u\in V\setminus\mathcal{D}_{t-1}\mid\exists w\in\mathcal{D}_{t-1},u\in\Gamma_G(w)\}$。

利用这个观察，我们可以用算法 17 完成执行日志的修改。

---

**算法 17**：动态吉布斯采样算法

---

**数据**：$X_0\in Q^V$ 以及针对当前模型 $\mathcal{I}=(V,E,Q,\Phi)$ 的执行日志 **Exe-Log**$(\mathcal{I},T)=\langle v_t,X_t(v_t)\rangle_{t=1}^T$；

**更新**：一个更新 $(D,\Phi_D)$ 把 $\mathcal{I}$ 变成 $\mathcal{I}'=(V,E',Q,\Phi')$；

$t_0\leftarrow0$，$\mathcal{D}\leftarrow\varnothing$，$\boldsymbol{Y}_0\leftarrow\boldsymbol{X}_0$，构造 $\mathcal{S}\leftarrow$**vbl**$(D)$；

**while** $\exists t_0<t\leqslant T$ 使得 $v_t\in\mathcal{S}\cup\Gamma_G^+(\mathcal{D})$ **do**

  找到最小的 $t>t_0$ 使得 $v_t\in\mathcal{S}\cup\Gamma_G^+(\mathcal{D})$；

  对于每个 $t_0<i<t$，令 $Y_i(v_i)=X_i(v_i)$；

  在给定 $X_t(v_t)$ 的条件下从耦合 $D_{v_t,\mathcal{I},\mathcal{I}'}^{\sigma,\tau}$（定义见式（8-3））中采样 $Y_t(v_t)$，其中 $\sigma=X_{t-1}(\Gamma_G(v_t))$ 且 $\tau=Y_{t-1}(\Gamma_{G'}(v_t))$；

  **if** $X_t(v_t)\neq Y_t(v_t)$ **then** $\mathcal{D}\leftarrow\mathcal{D}\cup\{v_t\}$ **else** $\mathcal{D}\leftarrow\mathcal{D}\setminus\{v_t\}$；

  $t_0\leftarrow t$；

对于剩下的 $t_0<i\leqslant T$：令 $Y_i(v_i)=X_i(v_i)$；

把数据更新成 $\boldsymbol{Y}_0$ 和 Exe-Log$(\mathcal{I}',T)=\langle v_t,Y_t(v_t)\rangle_{t=1}^T$。

---

观察 8-2 说明我们只需要处理 $v_t\in\mathcal{S}\cup\Gamma_G^+(\mathcal{D}_{t-1})$ 时的更新。如果 $\mathcal{D}_{t-1}$ 很小，这种需要被处理的更新就很少。这是保证算法 17 代价小的关键。严格来说，令 $(\boldsymbol{X}_t)_{t=0}^T$ 和 $(\boldsymbol{Y}_t)_{t=0}^T$ 是用上述规则耦合的一对马尔可夫链，对于任意 $1\leqslant t\leqslant T$，令 $\gamma_t$ 指示下列坏事件是否发生：

$$\gamma_t \triangleq 1[v_t \in \mathcal{S} \cup \Gamma_G^+(\mathcal{D}_{t-1})] \tag{8-4}$$

再令 $\mathcal{R}$ 表示坏事件发生的次数

$$\mathcal{R} \triangleq \sum_{t=1}^{T} \gamma_t \tag{8-5}$$

可以看出，$\mathcal{R}$ 决定了算法 17 的效率。

**引理 8-3**（实现耦合的复杂性） 令 $\mathcal{I}=(V,E,Q,\Phi)$ 为当前自旋系统，$\mathcal{I}'=(V,E',Q,\Phi')$ 为更新后的自旋系统。假设 $\mathcal{I}'$ 以参数 $\delta>0$ 满足 Dobrushin-Shlosman 条件（条件 6-9）且 $|\text{vbl}(D)| \leqslant L$，则有 $\mathbb{E}[\mathcal{R}] = O\left(\frac{\Delta TL}{n\delta}\right)$，其中 $n=V$，$\Delta=\max\{\Delta_G,\Delta_{G'}\}$，$\Delta_G$、$\Delta_{G'}$ 表示图 $G=(V,E)$ 和图 $G'=(V,E')$ 的最大度数。

## 8.1.2 动态马尔可夫链的数据结构

我们使用一个数据结构来编码执行日志，这个数据结构可以执行算法 17 第 9 行的更新操作，也可以回答第 2、3、5 行的各类询问。

我们现在给出针对吉布斯采样算法 $(\boldsymbol{X}_t)_{t=0}^T$ 的数据结构。令 $\mathcal{I}=(V,E,Q,\Phi)$ 为一个自旋系统。数据结构需要提供如下几个功能。

- **数据：** 一个初始状态 $\boldsymbol{X}_0 \in Q^V$，一个记录了吉布斯采样算法 $T$ 步转移 $(\boldsymbol{X}_t)_{t=0}^T$ 的执行日志 $\langle v_t, X_t(v_t)\rangle_{t=1}^T \in (VQ)^T$。

- **更新：**
  - **Change** $(t,c)$。把第 $t$ 步转移由 $\langle v_t, X_t(v_t)\rangle$ 改成 $\langle v_t, c\rangle$。
- **询问：**
  - **Eval** $(t,v)$。给定任意 $t$ 和 $v$（有可能 $v\neq v_t$），返回 $X_t(v)$。
  - **Succ** $(t,v)$。返回最小的 $i$ 满足 $i>t$ 且 $v_i=v$，如果 $i$ 不存在，返回⊥。

**引理 8-4** 存在一个确定性数据结构编码初始状态 $\boldsymbol{X}_0\in Q^V$ 和执行日志$\langle v_t, X_t(v_t)\rangle_{t=1}^{T}\in(VQ)^T$。数据结构使用 $O(T+|V|)$ 个字段，每个字段大小为 $O(\log T+\log|V|+\log|Q|)$ 个比特。数据结构以 $O(\log T)$ 的代价处理操作 Change $(t,c)$、Eval $(t,v)$ 和 Succ $(t,v)$。

**证明：** 初始状态 $\boldsymbol{X}_0\in Q^V$ 可以用一个数组存储，占用 $O(|V|)$ 个字段的空间，查询和修改操作的代价都是 $O(1)$。

执行日志 $\langle v_t, X_t(v_t)\rangle_{t=1}^{T}\in(VQ)^T$ 可以用 $|V|$ 棵平衡二叉树 $(\mathcal{T}_v)_{v\in V}$ 存储（如红黑树），再使用一个大小为 $|V|$ 的数组保存所有二叉树的根指针，最后用一个长度为 $T+1$ 的数组保存所有的 $(v_t)_{t=0}^{T}$。每个平衡二叉树 $\mathcal{T}_v$ 编码针对点 $v$ 的所有更新，二叉树的键值为更新的时间。Change$(t,c)$ 首先查询 $v_t$，然后在 $\mathcal{T}_{v_t}$ 上做修改；Eval$(t,v)$ 在 $\mathcal{T}_v$ 上找到最大的 $t'$满足 $t'<t$，返回 $X_{t'}(v)$，如果 $t'$不存在，则返回 $X_0(v)$。

Succ$(t,v)$ 在 $\mathcal{T}_v$ 上搜索并返回相应的值。每个二叉树的大小最多为 $T+1$，所以 3 种操作的时间复杂度为 $O(\log T)$。 □

### 8.1.3 动态吉布斯采样算法分析

在本节中，我们证明定理 6-10。我们需要使用如下结论。首先定义静态吉布斯采样的单步最优耦合。

**定义 8-2**（静态吉布斯采样单步最优耦合） 可拓展自旋系统 $\mathcal{I}=(V,E,Q,\Phi)$ 上的两个吉布斯采样算法 $(\boldsymbol{X}_t)_{t=0}^{\infty}$ 和 $(\boldsymbol{Y}_t)_{t=0}^{\infty}$ 以如下规则耦合：

- 初始 $\boldsymbol{X}_0$，$\boldsymbol{Y}_0 \in Q^V$ 为任意两种状态。
- 对于任意 $t=1, 2, \cdots$，两个链 $\boldsymbol{X}$ 和 $\boldsymbol{Y}$ 执行如下联合过程。

1）随机选择同一个 $v_t \in V$，对于所有 $u \in V \setminus \{v_t\}$，

$$(X_t(u),\ Y_t(u)) \leftarrow (X_{t-1}(u),\ Y_{t-1}(u))$$

2）从耦合 $D^{\sigma,\tau}_{v_t,\mathrm{opt},\ \mathcal{I}}$ 中采样二元组 $(X_t(v_t),\ Y_t(v_t))$，$D^{\sigma,\tau}_{v_t,\mathrm{opt},\ \mathcal{I}}$ 是边缘分布 $\mu^{\sigma}_{v_t,\ \mathcal{I}}$ 和 $\mu^{\tau}_{v_t,\ \mathcal{I}}$ 的最优耦合，其中 $\sigma=X_{t-1}(\Gamma_G(v_t))$，$\tau=Y_{t-1}(\Gamma_G(v_t))$，$\Gamma_G(v_t)$ 表示 $v_t$ 在 $G=(V,E)$ 上的邻居。

利用静态吉布斯采样单步最优耦合，我们可以得到 Dobrushin-Shlosman 条件（条件 6-9）与马尔可夫链混合时间的关系[58,119]。

**命题 8-5**（文献［58，119］） 令 $\mathcal{I}=(V,E,Q,\Phi)$ 是一个

可拓展自旋系统，令 $n=|V|$。令 $H(\sigma,\tau)\triangleq|\{v\in V\mid\sigma_v\neq\tau_v\}|$ 表示两个状态 $\sigma\in Q^V$ 和 $\tau\in Q^V$ 之间的汉明距离。如果 $\mathcal{I}$ 以参数 $\delta>0$ 满足 Dobrushin-Shlosman 条件（条件 6-9），则静态吉布斯采样单步最优耦合 $(\boldsymbol{X}_t,\boldsymbol{Y}_t)_{t\geqslant 0}$ 满足

$$\forall\sigma,\ \tau\in Q^V:\quad \mathbb{E}[H(\boldsymbol{X}_t,\boldsymbol{Y}_t)\mid\boldsymbol{X}_{t-1}=\sigma\wedge\boldsymbol{Y}_{t-1}=\tau]$$
$$\leqslant\left(1-\frac{\delta}{n}\right)H(\sigma,\tau)$$

所以针对 $\mathcal{I}$ 的吉布斯采样算法混合时间满足 $T_{\mathrm{mix}}(\varepsilon)\leqslant\left\lceil\frac{n}{\delta}\log\frac{n}{\varepsilon}\right\rceil$。

我们先利用引理 8-3 证明定理 6-10，之后再证明引理 8-3。

**定理 6-10 的证明：** 我们利用引理 8-4 中的数据结构维护初始状态 $\boldsymbol{X}_0\in Q^V$ 和执行日志 $\langle v_t,X_t(v_t)\rangle_{t=1}^{T}\in(VQ)^T$，再用一个数组维护当前的随机样本 $\boldsymbol{X}=\boldsymbol{X}_T$。

首先证明空间复杂度。因为 $|Q|=O(1)$，$T=O\left(n\log\frac{n}{\varepsilon}\right)$，引理 8-4 中的数据结构需要使用 $O\left(n\log\frac{n}{\varepsilon}\right)$ 个字段，每个字段大小为 $O\left(\log\frac{n}{\varepsilon}\right)$ 比特。维护随机样本 $\boldsymbol{X}$ 的数组需要使用 $O(n)$ 个字段，每个字段大小为 $O\left(\log\frac{n}{\varepsilon}\right)$ 比特。所以总空间为 $O\left(n\log\frac{n}{\varepsilon}\right)$ 个字段，每个字段大小为 $O\left(\log\frac{n}{\varepsilon}\right)$ 比特。

接着证明算法的正确性。由算法维护的条件 8-1、命题 8-5，以及耦合的构造可以得出算法维护的随机样本和吉布斯分布的全变差不会超过 $\varepsilon$。

最后证明算法的时间复杂度。证明过程就是利用引理 8-4 中的数据结构实现算法 17。我们考虑算法的 while 循环。令 $t$ 为算法 while 循环中维护的参量。我们需要使用以下几个辅助数据结构来实现算法：

- 一个平衡二叉树 $\mathcal{T}$ 维护算法中的集合 $\mathcal{D}$，以及 $\mathcal{D}$ 上的配置 $X_{t-1}(\mathcal{D})$。
- 以如下规则构造的堆 $\mathcal{H}$。在一次 while 循环结束后，如果 $v_t$ 加入了集合 $\mathcal{D}$，则对于所有 $u \in \Gamma_G(v_t)$，调用主数据结构中的 $\mathrm{Succ}(u, t_0)$，并把返回的更新时间加入 $\mathcal{H}$ 中。
- 一个数据结构 $\mathcal{D}$ 用于回答如下询问：给定一个点 $v$，判断 $v$ 是否在集合 $\Gamma_G^+(\mathcal{D})$ 中（对每个点 $v$ 维护一个计数器 $c_v$，$c_v$ 表示 $\Gamma_G^+(v)$ 有多少个点在集合 $\mathcal{D}$ 中，动态更新此计数器）。

算法 17 的第 3 行可以用 $\mathcal{H}$ 和 $\mathcal{D}$ 实现、第 5 行、第 6 行可以用主数据结构实现，同时更新辅助数据结构 $\mathcal{T}$、$\mathcal{H}$、$\mathcal{D}$。注意到集合 $\mathcal{D}$ 的大小一定不会超过 $\mathcal{R}$（$\mathcal{R}$ 的定义见式（8-5）），且 $\mathcal{D}$、$\mathcal{H}$ 最多执行 $O(\Delta\mathcal{R})$ 次更新、询问操作。可以验证总时间复杂度为

$$T_{\text{cost}} \leqslant O(\Delta\mathcal{R}\log T)$$

所以，利用引理 8-3 以及 $L=\text{vbl}(D)=\Delta|D|$ 可得期望的时间复杂度为

$$\mathbb{E}[T_{\text{cost}}]=O\left(\frac{\Delta^2 TL}{n\delta}\log T\right)=O\left(\frac{\Delta^3|D|}{\delta^2}\log^2\frac{n}{\delta\varepsilon}\right) \qquad \square$$

现在证明引理 8-3。

**引理 8-3 的证明：** 根据 $\mathcal{R}$ 在式（8-5）中的定义以及期望的线性性质，我们有

$$\mathbb{E}[\mathcal{R}]=\sum_{t=1}^{T}\mathbb{E}[\gamma_t]=\sum_{t=1}^{T}\mathbb{E}[\mathbb{E}[\gamma_t\mid\mathcal{D}_{t-1}]]$$

重申 $\gamma_t=1[v_t\in\mathcal{S}\cup\Gamma_G^+(\mathcal{D}_{t-1})]$ 且 $v_t\in V$ 在给定 $\mathcal{D}_{t-1}$ 后是一个随机等概率的点。注意到 $|\Gamma_G^+(\mathcal{D}_{t-1})|\leqslant(\Delta+1)|\mathcal{D}_{t-1}|$ 且 $|\mathcal{S}|=L$。我们有

$$\begin{aligned}\mathbb{E}[\mathcal{R}]&\leqslant\sum_{t=1}^{T}\mathbb{E}\left[\frac{(\Delta+1)|\mathcal{D}_{t-1}|+L}{n}\right]\\&=\frac{(\Delta+1)}{n}\sum_{t=1}^{T}\mathbb{E}[|\mathcal{D}_{t-1}|]+\frac{LT}{n}\end{aligned} \qquad (8\text{-}6)$$

假设 $\mathcal{I}'$ 以参数 $\delta>0$ 满足 Dobrushin-Shlosman 条件（条件 6-9），我们有如下结论

$$\forall\, 0\leqslant t\leqslant T:\quad \mathbb{E}[|\mathcal{D}_t|]\leqslant\frac{8L}{\delta} \qquad (8\text{-}7)$$

结合式（8-6）和式（8-7）可得

$$\mathbb{E}[\mathcal{R}]\leqslant\frac{18\Delta LT}{\delta n}=O\left(\frac{\Delta LT}{\delta n}\right)$$

引理得证。

我们现在来证明式（8-7）。令 $(\boldsymbol{X}_t,\boldsymbol{Y}_t)_{t\geq 0}$ 为动态吉布斯采样单步最优耦合（定义 8-1）。我们有如下结论：对于任意 $\sigma$，$\tau\in Q^V$，

$$\mathbb{E}[H(\boldsymbol{X}_t,\boldsymbol{Y}_t)\mid \boldsymbol{X}_{t-1}=\sigma\wedge \boldsymbol{Y}_{t-1}=\tau]\leq\left(1-\frac{\delta}{n}\right)H(\sigma,\tau)+\frac{2L}{n} \quad (8\text{-}8)$$

其中 $H(\sigma,\tau)=|\{v\in V\mid \sigma(v)\neq\tau(v)\}|$ 表示汉明距离。假设结论（式（8-8））成立。对 $\boldsymbol{X}_{t-1}$ 和 $\boldsymbol{Y}_{t-1}$ 取期望可得

$$\mathbb{E}[H(\boldsymbol{X}_t,\boldsymbol{Y}_t)]\leq\left(1-\frac{\delta}{n}\right)\mathbb{E}[H(\boldsymbol{X}_{t-1},\boldsymbol{Y}_{t-1})]+\frac{2L}{n}$$

注意到 $\boldsymbol{X}_0=\boldsymbol{Y}_0$。我们有 $H(\boldsymbol{X}_0,\boldsymbol{Y}_0)=0$。结合两者可知

$$\forall 0\leq t\leq T:\quad \mathbb{E}[|\mathcal{D}_t|]=\mathbb{E}[H(\boldsymbol{X}_t,\boldsymbol{Y}_t)]\leq\frac{8L}{\delta} \quad (8\text{-}9)$$

由此证明式（8-7）。

最后我们证明式（8-8）。主要的证明思想就是比较定义 8-1 和定义 8-2 中的两种耦合。令 $(\boldsymbol{X}'_t,\boldsymbol{Y}'_t)_{t\geq 0}$ 是针对 $\mathcal{I}'$ 的静态吉布斯算法单步最优耦合。因为 $\mathcal{I}'$ 满足 Dobrushin-Shlosman 条件，根据命题 8-5，我们有对于任意 $\sigma$，$\tau\in Q^V$，

$$\mathbb{E}[H(\boldsymbol{X}'_t,\boldsymbol{Y}'_t)\mid \boldsymbol{X}'_{t-1}=\sigma\wedge \boldsymbol{Y}'_{t-1}=\tau]\leq\left(1-\frac{\delta}{n}\right)H(\sigma,\tau) \quad (8\text{-}10)$$

根据耦合的定义，式（8-10）中的期望可以重写成如下形式：

$$\mathbb{E}[H(\boldsymbol{X}'_t,\boldsymbol{Y}'_t)\mid \boldsymbol{X}'_{t-1}=\sigma\wedge \boldsymbol{Y}'_{t-1}=\tau]$$

$$=\frac{1}{n}\sum_{v\in V}\mathbb{E}[H(\sigma^{v\leftarrow C_v^{X'}},\ \tau^{v\leftarrow C_v^{Y'}})]\qquad(8\text{-}11)$$

其中 $(C_v^{X'},C_v^{Y'})\sim D_{v,\mathrm{opt},\ \mathcal{I}'}^{\sigma(\Gamma_G(v)),\tau(\Gamma_G(v))}$，$D_{v,\mathrm{opt},\ \mathcal{I}'}^{\sigma(\Gamma_G(v)),\tau(\Gamma_G(v))}$ 是 $\boldsymbol{\mu}_{v,\mathcal{I}'}^{\sigma(\Gamma_G(v))}$ 和 $\boldsymbol{\mu}_{v,\mathcal{I}'}^{\tau(\Gamma_G(v))}$ 的最优耦合，配置 $\sigma^{v\leftarrow C_v^{X'}}\in Q^V$ 定义为

$$\sigma^{v\leftarrow C_v^{X'}}(u)\triangleq\begin{cases}C_v^{X'} & \text{如果 } u=v\\ \sigma(u) & \text{如果 } u\neq v\end{cases}$$

配置 $\tau^{v\leftarrow C_v^{Y'}}\in Q^V$ 以类似的方式定义。

同样，式（8-8）中的期望可以重写成如下形式。

$$\mathbb{E}[H(\boldsymbol{X}_t,\boldsymbol{Y}_t)\mid \boldsymbol{X}_{t-1}=\sigma\wedge \boldsymbol{Y}_{t-1}=\tau]$$

$$=\frac{1}{n}\sum_{v\in V}\mathbb{E}[H(\sigma^{v\leftarrow C_v^{X}},\tau^{v\leftarrow C_v^{Y}})]\qquad(8\text{-}12)$$

其中 $(C_v^{X},C_v^{Y})\sim D_{v,\mathcal{I},\ \mathcal{I}'}^{\sigma(\Gamma_G(v)),\tau(\Gamma_G(v))}$，耦合 $D_{v,\mathcal{I},\ \mathcal{I}'}^{\sigma(\Gamma_G(v)),\tau(\Gamma_G(v))}$ 定义在式（8-3）中。

式（8-11）和式（8-12）满足以下两个性质：

- 如果 $v\notin\mathcal{S}$，根据定义（式（8-3）），我们有

$$\forall v\notin\mathcal{S}:\quad \mathbb{E}[H(\sigma^{v\leftarrow C_v^{X'}},\tau^{v\leftarrow C_v^{Y'}})]=\mathbb{E}[H(\sigma^{v\leftarrow C_v^{X}},\tau^{v\leftarrow C_v^{Y}})]$$

- 如果 $v\in\mathcal{S}$，则有 $H(\sigma^{v\leftarrow C_v^{X}},\sigma^{v}\leftarrow C^{X'}_v)\leqslant 1$ 且 $H(\tau^{v\leftarrow C_v^{Y'}},\tau^{v\leftarrow C_v^{Y}})\leqslant 1$。由汉明距离的三角不等可知

$$H(\sigma^{v\leftarrow C_v^{X}},\tau^{v\leftarrow C_v^{Y}}\leqslant H(\sigma^{v\leftarrow C_v^{X}},\sigma^{v\leftarrow C_v^{X'}})+$$
$$H(\sigma^{v\leftarrow C_v^{X'}},\tau^{v\leftarrow C_v^{Y'}})+H(\tau^{v\leftarrow C_v^{Y'}},\tau^{v\leftarrow C_v^{Y}})$$

$$\leqslant H(\sigma^{v\leftarrow C_v^{X'}},\ \tau^{v\leftarrow C_v^{Y'}})+2$$

所以

$$\forall v\in\mathcal{S}:\quad \mathbb{E}[H(\sigma^{v\leftarrow C_v^{X}},\tau^{v\leftarrow C_v^{Y}})]\leqslant\mathbb{E}[H(\sigma^{v\leftarrow C_v^{X'}},\tau^{v\leftarrow C_v^{Y'}})]+2$$

结合这两个性质，我们有对于任意 $\sigma,\tau\in Q^V$，

$$\begin{aligned}
&\mathbb{E}[H(\boldsymbol{X}_t,\boldsymbol{Y}_t)\mid \boldsymbol{X}_{t-1}=\sigma\wedge\boldsymbol{Y}_{t-1}=\tau]\\
&=\frac{1}{n}\sum_{v\in V}\mathbb{E}[H(\sigma^{v\leftarrow C_v^{X}},\ \tau^{v\leftarrow C_v^{Y}})]\\
&\leqslant\frac{1}{n}\sum_{v\notin\mathcal{S}}\mathbb{E}[H(\sigma^{v\leftarrow C_v^{X'}},\ \tau^{v\leftarrow C_v^{Y'}})]+\\
&\quad\frac{1}{n}\sum_{v\in\mathcal{S}}(\mathbb{E}[H(\sigma^{v\leftarrow C_v^{X'}},\ \tau^{v\leftarrow C_v^{Y'}})]+2)\\
&(*)=\mathbb{E}[H(\boldsymbol{X}_t',\ \boldsymbol{Y}_t{}')\mid \boldsymbol{X}_{t-1}'=\sigma\wedge\boldsymbol{Y}_{t-1}'=\tau]+\frac{2L}{n}\\
&\leqslant\left(1-\frac{\delta}{n}\right)H(\sigma,\ \tau)+\frac{2L}{n}
\end{aligned}$$

其中（$*$）成立是因为 $|\mathcal{S}|=L$。式（8-8）得证。 □

## 8.2 动态马尔可夫链在推断问题上的应用

在一些机器学习的应用中，问题会要求同时修改概率图模型的所有参数，但是所有参数修改量的总和很小。对于这种多参数的更新，即使是更新模型都需要线性的时间，所以算法不可能以 polylog($n$) 的增量代价更新一个随机样本。尽管如此，

我们依然可以用动态马尔可夫链技术来减小维护 $N$ 个独立样本的代价。我们以伊辛模型为例来陈述结果。本节考虑更加一般的伊辛模型 $\mathcal{I}=(V,E,\boldsymbol{\beta},\boldsymbol{h})$，它定义了 $\{-1,+1\}^V$ 上的一个吉布斯分布，对任意配置 $\boldsymbol{\sigma}\in\{-1,+1\}^V$，它在伊辛模型中的概率为

$$\mu(\boldsymbol{\sigma})\propto\exp\left(\sum_{e=\{u,v\}\in E}\beta_e\boldsymbol{\sigma}(u)\boldsymbol{\sigma}(v)+\sum_{v\in V}h_v\boldsymbol{\sigma}(v)\right)\qquad(8\text{-}13)$$

我们强调在 2.1.2 节定义的伊辛模型是式（8-13）中的一个特例。

令 $\boldsymbol{\Delta}=\boldsymbol{\Delta}_G$ 表示图 $G=(V,E)$ 的最大度数。对于一般的伊辛模型，Dobrushin-Shlosman 条件是指存在一个常数 $\delta>0$ 使得

$$\forall e\in E:\quad \exp(-2|\beta_e|)\geqslant 1-\frac{2-\delta}{\Delta+1}\qquad(8\text{-}14)$$

**定理 8-6** 令 $\mathcal{I}=(V,E,\boldsymbol{\beta},\boldsymbol{h})$ 和 $\mathcal{I}'=(V,E,\boldsymbol{\beta}',\boldsymbol{h}')$ 是两个满足式（8-14）的伊辛模型，且对于某个 $L>0$ 有：

$$\|\boldsymbol{\beta}-\boldsymbol{\beta}'\|_1+\|\boldsymbol{h}-\boldsymbol{h}'\|_1\leqslant L\qquad(8\text{-}15)$$

令 $n=|V|$，$N\leqslant\text{poly}(n)$，$\varepsilon\geqslant\exp(-O(n))$。存在一个动态近似采样算法，它维护 $N$ 个独立的随机样本 $\boldsymbol{X}^{(1)},\cdots,\boldsymbol{X}^{(N)}\in\{-1,+1\}^V$，每个样本满足 $d_{\text{TV}}(\boldsymbol{X}^{(i)},\mu_{\mathcal{I}})\leqslant\varepsilon$，算法使用 $O\left(Nn\log\dfrac{n}{\varepsilon}\right)$ 个字段，每个字段有 $O(\log n)$ 个比特。当 $\mathcal{I}$ 更新成 $\mathcal{I}'$ 时，算法把所有样本 $\boldsymbol{X}^{(1)},\cdots,\boldsymbol{X}^{(N)}$ 变成新的独立样本 $\boldsymbol{Y}^{(1)},\cdots,\boldsymbol{Y}^{(N)}\in\{-1,+1\}^V$，新样本满足 $d_{\text{TV}}(\boldsymbol{Y}^{(i)},\mu_{\mathcal{I}'})\leqslant\varepsilon$，算

法的期望运行时间为

$$O\left(\Delta^2 N(L+1)\log n\log\frac{n}{\varepsilon}+n\Delta\right) \tag{8-16}$$

定理 8-6 的证明在 8.2.2 节给出。

推断问题是一种常见的应用问题。一种学习概率图模型的典型情况如下。一个迭代算法生成了一串伊辛模型 $\mathcal{I}_1$，$\mathcal{I}_2,\cdots$，$\mathcal{I}_M$，相邻模型 $\mathcal{I}_i$ 和 $\mathcal{I}_{i+1}$ 之间都以参数 $L=\Omega(1)$ 满足式（8-15）中的条件。每个模型 $\mathcal{I}_i$ 都有一个要计算参数 $\boldsymbol{u}_i\in\mathbb{R}^K$ 的推断问题（例如［1，100］中的梯度向量）。我们假设 $K=O(n)$。采样独立随机样本是解决推断问题常用的方法。我们假设存在一个推断算法 $\boldsymbol{U}_i(\cdot)$ 使得对每个 $\boldsymbol{u}_i$，只要给定了 $N$ 个独立的随机样本 $\boldsymbol{X}^{(1)},\cdots,\boldsymbol{X}^{(N)}\in\{-1,+1\}^V$，且任意 $1\leqslant j\leqslant N$ 都满足 $d_{\mathrm{TV}}(\boldsymbol{X}^{(j)},\mu_{\mathcal{I}_i})\leqslant\varepsilon$，推断算法就可以估计出参数 $\boldsymbol{u}_i$，推断算法 $\boldsymbol{U}_i(\cdot)$ 估计的精度被参数 $N$ 和 $\varepsilon$ 控制。

我们首先假设 $N\leqslant\mathrm{poly}(n)$ 且 $\varepsilon\geqslant\frac{1}{\mathrm{poly}(n)}$。进一步地说，我们再假设给定 $\boldsymbol{U}_i=\boldsymbol{U}_i(\boldsymbol{X}^{(1)},\cdots,\boldsymbol{X}^{(N)})$之后，存在一个动态算法可以快速计算 $\boldsymbol{U}_{i+1}=\boldsymbol{U}_{i+1}(\boldsymbol{Y}^{(1)},\cdots,\boldsymbol{Y}^{(N)})$，这个动态算法的时间空间代价被定理 8-6 中动态维护样本的代价支配。这个假设对很多推断问题都成立，因为给定随机样本之后，很多推断算法只需要统计满足特定性质的样本个数。根据定理 8-6。我们有如下推论。

**推论 8-7** 在上面的假设下，存在一个计算 $\hat{\boldsymbol{U}}_1$，$\hat{\boldsymbol{U}}_2,\cdots,\hat{\boldsymbol{U}}_M$ 的推断算法，它的空间代价为 $\widetilde{O}(Nn\log M)$，运行时间为 $\widetilde{O}(\Delta M(L\Delta N+n)+\Delta nN)$。

推论 8-7 的证明在 8.2.2 节给出。

当 $M=\Omega(n)$ 且 $\Delta=O(1)$ 时，基于动态采样的推断算法总时间代价为 $\widetilde{O}(M(LN+n))$。而对于同样的推断问题，如果只使用静态的马尔可夫链蒙特卡洛方法，算法需要采样 $MN$ 个随机样本，采样的代价为 $\widetilde{\Omega}(MNn)$。新的算法有 $\widetilde{\Omega}\left(\frac{n}{L}\right)$ 倍的加速。

## 8.2.1 支持多参数更新的动态马尔可夫链

令 $\mathcal{I}=(V,E,\boldsymbol{\beta},\boldsymbol{h})$ 是输入的伊辛模型，$\mathcal{I}'=(V,E,\boldsymbol{\beta}',\boldsymbol{h}')$ 是更新后的伊辛模型，其中 $\mathcal{I}$ 和 $\mathcal{I}'$ 都是式（8-13）中定义的一般伊辛模型。假设存在一个常数 $\delta>0$ 使得两个模型 $\mathcal{I}$ 和 $\mathcal{I}'$ 都满足对任意 $e\in E$ 有 $\mathrm{e}^{-2|\beta_e|}\geqslant 1-\frac{2-\delta}{\Delta+1}$ 且 $\mathrm{e}^{-2|\beta'_e|}\geqslant 1-\frac{2-\delta}{\Delta+1}$，其中 $\Delta=\Delta_G$ 表示图 $G=(V,E)$ 的最大度数。令 $\boldsymbol{X}^{(1)}$，$\boldsymbol{X}^{(2)},\cdots,\boldsymbol{X}^{(N)}$ 表示 $\mathcal{I}$ 的 $N$ 个独立随机样本。对每个样本 $\boldsymbol{X}^{(i)}\in\{-1,+1\}^V$，我们维护初始状态 $\boldsymbol{X}_0^{(i)}$ 以及一个吉布斯采样算法的执行日志 Exe-Log$(\mathcal{I},\varepsilon)=\langle v_t^{(i)},X_t^{(i)}(v_t^{(i)})\rangle_{t=0}^{T}$，使得 $\boldsymbol{X}^{(i)}=\boldsymbol{X}_T^{(i)}$ 满足

$$T \triangleq \left\lceil \frac{2n}{\delta} \log \frac{n}{\varepsilon} \right\rceil \tag{8-17}$$

我们给出一个算法，算法把 $\boldsymbol{X}_0^{(i)}$ 和 Exe-Log$(\mathcal{I},\varepsilon)=\langle v_t^{(i)},X_t^{(i)}(v_t^{(i)})\rangle_{t=0}^T$ 更新成 $\boldsymbol{Y}_0^{(i)}=\boldsymbol{X}_0^{(i)}$ 和 Exe-Log$(\mathcal{I}',\varepsilon)=\langle v_t^{(i)},Y_t^{(i)}(v_t^{(i)})\rangle_{t=0}^T$，使得 Exe-Log（$\mathcal{I}',\varepsilon$）是针对 $\mathcal{I}'$的吉布斯采样算法的执行日志。我们令 $\boldsymbol{Y}^{(i)}=\boldsymbol{Y}_T^{(i)}$。容易验证，两个模型 $\mathcal{I}$ 和 $\mathcal{I}'$都以参数 $\delta/2$ 满足 Dobrushin-Shlosman 条件（条件 6-9）。根据吉布斯采样算法的收敛性质，我们有

$$\boldsymbol{d}_{\mathrm{TV}}(\boldsymbol{X}_T^{(i)},\mu_{\mathcal{I}})\leqslant\varepsilon \text{ 且 } \boldsymbol{d}_{\mathrm{TV}}(\boldsymbol{Y}_T^{(i)},\mu_{\mathcal{I}'})\leqslant\varepsilon$$

固定一个下标 $i$。为了简化记号，我们用（$\boldsymbol{X}_t)_{t=0}^T$ 表示输入模型的吉布斯采样算法（$\boldsymbol{X}_t^{(i)})_{t=0}^T$，我们用（$\boldsymbol{Y}_t)_{t=0}^T$ 表示更新后模型的吉布斯采样算法（$\boldsymbol{Y}_t^{(i)})_{t=0}^T$。我们定义 $\boldsymbol{X}$ 和 $\boldsymbol{Y}$ 之间的如下耦合。

**定义 8-3**（支持多维更新的动态马尔可夫链的单步耦合）模型 $\mathcal{I}$ 上的链（$\boldsymbol{X}_t)_{t=0}^\infty$ 与模型 $\mathcal{I}'$上的链（$\boldsymbol{Y}_t)_{t=0}^\infty$ 按照如下规则耦合。

- 初始 $\boldsymbol{X}_0$，$\boldsymbol{Y}_0\in\{-1,+1\}^V$ 是两个合法配置，且 $\boldsymbol{X}_0=\boldsymbol{Y}_0$。
- 对于 $t=1,2,\cdots$，两个链 $\boldsymbol{X}$ 和 $\boldsymbol{Y}$ 联合执行如下过程：

1）选择相同的点 $v_t\in V$，对所有 $u\in V\setminus\{v_t\}$，令

$$(X_t(u),Y_t(u))\leftarrow(X_{t-1}(u),Y_{t-1}(u))$$

2）从耦合 $D_{v_t}^{\sigma,\tau}(\cdot,\cdot)$ 中采样（$X_t(v_t),Y_t(v_t)$），其中 $D_{v_t}^{\sigma,\tau}(\cdot,\cdot)$ 是$\mu_{v_t,\mathcal{I}}(\cdot\mid\sigma)$ 和$\mu_{v_t,\mathcal{I}'}(\cdot\mid\tau)$ 的耦合，且有 $\sigma=$

$X_{t-1}(\Gamma_G(v_t))$，$\tau=Y_{t-1}(\Gamma_G(v_t))$，$G=(V,E)$。

伊辛模型的局部耦合 $D_v^{\sigma,\tau}(\cdot,\cdot)$ 按照如下规则定义。

**定义 8-4**（伊辛模型的局部耦合 $D_v^{\sigma,\tau}(\cdot,\cdot)$） 令 $\mathcal{I}=(V,E,\boldsymbol{\beta},\boldsymbol{h})$ 和 $\mathcal{I}'=(V,E,\boldsymbol{\beta}',\boldsymbol{h}')$ 为两个伊辛模型。固定一个点 $v\in V$ 和两个配置 $\sigma$，$\tau\in\{-1,+1\}^{\Gamma_G(v)}$，其中 $G=(V,E)$。一个随机二元组 $(c,c')\in\{-1,+1\}^2$ 按照如下规则从 $D_v^{\sigma,\tau}$ 中采样。

- **采样步骤**：从 $\mu_{v,\mathcal{I}}(\cdot\mid\sigma)$ 和 $\mu_{v,\mathcal{I}}(\cdot\mid\tau)$ 的最优耦合中采样 $(c,c'')\in\{-1,+1\}^2$，最优耦合最大化了 $c=c''$ 的概率。
- **纠正步骤**：独立抛一枚硬币，硬币正面向上的概率为

$$p^{\tau}_{\mathcal{I}_v,\mathcal{I}'_v}(c'')\triangleq\max\left\{0,\ \frac{\mu_{v,\mathcal{I}}(c''\mid\tau)-\mu_{v,\mathcal{I}'}(c''\mid\tau)}{\mu_{v,\mathcal{I}}(c''\mid\tau)}\right\}\tag{8-18}$$

如果抛硬币的结果是正面向上，则令 $c'\leftarrow -c''$；否则，令 $c'\leftarrow c''$。

**引理 8-8** 定义 8-3 中的 $D_v^{\sigma,\tau}(\cdot,\cdot)$ 是 $\mu_{v,\mathcal{I}}(\cdot\mid\sigma)$ 和 $\mu_{v,\mathcal{I}'}(\cdot\mid\tau)$ 的合法耦合。

**证明**：耦合 $D_v^{\sigma,\tau}(\cdot,\cdot)$ 返回一个二元组 $(c,c')\in\{-1,+1\}^2$。容易验证 $c$ 服从分布 $\mu_{v,\mathcal{I}}(\cdot\mid\sigma)$。注意到 $c''$ 服从分布 $\mu_{v,\mathcal{I}}(\cdot\mid\tau)$。我们有

$$\begin{aligned}\mathbb{P}[c'=-1]&=\mathbb{P}[c''=-1](1-p^{\tau}_{\mathcal{I}_v,\mathcal{I}'_v}(-1))+\mathbb{P}[c''=+1]p^{\tau}_{\mathcal{I}_v,\mathcal{I}'_v}(+1)\\&=\mu_{v,\mathcal{I}}(-1\mid\tau)(1-p^{\tau}_{\mathcal{I}_v,\mathcal{I}'_v}(-1))+\mu_{v,\mathcal{I}}(+1\mid\tau)p^{\tau}_{\mathcal{I}_v,\mathcal{I}'_v}(+1)\end{aligned}$$

假设 $\mu_{v,\mathcal{I}}(-1\mid\tau)\leqslant\mu_{v,\mathcal{I}'}(-1\mid\tau)$，则有

$$\mathbb{P}[c'=-1]=\mu_{v,\mathcal{I}}(-1\mid\tau)+\mu_{v,\mathcal{I}}(+1\mid\tau)\frac{\mu_{v,\mathcal{I}}(+1\mid\tau)-\mu_{v,\mathcal{I}'}(+1\mid\tau)}{\mu_{v,\mathcal{I}}(+1\mid\tau)}$$
$$=\mu_{v,\mathcal{I}'}(-1\mid\tau)+\mu_{v,\mathcal{I}}(+1\mid\tau)-\mu_{v,\mathcal{I}'}(+1\mid\tau)$$
$$=1-\mu_{v,\mathcal{I}'}(+1\mid\tau)$$
$$=\mu_{v,\mathcal{I}'}(-1\mid\tau) \tag{8-19}$$

假设$\mu_{v,\mathcal{I}}(-1\mid\tau)\geqslant\mu_{v,\mathcal{I}'}(-1\mid\tau)$，则有

$$\mathbb{P}[c'=-1]=\mu_{v,\mathcal{I}}(-1\mid\tau)\left(1-\frac{\mu_{v,\mathcal{I}}(-1\mid\tau)-\mu_{v,\mathcal{I}'}(-1\mid\tau)}{\mu_{v,\mathcal{I}}(-1\mid\tau)}\right)$$
$$=\mu_{v,\mathcal{I}'}(-1\mid\tau) \tag{8-20}$$

结合式（8-19）和式（8-20）可以证明$c'$服从分布$\mu_{v,\mathcal{I}'}(\cdot\mid\tau)$。

□

在定义8-3中，每个（$X_t(v_t)$，$Y_t(v_t)$）由定义8-4中的随机过程生成。引理8-8保证了定义8-3里面的耦合是$\boldsymbol{X}$和$\boldsymbol{Y}$的一种合法耦合。因此，如果（$\boldsymbol{X}_t$）$_{t=0}^{T}$是针对$\mathcal{I}$的吉布斯采样算法，则（$\boldsymbol{Y}_t$）$_{t=0}^{T}$是针对$\mathcal{I}'$的吉布斯采样算法。

如下引理可以分析式（8-18）中的概率$p^{\tau}_{\mathcal{I}_v,\mathcal{I}'_v}(\cdot)$。对每个$\boldsymbol{e}=\{u,v\}\in E$，我们用$\beta_{uv}$去表示$\beta_e$。引理的证明推后到8.2.2节。

**引理8-9** 令$\mathcal{J}=(V,E,\boldsymbol{\beta}^{\mathcal{J}},\boldsymbol{h}^{\mathcal{J}})$和$\mathcal{K}=(V,E,\boldsymbol{\beta}^{\mathcal{K}},\boldsymbol{h}^{\mathcal{K}})$是两个伊辛模型。对任意$v\in V$和任意$\tau\in\{-1,+1\}^{\Gamma_G(v)}$都有

$$\forall c\in\{-1,+1\}:\quad p^{\tau}_{\mathcal{J}_v,\mathcal{K}_v}(c)\leqslant 2\left|h^{\mathcal{J}}_v-h^{\mathcal{K}}_v\right|+2\sum_{u\in\Gamma_G(v)}\left|\beta^{\mathcal{J}}_{uv}-\beta^{\mathcal{K}}_{uv}\right|$$

由引理8-9可得，对每个点$v\in V$，我们定义式（8-18）中纠

正概率的一个上界为

$$p_v^{\mathrm{up}} \triangleq \min\left\{1,2\,|h_v-h'_v|+2\sum_{u\in\Gamma_G(v)}|\beta_{uv}-\beta'_{uv}|\right\} \tag{8-21}$$

在动态采样中，我们用如下方法实现定义 8-3 的耦合。对于选择 $v$ 的每次更新，我们独立地以概率 $p_v^{\mathrm{up}}$ 把 $v$ 加入到如下随机集合中

$$\mathcal{A}_v\subseteq\{1\leqslant t\leqslant T\mid v_t=v\}$$

然后我们设定

$$\mathcal{A}\triangleq\bigcup_{v\in V}\mathcal{A}_v$$

在耦合 $(X_t)_{t=0}^T$ 和 $(Y_t)_{t=0}^T$ 的时候，只有 $\mathcal{A}$ 中的转移步骤需要执行定义 8-4 中的纠正步骤。

- 对每个 $t\in\mathcal{A}$，令 $\sigma=X_{t-1}(\Gamma_G(v_t))$，$\tau=Y_{t-1}(\Gamma_G(v_t))$。首先，从 $\mu_{v,\mathcal{I}}(\cdot\mid\sigma)$ 和 $\mu_{v,\mathcal{I}}(\cdot\mid\tau)$ 的最优耦合中采样 $(c,c'')$；接着，以概率 $p^{\tau}_{\mathcal{I}_{v_t},\mathcal{I}'_{v_t}}(c'')/p^{\mathrm{up}}_{v_t}$，令 $c'=-c''$，以剩下的概率，令 $c'=c''$；最后令 $X_t(v_t)=c$，$Y_t(v_t)=c'$。
- 对每个 $t\notin\mathcal{A}$，令 $\sigma=X_{t-1}(\Gamma_G(v_t))$，$\tau=Y_{t-1}(\Gamma_G(v_t))$。从 $\mu_{v,\mathcal{I}}(\cdot\mid\sigma)$ 和 $\mu_{v,\mathcal{I}}(\cdot\mid\tau)$ 的最优耦合中采样 $(c,c'')$，然后令 $X_t(v_t)=c$，$Y_t(v_t)=c''$。

根据引理 8-9，一定有 $p^{\tau}_{\mathcal{I}_{v_t},\mathcal{I}'_{v_t}}(c'')\leqslant p^{\mathrm{up}}_{v_t}$，所以 $p^{\tau}_{\mathcal{I}_{v_t},\mathcal{I}'_{v_t}}(c'')/p^{\mathrm{up}}_{v_t}$ 是一个合法概率。对每个 $1\leqslant t\leqslant T$。我们有

$$\mathbb{P}[Y_t(v_t)=-c'']=\mathbb{P}[t\in\mathcal{A}]\frac{p^{\tau}_{\mathcal{I}_{v_t},\mathcal{I}'_{v_t}}(c'')}{p^{\mathrm{up}}_{v_t}}$$

$$=p_{v_t}^{\mathrm{up}}\frac{p_{\mathcal{I}_{v_t},\mathcal{I}'_{v_t}}^{\tau}(c'')}{p_{v_t}^{\mathrm{up}}}=p_{\mathcal{I}_{v_t},\mathcal{I}'_{v_t}}^{\tau}(c'') \qquad (8\text{-}22)$$

所以，这一实现过程完美地模拟了定义 8-3 中的耦合。

重申 $\mathcal{D}_t\triangleq\{v\in V\mid X_t(v)\neq Y_t(v)\}$ 是 $\boldsymbol{X}_t$ 和 $\boldsymbol{Y}_t$ 不同点的集合。如果 $X_{t-1}(\Gamma_G(v_t))=Y_{t-1}(\Gamma_G(v_t))$，则有 $c=c''$。容易验证，耦合过程有如下性质。

**观察 8-10** 对每个 $t\in[1,T]$，如果 $v_t\notin\Gamma_G(\mathcal{D}_{t-1})$ 且 $v_t\notin\mathcal{A}$，则 $X_t(v_t)=Y_t(v_t)$ 且 $\mathcal{D}_t=\mathcal{D}_{t-1}$。

根据这个假设，给定 $\boldsymbol{X}_0$ 和 $\text{Exe-Log}(\mathcal{I},\varepsilon)=\langle v_t,X_t(v_t)\rangle_{t=1}^{T}$，新的 $\boldsymbol{Y}_0$ 和 $\text{Exe-Log}(\mathcal{I}',\varepsilon)=\langle v_t,Y_t(v_t)\rangle_{t=1}^{T}$ 可以由算法 18 生成。

考虑耦合过程中的 $(\boldsymbol{X}_t)_{t=0}^{T}$ 和 $(\boldsymbol{Y}_t)_{t=0}^{T}$。对任意 $1\leqslant t\leqslant T$，我们用 $\gamma_t$ 指示事件 $v_t\in\mathcal{A}\cup\Gamma_G^{+}(\mathcal{D}_{t-1})$ 是否发生。

$$\gamma_t\triangleq 1[v_t\in\mathcal{A}\cup\Gamma_G^{+}(\mathcal{D}_{t-1})] \qquad (8\text{-}23)$$

再对算法 18 定义坏事件发生的总次数 $R$ 为：

$$R\triangleq\sum_{t=1}^{T}\gamma_t \qquad (8\text{-}24)$$

如下引理分析了 $R$ 的数学期望。引理的证明推后到 8.2.2节。

---

**算法 18**：支持多参数更新的动态马尔可夫链

---

**数据**：$\boldsymbol{X}_0\in\{-1,+1\}^V$，对伊辛模型 $\mathcal{I}=(V,E,\boldsymbol{\beta},\boldsymbol{h})$ 的执行日志 $\text{Exe-Log}(\mathcal{I},\varepsilon)=\langle v_t,X_t(v_t)\rangle_{t=1}^{T}$；

**更新**：一个把 $\mathcal{I}$ 修改成 $\mathcal{I}'=(V,E,\boldsymbol{\beta}',\boldsymbol{h}')$ 的更新；

**1** $t_0\leftarrow 0$，$\mathcal{D}\leftarrow\varnothing$，构造 $\boldsymbol{Y}_0\leftarrow\boldsymbol{X}_0$；

以概率 $p_v^{\mathrm{up}}$ 独立地选取 $\{1\leqslant t\leqslant T \mid v_t=v\}$ 中的每个元素来构造随机子集 $\mathcal{A}_v$，其中 $p_v^{\mathrm{up}}$ 定义在式（8-21）；

$\mathcal{A}\leftarrow\bigcup_{v\in V}\mathcal{A}_v$；

**while** $\exists\, t_0<t\leqslant T$ 使得 $v_t\in\Gamma_G^+(\mathcal{D})$ 或 $t\in\mathcal{A}$ **do**

  找到最小的 $t>t_0$ 使得 $v_t\in\Gamma_G^+(\mathcal{D})$ 或 $t\in\mathcal{A}$;

  对所有 $t_0<i<t$，令 $Y_i(v_i)=X_i(v_i)$；

  在给定 $X_t(v_t)$ 的条件下，从 $\mu_{v_t,\mathcal{I}}(\cdot \mid X_{t-1}(\Gamma_G(v_t)))$ 和 $\mu_{v_t,\mathcal{I}}(\cdot \mid Y_{t-1}(\Gamma_G(v_t)))$ 的最优耦合中采样 $Y_t(v_t)\in\{-1,+1\}$；

  **if** $t\in\mathcal{A}$ **then**

    **with probability** $p^{\tau}_{\mathcal{I}_{v_t},\mathcal{I}'_{v_t}}(Y_t(v_t))/p^{\mathrm{up}}_{v_t}$，其中 $\tau=Y_{t-1}(\Gamma_G(v_t))$ **do**

      $Y_t(v_t)\leftarrow -Y_t(v_t)$；

  **if** $X_t(v_t)\neq Y_t(v_t)$ **then** $\mathcal{D}\leftarrow\mathcal{D}\cup\{v_t\}$ **else** $\mathcal{D}\leftarrow\mathcal{D}\setminus\{v_t\}$；

  $t_0\leftarrow t$;

对于所有剩下的 $t_0<i\leqslant T$，令 $Y_i(v_i)=X_i(v_i)$；

把数据修改成 $\boldsymbol{Y}_0$ 和 $\text{Exe-Log}(\mathcal{I}',\varepsilon)=\langle v_t,Y_t(v_t)\rangle_{t=1}^{T}$。

**引理 8-11** 假设存在常数 $\delta>0$ 使得输入的伊辛模型 $\mathcal{I}=(V,E,\boldsymbol{\beta},\boldsymbol{h})$ 和更新后的伊辛模型 $\mathcal{I}'=(V,E,\boldsymbol{\beta}',\boldsymbol{h}')$ 对所有的 $e\in E$ 都满足 $\mathrm{e}^{-2|\beta_e|}\geqslant 1-\frac{2-\delta}{\Delta+1}$ 和 $\mathrm{e}^{-2|\beta'_e|}\geqslant 1-\frac{2-\delta}{\Delta+1}$，其中 $\Delta=\Delta_G$ 表示图 $G=(V,E)$ 的最大度数。假设 $\|\boldsymbol{\beta}-\boldsymbol{\beta}'\|_1+\|\boldsymbol{h}-\boldsymbol{h}'\|_1\leqslant L$。令 $n=|V|$，则有 $\mathbb{E}[R]=O\left(\frac{\Delta TL}{n\delta}\right)$，其中 $R$ 定义在式（8-24）中。

### 8.2.2 算法的实现与分析

在本节，我们给出算法 18 的实现过程并证明定理 8-6 和推论 8-7。

对任意 $i \in [N]$，算法维护 $\boldsymbol{X}^{(i)}$ 以及 $\text{Exe-Log}(\mathcal{I}, \varepsilon) = \langle v_t^i, X_t^{(i)}(v_t^{(i)}) \rangle_{t=0}^{T}$。当伊辛模型从 $\mathcal{I}$ 更新到 $\mathcal{I}'$ 时，模型所在的图不变。而且，在更新执行日志的时候，执行日志的长度不变。算法 18 可以用引理 8-4 中的数据结构维护 $\boldsymbol{X}_0^{(i)}$ 和 $\text{Exe-Log}(\mathcal{I}, \varepsilon)$。

在每个执行日志 $\text{Exe-Log}(\mathcal{I}, \varepsilon) = \langle v_t^{(i)}, X_t^{(i)}(v_t^{(i)}) \rangle_{t=0}^{T}$ 中，我们用 $v_t^{(i)}$ 表示 $\boldsymbol{X}^{(i)}$ 第 $t$ 步转移选中的点。对任意 $v \in V$，定义

$$T_v \triangleq \sum_{i \in [N]} \sum_{t \in [T]} 1[v_t^{(i)} = v] \tag{8-25}$$

为点 $v$ 在 $N$ 个链中被选择的总次数。为了实现算法 18，我们还需要如下这个简单的数据结构。

- $N$ 个数组去维护 $\boldsymbol{X}^{(1)}$，$\boldsymbol{X}^{(2)}, \cdots, \boldsymbol{X}^{(N)} \in \{-1, +1\}^V$。
- 一个数组记录 $\{T_v \mid v \in V\}$。
- 对每个 $v \in V$，一个数组记录所有的 $\{(i,t) \mid v_t^{(i)}) = v\}$。

**空间复杂度：**我们用引理 8-4 中的数据结构去存储所有执行日志。空间复杂度为 $O((T+n)N)$ 个字段，每个字段大小为 $O(\log T+\log n)$ 比特。我们用 $N$ 个数组去存储所有的随机样本，一共使用 $O(Nn)$ 个字段，每个字段的大小为常数

个比特。我们用一个数组去记录 $\{T_v \mid v \in V\}$，它使用 $O(n)$ 个字段，每个字段的大小为 $O(\log T+\log N)$ 个比特。对每个 $v \in V$，我们还需要一个大小为 $T_v$ 的数组去存储所有的 $\{(i,t) \mid v_t^{(i)})=v\}$，数组使用 $O(NT)$ 个字段，每个字段的大小为 $O(\log N+\log T)$ 个比特。

重申 $\varepsilon>\exp(-O(n))$，$N=\mathrm{poly}(n)$ 且 $T=O\left(n\log\frac{n}{\varepsilon}\right)$。所以总的空间代价为 $O\left(Nn\log\frac{n}{\varepsilon}\right)$ 个字段，每个字段的大小为 $O(\log n)$ 个比特。

**时间复杂度：** 本书的算法包含两个阶段。

- 第一阶段：计算 $\{p_v^{\mathrm{up}} \mid v \in V\}$ 并对每个 $1 \leqslant i \leqslant N$ 计算集合 $\mathcal{A}^{(i)}=\bigcup_{v \in V}\mathcal{A}_v^{(i)}$。
- 第二阶段：对每个 $1 \leqslant i \leqslant N$，给定 $\{p_v^{\mathrm{up}} \mid v \in V\}$ 和集合 $\mathcal{A}^{(i)}$，模拟算法 18 中的耦合。

在第一阶段，计算 $\{p_v^{\mathrm{up}} \mid v \in V\}$ 的代价最多是 $O(n\Delta)$。这是因为每个 $p_v^{\mathrm{up}}$ 可以用 $O(\Delta)$ 的时间计算。

给定 $\{p_v^{\mathrm{up}} \mid v \in V\}$，所有的集合 $\{\mathcal{A}^{(i)} \mid i \in [N]\}$ 用如下规则同时计算。在算法 18 中，我们用二元组 $(i,t)$，其中 $v_t^{(i)}=v$，去表示集合 $\mathcal{A}_v^{(i)}$ 中的一个元素。令

$$\mathcal{B}_v \triangleq \bigcup_{i \in [N]}\mathcal{A}_v^{(i)}, \quad \mathcal{B} \triangleq \bigcup_{i \in [N]}\mathcal{A}^{(i)}$$

对每个点 $v$，$\mathcal{B}_v$ 可以用如下规则构造。以概率 $p_v^{\mathrm{up}}$ 独立地去取出

$\{(i,t)\mid v_t^i=v\}$ 中地每个元素，等价于以概率 $p_v^{\text{up}}$ 独立地取出 $[T_v]\{1,2,\cdots,T_v\}$ 中的每个元素，其中 $T_v$ 定义在式（8-25）。令 $\zeta_1$，$\zeta_2,\cdots,\zeta_{|\mathcal{B}_v|}\in[T_v]$ 是一系列独立同分布的随机数，其中每个 $Z_i$ 满足参数为 $p_v^{\text{up}}$ 的几何分布。服从集合分布的随机变量可以表示伯努利实验第一次成功时尝试的总次数，容易验证 $|\mathcal{B}_v|$ 和 $K=\max\left\{i\ \middle|\ \sum_{j\in[i]}Z_j\leqslant T_v\right\}$ 同分布。给定 $|\mathcal{B}_v|=K=k$，其中 $k$ 是一个常数，可以验证序列 $\zeta_1,\zeta_2,\cdots,\zeta_k$ 和序列 $Z_1$，$Z_1+Z_2,\cdots,\sum_{1\leqslant i\leqslant k}Z_i$ 有相同的分布。所以，为了从 $[T_v]$ 中采样 $|\mathcal{B}_v|$ 个整数，我们只需要采样 $|\mathcal{B}_v|+1$ 个独立同分布的随机变量，每个变量以参数 $p_v^{\text{up}}$ 服从几何分布。多余的一个随机变量 $Z_{|\mathcal{B}_v|+1}$ 是为了验证 $\sum_{i\leqslant|\mathcal{B}_v|+1}Z_i>T_v$。注意到 $|\mathcal{B}_v|$ 服从参数为 $T_v$ 和 $p_v^{\text{up}}$ 的二项分布。我们有 $\mathbb{E}[\mathcal{B}_v]=\mathbb{E}\ [T_vp_v^{\text{up}}]$。所以，构造 $\mathcal{B}_v$ 的期望时间最多是 $\mathbb{E}[T_vp_v^{\text{up}}]+1$。

注意到

$$\begin{aligned}\mathbb{E}\left[\sum_{v\in V}p_v^{\text{up}}T_v\right]&=\mathbb{E}\left[\sum_{v\in V}\left(p_v^{\text{up}}\sum_{i\in[N]}\sum_{t\in[T]}1[v_t^{(i)}=v]\right)\right]\\&=\sum_{i\in[N]}\sum_{t\in[T]}\frac{1}{n}\sum_{v\in V}\left(2|h'_v-h_v|+2\sum_{u\in\Gamma_G(v)}|\beta_{uv}-\beta'_{uv}|\right)\\&\leqslant\frac{4NTL}{n}\end{aligned}$$

所以，构造 $\{\mathcal{B}_v\mid v\in V\}$ 的期望时间最多是 $O(n+(NTL/n))$。

算法把集合 $\mathcal{B}=\bigcup_{v\in V}\mathcal{B}_v$ 划分成 $N$ 个子集 $\{\mathcal{A}^{(i)}\mid i\in[N]\}$。

对每个 $i\in[N]$，算法把所有 $\mathcal{A}^{(i)}$ 储存在一个数组里。注意到

$$\mathbb{E}[\,|\mathcal{B}|\,]=\mathbb{E}\left[\sum_{v\in[V]}|\mathcal{B}_v|\right]=\mathbb{E}\left[\sum_{v\in V}p_v^{\mathrm{up}}T_v\right]\leqslant\frac{4NTL}{n}$$

所以，划分 $\mathcal{B}$ 的期望时间为 $O(N+NTL/n)$。

对每个 $i\in[N]$，算法初始数组为 $\mathcal{A}^{(i)}$，所有元素 $(i,t)$ 按照 $t$ 的升序排列。注意到 $|\mathcal{A}^{(i)}|\leqslant T$，我们有

$$\begin{aligned}\mathbb{E}\left[\sum_{i\in N}|\mathcal{A}^{(i)}|\log|\mathcal{A}^{(i)}|\right]&\leqslant\mathbb{E}\left[\log T\sum_{i\in N}|\mathcal{A}^{(i)}|\right]\\&=\log T\,\mathbb{E}[\,|\mathcal{B}|\,]\leqslant\frac{4NTL\log T}{n}\end{aligned}$$

初始化的期望复杂度是 $O(N+NTL\log T/n)=O(N+NTL\log n/n)$。

所以计算 $\{p_v^{\mathrm{up}}\mid v\in V\}$ 和 $\{\mathcal{A}^{(i)}:i\in[N]\}$ 的总期望复杂度是

$$\mathbb{E}[T_{\mathrm{con}}]=O\left(\Delta n+\frac{NTL}{n}\log n+N\right)\tag{8-26}$$

接下来，在对每个 $1\leqslant i\leqslant N$ 给定 $\mathcal{A}^{(i)}$ 的条件下，我们分析算法 18 的运行时间。

在算法的第 5 行，通过维护一个数组 $\mathcal{A}$ 的下标指针，$\mathcal{A}$ 中最小的下标 $t>t_0$ 可以用常数时间找到。在第 8~10 行，定义在式（8-18）中的 $p^{\tau}_{\mathcal{I}_{v_t},\mathcal{I}'_{v_t}}(Y_t(v_t))$ 可以用 $O(\Delta)$ 的时间计算。我们有如下引理。

**引理 8-12** 给定 $\{p_v^{\mathrm{up}}\mid v\in V\}$ 和 $\mathcal{A}^{(i)}$，从 $\boldsymbol{X}_0^{(i)}$ 到 $\boldsymbol{Y}_0^{(i)}$ 的更新，从 $\langle v_t^{(i)},X_t^{(i)}(v_t^{(i)})\rangle_{t=0}^{T}$ 到 $\langle v_t^{(i)},Y_t^{(i)}(v_t^{(i)})\rangle_{t=0}^{T}$ 的更新；

以及从 $\boldsymbol{X}^{(i)}$ 到 $\boldsymbol{Y}^{(i)}$ 的更新可以用

$$T_{\text{up}}^{(i)}=O(\Delta R\log T)$$

的时间解决，其中 $C$ 是一个常数，$R$ 定义在式（8-24）中。

引理 8-12 是算法 18 的实现。只需要使用定理 6-10 的证明方法，就可以证明引理 8-12。

等式两边同时取期望，我们有

$$\mathbb{E}[T_{\text{up}}^{(i)}]=O(\Delta E[R]\log T)$$

根据引理 8-11，我们有

$$\mathbb{E}[T_{\text{up}}^{(i)}]=O\left(\frac{\Delta^2 TL}{n\delta}\log T\right)$$

所以，阶段二的期望代价为

$$\sum_{i\in[N]}\mathbb{E}[T_{\text{up}}^{(i)}]=O\left(\frac{N\Delta^2 TL}{n\delta}\log T\right) \tag{8-27}$$

注意到 $\delta=O(1)$，$T=O\left(n\log\frac{n}{\varepsilon}\right)$，$\varepsilon\geqslant\exp(-O(n))$。结合式（8-26）和式（8-27），

我们有

$$\begin{aligned}\mathbb{E}[T_{\text{con}}]+\sum_{i\in[N]}\mathbb{E}[T_{\text{up}}^{(i)}]&=O\left(\frac{\Delta^2 NT(L+1)}{n}\log n+n\Delta\right)\\&=O\left(\Delta^2 N(L+1)\log n\log\frac{n}{\varepsilon}+n\Delta\right)\end{aligned}$$

这就证明了定理 8-6。

注意到初始化数据结构的复杂度为 $\widetilde{O}(Nn\Delta)$，由定理 8-6 可以推出推论 8-7。

**引理 8-9 的证明：** 固定一个点 $v \in V$ 以及一个配置 $\sigma \in \{-1,+1\}^{\Gamma_G(v)}$。根据 $v$ 上条件边缘概率分布的定义，我们有

$$\mu_{v,\mathcal{J}}(+1 \mid \sigma) = \frac{\exp\left(h_v^{\mathcal{J}} + \sum_{u\in\Gamma_G(v)} \beta_{uv}^{\mathcal{J}}\sigma(u)\right)}{\exp\left(h_v^{\mathcal{J}} + \sum_{u\in\Gamma_G(v)} \beta_{uv}^{\mathcal{J}}\sigma(u)\right) + \exp\left(-h_v^{\mathcal{J}} - \sum_{u\in\Gamma_G(v)} \beta_{uv}^{\mathcal{J}}\sigma(u)\right)}$$

$$\mu_{v,\mathcal{K}}(+1 \mid \sigma) = \frac{\exp\left(h_v^{\mathcal{K}} + \sum_{u\in\Gamma_G(v)} \beta_{uv}^{\mathcal{K}}\sigma(u)\right)}{\exp\left(h_v^{\mathcal{K}} + \sum_{u\in\Gamma_G(v)} \beta_{uv}^{\mathcal{K}}\sigma(u)\right) + \exp\left(-h_v^{\mathcal{K}} - \sum_{u\in\Gamma_G(v)} \beta_{uv}^{\mathcal{K}}\sigma(u)\right)}$$

结合两个等式，我们有

$$\frac{\mu_{v,\mathcal{J}}(+1 \mid \sigma)-\mu_{v,\mathcal{K}}(+1 \mid \sigma)}{\mu_{v,\mathcal{J}}(+1 \mid \sigma)} = \frac{\exp\left(-h_v^{\mathcal{K}} - \sum_{u\in\Gamma_G(v)} \beta_{uv}^{\mathcal{K}}\sigma(u)\right) - \exp\left(h_v^{\mathcal{K}} + \sum_{u\in\Gamma_G(v)} \beta_{uv}^{\mathcal{K}}\sigma(u) - 2h_v^{\mathcal{J}} - 2\sum_{u\in\Gamma_G(v)} \beta_{uv}^{\mathcal{J}}\sigma(u)\right)}{\exp\left(h_v^{\mathcal{K}} + \sum_{u\in\Gamma_G(v)} \beta_{uv}^{\mathcal{K}}\sigma(u)\right) + \exp\left(-h_v^{\mathcal{K}} - \sum_{u\in\Gamma_G(v)} \beta_{uv}^{\mathcal{K}}\sigma(u)\right)}$$

注意到

$$\begin{aligned}&\exp\left(-h_v^{\mathcal{K}} - \sum_{u\in\Gamma_G(v)} \beta_{uv}^{\mathcal{K}}\sigma(u)\right) - \\ &\exp\left(h_v^{\mathcal{K}} + \sum_{u\in\Gamma_G(v)} \beta_{uv}^{\mathcal{K}}\sigma(u) - 2h_v^{\mathcal{J}} - 2\sum_{u\in\Gamma_G(v)} \beta_{uv}^{\mathcal{J}}\sigma(u)\right) \\ =&\exp\left(-h_v^{\mathcal{K}} - \sum_{u\in\Gamma_G(v)} \beta_{uv}^{\mathcal{K}}\sigma(u)\right)\end{aligned}$$

$$\left(1-\exp\left(2h_v^{\mathcal{K}}+2\sum_{u\in\Gamma_G(v)}\beta_{uv}^{\mathcal{K}}\sigma(u)-2h_v^{\mathcal{J}}-2\sum_{u\in\Gamma_G(v)}\beta_{uv}^{\mathcal{J}}\sigma(u)\right)\right.$$

如果 $1-\exp\left(2h_v^{\mathcal{K}}+2\sum_{u\in\Gamma_G(v)}\beta_{uv}^{\mathcal{K}}\sigma(u)-2h_v^{\mathcal{J}}-2\sum_{u\in\Gamma_G(v)}\beta_{uv}^{\mathcal{J}}\sigma(u)\right)\leqslant 0$，则有

$$\frac{\mu_{v,\mathcal{J}}(+1\mid\sigma)-\mu_{v,\mathcal{K}}(+1\mid\sigma)}{\mu_{v,\mathcal{J}}(+1\mid\sigma)}\leqslant 0 \tag{8-28}$$

假设 $1-\exp\left(2h_v^{\mathcal{K}}+2\sum_{u\in\Gamma_G(v)}\beta_{uv}^{\mathcal{K}}\sigma(u)-2h_v^{\mathcal{J}}-2\sum_{u\in\Gamma_G(v)}\beta_{uv}^{\mathcal{J}}\sigma(u)\right)>0$。则我们有

$$\begin{aligned}
&\frac{\mu_{v,\mathcal{J}}(+1\mid\sigma)-\mu_{v,\mathcal{K}}(+1\mid\sigma)}{\mu_{v,\mathcal{J}}(+1\mid\sigma)}\\
&\leqslant 1-\exp\left(2h_v^{\mathcal{K}}+2\sum_{u\in\Gamma_G(v)}\beta_{uv}^{\mathcal{K}}\sigma(u)-2h_v^{\mathcal{J}}-2\sum_{u\in\Gamma_G(v)}\beta_{uv}^{\mathcal{J}}\sigma(u)\right)\\
&\leqslant 1-\left(1+2h_v^{\mathcal{K}}+2\sum_{u\in\Gamma_G(v)}\beta_{uv}^{\mathcal{K}}\sigma(u)-2h_v^{\mathcal{J}}-2\sum_{u\in\Gamma_G(v)}\beta_{uv}^{\mathcal{J}}\sigma(u)\right)\\
&\leqslant 2\left|h_v^{\mathcal{J}}-h_v^{\mathcal{K}}\right|+2\sum_{u\in\Gamma_G(v)}\left|\beta_{uv}^{\mathcal{J}}-\beta_{uv}^{\mathcal{K}}\right|
\end{aligned} \tag{8-29}$$

其中最后一个不等式成立是因为 $\sigma_u\in\{-1,+1\}$。结合式（8-28）和式（8-29），我们有

$$\begin{aligned}
&\frac{\mu_{v,\mathcal{J}}(+1\mid\sigma)-\mu_{v,\mathcal{K}}(+1\mid\sigma)}{\mu_{v,\mathcal{J}}(+1\mid\sigma)}\\
&\leqslant 2\left|h_v^{\mathcal{J}}-h_v^{\mathcal{K}}\right|+2\sum_{u\in\Gamma_G(v)}\left|\beta_{uv}^{\mathcal{J}}-\beta_{uv}^{\mathcal{K}}\right|
\end{aligned}$$

□

**引理 8-11 的证明：** 根据式（8-24）中 $\gamma_t$ 的定义，我们有

$$\begin{aligned}\mathbb{P}[\gamma_t=1\mid\mathcal{D}_{t-1}]&\leqslant\mathbb{P}[v_t\in\mathcal{A}]+\mathbb{P}[v_t\in\Gamma_G^+(\mathcal{D}_{t-1})]\\&=\frac{(\Delta+1)\mid\mathcal{D}_{t-1}\mid}{n}+\sum_{v\in V}\frac{p_v^{\mathrm{up}}}{n}\\(\text{由式(8-21)可得})\quad&\leqslant\frac{(\Delta+1)\mid\mathcal{D}_{t-1}\mid}{n}+\frac{4L}{n}\end{aligned}$$

根据 $R$ 的定义，我们有

$$\begin{aligned}\mathbb{E}[R]&=\sum_{t=1}^{T}\mathbb{E}[\gamma_t]\\&=\sum_{t=1}^{T}\mathbb{E}[\mathbb{E}[\gamma_t\mid\mathcal{D}_{t-1}]]\\&\leqslant\sum_{t=1}^{T}\left(\frac{(\Delta+1)\mathbb{E}[\mid\mathcal{D}_{t-1}\mid]}{n}+\frac{4L}{n}\right)\end{aligned}\tag{8-30}$$

由算法可知，对于第 $t$ 步，仅当如下两种情况之一发生时，新的取值不同的点出现。

- 从 $\mu_{v_t,\mathcal{I}}(\cdot\mid X_{t-1}(\Gamma_G(v_t)))$ 和 $\mu_{v_t,\mathcal{I}}(\cdot\mid Y_{t-1}(\Gamma_G(v_t)))$ 的最优耦合中采样的二元组（$c,c'$）满足 $c\neq c'$。
- $t\in\mathcal{A}$。

根据假设，伊辛模型 $\mathcal{I}$ 对所有 $\{u,v\}\in E$ 满足 $\mathrm{e}^{-2|\beta_{uv}|}\geqslant 1-\frac{2-\delta}{\Delta+1}$。所以，伊辛模型 $\mathcal{I}$ 以参数 $\delta/2$ 满足 Dobrushin-Shlosman 条件，即影响矩阵 $\boldsymbol{A}_{\mathcal{I}}$ 满足 $\|\boldsymbol{A}_{\mathcal{I}}\|_\infty\leqslant 1-\frac{\delta}{2}$。注意到每个 $v_t$ 从 $V$ 中均匀独立采样而来，$t$ 以概率 $p_{v_t}^{\mathrm{up}}$ 独立地选入 $\mathcal{A}$ 中。因此，我们有

$$\begin{aligned}\mathbb{E}[\,|\mathcal{D}_t|\,|\,\mathcal{D}_{t-1}] &\leqslant \left(1-\frac{\delta}{2n}\right)|\mathcal{D}_{t-1}| + \mathbb{P}[t\in\mathcal{A}\,|\,\mathcal{D}_{t-1}] \\ &\leqslant \left(1-\frac{\delta}{2n}\right)|\mathcal{D}_{t-1}| + \sum_{v\in V}\frac{P_v^{\mathrm{up}}}{n} \\ &\leqslant \left(1-\frac{\delta}{2n}\right)|\mathcal{D}_{t-1}| + \\ &\quad \sum_{v\in V}\frac{2\,|h'_v-h_v| + 2\sum_{u\in\Gamma_G(v)}|\beta_{uv}-\beta'_{uv}|}{n} \\ &\leqslant \left(1-\frac{\delta}{2n}\right)|\mathcal{D}_{t-1}| + \frac{4L}{n}\end{aligned}$$

所以，我们有

$$\mathbb{E}[\,|\mathcal{D}_t|\,] \leqslant \left(1-\frac{\delta}{2n}\right)\mathbb{E}[\,|\mathcal{D}_{t-1}|\,] + \frac{4L}{n}$$

这说明

$$\mathbb{E}[\,|\mathcal{D}_t|\,] = O\left(\frac{L}{\delta}\right) \tag{8-31}$$

因此，由式（8-30）可知

$$\mathbb{E}[R] = O\left(\frac{\Delta TL}{\delta n}\right)$$

□

## 8.3 本章小结

本章给出了一类马尔可夫链动态化技术，它能把单点更新的静态马尔可夫链变成动态算法。因为静态马尔可夫链有着非常深入而系统的研究，所以我们可以直接得出很多模型上的动态采样结论。在本章中，我们只把基于一类耦合分析的静态采样结果（Dobrushin-Shlosman 条件）应用到动态模型上，一个自然的问题是静态马尔可夫链的其他结果能不能应用到动态采样上。

从更高的角度来看，动态采样问题给动态算法的研究增加了新的维度。传统的动态算法往往只维护一个解，而动态采样算法则维护一个解空间的“典型解”。这类问题在机器学习等领域有很强的应用潜力。

# 第 4 部分 快速采样算法

# 第 9 章

# 洛瓦兹局部引理采样问题

## 9.1 研究背景

**约束满足问题**的解空间是计算机科学最基本的研究课题之一。给定一个变量的集合，以及在变量上定义的一系列约束，约束满足问题的解是给所有变量的一种赋值，使得所有约束同时被满足。**洛瓦兹局部引理**（Lovász Local Lemma，LLL）[49]是保证满足解存在的一个充分条件。局部引理构造一个所有赋值的**概率分布**，对每个约束定义一个**坏事件**，以表示这个约束被违反。如果所有的坏事件以正概率同时不发生，那么满足解一定存在。洛瓦兹局部引理考虑两类参数：①每个坏事件发生的概率；②坏事件之间的相关性。当两个参数满足一定的关系时，约束满足问题的满足解一定存在。

在计算机科学中，对局部引理的研究注重于**算法局部引理**（algorithmic LLL）。它要求在局部引理的条件下构造出一个具体的满足解。算法局部引理有着非常深入的研究，在现代算法研究中有着非常重要的地位[50,112,120-126]。一个关键性的突破是 Moser-Tardos 算法[50]，这个算法可以在局部引理的 Shearer 界[127] 下高效地构造满足解。

在本书中，我们研究另一个重要的课题——*局部引理采样问题*。这个问题要求从所有满足解中（近似）均匀地采样出一个随机满足解。这个问题和统计满足解个数的问题密切相关，利用基本的归约技术[4,6]，就可以把计数问题归约成采样问题。采样算法还可以用来解决机器学习中的推断问题[51]。

局部引理的采样问题比构造满足解问题更加困难。例如，对于 $k$-CNF 公式，如果每个变量的度数为 $d$，Moser-Tardos 算法可以在 $k\gtrsim\log d$ 的条件下构造满足解。而对于均匀采样 $k$-CNF 公式满足解的问题，除非 $\mathbf{NP}=\mathbf{RP}$，否则在 $k<2\log d-O(1)$ 时不存在多项式时间算法[128]。

目前，关于局部引理采样问题的研究只有相对很少的进展。一个关键性的技术障碍是，经典的基于局部更新的马尔可夫链在此类解空间上存在连通性问题[33]。文献［48］首次正式提出了局部引理采样问题，该采样算法可以用于一类特殊的约束满足问题。Moitra[51] 取得了一个重要的进展，他提出一个新方法来统计 $k$-CNF 公式满足解的个数。这个方法使用算法局部引理来标记随机变量，之后利用线性规划来计算均匀分布中一个点的边缘分布。如果 $k$-CNF 公式满足局部

引理条件 $k \gtrsim 60 \log d$，算法就可以在 $n^{\mathrm{poly}(dk)}$ 的时间内做近似计数。Moitra 计数算法也可以得出 $k$-CNF 公式满足解的采样算法。之后有一系列工作推广了 Moitra 的技术，相关结论可以应用于采样和计数超图染色[129]、随机 CNF 公式[130]、一般约束满足问题[131]，这些算法的时间复杂度为 $n^{\mathrm{poly}(dk)}$，其中，$k$ 是约束的宽度，$d$ 是变量的度数。

## 9.2 主要结论

我们考虑变量版本的洛瓦兹局部引理，每个变量服从**均匀分布**，每个坏事件为**原子坏事件**。令 $V$ 为 $n=|V|$ 个相互独立的随机变量的集合，每个变量服从各自取值范围上的均匀分布。令 $\mathcal{B}$ 为一系列原子坏事件的集合。严格来说，

- **均匀随机变量：** 每个随机变量 $v \in V$ 的取值服从其值域 $Q_v$ 的均匀分布。
- **原子坏事件：** 每个坏事件 $B \in \mathcal{B}$ 是否发生由变量集合 $\mathrm{vbl}(B) \subseteq V$ 的取值确定，而且当且仅当 $\mathrm{vbl}(B)$ 取一个特定的取值 $\sigma_B \in \bigotimes_{v \in \mathrm{vbl}(B)} Q_v$ 时，$B$ 发生。

假设变量为均匀分布的原因是我们要采样所有满足解的均匀分布。同时，原子坏事件也是研究局部引理时的一种重要假设[126,132-138]。

令 $p = \max_{B \in \mathcal{B}} \mathbb{P}[B]$，其中概率的随机性取决于 $V$ 中独立的

随机变量。令 $G=(\mathcal{B},E)$ 为依赖图，其中每个节点是 $\mathcal{B}$ 中的一个坏事件，事件 $B\in\mathcal{B}$ 在 $G$ 中的邻居为 $\Gamma(B)\triangleq\{B'\in\mathcal{B}\setminus\{B\}\mid \mathrm{vbl}(B)\cap\mathrm{vbl}(B')\neq\varnothing\}$。令 $D\triangleq\max_{B\in\mathcal{B}}|\Gamma(B)|$ 是依赖图的最大度数。根据洛瓦兹局部引理，如果下列条件成立，则一定存在满足解。

$$\ln\frac{1}{p}\geqslant\ln D+1 \tag{9-1}$$

局部引理的实例很自然地定义了所有满足解的均匀分布，这个分布称为 **LLL 分布**[139]。严格来说，这是在所有坏事件都不发生的条件下，$V$ 中所有变量的概率分布。

**定理 9-1** 下列定理对任意的 $0<\zeta\leqslant2^{-400}$ 成立。存在一个算法，对于任意均匀随机变量和原子坏事件定义的洛瓦兹局部引理问题实例，如果

$$\ln\frac{1}{p}\geqslant350\ln D+3\ln\frac{1}{\zeta} \tag{9-2}$$

则算法以时间复杂度 $\widetilde{O}\left((D^2k+q)n\left(\frac{n}{\varepsilon}\right)^{\zeta}\right)$ 输出一个随机赋值 $\boldsymbol{X}\in\bigotimes_{v\in V}Q_v$，$\boldsymbol{X}$ 的分布和 LLL 分布的全变差不超过 $\varepsilon$，其中 $q=\max_{v\in V}|Q_v|$，$k=\max_{B\in\mathcal{B}}|\mathbf{vbl}(B)|$，且 $\widetilde{O}(\cdot)$ 隐藏了一个 $\mathrm{polylog}\left(n,\frac{1}{\varepsilon},q,D\right)$ 因子。

这里给定一个采样 LLL 分布的算法。算法的时间复杂度被参数 $\zeta$ 控制，且 $\zeta$ 也控制局部引理条件（见式（9-2））。

当 $\zeta$ 趋于 0 时，算法的运行时间可以任意接近于关于 $n$ 的线性时间。此算法基于一个称为“状态压缩”的新技术，它可以让经典局部马尔可夫链在此类问题上突破连通性障碍。9.4.2 节给出了技术思路。

任意非原子坏事件可以被分解成原子坏事件。令 $B$ 为定义在 $\mathbf{vbl}(B)\subseteq V$ 上的坏事件，令 $\mathcal{N}_B\triangleq\{\sigma\in\bigotimes_{v\in\mathbf{vbl}(B)}Q_v \mid B$ 在配置 $\sigma$ 上发生$\}$ 为使得 $B$ 发生的 $\mathbf{vbl}(B)$ 上的赋值。坏事件 $B$ 可以被分解成 $|\mathcal{N}_B|$ 个原子坏事件，每个原子坏事件禁止一种赋值 $\sigma\in\mathcal{N}_B$。对于任意一般的局部引理的实例，如果坏事件概率最大为 $p=\max_{B\in\mathcal{B}}\mathbb{P}[B]$，依赖图最大度数为 $D$，则它可以被分解成由原子坏事件定义的实例，每个坏事件 $B\in\mathcal{B}$ 最多被分成 $N\triangleq\max_{B\in\mathcal{B}}|\mathcal{N}_B|$ 个原子坏事件。分解操作的复杂度为 $\widetilde{O}(DNkn)$，每个原子坏事件的概率最多为 $p$，依赖图最大度数为 $(D+1)N$。我们有如下推论。

**推论 9-2** 下列定理对任意的 $0<\zeta\leqslant 2^{-400}$ 成立。存在一个算法，对于任意均匀随机变量定义的洛瓦兹局部引理问题实例，如果

$$\ln\frac{1}{p}\geqslant 350\ln(D+1)+350\ln N+3\ln\frac{1}{\zeta}$$

则算法以时间复杂度 $\widetilde{O}\left((D^2N^2k+q)n\left(\frac{n}{\varepsilon}\right)^{\zeta}\right)$ 输出一个随机赋值 $\boldsymbol{X}\in\bigotimes_{v\in V}Q_v$，$\boldsymbol{X}$ 的分布和 LLL 分布的全变差不超过 $\varepsilon$，在

上述表达式中，$q=\max_{v\in V}|Q_v|$，$k=\max_{B\in\mathcal{B}}|\mathbf{vbl}(B)|$，且 $\widetilde{O}(\cdot)$ 隐藏了一个 polylog$\left(n,\frac{1}{\varepsilon},q,D,N\right)$因子。

对具体的例子，本书的算法可以有更好的结果。考虑超图染色问题。令 $H=(V,\mathcal{E})$ 为一个 $k$-均匀超图，即对于任意 $e\in\mathcal{E}$ 都有 $|e|=k$。合法超图染色 $q$-染色 $\boldsymbol{X}\in[q]^V$ 给每个点一个染色，使得每条超边至少存在两种颜色。令 $\Delta$ 为超图的最大度数，即一个点最多出现在 $\Delta$ 条超边中。根据洛瓦兹局部引理，如果对于某个常数 $C$，有 $q\geqslant C\Delta^{\frac{1}{k-1}}$，则合法 $q$ 染色存在。我们有关于采样超图染色的如下结论。

**定理 9-3** 给定任意 $n$ 个点，最大度数为 $\Delta$ 的 $k$-均匀超图，以及颜色集合 $[q]$，假设 $k\geqslant 30$ 且 $q\geqslant 15\Delta^{\frac{9}{k-12}}+650$，存在一个算法以 $\widetilde{O}\left(q^2k^3\Delta^2 n\left(\frac{n}{\varepsilon}\right)^{\frac{1}{q}}\right)$ 的时间复杂度返回一个 $q$-染色 $\boldsymbol{X}\in[q]^V$，使得 $\boldsymbol{X}$ 的分布和所有合法染色的均匀分布全变差不超过 $\varepsilon$。

实际上，本书算法的条件为 $k\geqslant 13$ 且 $q\geqslant q_0(k)=\Omega\left(\Delta^{\frac{9}{k-12}}\right)$。更一般的结论见定理 9-17。

超图染色是一个重要的组合结构。如果 $k\geqslant 4$ 且 $q>\Delta$[140-141]，则经典的局部马尔可夫链算法的收敛时间为 $O(n\log n)$。对于简单超图（两条超边最多公用一个点），收敛条件可以改进为 $q\geqslant\max\{C_k\log n,500k^3\Delta^{1/(k-1)}\}$[142-143]。

第一个在局部引理条件下计数超图染色的算法由文献［129］给出，该算法是由 Moitra 的方法扩展而来的，如果 $k \geqslant 28$ 且 $q>798\Delta^{\frac{16}{k-16/3}}$，运行时间为 $n^{\mathrm{poly}(\Delta k)}$。本书的算法大幅度改进了运行时间并把条件改进为 $q \geqslant 15\Delta^{\frac{9}{k-12}}+O(1)$，它是一种新的马尔可夫链，且借鉴了 Moitra 算法的特性。

另一个重要的约束满足问题是 $k$-CNF 公式。在一个 $k$-CNF 公式中，每一个子句包含 $k$ 个不同的变量。最大（变量）度数 $d$ 表示一个变量最多出现在多少个子句中。根据洛瓦兹局部引理，如果对于某个常数 $C$，有 $k \geqslant \log d+\log k+C$，则 $k$-CNF 公式存在满足解。我们有关于均匀采样 $k$-CNF 公式满足解的如下定理。

**定理 9-4** 下列结果对任意 $0<\zeta \leqslant 2^{-20}$ 成立。存在一个算法，给定任意一个有 $n$ 个变量且最大度数为 $d$ 的 $k$-CNF 公式，如果 $k \geqslant 13\log d+13\log k+3\log \dfrac{1}{\zeta}$，则算法以 $\widetilde{O}\left(d^2k^3n\left(\dfrac{n}{\varepsilon}\right)^{\zeta}\right)$ 的时间返回一个随机赋值 $\boldsymbol{X} \in \{\mathtt{True},\mathtt{False}\}^V$，使得 $\boldsymbol{X}$ 的分布和所有满足解均匀分布的全变差不超过 $\varepsilon$。

对于 $k$-CNF 公式，Moitra[51] 给出了第一个在局部引理条件下采样和计数满足解的算法。当 $k \geqslant 60\log d+60\log k+300$，Moitra 算法的运行时间为 $n^{\mathrm{poly}(dk)}$。本书的算法同时改进了算法的运行时间和收敛条件。

在我们的研究成果发表之后，Jain、Pham 和 Vuong 取得

了一些后续进展[131,144]。他们改进了 Moitra 的确定性计数算法，对于由均匀分布的随机变量和一般坏事件定义的局部引理实例，如果 $\ln\frac{1}{p}\gtrsim\geqslant 7\ln D$，则存在一个时间复杂度为 $n^{\mathrm{poly}(D,k,\log q)}$ 的确定性近似计数算法，其中 $k=\max_{B\in\mathcal{B}}|\mathrm{vbl}(B)|$，$q=\max_{v\in V}|Q_v|$[131]。他们也给出了一个本书算法的改进版分析，算法可用于由均匀分布的随机变量和原子坏事件定义的局部引理实例，运行时间接近变量数 $n$ 的线性时间。一般情况下的条件为 $\ln\frac{1}{q}\gtrsim 7.043\ln D$；图染色模型的条件为 $q\gtrsim\Delta^{\frac{3}{k-4}}$；$k$-CNF 的条件为 $k\gtrsim 5.741\log d$[144]。

**近似计数的推论**

近似计数是一个和随机采样密切相关的问题。给定一个由均匀分布定义的局部引理实例 $\boldsymbol{\Phi}$ 和一个误差上界 $\varepsilon>0$，随机版本的近似计数问题 $\mathcal{P}_{\mathrm{count}}(\boldsymbol{\Phi},\delta)$ 要求算法输出一个随机数 $\hat{Z}$，以至少 3/4 的概率有 $\mathrm{e}^{-\delta}Z\leqslant\hat{Z}\leqslant\mathrm{e}^{\delta}Z$，其中 $Z$ 是 $\boldsymbol{\Phi}$ 所有满足解的个数。

我们的主要结论（定理 10-1、推论 9-2、定理 9-3 以及定理 9-4）表明，对于一些局部引理问题实例 $\boldsymbol{\Phi}$，给定一个误差上界 $\varepsilon>0$，本书的算法可以用 $T(\varepsilon)=T_{\boldsymbol{\Phi}}(\varepsilon)$ 的时间输出随机赋值 $\boldsymbol{X}$，且 $\boldsymbol{X}$ 的分布和所有满足解均匀分布的全变差不超过 $\varepsilon$。

利用自归约性质[4]，我们可以逐个地添加约束来做近似计数到随机采样的归约。利用模拟退火[5-6,145-146] 可以更加高效地做归约。具体而言，我们可以以 $O\left(\frac{m}{\delta^2}T(\varepsilon)\log\frac{m}{\delta}\right)$ 的时间复杂度解决 $\mathcal{P}_{\text{count}}(\Phi,\delta)$ 问题，其中 $\varepsilon=\Theta\left(\frac{\delta^2}{m\log(m/\delta)}\right)$，$m$ 是 $\Phi$ 中约束的个数。

近似计数的具体细节会在 9.6 节讨论。

## 9.3 基本定义与背景知识

### 原子约束定义的 CSP-公式

令 $V$ 为在 $(Q_v)_{v\in V}$ 上取值的变量集合，其中每个 $v\in V$ 在值域 $Q_v(|Q_v|\geqslant 2)$ 上取值。令 $Q\triangleq\bigotimes_{v\in V}Q_v$ 为所有赋值的空间，对于任意子集 $\Lambda\subseteq V$，令 $\boldsymbol{Q}_\Lambda\triangleq\bigotimes_{v\in\Lambda}Q_v$。令 $\mathcal{C}$ 为局部约束的集合，其中每个 $c\in\mathcal{C}$ 定义在变量集合 $\text{vbl}(c)\subseteq V$ 上，它把每种赋值 $\boldsymbol{x}_{\text{vbl}(c)}\in Q_{\text{vbl}(c)}$ 映射成 `True` 或者 `False`，表示 $c$ 被满足或被违反。一个 CSP（constraint-satisfaction problem）公式 $\Phi$ 由三元组$(V,\boldsymbol{Q},\mathcal{C})$定义：

$$\forall\boldsymbol{x}\in\boldsymbol{Q},\quad \Phi(\boldsymbol{x})=\bigwedge_{c\in\mathcal{C}}c(\boldsymbol{x}_{\text{vbl}(c)})$$

式中，$\boldsymbol{x}_{\text{vbl}(c)}$ 表示 $\boldsymbol{x}$ 在 $\text{vbl}(c)$ 上的赋值。用洛瓦兹局部引理的语言描述，每个 $c\in\mathcal{C}$ 对应一个在集合 $\text{vbl}(c)$ 上定义的坏事

件 $A_c$。如果 $c$ 被违反，则 $A_c$ 发生。当且仅当所有坏事件都不发生时，$\Phi$ 被 $x$ 满足。

在本书中，我们考虑由原子约束定义的 CSP-公式。当且仅当 $|c^{-1}(\texttt{False})|=1$ 时，约束 $c$ 被称为原子约束，即 $c$ 只被 $Q_{\text{vbl}(c)}$ 中唯一一种配置违反，我们把这个配置称为 $c$ 的禁止配置。这种由原子约束定义的 CSP 经常被洛瓦兹局部引理相关文献研究[126,132-138]。类似的 CSP 也以“多取值/非布尔 CNF-公式”的名称被经典人工智能相关文献研究[147-148]。显然，每一个一般的约束 $c$ 可以被 $|c^{-1}(\texttt{False})|$ 个原子约束模拟，每个原子约束禁止 $c^{-1}(\texttt{False})$ 中的一种配置。

CSP-公式 $\Phi=(V,\boldsymbol{Q},C)$ 的依赖图定义在点集 $\mathcal{C}$ 上，当且仅当 $\text{vbl}(c)$ 和 $\text{vbl}(c')$ 有交集时，任意两个约束 $c$，$c'\in C$ 相邻。我们用 $\Gamma(c)\triangleq\{c'\in\mathcal{C}\setminus\{c\}\mid\text{vbl}(c)\cap\text{vbl}(c')\neq\varnothing\}$ 去表示 $c\in\mathcal{C}$ 的邻居，用

$$D=D_{\Phi}\triangleq\max_{c\in\mathcal{C}}|\Gamma(c)|$$

表示依赖图的最大度数。

下面是两个经典的由原子约束定义的约束满足问题。

***k*-CNF 公式**。CNF 公式 $\Phi=(V,\mathcal{C})$ 是由原子约束和布尔变量（对于任意 $v\in V$，有 $Q_v=\{\texttt{True,False}\}$）定义的约束满足问题。每个约束 $c\in\mathcal{C}$ 称为一个子句。对于 $k$-CNF 公式，每个字句 $c\in\mathcal{C}$ 满足 $|\text{vbl}(c)|=k$。

**$k$-超图染色**。令 $H=(V,\mathcal{E})$ 为一个 $k$-均匀超图，其中每条超边 $e\in\mathcal{E}$ 满足 $|e|=k$。令 $[q]=\{1,2,\cdots,q\}$ 为 $q$ 种颜色的集合。合法超图染色 $\boldsymbol{X}\in[q]^V$ 给每个点 $v\in V$ 一个颜色 $X_v$，使得所有超边不同色。

定义下列原子约束集合 $\mathcal{C}$。对每条超边 $e\in\mathcal{E}$ 以及每个颜色 $i\in[q]$，构造一个 $\mathcal{C}$ 中的原子约束 $c_{e,i}$，其中 $c_{e,i}$ 定义在变量集合 $\mathrm{vbl}(c_{e,i})=e$ 上，且对任意 $\boldsymbol{x}\in[q]^e$，当且仅当对所有 $v\in e$ 有 $x_v=i$ 时，$c_{e,i}(x)=\texttt{False}$。容易看出 $H$ 的合法 $q$-染色和 $\boldsymbol{\Phi}=(V,[q]^V,\mathcal{C})$ 的满足解有一一对应关系。

**洛瓦兹局部引理**

令 $\mathcal{R}=\{R_1,R_2,\cdots,R_n\}$ 为相互独立的随机变量集合。对于每个 $E$，记 $\mathrm{vbl}(E)\subseteq\mathcal{R}$ 为决定 $E$ 是否发生的变量集合。换句话说，改变 $\mathrm{vbl}(E)$ 以外变量的值不影响 $E$ 的发生。令 $\mathcal{B}=\{B_1,B_2,\cdots,B_n\}$ 为坏事件的集合。对于每个 $B\in\mathcal{B}$，我们定义 $\Gamma(B)\triangleq\{B'\in\mathcal{B}\mid B'\neq B$ 且 $\mathrm{vbl}(B')\cap\mathrm{vbl}(B)\neq\varnothing\}$。对于任意在变量集合 $\mathrm{vbl}(A)\subseteq\mathcal{R}$ 上定义的坏事件 $A\in\mathcal{B}$，定义 $\Gamma(A)\triangleq\{B\in\mathcal{B}\mid\mathrm{vbl}(A)\cap\mathrm{vbl}(B)\neq\varnothing\}$。
令 $\mathbb{P}_{\mathcal{D}}[\cdot]$ 为 $\mathcal{R}$ 上独立变量生成的概率空间。我们使用如下的洛瓦兹局部引理。

**定理 9-5**（文献 [112]） 如果存在一个函数 $x:\mathcal{B}\to(0,1)$ 使得对于任意 $B\in\mathcal{B}$，有

$$\mathbb{P}_{\mathcal{D}}[B]\leqslant x(B)\prod_{B'\in\Gamma(B)}(1-x(B'))\tag{9-3}$$

则有

$$\mathbb{P}_{\mathcal{D}}\left[\bigwedge_{B\in\mathcal{B}}\overline{B}\right]\geqslant\prod_{B\in\mathcal{B}}(1-x(B))>0$$

所以存在一种避免所有坏事件的赋值。

进一步地说，对于任意事件 $A$ 都有

$$\mathbb{P}_{\mathcal{D}}\left[A\mid\bigwedge_{B\in\mathcal{B}}\overline{B}\right]$$
$$\leqslant\mathbb{P}_{\mathcal{D}}[A]\prod_{B\in\Gamma(A)}(1-x(B))^{-1}$$

定理的第一部分（所有坏事件都不发生的概率大于0）是经典的洛瓦兹局部引理[49]，定理第一部分的证明见文献［149］或本书第 5 章。利用文献［149］或本书第 5 章的证明技术可以得到定理的第二部分（在所有坏事件都不发生的条件下，$A$ 的概率上界），具体证明见文献［48］。

Moser-Tardos 算法[50] 可以构造一种 $\mathcal{R}$ 内所有随机变量的赋值，它可以避免 $\mathcal{B}$ 中所有的坏事件。Moser-Tardos 算法在算法 19 中给出。

**算法 19：** Moser-Tardos 算法

```
对每个 R∈𝓡，按照 R 的分布独立采样一个值 v_R；
while 存在一个坏事件 B∈𝓑 发生 do
    随机选择一个发生的坏事件 B∈𝓑；
    重新采样所有随机变量 R∈vbl(B) 的值；
return (v_R)_{R∈𝓡}。
```

下列命题给出了 Moser-Tardos 算法的期望运行时间。算法重采样的次数是指 while 循环执行的次数。

**命题 9-6**(文献[50]) 假设定理 9-5 中的条件（式（9-3))相对于函数 $x: \mathcal{B} \to (0,1)$ 成立。在 Moser-Tardos 算法结束时，它返回一个避免所有坏事件的赋值。Moser-Tardos 算法期望的重采样次数不超过 $\sum_{B \in \mathcal{B}} \frac{x(B)}{1-x(B)}$。

## 9.4 采样算法

在 9.4.1 节中，我们先对 CNF 公式这一具体模型给出采样算法。在 9.4.2 节中，我们总结出具体算法使用的核心技术——状态压缩。在 9.4.3 节中，我们利用状态压缩技术给出一般性的算法。

### 9.4.1 CNF 公式满足解采样算法

令 $\Phi=(V,C)$ 是一个 $k$-CNF 公式（公式中每个字句包含恰好 $k$ 个变量)，每个变量属于 $d$ 个子句。给定任意误差参数 $\varepsilon>0$，我们给出一个以 $\varepsilon$ 的全变差误差均匀采样 CNF 满足解的算法。

**标记变量**

本书算法首先构造一个标记变量的集合 $\mathcal{M} \subseteq V$。如果变量 $v \in \mathcal{M}$，我们把 $v \in V$ 称为被标记的变量；如果 $v \notin \mathcal{M}$，我们把 $v$ 称为未被标记的变量。我们会保证如下条件对标记变

量的集合 $\mathcal{M}$ 成立。令

$$k_1=\frac{4}{25}k, \quad k_2=\frac{1}{2}k$$

**条件 9-7** 每个子句有至少 $k_1$ 个被标记的变量和至少 $k_2$ 个未被标记的变量。标记变量的集合可以用著名的 Morse-Tardos 算法（算法 19）构造。

**引理 9-8** *假设 $k\geqslant 13\log d+13\log k+60$。存在一个算法使得给定任意 $\delta>0$，至少以概率 $1-\delta$，算法返回一个满足条件 9-7 的标记变量的集合，算法的时间复杂度是 $O\left(dkn\log\frac{1}{\delta}\right)$，其中 $n$ 是变量的总数。*

引理 9-8 是定理 9-13 的特殊情况。这里略去引理 9-8 的证明。

我们以参数 $\delta=\varepsilon/4$ 使用引理 9-8 构造一个标记变量的集合 $\mathcal{M}\subseteq V$。如果构造 $\mathcal{M}$ 的算法失败，则采样算法停止，任意输出一个 $X\in\{\texttt{True},\texttt{False}\}^V$。这个坏事件发生的概率最多是 $\varepsilon/4$。在接下来的算法中，我们假设给定标记变量的集合 $\mathcal{M}\subseteq V$。

### CNF 公式的采样主算法

首先定义一些记号。令 $\mu$ 表示 CNF 公式 $\Phi=(V,\mathcal{C})$ 所有满足解的均匀分布。对于任意子集 $S\subseteq V$，令 $\mu_S$ 表示 $\mu$ 投影到集合 $S$ 上的边缘分布。严格来说，

$$\forall\sigma\in\{\texttt{True},\texttt{False}\}^S:\mu_S(\sigma)=\sum_{\tau\in\{\texttt{True},\texttt{False}\}^V,\ \tau(S)=\sigma}\mu(\tau)$$

当 $S=\{v\}$ 时，我们把$\mu_{\{v\}}$ 简记为$\mu_v$。进一步地，对于任意部分配置 $X\in\{\texttt{True,False}\}^{\Lambda}$，其中 $\Lambda\subset V$ 且 $S\cap\Lambda=\varnothing$，令 $\mu_S^X(\cdot)=\mu_S(\cdot\mid X)$ 表示将 $\Lambda$ 上的取值固定为 $X$ 之后，$\mu$ 在 $S$ 上的边缘分布。

算法的主要思想是用马尔可夫链采样 $\mathcal{M}$ 上的边缘分布 $\mu_{\mathcal{M}}$。令 $P_{\text{Gibbs}}$ 表示在标记变量集合上的理想吉布斯采样算法。我们从初始状态 $X_0\in\{\texttt{True,False}\}^{\mathcal{M}}$ 开始，初始状态中所有 $v\in\mathcal{M}$ 均匀独立地采样一个 $X_0\in\{\texttt{True,False}\}$。在第 $t$ 步，马尔可夫链执行如下操作：

- 随机均匀地选择一个 $v\in\mathcal{M}$，对所有 $u\in\mathcal{M}\setminus\{v\}$，令 $X_t(u)\leftarrow X_{t-1}(u)$；
- 从分布 $\mu_v(\cdot\mid X_{t-1}(\mathcal{M}\setminus\{v\}))$ 中采样 $X_t(v)\in\{\texttt{True,False}\}$。

这个马尔可夫链对 $\mu_{\mathcal{M}}$ 可逆。考虑只在 $v$ 处不同的 $X$，$Y\in\{\texttt{True,False}\}^{\mathcal{M}}$，有

$$
\begin{aligned}
&\mu_{\mathcal{M}}(X)P_{\text{Glauber}}(X,Y)\\
&=\frac{1}{|M|}\mu_{\mathcal{M}}(X)\mu_v(Y(v)\mid X(\mathcal{M}\setminus\{v\}))\\
&=\frac{1}{|M|}\frac{\mu_{\mathcal{M}}(X)\mu_{\mathcal{M}}(Y)}{\mu_{\mathcal{M}\setminus\{v\}}(X(\mathcal{M}\setminus\{v\}))}\\
&=\frac{1}{|M|}\mu_{\mathcal{M}}(Y)\mu_v(X(v)\mid Y(\mathcal{M}\setminus\{v\}))\\
&=\mu_{\mathcal{M}}(Y)P_{\text{Glauber}}(Y,X)
\end{aligned}
\tag{9-4}
$$

在下文针对一般算法的分析中，我们会验证这个马尔可夫链不可约且非周期。

采样算法模拟这个马尔可夫链去采样一个 $X_{\mathcal{M}} \in \{\texttt{True}, \texttt{False}\}^{\mathcal{M}}$，它的分布和 $\mu_{\mathcal{M}}$ 足够接近。算法接着针对未被标记的变量从分布 $\mu_{V\setminus\mathcal{M}}(\cdot \mid X_{\mathcal{M}})$ 中采样随机赋值 $X_{V\setminus\mathcal{M}} \in \{\texttt{True},\texttt{False}\}^{V\setminus\mathcal{M}}$。最后，算法输出 $X_{\text{alg}} \triangleq X_{\mathcal{M}} \cup X_{V\setminus\mathcal{M}}$。

吉布斯采样算法 $P_{\text{Gibbs}}$ 是一个理想的随机过程，因为每步转移需要计算一个边缘概率，精确计算这个边缘概率在理论上有可能是一个**#P**-难问题。为了高效地实现马尔可夫链的每一步转移，以及最后一步从条件概率中采样的过程，我们需要从分布 $\mu_v(\cdot \mid X_{t-1}(\mathcal{M}\setminus\{v\}))$ 和 $\mu_{V\setminus\mathcal{M}}(\cdot \mid X_T)$ 中高效采样，其中 $t \leqslant T$ 且 $T$ 是 $P_{\text{Gibbs}}$ 混合时间的一个上界。我们会使用一个子程序 InvSample-CNF$(\cdot)$ 来完成这个目标。给定一个集合 $\Lambda \subseteq \mathcal{M}$ 上的部分配置 $X \in \{\texttt{True},\texttt{False}\}^{\Lambda}$ 以及一个随机变量的子集 $S \subseteq V\setminus\Lambda$，子程序 InvSample-CNF$(\Phi,\delta,X,S)$ 在成功的条件下返回一个服从 $\mu_S(\cdot \mid X)$ 的随机赋值 $Y \in \{\texttt{True},\texttt{False}\}^{S}$。我们要保证 InvSample-CNF$(\Phi,\delta,X,S)$ 足够高效，而且在算法 20 调用子程序的时候，它能以至少 $1-\delta$ 的概率返回一个和目标分布全变差不超过 $\delta$ 的随机样本，$\delta>0$ 是一个足够小的参数。

采样问题的伪代码在算法 20 中给出。

---

**算法 20**：CNF 满足解均匀采样算法

---

**输入**：CNF 公式 $\Phi=(V,C)$，参数 $\varepsilon>0$，标记变量的集合 $\mathcal{M}$；

**输出**：一个随机赋值 $X_{\mathrm{alg}}\in\{\texttt{True},\texttt{False}\}^{V}$；

对每个 $v\in\mathcal{M}$，独立均匀地采样 $X_0(v)\in\{\texttt{True},\texttt{False}\}$；

**for** $t$ 从 1 到 $T:=\left\lceil 2n\log\frac{4n}{\varepsilon}\right\rceil$ **do**

  随机等概率选择一个变量 $v\in\mathcal{M}$；

  /* 从分布 $\mu_v(\cdot\mid X_{t-1}(\mathcal{M}\setminus\{v\}))$ 中重新采样 $X_{\mathcal{M}}(v)$ */

  $X_t(v)\leftarrow\text{InvSample-CNF}\left(\Phi,\frac{\varepsilon}{4(T+1)},X_{t-1}(\mathcal{M}\setminus\{v\}),\{v\}\right)$；

  $\forall u\in\mathcal{M}$ 满足 $u\neq v, X_t(u)\leftarrow X_{t-1}(u)$；

/* 从分布 $\mu_{V\setminus\mathcal{M}}(\cdot\mid X_T)$ 中采样 $X_{V\setminus\mathcal{M}}$ */

$X_{V\setminus\mathcal{M}}\leftarrow\text{InvSample-CNF}\left(\Phi,\frac{\varepsilon}{4(T+1)},X_T,V\setminus\mathcal{M}\right)$)；

**return** $X_{\mathrm{alg}}=X_T\cup X_{V\setminus\mathcal{M}}$。

---

在算法 23 中，InvSample-CNF(·) 在第 4 行和第 6 行使用，每次使用，要么返回一个点上的配置，要么返回 $V\setminus\mathcal{M}$ 上的配置。在我们的实现中，允许算法返回的分布有一个小误差$\left(\text{误差被参数 }\delta=\frac{\varepsilon}{4(T+1)}\text{控制}\right)$。

算法 20 的正确性和效率被如下 3 点保证：

1）标记变量上的吉布斯分布可以快速收敛。

2）子程序 InvSample-CNF(·) 足够高效。

3）子程序 InvSample-CNF(·) 引入的误差对最终输出影响很小。

在下文中，我们会在更加一般的算法中来严格验证这 3 点。

## InvSample-CNF 子程序

现在，我们给出子程序 InvSample-CNF$(\Phi,\delta,X,S)$，其中 $X\in\{\texttt{True},\texttt{False}\}^{\Lambda}$ 是子集 $\Lambda\subseteq\mathcal{M}$ 上的配置且 $S\subseteq V\setminus\Lambda$ 是一个变量的子集。子程序的输出是一个随机赋值 $Y\in\{\texttt{True},\texttt{False}\}^{S}$。在理想情况下，输出应该服从分布 $\mu_S(\cdot\mid X)$。但是，为了保证子程序的效率，我们允许子程序有少量误差。

我们的基本思想是证明 $\Phi^X$ 大概率可以分解成很多足够小的连通块，然后直接在每一个连通块中运行拒绝采样算法。

我们先定义 $\Phi^X$ 以及它的连通块。给定一个 CNF 公式 $\Phi=(V,C)$ 以及一个部分配置 $X\in\{\texttt{True},\texttt{False}\}^{\Lambda}$，其中 $\Lambda\subseteq V$ 是一个子集。给定 $X$ 之后，我们通过化简 $\Phi$ 得到新公式 $\Phi^X=(V^X,C^X)$。严格来说，我们有

- $V^X=V\setminus\Lambda$；
- 给定 $X$ 之后，把 $C$ 中所有已经满足的子句删除构造 $C^X$ ㊀，然后对于每个 $x\in\Lambda$，在所有剩下的子句中删除 $x$ 或 $\neg x$。

重申

$$\forall\sigma\in\{\texttt{True},\texttt{False}\}^{V^X}=\{\texttt{True},\texttt{False}\}^{V\setminus\Lambda}:\mu^X_{V\setminus\Lambda}(\sigma)=\mu_{V\setminus\Lambda}(\sigma\mid X)\tag{9-5}$$

㊀ 令 $c\in C$ 是 $\Phi$ 中的子句。注意到 $c$ 是一系列 $x_i$ 和 $\neg x_j$ 的析取，如果其中某个 $x_i$ 在 $\Lambda$ 中且 $X$ 在 $x_i$ 上的赋值使得 $c$ 满足，则我们称 $c$ 被 $X$ 满足。

容易验证$\mu_{V\setminus\Lambda}^{X}$正好是$\Phi^{X}$所有满足解的均匀分布。令$H_{\Phi^X}=(V^X,\mathcal{E}^X)$为表示$\Phi^X$的超图。超边集合$\mathcal{E}^X=\{\text{vbl}(c)\mid c\in C^X\}$表示公式中所有的约束（超边集合可能是一个多重集合）。令$H_i^X=(V_i^X,\mathcal{E}_i^X)$（其中$1\leqslant i\leqslant \ell$）表示超图$H_{\Phi^X}$中所有的连通块，其中$\ell$表示连通块的个数。每个$H_i^X=(V_i^X,\mathcal{E}_i^X)$表示一个 CNF 公式$\Phi_i^X=(V_i^V,C_i^X)$，它满足

$$C_i^X\triangleq\{c\in C^X\mid \text{子句 } c \text{ 被超边 } \mathcal{E}_i^X \text{ 表示}\}$$

我们有$\Phi^X=\Phi_1^X\wedge\Phi_2^X\wedge\cdots\wedge\Phi_\ell^X$，且所有的$V_i^X$互不相交。令$\mu_i^X$为$\Phi_i^X$所有满足解的均匀分布（其中$i=1,\cdots,\ell$），则$\mu_{V\setminus\Lambda}^X(\cdot)$是所有$\mu_i^X$的乘积分布。

显然$\mu_S(\cdot\mid X)$只和包含$S$的连通块有关。不失一般性地，我们假设对所有的$1\leqslant i\leqslant m$有$S\cap V_i^X\neq\varnothing$；对所有的$m<i\leqslant\ell$有$S\cap V_i^X=\varnothing$。为了从分布$\mu_S(\cdot\mid X)$中采样随机赋值$Y\in\{\texttt{True,False}\}^S$，我们针对每个$1\leqslant i\leqslant m$独立地从分布$\mu_i^X(\cdot)$中采样$Y_i$。令

$$Y'\triangleq\bigcup_{i=1}^{m}Y_i$$

注意到$S\subseteq\bigcup_{i=1}^{m}V_i$。样本$Y$是$Y'$在$S$上的投影，即$Y=Y'(S)$。容易验证$Y$服从$\mu_{V\setminus\Lambda}^X$在$S$上诱导出的边缘分布。根据式（9-5），随机赋值$Y$服从分布$\mu_S(\cdot\mid X)$。

对于每个$1\leqslant i\leqslant m$，为了从$\mu_i^X(\cdot)$中独立地采样，可以简单地使用拒绝采样算法：独立重复地从$\{\texttt{True,False}\}^{V_i^X}$

上均匀采样，直到出现一个满足 $\Phi_i^X$ 的赋值。当 $\mathcal{E}_i^X$ 包含的元素很少时，这个过程高概率很快结束。

我们用如下方式实现 InvSample($\Phi,\delta,X,S$)：对于 $1\leqslant i\leqslant m$ 的每个公式 $\Phi_i^X$，重复拒绝采样算法最多 $R$ 次，然后返回第一次满足 $\Phi_i^X$ 的赋值。如果下列两个事件之一发生，则算法的坏事件发生：①存在 $\Phi_i^X$ 满足它的连通块过大；②某个连通块上拒绝采样重复 $R$ 次之后没有成功。如果有坏事件发生，则返回 $S$ 上一种均匀随机的赋值。

严格来说，定义

$$\eta=\frac{\zeta}{3d^4k^4} \tag{9-6}$$

再定义

$$R\triangleq\left\lceil 10\left(\frac{n}{\delta}\right)^{\eta}\log\frac{n}{\delta}\right\rceil$$

子程序 InvSample-CNF($\Phi,\delta,X,S$) 执行如下步骤：

- 对每个 $1\leqslant i\leqslant m$，检查 $|\mathcal{E}_i^X|$ 的大小，如果存在 $|\mathcal{E}_i^X|>2D\log\frac{nD}{\delta}$，子程序停止然后随机均匀地返回一个 $Y\in\{\texttt{True,False}\}^S$；
- 对每个 $1\leqslant i\leqslant m$，使用拒绝采样算法最多 $R$ 次，以从 $\mu_i^X$ 中采样随机样本 $Y_i^X$；如果存在一个 $1\leqslant i\leqslant m$ 使得算法使用 $R$ 次拒绝采样之后没能从 $\mu_i^X$ 中采样 $Y_i^X$，子程序停止，然后随机均匀地返回一个 $Y\in\{\texttt{True, False}\}^S$；

子程序 InvSample-CNF$(\Phi,\delta,X,S)$ 的描述在算法 21 中。

---

**算法 21**：InvSample-CNF$(\Phi,\delta,X,S)$

---

**输入**：CNF 公式 $\Phi=(V,C)$，公式 $0<\delta$，$\eta<1$，$\Lambda\subseteq V$ 上的配置 $X\in\{\texttt{True},\texttt{False}\}\Lambda$，变量集合 $S\subseteq V\setminus\Lambda n=|V|$；

**输出**：一个随机赋值 $Y\in\{\texttt{True},\texttt{False}\}^{S}$；

1 在给定 $X$ 的条件下化简 $\Phi$ 得到新公式 $\Phi^{X}$；

2 找到 $H_{\Phi^X}$ 中所有的连通块 $\{H_i^X=(V_i^X,\mathcal{E}_i^X)\mid 1\leqslant i\leqslant m\}$ 使得每个 $V_i^X\cap S\neq\varnothing$；

3 **if** 存在 $1\leqslant i\leqslant m$ 使得 $|\mathcal{E}_i^X|>2D\log\frac{nD}{\delta}$ **then**

4 　　**return** 一个随机均匀的赋值 $Y\in\{\texttt{True},\texttt{False}\}^{S}$；

5 **for** $i$ 从 1 到 $m$ **do**

6 　　令 $\Phi_i^X=(V_i^X,C_i^X)$ 为 $H_i^X=(V_i^X,\mathcal{E}_i^X)$ 表示的子公式；

7 　　$Y_i^X\leftarrow$RejectionSampling$(\Phi_i^X,R)$，其中 $R=\left\lceil 10\left(\frac{n}{\delta}\right)^{\eta}\log\frac{n}{\eta}\right\rceil$；

8 　　**if** $Y_i^X=\perp$ **then**

9 　　　　**return** 一个随机均匀的赋值 $Y\in\{\texttt{True},\texttt{False}\}^{S}$；

10 **return** $Y=Y'(S)$，其中 $Y'=\bigcup_{i=1}^{m}Y_i^X$。

---

只要把 CNF 公式保存在基本的数据结构中，InvSample-CNF$(\Phi,\delta,X,S)$ 的运行时间最多为 $\widetilde{O}(|S|R\mathrm{poly}(d,k))$。接着我们可以证明，在所有连通块都很小的条件下（算法 21 的第 4 行没有被执行），子程序 InvSample-CNF 失败（算法 21 的第 9 行被执行）的概率至多为 $\delta$。这种失败只源于拒绝采样的随机性。而且，第 4 行被执行的概率至多为 $\delta$，这个概率来自于 InvSample-CNF 的输入 $X$ 的随机性。综合起

来，至少以概率 $1-\delta$，InvSample-CNF$(\Phi,\delta,X,S)$ 输出的概率分布和目标分布 $\mu_S(\cdot \mid X)$ 的全变差最多不超过 $\delta$。我们会在更一般的算法中严格证明这些结论。

关于 RejectionSampling$(\Phi,R)$ 的算法见算法 22。

---

**算法 22**：RejectionSampling$(\Phi,R)$

---

**输入**：CNF 公式 $\Phi=(V,C)$，参数 $R>0$；

**输出**：一个随机赋值 $Y\in\{\texttt{True},\texttt{False}\}^V$ 或一个特殊符号⊥。

**for** $i$ 从 1 到 $R$ **do**

  均匀独立地采样 $Y\in\{\texttt{True},\texttt{False}\}^V$；

  **if** 所有 $C$ 中的约束都被 $Y$ 满足 **then**

    **return** $Y$；

**return** ⊥。

---

## 9.4.2 状态压缩技术

从 CNF 的算法中，我们可以抽象出一个一般的采样技术——状态压缩技术。在一个 CSP-公式 $\Phi=(V,\boldsymbol{Q},C)$ 中，如果所有变量取均匀分布，则可以定义一个洛瓦兹局部引理（LLL）问题实例。

**定义 9-1**（LLL 分布） 对每个 $v\in V$，令 $\pi_v$ 是 $Q_v$ 上的均匀分布。令 $\pi\triangleq\bigotimes_{v\in V}\pi_v$ 为 $\boldsymbol{Q}$ 上的均匀分布。令 $\mu=\mu_\Phi$ 为在 $\Phi(\boldsymbol{X})$ 成立条件下的分布 $\boldsymbol{X}\sim\pi$，即公式 $\Phi$ 所有满足解的均匀分布。

这个分布 $\mu$ 就是我们想要采样的目标分布。$\mu$ 是一个吉布斯分布。为了采样，我们把概率分布先变成如下投影分布。一个投影策略 $\boldsymbol{h}=(h_v)_{v\in V}$ 对每个 $v\in V$ 定义了一个从 $Q_v$ 到新取值范围 $\Sigma_v$ 的映射：

$$h_v: Q_v\to\Sigma_v$$

令 $\Sigma\triangleq\bigotimes_{v\in V}\Sigma_v$，对任意 $\Lambda\subseteq V$，记 $\Sigma_\Lambda\triangleq\bigotimes_{v\in\Lambda}\Sigma_v$。

我们也很自然地把 $\boldsymbol{h}$ 写成一个部分配置的投影函数：

$$\forall\Lambda\subseteq V,\ \forall\boldsymbol{x}\in Q_\Lambda,\quad \boldsymbol{h}(\boldsymbol{x})\triangleq(h_v(x_v))_{v\in\Lambda} \tag{9-7}$$

**定义 9-2**（投影后的 LLL 分布） 对任意 $v\in V$，令 $\rho_v$ 为 $Y_v=h_v(X_v)$ 的分布，其中 $X_v\sim\pi_v$。令 $\rho\triangleq\bigotimes_{v\in V}\rho_v$ 为空间 $\Sigma$ 的乘积分布。

对每个 $v\in V$ 和任意 $y_v\in\Sigma_v$，令 $\pi_v^{y_v}$ 为在 $h_v(X_v)=y_v$ 的条件下 $X_v\sim\pi_v$ 的分布。对任意 $\Lambda\subseteq V$ 和 $y_\Lambda\in\Sigma_\Lambda$，令 $\pi^{y_\Lambda}$ 为在 $\boldsymbol{h}(\boldsymbol{X}_\Lambda)=y_\Lambda$ 的条件下 $\boldsymbol{X}\sim\boldsymbol{\pi}$ 的分布。

令 $\boldsymbol{\nu}=\boldsymbol{\nu}_{\Phi,\boldsymbol{h}}$ 是 $\boldsymbol{Y}=\boldsymbol{h}(X)$ 的分布，其中 $\boldsymbol{X}\sim\boldsymbol{\mu}$。

在 CNF 的例子中，所有变量 $v\in V$ 被分成两类：集合 $\mathcal{M}$ 中被标记的变量和集合 $V\setminus\mathcal{M}$ 中未被标记的变量。对于所有的 $v\in\mathcal{M}$，映射 $h_v$ 的值域 $\Sigma_v=Q_v=\{\texttt{True},\texttt{False}\}$，且 $h_v(\texttt{True})=\texttt{True}$，$h_v(\texttt{False})=\texttt{False}$；对于所有的 $v\in V\setminus\mathcal{M}$，映射 $h_v$ 的值域 $\Sigma_v$ 大小为 1。考虑这种映射诱导出的分布 $\boldsymbol{\nu}$。对于所有 $V\setminus\mathcal{M}$ 中未被标记的变量，它们在映射后只有唯一的取值，而 $\mathcal{M}$ 中被标记的变量服从 $\boldsymbol{\mu}$ 在 $\mathcal{M}$ 上诱导出的边缘分布。因此分布 $\boldsymbol{\nu}$ 本质上就是上一节定义的边缘分布 $\boldsymbol{\mu}_{\mathcal{M}}$。

注意到原始的 LLL 分布 $\mu$ 是一个吉布斯分布。但是投影后的分布 $\nu$ 则是 $\Sigma$ 上的一个联合分布，它可能不再是一种吉布斯分布且不能被由局部约束定义的局部引理实例表示，这是因为满足 $\Phi(x) \neq \Phi(x')$ 的 $x$，$x' \in Q$ 可能被映射到相同的 $h(x)=h(x')$。

在算法中，映射 $h=(h_v)_{v \in V}$ 的信息可通过投影预言机（oracle）获得。

**定义 9-3**（投影预言机） 一个询问代价为 $t$ 的投影预言机是由投影策略 $h=(h_v)_{v \in V}$ 构造的数据结构，它能以代价 $t$ 回答下列询问。

- **取值**：输入 $v \in V$ 上的值 $x_v \in Q_v$，返回 $h_v(x_v) \in \Sigma_v$。
- **反转**：输入变量 $v \in V$ 上投影后的值 $y_v \in \Sigma_v$，返回随机值 $X_v \sim \pi_v^{y_v}$。

我们采样均匀满足解的算法框架如下。

---

**从 $\mu$ 中采样的算法**

1. 构造一个合适的投影策略 $h$（见条件 9-9）；
2. 采样一个随机的 $X \sim \pi$ 并令 $Y=h(X)$；
3. （$\nu$ 上的吉布斯采样算法）重复下列操作足够多次：
   随机等概率选择一个点 $v \in V$；
   从 $\nu_v^{Y_{V \setminus \{v\}}}$ 中采样一个值来更新 $Y_v$；
4. 在 $h(X)=Y$ 的条件下采样 $X \sim \mu$。

---

算法模拟空间 $\Sigma$ 上的马尔可夫链来近似地从分布 $\nu$ 中采样一个随机配置 $Y \in \Sigma$，之后算法把 $Y$ 反转成 $\Phi$ 中所有变量

的赋值 $\boldsymbol{X}$，$\boldsymbol{X}$ 服从 $\boldsymbol{h}^{-1}(\boldsymbol{Y})$ 上的均匀分布。

保证算法效率的关键是可以高效并且准确地从分布 $\boldsymbol{\nu}_v^{Y_{V\setminus\{v\}}}$（给定 $Y_{V\setminus\{v\}}$ 的条件下 $\boldsymbol{\nu}$ 在 $v$ 上的边缘分布）以及分布 $\boldsymbol{\mu}^{Y}$（在 $\boldsymbol{h}(\boldsymbol{X})=\boldsymbol{Y}$ 的条件下，随机变量 $\boldsymbol{X}\sim\boldsymbol{\mu}$ 的分布）中完成采样。实际上，要从这些分布中采样，我们只需要从 $\boldsymbol{\mu}_S^{y_\Lambda}$ 中采样，其中 $S\subseteq V$，$y_\Lambda\in\Sigma_\Lambda$，集合 $\Lambda=V$ 或 $|\Lambda|=|V|-1$。

$$\begin{aligned}\boldsymbol{\mu}_S^{y_\Lambda}:X_S\ \text{的分布},\boldsymbol{X}\in\boldsymbol{Q}\ \text{从给定}\ \boldsymbol{h}(X_\Lambda)\\ =y_\Lambda\ \text{之后}\ \boldsymbol{\mu}\ \text{的条件分布中采样}\end{aligned}\tag{9-8}$$

分布 $\boldsymbol{\mu}^{Y}$ 就是分布 $\boldsymbol{\mu}_S^{y_\Lambda}$，其中 $S=\Lambda=V$。我们用如下方法从 $\boldsymbol{\nu}_v^{Y_{V\setminus\{v\}}}$ 中采样：首先采样 $X_v\sim\boldsymbol{\mu}_v^{Y_{V\setminus\{v\}}}\triangleq\boldsymbol{\mu}_{\{v\}}^{Y_{V\setminus\{v\}}}$，然后输出 $h_v(X_v)$。

因为 $y_\Lambda$ 是或者几乎是 $V$ 上的一个配置，所以从 $\boldsymbol{\mu}_S^{y_\Lambda}$ 中采样基本上就是通过分布 $\boldsymbol{\mu}$ 把 $y_\Lambda$ 反向映射回 CSP-公式的满足解。这个任务在映射 $\boldsymbol{h}$ 接近 1-1 映射时相对容易，这要求相对于 $\boldsymbol{X}\sim\boldsymbol{\mu}$，映射后 $\boldsymbol{h}(\boldsymbol{X})$ 的熵不能损失太多。所以映射不能过分地压缩状态空间。

算法的复杂性也依赖于 $\boldsymbol{\nu}$ 上吉布斯采样算法的混合时间。人们已经知道，在局部引理条件下，原始解空间上单点更新的马尔可夫链不连通[33]。映射可以把多个状态压缩成 $\boldsymbol{\Sigma}$ 上的一个状态，但是这要求映射 $\boldsymbol{h}$ 不能过于接近 1-1 映射。映射 $\boldsymbol{h}(\boldsymbol{X})$ 需要把 $\boldsymbol{X}\sim\boldsymbol{\mu}$ 的熵减小一定程度。所以映射要在一定程度上压缩状态空间。

严格来说，这两个不同的需求联合起来可以得到如下条件。

**条件 9-9**（熵标准） 令 $0<\beta<\alpha<1$ 为两个参数。CSP-公式 $\boldsymbol{\Phi}=(V,\boldsymbol{Q},\mathcal{C})$ 和投影策略 $\boldsymbol{h}$ 满足如下关系：对每个 $v\in V$，令 $q_v\triangleq|Q_v|$，$s_v\triangleq|\Sigma_v|$。投影 $\boldsymbol{h}$ 是平衡的，即对于每个 $v\in V$ 和 $y_v\in\Sigma_v$，有

$$\left\lfloor\frac{q_v}{s_v}\right\rfloor\leqslant|h_v^{-1}(y_v)|\leqslant\left\lceil\frac{q_v}{s_v}\right\rceil$$

对于任何一个约束 $c\in\mathcal{C}$ 都有

$$\sum_{v\in\mathrm{vbl}(c)}\log\left\lceil\frac{q_v}{s_v}\right\rceil\leqslant\alpha\sum_{v\in\mathrm{vbl}(c)}\log q_v \tag{9-9}$$

$$\sum_{v\in\mathrm{vbl}(c)}\log\left\lfloor\frac{q_v}{s_v}\right\rfloor\geqslant\beta\sum_{v\in\mathrm{vbl}(c)}\log q_v \tag{9-10}$$

注意到，对于服从均匀分布的变量 $X_v\in Q_v$，它的熵为 $H(X_v)=\log q_v$，对于由平衡映射 $\boldsymbol{h}$ 得到的 $Y_v=h_v(X_v)$，有 $\log\frac{q_v}{\lceil q_v/s_v\rceil}\leqslant H(Y_v)\leqslant\log\frac{q_v}{\lfloor q_v/s_v\rfloor}$。所以，式（9-9）和式（9-10）实际上是一个稍强版本的 $\boldsymbol{X}\sim\boldsymbol{\pi}$ 熵的上下界：

$$\begin{aligned}(1-\alpha)\sum_{v\in\mathrm{vbl}(c)}H(X_v)&\leqslant\sum_{v\in\mathrm{vbl}(c)}H(h_v(X_v))\\&\leqslant(1-\beta)\sum_{v\in\mathrm{vbl}(c)}H(X_v)\end{aligned}$$

下面两个条件解释了一个满足条件 9-9 的映射如何对采样提供帮助。

在投影之后，联合分布 $\boldsymbol{\nu}$ 不再可以被局部引理的实例定

义。但是，我们可以通过取整来构造如下局部引理的实例。

**定义 9-4**（取下整 CSP-公式） 给定一个 CSP-公式 $\Phi=(V,\boldsymbol{Q},\mathcal{C})$ 以及一个投影策略 $\boldsymbol{h}=(h_v)_{v\in V}$，CSP-公式 $\Phi^{\lfloor \boldsymbol{h}\rfloor}=(V,\Sigma,\mathcal{C}^{\lfloor \boldsymbol{h}\rfloor})$ 可以通过如下方法构造。

- 变量集合还是 $V$，但是每个 $v\in V$ 从 $\Sigma_v$ 上取值。
- 相对于 $\Phi$ 中的每个约束 $c\in\mathcal{C}$，一个新约束 $c'\in\mathcal{C}^{\lfloor \boldsymbol{h}\rfloor}$ 可以通过如下方法构造：

$$\text{vbl}(c')=\text{vbl}(c) \quad \text{且} \quad \forall \boldsymbol{y}\in\sum_{\text{vbl}(c')}$$

$$c'(\boldsymbol{y})=\begin{cases}\texttt{True} \text{ 如果对于所有满足 } \boldsymbol{h}(\boldsymbol{x})=\boldsymbol{y} \text{ 的 } \boldsymbol{x}\in\Omega_{\text{vbl}(c)} \text{ 都有 } c(\boldsymbol{x})\\ \texttt{False} \text{ 如果存在一个满足 } \boldsymbol{h}(\boldsymbol{x})=\boldsymbol{y} \text{ 的 } \boldsymbol{x}\in\Omega_{\text{vbl}(c)} \text{ 有} \neg c(\boldsymbol{x})\end{cases}$$

CSP-公式 $\Phi^{\lfloor \boldsymbol{h}\rfloor}$ 是 $\Phi$ 相对于 $\boldsymbol{h}$ 的“取下整”版本，这是因为对于所有 $\boldsymbol{y}\in\sum_{\text{vbl}(c')}=\sum_{\text{vbl}(c)}$，都有 $c'(\boldsymbol{y})=\lfloor \mathbb{P}_{\boldsymbol{X}\sim\pi}[c(\boldsymbol{X}_{\text{vbl}(c)})\mid \boldsymbol{h}(\boldsymbol{X}_{\text{vbl}(c)})=\boldsymbol{y}]\rfloor$。

需要重申的是，对于原始的由 CSP-公式 $\Phi=(V,\boldsymbol{Q},\mathcal{C})$ 定义的局部引理实例以及服从均匀分布的随机变量 $\boldsymbol{X}\sim\pi$，我们假设了如下局部引理条件

$$\ln\frac{1}{p}>A\ln D+B \quad (A \text{ 和 } B \text{ 都是常数}) \tag{9-11}$$

式中，$p\triangleq\max_{c\in\mathcal{C}}\mathbb{P}_{\boldsymbol{X}\sim\pi}[\neg c(\boldsymbol{X}_{\text{vbl}(c)})]$ 是某个约束 $c\in\mathcal{C}$ 被违反的最大概率，$D$ 是依赖图的最大度数。

因为 $\Phi$ 是由原子约束定义的，根据局部引理条件（式（9-11））和式（9-9）可以推出如下条件。

**条件 9-10**（取下整 LLL 条件） 由取下整 CSP-公式 $\Phi^{\lfloor h \rfloor}=(V,\Sigma,\mathcal{C}^{\lfloor h \rfloor})$和概率分布 $\rho$ 定义的洛瓦兹局部引理实例满足

$$\ln \frac{1}{p}>(1-\alpha)(A \ln D+B)$$

式中，$p \triangleq \max_{c \in \mathcal{C}^{\lfloor h \rfloor}} \mathbb{P}_{Y \sim \rho}[\neg c(Y_{\mathrm{vbl}(c)})]$，$D$ 是依赖图的最大度数。

映射 $h$ 可能同时把满足解 $x \in Q$ 以及非满足解 $x' \in Q$ 映射到同一个 $h(x)=h(x') \in \Sigma$，这使得我们无法确定映射后的 $y \in \Sigma$ 是否代表一个“满足解”。取下整的 CSP 用最坏情况来定义“满足解”：只要有一个 $x \in h^{-1}(y)$ 不是原公式的满足解，$y \in \Sigma$ 就不是取下整公式的满足解。条件 9-10 说明即使在这种最坏情况下，局部引理条件依然成立。这一点对从 $\mu_S^{y_\Lambda}$（定义见式（9-8））中采样非常重要，这是因为在这个条件下，$\mu^{y_\Lambda}$ 可以分解成若干个独立的子概率分布，每个子分布只有 $O(\log n)$ 个变量。

同时，局部引理条件（式（9-11））和式（9-10）可以推出如下条件。

**条件 9-11**（给定条件下的洛瓦兹局部引理条件） 对于任意 $\Lambda \subseteq V$ 和 $y_\Lambda \in \Sigma_\Lambda$，由 CSP-公式 $\Phi=(V,Q,\mathcal{C})$ 和概率分布 $\pi^{y_\Lambda}$ 定义的洛瓦兹局部引理实例满足

$$\ln \frac{1}{p}>\beta(A \ln D+B)$$

式中，$p \triangleq \max_{c \in \mathcal{C}} \mathbb{P}_{X \sim \pi^{Y_A}}[\neg c(\boldsymbol{X}_{\mathrm{vbl}(c)})]$，$D$ 是依赖图的最大度数。

条件 9-11 可以看成自归约性质。一个在式（9-11）条件下采样 CSP-公式 $\Phi$ 满足解的障碍是没有自归约性质，即任意固定一些变量的值后，式（9-11）可能不再满足。而条件 9-11 说明投影之后自归约性质成立，即固定一些变量投影之后的值，局部引理条件依然成立。这一点对吉布斯采样算法的混合时间非常重要。

我们有如下算法去构造满足条件 9-9 的映射策略。

**定理 9-12** 令 $0<\beta<\alpha<1$ 为两个参数。令 $\Phi=(V,\boldsymbol{Q},\mathcal{C})$ 为一个 CSP-公式且 $\mathcal{C}$ 只包含原子约束。令 $D$ 为依赖图的最大度数，且 $p \triangleq \max_{c \in \mathcal{C}} \prod_{v \in \mathrm{vbl}(c)} \frac{1}{|Q_v|}$。如果 $\log \frac{1}{p} \geqslant \frac{25}{(\alpha-\beta)^3}(\log D+3)$，则对于任意 $0<\delta<1$，至少以概率 $1-\delta$，询问代价为 $O(\log q)$ 的投影预言机（定义 9-3）可以以 $O\left(n(Dk+q)\log \frac{1}{\delta}\log q\right)$ 的时间复杂度构造，其中 $q \triangleq \max_{v \in V}|Q_v|$，$k \triangleq \max_{c \in \mathcal{C}}|\mathrm{vbl}(c)|$，且预言机对应的投影策略 $\boldsymbol{h}=(h_v)_{v \in V}$ 以参数 $(\alpha,\beta)$ 满足条件 9-9。

对于 $(k,d)$-CSP-公式，其中每个 $c \in \mathcal{C}$ 满足 $|\mathrm{vbl}(c)|=k$，每个 $v \in V$ 最多出现在 $d$ 个约束中，所有变量 $v \in V$ 的取值范围是 $Q_v=[q]$，我们可以得到如下加强版的构造算法。

**定理 9-13** 令 $0<\beta<\alpha<1$ 为两个参数。所有由原子约束定义的 $(k,d)$-CSP-公式 $\Phi=(V,[q]^V,\mathcal{C})$ 满足如下性质：

- 如果$7\leqslant q^{\frac{\alpha+\beta}{2}}\leqslant\frac{q}{6}$且$\log q\geqslant\frac{1}{\alpha-\beta}$，则询问代价为$O(\log q)$的投影预言机（定义9-3）可以以$O(n\log q)$的时间复杂度构造，其所对应的投影策略以参数（$\alpha,\beta$）满足条件9-9。
- 如果$k\geqslant\frac{2\ln 2}{(\alpha-\beta)^2}\log(2ekd)$，则对于任意$0<\delta<1$，以至少$1-\delta$的概率，满足上述条件的投影预言机可以以$O\left(ndk\log\frac{1}{\delta}\right)$的时间复杂度构造。

定理9-12和定理9-13的证明在9.5.2节给出。

### 9.4.3 一般约束满足问题采样算法

令$\boldsymbol{\Phi}=(V,\boldsymbol{Q},\boldsymbol{C})$为由原子约束定义的CSP-公式，根据定义9-1，$\boldsymbol{\Phi}$定义了所有满足解的均匀分布$\mu$。令$\varepsilon>0$为误差上界。算法的目的是输出一个随机赋值$\boldsymbol{X}\in Q$使得$d_{\mathrm{TV}}(\boldsymbol{X},\mu)\leqslant\varepsilon$。

根据CSP的种类，算法使用定理9-12和定理9-13中的过程去构造一个投影策略$\boldsymbol{h}=(h_v)_{v\in V}$，其中对每个$v\in V$构造$h_v: Q_v\to\Sigma_v$使得$\boldsymbol{h}$以参数（$\alpha,\beta$）满足条件9-9，参数$0<\beta<\alpha<1$在9.5节设定。对于随机的投影构造过程，我们令失败概率为$\varepsilon/4$，如果构造失败，算法直接返回任意一种赋值$\boldsymbol{X}\in\boldsymbol{Q}$。

假设投影策略 $\boldsymbol{h}$ 给定。采样算法描述在算法 23 中。

**算法 23**：投影策略给定后的采样算法

**输入**：一个由原子约束定义的 CSP-公式 $\Phi=(V,\boldsymbol{Q},\mathcal{C})$，一个以参数（$\alpha,\beta$）满足条件 9-9 的投影策略 $\boldsymbol{h}=(h_v)_{v\in V}$，以及一个误差上界 $\varepsilon>0$；

**输出**：一个随机赋值 $\boldsymbol{X}\in\boldsymbol{Q}$；

采样均匀随机的 $\boldsymbol{X}\sim\boldsymbol{\pi}$ 并令 $\boldsymbol{Y}\leftarrow\boldsymbol{h}(\boldsymbol{X})$；

**for** 每个 $t$ 从 1 到 $T\triangleq\left\lceil 2n\log\frac{4n}{\varepsilon}\right\rceil$ **do** //$\boldsymbol{Y}\in\Sigma$ 的吉布斯采样算法

　　随机等概率选择 $v\in V$；

　　$X_v\leftarrow\text{InvSample}\left(\Phi,\boldsymbol{h},\frac{\varepsilon}{4(T+1)},Y_{V\setminus\{v\}},\{v\}\right)$；　//从 $\mu_v^{Y_{V\setminus\{v\}}}$ 中近似采样 $X_v\in Q_v$

　　$Y_v\leftarrow h_v(X_v)$；

$X\leftarrow\text{InvSample}\left(\Phi,\boldsymbol{h},\frac{\varepsilon}{4(T+1)},\boldsymbol{Y},V\right)$；　//从 $\mu^{Y}$ 中近似采样 $\boldsymbol{X}\in\boldsymbol{Q}$

**return** $\boldsymbol{X}$。

算法 23 实现了 9.4.2 节列出的算法框架。算法首先实现了对分布 $\boldsymbol{\nu}$ 的吉布斯采样算法，$\boldsymbol{\nu}$ 是投影后的分布（定义 9-2）。算法模拟了 $T=\left\lceil 2n\log\frac{4n}{\varepsilon}\right\rceil$ 步吉布斯采样算法以从 $\boldsymbol{\nu}$ 中近似采样随机样本 $\boldsymbol{Y}\in\Sigma$。在每一步，算法随机等概率地选择一个点 $v\in V$，从概率分布 $\boldsymbol{\nu}_v^{Y_{V\setminus\{v\}}}$ 中近似采样 $Y_v$。最后算法把 $\boldsymbol{Y}\in\Sigma$ 反转成一个随机赋值 $\boldsymbol{X}\in\boldsymbol{Q}$，$\boldsymbol{X}\in\boldsymbol{Q}$ 近似服从 $\boldsymbol{h}(\boldsymbol{X})=\boldsymbol{Y}$ 条件下 $\boldsymbol{X}\sim\boldsymbol{\mu}$ 的分布。

算法 23 需要使用反转采样子程序从分布 $\boldsymbol{\mu}_v^{Y_{V\setminus\{v\}}}$ 或 $\boldsymbol{\mu}^{Y}$ 中近似采样。

### InvSample 子程序（算法 24）

**算法 24：** InvSample($\boldsymbol{\Phi},\boldsymbol{h},\delta,y_\Lambda,S$)

**输入：** 一个由原子约束定义的 CSP-公式 $\boldsymbol{\Phi}=(V,\boldsymbol{Q},\mathcal{C})$，一个投影策略 $\boldsymbol{h}$，一个误差上界 $\delta>0$，一个 $\Lambda\subseteq V$ 上的配置 $y_\Lambda\in\Sigma_\Lambda$，以及一个子集 $S\subseteq V$；

**输出：** 一个随机赋值 $\boldsymbol{X}\in\boldsymbol{Q}_S$；

删除 $\boldsymbol{\Phi}$ 中已经被 $y_\Lambda$ 满足的约束，得到新的 CSP-公式 $\boldsymbol{\Phi}'$；

分解 $\boldsymbol{\Phi}'$，找到子公式 $\{\boldsymbol{\Phi}_i'=(V_i,\boldsymbol{Q}_{V_i},\mathcal{C}_i')\mid 1\leqslant i\leqslant\ell\}$ 满足每个 $V_i\cap S\neq\varnothing$；

**if** 存在 $1\leqslant i\leqslant\ell$ 使得 $|\mathcal{C}_i'|>2D\log\frac{nD}{\delta}$ **then** //存在大连通块

  **return** 均匀随机的 $\boldsymbol{X}_S\sim\pi_S$；

**for** 每个 $i$ 从 1 到 $\ell$ **do**

  **repeat** 至多 $R\triangleq\left\lceil 10\left(\frac{n}{\delta}\right)^{\eta}\log\frac{n}{\delta}\right\rceil$ 次： //$\leqslant R$ 次拒绝采样

    采样 $\boldsymbol{X}_i\sim\pi_{V_i}^{y_{\Lambda_i}}$，其中 $\Lambda_i\triangleq V_i\cap\Lambda$；

  **until** $\boldsymbol{\Phi}_i'(\boldsymbol{X}_i)=$ `True`；

  **if** $\boldsymbol{\Phi}_i'(\boldsymbol{X}_i)=$ `False` **then** //拒绝采样溢出

    **return** 均匀随机的 $\boldsymbol{X}_S\sim\pi_S$；

**return** $X_S'$，其中 $\boldsymbol{X}'=\bigcup_{i=1}^{\ell}\boldsymbol{X}_i$；

令 $S\subseteq V,\Lambda\subseteq V,y_\Lambda\in\Sigma_\Lambda$。子程序 InvSample($\boldsymbol{\Phi},\boldsymbol{h},\delta,y_\Lambda,S$) 的目的是从 $\mu_S^{y_\Lambda}$（定义见式（9-8））采样随机的 $X_S\in Q_S$。在一般情况下，精确计算 $\mu_S^{y_\Lambda}$ 需要计算一个配分函数，这个问题可能非常困难。这里，给定一个误差界 $\delta>0$，算法以 $1-\delta$ 的概率返回一个随机样本，它的分布和 $\mu_S^{y_\Lambda}$ 的全变差不超过

$\delta$，其中概率的随机性来自 $y_\Lambda$。

我们引入一些描述算法的记号。令 $c \in \mathcal{C}$ 为 CSP-公式 $\boldsymbol{\Phi}$ 中的一个约束。需要重申的是，$c$ 是一个原子约束。令

$$\boldsymbol{F}^c \triangleq c^{-1}(\texttt{False})$$

表示 $\boldsymbol{Q}_{\mathrm{vbl}(c)}$ 中唯一被 $c$ 禁止的配置。当且仅当下列条件成立时，我们称原子约束 $c \in \mathcal{C}$ 被 $y_\Lambda \in \Sigma_\Lambda (\Lambda \subseteq V)$ 满足。

$$\boldsymbol{h}\left(F^c_{\Lambda \cap \mathrm{vbl}(c)}\right) \neq y_{\Lambda \cap \mathrm{vbl}(c)} \tag{9-12}$$

其中，函数 $\boldsymbol{h}(\cdot)$ 定义在式（9-7）中。对于原子约束 $c \in \mathcal{C}$，上述条件（式（9-12））说明 $c$ 被任意使得 $\boldsymbol{h}(x_\Lambda) = y_\Lambda$ 的 $\boldsymbol{x} \in \boldsymbol{Q}$ 满足。所以，$c$ 可以被分布 $\boldsymbol{\mu}^{y_\Lambda} = \boldsymbol{\mu}_V^{y_\Lambda}$ 支持集的任意元素满足。

子程序的关键思想是可以删除被 $y_\Lambda$ 满足的所有约束，从而得到一个新的 CSP-公式 $\boldsymbol{\Phi}' = (V, \boldsymbol{Q}, \mathcal{C}')$，其中 $\mathcal{C}' \triangleq \{c \in \mathcal{C} \mid c$ 没有被 $y_\Lambda$ 满足$\}$。

定义 $\boldsymbol{\mu}_{\boldsymbol{\Phi}}^{y_\Lambda}$ 为在 $\boldsymbol{\Phi}'(\boldsymbol{X})$ 的条件下 $\boldsymbol{X} \sim \boldsymbol{\pi}^{y_\Lambda}$ 的分布，乘积分布 $\boldsymbol{\pi}^{y_\Lambda}$ 定义在定义 9-2 中。容易验证 $\boldsymbol{\mu}_{\boldsymbol{\Phi}'}^{y_\Lambda} \equiv \boldsymbol{\mu}^{y_\Lambda}$。

进一步地说，新的 CSP-公式 $\boldsymbol{\Phi}'$可以被分解成一系列子公式：

$$\boldsymbol{\Phi}' = \boldsymbol{\Phi}'_1 \wedge \boldsymbol{\Phi}'_2 \wedge \cdots \wedge \boldsymbol{\Phi}'_m$$

我们将会证明，每一个子公式大概率只有对数级大小。所以我们可以对每个子公式 $\boldsymbol{\Phi}'_i$使用最原始的拒绝采样算法。

严格来讲，令 $H'=(V,\mathcal{E}')$ 为由 CSP-公式 $\boldsymbol{\Phi}'=(V,\boldsymbol{Q},\mathcal{C}')$ 导出的超图（可能有重边）。构造超图时，对每个约束 $c\in\mathcal{C}'$ 构造一条超边 $e_c=\mathrm{vbl}(c)$。令 $H'_1$，$H'_2,\cdots,H'_m$ 表示超图 $H'$ 中的连通块，其中每个 $H'_i=(V_i,\mathcal{E}'_i)$。令 $\boldsymbol{\Phi}'_i=(V_i,\boldsymbol{Q}_{V_i},\mathcal{C}'_i)$ 为 $H'_i$ 表示的子公式，每个 $\mathcal{C}'_i$ 是超边集合 $\mathcal{E}'_i$ 对应的约束集合。这就给出了一个分解 $\boldsymbol{\Phi}'=\boldsymbol{\Phi}'_1\wedge\boldsymbol{\Phi}'_2\wedge\cdots\wedge\boldsymbol{\Phi}'_m$。对于每个子公式 $\boldsymbol{\Phi}'_i=(V_i,\boldsymbol{Q}_{V_i},\mathcal{C}'_i)$，令 $\Lambda_i=\Lambda\cap V_i$，定义 $\boldsymbol{\mu}_{\boldsymbol{\Phi}'_i}^{y_{\Lambda_i}}$ 为 $\boldsymbol{\Phi}'_i(\boldsymbol{X})$ 的条件下 $\boldsymbol{X}\sim\boldsymbol{\pi}_{V_i}^{y_{\Lambda_i}}$ 的分布，其中 $\boldsymbol{\pi}_{V_i}^{y_{\Lambda_i}}$ 表示限制在集合 $V_i$ 上的乘积分布 $\boldsymbol{\pi}^{y_{\Lambda_i}}$。容易验证

$$\boldsymbol{\mu}^{y_\Lambda}\equiv\boldsymbol{\mu}_{\boldsymbol{\Phi}'}^{y_\Lambda}\equiv\boldsymbol{\mu}_{\boldsymbol{\Phi}'_1}^{y_{\Lambda_1}}\times\boldsymbol{\mu}_{\boldsymbol{\Phi}'_2}^{y_{\Lambda_2}}\times\cdots\times\boldsymbol{\mu}_{\boldsymbol{\Phi}'_m}^{y_{\Lambda_m}}$$

不失一般性地，我们假设对于 $1\leqslant i\leqslant\ell$，有 $S\cap V_i\neq\varnothing$；对于 $\ell<i\leqslant m$，有 $S\cap V_i=\varnothing$。我们只需要对所有 $1\leqslant i\leqslant\ell$ 独立地采样 $\boldsymbol{X}_i\sim\boldsymbol{\mu}_{\boldsymbol{\Phi}'_i}^{y_{\Lambda_i}}$，再把所有样本合在一起得到 $\boldsymbol{X}'=\bigcup_{i=1}^{\ell}\boldsymbol{X}_i$，最后输出 $\boldsymbol{X}'_S$。每一个 $\boldsymbol{X}_i\sim\boldsymbol{\mu}_{\boldsymbol{\Phi}'_i}^{y_{\Lambda_i}}$ 可以通过拒绝采样获得，即独立重复地采样 $\boldsymbol{X}_i\sim\boldsymbol{\pi}_{V_i}^{y_{\Lambda_i}}$ 直到 $\boldsymbol{\Phi}'_i(\boldsymbol{X}_i)$ 为真。

子程序 InvSample$(\boldsymbol{\Phi},\boldsymbol{h},\delta,y_\Lambda,S)$ 按照上述过程进行，但是有两个例外。

- **存在大连通块**：对某个 $1\leqslant i\leqslant\ell$，有 $|\mathcal{C}'_i|\geqslant 2D\log\dfrac{nD}{\delta}$，$D$ 是 $\boldsymbol{\Phi}$ 依赖图的最大度数。

- **拒绝采样溢出：** 对某个 $1\leqslant i\leqslant \ell$ 的 $\mu_{\Phi_i'}^{\gamma_{\Lambda_i}}$，拒绝采样重复了 $R=\left\lceil 10\left(\frac{n}{\delta}\right)^{\eta}\log\frac{n}{\delta}\right\rceil$ 次都没有成功，参数 $\eta$ 在 9.5 节给出。

如果出现上述两种例外，算法直接返回均匀随机的 $\boldsymbol{X}_S\sim\boldsymbol{\pi}_S$。

在 9.5 节，我们选取合适的参数（$\alpha,\beta$）使得 $\boldsymbol{h}$ 以此参数满足条件 9-9，再选取一个合适的 $\boldsymbol{\eta}$。我们证明，两种例外高概率都不会发生。所以子程序可以给算法 23 提供足够精确的随机样本。

## 9.5 算法分析

在本节，我们分析算法并证明主要结论。本书的算法首先利用定理 9-12 和定理 9-13 中的过程构造投影策略，之后就能得到询问代价为 $O(\log q)$ 的投影预言机，其中 $q=\max_{v\in V}|Q_v|$，最后使用算法 23 从 $\mu$ 上近似采样 $\boldsymbol{X}$。我们假设可以进行如下基本采样操作：

- 随机等概率采样 $v\in V$，代价为 $O(\log n)$。
- 对任意 $v\in V$，从 $Q_v$ 中随机等概率采样 $\boldsymbol{X}\sim\boldsymbol{\pi}_v$，代价为 $O(\log q)$。

当分析算法的复杂度时，我们只计算投影预言机的询问代价和基本采样操作的代价，因为算法的总代价会被这些代价支配。

我们先证明一般 CSP 的结论（定理 10-1），再证明超图染色和 CNF 公式的结论（定理 9-3 和定理 9-4）。

## 9.5.1 主定理证明

**一般 CSP-公式（定理 10-1 的证明）**

对于由原子约束定义的 CSP-公式 $\boldsymbol{\Phi}=(V,\boldsymbol{Q},\mathcal{C})$，我们证明如下条件下有高效采样算法。

$$\ln\frac{1}{p}\geqslant 350\ln D+3\ln\frac{1}{\zeta} \tag{9-13}$$

式中，$p=\max\limits_{c\in\mathcal{C}}\prod\limits_{v\in\mathrm{vbl}(c)}\frac{1}{|Q_v|}$ 是均匀分布下某个约束 $c\in\mathcal{C}$ 被违反的最大概率，$D$ 是 $\boldsymbol{\Phi}$ 依赖图的最大度数。正实数参数 $\zeta$ 刻画了条件的松弛程度。

**定理 9-14** 下列结论对于 $0<\zeta\leqslant 2^{-400}$ 成立。存在一个算法给定任意 $0<\varepsilon<1$ 以及一个由原子约束定义的 CSP-公式 $\boldsymbol{\Phi}=(V,\boldsymbol{Q},\mathcal{C})$，如果式（9-13）成立，则算法输出一个随机的 $\boldsymbol{X}\in\boldsymbol{Q}$，它的分布和所有解均匀分布 $\mu$ 之间的全变差不超过 $\varepsilon$，算法的复杂度为 $O\left((D^2k+q)n\left(\frac{n}{\varepsilon}\right)^{\zeta}\log^4\left(\frac{nDq}{\varepsilon}\right)\right)$，其中 $k=\max\limits_{c\in\mathcal{C}}|\mathrm{vbl}(c)|$。

定理 10-1 可以直接由定理 9-14 得出。

令 $\boldsymbol{h}=(h_v)_{v\in V}$ 为以参数（$\alpha,\beta$）满足条件 9-9 的投影策

略。为了证明定理 9-14，我们要使用如下引理说明在局部引理条件下，$\nu$ 上的吉布斯采样算法可以快速混合。

**引理 9-15** 如果$\log \frac{1}{p} \geqslant \frac{50}{\beta} \log\left(\frac{2000D^4}{\beta}\right)$，$\nu$ 上吉布斯采样算法的混合时间为

$$T_{\mathrm{mix}}(\varepsilon) \leqslant \left\lceil 2n \log \frac{n}{\varepsilon} \right\rceil$$

引理 9-15 的证明在 9.5.4 节给出。

我们还需要如下引理来分析子程序 InvSample($\boldsymbol{\Phi}, \boldsymbol{h}, \delta, X_\Lambda, S$)。在算法 23 中，子程序会被调用 $T+1$ 次。对每个 $1 \leqslant t \leqslant T+1$，定义如下坏事件。

- $\mathcal{B}_t^{(1)}$：在第 $t$ 次调用 InvSample(·) 时，随机配置 $\boldsymbol{X}$ 由第 10 行返回。
- $\mathcal{B}_t^{(2)}$：在第 $t$ 次调用 InvSample(·) 时，随机配置 $\boldsymbol{X}$ 由第 4 行返回。

**引理 9-16** 令 $1 \leqslant t \leqslant T+1$，$0<\eta<1$。在算法 23 中，对于第 $t$ 次以参数 $\eta$ 调用 InvSample($\boldsymbol{\Phi}, \boldsymbol{h}, \delta, y_\Lambda, S$))，我们有

- 给定询问代价为 $O(\log q)$ 的投影预言机，InvSample($\boldsymbol{\Phi}, \boldsymbol{h}, \delta, y_\Lambda, S$) 的时间复杂度为

$$O\left( |S| D^2 k \left(\frac{n}{\delta}\right)^{\eta} \log^2\left(\frac{nD}{\delta}\right) \log q \right)$$

其中 $k = \max_{c \in \mathcal{C}} |\mathrm{vbl}(c)|$ 且 $q = \max_{v \in V} |Q_v|$。

- 如果 $\neg \mathcal{B}_t^{(1)} \wedge \neg \mathcal{B}_t^{(2)}$，第 $t$ 次调用 InvSample($\boldsymbol{\Phi}, \boldsymbol{h}, \delta$,

$y_\Lambda, S$）返回的 $\boldsymbol{X}_S \in Q_S$ 精确服从分布 $\mu_S^{y_\Lambda}$。

进一步地说，如果 $\log\frac{1}{p}\geqslant\frac{1}{1-\alpha}\log(20D^2)$ 且 $\log\frac{1}{p}\geqslant\frac{1}{\beta}\log\left(\frac{40\mathrm{e}D^2}{\eta}\right)$ 我们有

$$\mathbb{P}\left[\mathcal{B}_t^{(1)}\right]\leqslant\delta \quad 且 \quad \mathbb{P}\left[\mathcal{B}_t^{(2)}\right]\leqslant\delta$$

引理 9-16 的证明在 9.5.3 节给出。

**定理 9-14 的证明**：令 $\alpha$，$\beta$，$\eta$ 为 3 个参数，具体取值稍后固定。本书算法先用定理 9-12 中参数为 $\delta=\frac{\varepsilon}{4}$ 的随机算法构造投影策略，投影策略以参数 $\alpha$ 和 $\beta$ 满足条件 9-9。如果构造失败，算法结束并输出任意 $\boldsymbol{X}_{\text{out}}\in\boldsymbol{Q}$；如果构造成功，我们用算法 23 得到输出样本 $\boldsymbol{X}_{\text{out}}=\boldsymbol{X}_{\text{alg}}$。

我们首先分析运行时间。由定理 9-12 可知，构造投影策略的运行时间为

$$T_{\text{proj}}=O\left(n(Dk+q)\log\frac{1}{\varepsilon}\log q\right)$$

如果构造成功，则得到询问代价为 $O(\log q)$ 的投影预言机。在算法 23 中，我们模拟 $T=\left\lceil 2n\log\frac{4n}{\varepsilon}\right\rceil$ 步吉布斯采样算法。每一步选择随机点 $v\in V$ 的复杂度为 $O(\log n)$。算法接着调用子程序 $\mathrm{InvSample}\left(\boldsymbol{\Phi},\boldsymbol{h},\frac{\varepsilon}{4(T+1)},Y_{V\setminus\{v\}},\{v\}\right)$ 去采样 $X_v\in Q_v$。由引

理 9-16 可得，子程序复杂度为 $O\left(D^2k\left(\frac{n}{\delta}\right)^{\eta}\log^2\left(\frac{nD}{\delta}\right)\log q\right)$，其中

$$\delta=\frac{\varepsilon}{4(T+1)}=\Theta\left(\frac{\varepsilon}{n\log\frac{n}{\varepsilon}}\right)=\Omega\left(\frac{\varepsilon^2}{n^2}\right)$$

之后算法把 $X_v\in Q_v$ 映射成 $Y_v=h_v(v)\in\Sigma_v$，这一步的代价为 $O(\log q)$。所以，每一步转移的代价为

$$T_{\text{step}}=O\left(D^2k\left(\frac{n}{\varepsilon}\right)^{3\eta}\log^2\left(\frac{nD}{\varepsilon}\right)\log q\right)\tag{9-14}$$

最后，算法用 InvSample $\left(\boldsymbol{\Phi},\boldsymbol{h},\frac{\varepsilon}{4(T+1)},\boldsymbol{Y},V\right)$得到最终输出。由引理 9-16 可知，代价为 $O\left(nD^2k\left(\frac{n}{\delta}\right)^{\eta}\log^2\left(\frac{nD}{\delta}\right)\log q\right)$，其中 $\delta=\frac{\varepsilon}{4(T+1)}=\Omega\left(\frac{\varepsilon^2}{n^2}\right)$。所以最后一步的代价为

$$T_{\text{final}}=O\left(nD^2k\left(\frac{n}{\varepsilon}\right)^{3\eta}\log^2\left(\frac{nD}{\varepsilon}\right)\log q)\right)\tag{9-15}$$

把所有代价结合起来，我们有

$$T_{\text{total}}=T_{\text{proj}}+T\cdot T_{\text{step}}+T_{\text{final}}\tag{9-16}$$

$$=O\left(n(Dk+q)\log\frac{1}{\varepsilon}\log q\right)+$$

$$O\left((T+n)D^2k\left(\frac{n}{\varepsilon}\right)^{3\eta}\log^2\left(\frac{nD}{\varepsilon}\right)\log q\right)\tag{9-17}$$

$$=O\left((D^2k+q)n\left(\frac{n}{\varepsilon}\right)^{3\eta}\log^3\left(\frac{nD}{\varepsilon}\right)\log q\right)$$

接着，我们分析算法的正确性，即输出的分布和目标分布的全变差不超过 $\varepsilon$。我们证明

$$d_{\mathrm{TV}}(\boldsymbol{X}_{\mathrm{alg}},\boldsymbol{\mu})\leqslant\frac{3\varepsilon}{4}\tag{9-18}$$

这是因为，如果 $0<\beta<\alpha<1$ 且 $\log\frac{1}{p}\geqslant\frac{25}{(\alpha-\beta)^3}(\log D+3)$，构造投影的算法以至少 $1-\frac{\varepsilon}{4}$ 的概率成功，此时有 $\boldsymbol{X}_{\mathrm{out}}=\boldsymbol{X}_{\mathrm{alg}}$。令 $\boldsymbol{X}\sim\boldsymbol{\mu}$。根据耦合不等式，我们可以耦合 $\boldsymbol{X}$ 和 $\boldsymbol{X}_{\mathrm{alg}}$ 使得 $\boldsymbol{X}\neq\boldsymbol{X}_{\mathrm{alg}}$ 的概率不超过 $\frac{3\varepsilon}{4}$。所以，我们可以耦合 $\boldsymbol{X}$ 和 $\boldsymbol{X}_{\mathrm{out}}$ 使得 $\boldsymbol{X}\neq\boldsymbol{X}_{\mathrm{out}}$ 的概率不超过 $\frac{\varepsilon}{4}+\frac{3\varepsilon}{4}=\varepsilon$。由耦合不等式可得

$$d_{\mathrm{TV}}(\boldsymbol{X}_{\mathrm{out}},\boldsymbol{\mu})\leqslant\varepsilon$$

我们接着证明式（9-18）。考虑一个理想算法，先运行 $T=\left\lceil 2n\log\frac{4n}{\varepsilon}\right\rceil$ 步吉布斯采样算法得到随机样本 $\boldsymbol{Y}_G$，然后从分布 $\boldsymbol{\mu}^{\boldsymbol{Y}_G}$ 中采样 $\boldsymbol{X}_{\mathrm{idea}}$。由引理 9-15 可知，如果 $\log\frac{1}{p}\geqslant\frac{50}{\beta}\log\left(\frac{2000D^4}{\beta}\right)$，则 $d_{\mathrm{TV}}(\boldsymbol{Y}_G,\boldsymbol{\nu})\leqslant\frac{\varepsilon}{4}$。考虑如下采样 $\boldsymbol{X}\sim\boldsymbol{\mu}$ 的过程。先采样 $\boldsymbol{Y}\sim\boldsymbol{\nu}$，再采样 $\boldsymbol{X}\sim\boldsymbol{\mu}^{\boldsymbol{Y}}$。所以，我们可以耦合 $\boldsymbol{Y}$ 和 $\boldsymbol{Y}_G$ 使得 $\boldsymbol{Y}\neq\boldsymbol{Y}_G$ 的概率不超过 $\frac{\varepsilon}{4}$。给定 $\boldsymbol{Y}=\boldsymbol{Y}_G$，$\boldsymbol{X}$ 和 $\boldsymbol{X}_{\mathrm{idea}}$ 可以被完美耦合。由耦合不等式可得

$$d_{\mathrm{TV}}(\boldsymbol{X}_{\mathrm{idea}},\ \mu)\leqslant\frac{\varepsilon}{4} \tag{9-19}$$

我们现在耦合算法 23 和理想化算法。每一步转移选一样的点，用最优耦合来耦合转移。最后一步，我们也用最优耦合从条件分布中采样。注意到，在算法 23 的第 4 行，如果子程序返回的 $X_v\in Q_v$ 精确服从 $\boldsymbol{\mu}_v^{Y_{V\setminus\{v\}}}$，那么第 5 行构造的 $Y_v\in\Sigma_v$ 服从分布 $\boldsymbol{\nu}_v^{Y_{V\setminus\{v\}}}$。根据引理 9-16，如果对于 $1\leqslant t\leqslant T+1$，没有任何一个 $\mathcal{B}_t^{(1)}$ 和 $\mathcal{B}_t^{(2)}$ 发生，那么所有（$T+1$）次执行 InvSample$(\boldsymbol{\Phi},\boldsymbol{h},\delta,y_\Lambda,S)$ 都返回精确服从 $\boldsymbol{\mu}_S^{y_\Lambda}$ 的样本。在这种情况下，算法 23 可以和理想算法完美耦合。注意到 $\delta=\frac{\varepsilon}{4(T+1)}$。根据耦合不等式和引理 9-16，我们有

$$\begin{aligned}&d_{\mathrm{TV}}(\boldsymbol{X}_{\mathrm{alg}},\boldsymbol{X}_{\mathrm{idea}})\\ &\leqslant\mathbb{P}\left[\bigvee_{i=1}^{T+1}(\mathcal{B}_t^{(1)}\vee\mathcal{B}_t^{(2)})\right]\\ &\leqslant 2(T+1)\delta=\frac{\varepsilon}{2}\end{aligned}$$

所以，式（9-18）可以由如下三角不等式证明

$$d_{\mathrm{TV}}(\boldsymbol{X}_{\mathrm{alg}},\mu)\leqslant d_{\mathrm{TV}}(\boldsymbol{X}_{\mathrm{alg}},\boldsymbol{X}_{\mathrm{idea}})+d_{\mathrm{TV}}(\boldsymbol{X}_{\mathrm{idea}},\mu)\leqslant\frac{\varepsilon}{2}+\frac{\varepsilon}{4}\leqslant\frac{3\varepsilon}{4}$$

现在来设定参数 $\alpha$、$\beta$ 和 $\eta$。把定理 9-12、引理 9-15 和引理 9-16 的约束写在一起：

$$0<\beta<\alpha<1,\ 0<\eta<1$$

$$\log\frac{1}{p}\geqslant\frac{25}{(\alpha-\beta)^3}(\log D+3)$$

$$\log\frac{1}{p}\geqslant\frac{50}{\beta}\log\left(\frac{2000D^4}{\beta}\right)$$

$$\log\frac{1}{p}\geqslant\frac{1}{1-\alpha}\log(20D^2)$$

$$\log\frac{1}{p}\geqslant\frac{1}{\beta}\log\left(\frac{40\mathrm{e}D^2}{\eta}\right)$$

我们取 $\alpha=0.994$，$\beta=0.577$。下面的条件可以推出上面所有条件。

$$\log\frac{1}{p}\geqslant 350\log D+3\log\frac{1}{\zeta}\quad 且\quad \eta=\frac{\zeta}{3}，其中\ 0<\zeta\leqslant 2^{-400}$$

注意到 $\log\frac{1}{p}\geqslant 350\log D+3\log\frac{1}{\zeta}$ 和 $\ln\frac{1}{p}\geqslant 350\ln D+3\ln\frac{1}{\zeta}$ 等价。根据式（9-16），在此条件下，运行时间为

$$\begin{aligned}T_{\text{total}}&=O\left((D^2k+q)n\left(\frac{n}{\varepsilon}\right)^{3\eta}\log^3\left(\frac{nD}{\varepsilon}\right)\log q\right)\\&=O\left((D^2k+q)n\left(\frac{n}{\varepsilon}\right)^{\zeta}\log^4\left(\frac{nDq}{\varepsilon}\right)\right)\end{aligned}$$ □

**具体应用（定理 9-3 和定理 9-4 的证明）**

我们对具体的模型证明以下定理。第一个结论是超图染色。

**定理 9-17** 存在一个算法，给定任意一个最大度数为 $\Delta$ 的 $k$-均匀超图以及颜色集合 $[q]$，假设 $k\geqslant 13$ 且 $q\geqslant$

$\max\left(7k\Delta^{\frac{9}{k-12}},650\right)$算法以

$$O\left(q^2k^3\Delta^2n\left(\frac{n}{\varepsilon}\right)^{\frac{1}{100(qk\Delta)^4}}\log^4\left(\frac{nqk\Delta}{\varepsilon}\right)\right)$$

的时间复杂度返回一个随机 $q$-染色 $\boldsymbol{X}\in[q]^V$。$\boldsymbol{X}$ 的分布和所有染色均匀分布的全变差不超过 $\varepsilon$。

定理 9-3 是定理 9-17 的推论。当 $k\geqslant 30$ 时，有 $(7k)^{\frac{9}{k-12}}\leqslant 15$，所以由 $q\geqslant 15\Delta^{\frac{9}{k-12}}+650$ 可以推导出定理 9-17 中的条件。

第二个结论是 CNF-公式。对于一个 $k$-CNF 公式，每个子句有 $k$ 个变量。公式的最大度数是一个点最多属于多少个子句。如下定理是对定理 9-4 更加严格的陈述。

**定理 9-18** 如下结论对所有的 $0<\zeta\leqslant 2^{-20}$ 成立。给定任何一个最大度数为 $d$ 的 $k$-CNF 公式，假设 $k\geqslant 13\log d+13\log k+3\log\frac{1}{\zeta}$，存在一个算法以

$$O\left(d^2k^3n\left(\frac{n}{\varepsilon}\right)^{\zeta/(dk)^4}\log^3\left(\frac{ndk}{\varepsilon}\right)\right)$$

的时间复杂度返回一个随机赋值 $\boldsymbol{X}\in\{\texttt{True},\texttt{False}\}^V$，$\boldsymbol{X}$ 的分布和所有满足解均匀分布的全变差不超过 $\varepsilon$。

令 $\boldsymbol{\Phi}=(V,[q]^V,\mathcal{C})$ 为一个 CSP-公式，其中所有变量的取值范围都是 $[q]$。假设对于每个约束 $c\in\mathcal{C}$，$c$ 是原子约束且 $|\mathrm{vbl}(c)|=k$，每个变量最多包含于 $d$ 约束中。令 $\boldsymbol{h}$ 是一个以参数 $\alpha$ 和 $\beta$ 满足条件 9-9 的投影策略。对于这样的 CSP-公

式，我们有如下改进版本的混合时间结论。

**引理 9-19** 如果 $k\log q\geqslant\frac{1}{\beta}\log(3000q^2d^6k^6)$，$\nu$ 上吉布斯采样算法的混合时间为

$$T_{\mathrm{mix}}(\varepsilon)\leqslant\left\lceil 2n\log\frac{n}{\varepsilon}\right\rceil$$

引理9-19的证明在9.5.4节给出。我们用引理9-16和引理9-19证明结论。

**定理 9-17 的证明：** 考虑一个最大度数为 $\Delta$ 的 $k$-均匀超图 $H=(V,\mathcal{E})$ 的 $q$-染色。首先利用9.3节的归约，可以得到一个由原子约束定义的CSP-公式 $\Phi=(V,[q]^V,\mathcal{C})$。构造的复杂度是 $O(nq\Delta\log q)$。这个CSP的所有约束 $c\in\mathcal{C}$ 满足 $|\mathrm{vbl}(c)|=k$，一个变量最多在 $q\Delta$ 个约束中。假设 $D=qk\Delta$。如果所有变量随机等概率取值，一个约束被违反的概率最多为

$$p=\left(\frac{1}{q}\right)^k$$

令 $\alpha$、$\beta$、$\eta$ 为3个取值待定的参数。本书算法首先使用定理9-13中的确定性算法以参数 $\alpha$ 和 $\beta$ 构造满足条件9-9的投影策略。这样可以得到询问代价为 $O(\log q)$ 的投影预言机。构造投影预言机的代价为

$$T_{\mathrm{proj}}=O(n\log q)\tag{9-20}$$

然后用算法23得到输出 $\boldsymbol{X}_{\mathrm{out}}=\boldsymbol{X}_{\mathrm{alg}}$，记 $\boldsymbol{X}_{\mathrm{alg}}$ 为算法23的输出。使用定理10-1的证明方法可以证明其正确性。

设定参数 $\alpha$、$\beta$ 和 $\eta$。注意到，对所有 $c\in\mathcal{C}$，有 $\text{vbl}(c)=k$，$p=q^{-k}$；每个变量至多属于 $d=q\Delta$ 个约束，且 $D=qk\Delta$。我们把定理 9-13、引理 9-19 和引理 9-16 中的约束写在一起。

$$0<\beta<\alpha<1,\quad 7\leqslant q^{\frac{\alpha+\beta}{2}}\leqslant\frac{q}{6},\quad \log q\geqslant\frac{1}{\alpha-\beta},\quad 0<\eta<1$$

$$k\log q\geqslant\frac{1}{\beta}\log(3000q^8\Delta^6k^6)$$

$$k\log q\geqslant\frac{1}{1-\alpha}\log(20q^2k^2\Delta^2)$$

$$k\log q\geqslant\frac{1}{\beta}\log\left(\frac{40\mathrm{e}q^2k^2\Delta^2}{\eta}\right)$$

取 $\alpha=\frac{7}{9}$和 $\beta=\frac{2}{3}$。下面这个条件可以推出以上所有条件，假设 $k>12$，

$$\log q\geqslant\frac{9}{k-12}\log\Delta+\frac{9}{k-12}\log k+\frac{25}{k-12},\quad q\geqslant 650,\quad \eta=\frac{1}{2^9(qk\Delta)^4}$$

下面的条件可以推出上面的条件

$$q\geqslant\max\left((7k\Delta)^{\frac{9}{k-12}},\ 650\right)\quad 且\quad \eta=\frac{1}{2^9(qk\Delta)^4}$$

注意到 $D=kq\Delta$。在这个条件下，由式（9-14）、式（9-15）和式（9-20）可得总时间为

$$\begin{aligned}T_{\text{total}}&=O\left(D^2kn\left(\frac{n}{\varepsilon}\right)^{3\eta}\log^3\left(\frac{nD}{\varepsilon}\right)\log q\right)\\&=O\left(q^2k^3\Delta^2n\left(\frac{n}{\varepsilon}\right)^{\frac{1}{100(qk\Delta)^4}}\log^4\left(\frac{nqk\Delta}{\varepsilon}\right)\right)\end{aligned}$$ □

**定理 9-18 的证明：** 令 $\Phi=(V,\{\texttt{True,False}\}^V,\mathcal{C})$ 为一个 $k$-CNF 公式，其中每个变量属于至多 $d$ 个子句。每个变量从 $\{\texttt{True,False}\}$ 中取值，所以 $q=2$。依赖图最大度数 $D$ 至多是 $kd$。我们假设 $D=kd$。如果每个 $v\in V$ 可以从 $\{\texttt{True,False}\}$ 中均匀独立地取值，约束被违反的最大概率为

$$p=\left(\frac{1}{2}\right)^k$$

令 $\alpha$、$\beta$、$\eta$ 是 3 个待定参数。本书的算法首先使用定理 9-13 中的随机算法以参数 $\alpha$ 和 $\beta$ 构造满足条件 9-9 的投影策略。令随机算法参数 $\delta=\frac{\varepsilon}{4}$，这样以概率 $1-\delta$ 得到询问代价为 $O(\log q)$ 的投影预言机。如果随机算法失败，则算法返回任意一个 $\boldsymbol{X}_{\text{out}}\in\{\texttt{True,False}\}^V$。如果随机算法成功，我们得到一个询问代价为 $O(\log q)$ 的投影预言机。由定理 9-13 可得，构造预言机的代价为

$$T_{\text{proj}}=O\left(ndk\log\frac{1}{\varepsilon}\right) \tag{9-21}$$

然后用算法 23 得到输出 $\boldsymbol{X}_{\text{out}}=\boldsymbol{X}_{\text{alg}}$，记 $\boldsymbol{X}_{\text{alg}}$ 为算法 23 的输出。使用定理 10-1 的证明方法可以证明其正确性。

设定参数 $\alpha$、$\beta$ 和 $\eta$。把定理 9-13、引理 9-19 和引理 9-16 中的约束写在一起：

$$0<\beta<\alpha<1,\quad k\geqslant\frac{2\ln 2}{(\alpha-\beta)^2}\log(2ekd),\quad 0<\eta<1$$

$$k \geqslant \frac{1}{\beta}\log(3000\times 4\times d^6 k^6)$$

$$k \geqslant \frac{1}{1-\alpha}\log(20d^2k^2)$$

$$k \geqslant \frac{1}{\beta}\log\left(\frac{40\mathrm{e}d^2k^2}{\eta}\right)$$

可以取 $\alpha=\frac{21}{25}$ 和 $\beta=\frac{1}{2}$。下面的条件可以推出上面所有条件

$$k \geqslant 13\log d+13\log k+3\log\frac{1}{\zeta} \quad \text{且} \quad \eta=\frac{\zeta}{3d^4k^4}，\text{其中 } 0<\zeta\leqslant 2^{-20}$$

注意到 $D=dk$ 且 $q=2$。在此条件下，由式（9-14）、式（9-15）和式（9-21）可得总运行时间为

$$\begin{aligned} T_{\text{total}} &= O\left(D^2kn\left(\frac{n}{\varepsilon}\right)^{3\eta}\log^3\left(\frac{nD}{\varepsilon}\right)\log q\right) \\ &= O\left(d^2k^3n\left(\frac{n}{\varepsilon}\right)^{\frac{\zeta}{d^4k^4}}\log^3\left(\frac{ndk}{\varepsilon}\right)\right) \end{aligned}$$

□

### 9.5.2 投影策略的构造

本节给出投影策略的构造，证明定理 9-12 和定理 9-13。我们先从更简单的定理 9-13 入手，接着再证明定理 9-12。

**定理 9-13 的证明：**先考虑第一种情况。对每个 $v\in V$，设定

$$s_v=\left\lceil q^{\frac{2-\alpha-\beta}{2}}\right\rceil$$

对每个 $v\in V$，把 $[q]=\{1,2,\cdots,q\}$ 分成 $s_v$ 个区间，前（$q \bmod s_v$）

个区间的长度为$\lceil q/s_v \rceil$，后 $s_v-(q \bmod s_v)$ 个区间的长度为$\lfloor q/s_v \rfloor$。令 $\Sigma_v=\{1,2,\cdots,s_v\}$。对每个 $i\in[q]$，$h_v(i)=j\in\Sigma_v$，其中 $i$ 属于第 $j$ 个区间。这就构造了函数 $h_v$: $[q]\to\Sigma_v$。为了实现投影预言机，只需要对每个 $v\in V$ 计算 $s_v$，所以总的代价是 $O(n\log q)$。考虑定义 9-3 中的两种询问。

- 取值：给定输入的 $i\in[q]$ 和 $v\in V$，算法应该返回 $j\in\Sigma_v$，使得 $i$ 属于第 $j$ 个区间，这个询问回答的复杂度是 $O(\log q)$。
- 反转：给定 $v\in V$ 投影后的值 $j\in\Sigma_v$，算法需要随机等概率返回第 $j$ 个区间中的一个元素，这个询问回答的复杂度是 $O(\log q)$。

接着，我们证明这个投影策略满足条件 9-9。对任意 $v\in V$，有

$$\left\lceil\frac{q}{s_v}\right\rceil\leqslant\lceil q^{(\alpha+\beta)/2}\rceil\leqslant q^{(\alpha+\beta)/2}+1\overset{\diamond}{\leqslant}\frac{7}{6}q^{(\alpha+\beta)/2}$$

其中不等式（$\diamond$）成立是因为如果 $q^{(\alpha+\beta)/2}\geqslant 6$，则 $q^{(\alpha+\beta)/2}+1\leqslant\frac{7}{6}q^{(\alpha+\beta)/2}$。注意到 $\log\frac{7}{6}\leqslant 0.23$。这就可以推出如下不等式，

$$\begin{aligned}\sum_{v\in\mathrm{vbl}(c)}\left\lceil\frac{q}{s_v}\right\rceil&\leqslant k\left(\frac{\alpha+\beta}{2}\log q+0.23\right)\\&\overset{(\star)}{\leqslant}k\alpha\log q=\alpha\sum_{v\in\mathrm{vbl}(c)}\log q\end{aligned}\tag{9-22}$$

其中不等式（$\star$）成立是因为 $\alpha>\beta$ 且 $\log q\geqslant\frac{0.8}{\alpha-\beta}$。对任意

$v\in V$都有

$$\left\lfloor\frac{q}{s_v}\right\rfloor=\left\lfloor\frac{q}{\lceil q^{(2-\alpha-\beta)/2}\rceil}\right\rfloor\geqslant\left\lfloor\frac{q}{q^{(2-\alpha-\beta)/2}+1}\right\rfloor$$
$$\overset{(*)}{\geqslant}\left\lfloor\frac{q}{\left(1+\frac{1}{6}\right)q^{(2-\alpha-\beta)/2}}\right\rfloor$$
$$\geqslant\frac{6}{7}q^{\frac{\alpha+\beta}{2}}-1\overset{(\diamond)}{\geqslant}\frac{5}{7}q^{\frac{\alpha+\beta}{2}}$$

其中不等式（$*$）成立是因为如果 $q^{(2-\alpha-\beta)/2}\geqslant 6$，则有 $\left(1+\frac{1}{6}\right)q^{(2-\alpha-\beta)/2}\geqslant q^{(2-\alpha-\beta)/2}+1$；不等式（$\diamond$）成立是因为 $q^{(\alpha+\beta)/2}\geqslant 7$。

注意到$\log\frac{5}{7}\geqslant -0.5$。这说明

$$\sum_{v\in\mathrm{vbl}(c)}\log\left\lfloor\frac{q}{s_v}\right\rfloor\geqslant k\left(\frac{\alpha+\beta}{2}\log q-0.5\right)\overset{(\star)}{\geqslant}k\beta\log q=\beta\sum_{v\in\mathrm{vbl}(c)}\log q \tag{9-23}$$

其中不等式（$\star$）成立是因为 $\alpha>\beta$ 且 $\log q\geqslant\frac{1}{\alpha-\beta}$。结合式（9-22）和式（9-23）可以证明引理的第一部分。

再考虑第二种情况。算法构造一个子集 $\mathcal{M}\subseteq V$，$\mathcal{M}$ 为标记变量的集合。对于每个 $v\in\mathcal{M}$，令 $\Sigma_v=[q]$，对所有 $i\in[q]$，令 $h_v(i)=i$。如果 $v\notin\mathcal{M}$，令 $\Sigma_v=\{1\}$，对所有 $i\in[q]$，令 $h_v(i)=1$。如果 $v$ 是一个被标记变量，$s_v=q$；如果 $v$ 不是一

个被标记的变量，$s_v=1$。

为了实现投影预言机，我们需要构造集合 $\mathcal{M}$。假设 $\mathcal{M}$ 给定（具体构造算法稍后给出），考虑定义 9-3 里的两种询问。

- 取值：给定 $i\in[q]$ 和 $v\in V$，如果 $v\in\mathcal{M}$，算法应该返回输入值 $i$；否则 $v\notin\mathcal{M}$ 算法，返回 $1\in\Sigma_v$；这个询问回答的代价是 $O(\log q)$。
- 反转：给定 $v\in V$ 投影后的值 $j\in\Sigma_v$，如果 $v\in\mathcal{M}$，算法返回 $j\in[q]$；否则 $v\notin\mathcal{M}$，算法随机等概率返回一个 $X\in[q]$；这个询问回答的代价是 $O(\log q)$。

现在我们构造标记变量的集合 $\mathcal{M}\subseteq V$。对每个约束 $c\in\mathcal{C}$，定义 $t_c$ 为 $c$ 中被标记变量的个数，即

$$t_c\triangleq|\mathcal{M}\cap\text{vbl}(c)|$$

因此，条件 9-9 变成了对每个 $c\in\mathcal{C}$，有

$$(1-\alpha)k\leqslant t_c\leqslant(1-\beta)k$$

换句话说，每个约束里至少有 $(1-\alpha)k$ 个标记变量，至少有 $\beta k$ 个未被标记的变量。我们用洛瓦兹局部引理证明 $\mathcal{M}$ 存在，并用 Moser-Tardos 算法（算法 19）找到集合 $\mathcal{M}$。令 $\mathcal{D}$ 为一个乘积分布，其中每个变量独立地以概率$\dfrac{2-\alpha-\beta}{2}$被标记。对于每个约束 $c\in\mathcal{C}$，令坏事件 $B_c$ 表示 $c$ 包含少于 $(1-\alpha)k$ 个标记变量或少于 $\beta k$ 个未被标记的变量。我们用概率集中不等式来分析 $B_c$ 的概率。利用 Hoeffding 不等式，我们有

$$\mathbb{P}_{\mathcal{D}}[B_c]=\mathbb{P}[t_c<(1-\alpha)k \vee t_c>(1-\beta)k]$$

$$=\mathbb{P}\left[\,|t_c-\mathbb{E}[t_c]|\geqslant\frac{\alpha-\beta}{2}k\right]\leqslant 2\exp\left(-\frac{(\alpha-\beta)^2}{2}k\right)$$

依赖图的最大度数为 $k(d-1)$。利用洛瓦兹局部引理（定理9-5），只要如下条件成立，则集合 $\mathcal{M}$ 存在：

$$\mathrm{e}2\exp\left(-\frac{(\alpha-\beta)^2}{2}k\right)kd\leqslant 1$$

注意到 $\alpha>\beta$ 且 $k\geqslant\frac{2\ln 2}{(\alpha-\beta)^2}(\log k+\log d+\log 2\mathrm{e})$ 时，可以得出上面的条件。

Moser-Tardos 算法（算法 19）可以找到集合 $\mathcal{M}$，算法期望重新采样的步数为$\frac{2n}{k}$（命题 9-6）。我们可以独立地运行 $\left\lceil\log\frac{1}{\delta}\right\rceil$个 Moser-Tardos 算法。至少以概率 $1-\delta$，其中一个算法可以重新采样，至多$\frac{4n}{k}$步找到集合 $\mathcal{M}$。每一步重采样的代价为 $O(dk^2)$。所以构造这个数据结构的总代价为 $O\left(ndk\log\frac{1}{\delta}\right)$。 □

**定理 9-12 的证明：**每个变量 $v\in V$ 的值域为 $Q_v$，其中 $q_v=|Q_v|$。假设每个元素 $x\in Q_v$ 可以被 $O(\log q_v)$ 个比特编码。对每个 $v\in V$，假设输入提供了一个大小为 $q_v$ 的数组 $\mathcal{A}_v$，其中包含了 $Q_v$ 内所有的元素。对每个 $v\in V$，构造一个数据

结构 $\mathcal{S}_v$，它可以回答如下两种询问：①给定一个下标 $i \in [q_v]$，可以获取数组中第 $i$ 个元素，代价是 $O(\log q_v)$；②给定一个 $x \in Q_v$，可以找到一个唯一的下标 $i$ 使得 $\mathcal{A}_v(i)=x$，代价是 $O(\log q_v)$。对于每个 $v \in V$，构造此数据结构的复杂度为 $O(q_v \log q_v)$。

算法把所有的随机变量分成两类：$S_{\text{large}}$ 和 $S_{\text{small}}$，使得

$$S_{\text{large}}=\left\{v \in V \mid \log q_v \geqslant \frac{5}{\alpha-\beta}\right\}, \quad S_{\text{small}}=\left\{v \in V \mid \log q_v < \frac{5}{\alpha-\beta}\right\}$$

对每个变量 $v \in S_{\text{large}}$，算法设定

$$\forall v \in S_{\text{large}}, \quad s_v=\left\lceil q_v^{\frac{2-\alpha-\beta}{2}} \right\rceil$$

我们把 $[q]=\{1,2,\cdots,q\}$ 分成 $s_v$ 个区间，其中前（$q \bmod s_v$）个区间的大小是 $\lceil q/s_v \rceil$，后 $s_v-(q \bmod s_v)$ 个区间的大小是 $\lfloor q/s_v \rfloor$。令 $\Sigma_v=\{1,2,\cdots,s_v\}$，其中每个 $j \in \Sigma_v$ 表示区间 $[L_j,R_j]$。对任意 $x \in Q_v$，令 $i$ 表示满足 $\mathcal{A}_v(i)=x$ 的唯一下标，令 $h_v(x)=j$ 使得 $i \in [L_j,R_j]$。这就定义了函数 $h_v: Q_v \to \Sigma_v$。为了实现 $S_{\text{large}}$ 的投影预言机，算法只需要计算 $s_v$，代价为 $O(\log q_v)$。考虑定义 9-3 中的两种询问。

- 取值：给定 $x \in Q_v$ 和 $v \in S_{\text{large}}$，利用数据结构 $\mathcal{S}_v$，算法可以以 $O(\log q_v)$ 的时间复杂度返回 $h_v(x)$。
- 反转：给定 $v$ 投影后的值 $j \in \Sigma_v$，算法需要随机等概率返回集合 $\{x \in \mathcal{A}_v(i) \mid L_j \leqslant i \leqslant R_j\}$ 中的一个值；利用数据结构 $\mathcal{S}_v$，回答这个询问的复杂度是 $O(\log q_v)$。

令 $q=\max_{\max}q_v$。对任意 $v\in S_{\text{large}}$，回答每个询问的代价都是 $O(\log q)$。

对于 $S_{\text{small}}$ 中的随机变量。算法构造变量的子集 $\mathcal{M}\subseteq S_{\text{small}}$，$\mathcal{M}$ 是标记变量的集合。如果 $v\in\mathcal{M}$，令 $\Sigma_v=Q_v$ 且对所有 $x\in Q_v$，有 $h_v(x)=x$。如果 $v\notin\mathcal{M}$，令 $\Sigma_v=\{1\}$，且对所有 $x\in Q_v$，有 $h_v(x)=1$。为了实现投影预言机，算法只需要构造集合 $\mathcal{M}$。构造集合 $\mathcal{M}$ 的具体方法稍后给出。假设集合 $\mathcal{M}\subseteq S_{\text{small}}$ 给定。考虑定义 9-3 中的两种询问。

- 取值：给定输入值 $x\in Q_v$ 和 $v\in S_{\text{small}}$，如果 $v\in\mathcal{M}$，算法需要返回输入值 $x$；否则 $v\notin\mathcal{M}$，算法返回 $1\in\Sigma_v$。回答这个询问的复杂度为 $O(\log q_v)$。
- 反转：给定 $v$ 投影后的值 $x\in\Sigma_v$，如果 $v\in\mathcal{M}$，算法需要返回输入值 $x$；否则 $v\notin\mathcal{M}$，算法随机等概率地返回一个 $X\in Q_v$。利用数据结构 $\mathcal{S}_v$，回答这个询问的复杂度是 $O(\log q_v)$。

令 $q=\max\limits_{v\in V}q_v$。对任意 $v\in S_{\text{small}}$，回答询问的代价为 $O(\log q)$。

同样，我们用洛瓦兹局部引理来证明存在集合 $\mathcal{M}$ 使得投影策略满足条件 9-9，然后再用 Moser-Tardos 算法（算法 19）找到集合 $\mathcal{M}$。令 $\mathcal{D}$ 是一个乘积分布，其中每个变量 $v\in S_{\text{small}}$ 独立地以概率 $\dfrac{2-\alpha-\beta}{2}$ 被标记。对每个 $c\in\mathcal{C}$，令 $B_c$ 表示坏事件。

$$\sum_{v \in \mathrm{vbl}(c)} \log \left\lceil \frac{q_v}{s_v} \right\rceil > \alpha \sum_{v \in \mathrm{vbl}(c)} \log q_v \quad \text{或}$$

$$\sum_{v \in \mathrm{vbl}(c)} \log \left\lceil \frac{q_v}{s_v} \right\rceil < \beta \sum_{v \in \mathrm{vbl}(c)} \log q_v \tag{9-24}$$

固定一个约束 $c \in \mathcal{C}$。假设 $v_1, v_2, \cdots, v_k$ 是 $\mathrm{vbl}(c)$ 中的变量，其中 $k=k(c)=|\mathrm{vbl}(c)|$。令 $0 \leqslant \ell \leqslant k$ 是一个整数，假设对所有 $1 \leqslant i \leqslant \ell$ 都有 $v_i \in S_{\mathrm{large}}$；对所有 $\ell+1 \leqslant j \leqslant k$ 都有 $v_j \in S_{\mathrm{small}}$。对于每个 $1 \leqslant i \leqslant k$，定义随机变量

$$X_i \triangleq \log \left\lceil \frac{q_{v_i}}{s_{v_i}} \right\rceil$$

对于每个 $1 \leqslant i \leqslant \ell$，因为 $v_i \in S_{\mathrm{large}}$，$X_i = \log \left\lceil q_{v_i} / \left\lceil q_{v_i}^{(2-\alpha-\beta)/2} \right\rceil \right\rceil$ 的概率为 1，则有

$$\forall 1 \leqslant i \leqslant \ell, \quad \mathbb{E}[X_i] = \log \left\lceil \frac{q_{v_i}}{\left\lceil q_{v_i}^{(2-\alpha-\beta)/2} \right\rceil} \right\rceil \leqslant \log \left\lceil q_{v_i}^{(\alpha+\beta)/2} \right\rceil$$

$$\leqslant \log \left( \frac{5}{4} q_{v_i}^{(\alpha+\beta)/2} \right)$$

其中，最后一个不等式成立是因为 $\log q_{v_i} \geqslant \dfrac{5}{\alpha-\beta}$，这说明 $\dfrac{5}{4} q_{v_i}^{(\alpha+\beta)/2} \geqslant q_{v_i}^{(\alpha+\beta)/2} + 1 \geqslant \left\lceil q_{v_i}^{(\alpha+\beta)/2} \right\rceil$。注意到 $\log \dfrac{5}{4} \leqslant 0.33$ 且 $\log q_{v_i} \geqslant \dfrac{5}{\alpha-\beta}$。则有

$$\forall 1 \leqslant i \leqslant \ell,$$

$$\mathbb{E}[X_i] \leqslant 0.33 + \frac{\alpha+\beta}{2}\log q_{v_i} \leqslant \alpha\log q_{v_i} - \frac{\alpha-\beta}{3}\log q_{v_i} \quad (9\text{-}25)$$

对每个 $\ell+1 \leqslant j \leqslant k$，因为 $v_j \in S_{\text{small}}$，以概率$\frac{\alpha+\beta}{2}$，有 $X_j = \log q_{v_j}$；以概率$\frac{1-\alpha-\beta}{2}$，有 $X_j = 0$。则有

$$\forall\, \ell+1 \leqslant j \leqslant k,$$

$$\mathbb{E}[X_i] = \frac{\alpha+\beta}{2}\log q_{v_i} \leqslant \alpha\log q_{v_i} - \frac{\alpha-\beta}{3}\log q_{v_i} \qquad (9\text{-}26)$$

考虑求和 $\sum_{i=1}^{k} X_i$。对任意 $v_i \in S_{\text{large}}$，$X_i$ 的值固定。对任意 $v_j \in S_{\text{small}}$，$X_j$ 取一个随机值且一定有 $X_j \in \{0, \log q_{v_i}\}$。根据 Hoeffding 不等式，有

$$\begin{aligned} &\mathbb{P}_{\mathcal{D}}\left[\sum_{i=1}^{k} X_i > \sum_{i=1}^{k}\mathbb{E}[X_i] + t\right] \\ &\leqslant \exp\left(-\frac{2t^2}{\sum_{j=\ell+1}^{k}\log^2 q_{v_j}}\right) \overset{(\star)}{\leqslant} \exp\left(-\frac{2(\alpha-\beta)t^2}{5\sum_{j=\ell+1}^{k}\log q_{v_j}}\right) \end{aligned} \quad (9\text{-}27)$$

其中不等式（★）成立是因为对任意 $\ell+1 \leqslant j \leqslant k$ 都有$\log q_{v_j} \leqslant \frac{5}{\alpha-\beta}$。结合式（9-25）~式（9-27），有

$$\begin{aligned} &\mathbb{P}_{\mathcal{D}}\left[\sum_{i=1}^{k} X_i > \alpha\sum_{i=1}^{k}\log q_{v_i}\right] \\ &\leqslant \exp\left(-\frac{\frac{2(\alpha-\beta)^3}{9}\left(\sum_{i=1}^{k}\log q_{v_i}\right)^2}{5\sum_{j=\ell+1}^{k}\log q_{v_j}}\right) \end{aligned}$$

$$\leqslant \exp\left(-\frac{(\alpha-\beta)^3}{23}\sum_{i=1}^{k}\log q_{v_i}\right) \tag{9-28}$$

同样，对任意 $1\leqslant i\leqslant k$，定义

$$Y_i \triangleq \log\left\lfloor\frac{q_{v_i}}{s_{v_i}}\right\rfloor$$

对每个 $1\leqslant i\leqslant \ell$，因为 $v_i\in S_{\text{large}}$，以概率 1，$Y_i=\log\left\lfloor\frac{q_{v_i}}{\lceil q_{v_i}^{(2-\alpha-\beta)/2}\rceil}\right\rfloor$，则有

$$\forall\, 1\leqslant i\leqslant \ell,$$

$$\mathbb{E}[Y_i]=\log\left\lfloor\frac{q_{v_i}}{\lceil q_{v_i}^{(2-\alpha-\beta)/2}\rceil}\right\rfloor\geqslant\log\left\lfloor\frac{4}{5}q_{v_i}^{(\alpha+\beta)/2}\right\rfloor\geqslant\log\left(\frac{3}{5}q_{v_i}^{(\alpha+\beta)/2}\right)$$

其中最后两个不等成立是因为 $0<\beta<\alpha<1$ 且 $\log q_{v_i}\geqslant\frac{5}{\alpha-\beta}$，这说明 $\frac{5}{4}q_{v_i}^{(2-\alpha-\beta)/2}\geqslant q_{v_i}^{(2-\alpha-\beta)/2}+1\geqslant\lceil q_{v_i}^{(2-\alpha-\beta)/2}\rceil$ 且 $\left\lfloor\frac{4}{5}q_{v_i}^{(\alpha+\beta)/2}\right\rfloor\geqslant\frac{4}{5}q_{v_i}^{(\alpha+\beta)/2}-1\geqslant\frac{3}{5}q_{v_i}^{(\alpha+\beta)/2}$。注意到 $\log\frac{3}{5}\geqslant-0.74$。由 $\log q_{v_i}\geqslant\frac{5}{\alpha-\beta}$，有

$$\forall\, 1\leqslant i\leqslant \ell,$$

$$\mathbb{E}[Y_i]\geqslant-0.74+\frac{\alpha+\beta}{2}\log q_{v_i}\geqslant\beta\log q_{v_i}+\frac{\alpha-\beta}{3}\log q_{v_i}$$

对每个 $\ell+1\leqslant j\leqslant k$，因为 $v_j\in S_{\text{small}}$，所以以概率 $\frac{2-\alpha-\beta}{2}$ 有 $Y_j=$

0；以概率$\frac{\alpha+\beta}{2}$有 $Y_j=\log q_{v_j}$。则有

$$\forall \ell+1\leqslant j\leqslant k,\quad \mathbb{E}[Y_i]=\frac{\alpha+\beta}{2}\log q_{v_i}\geqslant\beta\log q_{v_i}+\frac{\alpha-\beta}{3}\log q_{v_i}$$

再一次用 Hoeffding 不等式可知

$$\begin{aligned}&\mathbb{P}_{\mathcal{D}}\left[\sum_{i=1}^{k}Y_i<\beta\sum_{i=1}^{k}\log q_{v_i}\right]\\&\leqslant\exp\left(-\frac{(\alpha-\beta)^3}{23}\sum_{i=1}^{k}\log q_{v_i}\right)\end{aligned}\tag{9-29}$$

结合式（9-28）和式（9-29），有

$$\begin{aligned}\mathbb{P}_{\mathcal{D}}[B_c]&\leqslant 2\exp\left(-\frac{(\alpha-\beta)^3}{23}\sum_{i=1}^{k}\log q_{v_i}\right)\\&\overset{(\star)}{\leqslant}2\exp\left(-\frac{25}{23}\log D-3\right)\\&\leqslant 2\exp\left(-\frac{25}{23}\ln D-3\right)\leqslant\frac{1}{\mathrm{e}(D+1)}\end{aligned}$$

其中不等式（★）成立是因为 $\sum_{i=1}^{k}\log q_{v_i}\geqslant\frac{25}{(\alpha-\beta)^3}(\log D+3)$。根据洛瓦兹局部引理，存在一个标记变量的集合 $\mathcal{M}\subseteq S_{\text{small}}$ 使得式（9-24）中的条件成立。

和定理 9-13 的证明类似，可以用 Moser-Tardos 算法（算法 19）找到集合 $\mathcal{M}$。算法至少以 $1-\delta$ 的概率和 $O\left(nDk\log\frac{1}{\delta}\right)$ 的时间复杂度构造出 $\mathcal{M}$，其中 $k=\max_{c\in C}|\text{vbl}(c)|$（命题 9-6）。

现在把所有步骤结合到一起。对于每个 $v\in V$，构造 $\mathcal{S}_v$

的复杂度是 $O(nq\log q)$。对于每个 $v\in S_{\text{large}}$，计算 $s_v$ 的复杂度是 $O(n\log q)$。构造标记变量集合 $\mathcal{M}\subseteq S_{\text{small}}$ 的复杂度是 $O\left(nDk\log\frac{1}{\delta}\right)$。所以总的复杂度是 $O\left(n(Dk+q)\log\frac{1}{\delta}\log q\right)$。

□

### 9.5.3 InvSample 子程序分析

在本节，我们证明引理 9-16。令 $\boldsymbol{\Phi}=(V,\boldsymbol{Q},\mathcal{C})$ 为一个 CSP-公式，其中每个变量 $v$ 在 $Q_v$ 上取值。令 $\boldsymbol{h}=(h_v)_{v\in V}$ 是一个平衡投影策略且以参数 $\alpha$ 和 $\beta$ 满足条件 9-9。在投影策略中对每个 $v\in V$，有 $h_v: Q_v\to\Sigma_v$，其中，$|Q_v|=q_v$ 且 $|\Sigma_v|=s_v$。令 $(Y_t)_{t\geqslant 0}$ 为算法 23 生成的随机过程，$Y_t\in\Sigma$ 是算法第 $t$ 次 for 循环后生成的随机 $Y$。需要重申的是，对于每个 $1\leqslant t\leqslant T+1$，定义了如下坏事件。

- $\mathcal{B}_t^{(1)}$：在第 $t$ 次调用 InvSample(·) 时，随机配置 $\boldsymbol{X}$ 由第 10 行返回。
- $\mathcal{B}_t^{(2)}$：在第 $t$ 次调用 InvSample(·) 时，随机配置 $\boldsymbol{X}$ 由第 4 行返回。

在第 $t$ 次调用 InvSample$(\boldsymbol{\Phi},\boldsymbol{h},\delta,y_\Lambda,S)$（算法 24）时，在 $\neg\mathcal{B}_t^{(1)}\wedge\neg\mathcal{B}_t^{(2)}$ 的条件下，所有和 $S$ 相交的连通块都很小，且拒绝采样成功。容易验证此时子程序返回的随机样本服从分布 $\boldsymbol{\mu}_S^{y_\Lambda}$。

接着，我们分析子程序 InvSample$(\boldsymbol{\Phi},\boldsymbol{h},\delta,y_\Lambda,S)$ 的运行

时间。令 $G=(\mathcal{C},E)$ 为 $\boldsymbol{\Phi}=(V,\boldsymbol{Q},\boldsymbol{C})$ 的依赖图。我们假设依赖图储存在邻接链表里。可以在算法的最开始构造邻接链表，构造的复杂度是 $O(nDk)$，这个复杂度被定理 9-14 中的复杂度支配。

假设算法可以询问一个询问代价为 $O(\log q)$ 的投影预言机。子程序的第一步是找到所有和 $S$ 相交的连通块。对于每个 $v\in S$，找到所有约束 $C(v)=\{c\in\mathcal{C}\mid v\in \mathrm{vbl}(c)\}$（注意到 $|C(v)|\leqslant D$），然后在 $G$ 上从 $C(v)$ 开始进行一次深度优先搜索（DFS）。在 DFS 的过程中，假设当前的约束是 $c\in\mathcal{C}$。我们找到被 $c$ 禁止的唯一配置 $\boldsymbol{\sigma}\in Q_{\mathrm{vbl}(c)}$，即 $c(\boldsymbol{\sigma})=\texttt{False}$。我们调用投影预言机得到 $\boldsymbol{\tau}\in\Sigma_{\mathrm{vbl}(c)}$，其中对每个 $v\in V$，有 $\tau_v=h_v(\sigma_v)$。这一步的计算代价是 $O(k\log q)$。如果对所有 $v\in\Lambda\cap\mathrm{vbl}(c)$，有 $y_\Lambda(v)=\tau_v$（这说明 $c$ 没有被 $y_\Lambda$ 满足），则我们继续递归地从 $c$ 开始 DFS；否则我们停止 DFS 分支，然后把 $c$ 从图上删除。如果当前连通块大小超过 $2D\log\dfrac{nD}{\delta}$，这说明当前连通块过大，我们停止 *DFS* 过程。所以 DFS 的总代价是

$$T_{\mathrm{DFS}}=O\left(|S|D^2k\log\frac{nD}{\delta}\log q\right)$$

子程序的另一种代价来自第 5 ~ 10 行的拒绝采样算法。为了执行拒绝采样，对每个变量 $v$，我们要么从 $\pi_v^{y_v}$ 中采样 $X_v$，要么从 $\pi_v$ 中采样 $X_v$。这两步可以调用预言机实现，复

杂度为 $O(\log q)$。因为最多有 $|S|$ 个连通块且每个连通块的大小不超过 $2D\log\frac{nD}{\delta}$，总的变量数是 $O\left(|S|Dk\log\frac{nD}{\delta}\right)$。对于每一个连通块，算法至多使用 $R=\left\lceil 10\left(\frac{n}{\delta}\right)^{\eta}\log\frac{n}{\delta}\right\rceil$ 次拒绝采样。所以拒绝采样的总代价为

$$T_{\text{rej}}=O\left(|S|Dk\left(\frac{n}{\delta}\right)^{\eta}\log^2\left(\frac{nD}{\delta}\right)\log q\right)$$

子程序的总代价为

$$T_{\text{DFS}}+T_{\text{rej}}=O\left(|S|D^2k\left(\frac{n}{\delta}\right)^{\eta}\log^2\left(\frac{nD}{\delta}\right)\log q\right)$$

最后，我们用下面的引理来分析坏事件 $\mathcal{B}_t^{(1)}$ 和 $\mathcal{B}_t^{(2)}$ 的概率。

**引理 9-20** 令 $\Phi=(V,\boldsymbol{Q},\mathcal{C})$ 是一个输入的 CSP-公式，$\boldsymbol{h}$ 是一个以参数 $\alpha$ 和 $\beta$ 满足条件 9-9 的投影策略。令 $D$ 表示 $\Phi$ 依赖图的最大度数，令 $p=\max\limits_{c\in\mathcal{C}}\prod\limits_{v\in\text{vbl}(c)}\frac{1}{|Q_v|}$，令 $0<\eta<1$ 为一个参数。假设 $\log\frac{1}{p}\geqslant\frac{1}{1-\alpha}\log(20D^2)$ 且 $\log\frac{1}{p}\geqslant\frac{1}{\beta}\log\left(\frac{40\mathrm{e}D^2}{\eta}\right)$。算法 24 中以 $\eta$ 为参数的子程序 InvSample$(\Phi,\boldsymbol{h},\delta,y_\Lambda,S)$ 满足对任意 $1\leqslant t\leqslant T+1$，有

$$\mathbb{P}[\mathcal{B}_t^{(1)}]\leqslant\delta \quad 和 \quad \mathbb{P}[\mathcal{B}_t^{(2)}]\leqslant\delta$$

本章接下来的任务就是证明引理 9-20。令 $v_i\in V$ 为算法 23 第 $i$ 次 for 循环选择的变量。在引理 9-20 的证明中，我们

始终固定 $1 \leqslant t \leqslant T+1$ 以及一个序列 $v_1, v_2, \cdots, v_T$。因此，我们考虑算法 23 在第 $i$ 次 for 循环选择变量 $v_i$ 条件下的概率空间。

定义（可能是部分）投影后的配置

$$Y = y_\Lambda \triangleq \begin{cases} Y_{t-1}(V \setminus \{v_t\}) & \text{如果 } 1 \leqslant t \leqslant T \\ Y_T & \text{如果 } t = T+1 \end{cases} \tag{9-30}$$

式中，如果 $1 \leqslant t \leqslant T$，则 $\Lambda = V \setminus \{v_t\}$；如果 $t = T+1$，则 $\Lambda = V$。我们分析 InvSample$(\boldsymbol{\Phi}, \boldsymbol{h}, \delta, Y, S)$，其中

$$S = \begin{cases} \{v_t\} & \text{如果 } 1 \leqslant t \leqslant T \\ V & \text{如果 } t = T+1 \end{cases}$$

**拒绝采样的分析**

我们首先证明

$$\mathbb{P}[\mathcal{B}_t^{(1)}] \leqslant \delta \tag{9-31}$$

令 $\boldsymbol{\Phi}' = (V, \boldsymbol{Q}, \mathcal{C}')$ 为一个由删除 $\boldsymbol{\Phi} = (V, \boldsymbol{Q}, \mathcal{C})$ 中所有被 $Y$ 满足的约束得来的新 CSP-公式。令 $H' = H_{\Phi'} = (V, \mathcal{E}')$ 为表示 $\boldsymbol{\Phi}'$ 的超图，其中 $\mathcal{E}' = \{\mathrm{vbl}(c) \mid c \in \mathcal{C}'\}$ 可能是一个多重集合。假设 $H'_\Phi$有 $\ell$ 个可连通块 $H'_1, H'_2, \cdots, H'_\ell$，它们满足和 $S$ 有交集，其中 $H'_i = (V_i, \mathcal{E}'_i)$，且对所有 $1 \leqslant i \leqslant \ell$ 有 $V_i \cap S \neq \varnothing$。令 $\boldsymbol{\Phi}'_i = (V_i, \boldsymbol{Q}_{V_i}, \mathcal{C}'_i)$ 为 $H'_i$表示的 CSP-公式，其中 $\mathcal{C}'_i$为被 $\mathcal{E}'_i$表示的约束集合。

固定一个整数 $1 \leqslant i \leqslant \ell$。算法 24 的第 6~8 行实际上在 $\widetilde{\boldsymbol{\Phi}}_i = (V_i, \widetilde{\boldsymbol{Q}}_{V_i}, \mathcal{C}'_i)$ 上执行拒绝采样算法，其中每个 $\widetilde{Q}_v \subseteq Q_v$ 定义为

$$\forall v \in V_i, \widetilde{Q}_v \triangleq \begin{cases} h_v^{-1}(Y_v) & \text{如果 } v \in V_i \cap \Lambda \\ Q_v & \text{如果 } v \in V_i \setminus \Lambda \end{cases}$$

因为 $\Phi$ 依赖图的最大度数是 $D$，所以 $\widetilde{\Phi}_i$ 依赖图的最大度数最多是 $D$。令 $\mathcal{D}$ 表示一个乘积分布，其中每个 $v \in V_i$ 独立地从 $\widetilde{Q}_v$ 上随机均匀地取值。对于每个约束 $c \in \mathcal{C}'_i$，令 $B_c$ 表示 $c$ 没有被满足这一坏事件。注意到 $\boldsymbol{h}$ 是一个平衡的投影策略。根据 $\widetilde{\boldsymbol{Q}}_{V_i}$ 的定义，对于任意 $v \in V_i$ 都有 $|\widetilde{Q}_v| \geqslant \lfloor q_v/s_v \rfloor$，其中 $q_v = |Q_v|$。换句话说，$\widetilde{\Phi}_i$ 是条件 9-11 中的条件局部引理实例。由条件 9-9 可得，对每个 $c \in \mathcal{C}'$，有

$$\mathbb{P}_{\mathcal{D}}[B_c] = \prod_{v \in \text{vbl}(c)} \frac{1}{|\widetilde{Q}_v|} \leqslant \prod_{v \in \text{vbl}(c)} \frac{1}{\lfloor q_v/s_v \rfloor} \leqslant \left( \prod_{v \in \text{vbl}(c)} \frac{1}{q_v} \right)^{\beta}$$

需要重申的是，在引理 9-20 中，我们假设对每个 $c \in \mathcal{C}$，$\sum_{v \in \text{vbl}(c)} \log q_v \geqslant \frac{1}{\beta} \log\left(\frac{40\text{e}D^2}{\eta}\right)$，其中 $0<\eta<1$。注意到 $\mathcal{C}'_i \subseteq \mathcal{C}$，对每个 $c \in \mathcal{C}'_i$，有

$$\mathbb{P}_{\mathcal{D}}[B_c] \leqslant \frac{\eta}{40\text{e}D^2}$$

对每个 $B_c$，定义 $x(B_c) = \frac{\eta}{40D^2}$，有

$$\begin{aligned}\mathbb{P}_{\mathcal{D}}[B_c] &\leqslant \frac{\eta}{40\text{e}D^2} \leqslant \frac{\eta}{40D^2}\left(1 - \frac{\eta}{40D^2}\right)^{\frac{40D^2}{\eta}-1} \\ &\leqslant \frac{\eta}{40D^2}\left(1 - \frac{\eta}{40D^2}\right)^{D} \leqslant x(B_c) \prod_{B_{c'} \in \Gamma(B_c)} (1 - x(B_{c'}))\end{aligned}$$

式中，$\Gamma(\cdot)$ 在洛瓦兹局部引理（定理 9-5）中定义。因为 $B_t^{(1)}$ 发生，所以一定有 $|C_i'|\leqslant 2D\log\frac{nD}{\delta}$。根据洛瓦兹局部引理（定理 9-5），有

$$\begin{aligned}
\mathbb{P}_{\mathcal{D}}\Big[\bigwedge_{c\in\mathcal{C}_i'}\overline{B}_c\Big] &\geqslant \prod_{c\in\mathcal{C}_i'}(1-x(B_c)) \\
&\geqslant \prod_{c\in\mathcal{C}_i'}\left(1-\frac{\eta}{40D^2}\right)\left(\text{by } |\mathcal{C}_i'|\leqslant 2D\log\frac{nD}{\delta}\right) \\
&\geqslant \left(1-\frac{\eta}{40D^2}\right)^{2D\log\frac{nD}{\delta}} \geqslant \exp\left(-\frac{\eta}{5D}\log\frac{Dn}{\delta}\right)=\left(\frac{\delta}{Dn}\right)^{\frac{\eta}{5D\ln 2}} \\
&\geqslant \left(\frac{\delta}{Dn}\right)^{\frac{\eta}{2D}} \geqslant \frac{1}{2}\left(\frac{\delta}{n}\right)^{\eta}
\end{aligned}$$

所以，第 6~8 行的拒绝采样，每次成功的概率至少为$\frac{1}{2}\left(\frac{\delta}{n}\right)^{\eta}$。因为对每个连通块算法独立重复拒绝采样 $R=\left\lceil 10\left(\frac{n}{\delta}\right)^{\eta}\log\frac{n}{\delta}\right\rceil$ 次，所以一个连通块上拒绝采样失败的概率至多为

$$\left(1-\frac{1}{2}\left(\frac{\delta}{n}\right)^{\eta}\right)^{R}\leqslant\exp\left(-\frac{R}{2}\left(\frac{\delta}{n}\right)^{\eta}\right)\leqslant\frac{\delta}{n}$$

因为最多有 $n$ 个连通块，由联合界可知，

$$\mathbb{P}[\mathcal{B}_t^{(1)}]\leqslant\delta$$

这就证明了式（9-31）。

**连通块分析**

我们现在分析 $\mathcal{B}_t^{(2)}$ 的概率。考虑子程序 InvSample($\boldsymbol{\Phi},\boldsymbol{h}$,

$\delta,Y,S)$。需要重申的是，$\Phi'=(V,\boldsymbol{Q},\mathcal{C}')$ 是一个由删除 $\Phi=(V,\boldsymbol{Q},\mathcal{C})$ 中所有被 $Y$ 满足的约束而得到的 CSP-公式。需要重申的是，超图 $H'=H_{\Phi'}=(V,\mathcal{E}')$ 表示 $\Phi'$。令 $H=H_{\Phi}=(V,\mathcal{E})$ 是表示 $\Phi$ 的超图，其中 $\mathcal{E}=\{\mathrm{vbl}(c)\mid c\in\mathcal{C}\}$ 是一个多重集合。对每条边 $e\in\mathcal{E}$，我们用 $\mathcal{B}_e$ 表示如下坏事件：$e\in\mathcal{E}'$ 且 $e$ 在 $H'$ 上的连通块至少有 $L$ 条超边，其中 $L=\left\lceil 2D\log\frac{Dn}{\delta}\right\rceil$。根据联合界，有

$$\mathbb{P}[\mathcal{B}_t^{(2)}]\leqslant\sum_{e\in\mathcal{E}}\mathbb{P}[\mathcal{B}_e]$$

需要重申的是，$D$ 是依赖图的最大度数。因为 $|\mathcal{E}|\leqslant n(D+1)$，所以只需要证明

$$\mathbb{P}[\mathcal{B}_e]\leqslant\frac{\delta}{n(D+1)}\tag{9-32}$$

为了分析 $\mathcal{B}_e$ 的概率，需要使用如下引理。

**引理 9-21** 令 $\Phi=(V,\boldsymbol{Q},C)$ 为一个 CSP-公式。令 $\boldsymbol{h}$ 为一个以参数 $\alpha$ 和 $\beta$ 满足条件 9-9 的投影策略。令 $q_v=|Q_v|$，$D$ 是 $\Phi$ 依赖图的最大度数。如果对于任意一个约束 $c\in\mathcal{C}$，有

$$\sum_{v\in\mathrm{vbl}(c)}\log q_v\geqslant\frac{1}{\beta}\log(40\mathrm{e}D^2)$$

则对于任意子集 $H\subseteq\Lambda$，以及任意投影后的配置 $\sigma\in\Sigma_H=\bigotimes_{v\in H}\Sigma_v$，都有

$$\mathbb{P}[Y_H=\sigma]\leqslant\exp\left(\sum_{u\in H}\frac{1}{20D}\right)\prod_{v\in H}\left(\frac{1}{q_v}\left\lceil\frac{q_v}{s_v}\right\rceil\right)$$

其中 $Y\in\Sigma_\Lambda$ 定义在式（9-30）中。

引理 9-21 的证明将在本节的最后给出。

接下来，我们定义线图（line graph）和 2-树。

**定义 9-5**（线图） 令 $H=(V,\mathcal{E})$ 为一张超图。线图 $\mathrm{Lin}(H)$ 是一张图，它的每个节点表示一条超边 $\mathcal{E}$，当且仅当 $e\cap e'\neq\varnothing$ 时，两个节点 $e$，$e'\in\mathcal{E}$ 相邻。

**定义 9-6**（2-树） 令 $G=(V,E)$ 为一张图。如果以下条件都满足，则一个点的子集 $S_{\text{tree}}\subseteq V$ 是一个 2-树。①对于任意 $u$，$v\in S_{\text{tree}}$，它们在图 $G$ 上的距离至少是 2；②如果在所有满足 $\mathrm{dist}_G(u,v)=2$ 的点对 $u$，$v\in S_{\text{tree}}$ 之间加边，则 $S_{\text{tree}}$ 变成一个连通图。

根据 2-树的定义，有如下观察。

**观察 9-22** 如果 $G=(V,E)$ 有一个大小为 $\ell>1$ 且包含 $v\in V$ 的 2-树，那么 $G$ 一定有一个大小为 $\ell-1$ 且包含 $v$ 的 2-树。

**证明：**令 $T\subseteq V$ 为 $G$ 上的一个 2-树。令 $G'=(T,E_T)$，当且仅当 $u$，$v\in T$ 且 $\mathrm{dist}_G(u,v)=2$ 时，$\{u,v\}\in E_T$。根据定义，$G'$ 是一个连通图。我们可以找到 $G'$ 的任意一种生成树 $T_{G'}$。因为 $T_{G'}$ 的节点数为 $\ell>1$，所以 $T_{G'}$ 至少有两个叶子节点。令 $w$ 是 $T_{G'}$ 的一个叶子节点且 $w\neq v$。容易看出 $T\setminus\{w\}$ 是一个大小为 $\ell-1$ 且包含 $v$ 的 2-树。 □

为了分析 2-树的个数，我们需要使用如下连通子图数量的引理[150]。

**引理 9-23**（文献［150］） 令 $G=(V,E)$ 是一个最大度数为 $\Delta$ 的图，$v\in V$ 是其中一个节点，则包含 $v$ 且大小为 $\ell$ 的导出连通子图最多有 $\frac{(\mathrm{e}\Delta)^{\ell-1}}{2}$ 个。

根据引理，我们可以得到如下命题。

**命题 9-24** 令 $G=(V,E)$ 是一个最大度数为 $\Delta$ 的图，$v\in V$ 是其中一个节点。图 $G$ 上包含 $v$ 且有 $\ell$ 个节点的 2-树最多有 $\frac{(\mathrm{e}\Delta^2)^{\ell-1}}{2}$ 个。

**证明：** 考虑平方图 $G^2$（当且仅当它们在 $G$ 上的距离小于等于 2 时，两个点在 $G^2$ 中相邻）。$G^2$ 的最大度数至多是 $\Delta^2$。$G^2$ 上大小为 $\ell$ 且包含 $v$ 的连通子图最多有 $\frac{(\mathrm{e}\Delta^2)^{\ell-1}}{2}$ 个。所以 $G$ 上包含 $v$ 大小为 $\ell$ 的 2-树最多有 $\frac{(\mathrm{e}\Delta^2)^{\ell-1}}{2}$ 个。 □

如下命题说明了 2-树和连通块的关系。

**命题 9-25** 令 $H=(V,\mathcal{E})$ 为一张超图。令 $\mathrm{Lin}(H)$ 表示 $H$ 的线图。令 $B\subseteq\mathcal{E}$ 是一条超边的子集，它在 $\mathrm{Lin}(H)$ 上的导出子图连通。令 $e\in B$ 是一条超边。存在一个 $\mathrm{Lin}(H)$ 上的 2-树 $S_{\mathrm{tree}}\subseteq\mathcal{E}$ 使得 $e\in S_{\mathrm{tree}}$ 且 $|S_{\mathrm{tree}}|=\left\lfloor\frac{|B|}{D+1}\right\rfloor$，其中 $D$ 是 $\mathrm{Lin}(H)$ 的最大度数。

**证明：** 考虑线图 $\mathrm{Lin}(H)=(V_L,E_L)$。对于 $\mathrm{Lin}(H)$ 上任

意点的子集 $S$，定义 $S$ 的邻居为

$$\Gamma^{+}(S) \triangleq \{v \in V_L \mid v \in S \text{或者存在} u \in S \text{使得} \{u,v\} \in E_L\}$$

贪心地构造一个 2-树。令 $T_0=\{e\}$。在第 $i$ 步，执行以下操作：$S \leftarrow B \setminus \Gamma^{+}(T_{i-1})$，令 $e_i$ 是 $S$ 中满足 $\text{dist}_{\text{Lin}(H)}(T_{i-1},e_i)=2$ 的第一条超边，再令 $T_i=T_{i-1}\cup\{e_i\}$。这个过程在 $B=\Gamma^{+}(T_j)$ 时结束，其中 $j$ 是某个整数。

我们断言集合 $S$ 最后一定变成一个空集。如果当前 2-树是 $T$，且剩余一个非空集合 $S=B\setminus\Gamma^{+}(T)$，则有 $\forall e' \in S$，$\text{dist}_{\text{Lin}(H)}(T,e')\neq 2$。注意到，如果 $\text{dist}_{\text{Lin}(H)}(T,e')\leqslant 1$，则 $e' \in \Gamma^{+}(T)$，因此 $\forall e' \in S$，$\text{dist}_{\text{Lin}(H)}(T,e')\geqslant 3$。注意到，$B \subseteq \Gamma^{+}(T)\cup S$，$B\cap\Gamma^{+}(T)\neq\varnothing$ 且 $B\cap S\neq\varnothing$，因此 $B$ 在 $\text{Lin}(H)$ 上不连通。导出矛盾。

每一步最多有 $D+1$ 条超边被删除，所以我们有 $|T|\geqslant \left\lfloor \frac{|B|}{D+1} \right\rfloor$。根据观察 9-22，存在一个 $\text{Lin}(H)$ 上的 2-树 $T\subseteq B$ 使得 $e\in T$ 且 $|T|=\left\lfloor \frac{|B|}{D+1} \right\rfloor$。 □

假设 $\boldsymbol{h}$ 满足条件 9-9。重申 $Y\in\Sigma_\Lambda$，其中，对于 $1\leqslant t\leqslant T$ 有 $\Lambda=V\setminus\{v_t\}$；对于 $t=T+1$ 有 $\Lambda=V$。如果 $e$ 没有被 $Y$ 满足，则称一条边 $e\in\mathcal{E}$ 是坏边。假设 $e$ 表示一个约束 $c$，且 $c$ 只禁止 $\boldsymbol{x}\in\boldsymbol{Q}_e$ 一种配置，即 $c(\boldsymbol{x})=\texttt{False}$。给定投影之后的 $Y\in\Sigma_\Lambda$，有

$$e\text{是坏边} \iff \forall u\in\Lambda\cap e,\ Y_u\neq h_u(\boldsymbol{x}_u) \tag{9-33}$$

换句话说，如果 $e$ 是坏边，则取下整公式（定义 9-4）中 $c$ 对应的约束没有被 $Y$ 满足。如果 $\mathcal{B}_e$ 发生，则在线图 $\mathrm{Lin}(H)$ 上存在一个连通块 $B\subseteq\mathcal{E}$ 使得 $e\in B$ 且 $B$ 中所有边都是坏边且 $|B|=L$，其中 $L=\left\lceil 2D\log\frac{Dn}{\delta}\right\rceil$，则 $D$ 是输入公式依赖图的最大度数。由命题 9-25 可知，在 $\mathrm{Lin}(H)$ 上一定存在一个 2-树，它的大小是 $\ell=\left\lfloor\frac{L}{D}\right\rfloor$ 且 $e\in S_{\mathrm{tree}}$ 且其中所有边都是坏边。固定一个 2-树 $S_{\mathrm{tree}}$。根据定义，每个 $S_{\mathrm{tree}}$ 中的点是一条超边 $e\in\mathcal{E}$，且对所有 $e$，$e'\in S_{\mathrm{tree}}$，有 $e\cap e'=\varnothing$。

令 $S'_{\mathrm{tree}}\subseteq S_{\mathrm{tree}}$ 表示由满足 $e\subseteq\Lambda$ 的超边 $e\in S_{\mathrm{tree}}$ 构成的子集。由于 $Y$ 是一个随机投影后的配置，根据式（9-33），有

$$
\begin{aligned}
&\mathbb{P}[\forall e\in S_{\mathrm{tree}},e\text{ 是坏边}]\\
=&\mathbb{P}[\forall e\in S_{\mathrm{tree}},\forall u\in e\cap\Lambda,Y_u\neq h_u(\boldsymbol{x}_u)]\\
\leqslant&\mathbb{P}[\forall e\in S'_{\mathrm{tree}},\forall u\in e,Y_u\neq h_u(\boldsymbol{x}_u)]
\end{aligned}
$$

固定一条边 $e\in S'_{\mathrm{tree}}$。由条件 9-9 以及引理 9-20 中假设的条件 $\sum_{v\in e}\log q_v\geqslant\frac{1}{1-\alpha}\log(20D^2)$，有

$$
\prod_{v\in e}\frac{1}{q_v}\left\lceil\frac{q_v}{s_v}\right\rceil\leqslant\left(\prod_{v\in e}\frac{1}{q_v}\right)^{1-\alpha}\leqslant\frac{1}{20D^2}
$$

注意到，如果 $s_v=1$，则 $\frac{1}{q_v}\left\lceil\frac{q_v}{s_v}\right\rceil=1$。对于任意 $v\in e$ 使得 $s_v>1$（因此 $q_v\geqslant s_v>1$），有 $\frac{1}{q_v}\left\lceil\frac{q_v}{s_v}\right\rceil\leqslant\frac{1}{q_v}\left\lceil\frac{q_v}{2}\right\rceil\leqslant\frac{2}{3}$。令 $r=$

$\log_{2/3}\frac{1}{20D^2}+1$，可以找到一个变量的子集 $R(e)\subseteq e$ 使得

$$\prod_{v\in R(e)}\frac{1}{q_v}\left\lceil\frac{q_v}{s_v}\right\rceil\leqslant\frac{1}{20D^2},\quad 且\quad |R(e)|\leqslant r$$

注意到引理 9-20 假设了 $\sum_{v\in \mathrm{vbl}(c)}\log q_v\geqslant\frac{1}{\beta}\log\left(\frac{40\mathrm{e}D^2}{\eta}\right)\geqslant\frac{1}{\beta}\log(40\mathrm{e}D^2)$。对子集 $\hat{H}=\bigcup_{e\in S'_{\mathrm{tree}}}R(e)$ 使用引理 9-21，注意到 $S'_{\mathrm{tree}}$ 中所有超边互不相交。有

$$\begin{aligned}
&\mathbb{P}[\forall e\in S_{\mathrm{tree}},\ e\text{ 是坏边}]\\
\leqslant&\mathbb{P}[\forall e\in S'_{\mathrm{tree}},\forall u\in R(e),Y_u\neq h_u(x_u)]\\
\leqslant&\mathbb{P}[\forall u\in\hat{H},Y_u\neq h_u(x_u)]\\
\leqslant&\prod_{e\in S'_{\mathrm{tree}}}\prod_{v\in R(e)}\left(\frac{1}{q_v}\left\lceil\frac{q_v}{s_v}\right\rceil\exp\left(\frac{1}{20D}\right)\right)\\
\leqslant&\prod_{e\in S'_{\mathrm{tree}}}\left(\frac{1}{20D^2}\exp\left(\frac{r}{20D}\right)\right)\\
\leqslant&\prod_{e\in S'_{\mathrm{tree}}}\left(\frac{1}{12D^2}\right)\quad\left(\text{根据 } r=\log_{2/3}\frac{1}{20D^2}+1)\right)
\end{aligned}$$

因为 $|\Lambda|\geqslant n-1$ 且所有 $S_{\mathrm{tree}}$ 中的超边不相交，所以 $|S'_{\mathrm{tree}}|\geqslant|S_{\mathrm{tree}}|-1=\ell-1$，则有

$$\mathbb{P}[\forall e\in S_{\mathrm{tree}},\ e\text{ 是坏边}]\leqslant\left(\frac{1}{12D^2}\right)^{\ell-1}$$

注意到线图的最大度数是 $D$。根据命题 9-24，有

$$\mathbb{P}[\mathcal{B}_e] \leqslant \frac{1}{2}(\mathrm{e}D^2)^{\ell-1}\left(\frac{1}{12D^2}\right)^{\ell-1} \leqslant \frac{1}{2}\left(\frac{1}{4}\right)^{\ell-1} \leqslant \left(\frac{1}{2}\right)^{2\ell-1}$$

注意到 $\ell = \lfloor L/(D+1) \rfloor$ 且 $L = \left\lceil 2D\log\frac{nD}{\delta} \right\rceil$，则有 $\ell \geqslant 2\log\frac{nD}{\delta} - 1$。假设 $nD \geqslant 16$，否则采样问题非常简单。所以式（9-32）可以由如下不等式证明

$$\mathbb{P}[\mathcal{B}_e] \leqslant \left(\frac{1}{2}\right)^{4\log\frac{nD}{\delta}-3} \leqslant \frac{\delta}{n(D+1)}$$

最后，证明引理 9-21 时需要使用如下引理。

**引理 9-26** 令 $\Phi = (V, \boldsymbol{Q}, \mathcal{C})$ 为一个 CSP-公式。令 $\boldsymbol{h} = (h_v)v \in V$ 为一个以参数 $\alpha$ 和 $\beta$ 满足条件 9-9 的投影策略。令 $D$ 表示 $\Phi$ 依赖图的最大度数。令 $q_v = |Q_v|$。假设对于任意 $c \in \mathcal{C}$ 都有

$$\sum_{v \in \mathrm{vbl}(c)} \log q_v \geqslant \frac{1}{\beta}\log(40\mathrm{e}D^2)$$

固定一个变量 $u \in V$，一个部分投影后的配置 $\tau \in \sum_{V\setminus\{u\}}$。对任意 $y \in \Sigma_u$ 都有

$$v_u^{\tau}(y) \leqslant \frac{1}{q_u}\left\lceil \frac{q_u}{s_u} \right\rceil \exp\left(\frac{1}{20D}\right)$$

**证明**：定义一个新的 CSP-公式 $\hat{\Phi} = (V, \hat{\boldsymbol{Q}} = (\hat{Q}_v)_{v \in V}, \mathcal{C})$ 为

$$\forall w \in V, \quad \hat{Q}_w = \begin{cases} h_w^{-1}(\tau_w) & \text{如果 } w \neq u \\ Q_w & \text{如果 } w = u \end{cases}$$

令 $\mathcal{D}$ 为一个乘积分布，其中每个 $w \in V$ 从 $\hat{Q}_w$ 中随机等概率取值。对于每个约束 $c \in \mathcal{C}$，定义坏事件 $B_c$ 为 $c$ 没有被满足。令 $\mathcal{B}=(B_c)_{c\in\mathcal{C}}$ 为一系列坏事件的集合。重申 $\Gamma(\cdot)$ 按照洛瓦兹局部引理定义（定理 9-5），则有 $\max\limits_{c\in\mathcal{C}}|\Gamma(B_c)| \leqslant D$。对于每个 $B_c$，令 $x(B_c)=\frac{1}{40D^2}$。根据条件 9-9，有

$$\begin{aligned}
\mathbb{P}_{\mathcal{D}}[B_c \text{ 未被满足}] &= \prod_{v\in \mathrm{vbl}(c)} \frac{1}{|\hat{Q}_v|} \leqslant \prod_{v\in \mathrm{vbl}(c)} \frac{1}{\lfloor q_v/s_v \rfloor} \\
&\leqslant \left(\prod_{v\in \mathrm{vbl}(c)} \frac{1}{q_v}\right)^{\beta} \leqslant \frac{1}{40\mathrm{e}D^2} \\
&\leqslant \frac{1}{40D^2}\left(1-\frac{1}{40D^2}\right)^{40D^2-1} \\
&\leqslant \frac{1}{40D^2}\left(1-\frac{1}{40D^2}\right)^{D} \\
&\leqslant x(B_c)\prod_{B_{c'}\in\Gamma(B_c)}(1-x(B_{c'}))
\end{aligned}$$

固定 $y \in \Sigma_u$。令事件 $A$ 表示 $u$ 的取值属于 $h_u^{-1}(y)$，则有 $|\Gamma(A)| \leqslant D$，其中 $\Gamma(A) \subseteq \mathcal{B}$ 是满足 $u \in \mathrm{vbl}(B)$ 的坏事件 $B$ 的集合。令 $\hat{\mu}$ 为 $\hat{\Phi}$ 所有满足解的均匀分布。根据定理 9-5，有

$$\begin{aligned}
\boldsymbol{v}_u^{\tau}(y) &= \mathbb{P}_{\hat{\mu}}[A] = \mathbb{P}_{X\sim\hat{\mu}}[X_u \in h_u^{-1}(y)] \\
&\leqslant \frac{1}{q_u}\left\lceil \frac{q_u}{s_u} \right\rceil \left(1-\frac{1}{40D^2}\right)^{-D} \leqslant \frac{1}{q_u}\left\lceil \frac{q_u}{s_u} \right\rceil \exp\left(\frac{1}{20D}\right)
\end{aligned}$$ □

现在开始证明引理 9-21。

**引理 9-21 的证明**：固定一个子集 $H \subseteq V$，以及一个投影

后的配置 $\sigma \in \Sigma_H$。重申 $1 \leqslant t \leqslant T+1$ 是一个固定的整数。重申 $Y=Y_{t-1}(\Lambda)$，其中如果 $1 \leqslant t \leqslant T$，则 $\Lambda = V \setminus \{v_t\}$；如果 $t=T+1$，则 $\Lambda = V$。重申 $v_1, v_2, \cdots, v_t \in V$ 是一个序列，其中 $v_i$ 是算法 23 第 $i$ 次 for 循环选中的变量。

对任意变量 $u \in H$，令 $t(u)$ 表示 $t$ 时刻及其之前 $u$ 被选择的最后一步。严格来说，如果 $u$ 出现在序列 $v_1, v_2, \cdots, v_t$ 中，则 $t(u)$ 就是最大的数（满足 $v_{t(u)} = u$）；如果 $u$ 没有出现在序列 $v_1, v_2, \cdots, v_t$ 中，则 $t(u) = 0$。把 $H$ 中的点列为 $u_1, u_2, \cdots, u_{|H|}$ 使得 $t(u_1) \leqslant t(u_2) \leqslant \cdots \leqslant t(u_{|H|})$，对于满足 $t(u)=0$ 的 $u$，以任意顺序排列，则对于所有 $u \in H$，有 $Y_t(u) = Y_{t(u)}(u)$。所以

$$\mathbb{P}[Y_H = \sigma] = \mathbb{P}[\forall u_i \in H,\ Y_{u_i} = \sigma_{u_i}]$$

$$\leqslant \prod_{i=1}^{|H|} \mathbb{P}[Y_{t(u_i)}(u_i) = \sigma_{u_i} \mid \forall j < i,\ Y_{t(u_j)}(u_j) = \sigma_{u_j}]$$

现在只要证明，对于任意 $1 \leqslant i \leqslant |H|$，有

$$\mathbb{P}[Y_{t(u_i)}(u_i) = \sigma_{u_i} \mid \forall j<i,\ Y_{t(u_j)}(u_j) = \sigma_{u_j}] \leqslant \frac{1}{q_{u_i}} \left\lceil \frac{q_{u_i}}{s_{u_i}} \right\rceil \exp\left(\frac{1}{20D}\right) \tag{9-34}$$

假设 $t(u_i) = 0$，则 $Y_0(u_i) \in \Sigma_{u_i}$ 满足 $\mathbb{P}[Y_0(u_i) = \sigma_{u_i}] = \dfrac{|h_{u_i}^{-1}(\sigma_{u_i})|}{q_{u_i}}$。因为 $\boldsymbol{h}$ 是平衡的，所以有 $|h_{u_i}^{-1}(\sigma_{u_i})| \leqslant \left\lceil \dfrac{q_{u_i}}{s_{u_i}} \right\rceil$。式（9-34）成立是因为

$$\mathbb{P}[Y_0(u_i)=\sigma_{u_i} \mid \forall j<i, Y_0(u_j)=\sigma_{u_j}] \leqslant \frac{1}{q_{u_i}}\left\lceil \frac{q_{u_i}}{s_{u_i}} \right\rceil$$

假设 $t(u_i)=\ell \neq 0$。算法 23 在第 4 行用子程序 InvSample(·) 去采样随机的 $X_v \in Q_v$，然后在第 5 行把 $X_v$ 映射成 $Y_\ell(u_i)$。如果 $X_v$ 在算法 24 的第 4 行或者第 10 行被返回，则 $X_v$ 服从 $Q_{u_i}$ 上的均匀分布。这种情况下，式（9-34）成立是因为

$$\mathbb{P}[Y_\ell(u_i)=\sigma_{u_i} \mid \forall j<i, Y_{t(u_j)}(u_j)=\sigma_{u_j}]$$

$$=\sum_{X_v \in h_{u_i}^{-1}(\sigma_{u_i})} \frac{1}{q_{u_i}} \leqslant \frac{1}{q_{u_i}}\left\lceil \frac{q_{u_i}}{s_{u_i}} \right\rceil$$

否则，$X_v$ 在算法 24 的第 11 行被返回。在这种情况下，$Y_\ell(u_i)$ 从分布 $\nu_{u_i}^{Y_{\ell-1}(V\setminus\{u_i\})}$ 中采样。可以使用引理 9-26，其中 $\tau=Y_{\ell-1}(V\setminus\{u_i\})$ 且 $u=u_i$。注意到引理 9-26 对任意 $\tau$ 和 $u$ 都成立，则有

$$\mathbb{P}[Y_\ell(u_i)=\sigma_{u_i} \mid \forall j<i, Y_{t(u_j)}(u_j)=\sigma_{u_j}]$$

$$=\nu_{u_i}^{Y_{\ell-1}(V\setminus\{u_i\})}(\sigma_{u_i}) \leqslant \frac{1}{q_{u_i}}\left\lceil \frac{q_{u_i}}{s_{u_i}} \right\rceil \exp\left(\frac{1}{20D}\right)$$

所以，式（9-34）成立。 □

### 9.5.4 混合时间分析

本节证明引理 9-15 和引理 9-19。令 $\Phi=(V,\boldsymbol{Q},\mathcal{C})$ 为由原子约束定义的 CSP-公式，$\boldsymbol{h}=(h_v)_{v\in V}$ 是一个平衡的投影策

略且以参数 $\alpha$ 和 $\beta$ 满足条件 9-9，其中 $h_v: Q_v \to \Sigma_v$。令 $\nu = \nu_{\Phi,h}$ 为定义 9-2 中在 $\Sigma = \bigotimes_{v \in V} \Sigma_v$ 上定义的投影后的分布。令 $(Y_t)_{t \geqslant 0}$ 表示针对 $\nu$ 的吉布斯采样算法 $P_{\text{Gibbs}}$。

先证明 $\nu$ 是吉布斯采样算法的唯一平稳分布。

**命题 9-27** 令 $\Phi = (V, \boldsymbol{Q}, \mathcal{C})$ 为一个由原子约束定义的 CSP-公式。令 $\boldsymbol{h} = (h_v)_{v \in V}$ 是一个以参数 $\alpha$ 和 $\beta$ 满足条件 9-9 的投影策略。令 $q_v = |Q_v|$, $p = \max\limits_{c \in \mathcal{C}} \prod\limits_{v \in \text{vbl}(c)} \dfrac{1}{q_v}$，$D$ 是 $\Phi$ 依赖图的最大度数。假设 $\log \dfrac{1}{p} \geqslant \dfrac{1}{\beta} \log(2eD)$，则吉布斯采样算法 $P_{\text{Gibbs}}$ 是不可约、非周期，且相对于 $\nu$ 可逆的马尔可夫链，所以它有唯一平稳分布 $\nu$。

**证明：** 非周期性和可逆性容易验证[15]，接下来主要证明不可约性，即证明对于任意 $\sigma \in \Sigma$，有 $\nu(\sigma) > 0$，则说明马尔可夫链是不可约的。固定一个 $\sigma \in \Sigma$。定义一个新实例 $\hat{\Phi} = (V, \hat{\boldsymbol{Q}} = (\hat{Q}_v)_{v \in V}, \mathcal{C})$，对于所有 $v \in V$ 都有 $\hat{Q}_v = h_v^{-1}(\sigma_v)$。我们只要证明 $\hat{\Phi}$ 可满足，这说明 $\nu(\sigma) > 0$。$\hat{\Phi}$ 依赖图的最大度数是 $D$。如果每个变量从 $\hat{Q}_v$ 中均匀、独立地取值，则对于每个 $c \in \mathcal{C}$，$c$ 被违反的概率为

$$\prod_{v \in \text{vbl}(c)} \frac{1}{|\hat{Q}_v|} \leqslant \prod_{v \in \text{vbl}(c)} \frac{1}{\lfloor q_v / s_v \rfloor} \leqslant \left( \prod_{v \in \text{vbl}(c)} \frac{1}{q_v} \right)^{\beta} \leqslant \frac{1}{2eD}$$

根据洛瓦兹局部引理，$\hat{\Phi}$ 可满足。 □

我们用路径耦合（引理 2-4）来证明马尔可夫链可以快

速收敛。固定两个状态 $\boldsymbol{X}$，$\boldsymbol{Y}\in\Sigma=\bigotimes_{v\in V}\Sigma_v$ 使得 $\boldsymbol{X}$ 和 $\boldsymbol{Y}$ 只在 $v_0\in V$ 处不同（假设 $s_{v_0}\geqslant 2$）。构造一个耦合 $(\boldsymbol{X},\boldsymbol{Y})\rightarrow(\boldsymbol{X}',\boldsymbol{Y}')$ 保证 $\boldsymbol{X}\rightarrow\boldsymbol{X}'$ 和 $\boldsymbol{Y}\rightarrow\boldsymbol{Y}'$ 各自都满足 $P_{\text{Gibbs}}$ 的转移规则，使得

$$\mathbb{E}[d_{\text{ham}}(\boldsymbol{X}',\boldsymbol{Y}')\mid\boldsymbol{X},\boldsymbol{Y}]\leqslant 1-\frac{1}{2n} \tag{9-35}$$

式中，$d_{\text{ham}}(\boldsymbol{X}',\boldsymbol{Y}')\triangleq|\{v\in V\mid X'_v\neq Y'_v\}|$ 表示 $\boldsymbol{X}'$ 和 $\boldsymbol{Y}'$ 的汉明距离。注意到汉明距离最多为 $n$。使用路径耦合引理，对于任意 $0<\varepsilon<1$，有

$$T_{\text{mix}}(\varepsilon)\leqslant\left\lceil 2n\log\frac{n}{\varepsilon}\right\rceil$$

其中 $n=|V|$ 是总点数。

耦合 $(\boldsymbol{X},\boldsymbol{Y})\rightarrow(\boldsymbol{X}',\boldsymbol{Y}')$ 的构造过程如下：

- 随机等概率选择一个 $v\in V$，对于所有 $u\neq v$，令 $X'_u\leftarrow X_u$ 和 $Y'_u\leftarrow Y_u$。
- 从 $\boldsymbol{\nu}_v^{X_{V\setminus\{v\}}}$ 和 $\boldsymbol{\nu}_v^{Y_{V\setminus\{v\}}}$ 的最优耦合中采样 $(X'_v,Y'_v)$。

利用线性期望，有

$$\mathbb{E}[d_{\text{ham}}(\boldsymbol{X}',\boldsymbol{Y}')\mid\boldsymbol{X},\boldsymbol{Y}]=\sum_{v\in V}\mathbb{P}[X'_v\neq Y'_v\mid\boldsymbol{X},\boldsymbol{Y}]$$

$$(\text{根据耦合不等式})=\frac{1}{n}\sum_{v\in V\setminus\{v_0\}}d_{\text{TV}}\left(\boldsymbol{\nu}_v^{X_{V\setminus\{v\}}},\boldsymbol{\nu}_v^{Y_{V\setminus\{v\}}}\right)+\left(1-\frac{1}{n}\right)$$

最后一个等式成立是因为 $d_{\text{TV}}\left(\boldsymbol{\nu}_{v_0}^{X_{V\setminus\{v_0\}}},\boldsymbol{\nu}_{v_0}^{Y_{V\setminus\{v_0\}}}\right)=0$。为了证明

式（9-35），只需要证明

$$\sum_{v\in V\setminus\{v_0\}} d_{\mathrm{TV}}\left(\nu_v^{X_{V\setminus\{v\}}},\nu_v^{Y_{V\setminus\{v\}}}\right)\leqslant\frac{1}{2}$$

对于每个 $v\neq v_0$，都需要计算 $d_{\mathrm{TV}}(\nu_v^{X_{V\setminus\{v\}}},\nu_v^{Y_{V\setminus\{v\}}})$。证明思路是利用 Moitra[51] 提出的耦合技术和条件 9-11 来分析，通过构造两个分布之间的耦合给出全变差上界。接下来我们分两种情况给出不同的耦合分析方法：第一种情况是较为简单的 $(k,d)$-CSP-公式；第二种情况是更加一般的 CSP-公式。因为一般 CSP-公式的每个变量有不同的取值范围，每个约束包含的变量个数也各不相同，所以一般 CSP-公式的分析更加复杂。

最后，在 9.5.4.3 小节，我们把所有结论综合到一起来证明引理 9-15 和引理 9-19。

#### 9.5.4.1 $(k,d)$-CSP-公式的耦合

我们首先考虑一种简单的情况。假设算法 23 输入的 CSP-公式是一个 $(k,d)$-CSP-公式 $\Phi=(V,[q]^V,\mathcal{C})$，公式由原子坏事件定义，其中对于每个 $c\in\mathcal{C}$，都有 $|\mathrm{vbl}(c)|=k$；每个 $v\in V$ 最多出现在 $d$ 个约束中，所有变量 $v\in V$ 的取值范围都是 $Q_v=[q]$。注意到，这种情况涵盖了两个应用——超图染色和 $k$-CNF 公式。我们有如下引理。

**引理 9-28** 令 $\Phi=(V,[q]^V,\mathcal{C})$ 是一个由原子约束定义的 $(k,d)$-CSP-公式。令 $\boldsymbol{h}=(h_v)_{v\in V}$ 是一个以参数 $\alpha$ 和 $\beta$ 满

足条件 9-9 的 $\Phi$ 的投影策略。如果

$$k\log q\geqslant\frac{1}{\beta}\log(3000q^2d^6k^6) \tag{9-36}$$

则有 $\sum_{v\in V\setminus\{v_0\}}d_{\mathrm{TV}}\left(\nu_v^{X_{V\setminus\{v\}}},\nu_v^{Y_{V\setminus\{v\}}}\right)\leqslant\frac{1}{2}$。

需要重申的是，对于任意 $\sigma\in\Sigma_\Lambda(\Lambda\subseteq V)$，分布 $\mu^\sigma$ 是 $\boldsymbol{X}\in[q]^V$ 的分布，其中 $\boldsymbol{X}$ 是在 $\boldsymbol{h}(\boldsymbol{X}_\Lambda)=(h_v(\boldsymbol{X}_v))_{v\in\Lambda}=\boldsymbol{\sigma}$ 的条件下从 $\mu$ 中采样的随机样本，$\mu$ 是 $\Phi$ 所有满足解的均匀分布。用 $\mu_v^\sigma$ 表示 $\mu^\sigma$ 投影在 $v$ 上的边缘分布。对于任意 $v\in V$ 和 $c\in\Sigma_v$，有

$$\nu_v^{X_{V\setminus\{v\}}}(c)=\sum_{j\in h_v^{-1}(c)}\mu_v^{X_{V\setminus\{v\}}}(j)\quad 且\quad \nu_v^{Y_{V\setminus\{v\}}}(c)=\sum_{j\in h_v^{-1}(c)}\mu_v^{Y_{V\setminus\{v\}}}(j)$$

注意到 $h_v$ 是一个从 $[q]$ 到 $\Sigma_v$ 的函数。根据三角不等式，有

$$\begin{aligned}d_{\mathrm{TV}}\left(\nu_v^{X_{V\setminus\{v\}}},\nu_v^{Y_{V\setminus\{v\}}}\right)&=\frac{1}{2}\sum_{c\in\Sigma_v}\left|\nu_v^{X_{V\setminus\{v\}}}(c)-\nu_v^{Y_{V\setminus\{v\}}}(c)\right|\\ \left(\text{by }\biguplus_{c\in\Sigma_v}h_v^{-1}(c)=[q]\right)&\leqslant\frac{1}{2}\sum_{j\in[q]}\left|\mu_v^{X_{V\setminus\{v\}}}(j)-\mu_v^{Y_{V\setminus\{v\}}}(j)\right|\\ &=d_{\mathrm{TV}}\left(\mu_v^{X_{V\setminus\{v\}}},\mu_v^{Y_{V\setminus\{v\}}}\right)\end{aligned}$$

对于任意变量 $v\in V\setminus\{v_0\}$，定义 $v_0$ 对 $v$ 的影响为

$$I_v\triangleq d_{\mathrm{TV}}\left(\mu_v^{X_V\setminus\{v\}},\mu_v^{Y_V\setminus\{v\}}\right) \tag{9-37}$$

要证明吉布斯分布快速收敛，只需要证明

$$\sum_{v\in V:v\neq v_0}I_v\leqslant\frac{1}{2} \tag{9-38}$$

固定一个 $v_\star \in V$。使用一个耦合 $\mathcal{C}_{kd}$ 去分析 $I_{v_\star}$。耦合 $\mathcal{C}_{kd}$ 采样两个随机样本 $\boldsymbol{X}^{\mathcal{C}_{kd}} \sim \mu^{X_{V\setminus\{v_\star\}}}$ 和 $\boldsymbol{Y}^{\mathcal{C}_{kd}} \sim \mu^{Y_{V\setminus\{v_\star\}}}$。根据耦合不等式（命题 2-2），对 $I_{v_\star}$ 的影响最多为

$$I_{v_\star} \leqslant \mathbb{P}_{\mathcal{C}_{kd}}[X_{v_\star}^{\mathcal{C}_{kd}} \neq Y_{v_\star}^{\mathcal{C}_{kd}}] \tag{9-39}$$

为了描述耦合 $\mathcal{C}_{kd}$，先定义一些记号。重申 $\boldsymbol{\Phi}=(V,[q]^V,\mathcal{C})$ 是算法 23 输入的 CSP-公式。重申两个配置 $\boldsymbol{X}$，$\boldsymbol{Y} \in \Sigma = \bigotimes_{v\in V}\Sigma_v$ 只在 $v_0$ 处不同。定义两个 CSP-公式 $\boldsymbol{\Phi}^X$ 和 $\boldsymbol{\Phi}^Y$ 为：

- $\boldsymbol{\Phi}^X=(V,\boldsymbol{Q}^X=(Q_u^X)_{u\in V},\mathcal{C})$ 是一个满足如下条件的 CSP-公式。

$$Q_u^X=\begin{cases} h_u^{-1}(X_u) & 如果\ u\neq v_\star \\ [q] & 如果\ u=v_\star \end{cases} \tag{9-40}$$

- $\boldsymbol{\Phi}^Y=(V,\boldsymbol{Q}^Y=(Q_u^Y)_{u\in V},\mathcal{C})$ 是一个满足如下条件的 CSP-公式。

$$Q_u^Y=\begin{cases} h_u^{-1}(Y_u) & 如果\ u\neq v_\star \\ [q] & 如果\ u=v_\star \end{cases} \tag{9-41}$$

根据定义，$(Q_u^X)_{u\in V}$ 和 $(Q_u^Y)_{u\in V}$ 只在点 $v_0$ 处不同。我们定义两个分布

- $\boldsymbol{\mu}_{\boldsymbol{\Phi}^X}$：公式 $\boldsymbol{\Phi}^X$ 所有满足解的均匀分布。
- $\boldsymbol{\mu}_{\boldsymbol{\Phi}^Y}$：公式 $\boldsymbol{\Phi}^Y$ 所有满足解的均匀分布。

容易验证 $\boldsymbol{\mu}_{\boldsymbol{\Phi}^X}=\boldsymbol{\mu}^{X_{V\setminus\{v_\star\}}}$ 且 $\boldsymbol{\mu}_{\boldsymbol{\Phi}^Y}=\boldsymbol{\mu}^{Y_{V\setminus\{v_\star\}}}$。对任意子集 $S\subseteq V$，我们用 $\boldsymbol{\mu}_{S,\boldsymbol{\Phi}^X}$（以及 $\boldsymbol{\mu}_{S,\boldsymbol{\Phi}^Y}$）表示分布 $\boldsymbol{\mu}_{\boldsymbol{\Phi}^X}$（以及分布 $\boldsymbol{\mu}_{\boldsymbol{\Phi}^Y}$）投影

在集合 $S$ 上的边缘分布。

重申 $\Phi=(V,[q]^V,\mathcal{C})$ 是算法 23 输入的 CSP-公式。重申 $H=(V,\mathcal{E})$ 是一个表示 $\Phi$ 的可能有重边的超图，其中 $\mathcal{E}\triangleq\{\mathrm{vbl}(c)\mid c\in\mathcal{C}\}$。注意到，$H$ 同时也表示了 $\Phi^X$ 和 $\Phi^Y$，因为 $\Phi$、$\Phi^X$、$\Phi^Y$ 有相同的变量和约束集合。假设给定任何一条超边 $e\in\mathcal{E}$，可以找到唯一的被 $e$ 表示的约束 $c\in\mathcal{C}$。对每条超边 $e\in\mathcal{E}$，定义 $e$ 相对于 $\Phi^X$ 和 $\Phi^Y$ 的容量为

$$\begin{aligned}\mathrm{Vol}_{\Phi^X}(e)&\triangleq\prod_{u\in e}|Q_u^X|\quad 且\\ \mathrm{Vol}_{\Phi^Y}(e)&\triangleq\prod_{u\in e}|Q_u^Y|\end{aligned}\tag{9-42}$$

根据条件 9-9 以及式（9-36），初始对每条超边 $e\in\mathcal{E}$ 都有

$$\begin{aligned}\mathrm{Vol}_{\Phi^X}(e)&\geqslant 3000q^2d^6k^6\quad 且\\ \mathrm{Vol}_{\Phi^Y}(e)&\geqslant 3000q^2d^6k^6\end{aligned}\tag{9-43}$$

令 $\gamma$ 是如下阈值

$$\gamma\triangleq 32\mathrm{e}q^2d^3k^3\leqslant 3000q^2d^6k^6\tag{9-44}$$

考虑一个原子约束 $c\in\mathcal{C}$。令 $\sigma\in[q]^{\mathrm{vbl}(c)}$ 为被 $c$ 禁止的唯一配置，即 $c(\sigma)=\texttt{False}$。当且仅当 $u\in\mathrm{vbl}(c)$ 且 $\sigma_u\neq x_u$ 时，称约束 $c$ 被变量 $u$ 的取值 $x_u\in[q]$ 满足。换句话说，给定 $u$ 的取值 $x_u$，约束 $c$ 一定被满足。当且仅当 $c$ 被某个 $\tau_u$ 满足时，称约束 $c$ 被配置 $\tau\in[q]^S$（其中 $S\subseteq V$ 是某个集合）满足，其中 $u\in S\cap\mathrm{vbl}(c)$。

耦合 $\mathcal{C}_{kd}$ 在算法 25 中给出。

**算法 25**：耦合 $\mathcal{C}_{kd}$ 的过程

**输入**：CSP-公式 $\boldsymbol{\Phi}^X=(V,\boldsymbol{Q}^X=(Q_u^X)_{u\in V},\mathcal{C})$，$\boldsymbol{\Phi}^Y=(V,\boldsymbol{Q}^Y=(Q_u^Y)_{u\in V},\mathcal{C})$；超图 $H=(V,\mathcal{E})$，它表示了 $\boldsymbol{\Phi}^X$ 和 $\boldsymbol{\Phi}^Y$；两个变量 $v_0$，$v_\star\in V$；一个定义在式（9-44）中的阈值 $\gamma$；

**输出**：一对赋值 $\boldsymbol{X}^{\mathcal{C}_{kd}}$，$\boldsymbol{Y}^{\mathcal{C}_{kd}}\in[q]^V$。

$V_1\leftarrow\{v_0\},V_2\leftarrow V\setminus V_1$，$V_{\text{set}}\leftarrow\varnothing$，$V_{\text{frozen}}\leftarrow\varnothing$ 且 $\mathcal{E}_{\text{frozen}}\leftarrow\varnothing$；

令 $\boldsymbol{X}^{\mathcal{C}_{kd}}$ 和 $\boldsymbol{Y}^{\mathcal{C}_{kd}}$ 是两个空赋值；

**while** $\exists e\in\mathcal{E}$ 使得 $e\cap V_1\neq\varnothing$，$(e\cap V_2)\setminus(V_{\text{set}}\cup V_{\text{frozen}})\neq\varnothing$ **do**

　令 $e$ 是第一条这样的超边，$u$ 是第一个在集合（$e\cap V_2$）\（$V_{\text{set}}\cup V_{\text{frozen}}$）中的变量；

　把 $\boldsymbol{X}^{\mathcal{C}_{kd}}$ 和 $\boldsymbol{Y}^{\mathcal{C}_{kd}}$ 扩展到变量 $u$，$\left(X_u^{\mathcal{C}_{kd}},Y_u^{\mathcal{C}_{kd}}\right)$ 的取值从 $\mu_{u,\Phi^X}$ 和 $\mu_{u,\Phi^Y}$ 的最优耦合中采样；

　令 $Q_u^X\leftarrow\{X_u^{\mathcal{C}_{kd}}\}$ 以更新 $\boldsymbol{\Phi}^X$，令 $Q_u^Y\leftarrow\{Y_u^{\mathcal{C}_{kd}}\}$ 以更新 $\boldsymbol{\Phi}^Y$；

　$V_{\text{set}}\leftarrow V_{\text{set}}\cup\{u\}$；

　**if** $X_u^{\mathcal{C}_{kd}}\neq Y_u^{\mathcal{C}_{kd}}$ **then**

　　$V_1\leftarrow V_1\cup\{u\}$，$V_2\leftarrow V\setminus V_1$；

　**for** $e\in\mathcal{E}$ 使得 $e$ 表示的约束 $c$ 同时被 $X_u^{\mathcal{C}_{kd}}$ 和 $Y_u^{\mathcal{C}_{kd}}$ 满足 **do**

　　$\mathcal{E}\leftarrow\mathcal{E}\setminus\{e\}$，从 $\mathcal{C}$ 中删除 $c$ 以更新 $\boldsymbol{\Phi}^X$ 和 $\boldsymbol{\Phi}^Y$，即 $\mathcal{C}\leftarrow\mathcal{C}\setminus\{c\}$；

　**for** $e\in\mathcal{E}$ 使得 $\mathrm{Vol}_{\Phi^X}(e)\leqslant\gamma$ 或 $\mathrm{Vol}_{\Phi^Y}(e)\leqslant\gamma$ **do**

　　$V_{\text{frozen}}\leftarrow V_{\text{frozen}}\cup((e\cap V_2)\setminus V_{\text{set}})$；

　**for** $e\in\mathcal{E}$ 使得（$e\cap V_2$）\（$V_{\text{set}}\cup V_{\text{frozen}}$）$=\varnothing$ **do**

　　$\mathcal{E}_{\text{frozen}}\leftarrow\mathcal{E}_{\text{frozen}}\cup\{e\}$；

　**while** $\exists e\in\mathcal{E}_{\text{frozen}}$ 使得 $e\cap V_1\neq\varnothing$ 且 $e\cap V_{\text{frozen}}\neq\varnothing$ **do**

　　$V_1\leftarrow V_1\cup(e\cap V_{\text{frozen}})$，$V_2\leftarrow V\setminus V_1$，$V_{\text{frozen}}\leftarrow V_{\text{frozen}}\setminus e$；

扩展 $\boldsymbol{X}^{\mathcal{C}_{kd}}$ 和 $\boldsymbol{Y}^{\mathcal{C}_{kd}}$ 到集合 $V_2\setminus V_{\text{set}}$，取值 $\left(X_{V_2\setminus V_{\text{set}}}^{\mathcal{C}_{kd}},Y_{V_2\setminus V_{\text{set}}}^{\mathcal{C}_{kd}}\right)$

从 $\boldsymbol{\mu}_{V_2\setminus V_{\text{set}},\Phi^X}$ 和 $\boldsymbol{\mu}_{V_2\setminus V_{\text{set}},\Phi^Y}$ 的最优耦合采样；

**19** 扩展 $\boldsymbol{X}^{\mathcal{C}_{kd}}$ 和 $\boldsymbol{Y}^{\mathcal{C}_{kd}}$ 到集合 $V_1\setminus V_{\text{set}}$，取值 $\left(X^{\mathcal{C}_{kd}}_{V_1\setminus V_{\text{set}}}, Y^{\mathcal{C}_{kd}}_{V_1\setminus V_{\text{set}}}\right)$ 从 $\boldsymbol{\mu}_{V_1\setminus V_{\text{set}},\Phi^X}\left(\cdot \mid \boldsymbol{X}^{\mathcal{C}_{kd}}\right)$ 和 $\boldsymbol{\mu}_{V_1\setminus V_{\text{set}},\Phi^Y}\left(\cdot \mid \boldsymbol{Y}^{\mathcal{C}_{kd}}\right)$ 的最优耦合采样；

**20** **return** $(\boldsymbol{X}^{\mathcal{C}_{kd}}, \boldsymbol{Y}^{\mathcal{C}_{kd}})$。

耦合 $\mathcal{C}_{kd}$ 的过程从两个空赋值 $\boldsymbol{X}^{\mathcal{C}_{kd}}$ 和 $\boldsymbol{Y}^{\mathcal{C}_{kd}}$ 开始，然后逐渐扩展这两个赋值，最后得出两个 $V$ 上的赋值。耦合过程维护了下面 3 个基本的集合。

- $V_1/V_2$：$V_1$ 是一个差异变量的超集，它包含了所有的变量 $w$，满足 $w$ 在耦合中可能失败，即 $X^{\mathcal{C}_{kd}}_w \neq Y^{\mathcal{C}_{kd}}_w$；$V_2=V\setminus V_1$ 是 $V_1$ 的补集。
- $V_{\text{set}}$：已经被耦合过程赋值的变量集合。

除此之外，耦合 $\mathcal{C}_{kd}$ 还维护了两个 CSP-公式 $\boldsymbol{\Phi}^X=(V,\boldsymbol{Q}^X,\mathcal{C})$，$\boldsymbol{\Phi}^Y=(V,\boldsymbol{Q}^Y,\mathcal{C})$ 以及一个表示这两个公式的超图 $H=(V,\mathcal{E})$。在每一步，选择一个合适的变量 $u$（第 4 行），把 $\boldsymbol{X}^{\mathcal{C}_{kd}}$ 和 $\boldsymbol{Y}^{\mathcal{C}_{kd}}$ 扩展到变量 $u$（第 5 行）。然后在第 11 行删除所有同时被 $\boldsymbol{X}^{\mathcal{C}_{kd}}_u$ 和 $\boldsymbol{Y}^{\mathcal{C}_{kd}}_u$ 满足的约束（以及对应的超边[⊖]）。接着在第 6 行，更新 $\boldsymbol{\Phi}^X$ 和 $\boldsymbol{\Phi}^Y$，令 $Q^X_u \leftarrow \{X^{\mathcal{C}_{kd}}_u\}$，$Q^Y_u \leftarrow \{Y^{\mathcal{C}_{kd}}_u\}$。换句话说，强制 $\boldsymbol{\Phi}^X$ 中的 $u$ 取值为 $X^{\mathcal{C}_{kd}}_u$，强制 $\boldsymbol{\Phi}^Y$ 中

⊖ $\mathcal{E}$ 是一个超边的重集。一旦有一条超边 $e$ 在第 11 行从 $\mathcal{E}$ 中删除，我们只删除表示 $c$ 的唯一一个 $e$。

的 $u$ 取值为 $Y_u^{\mathcal{C}_{kd}}$。

耦合过程 $\mathcal{C}_{kd}$ 保证整个过程中，每条边 $e\in\mathcal{E}$ 的容量始终不能过小。这个性质由参数 $\gamma$ 保证。具体而言，耦合过程维护了下面两个集合。

- $V_{\text{frozen}}$：被**冻结**变量的集合。这是 $V_2$ 中没有被赋值的变量的子集，其中每个 $w\in V_{\text{frozen}}$ 和一条超边 $e$ 关联，且 $e$ 的容量低于阈值 $\gamma$。
- $\mathcal{E}_{\text{frozen}}$：被**冻结**超边的重集。它满足对于每个 $e\in\mathcal{E}_{\text{frozen}}$，所有没有被赋值的变量 $e\cap V_2$ 都被冻结。

一旦 $e$ 的容量低于阈值 $\gamma$（第 12 行），就把集合 $e\cap V_2$ 中所有未被赋值的变量都冻结起来（第 13 行）。一旦一个变量被冻结，耦合过程就再也不能给这个变量赋值。如果在一条超边 $e$ 中，所有 $e\cap V_2$ 中未被赋值的变量都被冻结，那么耦合过程之后就不能再给 $e$ 中其他变量赋值，超边 $e$ 也被冻结（第 14 行~第 15 行）。最后，如果一条被冻结的超边里既有被冻结的变量，又有 $V_1$ 中的变量，就把这条超边中所有被冻结的变量加入集合 $V_1$（第 16 行~第 17 行）。

一旦算法 25 中的主 while 循环停止，就从条件概率分布中采样 $V_2\setminus V_{\text{set}}$ 和 $V_1\setminus V_{\text{set}}$ 上的配置（第 18 行~第 19 行）。

**引理 9-29** 耦合 $\mathcal{C}_{kd}$ 的过程满足如下性质：

- 耦合过程最终会停止。
- 输出 $\boldsymbol{X}^{\mathcal{C}_{kd}}\in[q]^V$ 服从 $\mu^{X_{V\setminus\{v\}}}$，且输出 $\boldsymbol{Y}^{\mathcal{C}_{kd}}\in[q]^V$ 服

从 $\mu^{Y_{V\setminus\{v\}}}$。

- 在耦合的任何时间点，任何在当前集合 $\mathcal{E}$ 的超边 $e$ 都满足

$$\mathrm{Vol}_{\Phi^X}(e) \geqslant \frac{\gamma}{q} \quad \text{且} \quad \mathrm{Vol}_{\Phi^Y}(e) \geqslant \frac{\gamma}{q}$$

- 对任意变量 $u \in V$，如果最后的输出有 $X_u^{\mathcal{C}_{kd}} \neq Y_u^{\mathcal{C}_{kd}}$，则 $u \in V_1$。

**证明**：首先证明 $\mathcal{C}_{kd}$ 一定会停止（第一个性质）。考虑第16~17行的子 while 循环。在第17行之后，超边 $e$ 不再满足第16行的条件（因为 $e \cap V_{\text{frozen}} = \varnothing$），所以这个子 while 循环一定会停止。考虑主 while 循环（第3行）。每次循环结束，$V_{\text{set}}$ 的大小增加1。注意到，$V_{\text{set}}$ 的大小不会超过 $n$，所以耦合 $\mathcal{C}_{kd}$ 一定会停止。

接着证明输出 $\boldsymbol{X}^{\mathcal{C}_{kd}} \in [q]^V$ 服从分布 $\mu^{X_{V\setminus\{v\}}}$（第二个性质）。输出 $\boldsymbol{Y}^{\mathcal{C}_{kd}} \in [q]^V$ 的结论同理可证。考虑定义在式（9-40）中的输入公式 $\boldsymbol{\Phi}^X = (V, C, (Q_u^X)_{u \in V})$。$\boldsymbol{\Phi}^X$ 所有解的均匀分布 $\mu_{\Phi^X}$ 正好是 $\mu^{X_{V\setminus\{v\}}}$。假设 $V_{\text{set}} = \{u_1, u_2 \cdots, u_\ell\}$，其中 $u_i$ 是第 $i$ 个被耦合过程赋值的变量。如下性质成立：

- $u_1$ 的值从边缘分布 $\mu_{u_1,\Phi^X}$ 中采样。
- 对每个 $1 \leqslant i < \ell$，一旦 $u_i$ 的值定为 $X_{u_i}^{\mathcal{C}_{kd}}$，我们把 $Q_{u_i}^X$ 固定成 $\{X_{u_i}^{\mathcal{C}_{kd}}\}$（第6行），且删除了一个被 $X_u^{\mathcal{C}_{kd}}$ 满足约束的子集（第11行）；在 $\boldsymbol{\Phi}^X$ 被更新后，我们从边缘

分布 $\mu_{u_i+1,\Phi^X}$ 中采样 $u_{i+1}$ 的取值。

- 给定 $V_{\text{set}}$ 的取值后，$V_2 \setminus V_{\text{set}}$ 和 $V_1 \setminus V_{\text{set}}$ 的赋值从相应的条件分布中采样（第 18 行~第 19 行）。

注意到，对于每个 $u_i$，边缘分布 $\mu_{u_i,\Phi^X}$ 正好是在所有 $j<i$ 的 $u_j$ 取值为 $X_{u_j}^{\mathcal{C}_{kd}}$ 的条件下，$\mu^{X_{V\setminus\{v\}}}$ 在 $u_i$ 上的边缘分布。根据链式法则，输出 $\boldsymbol{X}^{\mathcal{C}_{kd}} \in [q]^V$ 服从分布 $\mu^{X_{V\setminus\{v\}}}$。

现在证明第三个性质。根据式（9-43）和式（9-44），初始对于所有 $e \in \mathcal{E}$，都有 $\text{Vol}_{\Phi^X}(e) > \frac{\gamma}{q}$ 且 $\text{Vol}_{\Phi^Y}(e) > \frac{\gamma}{q}$。假设在耦合过程的主 while 循环中，存在一个时刻，当前 $\mathcal{E}$ 中的超边 $e$ 满足 $\text{Vol}_{\Phi^X}(e) < \frac{\gamma}{q}$ 或 $\text{Vol}_{\Phi^Y}(e) < \frac{\gamma}{q}$。不失一般性地，我们假设 $\text{Vol}_{\Phi^X}(e) < \frac{\gamma}{q}$，另一种情况同理可证。重申

$$\text{Vol}_{\Phi^X}(e) \triangleq \prod_{u \in e} |Q_u^X|$$

注意到，仅当我们在第 6 行更新了 $Q_u^X$，且 $u \in e$ 是某个节点时，容量 $\text{Vol}_{\Phi^X}(e)$ 减小。注意到，对于任意 $u \in V$，有 $|Q_u^X| \leqslant q$。在第 6 行，一旦耦合令 $Q_u^X \leftarrow \{X_u^{\mathcal{C}_{kd}}\}$，容量 $\text{Vol}_{\Phi^X}(e)$ 最多衰减至原有的 $1/q$。如果 $\text{Vol}_{\Phi^X}(e) < \frac{\gamma}{q}$，如下事件一定发生。

- 事件 $\mathcal{B}$：主 while 循环在 $\text{Vol}_{\Phi^X}(e) < \gamma$ 之后选择了变量 $u \in e$。

证明 $\mathcal{B}$ 不可能发生。考虑第一次发生 $\text{Vol}_{\Phi^X}(e) < \gamma$ 的时

刻。经过第12行和第13行，一定有

$$e \subseteq V_1 \cup V_{\text{set}} \cup V_{\text{frozen}} \tag{9-45}$$

注意到，耦合 $\mathcal{C}_{kd}$ 只向 $V_1$ 和 $V_{\text{set}}$ 中加变量，不会从其中拿出变量。再注意到，如果一个变量从 $V_{\text{frozen}}$ 中被移除，那么它一定被加入 $V_1$（第17行）。所以式（9-45）直到耦合过程结束都一直成立。考虑 $\mathcal{B}$ 中的变量 $u$，$u$ 一定满足 $u \in V_2 \setminus (V_{\text{set}} \cup V_{\text{frozen}})$。但是由式（9-45）可知，$e$ 中一定没有这样的变量。二者矛盾。

接着证明最后一个性质。在这个证明中，考虑主 while 循环结束时的集合 $V_1$、$V_2$、$V_{\text{set}}$、$V_{\text{frozen}}$、$\mathcal{E}$、$\mathcal{E}_{\text{frozen}}$，必然有如下性质成立：

（I）对于任意 $u \in V_2 \cap V_{\text{set}}$，$X_u^{\mathcal{C}_{kd}} = Y_u^{\mathcal{C}_{kd}}$。

（II）对于任意 $e \in \mathcal{E}$，满足 $e \cap V_1 \neq \varnothing$ 且 $e \cap V_2 \neq \varnothing$，$e \cap V_2 \subseteq V_{\text{set}}$。

考虑第18行的CSP-公式 $\boldsymbol{\Phi}^X$ 和 $\boldsymbol{\Phi}^Y$。注意到 $\boldsymbol{\Phi}^X$ 和 $\boldsymbol{\Phi}^Y$ 同时被 $H=(V,\mathcal{E})$ 表示。定义变量集合

$$R = \bigcup_{\substack{e \in \mathcal{E} \\ e \cap V_1 \neq \varnothing, e \cap V_2 \neq \varnothing}} (e \cap V_2)$$

重申 $\mu_{\boldsymbol{\Phi}^X}$ 和 $\mu_{\boldsymbol{\Phi}^Y}$ 是 $\boldsymbol{\Phi}^X$ 和 $\boldsymbol{\Phi}^Y$ 满足解的均匀分布。根据 $R$ 的定义，给定任意 $R$ 上的赋值 $\sigma \in [q]^R$，$V_2 \setminus R$ 和 $V_1$ 上的赋值独立。根据性质（I）和（II），有 $R \subseteq V_2 \cap V_{\text{set}}$ 且 $X_R^{\mathcal{C}_{kd}} = Y_R^{\mathcal{C}_{kd}}$。因为 $R \subseteq V_{\text{set}}$ 且 $X_R^{\mathcal{C}_{kd}} = Y_R^{\mathcal{C}_{kd}}$，所以对于任意 $u \in R$，有 $|Q_u^X| = |Q_u^Y| = 1$

且 $Q_u^X = Q_u^Y$。因此，在 $\Phi^X$ 和 $\Phi^Y$ 中，$R$ 中的变量都被固定成一样的值。所以 $\mu_{V_2 \setminus V_{\text{set}}, \Phi^X}$ 和 $\mu_{V_2 \setminus V_{\text{set}}, \Phi^Y}$ 是同一种分布。由第 18 行可得

$$X_{V_2 \setminus V_{\text{set}}}^{\mathcal{C}_{kd}} = Y_{V_2 \setminus V_{\text{set}}}^{\mathcal{C}_{kd}} \tag{9-46}$$

结合性质（I）以及式（9-46）可以证明 $X_{V_2}^{\mathcal{C}_{kd}} = Y_{V_2}^{\mathcal{C}_{kd}}$。

最后证明性质（I）和（II）。性质（I）是显然成立的，这是因为对于任意 $u \in V_{\text{set}}$，如果 $X_u^{\mathcal{C}_{kd}} \neq Y_u^{\mathcal{C}_{kd}}$，则根据第 9 行，一定有 $u \in V_1$。接下来证明性质（II）。假设存在一条超边 $e$ 使得 $e \cap V_1 \neq \varnothing, e \cap V_2 \neq \varnothing$ 且 $e$ 不满足性质（II）。我们定义集合

$$S(e) = (e \cap V_2) \setminus V_{\text{set}} = (e \setminus V_1) \setminus V_{\text{set}} \neq \varnothing$$

集合 $S(e)$ 有如下两种情况，需要证明这两种情况都不可能出现。

- $S(e) \not\subseteq V_{\text{frozen}}$：在这种情况下，$e$ 满足主 while 循环的条件（第 3 行），所以主 while 循环不会停止，与假设矛盾。
- $S(e) \subseteq V_{\text{frozen}}$：在这种情况下，由第 14 行和第 15 行可知，$e \in \mathcal{E}_{\text{frozen}}$；所以，$e$ 满足第 16 行的条件，那么根据第 17 行，从 $V_{\text{frozen}}$ 中删除所有 $e \cap V_{\text{frozen}}$ 中的变量，并且加入 $V_1$，所以不存在这样的非空集合 $S(e) \subseteq e$ 使得 $S(e) \subseteq V_{\text{frozen}}$，与假设矛盾。

综合两种情况，这样的集合 $S(e)$ 不存在，性质（II）成立。

□

根据引理 9-29 以及耦合不等式（命题 2-2），为了分析式（9-37）中的 $I_{v_\star}$，我们有

$$I_{v_\star}=d_{\mathrm{TV}}\left(\mu_{v_\star}^{X_{V\setminus\{v_\star\}}},\mu_{v_\star}^{Y_{V\setminus\{v_\star\}}}\right)\leqslant\mathbb{P}_{\mathcal{C}_{kd}}[v_\star\in V_1]\qquad(9\text{-}47)$$

其中 $V_1$ 是 $\mathcal{C}_{kd}$ 结束后的集合 $V_1$。

在接下来的证明中，我们的任务就是去分析式（9-47）的右边。从现在开始，我们用 $H=(V,\mathcal{E})$ 表示算法 25 输入的公式 $\boldsymbol{\Phi}^X$ 和 $\boldsymbol{\Phi}^Y$。对任意 $v\in V$，定义

$$N_{\mathrm{vtx}}(v)\triangleq\{u\neq v\mid\exists e\in\mathcal{E}\quad\text{满足 }u,v\in e\}$$

在超图上，我们常常把变量称为一个点。当且仅当 $u\in e$ 时，我们说一个点 $u$ 和 $e$ 关联当且仅当对于所有 $1\leqslant i\leqslant\ell$ 有 $v_i\in N_{\mathrm{vtx}}(v_{i-1})$ 时，一个点的序列 $v_0,v_1,\cdots,v_\ell$ 是 $H$ 上的一条路径。接下来定义失败点和失败边。

**定义 9-7** 考虑 $\mathcal{C}_{kd}$ 的主 while 循环停止的时刻。

- 当且仅当 $u\in V_{\mathrm{set}}$ 且 $X_u^{\mathcal{C}_{kd}}\neq Y_u^{\mathcal{C}_{kd}}$ 时，点 $u\in V$ 被称为失败点。
- 当且仅当如下两个性质同时成立时，超边 $e\in\mathcal{E}$ 被称为失败超边。

1）$e$ 所表示的约束没有被 $\boldsymbol{X}^{\mathcal{C}_{kd}}$ 和 $\boldsymbol{Y}^{\mathcal{C}_{kd}}$ 同时满足。

2）$\mathrm{Vol}_{\Phi^X}(e)<\gamma$ 或 $\mathrm{Vol}_{\Phi^Y}(e)<\gamma$。

**引理 9-30** 对任意 $u\in V_1$，存在一个 $H$ 上的路径 $u_0,u_1,\cdots,u_\ell\in V$，使得：

- $u_0=v_0$ 是初始不同的点，$u_\ell=u$ 且对所有 $0\leqslant i\leqslant\ell$ 有

$u_i \in V_1$。

- 对任意 $1 \leqslant i \leqslant \ell$，$u_i$ 失败或 $u_i$ 和一个失败边 $e_i$ 关联。

**证明**：假设 $V_1 = \{v_0, v_1, v_2, \cdots, v_m\}$，其中 $v_0$ 是初始不同的点且 $v_i$ 是第 $i$ 个被加入 $V_1$ 的点。如果有一个集合的点同时被加入 $V_1$（第 17 行），它们以任意一种顺序编号。我们用对 $i$ 的数学归纳法证明引理的第一部分。

初始情况是 $i=0$，引理的第一部分对 $v_0$ 来说显然成立。

假设引理对下标小于等于 $i$ 的点都成立，我们对下标为 $i+1$ 的点证明引理。考虑点 $v_{i+1}$ 被加入集合 $V_1$ 的时刻，有如下两种可能性：

- $v_{i+1}$ 在第 9 行被加入。考虑在第 4 行的超边 $e$。它满足 $v_{i+1} \in e$ 且 $e \cap V_1 \neq \varnothing$，其中 $V_1 = \{v_0, v_1, \cdots, v_i\}$。任意选择一个 $v_j \in e \cap V_1$。根据归纳假设，因为 $j<i$，所以对于 $v_j$，存在一条路径 $u_0 = v_0, u_1, u_2, \cdots, u_\ell = v_j$。注意到 $v_{i+1} \in e$ 且 $v_j \in e$。可以找到一条对于 $v_{i+1}$ 存在的路径 $u_0 = v_0, u_1, u_2, \cdots, u_\ell = v_j, u_{\ell+1} = v_{i+1}$。
- $v_{i+1}$ 在第 17 行被加入。考虑满足第 16 行条件的超边 $e$。它满足 $v_{i+1} \in e$ 且 $e \cap V_1 \neq \varnothing$，其中 $V_1 = \{v_0, v_i, \cdots, v_i\}$。任意选择一个 $v_j \in e \cap V_1$。根据归纳假设，因为 $j<i$，对于 $v_j$ 存在一条路径 $u_0 = v_0, u_1, u_2, \cdots, u_\ell = v_j$。注意到 $v_{i+1} \in e$ 且 $v_j \in e$。可以找到对于 $v_{i+1}$ 存在的路径 $u_0 = v_0, u_1, u_2, \cdots, u_\ell = v_j, u_{\ell+1} = v_{i+1}$。

现在证明引理的第二部分。只要证明对于任意 $u\in V_1\setminus\{v_0\}$，有 $u$ 失败或者 $u$ 和一条失败边 $e$ 关联即可。注意到 $u$ 在第 9 行或者第 17 行加入集合 $V_1$。如果 $u$ 在第 9 行被加入，则有 $X_u^{\mathcal{C}_{kd}}\neq Y_u^{\mathcal{C}_{kd}}$，所以 $u$ 是一个失败点。假设 $u$ 在第 17 行被加入。在第 17 行执行之前，$u\in V_{\text{frozen}}$ 一定是一个冻结变量。考虑 $u$ 被冻结的时刻。由第 13 行可知，$u$ 一定属于一条边 $e$，满足 $e$ 没有被 $\boldsymbol{X}^{\mathcal{C}_{kd}}$ 和 $\boldsymbol{Y}^{\mathcal{C}_{kd}}$ 同时满足（否则 $e$ 会在第 11 行被删除），而且 $\min\{\text{Vol}_{\Phi^X}(e),\text{Vol}_{\Phi^Y}(e)\}<\gamma$。注意到在第 13 行之后，$e\subseteq V_1\cup V_{\text{set}}\cup V_{\text{frozen}}$。在此之后，在主 while 循环中，$\mathcal{C}_{kd}$ 不可以给 $e$ 中任何未被赋值的变量赋值。所以，直到主 while 循环结束，$e$ 都不能被 $\boldsymbol{X}^{\mathcal{C}_{kd}}$ 和 $\boldsymbol{Y}^{\mathcal{C}_{kd}}$ 同时满足。所以 $e$ 是失败边且 $u$ 和 $e$ 关联。 □

引理 9-30 说明只要有一个变量输入 $V_1$，就存在一条满足引理 9-30 中条件的路径。但是，这条路径产生的概率不容易分析。我们适当修改这条路径使得其出现的概率容易分析。

定义路径的长度是路径中点的数目减 1，例如路径 $v_1,v_2,\cdots,v_\ell$ 的长度为 $\ell-1$。对任意两个点 $u$，$w\in V$，记 $\text{dist}_H(u,w)$ 为 $u$ 和 $w$ 在 $H$ 中的距离，它定义为 $u$ 和 $w$ 在 $H$ 中最短路的长度。把这个定义扩展到集合上去，对于任意变量 $u\in V$ 以及子集 $S$，$T\subseteq V$，定义

$$\text{dist}_H(u,S)\triangleq\min_{w\in S}\text{dist}_H(u,w)$$

$$\text{dist}_H(S,T)\triangleq\min_{w\in S,w'\in T}\text{dist}_H(w,w')$$

对于这种距离函数 $\mathrm{dist}_H(\cdot,\cdot)$，三角不等式对任意集合未必成立，但是可以利用如下两个特定的三角不等式。

$$\forall u_1,u_2,u_3\in V,$$
$$\mathrm{dist}_H(u_1,u_2)\leqslant \mathrm{dist}_H(u_1,u_3)+\mathrm{dist}_H(u_3,u_2) \tag{9-48}$$
$$\forall u\in V,S,T\subseteq V$$
$$\mathrm{dist}_H(S,T)\leqslant \mathrm{dist}_H(S,u)+\mathrm{dist}_H(u,T) \tag{9-49}$$

式（9-48）显然成立。假设 $\mathrm{dist}_H(S,u)=\mathrm{dist}_H(u_S,u)$，其中 $u_S\in S$ 是某个点；假设 $\mathrm{dist}_H(u,T)=\mathrm{dist}_H(u,u_T)$，其中 $u_T\in T$ 是某个点。根据式（9-48），有

$$\begin{aligned}\mathrm{dist}_H(S,T)&\overset{(\star)}{\leqslant}\mathrm{dist}_H(u_S,u_T)\leqslant \mathrm{dist}_H(u_S,u)+\mathrm{dist}_H(u,u_T)\\&=\mathrm{dist}_H(S,u)+\mathrm{dist}_H(u,T)\end{aligned}$$

其中不等式（★）成立是因为 $u_S\in S$ 且 $u_T\in T$。强调式（9-49）涵盖了式（9-48），因为集合 $S$ 和 $T$ 可以只包含一个点。

有如下引理。

**引理 9-31** 对于任意 $u\in V_1\setminus\{v_0\}$，存在一个集合的序列 $S_1,S_2,\cdots,S_\ell$，其中每个 $S_i$ 要么是一条超边，要么是一个只包含一个点的集合，序列满足如下性质：

- $S_1,S_2,\cdots,S_\ell$ 互不相交。
- $\mathrm{dist}_H(v_0,S_1)\leqslant 2$ 且 $\mathrm{dist}_H(u,S_\ell)=0$。
- 对任意 $1\leqslant i\leqslant \ell-1$，$\mathrm{dist}_H(S_i,S_{i+1})\leqslant 2$。
- 对于每个 $1\leqslant i\leqslant \ell$，$S_i$ 只含有一个失败的点或 $S_i$ 是一条失败的边。

**证明**：固定变量 $u\in V_1\setminus\{v_0\}$。令 $v_0,v_1,\cdots,v_m$ 其中 $v_m=u$ 表示引理 9-30 中的路径。对每个 $1\leqslant i\leqslant m$，如果 $v_i$ 不是一个失败的点，则用 $e_i$ 表示和 $v_i$ 关联的失败边；如果 $v_i$ 是一个失败点，则令 $e_i=\{v_i\}$。先给出 $S_1,S_2,\cdots,S_\ell$ 的构造方法，然后再说明构造出来的序列满足引理中的条件。

令 $\mathcal{S}$ 为一个空栈。令 $P$ 表示路径 $(v_1,v_2,\cdots,v_m)$，注意 $P$ 不含变量 $v_0$。重复以下操作直到 $P$ 变成一条空路径：选择 $P$ 的最后一个点，把这个点记为 $v_i$；找到一个最小的下标 $j$ 使得 $j<i$ 且 $e_i\cap e_j\neq\varnothing$。根据 $j$ 是否存在，有如下两种情况。

- 如果这种下标 $j$ 不存在，则把 $e_i$ 压入栈 $\mathcal{S}$，并把 $v_i$ 从 $P$ 中删除。
- 如果这种下标 $j$ 存在，则把 $e_i$ 压入栈 $\mathcal{S}$，并把 $P$ 中满足 $j\leqslant t\leqslant i$ 的所有点 $v_t$ 删除。

令 $S_1,S_2,\cdots,S_\ell$ 为栈 $\mathcal{S}$ 中自顶向下的所有元素。

首先证明第一个性质。假设存在 $j<i$ 满足 $S_i\cap S_j\neq\varnothing$。假设 $S_i=e_{i^*}$ 且 $S_j=e_{j^*}$，有 $i^*>j^*$。因为 $e_{j^*}$ 一定在处理 $e_{i^*}$ 时被删除，所以 $e_{j^*}$ 不可能进入 $\mathcal{S}$，这与假设矛盾。第一个性质得证。

然后证明第二个性质。注意到 $u\in e_m$ 且 $S_\ell=e_m$，所以 $\mathrm{dist}(u,S_\ell)=0$。为了分析 $\mathrm{dist}_H(v_0,S_1)$，我们考虑两种情况。

- $S_1=e_1$：注意到 $v_0$ 和 $v_1$ 在 $H$ 中相邻，即 $\mathrm{dist}_H(v_0,v_1)=1$，有 $v_1\in S_1=e_1$。因此 $\mathrm{dist}_H(v_0,S_1)\leqslant\mathrm{dist}_H(v_0,v_1)=1$。

- $S_1 \neq e_1$：假设 $S_1 = e_t$。这种情况下，一定有 $e_1 \cap e_t \neq \varnothing$，所以 $\mathrm{dist}_H(v_1, e_t) \leqslant \mathrm{dist}_H(v_1, v^*) = 1$，其中 $v^* \in e_1 \cap e_t$ 是任意一个点。注意到 $\mathrm{dist}_H(v_0, v_1) = 1$。由式（9-49）中的三角不等式得 $\mathrm{dist}_H(v_0, e_t) \leqslant \mathrm{dist}_H(v_0, v_1) + \mathrm{dist}_H(v_1, e_t) \leqslant 2$。

最后，分析 $\mathrm{dist}_H(S_i, S_{i+1})$。假设 $S_{i+1} = e_j$ 且 $S_i = e_{j'}$。有如下两种情况。

- $j' = j-1$：注意到 $\mathrm{dist}_H(v_j, v_{j'}) = 1$，$v_j \in e_j$ 且 $v_{j'} \in e_{j'}$，则有 $\mathrm{dist}_H(e_j, e_{j'}) \leqslant \mathrm{dist}_H(v_j, v_{j'}) \leqslant 1$。因此 $\mathrm{dist}_H(S_i, S_{i+1}) = \mathrm{dist}_H(e_j, e_{j'}) \leqslant 1$。
- $j' < j-1$：考虑 $S_{i+1} = e_j$ 进入 $\mathcal{S}$ 的时刻，一定有 $e_{j'+1} \cap e_j \neq \varnothing$。注意到 $v_{j'} \in e_{j'}$ 且 $\mathrm{dist}_H(v_{j'}, v_{j'+1}) = 1$，则有 $\mathrm{dist}_H(e_{j'}, v_{j'+1}) \leqslant \mathrm{dist}_H(v_{j'}, v_{j'+1}) = 1$。注意到 $v_{j'+1} \in e_{j'+1}$ 且 $e_{j'+1} \cap e_j \neq \varnothing$，则有 $\mathrm{dist}_H(v_{j'+1}, e_j) \leqslant \mathrm{dist}_H(v_{j'+1}, v^*) = 1$，其中 $v^* \in e_{j'+1} \cap e_j$ 是任意一个点。由式（9-49）中的三角不等式得 $\mathrm{dist}_H(e_{j'}, e_j) \leqslant \mathrm{dist}(e_{j'}, v_{j'+1}) + \mathrm{dist}_H(v_{j'+1}, e_j) \leqslant 2$。

结合两种情况证明了第三个性质。

现在证明最后一个性质。根据引理 9-30，容易看出每个 $S_i$ 要么是一条失败边，要么只包含一个失败的点。 □

如果下面 3 个条件同时满足：

- $S_1, S_2, \cdots, S_\ell$ 互不相交。
- $\mathrm{dist}_H(v_0, S_1) \leqslant 2$。

- 对任意 $1\leqslant i\leqslant \ell-1$，$\mathrm{dist}_H(S_i,S_{i+1})\leqslant 2$。

我们说序列 $S_1,S_2,\cdots,S_\ell$ 是一个***逾渗序列***（Percolation Sequence,PS）。如果 $\mathrm{dist}_H(v_\star,e_\ell)=0$，即 $v_\star\in e_\ell$，我们说逾渗序列 $S_1,S_2,\cdots,S_\ell$ 是对 $v_\star$ 的逾渗序列（PS）。对于序列中的任意 $S_i$，如果 $S_i$ 只包含一个失败的点或是一个失败的边，则说 $S_i$ 失败。根据式（9-39）和引理 9-31，有

$$\begin{aligned}I_{v_\star}&\leqslant \mathbb{P}_{\mathcal{C}_{kd}}[X_{v_\star}^{\mathcal{C}_{kd}}\neq Y_{v_\star}^{\mathcal{C}_{kd}}]\\&\leqslant\sum_{\text{对}v_\star\text{的PS: }S_1,S_2,\cdots,S_\ell}\mathbb{P}_{\mathcal{C}_{kd}}[\forall 1\leqslant i\leqslant \ell,S_i\text{ 失败}]\end{aligned}\tag{9-50}$$

下面这个引理分析了一个逾渗序列中所有元素都失败的概率。

**引理 9-32** *固定一个对 $v_\star$ 的逾渗序列（PS）$S_1,S_2,\cdots,S_\ell$，有*

$$\mathbb{P}_{\mathcal{C}_{kd}}[\forall 1\leqslant i\leqslant \ell,S_i\text{ 失败}]\leqslant\prod_{\substack{1\leqslant i\leqslant \ell\\S_i\text{只包含一个点}}}\frac{1}{8k^3d^2}\prod_{\substack{1\leqslant i\leqslant \ell\\S_i\text{是一条超边}}}\frac{1}{8k^3d^3}$$

需要如下引理去证明引理 9-32 先引入一个参数 $s$，并把定义在式（9-44）中的 $\gamma$ 写成

$$\gamma=seq^2dk,\qquad\text{其中}\quad s\triangleq 32k^2d^2\tag{9-51}$$

**引理 9-33** *在耦合 $\mathcal{C}_{kd}$ 的过程中，CSP-公式 $\Phi^X=(V,(Q_u^X)_{u\in V},\mathcal{C})$ 和 $\Phi^Y=(V,(Q_u^Y)_{u\in V},\mathcal{C})$ 始终满足对于任意 $u\in V\setminus(V_{\mathrm{set}}\cup\{v_0\})$ 都有 $Q_u^Y=Q_u^X$，且对于任意 $j\in Q_u^X=Q_u^Y$，都有*

$$\frac{1}{q_u}\left(1-\frac{4}{sk}\right)\leqslant\mu_{u,\Phi^X}(j)\leqslant\frac{1}{q_u}\left(1-\frac{4}{sk}\right)$$
$$\frac{1}{q_u}\left(1-\frac{4}{sk}\right)\leqslant\mu_{u,\Phi^Y}(j)\leqslant\frac{1}{q_u}\left(1-\frac{4}{sk}\right) \tag{9-52}$$

其中 $q_u=|Q_u^X|=|Q_u^Y|$，所以 $d_{\mathrm{TV}}(\mu_{u,\Phi^X},\ \mu_{u,\Phi^Y})\leqslant\frac{4}{sk}$。

进一步地说，对于任意 $\mu_{u,\Phi^X}$ 和 $\mu_{u,\Phi^Y}$ 之间的最优耦合 $(x,y)\in Q_u^X\times Q_u^Y$，都有

$$\forall j\in Q_u^X=Q_u^Y$$
$$\mathbb{P}[x=j\vee y=j]=\max\{\mu_{u,\Phi^X}(j),\ \mu_{u,\Phi^Y}(j)\}\leqslant\frac{1}{q_u}\left(1+\frac{4}{sk}\right)$$

**证明**：初始输入的 $\Phi^X$ 和 $\Phi^Y$ 对于任意 $u\in V\setminus\{v_0\}$ 都满足 $Q_u^X=Q_u^Y$。考虑第 6 行的更新。在 $u$ 被赋值之后，在第 7 行把 $u$ 加入 $V_{\mathrm{set}}$。对于任意 $v\in V\setminus(V_{\mathrm{set}}\cup\{v_0\})$，仍然有 $Q_v^Y=Q_v^X$。由引理 9-29 可得，在任意时刻，对于任意当前 $\mathcal{E}$ 中的 $e$，有

$$\mathrm{Vol}_{\Phi^X}(e)=\prod_{u\in e}q_u\geqslant\frac{\gamma}{q}=seqdk$$
$$\mathrm{Vol}_{\Phi^Y}(e)=\prod_{u\in e}q_u\geqslant\frac{\gamma}{q}=seqdk$$

我们对 $\Phi^X$ 证明式（9-52）成立。$\Phi^Y$ 的结论同理可证。令 $\mathcal{D}$ 是一个乘积分布，其中每个 $v\in V$ 在 $Q_v^X$ 上随机等概率地取值。令坏事件 $B_c$ 表示约束 $c$ 没有被满足。令 $\mathcal{B}=(B_c)_{c\in\mathcal{C}}$ 表示坏事件的集合。重申 $\Gamma(\cdot)$ 按照洛瓦兹局部引理定

义（定理 9-5）。对每个 $c\in\mathcal{C}$，令 $x(B_c)=\frac{1}{sqdk}$。对每个约束 $c\in\mathcal{C}$，有

$$\mathbb{P}_{\mathcal{D}}[B_c]=\prod_{u\in \mathrm{vbl}(c)}\frac{1}{q_u}\leqslant\frac{1}{seqdk}\leqslant\frac{1}{sqdk}\left(1-\frac{1}{sqdk}\right)^{sqdk-1}$$

$$\leqslant\frac{1}{sqdk}\left(1-\frac{1}{sqdk}\right)^{dk-1}\leqslant x(B_c)\prod_{B_{c'}\in\Gamma(B_c)}(1-x(B_{c'}))$$

最后一个不等式成立是因为依赖图的最大度数不超过 $k(d-1)\leqslant dk-1$。固定一个 $j\in Q_u^X=Q_u^Y$。令 $A$ 表示 $v$ 取值为 $j$ 这一事件。注意到 $|\Gamma(A)|\leqslant d$。根据洛瓦兹局部引理（定理 9-5），有

$$\mu_{u,\Phi^X}(j)=\mathbb{P}_{\mu_{\Phi^X}}[A]\leqslant\frac{1}{q_u}\left(1-\frac{1}{sqdk}\right)^{-d}$$

$$\leqslant\frac{1}{q_u}\exp\left(\frac{2}{sqk}\right)\leqslant\frac{1}{q_u}\left(1+\frac{4}{sqk}\right)$$

于是可以推导出式（9-52）。令 $A'$ 表示 $v$ 的取值不为 $j$ 这一事件。注意到 $|\Gamma(A')|\leqslant d$。根据洛瓦兹局部引理（定理 9-5），有

$$\mathbb{P}_{\mu_{\Phi^X}}[A']\leqslant\left(1-\frac{1}{q_u}\right)\left(1-\frac{1}{sqdk}\right)^{-d}$$

$$\leqslant\left(1-\frac{1}{q_u}\right)\exp\left(\frac{2}{sqk}\right)\leqslant\left(1-\frac{1}{q_u}\right)\left(1+\frac{4}{sqk}\right)$$

所以

$$\mu_{u,\Phi^X}(j)=1-\mathbb{P}_{\mu_{\Phi^X}}[A']\geqslant 1-\left(1-\frac{1}{q_u}\right)\left(1+\frac{4}{sqk}\right)$$

$$=\frac{1}{q_u}\left(1-\frac{4q_u}{sqk}+\frac{4}{sqk}\right)\geqslant\frac{1}{q_u}\left(1-\frac{4}{sk}\right)$$

最后一个不等式成立是因为 $q_u \leqslant q$。这证明了式（9-52）中的下界。式（9-52）中的不等式推导出

$$d_{\mathrm{TV}}(\mu_{u,\Phi^X},\ \mu_{u,\Phi^Y}) \leqslant \frac{1}{2} \sum_{j \in Q_u^X = Q_u^Y} |\mu_{u,\Phi^X}(j) - \mu_{u,\Phi^Y}(j)| = \frac{4}{sk}$$

令 $(x,y) \in Q_u^X \times Q_u^Y$ 是 $\mu_{u,\Phi^X}$ 和 $\mu_{u,\Phi^Y}$ 的最优耦合。它满足

$$\mathbb{P}[x=y] = 1-d_{\mathrm{TV}}(\mu_{u,\Phi^X},\mu_{u,\Phi^Y})$$

定义集合 $\mathcal{S} = \{j \in Q_u^X = Q_u^Y \mid \mu_{u,\Phi^X}(j) \geqslant \mu_{u,\Phi^Y}(j)\}$。注意到 $\sum_{j \in Q_u^X} \mu_{u,\Phi^X}(j) = \sum_{j \in Q_u^Y} \mu_{u,\Phi^Y}(j) = 1$。有 $d_{\mathrm{TV}}(\mu_{u,\Phi^X},\mu_{u,\Phi^Y}) = \sum_{j \in S} (\mu_{u,\Phi^X}(j) - \mu_{u,\Phi^Y}(j))$，可以推导出

$$\begin{aligned} \mathbb{P}[x=y] &= 1 - \sum_{j \in S} (\mu_{u,\Phi^X}(j) - \mu_{u,\Phi^Y}(j)) \\ &= \left(1 - \sum_{j \in S} \mu_{u,\Phi^X}(j)\right) + \sum_{j \in S} \mu_{u,\Phi^Y}(j) \\ &= \sum_{j \in Q_u^X \setminus S} \mu_{u,\Phi^X}(j) + \sum_{j \in S} \mu_{u,\Phi^Y}(j) \\ &= \sum_{j \in Q_u^X} \min\{\mu_{u,\Phi^X}(j),\ \mu_{u,\Phi^Y}(j)\} \end{aligned} \tag{9-53}$$

另一方面，因为 $(x,y) \in Q_u^X \times Q_u^Y$ 是一个合法的耦合，所以有

$$\forall j \in Q_u^X, \quad \mathbb{P}[x=y=j] \leqslant \min\{\mu_{u,\Phi^X}(j),\ \mu_{u,\Phi^Y}(j)\}$$

这说明

$$\forall j \subset Q_u^X \quad \mathbb{P}[x=y=j] = \min\{\mu_{u,\Phi^X}(j),\ \mu_{u,\Phi^Y}(j)\} \tag{9-54}$$

固定一个 $j \in Q_u^X$。不失一般性地，假设 $\mu_{u,\Phi^X}(j) \geqslant \mu_{u,\Phi^Y}(j)$（另一种情况 $\mu_{u,\Phi^X}(j) < \mu_{u,\Phi^Y}(j)$ 同理可证），根据式（9-54），由

$y=j$ 可推导出 $x=j$，因此 $x=j \vee y=j$ 当且仅当 $x=j$ 时，$x=j \vee y=j$。所以

$$\mathbb{P}[x=j \vee y=j]=\max\{\mu_{u,\Phi^X}(j),\ \mu_{u,\Phi^Y}(j)\} \leqslant \frac{1}{q_u}\left(1+\frac{4}{sk}\right) \quad \square$$

现在证明引理 9-32。

**引理 9-32 的证明：** 给定 $\mathcal{S}=S_1,S_2,\cdots,S_\ell$，定义变量的集合 $\mathrm{vbl}(\mathcal{S})=\bigcup_{i=1}^{\ell} S_i$。对每个 $1 \leqslant i \leqslant \ell$，均匀、独立地采样一个随机实数 $r_i \in [0,1]$。

考虑$\mathcal{C}_{kd}$ 的如下实现。在第 5 行，我们需要从 $\mu_{u,\Phi^X}$ 和 $\mu_{u,\Phi^Y}$ 的最优耦合中采样 $X_u^{\mathcal{C}_{kd}}$ 和 $Y_u^{\mathcal{C}_{kd}}$。如果 $u \in \mathrm{vbl}(\mathcal{S})$，则我们用如下方法实现。我们可以找到一个唯一的 $S_i$ 满足 $u \in S_i$，这是因为所有的 $S_i$ 互不相交。我们用随机实数 $r_i$ 去实现 $\mu_{u,\Phi^X}$ 和 $\mu_{u,\Phi^Y}$ 的耦合。$S_i$ 有如下两种情况：①$S_i=\{u\}$；②$S_i$ 是一条超边且 $u \in S_i$。我们分别考虑这两种情况。

假设 $S_i=\{u\}$，最优耦合满足 $\mathbb{P}_{\mathcal{C}_{kd}}[X_u^{\mathcal{C}_{kd}} \neq Y_u^{\mathcal{C}_{kd}}]=d_{\mathrm{TV}}(\mu_{u,\Phi^X},\mu_{u,\Phi^Y})$。最优耦合可以这样实现。

- 如果 $r_i \leqslant d_{\mathrm{TV}}(\mu_{u,\Phi^X},\mu_{u,\Phi^Y})$，那么在 $X_u^{\mathcal{C}_{kd}} \neq Y_u^{\mathcal{C}_{kd}}$ 的条件下从最优耦合中采样（$X_u^{\mathcal{C}_{kd}},Y_u^{\mathcal{C}_{kd}}$）。
- 如果 $r_i > d_{\mathrm{TV}}(\mu_{u,\Phi^X},\mu_{u,\Phi^Y})$，那么在 $X_u^{\mathcal{C}_{kd}} = Y_u^{\mathcal{C}_{kd}}$ 的条件下从最优耦合中采样（$X_u^{\mathcal{C}_{kd}},Y_u^{\mathcal{C}_{kd}}$）。

根据引理 9-33，有 $d_{\mathrm{TV}}(\mu_{u,\Phi^X},\mu_{u,\Phi^Y}) \leqslant \frac{4}{sk}=\frac{1}{8k^3d^2}$。对 $S_i$ 定义如

下事件。

$$\mathcal{B}_i: r_i \leqslant \frac{4}{sk} = \frac{1}{8k^3d^2} \tag{9-55}$$

在实现过程中，如果 $u$ 在$\mathcal{C}_{kd}$ 中失败，则 $\mathcal{B}_i$ 一定发生。

假设 $S_i = e$ 是一条超边。假设 $e$ 表示约束 $c$，且被 $c$ 唯一禁止的配置是 $\sigma \in [q]^{\mathrm{vbl}(c)}$，即 $c(\sigma) = \texttt{False}$。除去随机数 $r_i$，维护 $S_i$ 的两个变量 $M_i$ 和 $D_i$，其中 $M_i \in [0,1]$ 是一个实数，$D_i \in \{0,1\}$ 是一个布尔变量。初始 $M_i = 1$ 且 $D_i = 0$，假设耦合$\mathcal{C}_{kd}$ 选择了点 $u \in e$，用如下过程 Couple$(u)$ 来采样 $X_u^{\mathcal{C}_{kd}}$ 和 $Y_u^{\mathcal{C}_{kd}}$。

- 如果 $D_i = 1$，直接从 $\mu_{u,\Phi^X}$ 和 $\mu_{u,\Phi^Y}$ 的最优耦合中采样 $X_u^{\mathcal{C}_{kd}}$ 和 $Y_u^{\mathcal{C}_{kd}}$，不需要利用 $r_i$ 来实现这一步。
- 如果 $D_i = 0$，令 $p_u = \max\{\mu_{u,\Phi^X}(\sigma_u), \mu_{u,\Phi^Y}(\sigma_u)\}$，然后检查是否有 $r_i \leqslant M_i p_u$。

1）如果 $r_i > M_i p_u$，在 $X_u^{\mathcal{C}_{kd}} \neq \sigma_u \wedge Y_u^{\mathcal{C}_{kd}} \neq \sigma_u$ 的条件下从 $\mu_{u,\Phi^X}$ 的 $\mu_{u,\Phi^Y}$ 最优耦合中采样 $X_u^{\mathcal{C}_{kd}}$ 和 $Y_u^{\mathcal{C}_{kd}}$，并令 $D_i \leftarrow 1$；

2）如果 $r_i \leqslant M_i p_u$，在 $X_u^{\mathcal{C}_{kd}} = \sigma_u \vee Y_u^{\mathcal{C}_{kd}} = \sigma_u$ 的条件下从 $\mu_{u,\Phi^X}$ 的 $\mu_{u,\Phi^Y}$ 最优耦合中采样 $X_u^{\mathcal{C}_{kd}}$ 和 $Y_u^{\mathcal{C}_{kd}}$，并令 $M_i \leftarrow M_i p_u$。

先证明上述过程实现了 $\mu_{u,\Phi^X}$ 和 $\mu_{u,\Phi^Y}$ 之间的一个合法耦合（第一个性质）。注意到如果 $D_i = 1$，则存在一个点 $u \in e = S_i$ 使得 $e$ 同时被 $X_u^{\mathcal{C}_{kd}}$ 和 $Y_u^{\mathcal{C}_{kd}}$ 满足，所以 $D_i$ 指示了 $e$ 是否被耦

合过程删除。可断言：

在 $D_i=0$ 和 $M_i=m_i$ 的条件下，$r_i$ 是$[0,m_i]$上一个随机均匀的变量。 (9-56)

令 $\mathcal{R}$ 表示$\mathcal{C}_{kd}$ 用到的除去 $r_i$ 以外所有的随机性。先固定 $\mathcal{R}$，然后用数学归纳法证明性质（9-56）。初始状态时，$r_i$ 从 $[0,1]$ 上采样且 $M_i=1$，$D_i=0$，性质成立。考虑 Couple($u$) 的一次执行。假设执行之前有 $D_i=0$ 且 $M_i=m_i$（如果 $D_i=1$，那么执行 Couple($u$) 之后 $D_i$ 不可能取值为 0）。然后证明在 Couple($u$) 之后，性质（9-56）依然成立。根据归纳假设，$r_i$ 是 $[0,m_i]$ 上的一个随机变量。给定 $\mathcal{R}$ 和 $D_i=0$ 之后，$p_u$ 的值确定[⊖]。在 Couple($u$) 结束后，当且仅当 $r_i \leqslant m_i p_u$ 时，$D_i=0$。因为 $r_i$ 是 $[0,m_i]$ 中随机均匀的实数，在 $r_i \leqslant m_i p_u$ 的条件下，$r_i$ 变成了 $[0,m_i p_u]$ 上随机均匀的实数。因为在过程的最后，令 $m_i \leftarrow m_i p_u$，所以在 Couple($u$) 之后，$r_i$ 是 $[0,m_i]$ 上随机均匀的实数。所以性质（9-56）依然成立。

为了证明实现过程的合法性。注意到如果 $D_i=1$，显然实现过程合法。如果 $D_i=0$，根据性质（9-56），因为 $r_i$ 是 $[0,M_i]$ 上随机均匀的实数，所以 $r_i>M_i p_u$ 的概率为 $1-p_u$，且

---

⊖ 这是因为 $\mathcal{R}$ 包含了除 $r_i$ 以外所有的随机性。在实现过程中，$r_i$ 只用于和阈值 $M_i p_u$ 比较大小。在 $D_i=0$ 的条件下，所有之前的比较结果都是确定的，即 $r_i$ 小于等于所有的 $m_i p_u$。因此给定 $\mathcal{R}$ 和 $D_i=0$，$\mathcal{C}_{kd}$ 之前的过程完全确定，这说明 $p_u$ 的值确定。

$r_i \leqslant M_i p_u$ 的概率为 $p_u$。根据引理 9-33，在最优耦合中，事件 $X_u^{\mathcal{C}_{kd}} = c_u \vee Y_u^{\mathcal{C}_{kd}} = c_u$ 的概率为 $p_u$。由链式法则可得，实现过程合法。接下来，对于超边 $S_i = e$，定义坏事件

$$\mathcal{B}_i: r_i \leqslant \frac{1}{8d^3k^3} \tag{9-57}$$

证明如果 $S_i = e$ 失败，则 $\mathcal{B}_i$ 一定发生。

假设 $S_i = e$ 是一条超边。考虑输入的 CSP-公式 $\Phi^X = (V, (Q_u^X)_{u \in V}, \mathcal{C})$ 和 $\Phi^Y = (V, (Q_u^Y)_{u \in V}, \mathcal{C})$。对于任意 $u \neq v_0$，令 $q_u = |Q_u^X| = |Q_u^Y|$。假设 $e$ 表示一个原子约束 $c$，且 $c$ 只对唯一的 $\sigma \in [q]^e$ 有 $c(\sigma) = \texttt{False}$。假设耦合 $\mathcal{C}_{kd}$ 结束后，点 $u_1, u_2, \cdots, u_m \in V_{\text{set}} \cap e$。因为超边 $S_i$ 失败，所以它满足

- 耦合结束后，$\text{Vol}_{\Phi^X}(e) < \gamma$ 或 $\text{Vol}_{\Phi^Y}(e) < \gamma$。
- 对任意 $1 \leqslant i \leqslant m$，$X_{u_i}^{\mathcal{C}_{kd}} = \sigma_{u_i}$ 或 $Y_{u_i}^{\mathcal{C}_{kd}} = \sigma_{u_i}$。

现在证明第二个性质。假设性质不成立，则 $e$ 被 $\boldsymbol{X}^{\mathcal{C}_{kd}}$ 和 $\boldsymbol{Y}^{\mathcal{C}_{kd}}$ 同时满足，所以它会被耦合过程删除。根据实现过程，在耦合结束的时候，有

$$D_i = 0 \quad \text{且} \quad r_i \leqslant M_i = \prod_{j=1}^{m} p_{u_j}$$

注意到 $s > 32$（$s$ 定义在式（9-51）中），$m \leqslant k$ 因为 $|e| = k$。根据引理 9-33，有

$$\prod_{j=1}^{m} P_{u_j} \leqslant \prod_{j=1}^{m} \frac{1}{q_{u_j}}\left(1 + \frac{4}{sk}\right) \leqslant \exp\left(\frac{4m}{sk}\right) \prod_{j=1}^{m} \frac{1}{q_{u_j}} \leqslant \mathrm{e} \prod_{j=1}^{m} \frac{1}{q_{u_j}}$$

在耦合的最后，有 $\text{Vol}_{\Phi^X}(e) < \gamma$ 或 $\text{Vol}_{\Phi^Y}(e) < \gamma$。但是在耦合

的最开始，根据式（9-43），有 $\mathrm{Vol}_{\Phi^X}(e) \geqslant 3000q^2d^6k^6$ 且 $\mathrm{Vol}_{\Phi^Y}(e) \geqslant 3000q^2d^6k^6$。$e$ 的容量减少是因为对于 $u=u_1, u_2,\cdots,u_m$，在第 6 行更新了 $\Phi^X$ 和 $\Phi^Y$。注意到 $v_0 \notin V_{\text{set}}$，所以对于任意 $1\leqslant j\leqslant m, u_j\neq v_0$，有

$$\prod_{j=1}^{m} q_{u_j} \geqslant \frac{3000q^2d^6k^6}{\gamma} = \frac{3000q^2d^6k^6}{32\mathrm{e}q^2d^3k^3} = \frac{3000d^3k^3}{32\mathrm{e}}$$

如果超边 $S_i$ 失败，则有

$$r_i \leqslant \prod_{j=1}^{m} P_{u_j} \leqslant \mathrm{e}\prod_{j=1}^{m}\frac{1}{q_{u_j}} \leqslant \frac{32\mathrm{e}^2}{3000d^3k^3} \leqslant \frac{1}{8d^3k^3}$$

所以事件 $\mathcal{B}_i$ 一定发生。

结合两种情况，有

$$\begin{aligned}\mathbb{P}_{\mathcal{C}_{kd}}[\forall 1 \leqslant i \leqslant \ell, S_i \text{ 失败}] &\leqslant \mathbb{P}[\forall 1 \leqslant i \leqslant \ell, \mathcal{B}_i] \\ (\text{所有 } r_i \text{ 相互独立}) &\leqslant \prod_{i=1}^{\ell}\mathbb{P}[\mathcal{B}_i] \\ (\text{根据式(9-55) 和式(9-57)}) &\leqslant \prod_{\substack{1\leqslant i\leqslant \ell \\ S_i\text{只包含一个变量}}}\frac{1}{8d^2k^3}\prod_{\substack{1\leqslant i\leqslant \ell \\ S_i\text{是一条超边}}}\frac{1}{8d^3k^3}\end{aligned}$$

□

需要重申的是，如果它满足引理 9-31 的前 3 个性质，$S_1,S_2,\cdots,S_\ell$ 被称为一条到 $u\in V$ 的逾渗序列（PS）。如果它满足除去 $\mathrm{dist}_H(u,s_\ell)=0$ 后的引理 9-31 的前 3 个性质，则称 $S_1,S_2,\cdots,S_\ell$ 为一个逾渗序列（PS）。对于任意 $S_i$，令

$$p_{\text{fail}}(S_i)=\begin{cases}\dfrac{1}{8d^2k^3} & \text{如果 } S_i \text{ 只包含一个点} \\ \dfrac{1}{8d^3k^3} & \text{如果 } S_i \text{ 是一条超边}\end{cases} \tag{9-58}$$

结合式（9-50）和引理 9-32，有

$$I_{v_\star} \leqslant \sum_{\text{到}v_\star\text{的PS: }e_1,e_2,\cdots,e_\ell} \mathbb{P}_{\mathcal{C}_{kd}}[\forall 1 \leqslant i \leqslant \ell, S_i \text{ 失败}]$$

$$\leqslant \sum_{\text{到}v_\star\text{的PS: }e_1,e_2,\cdots,e_\ell} \prod_{i=1}^{\ell} p_{\text{fail}}(S_i)$$

注意到，对于所有 $v_\star \in V\setminus\{v_0\}$，$H$ 都是同一张图。对于所有的 $v \in V\setminus\{v_0\}$，令 $v_\star=v$ 并利用上面的不等式。这说明

$$\sum_{v\in V: v\neq v_0} I_v \leqslant \sum_{v\in V: v\neq v_0} \sum_{\text{到}v\text{的PS: }S_1,S_2,\cdots,S_\ell} \prod_{1\leqslant i\leqslant \ell} p_{\text{fail}}(s_i)$$

$$\leqslant k \sum_{\text{PS: }S_1,S_2,\cdots,S_\ell} \prod_{1\leqslant i\leqslant \ell} p_{\text{fail}}(s_i)$$

最后一个不等式成立是因为最多有 $k$ 个点满足 $\text{dist}(v,S_\ell)=0$。按照长度枚举所有的逾渗序列有

$$\sum_{v\in V: v\neq v_0} I_v \leqslant k\sum_{\ell=1}^{\infty} \sum_{\substack{\text{长为}\ell\text{的PS}\\ S_1,S_2,\cdots,S_\ell}} \prod_{1\leqslant i\leqslant \ell} p_{\text{fail}}(S_i) = k\sum_{\ell=1}^{\infty} N(\ell)$$

其中

$$N(\ell) \triangleq \sum_{\substack{\text{长度为}\ell\text{的PS}\\ S_1,S_2,\cdots,S_\ell}} \prod_{1\leqslant i\leqslant \ell} p_{\text{fail}}(S_i)$$

接着证明

$$N(\ell) \leqslant \left(k^2d^2\frac{1}{8d^2k^3}+k^2d^3\frac{1}{8d^3k^3}\right)\left(k^3d^2\frac{1}{8d^2k^3}+k^3d^3\frac{1}{8d^3k^3}\right)^{\ell-1} \tag{9-59}$$

需要如下基本的事实来证明式（9-59）。假设 $d,k\geqslant 2$，否则采样问题非常简单。固定一个点 $v\in V$，满足 $\text{dist}_H(v,u)\leqslant 2$

的点 $u$ 的个数最多为

$$1+d(k-1)+d(d-1)(k-1)^2 \leqslant k^2d^2$$

满足 $\mathrm{dist}_H(v,e') \leqslant 2$ 的超边 $e'$的个数最多为

$$d+d(k-1)(d-1)+d(d-1)^2(k-1)^2 \leqslant k^2d^3$$

固定一条超边 $e \in \mathcal{E}$，满足 $\mathrm{dist}_H(e,u) \leqslant 2$ 的点 $u$ 的个数最多为

$$k+k(d-1)(k-1)+k(d-1)^2(k-1)^2 \leqslant k^3d^2$$

满足 $\mathrm{dist}_H(e,e') \leqslant 2$ 的超边 $e'$的个数最多为

$$(1+k(d-1))+k(k-1)(d-1)^2+k(k-1)^2(d-1)^3 \leqslant k^3d^3$$

对 $\ell$ 用数学归纳法证明式（9-59）。假设 $\ell=1$，则有 $\mathrm{dist}_H(v_0,S_1) \leqslant 2$。根据式（9-58），有

$$N(1) \leqslant k^2d^2\frac{1}{8d^2k^3}+k^2d^3\frac{1}{8d^3k^3}$$

假设式（9-59）对所有 $\ell \leqslant k$ 成立。对 $\ell=k+1$ 证明式（9-59）。对于长度为 $k+1$ 的逾渗序列 $S_1,S_2,\cdots,S_{k+1}$，$S_1,S_2,\cdots,S_k$ 是一个长度为 $k$ 的逾渗序列，且 $\mathrm{dist}_H(S_k,S_{k+1}) \leqslant 2$。对于任意 $S_k$，最多有 $k^3d^2$ 种方法选择 $S_{k+1}$ 为一个点，最多有 $k^3d^3$ 种方法选择 $S_{k+1}$ 为一条超边。这说明

$$\begin{aligned}N(k+1) &\leqslant N(k)\left(k^3d^2\frac{1}{8d^2k^3}+k^3d^3\frac{1}{8d^3k^3}\right)\\ &\overset{\text{byI. H.}}{\leqslant}\left(k^2d^2\frac{1}{8d^2k^3}+k^2d^3\frac{1}{8d^3k^3}\right)\left(k^3d^2\frac{1}{8d^2k^3}+k^3d^3\frac{1}{8d^3k^3}\right)^k\end{aligned}$$

这就证明了式（9-59）。现在有

$$\sum_{v\in V:v\neq v_0} I_v \leqslant k\sum_{\ell=1}^{\infty} N(\ell) \leqslant \sum_{\ell=1}^{\infty}\left(k^3d^2\frac{1}{8d^2k^3}+k^3d^3\frac{1}{8d^3k^3}\right)^{\ell}$$
$$=\sum_{\ell=1}^{\infty}\left(\frac{1}{4}\right)^{\ell}\leqslant\frac{1}{2}$$

#### 9.5.4.2 一般 CSP-公式

现在分析由原子约束定义的一般的 CSP-公式 $\boldsymbol{\Phi}=(V,\boldsymbol{Q},\mathcal{C})$，其中每个变量 $v\in V$ 在任意值域 $Q_v$ 上取值，每个约束可以包含任意数量的变量。我们证明如下定理。

**引理 9-34** 令 $\boldsymbol{\Phi}=(V,\boldsymbol{Q},\mathcal{C})$ 为算法 23 输入的由原子约束定义的 CSP-公式。令 $\boldsymbol{h}=(h_v)_{v\in V}$ 为以参数 $\alpha$ 和 $\beta$ 满足条件 9-9 的 $\boldsymbol{\Phi}$ 的投影策略。令 $q_v=|Q_v|$，$p=\max\limits_{c\in\mathcal{C}}\prod\limits_{v\in\text{vbl}(c)}\frac{1}{q_v}$ 且 $D$ 是 $\boldsymbol{\Phi}$ 依赖图的最大度数。如果

$$\log\frac{1}{p}\geqslant\frac{50}{\beta}\log\left(\frac{2000D^4}{\beta}\right)$$

则有 $\sum\limits_{v\in V\setminus\{v_0\}} d_{\text{TV}}\left(\nu_v^{X_{V\setminus\{v\}}},\nu_v^{Y_{V\setminus\{v\}}}\right)\leqslant\frac{1}{2}$。

固定一个变量 $v_\star\in V\setminus\{v_0\}$。构造一个耦合 $\mathcal{C}_{\text{gen}}$ 去给 $d_{\text{TV}}\left(\nu_{v_\star}^{X_{V\setminus\{v_\star\}}},\nu_{v_\star}^{Y_{V\setminus\{v_\star\}}}\right)$一个上界。

重申 $\boldsymbol{\Phi}=(V,\boldsymbol{Q},\mathcal{C})$ 是输入的原始 CSP-公式。重申 $\boldsymbol{\Phi}^X=(V,\boldsymbol{Q}^X=(Q_u^X)_{u\in V},\mathcal{C})$ 和 $\boldsymbol{\Phi}^Y=(V,\boldsymbol{Q}^Y=(Q_v^Y)_{v\in V},\mathcal{C})$ 定义为

$$Q_u^X=\begin{cases}h_u^{-1}(X_u) & 如果\ u\neq v_\star\\ Q_u & 如果\ u=v_\star\end{cases}$$
$$Q_u^Y=\begin{cases}h_u^{-1}(Y_u) & 如果\ u\neq v_\star\\ Q_u & 如果\ u=v_\star\end{cases}\tag{9-60}$$

根据定义，$(Q_u^X)_{u\in V}$ 和 $(Q_u^Y)_{u\in V}$ 只在 $v_0$ 处不同。令 $\boldsymbol{\mu}_{\Phi^X}$ 表示 $\boldsymbol{\Phi}^X$ 所有满足解的均匀分布，$\boldsymbol{\mu}_{\Phi^Y}$ 表示 $\boldsymbol{\Phi}^Y$ 所有满足解的均匀分布。一般公式耦合的第一步是对 $\boldsymbol{\Phi}^X$ 和 $\boldsymbol{\Phi}^Y$ 再建立一个投影策略。令 $\boldsymbol{h}^X=(h_v^X)_{v\in V}$ 为 $\boldsymbol{\Phi}^X$ 的投影策略，$\boldsymbol{h}^Y=(h_v^Y)_{v\in V}$ 为 $\boldsymbol{\Phi}^Y$ 的投影策略，其中 $h_v^X$: $Q_v^X\to\Sigma_v^X$ 且 $h_v^Y$: $Q_v^Y\to\Sigma_v^Y$。对每个 $v\in V$，定义

$$s_v^X\triangleq|\Sigma_v^X|,\quad s_v^Y\triangleq|\Sigma_v^Y|,\quad q_v^X=|Q_v^X|,\quad q_v^Y=|Q_v^Y|$$

在分析中，构造满足如下两个条件的投影策略 $\boldsymbol{h}^X$、$\boldsymbol{h}^Y$。

**条件 9-35** 令 $\boldsymbol{\Phi}=(V,\boldsymbol{Q},\mathcal{C})$ 为算法 23 输入的原始 CSP-公式，$\boldsymbol{h}=(h_v)_{v\in V}$ 为 $\boldsymbol{\Phi}$ 的原始投影策略，它以参数 $\alpha$ 和 $\beta$ 满足条件 9-9。对 $\boldsymbol{\Phi}^X$ 的投影策略 $\boldsymbol{h}^X$ 和对 $\boldsymbol{\Phi}^Y$ 的投影策略 $\boldsymbol{h}^Y$ 满足如下条件：

- $\boldsymbol{h}^X$ 和 $\boldsymbol{h}^Y$ 都是平衡的，即对于每个 $v\in V$ 和 $c_v^X\in\Sigma_v^X$，有 $\lfloor q_v^X/s_v^X\rfloor\leqslant|(h_v^X)^{-1}(c_v^X)|\leqslant\lceil q_v^X/s_v^X\rceil$；对于每个 $v\in V$ 和 $c_v^Y\in\Sigma_v^Y$，有 $\lfloor q_v^Y/s_v^Y\rfloor\leqslant|(h_v^Y)^{-1}(c_v^Y)|\leqslant\lceil q_v^Y/s_v^Y\rceil$。
- $\Sigma_{v_0}^X=\Sigma_{v_0}^Y$，且对于每个 $u\in V\setminus\{v_0\}$，有 $h_u^X=h_u^Y$。
- $h_{v_\star}^X=h_{v_\star}^Y=h_{v_\star}$，其中 $h_{v_\star}$ 是原始投影策略 $\boldsymbol{h}$ 在 $v_\star$ 上的

函数。

- 对于任意约束 $c \in \mathcal{C}$，有

$$\min\left(\sum_{v \in \mathrm{vbl}(c)} \log\left\lfloor \frac{q_v^X}{s_v^X} \right\rfloor, \sum_{v \in \mathrm{vbl}(c)} \log\left\lfloor \frac{q_v^Y}{s_v^Y} \right\rfloor\right)$$

$$\geqslant \frac{\beta}{10}\left(\sum_{v \in \mathrm{vbl}(c)} \log q_v\right) \tag{9-61}$$

对于任意满足 $v_\star \notin \mathrm{vbl}(c)$ 的约束 $c \in \mathcal{C}$，有

$$\min\left(\sum_{v \in \mathrm{vbl}(c)} \log \frac{q_v^X}{\lceil q_v^X / s_v^X \rceil}, \sum_{v \in \mathrm{vbl}(c)} \log \frac{q_v^Y}{\lceil q_v^Y / s_v^Y \rceil}\right)$$

$$\geqslant \frac{\beta}{10}\left(\sum_{v \in \mathrm{vbl}(c)} \log q_v\right) \tag{9-62}$$

对于任意满足 $v_\star \in \mathrm{vbl}(c)$ 的约束 $c \in \mathcal{C}$，有

$$\min\left(\log\left\lfloor \frac{q_{v_\star}^X}{S_{v_\star}^X} \right\rfloor + \sum_{v \in \mathrm{vbl}(c) \setminus \{v_\star\}} \log \frac{q_v^X}{\lceil q_v^X / s_v^X \rceil}, \log\left\lfloor \frac{q_{v_\star}^Y}{s_{v_\star}^Y} \right\rfloor + \sum_{v \in \mathrm{vbl}(c) \setminus \{v_\star\}} \log \frac{q_v^Y}{\lceil q_v^Y / s_v^Y \rceil}\right) \geqslant \frac{\beta}{10}\left(\sum_{v \in \mathrm{vbl}(c)} \log q_v\right) \tag{9-63}$$

其中 $q_v^X = |Q_v^X|$，$q_v^Y = |Q_v^Y|$ 且对于所有 $v \in V$，有 $q_v = |Q_v|$。

条件 9-35 是条件 9-9 的一个变种。式（9-62）中的下界可以变成 $\sum_{v \in \mathrm{vbl}(c)} \lceil q_v^X / s_v^X \rceil$ 和 $\sum_{v \in \mathrm{vbl}(c)} \lceil q_v^Y / s_v^Y \rceil$ 的上界。所以，式（9-62）和式（9-61）与条件 9-9 中的式（9-9）和式（9-10）

类似。进一步地说，对于满足 $v_\star \in \mathrm{vbl}(c)$ 的约束 $c \in \mathcal{C}$，需要式（9-63）里的额外条件。这个额外条件的作用是应对 $|\mathrm{vbl}(c)|$ 非常大的情况。

下面的引理说明在洛瓦兹局部引理的条件下，满足条件 9-35 的投影策略存在。因为只用 $\boldsymbol{h}^X$ 和 $\boldsymbol{h}^Y$ 去分析算法，所以只要说明它们存在即可，不需要具体把投影策略构造出来。

**引理 9-36** *令 $\Phi=(V,\boldsymbol{Q},\mathcal{C})$ 为算法 23 输入的原始 CSP-公式，$\boldsymbol{h}=(h_v)_{v\in V}$ 为 $\Phi$ 的原始投影策略，它以参数 $\alpha$ 和 $\beta$ 满足条件 9-9。令 $q_v=|Q_v|$，$D$ 表示 $\Phi$ 依赖图的最大度数。令 $p \triangleq \max\limits_{c\in\mathcal{C}} \prod\limits_{v\in \mathrm{vbl}(c)} \frac{1}{q_v}$。假设*

$$\log\frac{1}{p} \geqslant \frac{55}{\beta}(\log D+3)$$

*存在满足条件 9-35 的对 $\Phi^X$、$\Phi^Y$ 的投影策略 $\boldsymbol{h}^X$、$\boldsymbol{h}^Y$。*

引理 9-36 的证明将在本段最后给出。

令 $\boldsymbol{h}^X=(h_v^X)_{v\in V}$ 和 $\boldsymbol{h}^Y=(h_v^Y)_{v\in V}$ 为 $\Phi^X$ 和 $\Phi^Y$ 的投影策略，其中 $h_v^X: Q_v^X \to \Sigma_v^X$，$h_v^Y: Q_v^Y \to \Sigma_v^Y$。假设 $\boldsymbol{h}^X$ 和 $\boldsymbol{h}^Y$ 满足条件 9-35。根据条件 9-35，对任意变量 $v\in V$ 都有 $\Sigma_v^X=\Sigma_v^Y$ 且 $s_v^X=s_v^Y=|\Sigma_v^X|=|\Sigma_v^Y|$。记

$$\forall v\in V,\quad s_v' \triangleq s_v^X = s_v^Y,\quad \Sigma_v' \triangleq \Sigma_v^X=\Sigma_v^Y$$

$$\Sigma' \triangleq \bigotimes_{v\in V}\Sigma_v'$$

重申 $\boldsymbol{\mu}_{\Phi^X}$ 和 $\boldsymbol{\mu}_{\Phi^Y}$ 是 $\Phi^X$ 与 $\Phi^Y$ 满足解的均匀分布。我们定义如

下两个投影后的分布。

- $\nu_X$：由 $\boldsymbol{\Phi}^X$ 和投影策略 $\boldsymbol{h}^X$ 诱导出的在 $\Sigma'=\bigotimes_{v\in V}\Sigma'_v$ 上定义的投影后的分布（定义 9-2）。
- $\nu_Y$：由 $\boldsymbol{\Phi}^Y$ 和投影策略 $\boldsymbol{h}^Y$ 诱导出的在 $\Sigma'=\bigotimes_{v\in V}\Sigma'_v$ 上定义的投影后的分布（定义 9-2）。

对任意变量 $v\in V$，令 $\nu_v$，$X$ 与 $\nu_{v,Y}$ 表示 $\nu_X$ 与 $\nu_Y$ 投影到 $v$ 上的边缘分布。重申我们的目的是分析 $d_{\mathrm{TV}}\left(\nu_{v_\star}^{X_{V\setminus\{v_\star\}}},\nu_{v_\star}^{Y_{V\setminus\{v_\star\}}}\right)$。由条件 9-35 可知，$h_{v_\star}^X=h_{v_\star}^Y=h_{v_\star}$。根据 $\boldsymbol{\Phi}^X$、$\boldsymbol{\Phi}^Y$ 的定义以及投影后分布的定义（定义 9-2），我们有

$$\nu_{v_\star}^{X_{V\setminus\{v_\star\}}}=\nu_{v_\star,X}\quad 且\quad \nu_{v_\star}^{Y_{V\setminus\{v_\star\}}}=\nu_{v_\star,Y}$$

重申 $\boldsymbol{\Phi}=(V,\boldsymbol{Q},\mathcal{C})$ 是算法 23 输入的 CSP-公式。重申 $H=(V,\mathcal{E})$ 是表示公式 $\boldsymbol{\Phi}$ 的超图，其中 $\mathcal{E}\triangleq\{\mathrm{vbl}(c)\mid c\in\mathcal{C}\}$。注意到 $H$ 也表示了 $\boldsymbol{\Phi}^X$ 和 $\boldsymbol{\Phi}^Y$，因为 $\boldsymbol{\Phi}$、$\boldsymbol{\Phi}^X$、$\boldsymbol{\Phi}^Y$ 有相同的变量和约束集合。令 $e\in\mathcal{E}$ 是一条超边，$u\in e$ 是 $e$ 中的一个变量。令 $X_u^{\mathcal{C}_{\mathrm{gen}}}$，$Y_u^{\mathcal{C}_{\mathrm{gen}}}\in\Sigma'_u$ 为两个值。令 $c_e\in\mathcal{C}$ 为 $e$ 代表的原子约束。令 $\sigma\in\boldsymbol{Q}_e$ 表示被 $c_e$ 禁止的唯一配置，即 $c_e(\sigma)=\texttt{False}$。当且仅当 $\sigma_u\notin(h_u^X)^{-1}(X_u^{\mathcal{C}_{\mathrm{gen}}})$ 时，我们称 $e$ 被 $X_u^{\mathcal{C}_{\mathrm{gen}}}$ 满足，因为在投影后的分布 $\nu_X$ 中，在 $u$ 取值为 $X_u^{\mathcal{C}_{\mathrm{gen}}}$ 的条件下，约束 $c_e$ 一定被满足。同样，当且仅当 $\sigma_u\notin(h_u^Y)^{-1}(Y_u^{\mathcal{C}_{\mathrm{gen}}})$ 时，我们说 $e$ 被 $Y_u^{\mathcal{C}_{\mathrm{gen}}}$ 满足。耦合 $\mathcal{C}_{\mathrm{gen}}$ 的描述在算法 26 中。

**算法 26**：耦合过程 $\mathcal{C}_{\text{gen}}$

**输入**：CSP-公式 $\boldsymbol{\Phi}^X=(V,\boldsymbol{Q}^X=(Q_u^X)_{u\in V},\mathcal{C})$ 和 $\boldsymbol{\Phi}^Y=(V,\boldsymbol{Q}^Y=(Q_v^Y)_{v\in V},\mathcal{C})$；表示 $\boldsymbol{\Phi}^X$ 和 $\boldsymbol{\Phi}^Y$ 的超图 $H=(V,\mathcal{E})$；满足条件 9-35 的投影策略 $\boldsymbol{h}^X$ 和 $\boldsymbol{h}^Y$；变量 $v_0$，$v_\star\in V$；一个下标函数 ID：$V\to[n]$ 使得对所有 $u\neq v$ 都有 $\text{ID}(u)\neq\text{ID}(v)$，且 $\text{ID}(v_\star)=n$；

**输出**：一对赋值 $\boldsymbol{X}^{\mathcal{C}_{\text{gen}}}$，$\boldsymbol{Y}^{\mathcal{C}_{\text{gen}}}\in\Sigma'$；

```
独立采样 $X_{v_0}^{\mathcal{C}_{\text{gen}}}\sim\nu_{v_0,X}$ 和 $Y_{v_0}^{\mathcal{C}_{\text{gen}}}\sim\nu_{v_0,Y}$；
$V_1\leftarrow\{v_0\}$，$V_2\leftarrow V\setminus V_1$，$V_{\text{set}}\leftarrow\{v_0\}$；
删除 $\mathcal{E}$ 中满足以下条件的所有 $e$：$e$ 代表的约束 $c$ 同时被 $X_{v_0}^{\mathcal{C}_{\text{gen}}}$ 和 $Y_{v_0}^{\mathcal{C}_{\text{gen}}}$ 满足；
while $\exists e\in\mathcal{E}$ 使得 $e\cap V_1\neq\varnothing$，$(e\cap V_2)\setminus V_{\text{set}}\neq\varnothing$ do
    令超边 $e$ 是第一个这样的边，$u$ 是 $(e\cap V_2)\setminus V_{\text{set}}$ 中 ID 最小的变量；
    从 $\nu_{u,X}(\cdot\mid\boldsymbol{X}^{\mathcal{C}_{\text{gen}}})$ 和 $\nu_{u,Y}(\cdot\mid\boldsymbol{Y}^{\mathcal{C}_{\text{gen}}})$ 的最优耦合中采样 $(c_X,c_Y)\in\Sigma_u'\times\Sigma_u'$，并把 $\boldsymbol{X}^{\mathcal{C}_{\text{gen}}}$ 和 $\boldsymbol{Y}^{\mathcal{C}_{\text{gen}}}$ 扩展到 $u$，令 $(X_u^{\mathcal{C}_{\text{gen}}},Y_u^{\mathcal{C}_{\text{gen}}})\leftarrow(c_X,c_Y)$；
    $V_{\text{set}}\leftarrow V_{\text{set}}\cup\{u\}$；
    if $X_u^{\mathcal{C}_{\text{gen}}}\neq Y_u^{\mathcal{C}_{\text{gen}}}$ then
        $V_1\leftarrow V_1\cup\{u\}$，$V_2\leftarrow V\setminus V_1$；
    for $e\in\mathcal{E}$ 使得 $e$ 表示的约束 $c$ 同时被 $X_u^{\mathcal{C}_{\text{gen}}}$ 和 $Y_u^{\mathcal{C}_{\text{gen}}}$ 满足 do
        $\mathcal{E}\leftarrow\mathcal{E}\setminus\{e\}$；
    for $e\in\mathcal{E}$ 使得 $e\subseteq V_{\text{set}}$ do
        $V_1\leftarrow V_1\cup\{e\}$，$V_2\leftarrow V\setminus V_1$；
把 $\boldsymbol{X}^{\mathcal{C}_{\text{gen}}}$ 和 $\boldsymbol{Y}^{\mathcal{C}_{\text{gen}}}$ 扩展到 $V_2\setminus V_{\text{set}}$，$\left(X_{V_2\setminus V_{\text{set}}}^{\mathcal{C}_{\text{gen}}},Y_{V_2\setminus V_{\text{set}}}^{\mathcal{C}_{\text{gen}}}\right)$ 的取值从
```

$\nu_{V_2 \setminus V_{\mathrm{set}}, X}\left(\cdot \mid \boldsymbol{X}^{\mathcal{C}_{\mathrm{gen}}}\right)$ 和 $\nu_{V_2 \setminus V_{\mathrm{set}}, Y}\left(\cdot \mid \boldsymbol{Y}^{\mathcal{C}_{\mathrm{gen}}}\right)$ 的最优耦合中采样；

15 **return** $\left(\boldsymbol{X}^{\mathcal{C}_{\mathrm{gen}}}, \boldsymbol{Y}^{\mathcal{C}_{\mathrm{gen}}}\right)$。

---

耦合 $\mathcal{C}_{\mathrm{gen}}$ 的输入有两个 CSP-公式 $\boldsymbol{\Phi}^X$ 和 $\boldsymbol{\Phi}^Y$，以及满足条件 9-35 的投影策略 $\boldsymbol{h}^X$ 和 $\boldsymbol{h}^Y$。我们设定了一个函数 ID: $V \to [n]$ 使得所有点有不同的 ID，且 $v_\star$ 的 ID 最大在第 5 行，耦合过程会使用 ID 来选变量。一旦耦合过程 $\mathcal{C}_{\mathrm{gen}}$ 选择了变量 $u$，它会把 $\Sigma'_u$中的一个值赋给 $u$，其中 $\Sigma'_u$被 $\boldsymbol{h}^X$ 和 $\boldsymbol{h}^Y$ 确定。如果 $u$ 上的耦合失败，耦合 $\mathcal{C}_{\mathrm{gen}}$ 会把 $u$ 加入 $V_1$。之后，在第 11 行，耦合会把被 $X_u^{\mathcal{C}_{\mathrm{gen}}}$ 和 $Y_u^{\mathcal{C}_{\mathrm{gen}}}$ 同时满足的约束删除。如果 $e$ 中所有的变量都被赋值，但是 $e$ 仍然没有被满足，$\mathcal{C}_{\mathrm{gen}}$ 会在第 13 行把 $e$ 加入 $V_1$。注意到 while 循环结束后，$\mathcal{C}_{\mathrm{gen}}$ 只给 $V_2 \setminus V_{\mathrm{set}}$ 上的值采样，这是因为 $V_1 \subseteq V_{\mathrm{set}}$。

**引理 9-37** 耦合过程 $\mathcal{C}_{\mathrm{gen}}$ 满足如下性质：

- 耦合过程最终会停止。
- 输出 $\boldsymbol{X}^{\mathcal{C}_{\mathrm{gen}}} \in \Sigma'$服从 $\nu_X$；输出 $\boldsymbol{Y}^{\mathcal{C}_{\mathrm{gen}}} \in \Sigma'$服从 $\nu_Y$。
- 对任意变量 $u \in V$，如果最后的输出满足 $X_u^{\mathcal{C}_{\mathrm{gen}}} \neq Y_u^{\mathcal{C}_{\mathrm{gen}}}$，则 $u \in V_1$。

**证明**：每次 while 循环结束，$V_{\mathrm{set}}$ 的大小增加 1。因为集合 $V_{\mathrm{set}}$ 的大小最多是 $n$，所以耦合过程一定会停止。

我们对 $\boldsymbol{X}^{\mathcal{C}_{\mathrm{gen}}}$ 证明引理 9-37 的第二条性质。$\boldsymbol{Y}^{\mathcal{C}_{\mathrm{gen}}}$ 的结果

同理可证。

在第 1 行，耦合从 $\boldsymbol{\nu}_{v_0,X}$ 中采样 $X_{v_0}^{\mathcal{C}_{\text{gen}}}$。给定当前的配置 $\boldsymbol{X}^{\mathcal{C}_{\text{gen}}}$，耦合选择一个没有被赋值的变量 $u$，然后从边缘分布 $\boldsymbol{\nu}_{u,X}(\cdot \mid \boldsymbol{X}^{\mathcal{C}_{\text{gen}}})$ 中采样 $X_u^{\mathcal{C}_{\text{gen}}}$（第 6 行）。最后，耦合从条件分布中采样 $X_{V\setminus V_2}^{\mathcal{C}_{\text{gen}}}$。注意到 $V_1 \subseteq V_{\text{set}}$。当过程停止时，所有变量 $v \in V$ 得到一个值 $X_v^{\mathcal{C}_{\text{gen}}} \in \Sigma_v'$。根据链式法则，输出 $\boldsymbol{X}^{\mathcal{C}_{\text{gen}}} \in \Sigma'$ 服从 $\boldsymbol{\nu}_X$。

为了证明最后一条性质，我们证明 while 循环结束后有如下性质。

- $X_{V_2 \cap V_{\text{set}}}^{\mathcal{C}_{\text{gen}}} = Y_{V_2 \cap V_{\text{set}}}^{\mathcal{C}_{\text{gen}}}$。
- $\boldsymbol{\nu}_{V_2 \setminus V_{\text{set}},X}(\cdot \mid \boldsymbol{X}^{\mathcal{C}_{\text{gen}}})$ 且 $\boldsymbol{\nu}_{V_2 \setminus V_{\text{set}},Y}(\cdot \mid \boldsymbol{Y}^{\mathcal{C}_{\text{gen}}})$ 是同一个分布，所以 $V_2 \setminus V_{\text{set}}$ 中所有变量都可以被完美耦合。

结合这两条性质可以证明引理的最后一条性质。第一条性质容易验证，这是因为如果 $X_u^{\mathcal{C}_{\text{gen}}} \neq Y_u^{\mathcal{C}_{\text{gen}}}$，则 $u$ 一定在第 9 行被加入集合 $V_1$。为了证明第二条性质，我们断言在 while 循环结束之后，不存在超边 $e \in \mathcal{E}$ 使得 $e \cap V_1 \neq \varnothing$ 且 $e \cap V_2 \neq \varnothing$。假设 $e$ 存在，那么它只有两种可能。

- $(e \cap V_2) \setminus V_{\text{set}} \neq \varnothing$：这种情况下，while 循环无法结束。矛盾。
- $(e \cap V_2) \setminus V_{\text{set}} = \varnothing$：注意到始终有 $V_1 \subseteq V_{\text{set}}$，这种情况下有 $e \subseteq V_{\text{set}}$。注意到 $e \cap V_1 \neq \varnothing$ 且 $e \cap V_2 \neq \varnothing$，所以在第 1 行之后，不存在这样的 $e$。如果 $e$ 存在，它一定

被 while 循环产生。因为 $e\subseteq V_{\mathrm{set}}$，这种 $e$ 会在第 11 行被删除，或者在第 13 行被加入 $V_1$（之后 $e\cap V_2=\varnothing$）。这就说明当 while 循环结束后，这种超边 $e$ 不存在。矛盾。

所以，while 循环结束后，所有的变量分成了 $V_1$ 和 $V_2$ 两类。所有满足 $\mathrm{vbl}(c)\cap V_1\neq\varnothing$ 且 $\mathrm{vbl}(c)\cap V_2\neq\varnothing$ 的约束 $c\in\mathcal{C}$ 同时被 $\boldsymbol{X}^{\mathcal{C}_{\mathrm{gen}}}$ 和 $\boldsymbol{Y}^{\mathcal{C}_{\mathrm{gen}}}$ 满足。这说明，给定 $\boldsymbol{X}^{\mathcal{C}_{\mathrm{gen}}}$，$V_2$ 中的变量和 $V_1$ 中的变量相互独立，$\boldsymbol{Y}^{\mathcal{C}_{\mathrm{gen}}}$ 也满足这一性质。注意到 $\boldsymbol{\Phi}^X$ 和 $\boldsymbol{\Phi}^Y$ 只在 $v_0$ 上不同，两个投影策略 $\boldsymbol{h}^X$ 和 $\boldsymbol{h}^Y$ 也只在 $v_0$ 上不同，且 $v_0\in V_1$。因为 $X^{\mathcal{C}_{\mathrm{gen}}}_{V_2\cap V_{\mathrm{set}}}=Y^{\mathcal{C}_{\mathrm{gen}}}_{V_2\cap V_{\mathrm{set}}}$，所以 $\nu_{V_2\setminus V_{\mathrm{set}},X}\left(\cdot\mid \boldsymbol{X}^{\mathcal{C}_{\mathrm{gen}}}\right)=\nu_{V_2\setminus V_{\mathrm{set}},X}\left(\cdot\mid X^{\mathcal{C}_{\mathrm{gen}}}_{V_2\cap V_{\mathrm{set}}}\right)$ 和 $\nu_{V_2\setminus V_{\mathrm{set}},Y}\left(\cdot\mid \boldsymbol{Y}^{\mathcal{C}_{\mathrm{gen}}}\right)=\nu_{V_2\setminus V_{\mathrm{set}},Y}\left(\cdot\mid Y^{\mathcal{C}_{\mathrm{gen}}}_{V_2\cap V_{\mathrm{set}}}\right)$ 是同一个分布。 □

对每条超边 $e\in\mathcal{E}$，如果以下条件成立，则我们称 $e$ 在耦合中失败。

**定义 9-8** 当且仅当如下条件之一发生时，超边 $e\in\mathcal{E}$ 在 $\mathcal{C}_{\mathrm{gen}}$ 中失败。

- **类型-Ⅰ失败：** 存在一个变量 $u\in e\setminus\{v_0\}$ 使得耦合在第 5 行选择了 $e$ 和 $u$，且赋值之后有 $X_u^{\mathcal{C}_{\mathrm{gen}}}\neq Y_u^{\mathcal{C}_{\mathrm{gen}}}$。
- **类型-Ⅱ失败：** 在 while 循环结束的时刻有 $e\subset V_{\mathrm{set}}$ 且 $e$ 代表的约束没有被 $\boldsymbol{X}^{\mathcal{C}_{\mathrm{gen}}}$ 和 $\boldsymbol{Y}^{\mathcal{C}_{\mathrm{gen}}}$ 同时满足。

令 $\mathrm{Lin}(H)$ 是超图 $H$ 的线图，其中 $\mathrm{Lin}(H)$ 的每个点是 $H$

的超边，当且仅当 $e\cap e'\neq\varnothing$ 时，两条超边 $e$，$e'\in\mathcal{E}$ 相邻。令 $\mathrm{Lin}^k(H)$ 表示 $\mathrm{Lin}(H)$ 的 $k$-次幂图，当且仅当它们在 $\mathrm{Lin}(H)$ 中的距离不超过 $k$ 时，$e$ 和 $e'$ 在 $\mathrm{Lin}^k(H)$ 相邻。对每个变量，我们用 $N(v)$ 表示和 $v$ 关联的边：

$$N(v)\triangleq\{e\in\mathcal{E}\mid v\in e\}$$

对任意 $k\geqslant 1$，定义

$$N^k(v)\triangleq\{e\in\mathcal{E}\mid \exists e'\in N(v)\text{满足 }\mathrm{dist}_{\mathrm{Lin}(H)}(e,e')\leqslant k-1\} \tag{9-64}$$

其中 $\mathrm{dist}_{\mathrm{Lin}(H)}(e,e')$ 表示 $e$ 和 $e'$ 在图 $\mathrm{Lin}(H)$ 上的最短路距离。由定义可知 $N(v)=N^1(v)$。

当耦合 $\mathcal{C}_{\mathrm{gen}}$ 结束，每个变量 $v\in V_1$ 满足如下性质。

**引理 9-38** 对任意 $v\in V_1\setminus\{v_0\}$，存在一个 $\mathrm{Lin}^2(H)$ 上的路径 $e_1,e_2,\cdots,e_\ell$ 满足

- $e_1\in N^2(v_0)$ 且 $v\in e_\ell$。
- 对任意 $1\leqslant i\leqslant \ell$，超边 $e_i$ 在耦合中失败。

**证明：** 令 $V_1=\{v_0,v_1,v_2,\cdots,v_m\}$ 为 $V_1$ 中的变量，其中 $v_i$ 是第 $i$ 个加入 $V_1$ 的变量。如果一个集合同时加入 $V_1$（第 13 行），它们按照任意顺序排序。我们对 $i$ 做数学归纳来证明引理。

基础情况是 $v_0$，引理显然成立。假设引理对 $v_0,v_1,\cdots,v_{k-1}$ 成立，我们证明引理对 $v_k$ 也成立。变量 $v_k$ 要么在第 9 行，要么在第 13 行加入 $V_1$。

- 假设 $v_k$ 在第 9 行加入 $V_1$。变量 $v_k$ 一定在第 5 行被选中。考虑第 5 行被选中的边 $e$。超边 $e$ 符合类型-Ⅰ失败，这是因为 $v_k \in e$ 且 $X_{v_k}^{\mathcal{C}_{\text{gen}}} \neq Y_{v_k}^{\mathcal{C}_{\text{gen}}}$。除此之外，我们有 $v_k \in e$ 且对某个 $j<k$ 有 $v_j \in e$。如果 $j=0$，引理显然成立。如果 $0<j<k$，根据归纳假设，存在一个到 $v_j$ 的路径 $e_1, e_2, \cdots, e_t$。因为 $v_j \in e_t$ 且 $v_j \in e$，所以存在一个到 $v_k$ 的路径 $e_1, e_2, \cdots, e_t, e$，引理得证。
- 假设 $v_k$ 在第 13 行被加入 $V_1$。令 $e$ 表示第 13 行的超边。我们有 $v_k \in e$。由第 12 行可知 $e \subseteq V_{\text{set}}$。因为 $e$ 没有在第 3 行或者第 11 行被删除，所以 $e$ 所代表的约束没有被 $\boldsymbol{X}^{\mathcal{C}_{\text{gen}}}$ 和 $\boldsymbol{Y}^{\mathcal{C}_{\text{gen}}}$ 同时满足。这个性质直到耦合结束都成立。所以 $e$ 符合类型-Ⅱ失败。因为 $e \subseteq V_{\text{set}}$ 且 $v_k \neq v_0$，while 循环在第 5 行选择了超边 $e'$ 和 $v_k \in e'$，所以 $e'$ 包含 $v_j$（其中 $j<k$）。注意 $e'$ 未必是失败边。如果 $j=0$，则 $e \in N^2(v_0)$，引理对 $v_k$ 成立且路径只有一条边 $e$。如果 $0<j<k$，根据归纳假设，存在一条对 $v_j$ 的路径 $e_1, e_2, \cdots, e_t$。因为 $e_t \cap e' \neq \varnothing$ 且 $e' \cap e \neq \varnothing$，$e$ 和 $e_t$ 在 $\text{Lin}^2(H)$ 上相邻，所以引理对 $v_k$ 成立且路径是 $e_1, e_2, \cdots, e_t, e$。

结合这两种情况可证明引理。 □

如果 $X_{v_\star}^{\mathcal{C}_{\text{gen}}} \neq Y_{v_\star}^{\mathcal{C}_{\text{gen}}}$，我们有如下结论。

**引理 9-39** 如果 $X_{v_\star}^{\mathcal{C}_{\text{gen}}} \neq Y_{v_\star}^{\mathcal{C}_{\text{gen}}}$，则存在 $\text{Lin}^2(H)$ 中的一条

路径 $e_1,e_2,\cdots,e_\ell$ 使得

- $e_1 \in N^2(v_0)$ 且 $v_\star \in e_\ell$。
- 对任意 $1 \leqslant i \leqslant \ell-1$，超边 $e_i$ 在耦合中失败。
- 超边 $e_\ell$ 没有被 $X_S^{\mathcal{C}_{\text{gen}}}$ 和 $Y_S^{\mathcal{C}_{\text{gen}}}$ 同时满足，其中 $S=e_\ell \setminus \{v_\star\}$。

**证明：** 如果 $X_{v_\star}^{\mathcal{C}_{\text{gen}}} \neq Y_{v_\star}^{\mathcal{C}_{\text{gen}}}$，根据引理 9-37，一定有 $v_\star \in V_1$ 且 $v_\star$ 一定在第 9 行被加入 $V_1$，这是因为 $v_\star \neq v_0$，如果 $v_\star$ 在第 13 行被加入 $V_1$，则有 $X_{v_\star}^{\mathcal{C}_{\text{gen}}} = Y_{v_\star}^{\mathcal{C}_{\text{gen}}}$。考虑 $v_\star$ 加入 $V_1$ 的时刻。假设 while 循环选择了超边 $\boldsymbol{e}_\star$，则一定有 $\boldsymbol{v}_\star \in \boldsymbol{e}_\star$ 且 while 循环选择了 $v_\star$ 去采样 $\boldsymbol{X}_{v_\star}^{\mathcal{C}_{\text{gen}}}$ 和 $\boldsymbol{Y}_{v_\star}^{\mathcal{C}_{\text{gen}}}$ 的值。在第 5 行，算法始终选择 $\boldsymbol{e}_\star$ 中 ID 最小的，而且 $\boldsymbol{v}_\star$ 的 ID 是 $\boldsymbol{n}$。这说明 $(e_\star \cap V_2) \setminus V_{\text{set}} = \{v_\star\}$。注意到 $V_1 \subseteq V_{\text{set}}$。所以，所有 $e_\star \setminus \{v_\star\}$ 中的变量有赋值且 $e_\star$ 没有被 $X_S^{\mathcal{C}_{\text{gen}}}$ 和 $Y_S^{\mathcal{C}_{\text{gen}}}$ 同时满足，其中 $S=e_\star \setminus \{v_\star\}$。否则 $e_\star$ 会在第 3 行或第 11 行被删除，那么 while 循环不可能选出 $e_\star$。

令 $V_1=\{v_0,v_1,v_2,\cdots,v_m\}$ 为 $V_1$ 中的点，其中 $v_i$ 是第 $i$ 个加入 $V_1$ 的变量。如果一个集合同时加入 $V_1$（第 13 行），它们按照任意顺序排序。假设 $v_\star = v_k$。因为 $e_\star$ 在第 5 行被选中，一定对某个 $j<k$ 有 $v_j \in e_\star$。如果 $j=0$，则引理成立，且路径只有一条超边 $e_\star$。如果 $0<j<k$，则存在一条满足引理 9-38 中条件的对 $v_j$ 的 $\text{Lin}^2(H)$ 上的路径 $e_1,e_2,\cdots,e_{\ell-1}$。因为 $v_j \in e_{\ell-1}$ 且 $v_j \in e_\star$，引理成立且路径是 $e_1,e_2,\cdots,e_{\ell-1},e_\star$。 □

我们把引理 9-39 中的路径修改成如下更容易分析的路径。

**推论 9-40** 如果 $X_{v_\star}^{\mathcal{C}_{\text{gen}}} \neq Y_{v_\star}^{\mathcal{C}_{\text{gen}}}$，则存在一条 $\text{Lin}^3(H)$ 上的路径 $e_1,e_2,\cdots,e_\ell$ 使得

- $e_1 \in N^3(v_0)$，$v_\star \in e_\ell$，且 $e_1,e_2,\cdots,e_\ell$ 互不相交。
- 对任意 $1 \leqslant i \leqslant \ell-1$，$e_i$ 在耦合中失败。
- 超边 $e_\ell$ 没有被 $X_S^{\mathcal{C}_{\text{gen}}}$ 和 $Y_S^{\mathcal{C}_{\text{gen}}}$ 同时满足，其中 $S=e_\ell \setminus \{v_\star\}$。

**证明：** 令 $e_1',e_2',\cdots,e_m'$ 表示引理 9-39 中的路径。我们先说明如何构造 $\text{Lin}^3(H)$ 上的路径 $e_1,e_2,\cdots,e_\ell$，然后说明此路径满足我们想要的性质。令 $\mathcal{S}$ 是一个空栈。令 $P$ 表示序列 $(e_1',e_2',\cdots,e_m')$。我们选择 $P$ 中最后一条超边，把它记为 $e_i'$。我们把 $e_i'$ 压入 $\mathcal{S}$ 中。我们找到最小的下标 $j$ 使得 $j<i$ 且 $e_i' \cap e_j' \neq \varnothing$。根据 $j$ 是否存在有如下两种情况。

- 如果这个下标 $j$ 不存在，则从 $P$ 中删除 $e_i'$。
- 如果这个下标 $j$ 存在，则从 $P$ 中删除所有满足 $j \leqslant k \leqslant i$ 的 $e_k'$。

重复上述过程直到 $P$ 为空。令 $e_1,e_2,\cdots,e_\ell$ 为栈 $\mathcal{S}$ 中自顶向下的所有元素。

容易验证 $e_\ell = e_m'$。根据引理 9-39，$v_\star \in e_\ell$ 且 $e_\ell$ 满足最后一个性质，容易验证 $e_1,e_2,\cdots,e_\ell$ 互不相交。根据引理 9-39，对所有 $1 \leqslant i \leqslant \ell-1$，超边 $e_i$ 失败。我们只需要证明如下两个

性质：

- $e_1 \in N^3(v_0)$。
- $e_1, e_2, \cdots, e_\ell$ 是 $\mathrm{Lin}^3(H)$ 中的路径。

我们先证明 $e_1 \in N^3(v_0)$。如果 $e_1 = e'_1$，则结论显然成立。假设对于某个 $k>1$ 有 $e_1 = e'_k$。当 $e'_k$入栈时，$e'_1$一定被删除。这说明 $e'_k \cap e'_1 \neq \varnothing$。由引理 9-39 可知 $e'_1 \in N^2(v_0)$。我们有 $e_1 = e'_k \in N^3(v_0)$。

接下来，我们证明$e_1, e_2, \cdots, e_\ell$ 是 $\mathrm{Lin}^3(H)$ 中的路径。考虑两条相邻的超边 $e_{i-1}$ 和 $e_i$。假设 $e_i = e'_j$且 $e_{i-1} = e'_k$。如果$j=k+1$，因为 $e'_j$和 $e'_k$在 $\mathrm{Lin}^2(H)$ 上相邻，所以 $e_i$ 和 $e_{i-1}$ 在 $\mathrm{Lin}^3(H)$ 上相邻。假设$j>k+1$。在这种情况下，$e'_{k+1}$被删除但是 $e'_k$ 没有被删除，所以 $e'_j \cap e'_{k+1} \neq \varnothing$。因为 $e'_k$和 $e'_{k+1}$在 $\mathrm{Lin}^2(H)$ 上相邻，所以 $e'_j$和 $e'_k$在 $\mathrm{Lin}^3(H)$ 上相邻。 □

固定一个 $\mathrm{Lin}^3(H)$ 上的路径$e_1, e_2, \cdots, e_\ell$ 使得它满足除去 $v_\star \in e_\ell$ 的推论 9-40 的第一条性质，即 $e_1 \in N^3(v_0)$ 且 $e_1, e_2, \cdots, e_\ell$ 互不相交。我们称这个路径为**逾渗路径**（Percolation Path，PP）。如果 $v_\star \in e_\ell$，我们说一个逾渗路径 $e_1, e_2, \cdots, e_\ell$ 是对 $v_\star$的逾渗路径。

**定义 9-9** 固定一个逾渗路径 $e_1, e_2, \cdots, e_\ell$。对每个 $1 \leqslant i \leqslant \ell$，当且仅当

- 对于$1 \leqslant i \leqslant \ell-1$，超边 $e_i$ 在耦合 $\mathcal{C}_{\text{gen}}$ 中失败（定义 9-8）。
- 对 $i=\ell$，超边 $e_\ell$ 没有被 $X_S^{\mathcal{C}_{\text{gen}}}$ 和 $Y_S^{\mathcal{C}_{\text{gen}}}$ 同时满足，其中

$S=e_\ell \setminus \{v_\star\}$；且 $v_\star$ 在 $\boldsymbol{X}^{\mathcal{C}_{\text{gen}}}$ 和 $\boldsymbol{Y}^{\mathcal{C}_{\text{gen}}}$ 中的赋值不同，即 $X_{v_\star}^{\mathcal{C}_{\text{gen}}} \neq Y_{v_\star}^{\mathcal{C}_{\text{gen}}}$。

超边 $e_i$ 是坏边。

根据推论 9-40，如果在耦合 $\mathcal{C}_{\text{gen}}$ 中，$X_{v_\star}^{\mathcal{C}_{\text{gen}}} \neq Y_{v_\star}^{\mathcal{C}_{\text{gen}}}$，则存在一个到 $v_\star$ 的逾渗路径 $e_1,e_2,\cdots,e_\ell$ 使得对所有 $1\leqslant i\leqslant \ell$，$e_i$ 是坏边。我们给出证明的关键引理。

**引理 9-41** 假设算法 23 输入的 CSP-公式 $\Phi=(V,\boldsymbol{Q},\mathcal{C})$ 满足

$$\log \frac{1}{p} \geqslant \frac{50}{\beta} \log\left(\frac{2000D^4}{\beta}\right) \tag{9-65}$$

固定一个 $\text{Lin}^3(H)$ 上对 $v_\star$ 的逾渗路径（PP）$e_1,e_2,\cdots,e_\ell$。我们有

$$\mathbb{P}_{\mathcal{C}_{\text{gen}}}[\,\forall 1\leqslant i\leqslant \ell, e_i \text{ 是坏边}] \leqslant \left(\frac{1}{4D^3}\right)^{\ell} \frac{\beta}{50}\left(\frac{1}{2}\right)^{\frac{\beta|e_\ell|}{50}}$$

这说明

$$\mathbb{P}_{\mathcal{C}_{\text{gen}}}\left[X_{v_\star}^{\mathcal{C}_{\text{gen}}} \neq Y_{v_\star}^{\mathcal{C}_{\text{gen}}}\right] \leqslant \sum_{e_1,e_2,\cdots,e_\ell \text{是一个对} v_\star \text{的PP}} \left(\frac{1}{4D^3}\right)^{\ell} \frac{\beta}{50}\left(\frac{1}{2}\right)^{\frac{\beta|e_\ell|}{50}}$$

引理 9-41 的证明稍后给出。我们先使用引理 9-41 去证明引理 9-34。

**引理 9-34 的证明：** 我们用引理 9-41 去证明

$$\sum_{v\in V\setminus\{v_0\}} d_{\text{TV}}\left(\nu_v^{X_{V\setminus\{v\}}}, \nu_v^{Y_{V\setminus\{v\}}}\right) \leqslant \frac{1}{2}$$

根据引理 9-34 中的假设，我们有 $\log\frac{1}{p}\geqslant\frac{50}{\beta}\log\left(\frac{2000D^4}{\beta}\right)$。注意到引理 9-41 中的条件成立，$\log\frac{1}{p}\geqslant\frac{50}{\beta}\log\left(\frac{2000D^4}{\beta}\right)\geqslant\frac{55}{\beta}(\log D+3)$。根据引理 9-36，满足条件 9-35 的投影策略存在。由引理 9-37 可知，$\mathcal{C}_{\mathrm{gen}}$ 输出的 $\boldsymbol{X}^{\mathcal{C}_{\mathrm{gen}}}$ 服从分布 $\boldsymbol{\nu}_X$，$\boldsymbol{Y}^{\mathcal{C}_{\mathrm{gen}}}$ 服从分布 $\boldsymbol{\nu}_Y$。根据 $\boldsymbol{\nu}_X$ 和 $\boldsymbol{\nu}_Y$ 的定义，我们有 $\boldsymbol{\nu}_{v_\star,X}=\boldsymbol{\nu}_{v_\star}^{X_{V\setminus\{v_\star\}}}$ 且 $\boldsymbol{\nu}_{v_\star,Y}=\boldsymbol{\nu}_{v_\star}^{Y_{V\setminus\{v_\star\}}}$。根据路径耦合引理以及引理 9-41，我们有

$$
\begin{aligned}
&d_{\mathrm{TV}}\left(\boldsymbol{\nu}_{v_\star}^{X_{V\setminus\{v_\star\}}},\boldsymbol{\nu}_{v_\star}^{Y_{V\setminus\{v_\star\}}}\right)\\
&\leqslant\mathbb{P}_{\mathcal{C}_{\mathrm{gen}}}\left[X_{v_\star}^{\mathcal{C}_{\mathrm{gen}}}\neq Y_{v_\star}^{\mathcal{C}_{\mathrm{gen}}}\right]\\
&\leqslant\sum_{e_1,e_2,\cdots,e_\ell\text{是一个对}v_\star\text{的PP}}\left(\frac{1}{4D^3}\right)^\ell\frac{\beta}{50}\left(\frac{1}{2}\right)^{\frac{\beta|e_\ell|}{50}}
\end{aligned}
$$

注意到所有的 $v_\star\in V\setminus\{v_0\}$，$H$ 是同一张超图。我们可以对所有的 $v_\star=v(v\in V\setminus\{v_0\})$ 使用上面的不等式。所以

$$
\begin{aligned}
&\sum_{v\in V\setminus\{v_0\}}d_{\mathrm{TV}}(\boldsymbol{\nu}_v^{X_{V\setminus\{v\}}},\boldsymbol{\nu}_v^{Y_{V\setminus\{v\}}})\\
&\leqslant\sum_{v\in V\setminus\{v_0\}}\sum_{e_1,e_2,\cdots,e_\ell\text{是一个对}v\text{的PP}}\left(\frac{1}{4D^3}\right)^\ell\frac{\beta}{50}\left(\frac{1}{2}\right)^{\frac{\beta|e_\ell|}{50}}\\
&\quad\text{(根据双重计数)}\\
&\leqslant\sum_{e_1,e_2,\cdots,e_\ell\text{是一个PP}}\left(\frac{1}{4D^3}\right)^\ell\frac{\beta\,|e_\ell|}{50}\left(\frac{1}{2}\right)^{\frac{\beta|e_\ell|}{50}}
\end{aligned}
$$

注意到对所有 $x\geqslant 0$ 都有 $x\left(\frac{1}{2}\right)^{x}\leqslant 1$。我们有

$$\sum_{v\in V\setminus\{v_0\}} d_{\mathrm{TV}}(\boldsymbol{\nu}_v^{X_{V\setminus\{v\}}},\boldsymbol{\nu}_v^{Y_{V\setminus\{v\}}})\leqslant \sum_{e_1,e_2,\cdots,e_\ell\text{是一个PP}}\left(\frac{1}{4D^3}\right)^{\ell}$$

如果 $e_1,e_2,\cdots,e_\ell$ 是一个逾渗路径，则 $e_1,e_2,\cdots,e_\ell$ 是一条 $\mathrm{Lin}^3(H)$ 上的路径且 $e_1\in N^3(v_0)$。注意到 $|N^3(v_0)|\leqslant D+D(D-1)+D(D-1)^2\leqslant D^3$（因为式（9-64）），且 $\mathrm{Lin}^3(H)$ 的最大度数为 $D^3$。路径的数目最多是 $D^{3\ell}$。我们有

$$\begin{aligned}&\sum_{v\in V\setminus\{v_0\}} d_{\mathrm{TV}}(\boldsymbol{\nu}_v^{X_{V\setminus\{v\}}},\boldsymbol{\nu}_v^{Y_{V\setminus\{v\}}})\\ &\leqslant \sum_{e_1,e_2,\cdots,e_\ell\text{是一个PP}}\left(\frac{1}{4D^3}\right)^{\ell}\leqslant\sum_{\ell=1}^{\infty}D^{3\ell}\left(\frac{1}{4D^3}\right)^{\ell}\leqslant\frac{1}{2}\end{aligned}$$

□

我们先引入一些证明引理 9-41 的记号。令 $\boldsymbol{\Phi}=(V,\boldsymbol{Q},\mathcal{C})$ 为算法 23 输入的 CSP-公式。令 $D$ 表示 $\boldsymbol{\Phi}$ 依赖图的最大度数。对每个 $v\in V$，令 $q_v=|Q_v|$。令

$$p\triangleq\max_{c\in\mathcal{C}}\prod_{v\in\mathrm{vbl}(c)}\frac{1}{q_v}$$

令 $\boldsymbol{h}$ 是 $\boldsymbol{\Phi}$ 的投影策略，它以参数 $\alpha$ 和 $\beta$ 满足条件 9-9。重申 $\boldsymbol{\Phi}^X=(V,\boldsymbol{Q}^X=(Q_u^X)_{u\in V},\mathcal{C})$ 且 $\boldsymbol{\Phi}^Y=(V,\boldsymbol{Q}^Y=(Q_v^Y)_{v\in V},\mathcal{C})$ 定义在式（9-60）中。重申 $\boldsymbol{h}^X=(h_v^X)_{v\in V}$ 和 $\boldsymbol{h}^Y=(h_v^Y)_{v\in V}$ 是 $\boldsymbol{\Phi}^X$ 和 $\boldsymbol{\Phi}^Y$ 的投影策略，其中 $h_v^X:Q_v^X\to\Sigma_v'$ 且 $h_v^Y:Q_v^Y\to\Sigma_v'$。重申 $\boldsymbol{h}^X$ 和 $\boldsymbol{h}^Y$ 满足条件 9-35。对每个 $v\in V$，$s_v^X=s_v^Y=s_v'$。下面这个引理给出了 $\mathcal{C}_{\mathrm{gen}}$ 第 6 行两个分布 $\boldsymbol{\nu}_{v,X}$ 和 $\boldsymbol{\nu}_{v,Y}$ 的关键性质。

**引理 9-42** 假设算法 23 输入的 CSP-公式 $\Phi$ 满足

$$\log\frac{1}{p}\geqslant\frac{50}{\beta}\log\left(\frac{2000D^{4}}{\beta}\right)$$

令 $\Lambda\subseteq V$，$v\in V\backslash\Lambda$。令 $\sigma_X$，$\sigma_Y\in\Sigma_{\Lambda}'=\bigotimes_{u\in\Lambda}\Sigma_u'$ 为两个 $\Lambda$ 上的部分配置。对任意 $c_X$，$c_Y\in\Sigma_v'$，

$$\frac{|(h_v^X)^{-1}(c_X)|}{q_v^X}\left(1-\frac{\beta}{500D^3}\right)\leqslant\nu_{v,X}(c_X\mid\sigma_X)\leqslant\frac{|(h_v^X)^{-1}(c_X)|}{q_v^X}\left(1+\frac{\beta}{500D^3}\right)$$

$$\frac{|(h_v^Y)^{-1}(c_Y)|}{q_v^Y}\left(1-\frac{\beta}{500D^3}\right)\leqslant\nu_{v,Y}(c_Y\mid\sigma_Y)\leqslant\frac{|(h_v^Y)^{-1}(c_Y)|}{q_v^Y}\left(1+\frac{\beta}{500D^3}\right)$$

进一步地说，如果 $v$ 满足 $\log\left\lfloor\frac{q_v^X}{s_v'}\right\rfloor\geqslant t+\frac{5}{4}\log\left(\frac{2000D^4}{\beta}\right)$ 且 $\log\left\lfloor\frac{q_v^Y}{s_v'}\right\rfloor\geqslant t+\frac{5}{4}\log\left(\frac{2000D^4}{\beta}\right)$，其中 $t\geqslant 0$ 是一个参数，则对于任意 $c_X$，$c_Y\in\Sigma_v'$，

$$\frac{|(h_v^X)^{-1}(c_X)|}{q_v^X}\left(1-\frac{\beta 2^{-t}}{500D^3}\right)\leqslant\nu_{v,X}(c_X\mid\sigma_X)\leqslant\frac{|(h_v^X)^{-1}(c_X)|}{q_v^X}\left(1+\frac{\beta 2^{-t}}{500D^3}\right)$$

$$\frac{|(h_v^Y)^{-1}(c_Y)|}{q_v^Y}\left(1-\frac{\beta 2^{-t}}{500D^3}\right) \leqslant \nu_{v,Y}(c_Y \mid \sigma_Y)$$

$$\leqslant \frac{|(h_v^Y)^{-1}(c_Y)|}{q_v^Y}\left(1+\frac{\beta 2^{-t}}{500D^3}\right)$$

**证明：** 我们对 $\nu_{v,X}(c_X \mid \sigma_X)$ 证明引理，关于 $\nu_{v,Y}(c_Y \mid \sigma_Y)$ 的结论同理可证。为了简化记号，我们令 $\sigma=\sigma_X$，$c^\star=c_X$。我们定义一个新 CSP-公式 $\widetilde{\Phi}=(V,\widetilde{\boldsymbol{Q}}=(\widetilde{Q}_u)_{u\in V},\mathcal{C})$：

$$\forall u\in V,\ \widetilde{Q}_u=\begin{cases}(h_u^X)^{-1}(\sigma_u) & \text{如果 } u\in\Lambda\\ Q_u^X & \text{如果 } u\notin\Lambda\end{cases}$$

令 $\widetilde{\mu}$ 表示 $\widetilde{\Phi}$ 所有解的均匀分布。根据投影后分布的定义，如果 $X\sim\widetilde{\mu}$，则 $\mathbb{P}[X_v\in(h_v^X)^{-1}(c^\star)]=\nu_{v,X}(c^\star \mid \sigma)$。根据条件 9-35，对于任意约束 $c\in\mathcal{C}$ 有

$$\sum_{v\in\mathrm{vbl}(c)}\log\left\lfloor\frac{q_v^X}{s'_v}\right\rfloor \geqslant \frac{\beta}{10}\log\frac{1}{P} \geqslant 5\log\left(\frac{2000D^4}{\beta}\right) \tag{9-66}$$

令 $\mathcal{D}$ 为一个乘积分布，其中每个 $u\in V$ 独立均匀地从 $\widetilde{Q}_u$ 上取值。对于每个约束 $c\in\mathcal{C}$，令坏事件 $B_c$ 表示 $c$ 没有被满足。令 $\mathcal{B}$ 表示坏事件集合 $(B_c)_{c\in\mathcal{C}}$。重申 $\Gamma(\cdot)$ 按照洛瓦兹局部引理（定理 9-5）定义。我们定义函数 $x:\mathcal{B}\to(0,1)$ 为

$$\forall c\in\mathcal{C}\text{满足 } v\notin\mathrm{vbl}(c),\quad x(B_c)=\frac{\beta}{2000D^4}$$

$$\forall c\in\mathcal{C}\text{满足 } v\in\mathrm{vbl}(c),\quad x(B_c)=\frac{\beta\lfloor q_v^X/s'_c\rfloor}{2000D^4q_v^X}$$

因为 $\boldsymbol{h}^X$ 是一个平衡的投影策略，对于所有 $u\in V$ 都有 $|\widetilde{Q}_u|\geqslant\left\lfloor\frac{q_u^X}{s'_u}\right\rfloor$。对任意约束 $c\in\mathcal{C}$ 使得 $v\notin\mathrm{vbl}(c)$，我们有

$$
\begin{aligned}
\mathbb{P}_{\mathcal{D}}[B_c] &= \prod_{u\in\mathrm{vbl}(c)}\frac{1}{|\widetilde{Q}_u|}\leqslant\prod_{u\in\mathrm{vbl}(c)}\frac{1}{\lfloor q_u^X/s'_u\rfloor}\\
&\leqslant\frac{\beta}{2000^5D^{20}}\leqslant\frac{\beta}{2000D^4}\left(1-\frac{\beta}{2000D^4}\right)^{2000D^4/\beta-1}\\
&\leqslant\frac{\beta}{2000D^4}\left(1-\frac{\beta}{2000D^4}\right)^{D}\\
&\leqslant x(B_c)\prod_{B_{c'}\in\Gamma(B_c)}(1-x(B_{c'}))
\end{aligned}
\tag{9-67}
$$

其中最后一个不等式成立是因为对所有 $c\in\mathcal{C}$ 都有 $x(B_c)\leqslant\frac{\beta}{2000D^4}$。注意到 $v\notin\Lambda$，对任意 $c\in\mathcal{C}$ 使得 $v\in\mathrm{vbl}(c)$，根据(9-66)，我们有

$$
\begin{aligned}
\mathbb{P}_{\mathcal{D}}[B_c] &= \frac{1}{q_v^X}\prod_{u\in\mathrm{vbl}(c):u\neq v}\frac{1}{|\widetilde{Q}_u|}\leqslant\frac{\lfloor q_v^X/s'_v\rfloor}{q_v^X}\prod_{u\in\mathrm{vbl}(c)}\frac{1}{\lfloor q_u^X/s'_u\rfloor}\\
&\leqslant\frac{\lfloor q_v^X/s'_v\rfloor}{q_v^X}\frac{\beta}{2000^5D^{20}}\leqslant\frac{\beta\lfloor q_v^X/s'_v\rfloor}{2000D^4q_v^X}\left(1-\frac{\beta}{2000D^4}\right)^{2000D^4/\beta-1}\\
&\leqslant\frac{\beta\lfloor q_v^X/s'_v\rfloor}{2000D^4q_v^X}\left(1-\frac{\beta}{2000D^4}\right)^{D}\\
&\leqslant x(B_c)\prod_{B_{c'}\in\Gamma(B_c)}(1-x(B_{c'}))
\end{aligned}
$$

固定取值 $c^\star \in \Sigma'_v$。令事件 $A$ 表示 $v$ 取值为 $(h_v^X)^{-1}(c^\star)$。我们有 $|\Gamma(A)| \leqslant D$。对任意 $B_c \in \Gamma(A)$，有 $v \in \mathrm{vbl}(c)$ 且 $x(B_c)=\frac{\beta\lfloor q_v^X/s_v'\rfloor}{2000D^4 q_v^X}$。重申 $\widetilde{\mu}$ 是 $\widetilde{\Phi}$ 所有满足解的均匀分布。由洛瓦兹局部引理（定理 9-5）可知

$$
\begin{aligned}
\mathbb{P}_{\widetilde{\mu}}[A] &= \nu_{v,X}(c^\star \mid \sigma)\\
&\leqslant \frac{|(h_v^X)^{-1}(c^\star)|}{q_v^X}\left(1-\frac{\beta\lfloor q_v^X/s_v'\rfloor}{2000D^4 q_v^X}\right)^{-D}\\
&\leqslant \frac{|(h_v^X)^{-1}(c^\star)|}{q_v^X}\exp\left(\frac{\beta\lfloor q_v^X/s_v'\rfloor}{1000D^3 q_v^X}\right)\\
&\leqslant \frac{|(h_v^X)^{-1}(c^\star)|}{q_v^X}\left(1+\frac{\beta\lfloor q_v^X/s_v'\rfloor}{500D^3 q_v^X}\right)\\
&\leqslant \frac{|(h_v^X)^{-1}(c^\star)|}{q_v^X}\left(1+\frac{\beta}{500D^3}\right)
\end{aligned}
$$

这就证明了上界。令事件 $A'$ 表示 $v$ 没有取 $(h_v^X)^{-1}(c^\star)$ 中的值，则 $|\Gamma(A')| \leqslant D$。

对任意 $B_c \in \Gamma(A')$，我们有 $v \in \mathrm{vbl}(c)$ 且 $x(B_c)=\frac{\beta\lfloor q_v^X/s_v'\rfloor}{2000D^4 q_v^X}$。

根据定理 9-5，

$$
\begin{aligned}
\mathbb{P}_{\widetilde{\mu}}[A'] &= 1-\nu_{v,X}(c^\star \mid \sigma)\\
&\leqslant \left(1-\frac{|(h_v^X)^{-1}(c^\star)|}{q_v^X}\right)\left(1-\frac{\beta\lfloor q_v^X/s_v'\rfloor}{2000D^4 q_v^X}\right)^{-D}
\end{aligned}
$$

$$\leqslant \left(1-\frac{|(h_v^X)^{-1}(c^\star)|}{q_v^X}\right)\exp\left(\frac{\beta\lfloor q_v^X/s_v'\rfloor}{1000D^3q_v^X}\right)$$

$$\leqslant \left(1-\frac{|(h_v^X)^{-1}(c^\star)|}{q_v^X}\right)\left(1+\frac{\beta\lfloor q_v^X/s_v'\rfloor}{500D^3q_v^X}\right)$$

令 $a=|(h_v^X)^{-1}(c^\star)|/q_v^X$，$b=\lfloor q_v^X/s_v'\rfloor/q_v^X$。因为 $\boldsymbol{h}^X$ 是一个平衡投影策略（条件 9-35），我们有 $|(h_v^X)^{-1}(c^\star)|\geqslant\lfloor q_v^X/s_v'\rfloor$ 且 $a\geqslant b$。所以

$$\begin{aligned}\nu_{v,X}(c^\star\mid\sigma)&\geqslant 1-(1-a)\left(1+\frac{\beta b}{500D^3}\right)\\&=a\left(1+\frac{\beta b}{500D^3}-\frac{\beta b}{500aD^3}\right)\geqslant a\left(1-\frac{\beta}{500D^3}\right)\\&=\frac{|(h_v^X)^{-1}(c^\star)|}{q_v^X}\left(1-\frac{\beta}{500D^3}\right)\end{aligned}\tag{9-68}$$

这就证明了下界。

接着，我们假设

$$\log\left\lfloor\frac{q_v^X}{s_v'}\right\rfloor\geqslant t+\frac{5}{4}\log\left(\frac{2000D^4}{\beta}\right)\tag{9-69}$$

对每个坏事件 $B_c$，定义函数 $x:\mathcal{B}\to(0,1)$ 为

$$\forall c\in\mathcal{C}\text{ 满足 }v\notin\mathrm{vbl}(c),\quad x(B_c)=\frac{\beta}{2000D^4}$$

$$\forall c\in\mathcal{C}\text{ 满足 }v\in\mathrm{vbl}(c),\quad x(B_c)=\frac{\beta 2^{-t}\lfloor q_v^X/s_v'\rfloor}{2000D^4q_v^X}$$

注意到对任意 $c\in\mathcal{C}$，我们有 $x(B_c)\leqslant\frac{\beta}{2000D^4}$。利用相同的证明，对任意约束 $c\in\mathcal{C}$ 使得 $v\notin\mathrm{vbl}(c)$，式（9-67）依然成立。对任意约束 $c\in\mathcal{C}$ 使得 $v\in\mathrm{vbl}(c)$ 有

$$\begin{aligned}
\mathbb{P}_{\mathcal{D}}[B_c] &= \frac{1}{q_v^X}\prod_{u\in\mathrm{vbl}(c):u\neq v}\frac{1}{|\widetilde{Q}_u|}\\
&\leqslant\frac{\lfloor q_v^X/s'_v\rfloor}{q_v^X}\prod_{u\in\mathrm{vbl}(c)}\frac{1}{\lfloor q_u^X/s'_u\rfloor}\leqslant\frac{\lfloor q_v^X/s'_v\rfloor}{q_v^X}\frac{1}{\lfloor q_v^X/s'_v\rfloor}\\
(\star)\ &\leqslant\frac{\lfloor q_v^X/s'_v\rfloor}{q_v^X}\frac{\beta 2^{-t}}{2000^{5/4}D^5}\\
&\leqslant\frac{\beta 2^{-t}\lfloor q_v^X/s'_v\rfloor}{2000D^4q_v^X}\left(1-\frac{\beta}{2000D^4}\right)^{2000D^4/\beta-1}\\
&\leqslant\frac{\beta 2^{-t}\lfloor q_v^X/s'_v\rfloor}{2000D^4q_v^X}\left(1-\frac{\beta}{2000D^4}\right)^{D}\\
&\leqslant x(B_c)\prod_{B_{c'}\in\Gamma(B_c)}(1-x(B_{c'}))
\end{aligned}$$

其中不等式（★）成立是因为式（9-69）以及 $\beta\leqslant1$，所以函数 $x:\mathcal{B}\to(0,1)$ 满足洛瓦兹局部引理条件。根据定理 9-5，

$$\begin{aligned}
\mathbb{P}_{\widetilde{\mu}}[A] &= \nu_{v,X}(c^\star\mid\sigma)\\
&\leqslant\frac{|(h_v^X)^{-1}(c^\star)|}{q_v^X}\left(1-\frac{\beta 2^{-t}\lfloor q_v^X/s'_v\rfloor}{2000D^4q_v^X}\right)^{-D}\\
&\leqslant\frac{|(h_v^X)^{-1}(c^\star)|}{q_v^X}\exp\left(\frac{\beta 2^{-t}\lfloor q_v^X/s'_v\rfloor}{1000D^3q_v^X}\right)
\end{aligned}$$

$$\leqslant \frac{|(h_v^X)^{-1}(c^\star)|}{q_v^X}\left(1+\frac{\beta 2^{-t}\lfloor q_v^X/s_v'\rfloor}{500D^3 q_v^X}\right)$$

$$\leqslant \frac{|(h_v^X)^{-1}(c^\star)|}{q_v^X}\left(1+\frac{\beta 2^{-t}}{500D^3}\right)$$

进一步地说，

$$\mathbb{P}_{\tilde{\mu}}[A'] = 1-\nu_{v,X}(c^\star \mid \sigma)$$

$$\leqslant \left(1-\frac{|(h_v^X)^{-1}(c^\star)|}{q_v^X}\right)\left(1-\frac{\beta 2^{-t}\lfloor q_v^X/s_v'\rfloor}{2000D^4 q_v^X}\right)^{-D}$$

$$\leqslant \left(1-\frac{|(h_v^X)^{-1}(c^\star)|}{q_v^X}\right)\exp\left(\frac{\beta 2^{-t}\lfloor q_v^X/s_v'\rfloor}{1000D^3 q_v^X}\right)$$

$$\leqslant \left(1-\frac{|(h_v^X)^{-1}(c^\star)|}{q_v^X}\right)\left(1+\frac{\beta 2^{-t}\lfloor q_v^X/s_v'\rfloor}{500D^3 q_v^X}\right)$$

使用与式（9-68）相同的证明，我们有

$$\nu_{v,X}(c^\star \mid \sigma) \geqslant \frac{|(h_v^X)^{-1}(c^\star)|}{q_v^X}\left(1-\frac{\beta 2^{-t}}{500D^3}\right) \qquad \square$$

现在，我们证明引理 9-41。固定一个 $\mathrm{Lin}^3(H)$ 上的逾渗路径（PP）$e_1,e_2,\cdots,e_\ell$。我们分析所有 $1\leqslant i\leqslant \ell$ 的 $e_i$ 都是坏边的概率。重申对所有 $v\in V$，$s_v'=s_v^X=s_v^Y$。对每条超边 $e_i$，定义

$$V(e_i) \triangleq \{v\in e_i \mid s_v'\neq 1 \quad 且 \quad v\neq v_0\}$$

注意到对变量 $v\in e_i\setminus(V(e_i)\cup\{v_0\})$，我们一定有 $s_v'=|\Sigma_v'|=1$。所以一定有 $X_v^{\mathcal{C}_{\text{gen}}}=Y_v^{\mathcal{C}_{\text{gen}}}$，这说明 $v$ 上的耦合不可能失败。所

以，如果存在一个变量 $u\in e_i\setminus\{v_0\}$ 使得 $X_u^{\mathcal{C}_{\text{gen}}}\neq Y_u^{\mathcal{C}_{\text{gen}}}$，我们一定有 $u\in V(e_i)$。在 while 循环中，耦合 $\mathcal{C}_{\text{gen}}$ 使用最优耦合给变量逐个赋值。令

$$k(e_i)\triangleq|V(e_i)|$$

固定下标 $1\leqslant i\leqslant\ell-1$。令 $c(e_i)$ 为被 $e_i$ 表示的约束。我们定义 $k(e_i)+1$ 个坏事件 $B_i^{(j)}$，其中 $1\leqslant j\leqslant k(e_i)+1$。

- 如果 $1\leqslant j\leqslant k(e_i)$：在 $V(e_i)$ 中前 $j-1$ 个变量都被 $\mathcal{C}_{\text{gen}}$ 赋值之后，$c(e_i)$ 没有被 $\boldsymbol{X}^{\mathcal{C}_{\text{gen}}}$ 和 $\boldsymbol{Y}^{\mathcal{C}_{\text{gen}}}$ 同时满足，且第 $j$ 个变量上的耦合失败，即 $X_{v_j}^{\mathcal{C}_{\text{gen}}}\neq Y_{v_j}^{\mathcal{C}_{\text{gen}}}$，其中 $v_j\in V(e_i)$ 是 $V(e_i)$ 中第 $j$ 个被 $\mathcal{C}_{\text{gen}}$ 赋值的变量。
- 如果 $j=k(e_i)+1$：在 $e_i$ 中所有变量都被 $\mathcal{C}_{\text{gen}}$ 赋值之后，$c(e_i)$ 没有被 $\boldsymbol{X}^{\mathcal{C}_{\text{gen}}}$ 和 $\boldsymbol{Y}^{\mathcal{C}_{\text{gen}}}$ 同时满足。

令 $B_i$ 表示事件 $\bigvee_{j=1}^{k(e_i)+1}B_i^{(j)}$。根据定义 9-9，我们有如下关系。

$$e_i\text{ 是坏边}\iff e_i\text{ 失败}\implies B_i=\bigvee_{j=1}^{k(e_i)+1}B_i^{(j)}$$

根据定义 9-8，如果 $e_i$ 符合类型-Ⅰ失败，则一定存在一个 $1\leqslant j\leqslant k(e_i)$ 使得耦合在 $V(e_i)$ 上的第 $j$ 个变量失败，且 $V(e_i)$ 的前 $j-1$ 个变量被赋值之后，$c(e_i)$ 没有被 $\boldsymbol{X}^{\mathcal{C}_{\text{gen}}}$ 和 $\boldsymbol{Y}^{\mathcal{C}_{\text{gen}}}$ 同时满足（否则，$e_i$ 会在第 3 行或第 11 行被删除）。因此，如果 $e_i$ 符合类型-Ⅰ失败，则 $\bigvee_{j=1}^{k(e_i)}B_i^{(j)}$ 一定发生。如果 $e_i$ 符合类型-Ⅱ失败，则 $B_i^{(k(e_i)+1)}$ 一定发生。这就证明了上述关系。

对于超边 $e_\ell$，令 $c(e_\ell)$ 为 $e_\ell$ 所表示的约束，我们定义坏事件 $B_\ell$ 为

- $B_\ell$：在所有 $e_\ell \setminus \{v_\star\}$ 中的变量都被赋值之后，$c(e_\ell)$ 没有被 $\boldsymbol{X}^{\mathcal{C}_{\text{gen}}}$ 和 $\boldsymbol{Y}^{\mathcal{C}_{\text{gen}}}$ 同时满足，且 $v_\star$ 处的耦合失败，即 $X_{v_\star}^{\mathcal{C}_{\text{gen}}} \neq Y_{v_\star}^{\mathcal{C}_{\text{gen}}}$。

根据定义 9-9，我们有如下关系

$$e_\ell \text{ 是坏边} \quad \Longrightarrow \quad B_\ell$$

令 $\Omega_B = \bigotimes_{i=1}^{\ell-1}[k(e_i)+1]$，其中 $[k(e_i)+1] = \{1,2,\cdots,k(e_i)+1\}$。我们有如下关系

$$\begin{aligned}\mathbb{P}_{\mathcal{C}_{\text{gen}}}[\forall 1 \leqslant i \leqslant \ell: e_i \text{ 是坏边}] &\leqslant \mathbb{P}_{\mathcal{C}_{\text{gen}}}[\forall 1 \leqslant i \leqslant \ell: B_i] \\ &\leqslant \sum_{z \in \Omega_B} \mathbb{P}_{\mathcal{C}_{\text{gen}}}[B_\ell \wedge \forall 1 \leqslant i \leqslant \ell-1: B_i^{(z_i)}]\end{aligned}$$

其中 $z \in \Omega_B$ 是一个 $(\ell-1)$ 维向量且 $z_i \in [k(e_i)+1]$。固定一个 $z \in \Omega_B$。令

$$\mathcal{E}_1 = \{e_i \mid 1 \leqslant i \leqslant \ell-1 \wedge z_i \leqslant k(e_i)\}$$

$$\mathcal{E}_2 = \{e_i \mid 1 \leqslant i \leqslant \ell-1 \wedge z_i = k(e_i)+1\}$$

我们证明

$$\begin{aligned}&\mathbb{P}_{\mathcal{C}_{\text{gen}}}\left[B_\ell \wedge \forall 1 \leqslant i \leqslant \ell-1: B_i^{(z_i)}\right] \\ \leqslant &\prod_{e_i \in \mathcal{E}_1}\left(\left(\frac{3}{4}\right)^{z_i-1}\frac{1}{200D^3}\right) \\ &\prod_{e_j \in \mathcal{E}_2}\left(\frac{1}{200D^3}\right)\left(\frac{\beta}{200D^3}\left(\frac{1}{2}\right)^{\frac{\beta|e_\ell|}{50}}\right)\end{aligned} \tag{9-70}$$

根据式（9-70），我们有

$$
\begin{aligned}
&\mathbb{P}_{\mathcal{C}_{\text{gen}}}[\,\forall 1 \leqslant i \leqslant \ell : e_i \text{ 是坏边}]\\
&\leqslant \sum_{z \in \Omega_B} \mathbb{P}_{\mathcal{C}_{\text{gen}}}\left[B_\ell \wedge \forall 1 \leqslant i \leqslant \ell - 1 : B_i^{(z_i)}\right]\\
(\text{根据式(9-70)}) &\leqslant \left(\frac{1}{200D^3} + \frac{1}{200D^3}\sum_{j=1}^{k(e_i)}\left(\frac{3}{4}\right)^{j-1}\right)^{\ell-1}\\
&\quad\left(\frac{\beta}{200D^3}\left(\frac{1}{2}\right)^{\frac{\beta|e_\ell|}{50}}\right)\\
&\leqslant \left(\frac{1}{40D^3}\right)^{\ell-1}\frac{\beta}{200D^3}\left(\frac{1}{2}\right)^{\frac{\beta|e_\ell|}{50}}\\
&\leqslant \left(\frac{1}{4D^3}\right)^{\ell}\frac{\beta}{50}\left(\frac{1}{2}\right)^{\frac{\beta|e_\ell|}{50}}
\end{aligned}
$$

这就证明了引理 9-41。接下来我们证明式（9-70）。

注意到式（9-70）的右侧是一个乘积。虽然逾渗路径中所有的超边互不相交，但是我们不能把这些坏事件的概率简单相乘。因为它们由一个共同的随机过程 $\mathcal{C}_{\text{gen}}$ 生成，它们之间可能有相关性。为了严格证明，我们要设计一个独立的过程去支配耦合的过程。

为了证明式（9-70），我们把坏事件 $B_\ell$ 分成两个部分：$B_\ell^{(1)}$ 和 $B_\ell^{(2)}$，其中 $B_\ell^{(1)}$ 表示 $c(e_\ell)$ 没有被 $X_S^{\mathcal{C}_{\text{gen}}}$ 和 $Y_S^{\mathcal{C}_{\text{gen}}}$ 同时满足（其中 $S = e_\ell \setminus \{v_\star\}$），$B_\ell^{(2)}$ 表示 $v_\star$ 上的耦合失败，即 $X_{v_\star}^{\mathcal{C}_{\text{gen}}} \neq Y_{v_\star}^{\mathcal{C}_{\text{gen}}}$。容易看出 $B_\ell = B_\ell^{(1)} \wedge B_\ell^{(2)}$。注意到 $v_\star \in e_\ell$ 且 $q_{v_\star}^X =$

$q_{v_\star}^Y$。根据条件 9-35 中的式（9-63），下列两个事件至少有一个发生：

$$\min\left(\sum_{v\in\mathrm{vbl}(c)\setminus\{v_\star\}}\log\frac{q_v^X}{\lceil q_v^X/s_v'\rceil},\ \sum_{v\in\mathrm{vbl}(c)\setminus\{v_\star\}}\log\frac{q_v^Y}{\lceil q_v^Y/s_v'\rceil}\right)$$

$$\geqslant\frac{\beta}{20}\left(\sum_{v\in\mathrm{vbl}(c)}\log q_v\right)\tag{9-71}$$

$$\log\left\lfloor\frac{q_{v_\star}^X}{s_{v_\star}'}\right\rfloor=\log\left\lfloor\frac{q_{v_\star}^Y}{s_{v_\star}'}\right\rfloor\geqslant\frac{\beta}{20}\left(\sum_{v\in\mathrm{vbl}(c)}\log q_v\right)\tag{9-72}$$

如果式（9-71）成立，我们可以通过分析下列不等式的右侧来证明式（9-70）。

$$\begin{aligned}&\mathbb{P}_{\mathcal{C}_{\mathrm{gen}}}\left[B_\ell\wedge\forall 1\leqslant i\leqslant\ell-1:B_i^{(z_i)}\right]\\&\leqslant\mathbb{P}_{\mathcal{C}_{\mathrm{gen}}}\left[B_\ell^{(1)}\wedge\forall 1\leqslant i\leqslant\ell-1:B_i^{(z_i)}\right]\end{aligned}\tag{9-73}$$

如果式（9-72）成立，我们可以通过分析下列不等式的右侧来证明式（9-70）。

$$\begin{aligned}&\mathbb{P}_{\mathcal{C}_{\mathrm{gen}}}\left[B_\ell\wedge\forall 1\leqslant i\leqslant\ell-1:B_i^{(z_i)}\right]\\&\leqslant\mathbb{P}_{\mathcal{C}_{\mathrm{gen}}}\left[B_\ell^{(2)}\wedge\forall 1\leqslant i\leqslant\ell-1:B_i^{(z_i)}\right]\end{aligned}\tag{9-74}$$

在接下来的证明中，我们主要考虑式（9-71）成立的情况。如果式（9-72）成立，我们可以通过简单修改得到这种情况的证明，这一部分会在最后给出。

假设式（9-71）成立。我们分析式（9-73）的右侧。我们会给出一个 $\mathcal{C}_{\mathrm{gen}}$ 的实现使得如果 $B_\ell^{(1)}$ 和所有的 $B_i^{(z_i)}$ 发生，则我们的实现中一些特定的独立事件会发生。我们先独立采

样一个 $[0,1]$ 上随机独立实数的集合 $\mathcal{R}$。

- 对每个 $e_i \in \mathcal{E}_1$，采样 $k(e_i)$ 个独立均匀随机的实数 $r_{e_i}(j) \in [0,1]$，其中 $1 \leqslant j \leqslant k(e_i)$。
- 对每个 $e_i \in \mathcal{E}_2 \cup \{e_\ell\}$，对每个变量 $v \in e_i$，采样一个随机均匀的实数 $r_v \in [0,1]$。

然后我们运行算法 26 中的耦合 $\mathcal{C}_{\text{gen}}$，但是在一些特定的步骤中，我们会使用 $\mathcal{R}$ 中的随机数来实现耦合 $\mathcal{C}_{\text{gen}}$。

我们从特殊变量 $v_0$ 开始。注意到如果 $v_0$ 出现在逾渗路径，则一定有 $v_0 \in e_1$。耦合 $\mathcal{C}_{\text{gen}}$ 会在第 1 行采样 $v_0$ 的值。当且仅当 $v_0 \in e_1$ 且 $e_1 \in \mathcal{E}_2$ 时，我们使用 $r_{v_0}$ 去实现这步采样。令 $c(e_1)$ 为 $e_1$ 表示的约束。假设 $c(e_1)$ 禁止了配置 $\sigma \in Q_{e_1}$，即 $(c(e_1))(\sigma) = \texttt{False}$。根据定义，在 $\Phi^X$ 中，$Q_{v_0}^X = h_{v_0}^{-1}(X_{v_0})$；在 $\Phi^Y$ 中，$Q_{v_0}^Y = h_{v_0}^{-1}(Y_{v_0})$。注意到 $Q_{v_0}^X \neq Q_{v_0}^Y$。因此 $e_1$ 一定在 $\Phi^X$ 或 $\Phi^Y$ 被满足，因为一定有 $\sigma_{v_0} \notin Q_{v_0}^X$ 或 $\sigma_{v_0} \notin Q_{v_0}^Y$。如果 $e_1$ 在 $\Phi^X$ 和 $\Phi^Y$ 中都被满足，则超边 $e_1$ 不可能是坏边。我们假设 $e_1$ 在 $\Phi^X$ 中没有被满足（即 $\sigma_{v_0} \in Q_{v_0}^X$）且 $e_1$ 在 $\Phi^Y$ 中被满足（即 $\sigma_{v_0} \notin Q_{v_0}^Y$）。否则，我们可以交换证明中 $X$ 和 $Y$ 的角色。我们用 $r_{v_0}$ 去采样第 1 行中的 $X_{v_0}^{\mathcal{C}_{\text{gen}}}$。注意到只有一个 $j \in \Sigma'_{v_0}$ 使得 $\sigma_{v_0} \in (h_{v_0}^X)^{-1}(j)$。如果 $r_{v_0} \leqslant \nu_{v_0,X}(j)$，我们可以设置 $X_{v_0}^{\mathcal{C}_{\text{gen}}} = j$。由引理 9-42 可知，$\nu_{v_0,X}(j) \leqslant \left(1+\frac{1}{500D^3}\right)\lceil q_{v_0}^X / s'_{v_0} \rceil / q_{v_0}^X$。注意到如果 $s'_{v_0} = 1$，则有 $\nu_{v_0,X}(j) = 1$，这说明 $\nu_{v_0,X}(j) = 1 =$

$\left(\frac{\lceil q_{v_0}^X / s'_{v_0} \rceil}{q_{v_0}^X}\right)^{0.95}$。如果 $s'_{v_0} \geqslant 2$，则 $\lceil q_{v_0}^X / s'_{v_0} \rceil / q_{v_0}^X \leqslant \lceil q_{v_0}^X / 2 \rceil / q_{v_0}^X \leqslant \frac{2}{3}$（因为 $q_{v_0}^X \geqslant s'_{v_0} \geqslant 2$），这说明

$$\nu_{v_0,X}(j) \leqslant \left(1+\frac{1}{500D^3}\right)\frac{\lceil q_{v_0}^X / s'_{v_0} \rceil}{q_{v_0}^X}$$

$$\leqslant \frac{501}{500}\frac{\lceil q_{v_0}^X / s'_{v_0} \rceil}{q_{v_0}^X} \leqslant \left(\frac{\lceil q_{v_0}^X / s'_{v_0} \rceil}{q_{v_0}^X}\right)^{0.95}$$

在第1行之后，如果 $e_1$ 没有被 $X_{v_0}^{\mathcal{C}_{\text{gen}}}$ 和 $Y_{v_0}^{\mathcal{C}_{\text{gen}}}$ 同时满足，如下事件一定发生

$$r_{v_0} \leqslant \left(\frac{\lceil q_{v_0}^X / s'_{v_0} \rceil}{q_{v_0}^X}\right)^{0.95} \tag{9-75}$$

在 $\mathcal{C}_{\text{gen}}$ 的 while 循环中，我们对每个 $e_i \in \mathcal{E}_1$ 维护一个下标 $j_i$。初始，所有的 $j_i = 0$。假设 $\mathcal{C}_{\text{gen}}$ 会在第 5 行选择一个变量 $u$，对某个 $1 \leqslant i \leqslant \ell$ 有 $u \in e_i$。注意到这个 $e_i$ 是唯一的，因为逾渗路径中所有的超边互不相交。令 $c(e_i)$ 表示被 $e_i$ 表示的约束。假设 $c(e_i)$ 禁止了配置 $\tau \in \mathcal{Q}_{e_i}$，即 $(c(e_i))(\tau) =$ False。因为 $u \neq v_0$，根据条件 9-35，我们有 $h_u^X = h_u^Y$。令 $c^\star \in \Sigma'_u$表示使得 $\tau_u \in (h_u^X)^{-1}(c^\star) = (h_u^Y)^{-1}(c^\star)$ 的值。在第 6 行，我们要从 $\nu_{u,X}(\cdot \mid \boldsymbol{X}^{\mathcal{C}_{\text{gen}}})$ 和 $\nu_{u,Y}(\cdot \mid \boldsymbol{Y}^{\mathcal{C}_{\text{gen}}})$ 的最优耦合中采样 $c_x \in \Sigma'_u$和 $c_y \in \Sigma'_u$。根据式（9-53）和式（9-54），最优耦合满足如下性质。

$$\mathbb{P}[c_x = c_y] = \sum_{j \in \Sigma'_u} \mathbb{P}[c_x = c_y = j]$$

$$= \sum_{j \in \Sigma'_u} \min(\nu_{u,X}(j \mid \boldsymbol{X}^{\mathcal{C}_{\text{gen}}}), \nu_{u,Y}(j \mid \boldsymbol{Y}^{\mathcal{C}_{\text{gen}}}))$$

$$= 1 - d_{\text{TV}}(\nu_{u,X}(\cdot \mid \boldsymbol{X}^{\mathcal{C}_{\text{gen}}}), \nu_{u,Y}(\cdot \mid \boldsymbol{Y}^{\mathcal{C}_{\text{gen}}}))$$

$$\mathbb{P}[c_x = c^\star \vee c_y = c^\star]$$

$$= \max(\nu_{u,X}(c^\star \mid \boldsymbol{X}^{\mathcal{C}_{\text{gen}}}), \nu_{u,Y}(c^\star \mid \boldsymbol{Y}^{\mathcal{C}_{\text{gen}}}))$$

我们先引入一些记号令 $t_{\max} \triangleq \max(\nu_{u,X}(c^\star \mid \boldsymbol{X}^{\mathcal{C}_{\text{gen}}}), \nu_{u,Y}(c^\star \mid \boldsymbol{Y}^{\mathcal{C}_{\text{gen}}}))$，再令 $d_{\text{TV}} \triangleq d_{\text{TV}}(\nu_{u,X}(\cdot \mid \boldsymbol{X}^{\mathcal{C}_{\text{gen}}}), \nu_{u,Y}(\cdot \mid \boldsymbol{Y}^{\mathcal{C}_{\text{gen}}}))$。注意到要么有 $e_i \in \mathcal{E}_1$，要么有 $e_i \in \mathcal{E}_2 \cup \{e_\ell\}$。我们用如下过程来实现第 6 行的采样过程。

- 情况 $e_i \in \mathcal{E}_1$ 且 $u \in V(e_i)$。令 $j_i \leftarrow j_i + 1$ 且令 $r = r_{e_i}(j_i)$。当且仅当 $r \leqslant t_{\max}$ 时，如果 $j_i < z_i$，我们采样 $c_x$ 和 $c_y$ 使得 $c_x = c^\star \vee c_y = c^\star$。当且仅当 $r \leqslant d_{\text{TV}}$ 时，如果 $j_i = z_i$，我们采样 $c_x$ 和 $c_y$ 使得 $c_x \neq c_y$。如果 $j_i > z_i$，我们独立地从最优耦合中采样 $c_x$ 和 $c_y$（不使用 $r$）。
- 情况 $e_i \in \mathcal{E}_2 \cup \{e_\ell\}$。令 $r = r_u$。当且仅当 $r \leqslant t_{\max}$ 时，采样 $c_x$ 和 $c_y$ 使得 $c_x = c^\star \vee c_y = c^\star$。
- 其他情况，我们不使用 $\mathcal{R}$ 中的随机数来实现耦合。

我们会使用如下性质来进行分析。注意到，我们给 $u$ 赋值之后，如果 $c(e_i)$ 没有被 $X_u^{\mathcal{C}_{\text{gen}}}$ 和 $Y_u^{\mathcal{C}_{\text{gen}}}$ 同时满足，则一定有 $c_x = c^\star$ 或 $c_y = c^\star$。因为 $u \neq v_0$，根据条件 9-35，$Q_u^X = Q_u^Y$ 且 $h_u^X = h_u^Y$。

根据引理 9-42，我们可以证明下面这个结论。对任意满足 $s'_u>1$ 的 $u$，$s'_u>1$，我们有 $q_u^X=q_u^Y\geqslant s'_u>1$，所以

$$\begin{aligned}t_{\max}&\leqslant\frac{\lceil q_u^X/s'_u\rceil}{q_u^X}\left(1+\frac{1}{500D^3}\right)\leqslant\frac{\lceil q_u^X/2\rceil}{q_u^X}\left(1+\frac{1}{500}\right)\\&\leqslant\frac{2}{3}\left(1+\frac{1}{500}\right)\leqslant\frac{3}{4}\end{aligned}\tag{9-76}$$

对任意 $u\in V\setminus\{v_0\}$，因为 $Q_u^X=Q_u^Y$ 和 $h_u^X=h_u^Y$，根据引理 9-42，我们有

$$\begin{aligned}t_{\max}&\leqslant\min\left(1,\ \frac{\lceil q_u^X/s'_u\rceil}{q_u^X}\left(1+\frac{1}{500D^3}\right)\right)\\&\leqslant\min\left(1,\ \frac{501\lceil q_u^X/s'_u\rceil}{500q_u^X}\right)\leqslant\left(\frac{\lceil q_u^X/s'_u\rceil}{q_u^X}\right)^{0.95}\end{aligned}\tag{9-77}$$

$$\begin{aligned}d_{\mathrm{TV}}&\leqslant\frac{1}{2}\sum_{j\in\Sigma'_u}\frac{|(h_u^X)^{-1}(j)|}{q_u^X}\left(\frac{2}{500D^3}\right)\\&=\frac{1}{500D^3}\leqslant\frac{1}{200D^3}\end{aligned}\tag{9-78}$$

式（9-77）可以通过考虑如下两种情况证明。如果 $s'_u=1$，则 $\left(\frac{\lceil q_u^X/s'_u\rceil}{q_u^X}\right)^{0.95}=1$，式（9-77）显然成立。如果 $s'_u>1$，则 $\frac{\lceil q_u^X/s'_u\rceil}{q_u^X}\leqslant\frac{2}{3}$，这可以推出式（9-77）。为了证明式（9-78），注意到 $Q_u^X=Q_u^Y$（所以 $q_u^X=q_u^Y$），且 $\boldsymbol{h}^X$ 和 $\boldsymbol{h}^Y$ 用同样的函数把 $Q_u^X=Q_u^Y$

映射到 $\Sigma_u'$(即 $h_u^X=h_u^Y$)。因此，我们可以用引理 9-42 中的的上下界分析全变差 $d_{\mathrm{TV}}$。

考虑一条超边 $e_i\in\mathcal{E}_1$。如果事件 $B_i^{(z_i)}$ 发生，根据定义，在 $V(e_i)$ 中 $z_i-1$ 个变量被赋值后，$c(e_i)$ 没有被满足，且在 $V(e_i)$ 的第 $z_i$ 个变量上耦合失败。注意到对所有 $v\in V(e_i)$ 都有 $s_v'>1$。根据式（9-76）和式（9-78），坏事件 $B_i^{(z_i)}$ 推出下列事件。

- $\mathcal{A}_i$：对任意 $1\leqslant j\leqslant z_i-1$ 都有 $r_{e_i}(j)\leqslant\dfrac{3}{4}$ 且 $r_{e_i}(z_i)\leqslant\dfrac{1}{200D^3}$。

坏事件 $\mathcal{A}_i$ 发生的概率为

$$\mathbb{P}[\mathcal{A}_i]=\left(\frac{3}{4}\right)^{z_i-1}\frac{1}{200D^3}\tag{9-79}$$

考虑一条超边 $e_i\in\mathcal{E}_2$。如果 $B_i^{(z_i)}=B_i^{(k(e_i)+1)}$ 发生，根据定义，$c(e_i)$ 在 $e_i$ 中所有变量获得值以后都没有被满足。在我们的实现中，对任意 $v\in e_i$，我们用 $r_v$ 去对 $X_v^{\mathcal{C}_{\mathrm{gen}}}$ 和 $Y_v^{\mathcal{C}_{\mathrm{gen}}}$ 采样。根据式（9-75）和式（9-77），坏事件 $B_i^{(z_i)}$ 推出。

- $\mathcal{A}_i$：对任意 $v\in e_i$ 都有 $r_v\leqslant\left(\dfrac{\lceil q_v^X/s_v'\rceil}{q_v^X}\right)^{0.95}$。

因为 $e_i\in\mathcal{E}_2$，我们有 $v_\star\notin e_i$。根据条件 9-35 和式（9-65），我们有

$$\sum_{v\in e_i}\log\frac{q_v^X}{\lceil q_v^X/s'_v\rceil}\geqslant\frac{\beta}{10}\sum_{v\in e_i}\log q_v\geqslant 5\log\left(\frac{2000D^4}{\beta}\right)$$

坏事件 $\mathcal{A}_i$ 发生的概率为

$$\begin{aligned}\mathbb{P}[\mathcal{A}_i]&=\prod_{v\in e_i}\left(\frac{\lceil q_u^X/s'_u\rceil}{q_u^X}\right)^{0.95}\\&\leqslant\left(\frac{1}{2000D^{20}}\right)^{0.95}\leqslant\frac{1}{200D^3}\end{aligned}\tag{9-80}$$

考虑超边 $e_\ell$。如果坏事件 $B_\ell^{(1)}$ 发生，根据定义，$c(e_\ell)$ 在 $e_i\setminus\{v_\star\}$ 中所有变量赋值后也没有被满足。在我们的实现中，对任意 $v\in e_\ell$，我们使用 $r_v$ 去采样 $X_v^{\mathcal{C}_{\text{gen}}}$ 和 $Y_v^{\mathcal{C}_{\text{gen}}}$ 的值。根据式（9-75）和式（9-77），坏事件 $B_\ell^{(1)}$ 推出。

- $\mathcal{A}_\ell$：对任意 $v\in e_\ell\setminus\{v_\star\}$ 都有 $r_v\leqslant\left(\frac{\lceil q_v^X/s'_v\rceil}{q_v^X}\right)^{0.95}$。

根据式（9-71），我们有

$$\sum_{v\in e_\ell\setminus\{v_\star\}}\log\frac{q_v^X}{\lceil q_v^X/s'_v\rceil}\geqslant\frac{\beta}{20}\sum_{v\in e_\ell}\log q_v$$

注意到在算法 23 输入的 $\Phi=(V,\boldsymbol{Q},\mathcal{C})$ 中，每个变量的取值范围至少是 2（否则这个变量取值确定，我们可以把它删除），我们对任意 $v\in V$ 有 $q_v\geqslant 2$。这说明 $\sum_{v\in e_\ell}\log q_v\geqslant|e_\ell|$。根据式（9-65），我们有 $\sum_{v\in e_\ell}\log q_v\geqslant\log\frac{1}{p}\geqslant\frac{50}{\beta}\log\left(\frac{2000D^4}{\beta}\right)$。

所以

$$\sum_{v \in e_\ell \setminus \{v_\star\}} \log \frac{q_v^X}{\lceil q_v^X / s'_v \rceil} \geqslant \frac{\beta}{40} |e_\ell| + \frac{\beta}{40} \frac{50}{\beta} \log\left(\frac{2000D^4}{\beta}\right)$$

$$= \frac{\beta}{40} |e_\ell| + \frac{5}{4} \log\left(\frac{2000D^4}{\beta}\right)$$

因此，坏事件 $\mathcal{A}_\ell$ 发生的概率为

$$\mathbb{P}[\mathcal{A}_\ell] = \prod_{v \in e_\ell \setminus \{v_\star\}} \left(\frac{\lceil q_v^X / s'_v \rceil}{q_v^X}\right)^{0.95}$$

$$\leqslant \left(\frac{1}{2}\right)^{\frac{0.95\beta}{40}|e_\ell|} \left(\frac{\beta^{5/4}}{2000^{5/4} D^5}\right)^{0.95} \qquad (9\text{-}81)$$

$$\leqslant \left(\frac{1}{2}\right)^{\frac{\beta}{50}|e_\ell|} \frac{\beta}{200D^3}$$

其中最后一个不等式成立是因为 $\beta \leqslant 1$。

最后，如果 $B_\ell^{(1)}$ 以及所有的 $B_i^{(z_i)}(1 \leqslant i \leqslant \ell-1)$ 都发生，则所有 $1 \leqslant i \leqslant \ell$ 的 $\mathcal{A}_i$ 都发生。根据定义，事件 $\mathcal{A}_i$ 被一个随机变量的子集 $S_i \subseteq \mathcal{R}$ 确定。对任意 $i \neq j$，子集 $S_i$ 和 $S_j$ 互不相交，因此所有的 $\mathcal{A}_i$ 互相独立。结合式（9-73）、式（9-79）~式（9-81），我们有

$$\mathbb{P}_{\mathcal{C}_{\text{gen}}}[B_\ell \wedge \forall 1 \leqslant i \leqslant \ell - 1 : B_i^{(z_i)}]$$

$$\leqslant \mathbb{P}_{\mathcal{C}_{\text{gen}}}[B_\ell^{(1)} \wedge \forall 1 \leqslant i \leqslant \ell - 1 : B_i^{(z_i)}]$$

$$\leqslant \mathbb{P}[\forall 1 \leqslant i \leqslant \ell, \mathcal{A}_i] = \prod_{i=1}^{\ell} \mathbb{P}[\mathcal{A}_i]$$

$$\leqslant \prod_{e_i \in \mathcal{E}_1} \left(\left(\frac{3}{4}\right)^{z_i - 1} \frac{1}{200D^3}\right) \prod_{e_j \in \mathcal{E}_2} \left(\frac{1}{200D^3}\right) \left(\frac{\beta}{200D^3}\left(\frac{1}{2}\right)^{\frac{\beta|e_\ell|}{50}}\right)$$

这就证明了条件（式（9-71））成立时的式（9-70）。

假设式（9-72）中的情况发生，此时我们需要分析式（9-74）的右边。和之前的证明相比，唯一的不同是我们需要分析概率 $B_\ell^{(2)}$，其中 $B_\ell^{(2)}$ 表示 $v_\star$ 上的耦合失败，即 $X_{v_\star}^{\mathcal{C}_{\text{gen}}} \neq Y_{v_\star}^{\mathcal{C}_{\text{gen}}}$。此时我们有 $\log\left\lfloor\frac{q_{v_\star}^X}{s'_{v_\star}}\right\rfloor=\log\left\lfloor\frac{q_{v_\star}^Y}{s'_{v_\star}}\right\rfloor \geqslant \frac{\beta}{20}\left(\sum_{v\in e_\ell}\log q_v\right)$。注意到算法 23 输入的 CSP-公式满足对任意 $v\in V$ 有 $q_v \geqslant 2$。这说明 $\sum_{v\in e_\ell}\log q_v \geqslant |e_\ell|$。根据式（9-65），我们有 $\sum_{v\in e_\ell}\log q_v \geqslant \log\frac{1}{p} \geqslant \frac{50}{\beta}\log\left(\frac{2000D^4}{\beta}\right)$。所以

$$\log\left\lfloor\frac{q_{v_\star}^X}{s'_{v_\star}}\right\rfloor=\log\left\lfloor\frac{q_{v_\star}^Y}{s'_{v_\star}}\right\rfloor \geqslant \frac{\beta}{20}\left(\sum_{v\in e_\ell}\log q_v\right)$$

$$\geqslant \frac{\beta}{40}|e_\ell| + \frac{5}{4}\log\left(\frac{2000D^4}{\beta}\right)$$

注意到 $Q_{v_\star}^X=Q_{v_\star}^Y$，$h_{v_\star}^X=h_{v_\star}^Y$。在引理 9-42 中，我们可以设定参数 $t=\frac{\beta}{40}|e_\ell|$。这说明在$\mathcal{C}_{\text{gen}}$ 耦合 $X_{v_\star}^{\mathcal{C}_{\text{gen}}}$和 $Y_{v_\star}^{\mathcal{C}_{\text{gen}}}$的时候，耦合失败的概率最多是

$$\frac{1}{2}\sum_{j\in\Sigma'_u}\frac{|(h_{v_\star}^X)^{-1}(j)|}{q_{v_\star}^X}\left(\frac{2\beta}{500D^3}\right)\left(\frac{1}{2}\right)^{\frac{\beta}{40}|e_\ell|} \leqslant \left(\frac{1}{2}\right)^{\frac{\beta}{50}|e_\ell|}\frac{\beta}{200D^3}$$

这种情况的证明基本和上一种情况一样。唯一的不同在于耦合 $v_\star$ 的时候，我们随机均匀地采样一个实数 $r_{v_\star}\in[0,1]$。仅

当 $r_{v_\star} \leqslant \left(\frac{1}{2}\right)^{\frac{\beta}{50}|e_\ell|}\frac{\beta}{200D^3}$时，我们用 $r_{v_\star}$ 去实现耦合使得 $X_{v_\star}^{\mathcal{C}_{\text{gen}}} \neq Y_{v_\star}^{\mathcal{C}_{\text{gen}}}$。我们定义坏事件 $\mathcal{A}_\ell$ 为 $r_{v_\star} \leqslant \left(\frac{1}{2}\right)^{\frac{\beta}{50}|e_\ell|}\frac{\beta}{200D^3}$。根据相同的证明，我们有

$$
\begin{aligned}
&\mathbb{P}_{\mathcal{C}_{\text{gen}}}[B_\ell \wedge \forall 1 \leqslant i \leqslant \ell-1: B_i^{(z_i)}] \\
\leqslant &\mathbb{P}_{\mathcal{C}_{\text{gen}}}[B_\ell^{(2)} \wedge \forall 1 \leqslant i \leqslant \ell-1: B_i^{(z_i)}] \\
\leqslant &\prod_{e_i \in \mathcal{E}_1}\left(\left(\frac{3}{4}\right)^{z_i-1}\frac{1}{200D^3}\right)\prod_{e_j \in \mathcal{E}_2}\left(\frac{1}{200D^3}\right)\left(\frac{\beta}{200D^3}\left(\frac{1}{2}\right)^{\frac{\beta|e_\ell|}{50}}\right)
\end{aligned}
$$

这就证明了条件（式（9-72））成立时的式（9-70）。

最后我们来证明引理 9-36。

**引理 9-36 的证明：**不失一般性地，我们假设 $|Q_{v_0}^X| \leqslant |Q_{v_0}^Y|$，否则我们可以交换 $X$ 和 $Y$ 在证明中的角色。因为投影策略 $\boldsymbol{h}$ 是平衡的，所以

$$0 \leqslant |Q_{v_0}^Y| - |Q_{v_0}^X| \leqslant 1 \tag{9-82}$$

我们先构造 $\boldsymbol{h}^X$ 的投影策略 $\boldsymbol{\Phi}^X$。我们定义一个 CSP-公式 $\widetilde{\boldsymbol{\Phi}}^X = (V, \widetilde{\boldsymbol{Q}}^X = (\widetilde{Q}_v^X)_{v\in V}, \mathcal{C})$。我们先对 $\widetilde{\boldsymbol{\Phi}}^X$ 构造投影策略 $\widetilde{\boldsymbol{h}}^X$，接着把 $\widetilde{\boldsymbol{h}}^X$ 转换成目标投影策略 $\boldsymbol{h}^X$。重申初始投影策略是 $\boldsymbol{h} = (h_v)_{v\in V}$，其中 $h_v: Q_v \to \Sigma_v$。重申 $q_v = |Q_v|$。CSP-公式 $\widetilde{\boldsymbol{\Phi}}^X$ 定义为

$$
\widetilde{Q}_u^X = \begin{cases} h_u^{-1}(X_u) & \text{如果 } u \neq v_\star \\ h_u^{-1}(j) & \text{如果 } u = v_\star \end{cases}
$$

其中 $j \in \Sigma_{v_\star}$ 是任意一个满足 $|h_{v_\star}^{-1}(j)| = \lfloor q_{v_\star}/s_{v_\star} \rfloor$ 的值。对每个 $v \in V$，令 $\widetilde{q}_v^X = |\widetilde{Q}_v^X|$。令 $\widetilde{p}$ 表示 $\max_{c \in \mathcal{C}} \prod_{v \in \mathrm{vbl}(c)} \frac{1}{\widetilde{q}_v^X}$。根据条件 9-9，对任意的 $c \in \mathcal{C}$ 有

$$\sum_{v \in \mathrm{vbl}(c)} \log \widetilde{q}_v^X \geqslant \beta \sum_{v \in \mathrm{vbl}(c)} \log q_v$$

根据引理 9-36 中假设的条件，我们有

$$\log \frac{1}{\widetilde{p}} \geqslant \beta \log \frac{1}{p} \geqslant 55(\log D + 3) \tag{9-83}$$

注意到 $\widetilde{\boldsymbol{\Phi}}^X$ 依赖图的最大度数是 $D$。我们对 $\widetilde{\boldsymbol{\Phi}}^X$ 使用定理 9-12，其中定理 9-12 中的参数设为 $\alpha = 8/9$ 且 $\beta = 1/9$。注意到在定理 9-12 的证明中，我们用洛瓦兹局部引理证明了投影策略一定存在。当 $\alpha = 8/9$ 且 $\beta = 1/9$ 时，定理 9-12 中的条件变为

$$\log \frac{1}{\widetilde{p}} \geqslant \frac{25 \cdot 9^3}{7^3}(\log D + 3)$$

这说明在式（9-83）的条件下，存在一个平衡投影策略 $\widetilde{\boldsymbol{h}}^X = (\widetilde{h}_v^X)_{v \in V}$，其中 $\widetilde{h}_v^X: \widetilde{Q}_v^X \to \widetilde{\Sigma}_v^X$ 且 $\widetilde{s}_v^X = |\widetilde{\Sigma}_v^X|$，使得任意 $c \in \mathcal{C}$ 都有

$$\sum_{v \in \mathrm{vbl}(c)} \log \frac{\widetilde{q}_v^X}{\lceil \widetilde{q}_v^X / \widetilde{s}_v^X \rceil} \geqslant \left(1 - \frac{8}{9}\right) \sum_{v \in \mathrm{vbl}(c)} \log \widetilde{q}_v^X$$

$$\geqslant \frac{\beta}{9} \sum_{v \in \mathrm{vbl}(c)} \log q_v$$

$$\sum_{v \in \mathrm{vbl}(c)} \log \left\lfloor \frac{\widetilde{q}_v^X}{\widetilde{s}_v^X} \right\rfloor \geqslant \frac{1}{9} \sum_{v \in \mathrm{vbl}(c)} \log \widetilde{q}_v^X \geqslant \frac{\beta}{9} \sum_{v \in \mathrm{vbl}(c)} \log q_v \tag{9-84}$$

注意到 $\widetilde{\boldsymbol{\Phi}}^X$ 和 $\boldsymbol{\Phi}^X$ 只在 $v_\star$ 处不同。给定投影策略 $\widetilde{\boldsymbol{h}}^X$ 以及原始投影策略 $\boldsymbol{h}$，目标投影策略 $\boldsymbol{h}^X$ 可以构造为

$$h_u^X=\begin{cases}\widetilde{h}_u^X & 如果\ u\neq v_\star\\ h_u & 如果\ u=v_\star\end{cases}$$

根据定义，$\boldsymbol{h}^X$ 是一个平衡投影策略，且 $h_{v_\star}^X=h_{v_\star}$。因为 $\widetilde{\boldsymbol{h}}^X$ 和 $\boldsymbol{h}^X$ 只在 $v_\star$ 处不同，对任意约束 $c\in\mathcal{C}$ 满足 $v_\star\notin \mathrm{vbl}(c)$，根据式（9-84），我们有

$$\sum_{v\in\mathrm{vbl}(c)}\log\frac{q_v^X}{\lceil q_v^X/s_v^X\rceil}$$

$$=\sum_{v\in\mathrm{vbl}(c)}\log\frac{\widetilde{q}_v^X}{\lceil\widetilde{q}_v^X/\widetilde{s}_v^X\rceil}\geqslant\frac{\beta}{10}\sum_{v\in\mathrm{vbl}(c)}\log q_v$$

$$\sum_{v\in\mathrm{vbl}(c)}\log\left\lfloor\frac{q_v^X}{s_v^X}\right\rfloor=\sum_{v\in\mathrm{vbl}(c)}\log\left\lfloor\frac{\widetilde{q}_v^X}{\widetilde{s}_v^X}\right\rfloor\geqslant\frac{\beta}{10}\sum_{v\in\mathrm{vbl}(c)}\log q_v$$

对于变量 $v_\star$，我们有 $\lfloor q_{v_\star}^X/s_{v_\star}^X\rfloor=\lfloor q_{v_\star}/s_{v_\star}\rfloor=\widetilde{q}_{v_\star}^X$，这是因为 $\boldsymbol{h}^X$ 采用了和 $\boldsymbol{h}$ 一样的策略去划分 $Q_{v_\star}$。因此，对任意使得 $v_\star\in\mathrm{vbl}(c)$ 的约束 $c\in\mathcal{C}$，我们有

$$\sum_{v\in\mathrm{vbl}(c)}\log\left\lfloor\frac{q_v^X}{s_v^X}\right\rfloor\geqslant\sum_{v\in\mathrm{vbl}(c)}\log\left\lfloor\frac{\widetilde{q}_v^X}{\widetilde{s}_v^X}\right\rfloor\geqslant\frac{\beta}{10}\sum_{v\in\mathrm{vbl}(c)}\log q_v$$

$$\log\left\lfloor\frac{q_{v_\star}^X}{s_{v_\star}^X}\right\rfloor+\sum_{v\in\mathrm{vbl}(c)\setminus\{v_\star\}}\log\frac{q_v^X}{\lceil q_v^X/s_v^X\rceil}$$

$$=\log\left\lfloor\frac{q_{v_\star}^X}{s_{v_\star}^X}\right\rfloor+\sum_{v\in\mathrm{vbl}(c)\setminus\{v_\star\}}\log\frac{\widetilde{q}_v^X}{\lceil\widetilde{q}_v^X/\widetilde{s}_v^X\rceil}$$

$$(\text{根据}\lfloor q_{v_\star}^X/s_{v_\star}^X\rfloor=\widetilde{q}_{v_\star}^X)\geqslant\sum_{v\in\mathrm{vbl}(c)}\log\frac{\widetilde{q}_v^X}{\lceil\widetilde{q}_v^X/\widetilde{s}_v^X\rceil}$$
$$\geqslant\frac{\beta}{9}\sum_{v\in\mathrm{vbl}(c)}\log q_v\geqslant\frac{\beta}{10}\sum_{v\in\mathrm{vbl}(c)}\log q_v \tag{9-85}$$

这说明 $\boldsymbol{h}^X$ 满足条件 9-35。

给定投影策略 $\boldsymbol{h}^X$，对 $\boldsymbol{\Phi}^Y$ 的投影策略 $\boldsymbol{h}^Y$ 可以按照如下规则构造。对任意变量 $v\in V\setminus\{v_0\}$ 都有 $h_v^Y=h_v^X$。对变量 $v_0$，我们构造 $\Sigma_{v_0}^Y=\Sigma_{v_0}^X$ 和 $s_{v_0}^Y=|\Sigma_{v_0}^Y|$，然后把 $Q_{v_0}^Y$ 任意映射到 $\Sigma_{v_0}^Y$，使得对于任意 $j\in\Sigma_{v_0}^Y$ 都有 $\lfloor q_{v_0}^Y/s_{v_0}^Y\rfloor\leqslant|(h_{v_0}^Y)^{-1}(j)|\leqslant\lceil q_{v_0}^Y/s_{v_0}^Y\rceil$。容易看出 $\boldsymbol{h}^Y$ 也是一个平衡投影策略且 $h_{v_\star}^Y=h_{v_\star}$。容易看出 $\Sigma_{v_0}^X=\Sigma_{v_0}^Y$，且对任意 $u\in V\setminus\{v_0\}$ 有 $h_u^X=h_u^Y$。我们现在需要验证对任意 $c\in\mathcal{C}$ 有

$$\sum_{v\in\mathrm{vbl}(c)}\log\left\lfloor\frac{q_v^Y}{s_v^Y}\right\rfloor\geqslant\frac{\beta}{10}\sum_{v\in\mathrm{vbl}(c)}\log q_v \tag{9-86}$$

对任意满足 $v_\star\notin\mathrm{vbl}(c)$ 的 $c\in\mathcal{C}$ 有

$$\sum_{v\in\mathrm{vbl}(c)}\log\frac{q_v^Y}{\lceil q_v^Y/s_v^Y\rceil}\geqslant\frac{\beta}{10}\left(\sum_{v\in\mathrm{vbl}(c)}\log q_v\right) \tag{9-87}$$

以及对任意满足 $v_\star\in\mathrm{vbl}(c)$ 的 $c\in\mathcal{C}$ 有

$$\log\left\lfloor\frac{q_{v_\star}^Y}{s_{v_\star}^Y}\right\rfloor+\sum_{v\in\mathrm{vbl}(c)\setminus\{v_\star\}}\log\frac{q_v^Y}{\lceil q_v^Y/s_v^Y\rceil} \tag{9-88}$$
$$\geqslant\frac{\beta}{10}\left(\sum_{v\in\mathrm{vbl}(c)}\log q_v\right)$$

注意到对任意 $u\in V\setminus\{v_0\}$，我们有 $s_u^X=s_u^Y$ 且 $q_u^X=q_u^Y$。注意到 $s_{v_0}^X=s_{v_0}^Y$，如果 $q_{v_0}^X=q_{v_0}^Y$，则式（9-86）~式（9-88）显然成立。根据式（9-82），我们假设 $q_{v_0}^Y=q_{v_0}^X+1$。因为 $q_u^Y\geqslant q_u^X$ 且对所有 $u\in V$ 有 $s_u^X=s_u^Y$，所以对任意 $c\in\mathcal{C}$，

$$\sum_{v\in\mathrm{vbl}(c)}\log\left\lfloor\frac{q_v^Y}{s_v^Y}\right\rfloor\geqslant\sum_{v\in\mathrm{vbl}(c)}\log\left\lfloor\frac{q_v^X}{s_v^X}\right\rfloor$$
$$\geqslant\frac{\beta}{10}\sum_{v\in\mathrm{vbl}(c)}\log q_v$$

这证明了式（9-86）。注意到对所有 $u\neq v_0$ 都有 $q_u^X=q_u^Y$ 且 $s_u^X=s_u^Y$。同时也注意到 $v_\star\neq v_0$。我们有

$$\left\lfloor\frac{q_{v_\star}^Y}{s_{v_\star}^Y}\right\rfloor=\left\lfloor\frac{q_{v_\star}^X}{s_{v_\star}^X}\right\rfloor\quad\text{且}\quad\forall v\in V\setminus\{v_0\},\qquad(9\text{-}89)$$
$$\frac{q_v^Y}{\lceil q_v^Y/s_v^Y\rceil}=\frac{q_v^X}{\lceil q_v^X/s_v^X\rceil}$$

为了证明式（9-87）和式（9-88），我们只需要比较 $\dfrac{q_{v_0}^X}{\lceil q_{v_0}^X/s_{v_0}^X\rceil}$ 和 $\dfrac{q_{v_0}^Y}{\lceil q_{v_0}^Y/s_{v_0}^Y\rceil}$。我们断言

$$\frac{q_{v_0}^Y}{\lceil q_{v_0}^Y/s_{v_0}^Y\rceil}=\frac{q_{v_0}^X+1}{\lceil(q_{v_0}^X+1)/s_{v_0}^X\rceil}\geqslant\frac{1}{2}\frac{q_{v_0}^X}{\lceil q_{v_0}^X/s_{v_0}^X\rceil}\qquad(9\text{-}90)$$

由式（9-84）、式（9-89）以及式（9-90），对任意使得 $v_\star\notin\mathrm{vbl}(c)$ 的 $c\in\mathcal{C}$ 都有

$$\sum_{v \in \mathrm{vbl}(c)} \log \frac{q_v^Y}{\lceil q_v^Y / s_v^Y \rceil} \geqslant \left( \sum_{v \in \mathrm{vbl}(c)} \log \frac{q_v^X}{\lceil q_v^X / s_v^X \rceil} \right) - 1$$

$$\geqslant \frac{\beta}{9} \left( \sum_{v \in \mathrm{vbl}(c)} \log q_v \right) - 1$$

$$\geqslant \frac{\beta}{10} \left( \sum_{v \in \mathrm{vbl}(c)} \log q_v \right)$$

其中最后一个不等式成立是因为 $\beta \sum_{v \in \mathrm{vbl}(c)} \log q_v \geqslant \beta \log \frac{1}{p} \geqslant 55(\log D + 3) \geqslant 165$。这就证明了式（9-87）。同样，对任意使得 $v_\star \in \mathrm{vbl}(c)$ 的 $c \in \mathcal{C}$ 我们有

$$\log \left\lfloor \frac{q_{v_\star}^Y}{s_{v_\star}^Y} \right\rfloor + \sum_{v \in \mathrm{vbl}(c) \setminus \{v_\star\}} \log \frac{q_v^Y}{\lceil q_v^Y / s_v^Y \rceil}$$

$$\geqslant \log \left\lfloor \frac{q_{v_\star}^X}{s_{v_\star}^X} \right\rfloor + \left( \sum_{v \in \mathrm{vbl}(c) \setminus \{v_\star\}} \log \frac{q_v^X}{\lceil q_v^X / s_v^X \rceil} \right) - 1$$

$$\text{（根据）} \geqslant \frac{\beta}{9} \left( \sum_{v \in \mathrm{vbl}(c)} \log q_v \right) - 1 \geqslant \frac{\beta}{10} \left( \sum_{v \in \mathrm{vbl}(c)} \log q_v \right)$$

最后我们证明式（9-90）。我们考虑两种情况。重申 $s_{v_0}^X = s_{v_0}^Y$。如果 $q_{v_0}^X$ 不可以被 $s_{v_0}^X$ 整除，则有$\lceil (q_{v_0}^X + 1)/s_v^X \rceil = \lceil q_{v_0}^X / s_{v_0}^X \rceil$，那么式（9-90）显然成立。如果 $q_{v_0}^X$ 可以被 $s_{v_0}^X$ 整除，则我们需要证明

$$\frac{q_{v_0}^X + 1}{1 + q_{v_0}^X / s_{v_0}^X} \geqslant \frac{1}{2} s_{v_0}^X$$

这和 $q_{v_0}^X \geqslant s_{v_0}^X - 2$ 等价，所以式（9-90）因为 $q_{v_0}^X \geqslant s_{v_0}^X$ 而成立。□

#### 9.5.4.3 引理 9-15 和引理 9-19 的证明

引理 9-15 可以结合命题 2-4、引理 9-27 以及引理 9-34 证明。注意到引理 9-15 中的条件为 $\log\frac{1}{p}\geqslant\frac{50}{\beta}\log\left(\frac{2000D^4}{\beta}\right)$，它足以推出引理 9-27 和引理 9-34 中的条件。这说明吉布斯采样算法有唯一平稳分布 $\nu$ 且混合时间为 $T_{\mathrm{mix}}(\varepsilon)\leqslant\left\lceil 2n\log\frac{n}{\varepsilon}\right\rceil$。

引理 9-19 可以结合命题 2-4、引理 9-27 以及引理 9-28 证明。给定一个 $(k,d)$-CSP-公式，依赖图的最大度数 $D$ 最多是 $dk$，所以命题 9-27 的条件可以变成 $k\log q\geqslant\frac{1}{\beta}\log(2\mathrm{e}dk)$。引理 9-19 中的条件是 $k\log q\geqslant\frac{1}{\beta}\log(3000q^2d^6k^6)$，它可以推出命题 9-27 和引理 9-28 中的条件。这说明吉布斯采样算法有唯一平稳分布 $\nu$ 且混合时间为 $T_{\mathrm{mix}}(\varepsilon)\leqslant\left\lceil 2n\log\frac{n}{\varepsilon}\right\rceil$。

## 9.6 局部引理问题实例的近似计数

本节考虑近似计数问题。我们考虑一般的约束满足问题 $\boldsymbol{\Phi}=(V,\boldsymbol{Q},\mathcal{C}_{\mathrm{gen}})$，其中 $\boldsymbol{Q}=\bigotimes_{v\in V}Q_v$，$\mathcal{C}_{\mathrm{gen}}$ 为一系列约束的集合，其中可能包含非原子约束。对任意 $c\in\mathcal{C}_{\mathrm{gen}}$，我们用坏事件 $B_c$ 表示约束 $c$ 没有被满足。令 $\mathcal{D}$ 表示一个乘积分布，其中任意

$v \in V$ 在集合 $Q_v$ 上均匀独立地取值。令 $p$ 为坏事发生的最大概率。

$$p \triangleq \max_{c \in \mathcal{C}_{\text{gen}}} \mathbb{P}_{\mathcal{D}}[B_c]$$

令 $D$ 为 $\Phi$ 依赖图的最大度数。令 $n=|V|$，$m=|\mathcal{C}|$。

我们用 $Z$ 表示 $\Phi$ 满足解的个数。给定 $\Phi$ 和一个误差 $\varepsilon>0$，近似计数问题要求输出一个随机数 $\hat{Z}$ 满足

$$\mathbb{P}[\mathrm{e}^{-\varepsilon}Z \leqslant \hat{Z} \leqslant \mathrm{e}^{\varepsilon}Z] \geqslant \frac{3}{4}$$

本节给出采样问题到计数问题的归约。利用经典的自归约技术[4]，我们可以从空约束集合开始，一个一个地加入 $\mathcal{C}_{\text{gen}}$ 中的约束来实现归约。这种方法在 $\varepsilon$ 是常数的时候需要调用采样程序 $\widetilde{O}(m^2)$ 次。我们给出一个更加高效的非自适应模拟退火归约[5-6,145-146]。本节的主要结论是定理 9-46 中从计数到采样的归约。

**加权约束满足问题**

首先我们定义更一般的加权约束满足问题。重申 $\Phi=(V,\boldsymbol{Q},\mathcal{C}_{\text{gen}})$ 是一个一般的约束满足问题。给定任意一个参数 $\theta>0$，对任意 $\boldsymbol{X} \in \boldsymbol{Q}$，定义权重函数

$$w_\theta(\boldsymbol{X}) \triangleq \exp(-\theta\,|F(\boldsymbol{X})|)$$

其中 $F(\boldsymbol{X}) \subseteq \mathcal{C}$ 是没有被 $\boldsymbol{X}$ 满足的约束的集合。定义配分函数 $Z(\theta)$ 为

$$Z(\theta) \triangleq \sum_{\boldsymbol{X} \in \boldsymbol{Q}} w_\theta(\boldsymbol{X})$$

定义 $\boldsymbol{Q}$ 上的吉布斯分布 $\mu_\theta$ 为

$$\forall \boldsymbol{X} \in \boldsymbol{Q}: \mu_\theta(\boldsymbol{X}) \triangleq \frac{w_\theta(\boldsymbol{X})}{Z(\theta)} \tag{9-91}$$

令 $Z$ 表示 $\Phi$ 满足解的个数，则有

$$Z = \lim_{\theta \to \infty} Z(\theta)$$

如下引理是模拟退火算法所要使用的重要性质。重申 $m = |\mathcal{C}_{\text{gen}}|$。

**引理 9-43** 对任意 $\varepsilon>0$，令 $\theta = \left\lceil \ln \frac{4m}{\varepsilon} \right\rceil$。如果 $2\mathrm{e}Dp \leqslant 1$，则有

$$Z \leqslant Z(\theta) \leqslant \exp\left(\frac{\varepsilon}{2}\right) Z$$

要证明引理 9-43，我们需要使用如下引理。如下引理说明，在局部引理条件下，加入一个新的约束之后，约束满足问题的解最多减少一半。

**引理 9-44** 令 $\Phi = (V, \boldsymbol{Q}, \boldsymbol{C}_{\text{gen}})$ 为一个约束满足问题。对 $\Phi$ 加入一个新约束 $f$，得到一个新的约束满足问题 $\Phi' = (V, \boldsymbol{Q}, \boldsymbol{C}'_{\text{gen}}$，其中 $\boldsymbol{C}'_{\text{gen}} = \boldsymbol{C}_{\text{gen}} \cup \{f\}$。假设 $\Phi$ 和 $\Phi'$ 依赖图的最大度数不超过 $D$，$\Phi$ 和 $\Phi'$ 在均匀分布下每个坏事件发生的概率不超过 $p$。如果 $2\mathrm{e}Dp \leqslant 1$，则有

$$\frac{Z_{\Phi'}}{Z_\Phi} \geqslant \frac{1}{2}$$

其中 $Z_\Phi$ 是 $\Phi$ 满足解的个数，$Z_{\Phi'}$ 是 $\Phi'$ 满足解的个数。

**证明：** 令 $\mu$ 和 $\mu'$ 是 $\boldsymbol{\Phi}$ 与 $\boldsymbol{\Phi}'$ 满足解的均匀分布。注意到如果 $\boldsymbol{X}\in\boldsymbol{Q}$ 是 $\boldsymbol{\Phi}'$ 的一个满足解，那么 $\boldsymbol{X}$ 一定也是 $\boldsymbol{\Phi}$ 的满足解。所以我们有

$$\begin{aligned}\frac{Z_{\Phi'}}{Z_{\Phi}}&=\mathbb{P}_{\boldsymbol{X}\sim\mu}[\boldsymbol{X}\text{ 是 }\boldsymbol{\Phi}'\text{的满足解}] \\ &=\mathbb{P}_{\boldsymbol{X}\sim\mu}[f\text{ 被 }\boldsymbol{X}\text{ 满足}]\end{aligned} \tag{9-92}$$

重申 $\mathbb{P}_{\mathcal{D}}[\cdot]$ 表示每个 $v\in V$ 均匀独立地从 $Q_v$ 上取值的概率分布。重申 $\boldsymbol{\Phi}$ 和 $\boldsymbol{\Phi}'$ 在均匀分布下每个坏事件发生的概率不超过 $p$。令坏事件 $\mathcal{B}_c$ 表示约束 $c\in\mathcal{C}$ 没有被满足。在定理 9-5 中，如果我们对每个 $\mathcal{B}_c$ 取 $x(\mathcal{B}_c)=\dfrac{1}{2D}$，则对于任意 $c\in\mathcal{C}$ 都有

$$\begin{aligned}\mathbb{P}_{\mathcal{D}}[\mathcal{B}_c]\leqslant p\leqslant\frac{1}{2\mathrm{e}D}&\leqslant\frac{1}{2D}\left(1-\frac{1}{2D}\right)^{D} \\ &\leqslant x(\mathcal{B}_c)\prod_{\mathcal{B}_{c'}\in\Gamma(\mathcal{B}_c)}(1-x(\mathcal{B}_{c'}))\end{aligned}$$

其中 $\Gamma(\mathcal{B}_c)$ 是所有满足如下条件的 $\mathcal{B}_{c'}$: $c'\in\mathcal{C}$，$c'\neq c$ 且 $\mathrm{vbl}(c)\cap\mathrm{vbl}(c')\neq\varnothing$。我们用坏事件 $\mathcal{F}$ 表示 $f$ 没有被满足。因为 $\boldsymbol{\Phi}'$ 依赖图的最大度数是 $D$，根据洛瓦兹局部引理（定理 9-5），我们有如下结论。

$$\mathbb{P}_{\mathcal{D}}\left[\mathcal{F}\mid\bigwedge_{c\in\mathcal{C}}\overline{\mathcal{B}_c}\right]\leqslant\mathbb{P}_{\mathcal{D}}[\mathcal{F}]\left(1-\frac{1}{2D}\right)^{-D}\leqslant \mathrm{e}p\leqslant\frac{1}{2} \tag{9-93}$$

其中最后一个不等式成立是因为 $2\mathrm{e}Dp\leqslant 1$。注意到在 $\bigwedge_{c\in\mathcal{C}}\overline{\mathcal{B}_c}$

条件下的分布 $\mathcal{D}$ 恰好是吉布斯分布 $\boldsymbol{\mu}$。结合式（9-92）和式（9-93），我们有

$$\frac{Z_{\Phi'}}{Z_{\Phi}} = 1-\mathbb{P}_{X\sim\mu}[f\text{被}\boldsymbol{X}\text{满足}] = 1-\mathbb{P}_{\mathcal{D}}\left[\mathcal{F}\mid\bigwedge_{c\in C}\overline{\mathcal{B}_c}\right]\geqslant\frac{1}{2}\ \square$$

要证明引理 9-43，我们还需要如下引理。对于约束满足问题 $\boldsymbol{\Phi}=(V,\boldsymbol{Q},\mathcal{C}_{\text{gen}})$，以及任意一个子集 $S\subseteq\mathcal{C}$，我们定义 $Z_S$ 为

$$Z_S\triangleq\#\left\{\boldsymbol{X}\in\boldsymbol{Q}\ \middle|\ \begin{array}{l}\text{所有 } S \text{ 中的约束没有被 } \boldsymbol{X} \text{ 满足，}\\ \text{且所有 } \mathcal{C}\backslash S \text{ 中的约束被 } \boldsymbol{X} \text{ 满足}\end{array}\right\}\tag{9-94}$$

$Z_S$ 表示恰好只满足约束集合 $\mathcal{C}\backslash S$ 的满足解个数。如下引理给 $Z_S$ 一个上界。

**引理 9-45** 如果 $\boldsymbol{\Phi}$ 满足 $2\mathrm{e}Dp\leqslant1$，则对于任意 $S\subseteq\mathcal{C}$ 有 $Z_S\leqslant2^{|S|}Z_{\varnothing}$。

**证明：** 令 $S\subseteq\mathcal{C}$ 是约束的子集且 $|S|=k$。假设 $S=\{c_1,c_2,\cdots,c_k\}$。我们定义一系列约束满足问题 $\boldsymbol{\Phi}_0,\boldsymbol{\Phi}_1,\cdots,\boldsymbol{\Phi}_k$。对每个 $\boldsymbol{\Phi}_i=(V,\boldsymbol{Q},\mathcal{C}_i)$，约束集合 $\mathcal{C}_i$ 定义为

$$C_i\triangleq(\mathcal{C}_{\text{gen}}\backslash S)\cup\{c_j\mid1\leqslant j\leqslant i\}$$

这等价于令 $\mathcal{C}_0=C_{\text{gen}}\backslash S$，再对每个 $1\leqslant i\leqslant k$ 令 $C_i=C_{i-1}\cup\{c_i\}$。对每个 $0\leqslant i\leqslant k-1$，因为 $\boldsymbol{\Phi}_i$ 是 $\boldsymbol{\Phi}$ 的子公式，所以条件 $2\mathrm{e}Dp\leqslant1$ 依然成立。我们对每个 $\boldsymbol{\Phi}_i$ 使用引理 9-44（把引理 9-44 中的参数设为 $\boldsymbol{\Phi}=\boldsymbol{\Phi}_i$ 且 $\boldsymbol{\Phi}'=\boldsymbol{\Phi}_{i+1}$）我们有

$$\frac{Z_{\Phi_k}}{Z_{\Phi_0}}=\prod_{j=1}^{k}\frac{Z_{\Phi_j}}{Z_{\Phi_{j-1}}}\geqslant2^{-k}\tag{9-95}$$

其中 $Z_{\Phi_i}$ 是 $\Phi_i$ 满足解的个数。

另一方面，根据 $Z_S$ 的定义，我们有

$$Z_{\Phi_k}=Z_{\Phi}=Z_{\varnothing},\quad 且\quad Z_{\Phi_0}=\sum_{S'\subseteq S}Z_{S'}$$

结合式（9-95），我们有 $\frac{Z_{\varnothing}}{\sum_{S'\subseteq S}Z_{S'}}\geqslant 2^{-k}$。所以我们有

$$Z_S\leqslant\sum_{S'\subseteq S}Z_{S'}\leqslant 2^kZ_{\varnothing}$$ □

我们现在证明引理 9-43。

**引理 9-43 的证明：**根据 $Z(\theta)$ 的定义，显然有 $Z(\theta)\geqslant Z$。对于上界，注意到 $\theta=\left\lceil\ln\frac{4m}{\varepsilon}\right\rceil$，其中 $m=|\mathcal{C}|$，我们有

$$Z(\theta)=\sum_{X\in\Omega}\exp(-\theta\,|F(X)|)\leqslant\sum_{X\in\Omega}\left(\frac{\varepsilon}{4m}\right)^{|F(X)|}$$

其中 $F(X)\subseteq \boldsymbol{C}$ 是没有被 $\boldsymbol{X}$ 满足的约束个数。根据 $Z_S$ 的定义，我们有

$$Z(\theta)\leqslant\sum_{X\in\Omega}\left(\frac{\varepsilon}{4m}\right)^{|F(X)|}=\sum_{S\subseteq C}\left(\frac{\varepsilon}{4m}\right)^{|S|}Z_S$$

$$(根据引理 9-45)\quad\leqslant\sum_{S\subseteq C}\left(\frac{\varepsilon}{4m}\right)^{|S|}2^{|S|}Z_{\varnothing}$$

$$=Z_{\varnothing}\sum_{k=0}^{|C|}\binom{|C|}{k}\left(\frac{\varepsilon}{4m}\right)^{k}2^{k}$$

$$(根据 |C|\leqslant nd)\quad=Z_{\varnothing}\left(1+\frac{\varepsilon}{2m}\right)^{|C|}\leqslant Z_{\varnothing}\left(1+\frac{\varepsilon}{2m}\right)^{m}$$

$$(根据 Z=Z_{\varnothing})\quad\leqslant Z\exp\left(\frac{\varepsilon}{2}\right)$$

这就证明了引理 9-43。 □

**模拟退火归约**

现在我们给出从计数到采样的模拟退火归约。我们证明如下定理。令 $\boldsymbol{\Phi}=(V,\boldsymbol{Q},\mathcal{C}_{\text{gen}})$ 是一个由一般约束（不一定是原子约束）定义的约束满足问题。当所有 $v\in V$ 从 $Q_v$ 上独立均匀取值时，令 $p$ 为一个约束没有被满足的最大概率。令 $D$ 是 $\boldsymbol{\Phi}$ 依赖图的最大度数。令 $Z$ 是 $\boldsymbol{\Phi}$ 所有满足解的个数。

**定理 9-46** 令 $\boldsymbol{\Phi}=(V,\boldsymbol{Q},\mathcal{C}_{\text{gen}})$ 是一个由一般约束定义的约束满足问题，它满足 $2\mathrm{e}Dp\leqslant 1$。假设存在一个算法 $\mathcal{A}$ 使得给定任意 $0<\delta<1$，任意 $\theta\geqslant 0$，算法 $\mathcal{A}$ 以 $T(\delta)$ 的时间复杂度输出一个随机样本 $\boldsymbol{X}\in\boldsymbol{Q}$，使得 $d_{\text{TV}}(\boldsymbol{X},\mu_\theta)\leqslant\delta$，其中 $\mu_\theta$ 是式（9-91）中定义的吉布斯分布。则存在一个近似计数算法，给定任意 $\varepsilon>0$，它能输出一个随机数 $\hat{Z}$ 满足 $\mathrm{e}^{-\varepsilon}Z\leqslant\hat{Z}\leqslant\mathrm{e}^{\varepsilon}Z$ 的概率至少是 $\frac{3}{4}$，且计数算法的复杂度为 $O\left(T(\delta)\frac{m}{\varepsilon^2}\log\frac{m}{\varepsilon}\right)$，其中 $\delta=O\left(\frac{\varepsilon^2}{m\ln(m/\varepsilon)}\right)$ 且 $m=|\mathcal{C}_{\text{gen}}|$。

我们先证明定理 9-46。定理假设存在一个能采样加权约束满足问题的算法 $\mathcal{A}$，算法 $\mathcal{A}$ 的具体细节稍后给出。假设给定算法 $\mathcal{A}$，我们现在给出从计数到采样的归约。

令 $\ell=m\left\lceil\ln\frac{4m}{\varepsilon}\right\rceil$。定义一个参数序列 $(\theta_i)_{i\geqslant 0}$ 为

$$\forall i \in \mathbb{Z}_{\geqslant 0}: \theta_i = \frac{i}{m} \tag{9-96}$$

根据引理9-43，我们可以使用$Z(\theta_\ell)$来近似$Z$的值。我们用如下公式去计算$Z(\theta_\ell)$的值：

$$Z(\theta_\ell) = \frac{Z(\theta_\ell)}{Z(\theta_{\ell-1})} \times \frac{Z(\theta_{\ell-1})}{Z(\theta_{\ell-2})} \times \cdots \times \frac{Z(\theta_1)}{Z(\theta_0)} \times \prod_{v \in V} |Q_v| \tag{9-97}$$

等式成立是因为$\theta_0 = 0$且$Z(\theta_0) = \prod_{v \in V} |Q_v|$。

现在我们估计式（9-97）中的每一项比值$\frac{Z(\theta_{i+1})}{Z(\theta_i)}$。令$\mu_i = \mu_{\theta_i}$为由参数$\theta_i$定义的吉布斯分布。令$w_i(\cdot) = w_{\theta_i}(\cdot)$为吉布斯分布$\mu_i$对应的权重函数。对每个$1 \leqslant i \leqslant \ell$，我们定义随机变量$W_i$为

$$W_i \triangleq \frac{w_i(\boldsymbol{X})}{w_{i-1}(\boldsymbol{X})}, \quad \text{其中 } \boldsymbol{X} \sim \mu_{i-1}$$

我们定义$W$为$\prod_{v \in V} |Q_v|$和所有$W_i$的乘积：

$$W = \prod_{v \in V} |Q_v| \prod_{i=1}^{\ell} W_i$$

我们对$W$和$W_i$有如下引理。

**引理 9-47** 对每个$1 \leqslant i \leqslant \ell$，随机变量$W_i$满足

$$\mathbb{E}[W_i] = \frac{Z(\theta_i)}{Z(\theta_{i-1})}, \quad \mathbb{E}[W_i^2] = \frac{Z(\theta_{i+1})}{Z(\theta_{i-1})}$$

所以随机变量 $W$ 满足

$$\mathbb{E}[W]=Z(\theta_\ell),\quad \mathbb{E}[W^2]=\frac{Z(\theta_\ell)Z(\theta_{\ell+1})}{Z(\theta_0)Z(\theta_1)}\prod_{v\in V}|Q_v|^2$$

**证明：** 根据 $W_i$ 的定义，我们有

$$\mathbb{E}[W_i]=\sum_{X\in Q}\frac{w_{i-1}(\boldsymbol{X})}{Z(\theta_{i-1})}\frac{w_i(\boldsymbol{X})}{w_{i-1}(\boldsymbol{X})}=\frac{Z(\theta_i)}{Z(\theta_{i-1})}$$

对每个 $\boldsymbol{X}\in\boldsymbol{Q}$，有 $w_i(\boldsymbol{X})=\exp\left(-\frac{i}{m}|F(\boldsymbol{X})|\right)$，所以

$$\begin{aligned}\mathbb{E}[W_i^2]&=\sum_{X\in Q}\frac{w_{i-1}(\boldsymbol{X})}{Z(\theta_{i-1})}\left(\frac{w_i(\boldsymbol{X})}{w_{i-1}(\boldsymbol{X})}\right)^2\\&=\sum_{X\in Q}\frac{w_{i+1}(\boldsymbol{X})}{Z(\theta_{i-1})}=\frac{Z(\theta_{i+1})}{Z(\theta_{i-1})}\end{aligned}$$

注意到所有 $W_i$ 相互独立。根据 $W$ 的定义，我们有

$$\begin{aligned}\mathbb{E}[W]&=\prod_{v\in V}|Q_v|\prod_{i=1}^{\ell}\mathbb{E}[W_i]\\&=\prod_{v\in V}|Q_v|\frac{Z(\theta_\ell)}{Z(\theta_0)}=Z(\theta_\ell)\end{aligned}$$

$$\begin{aligned}\mathbb{E}[W^2]&=\prod_{v\in V}|Q_v|^2\prod_{i=1}^{\ell}\mathbb{E}[W_i^2]\\&=\frac{Z(\theta_\ell)Z(\theta_{\ell+1})}{Z(\theta_0)Z(\theta_1)}\prod_{v\in V}|Q_v|^2\end{aligned}$$

□

我们现在给出计数算法。令 $\mathcal{A}$ 是定理 9-46 中描述的采样算法。计数算法描述在算法 27 中。

**算法 27**：计数算法

**输入**：一个约束满足问题 $\Phi=(V,\boldsymbol{Q},\mathcal{C}_{\mathrm{gen}})$，一个误差参数 $\varepsilon>0$；

**输出**：一个随机数 $\hat{Z}$；

1 **for** 对每个 $j$ 从 1 到 $R=\lceil 144\varepsilon^{-2}\rceil$ **do**

2 　**for** 每个 $i=1$ 到 $\ell=m\left\lceil \ln\frac{4m}{\varepsilon}\right\rceil$ **do**

3 　　用 $\mathcal{A}(\theta_{i-1},1/(8\ell R))$ 独立采样一个样本 $X_i^j\in\boldsymbol{Q}$；

4 　　$\hat{W}_j^i\leftarrow w_i(X_i^j)/w_{i-1}(X_i^j)$；

5 　$\hat{W}^j\leftarrow\prod_{v\in V}|Q_v|\prod_{i=1}^{\ell}\hat{W}_j^i$；

6 **return** $\hat{Z}=\frac{1}{R}\sum_{j=1}^{R}\hat{W}^j$。

为了证明定理 9-46 中的正确性结论，我们需要使用如下引理。

**引理 9-48**　令 $\mathcal{B}$ 是一个采样算法，给定任意参数 $\theta>0$，$\mathcal{B}(\theta)$ 返回一个 $\mu_\theta$ 中的精确样本。假设我们把算法 27 第 3 行中的 $\mathcal{A}(\theta_{i-1},1/(8\ell R))$ 替换成 $\mathcal{B}(\theta_{i-1})$，修改之后算法的输出是 $\hat{Z}_B$，则我们有

$$\mathbb{P}[\exp(-\varepsilon/2)Z(\theta_\ell)\leqslant\hat{Z}_B\leqslant\exp(\varepsilon/2)Z(\theta_\ell)]\geqslant\frac{7}{8}$$

**证明**：根据引理 9-48 中的假设，我们知道每个 $\hat{W}^j$ 都精确服从 $W$ 的概率分布。

注意到 $\hat{Z}_B=\frac{1}{R}\sum_{j=1}^{R}\hat{W}^i$，因此 $\mathbb{E}[\hat{Z}_B]=\mathbb{E}[W]=Z(\theta_\ell)$。由切

比雪夫不等式可知

$$
\begin{aligned}
&\mathbb{P}[\,|\hat{Z}_{\mathcal{B}}-\mathbb{E}[\hat{Z}_{\mathcal{B}}]\,|>(\varepsilon/3)\mathbb{E}[\hat{Z}_{\mathcal{B}}]] \\
&\leqslant\frac{9\mathrm{Var}[\hat{Z}_{\mathcal{B}}]}{\varepsilon^{2}\mathbb{E}[\hat{Z}_{\mathcal{B}}]^{2}}=\frac{9\mathrm{Var}[W]}{R\varepsilon^{2}\mathbb{E}[W]^{2}}
\end{aligned}
\tag{9-98}
$$

根据引理9-47，我们有

$$
\frac{\mathrm{Var}[W]}{\mathbb{E}[W]^{2}}=\frac{\mathbb{E}[W^{2}]}{\mathbb{E}[W]^{2}}-1=\frac{Z(\theta_{\ell+1})Z(\theta_{0})}{Z(\theta_{\ell})Z(\theta_{1})}-1
$$

其中最后一个等式成立是因为 $\mathbb{E}[W]=Z(\theta_{\ell})$，$\mathbb{E}[W^{2}]=\prod_{v\in V}|Q_{v}|^{2}\frac{Z(\theta_{\ell})Z(\theta_{\ell+1})}{Z(\theta_{0})Z(\theta_{1})}$ 且 $Z(\theta_{0})=\prod_{v\in V}|Q_{v}|$。注意到 $Z(\theta_{\ell+1})\leqslant Z(\theta_{\ell})$，我们有

$$
\frac{Z(\theta_{\ell+1})}{Z(\theta_{\ell})}\leqslant 1
$$

根据 $Z(\cdot)$ 的定义，我们有

$$
\begin{aligned}
\frac{Z(\theta_{0})}{Z(\theta_{1})}&=\frac{\sum_{X\in Q}w_{0}(\boldsymbol{X})}{\sum_{X\in Q}w_{1}(\boldsymbol{X})}=\frac{\sum_{X\in Q}1}{\sum_{X\in Q}\exp(-\theta_{1}|F(\boldsymbol{X})|)} \\
&\leqslant\max_{X\in Q}\exp(\theta_{1}|F(\boldsymbol{X})|)\leqslant \mathrm{e}
\end{aligned}
$$

最后一个不等式成立是因为 $\theta_{1}=\frac{1}{m}$ 且 $|F(X)|\leqslant m$。

所以式（9-98）可以进一步变成

$$
\mathbb{P}[\,|\hat{Z}_{\mathcal{B}}-\mathbb{E}[\hat{Z}_{\mathcal{B}}]\,|>(\varepsilon/3)\mathbb{E}[\hat{Z}_{\mathcal{B}}]]\leqslant\frac{9(\mathrm{e}-1)}{R\varepsilon^{2}}\leqslant\frac{1}{8}
$$

其中最后一个不等式成立是因为 $R=\lceil 144\varepsilon^{-2}\rceil$。注意到根据引理 9-48 中的假设，我们有 $\mathbb{E}[\hat{Z}_{\mathcal{B}}]=Z(\theta_\ell)$。这就证明了

$$\mathbb{P}[\exp(-\varepsilon/2)Z(\theta_\ell)\leqslant\hat{Z}_{\mathcal{B}}\leqslant\exp(\varepsilon/2)Z(\theta_\ell)]$$

$$\geqslant\mathbb{P}[(1-\varepsilon/3)Z(\theta_\ell)\leqslant\hat{Z}_{\mathcal{B}}\leqslant(1+\varepsilon/3)Z(\theta_\ell)]\geqslant\frac{7}{8}\qquad\square$$

**定理 9-46 的证明：** 我们构造算法 27 以及引理 9-48 中算法的耦合 $\mathcal{C}$。每次执行第 3 行的时候，我们用最优耦合去耦合 $\mathcal{A}(\theta_{i-1},1/(8\ell R))$ 的输出以及 $\mathcal{B}(\theta_{i-1})$ 的输出。由耦合不等式（命题 2-2）可知，以至少 $1-1/(8\ell R)$ 的概率，两个输出可以完美耦合。因为第 3 行被执行了 $\ell R$ 次，由联合界可知，以至少 7/8 的概率，两个算法有相同的输出，即 $\hat{Z}=\hat{Z}_{\mathcal{B}}$。结合以上结论和引理 9-48，我们有

$$\mathbb{P}[\hat{Z}<\exp(-\varepsilon/2)Z(\theta_\ell)\vee\hat{Z}>\exp(\varepsilon/2)Z(\theta_\ell)]$$

$$\leqslant\mathbb{P}[\hat{Z}_{\mathcal{B}}<\exp(-\varepsilon/2)Z(\theta_\ell)\vee\hat{Z}_{\mathcal{B}}>\exp(\varepsilon/2)Z(\theta_\ell)]+$$

$$\mathbb{P}_{\mathcal{C}}[\hat{Z}\neq\hat{Z}_{\mathcal{B}}]\leqslant\frac{1}{4}$$

这就证明了

$$\mathbb{P}[\exp(-\varepsilon/2)Z(\theta_\ell)\leqslant\hat{Z}\leqslant\exp(\varepsilon/2)Z(\theta_\ell)]\geqslant 3/4$$

根据引理 9-43，我们知道 $Z(\theta_\ell)$ 近似了 $Z$ 的值，其中 $Z$ 是 $\Phi$ 满足解的个数。我们有

$$\mathbb{P}[\exp(-\varepsilon)Z\leqslant\hat{Z}\leqslant\exp(\varepsilon)Z]\geqslant 3/4$$

这就证明了算法 27 的正确性。

算法 27 的时间复杂度被采样算法的时间复杂度支配。

在算法 27 中，定理 9-46 中的采样算法 $\mathcal{A}$ 被调用 $R\ell$ 次。注意到，调用 $\mathcal{A}$ 使用的误差参数始终是 $\delta=1/(8R\ell)$。所以算法总的时间复杂度为 $O\left(T(\delta)\frac{m}{\varepsilon^2}\log\frac{m}{\varepsilon}\right)$，其中 $\delta=O\left(\frac{\varepsilon^2}{m\ln(m/\varepsilon)}\right)$ 且 $m=|\mathcal{C}_{\text{gen}}|$。 □

### 加权约束满足问题采样算法

我们现在说明如何修改之前描述的采样算法使得它可以从吉布斯分布 $\boldsymbol{\mu}_\theta$（定义见（式（9-91））中采样。给定一个一般约束定义的约束满足问题 $\boldsymbol{\Phi}=(V,\boldsymbol{Q},\mathcal{C}_{\text{gen}})$ 以及一个参数 $\theta\geqslant 0$，我们定义 $|\mathcal{C}_{\text{gen}}|$ 个额外变量。

$$U\triangleq\{u_c\in\{0,\ 1\}\mid c\in\mathcal{C}_{\text{gen}}\}$$

我们现在定义一个新的约束满足问题 $\boldsymbol{\Phi}'=(V\cup U,\ \boldsymbol{Q}',\mathcal{C}'_{\text{gen}})$，其中 $\boldsymbol{Q}'=\boldsymbol{Q}(\bigotimes_{u\in U}Q_u)$（对任意 $u\in U,Q_u=\{0,1\}$），约束的集合 $\mathcal{C}'_{\text{gen}}$ 定义为

$$\mathcal{C}'_{\text{gen}}\triangleq\{u_c\vee c\mid c\in\mathcal{C}_{\text{gen}}\}$$

每个原始约束 $c\in\mathcal{C}_{\text{gen}}$ 对应 $\mathcal{C}'_{\text{gen}}$ 中的一个约束 $c'$，且有 $\text{vbl}(c')=\text{vbl}(c)\cup\{u_c\}$。当且仅当 $\sigma_{u_c}=1$ 或约束 $c$ 被 $\sigma_{\text{vbl}(c)}$ 满足时，约束 $c'$ 被赋值 $\sigma\in\boldsymbol{Q}'_{\text{vbl}(c')}$ 满足。所以给定任意一种赋值 $\boldsymbol{X}\in\boldsymbol{Q}'$，当且仅当 $u_c=1$ 或者它对应的原始约束 $c$ 被 $\boldsymbol{X}$ 满足时，约束 $c'$ 被满足。

**观察 9-49** 新约束满足问题 $\boldsymbol{\Phi}'$ 的依赖图和原始问题 $\boldsymbol{\Phi}$ 的依赖图一致。

令 $\mathcal{D}$ 为一个乘积分布，其中所有 $v\in V$ 在集合 $Q_v$ 上均匀

独立地取值；所有 $u\in U$ 独立地以概率 $\exp(-\theta)$ 取值为 1，以概率 $1-\exp(-\theta)$ 取值为 0。对任意约束 $c'\in\mathcal{C}'_{\text{gen}}$，我们定义坏事件 $\mathcal{B}_{c'}$ 为约束 $c'$ 没有被满足。重申 $\mu_\theta$ 是式（9-91）中定义的吉布斯分布。我们有如下命题。

**命题 9-50** 对于任意 $\boldsymbol{X}\in\boldsymbol{Q}=\bigotimes_{v\in V}Q_v$，我们有

$$\mathbb{P}_{\mathcal{D}}\left[\text{每个 } v\in V \text{ 取值为 } X_v \mid \bigwedge_{c'\in C'}\overline{\mathcal{B}_{c'}}\right]=\mu_\theta(\boldsymbol{X})$$

**证明：** 我们用 $F(X_V)$ 表示没有被 $X_V$ 满足的原始约束 $c\in C$（$C$ 是原始 $\Phi$ 的约束集合）的集合。考虑一个约束 $c'\in C'$，其中 $c'=u_c\vee c$。假设 $\mathcal{B}_{c'}$ 没有发生。如果 $c\in F(X_V)$，则 $u_c$ 取值一定为 1。如果 $c\notin F(X_V)$，则 $u_c$ 可以从 $\{0,1\}$ 中取任何一个值。令 $M\triangleq\prod_{v\in V}|Q_v|$。

$$\mathbb{P}_{\mathcal{D}}\left[(\text{每个 } v\in V \text{ 取值为 } X_v)\wedge\left(\bigwedge_{c'\in C'}\overline{\mathcal{B}_{c'}}\right)\right]$$

$$=\frac{1}{M}\exp(-\theta\,|F(X_V)|)=\frac{1}{M}w_\theta(X_V)$$

其中 $w_\theta(\cdot)$ 是 $\mu_\theta$ 的权重函数。所以

$$\mathbb{P}_{\mathcal{D}}\left[\text{每个 } v\in V \text{ 取值 } X_v \mid \bigwedge_{c'\in C'}\overline{\mathcal{B}_{c'}}\right]=\frac{w_\theta(X_V)}{M\mathbb{P}_{\mathcal{D}}\left[\bigwedge_{c'\in C'}\overline{\mathcal{B}_{c'}}\right]}$$

$$=\frac{w_\theta(X_V)}{M\sum_{X'\in Q'}\mathbb{P}_{\mathcal{D}}\left[(\text{每个 } v\in V \text{ 取值为 } X'_v)\wedge\bigwedge_{c'\in C'}\overline{\mathcal{B}_{c'}}\right]}$$

$$=\frac{w_\theta(X_V)}{\sum_{X'\in Q'}w_\theta(X'_V)}=\mu_\theta(X_V)$$

□

考虑采样算法。给定原始约束满足问题 $\boldsymbol{\Phi}=(V,\boldsymbol{Q},\mathcal{C}_{\text{gen}})$ 和参数 $\theta$ 之后，我们可以构造新的约束满足问题 $\boldsymbol{\Phi}'=(V\cup U,\boldsymbol{Q}',\mathcal{C}'_{\text{gen}})$。在原始采样算法中，我们先把一般的约束满足问题 $\boldsymbol{\Phi}=(V,\boldsymbol{Q},\mathcal{C}_{\text{gen}})$ 分解成由原子约束定义的约束满足问题 $\boldsymbol{\Phi}_{\text{ato}}=(V,\boldsymbol{Q},\mathcal{C}_{\text{ato}})$。同样，我们也把 $\boldsymbol{\Phi}'=(V\cup U,\boldsymbol{Q}',\mathcal{C}'_{\text{gen}})$ 分解成由原子约束定义的约束满足问题 $\boldsymbol{\Phi}'_{\text{ato}}=(V\cup U,\boldsymbol{Q}',\mathcal{C}'_{\text{ato}})$。令 $\boldsymbol{\mu}'$ 表示 $\boldsymbol{\Phi}'_{\text{ato}}$ 的 LLL-分布（定义 9-1）。我们的目标是采样 $\boldsymbol{X}\in\boldsymbol{Q}$ 满足

$$d_{\text{TV}}(\boldsymbol{X},\boldsymbol{\mu}'_V)\leqslant\delta$$

其中 $\boldsymbol{\mu}'_V$ 是 $\boldsymbol{\mu}'$ 投影在 $V$ 上的边缘分布。由命题 9-50 可知

$$d_{\text{TV}}(\boldsymbol{X},\boldsymbol{\mu}_\theta)\leqslant\delta$$

算法的第一步是构造投影策略。对于所有 $V$ 中的变量 $v\in V$，我们按照和 $\boldsymbol{\Phi}_{\text{ato}}$ 一样的方法构造投影 $h_v: Q_v\to\boldsymbol{\Sigma}_v$，对于所有 $U$ 中的变量 $u$，令函数 $h_u$ 为 $\{1,0\}\to 1$。令 $\boldsymbol{\nu}$ 是 $\boldsymbol{\mu}'$ 投影后的分布。

之后我们运行针对 $\boldsymbol{\nu}$ 的吉布斯采样算法。注意到对所有 $\boldsymbol{u}\in U$，经过 $h_u$ 映射后，$u$ 映射后的取值只能是 1。所以，我们可以令 $\boldsymbol{\nu}_V$ 为 $\boldsymbol{\nu}$ 在 $V$ 上的边缘分布，直接运行针对 $\boldsymbol{\nu}_V$ 的吉布斯采样算法 $(Y_t)_{t\geqslant 0}$。初始每个 $v\in V$ 从 $Q_v$ 上独立均匀地采样 $X_0(v)\in Q_v$，再令 $Y_0(v)=h_v(X_0(v))$。第 $t$ 步执行如下转移：

- 随机等概率地选择一个点 $v\in V$，令 $Y_t(V\setminus\{v\})\leftarrow Y_{t-1}(V\setminus\{v\})$。

- 重新采样 $Y_t(v) \sim \boldsymbol{\nu}_v^{Y_{t-1}}(V \setminus \{v\})$。

我们用算法 23 模拟上述吉布斯采样算法。这里有两处修改。第一处，在第 4 行，我们使用子程序 InvSample $\left(\boldsymbol{\Phi}'_{\text{ato}}, \boldsymbol{h}, \frac{\varepsilon}{4(T+1)}, Y_{V\setminus\{v\}}, \{v\}\right)$ 去采样 $X_v$。第二处，在第 6 行，我们用 InvSample $\left(\boldsymbol{\Phi}'_{\text{ato}}, \boldsymbol{h}, \frac{\varepsilon}{4(T+1)}, \boldsymbol{Y}, V\right)$ 去采样 $\boldsymbol{X} \in \boldsymbol{Q}$。子程序 24 也要做修改。在每次拒绝采样的过程中，考虑一个连通块上的所有点 $V_i$。所有变量 $v \in V_i \cap V$ 按照算法 24 中第 7 行的规则采样；所有变量 $u \in V_i \cap U$ 独立地以概率 $\exp(-\theta)$ 取值为 1，以概率 $1-\exp(-\theta)$ 取值为 0。

最后我们验证算法的分析过程。虽然新公式的变量集合为 $V \cup U$，在分析新算法的时候，我们只需要条件 9-9 对 $V$ 中的变量成立即可。容易验证定理 9-12 和定理 9-13 依然成立。现在，在新的条件下，我们说明引理 9-15、引理 9-16 和引理 9-19 也成立。

首先观察到 $\boldsymbol{\Phi}'_{\text{ato}}$ 和 $\boldsymbol{\Phi}_{\text{ato}}$ 满足以下性质。

- 根据观察 9-49，两者的依赖图一致，所以依赖图的最大度数一致。
- 令 $\mathcal{D}$ 为 $\boldsymbol{\Phi}_{\text{ato}}$ 中所有随机变量独立取值的分布，令 $\mathcal{D}'$ 为 $\boldsymbol{\Phi}'_{\text{ato}}$ 所有随机变量独立取值的分布。对于任意 $\boldsymbol{\Phi}'_{\text{ato}}$ 中的坏事件 $\mathcal{B}_{c'}$，设其在 $\boldsymbol{\Phi}_{\text{ato}}$ 对应的坏事件为 $\mathcal{B}_c$，有

$$\mathbb{P}_{\mathcal{D}'}[\mathcal{B}_{c'}]=\mathbb{P}_{\mathcal{D}}[\mathcal{B}_c](1-\exp(-\theta))\leqslant\mathbb{P}_{\mathcal{D}}[\mathcal{B}_c]。$$

由这两点可以保证，所有基于洛瓦兹局部引理的性质依然成立。所以引理 9-16 可以用同样的方法证明。

最后我们需要修改马尔可夫链收敛性的证明。在新算法中，我们使用了针对 $\boldsymbol{\nu}_V$ 的吉布斯采样算法，它的样本空间是 $\boldsymbol{Q}=\bigotimes_{v\in V}Q_v$，这个样本空间和 9.5.4 节分析中考虑的样本空间完全一致。所以我们可以使用和 9.5.4 节一样的分析来证明马尔可夫链快速收敛，但是我们需要做如下修改。

- 对于 $(k,d)$-CSP-公式，在式（9-40）和式（9-41）定义公式 $\boldsymbol{\Phi}^X$ 和 $\boldsymbol{\Phi}^Y$ 的时候，它们的变量集合为 $V\cup U$，约束集合为 $\boldsymbol{C}'_{\text{ato}}$；但是表示公式的超图定义为 $H=(V,\mathcal{E})$，其中多重集 $\mathcal{E}=\{\text{vbl}(c)\cap V \mid c\in\boldsymbol{C}'_{\text{ato}}\}$，即超图不考虑 $U$ 上的点，所以在式（9-42）定义超边容量时，我们也只考虑 $V$ 上的点；耦合过程和算法 25 基本一致，都是在同一个超图 $H$ 上进行耦合，但是第 5 行、第 18 行、以及第 19 行计算边缘概率是在新定义的 $\boldsymbol{\Phi}^X$ 和 $\boldsymbol{\Phi}^Y$ 上计算的，所以需要考虑 $U$ 中变量对边缘概率的影响。
- 对于一般的 CSP-公式，在式（9-60）定义 $\boldsymbol{\Phi}^X$ 和 $\boldsymbol{\Phi}^Y$ 的时候，它们的变量集合为 $V\cup U$，约束集合为 $\boldsymbol{C}'_{\text{ato}}$；构造投影策略 $\boldsymbol{h}^X$ 和 $\boldsymbol{h}^Y$ 的时候，对于 $U$ 上的变量 $u$，$h_u^X$ 和 $h_u^Y$ 都定义为映射 $\{0,1\}\to 1$；条件 9-35 不变，只对 $V$ 上

的变量有要求，对 $U$ 上的变量无要求；表示公式的超图定义为 $H=(V,\mathcal{E})$，其中多重集 $\mathcal{E}=\{\mathrm{vbl}(c)\cap V \mid c\in \boldsymbol{C}'_{\mathrm{ato}}\}$，即超图不考虑 $U$ 上的点；耦合过程和算法 26 基本一致，都是在同一个超图 $H$ 上进行耦合，但是第 6 行和第 14 行计算边缘概率是在新定义的 $\boldsymbol{\Phi}^X$ 和 $\boldsymbol{\Phi}^Y$ 上计算的，所以需要考虑 $U$ 中变量对边缘概率的影响。

简而言之，在新的耦合分析中，除去在计算边缘概率的时候，我们不考虑 $U$ 中变量的影响。

新的耦合过程结束后，算法会把 $V$ 划分成两个部分 $V_1$ 和 $V_2$。耦合需要保证引理 10-10 和引理 9-37 中的最后一条性质：如果 $v_\star$ 耦合失败，则 $v_\star\in V_1$。注意到对于所有的变量 $u\in U$，我们用 $C(u)\subseteq \boldsymbol{C}'_{\mathrm{ato}}$ 表示包含 $u$ 的约束集合。注意到有如下两个关键性质：

- 集合 $(C(u))_{u\in U}$ 构成了 $\boldsymbol{C}'_{\mathrm{ato}}$ 的一个划分。
- 对任意 $c_1$，$c_2\in C(u)$，都有 $\mathrm{vbl}(c_1)=\mathrm{vbl}(c_2)$。

可以验证，引理 10-10 和引理 9-37 证明中的条件独立性依然成立。吉布斯采样算法快速收敛剩下的证明可以直接使用 9.5.4 节的证明方法。

## 9.7 本章小结

本章研究了洛瓦兹局部引理的采样问题。我们提出的状态压缩技术可以打破传统马尔可夫链的连通性障碍，从而得到此类问题目前已知的最快算法。一个重要的开放性问题是如何把这一套快速采样技术从由原子约束和均匀分布定义的问题推广到一般情况。Shearer 条件[127] 是局部引理存在满足解的紧致条件，局部引理采样问题的核心是找到问题可以采样的紧致条件。即使在具体的 CNF、超图染色等问题上，找到最优条件下的采样算法也是一个重要的问题。

# 第 10 章

# 谱独立性与混合时间

## 10.1 研究背景

令 $V$ 为随机变量的集合，每个随机变量在一个大小为 $q \geqslant 2$ 的离散值域上取值。从定义在空间 $[q]^V = \{1,2,\cdots,q\}^V$ 中的联合分布 $\boldsymbol{\mu}$ 上采样是一个重要的计算问题。马尔可夫链蒙特卡洛方法是一种广泛使用的重要采样技术。在本章中，我们研究一种最为经典的马尔可夫链蒙特卡洛方法——**吉布斯采样算法**。在每一步转移中，吉布斯采样算法做如下更新：

1）随机等概率地选择一个随机变量；

2）在其他变量取当前值的条件下，从选中变量的条件边缘分布中随机采样来更新它的取值。

令 $\boldsymbol{\mu}_t$ 表示 $t$ 步更新之后的概率分布。对于很多分布，很容易证明 $\boldsymbol{\mu}_t$ 在 $t \to \infty$ 时收敛到 $\boldsymbol{\mu}$。但是，一个困难的问题是计算 $\boldsymbol{\mu}_t$ 收敛到 $\boldsymbol{\mu}$ 的速度，收敛速度被混合时间刻画。

吉布斯采样算法的目标分布往往十分复杂，所以分析其混合时间一直是理论计算机科学中一个重要且困难的课题。为了解决这个问题，人们提出了很多工具来分析吉布斯采样算法的收敛速度[15]，例如标准路径[30]和路径耦合技术[58]。在最近的一系列研究中[61-63,151]，一个被称为“局部到整体”的分析技术[61-63]被发展起来，这个技术基于高维扩张器(HDX)。在最近的一些重要进展中，这个新技术起到了关键作用，例如均匀采样拟阵的基，以及硬核模型[25]、反铁磁二自旋模型[32]在最优条件下采样算法。

Anari、Liu 和 Oveis Gharan[25]提出了一个基于“局部到整体”的新分析技术。他们提出了**谱独立性**的概念。简单来说，这个性质要求在联合分布 $\mu$ 以及它所有的条件分布中，随机变量两两之间的影响总体较小。他们的技术只考虑布尔变量，即 $q=2$ 的情况。严格来说，对于任意一个子集 $\Lambda\subseteq V$ 上的合法配置 $\sigma_\Lambda\in\{0,1\}^\Lambda$，Anari、Liu 和 Oveis Gharan 定义了一个影响矩阵 $\boldsymbol{I}_\mu^{\sigma_\Lambda}$：对于任意 $u,v\in V\backslash\Lambda,\boldsymbol{I}_\mu^{\sigma_\Lambda}(u,v)\triangleq(\mu_\sigma^{v_\Lambda,u\leftarrow 1}(1)-\mu_v^{\sigma_\Lambda,u\leftarrow 0}(1))\cdot 1[u\neq v]$，其中 $\mu_v^{\sigma_\Lambda u\leftarrow i}$，$(i=0,1)$ 是在将 $\Lambda$ 上的配置固定成 $\sigma_\Lambda$ 且 $u$ 的值固定为 $i$ 的条件下，$\mu$ 在 $v$ 上的条件边缘分布。在文献［25］中，当且仅当对任意 $\Lambda\subseteq V$，任意合法的 $\sigma_\Lambda\in\{0,1\}^\Lambda$，矩阵 $\lambda_{\max}(\boldsymbol{I}_\mu^{\sigma_\Lambda})$ 的最大特征根有一个合适的上界时，$\{0,1\}^V$ 上的分布 $\mu$ 有谱独立性。他们证明了谱独立性可以推出吉布斯采样算法混合时间的上界。利用这个

工具，他们证明了一个重要的猜想：只要满足唯一性条件，针对硬核模型的吉布斯采样算法可以快速收敛。之后，Chen、Liu 和 Vigoda[32] 又把结果推广到一般的反铁磁二自旋模型。

虽然在布尔变量上取得了重要进展，但是 Anari、Liu 和 Oveis Gharan 的分析无法应用到非布尔变量上，例如图染色模型以及统计物理上的波次模型。所以一个很自然的问题就是文献［25，32］中的分析技术能不能推广到一般的分布上。这个推广有以下两个难点：①如果 $q>2$，有很多种本质不同的方式可以定义 $u$，$v\in V$ 之间的影响；②定义完变量之间的影响后，如何证明吉布斯分布快速收敛。在文献［25］中，作者建立了谱独立性和“局部随机游走”之间的联系，再用“局部到全局”的技术[63] 推出吉布斯采样算法的混合时间。想要推广到一般分布，就需要建立一般分布影响矩阵和“局部随机游走”之间的关系。

## 10.2 主要结论

### 10.2.1 谱独立性与吉布斯采样算法混合时间

本书的第一个贡献是对一般的概率分布给出了一种谱独立性的定义。这个定义可以在一般的分布上证明类似文献［25］的结论。

**定义 10-1**（影响矩阵） 令 $\mu$ 是 $[q]^V$ 上的概率分布。固定任意一个集合 $\Lambda\subseteq V$ 和任意一个合法配置 $\sigma_\Lambda\in[q]^\Lambda$。对于任意不同的 $u$，$v\in V\setminus\Lambda$，定义 $u$ 对 $v$ 的影响为

$$\Psi_\mu^{\sigma_\Lambda}(u,v)\triangleq\max_{i,j\in\Omega_u^{\sigma_\Lambda}}d_{\mathrm{TV}}(\mu_v^{\sigma_\Lambda,u\leftarrow i},\mu_v^{\sigma_\Lambda,u\leftarrow j})\tag{10-1}$$

其中 $\Omega_u^{\sigma_\Lambda}\triangleq\{i\in[q]\mid\mu_u^{\sigma_\Lambda}(i)>0\}$ 表示给定 $\sigma_\Lambda$ 后，$u$ 可以取的值；$d_{\mathrm{TV}}(\cdot,\cdot)$ 表示两个分布之间的全变差；对任意 $c=i$ 或 $j$，$\mu_v^{\sigma_\Lambda,u\leftarrow c}$ 表示在 $\Lambda$ 上的配置为 $\sigma_\Lambda$ 且 $u$ 的取值为 $c$ 的条件下，$\mu$ 在 $v$ 上的条件边缘分布。

对于任意 $u=v$，令 $\Psi_\mu^{\sigma_\Lambda}(u,v)\triangleq0$；整个影响矩阵记为 $\Psi_\mu^{\sigma_\Lambda}$。

在我们的定义中，$\Psi_\mu^{\sigma_\Lambda}(u,v)$ 是在给定 $\sigma_\Lambda$ 的条件下，点 $u$ 处不同的取值对点 $v$ 造成的最大影响。矩阵中每一项 $\Psi_\mu^{\sigma_\Lambda}$ 是一个全变差，所以影响矩阵是一个非负矩阵。我们的定义即使在布尔变量上也和文献［25］中的矩阵 $I_\mu^{\sigma_\Lambda}$ 不同，因为 $I_\mu^{\sigma_\Lambda}$ 可能包含负数。尽管如此，如果 $q=2$，我们有如下关系，$\Psi_\mu^{\sigma_\Lambda}(u,v)=|I_\mu^{\sigma_\Lambda}(u,v)|$。

有了影响矩阵的定义之后，我们可以定义一般分布的谱独立性。

**定义 10-2**（谱独立性） 如果下列条件成立，则我们称 $[q]^V$ 上的分布 $\mu$ 有 $(C,\eta)$-谱独立性。令 $n=|V|$。对任意

$0 \leqslant k \leqslant n-2$，大小为 $k$ 的集合 $\Lambda \subseteq V$，任意合法的 $\sigma_\Lambda \in [q]^\Lambda$，影响矩阵 $\boldsymbol{\Psi}_\mu^{\sigma_\Lambda}$ 的谱半径满足

$$\rho(\boldsymbol{\Psi}_\mu^{\sigma_\Lambda}) \leqslant C \quad \text{且} \quad \frac{\rho(\boldsymbol{\Psi}_\mu^{\sigma_\Lambda})}{n-k-1} \leqslant \eta$$

考虑分布 $\mu$ 上的吉布斯采样算法，令 $\boldsymbol{P}_{\text{Gibbs}} \in \mathbb{R}_{\geqslant 0}^{\Omega \times \Omega}$ 表示其转移矩阵。如果吉布斯采样算法的马尔可夫链不可约，则它可以最终收敛到 $\mu$[15]。马尔可夫链的收敛速度被混合时间刻画，它的定义为

$$\forall\, 0<\varepsilon<1, \quad T_{\text{mix}}(\varepsilon) = \max_{x_0 \in \Omega} \min\{t \mid d_{\text{TV}}(\boldsymbol{P}_{\text{Gibbs}}^t(\boldsymbol{x}_0, \cdot), \mu) \leqslant \varepsilon\}$$

我们的主要结论说明如果 $\mu$ 有谱独立性，则针对 $\mu$ 的吉布斯采样算法可以快速混合。

**定理 10-1** 令 $\mu$ 是一个 $[q]^V$ 上的分布。如果 $\mu$ 有 $(C,\eta)$-谱独立性且有 $C \geqslant 0$ 和 $0 \leqslant \eta < 1$，则针对 $\mu$ 的吉布斯采样算法有如下混合时间

$$T_{\text{mix}}(\varepsilon) \leqslant \frac{n^{1+2C}}{(1-\eta)^{2+2C}} \left(\log \frac{1}{\varepsilon \mu_{\min}}\right)$$

其中 $n = |V|$ 且 $\mu_{\min} \triangleq \min\{\mu(\sigma) \mid \sigma \in [q]^V \wedge \mu(\sigma) > 0\}$。

这个结论推广了文献［25］中 $q=2$ 时的结论。Anari、Liu 和 Oveis Gharan[25] 的证明用基于线性代数的分析建立了影响矩阵和局部随机游走的关系，然后使用“局部到全局”的技术[63] 分析混合时间。而在我们的分析中，我们使用了一种耦合分析来建立影响矩阵和局部随机游走的关系，这个

证明对一般的 $q\in\mathbb{N}$ 都成立。

要使用我们的主定理就要验证谱独立性，这就需要计算影响矩阵的谱半径。一般情况下，矩阵的谱半径不容易计算。一个更加可行的方法是计算矩阵的诱导 1-范数和诱导 $\infty$-范数，这可以给出谱半径的上界。

**推论 10-2** 令 $\mu$ 为 $[q]^V$ 上的分布，其中 $n=|V|$。如果存在常数 $C\geqslant 0$ 和 $0\leqslant\eta<1$，使得对任意 $0\leqslant k\leqslant n-2$，大小为 $k$ 的集合 $\Lambda\subseteq V$，以及任何合法的 $\sigma_\Lambda\in[q]^\Lambda$，影响矩阵 $\boldsymbol{\Psi}_\mu^{\sigma_\Lambda}$ 满足如下任意一个条件。

- **有限多对一影响：**

$$\|\boldsymbol{\Psi}_\mu^{\sigma_\Lambda}\|_1\triangleq\max_{v\in V\setminus\Lambda}\sum_{u\in V\setminus\Lambda}\boldsymbol{\Psi}_\mu^{\sigma_\Lambda}(u,v)\leqslant\min\{C,\eta(n-k-1)\}$$

- **有限一对多影响：**

$$\|\boldsymbol{\Psi}_\mu^{\sigma_\Lambda}\|_\infty\triangleq\max_{u\in V\setminus\Lambda}\sum_{v\in V\setminus\Lambda}\boldsymbol{\Psi}_\mu^{\sigma_\Lambda}(u,v)\leqslant\min\{C,\eta(n-k-1)\}$$

$\mu$ 的吉布斯采样算法有如下混合时间

$$\mathrm{T}_{\mathrm{mix}}(\varepsilon)\leqslant\frac{n^{1+2C}}{(1-\eta)^{2+2C}}\left(\log\frac{1}{\varepsilon\mu_{\min}}\right)$$

其中 $\mu_{\min}\triangleq\min\{\mu(\sigma)\mid\sigma\in[q]^V\wedge\mu(\sigma)>0\}$。

推论 10-2 中的条件已经对硬核模型[25]（多对一影响）和一般的反铁磁二自旋系统[32]（一对多影响）验证。这个条件尤其适用于由自旋系统定义的吉布斯分布。在图 $G=(V,E)$ 的 $q$-自旋系统中，每个点表示从一个大小为 $q$ 的值域中取值的随机变量，每条边表示两个变量之间的相互作用。有限多对一影响和有限一对多影响都可以视为某种强空间混合或相关性衰减的性质。这种性质要求两个变量之间的相关性随着它们在图上的距离呈现指数级衰减，此性质已经被广泛地用到采样算法的设计和分析中。对于反铁磁二自旋系统，吉布斯采样算法快速混合的条件[25,32]和当前已知最好的相关性衰减的条件匹配[24,152-154]。我们证明对于图染色模型，也可以在当前已知最好的相关性衰减的条件[56,57]下验证谱独立性。

### 10.2.2 图染色模型上的应用

作为一个具体应用，我们考虑图的 $q$-染色模型。图的染色模型被一个三元组$(V,E,[q])$定义，其中 $G=(V,E)$ 是一张图，$[q]=\{1,2,\cdots,q-1\}$ 是颜色集合。合法图染色 $X\in[q]^V$ 给每个点 $v\in V$ 一种颜色，$X_v\in[q]$ 使得对任意$\{u,v\}\in E$ 都有 $X_u\neq X_v$。令 $\Omega$ 表示所有合法染色的集合，令 $\mu$ 表示 $\Omega$ 上的均匀分布。对于图染色问题，吉布斯采样算法定义如下。马尔可夫链从任意合法染色 $X\in\Omega$ 开始，每步转移执行如下更新。

1）随机等概率地选一个点 $v\in V$。

2）从集合$[q]\setminus\{X_u \mid \{v,u\}\in E\}$随机等概率地选一种颜色来更新 $X_v$。

当 $q\geqslant\Delta+2$ 时，从任意初始状态出发，马尔可夫链都能收敛到$\mu$。然而，一个著名的开放性问题是，当$q \geqslant \Delta+2$时，马尔可夫链能否快速混合。我们朝着这个目标做出以下成果。

令$\alpha^* \approx 1.763\cdots$是方程$x^x = \mathrm{e}$的根。利用定理10-1，得出如下结论。Chen、Liu和Vigoda[155] 也独立地证明了这个结论。

**定理10-3** 令$\delta>0$是一个常数。对于任意图染色模型$(V,E,[q])$，其中$G=(V,E)$是一个不含三角形的图，且满足$q \geqslant (\alpha^*+\delta)\Delta$，则$(V,E,[q])$上吉布斯采样算法的混合时间满足

$$T_{\mathrm{mix}}(\varepsilon) \leqslant (9\mathrm{e}^5 n)^{2+9/\delta} \log\left(\frac{q}{\varepsilon}\right)$$

其中$n$是$G$的点数，$\Delta \geqslant 3$是$G$的最大度数。

实际上我们的定理对一般的列表染色也成立（见定理10-14）。

可以比较定理10-3和其他一系列结果。研究图染色吉布斯采样算法混合时间从Jerrum[27]、Salas和Sokal[55] 的早期工作开始，他们证明了当$q \geqslant (2+\delta)\Delta$时，混合时间为$O(n\log n)$。到目前为止，在一般图上最好的结果是$q \geqslant \left(\frac{11}{6}-\varepsilon_0\right)\Delta$时的$O(n^2)$ 混合时间，其中$\varepsilon_0>0$是一个很小的绝对常数[28,29]。在特殊的图上，不同条件下吉布斯采样算法的混合时间有一系列的研究[56,156-162]。一些和定理10-3有关的结论如表10-1所示。不含三角形的性质，以及更一般的围

长性质在改进 $q$ 和 $\Delta$ 的关系中发挥了重要作用。读者可以通过综述[34] 看到更多结论。除了采样算法，利用从采样到计数的归约[4]，人们可以通过近似计数算法[52,89,163] 得到随机采样算法。Liu、Sinclair 和 Srivastava[52] 给出了目前最好的完全多项式时间近似计数 $q$-染色方案数的算法。在如下两个条件下，算法的运行时间是 $n^{f(\Delta)}$，其中 $f(\Delta)=\exp(\mathrm{poly}(\Delta))$：①一般图满足 $q\geqslant 2\Delta$；②不含三角形的图满足 $q\geqslant(\alpha^*+\delta)\Delta+\beta(\delta)$。所以，只要 $\Delta=\omega(1)$，算法的运行时间是一个多项式。

**表 10-1　均匀采样图合法 $q$-染色的混合时间**

| | 条件 | 围长 | 附加条件 | 混合时间 $T_{\mathrm{mix}}\left(\frac{1}{4\mathrm{e}}\right)$ |
|---|---|---|---|---|
| 文献[56] | $q>\alpha^*\Delta$ | ≥4 | $\Delta=O(1)$ 且有邻居易控制的性质 | $O(n^2)$ |
| 文献[159] | $q\geqslant(\alpha^*+\delta)\Delta$ | ≥4 | $\Delta=\Omega(\log n)$ | $O\left(\frac{n}{\delta}\log n\right)$ |
| 文献[162] | $q\geqslant(\alpha^*+\delta)\Delta$ | ≥5 | $\Delta\geqslant\Delta_0(\delta)$ | $O\left(\frac{n}{\delta}\log n\right)$ |
| 本书 | $q\geqslant(\alpha^*+\delta)\Delta$ | ≥4 | 无 | $O((9\mathrm{e}^5 n)^{2+9/\delta}\log q)$ |

和之前马尔可夫链的结果比较，我们在不含三角形的图上证明了 $q\geqslant(\alpha^*+\delta)\Delta$ 的收敛条件，我们的证明不需要其他附加条件。和 Liu、Sinclair 与 Srivastava[52] 的方法比较，本书的算法运行速度更快。定理 10-3 中的条件和最好的相关性衰减条件[56,57] 匹配。

定理 10-3 由推论 10-2 中的充分条件证明。实际上，我们使用了 Goldberg、Martin 和 Paterson[56] 提出的递归耦合技术来分析一对多影响，即分析矩阵 $\boldsymbol{\Psi}_{\mu}^{\sigma_\Lambda}$ 的诱导 $\infty$ -范数。文献［56］只分析了特殊图上的一对一影响。和先前的分析技术相比，谱独立性的优势在于分析时不需要归结到当前染色的最坏情况。对于经典的路径耦合技术，为了避免归结到最坏情况，可以使用基于“局部均匀性质”的分析技术[161]，要证明这个性质，需要借助非常复杂的分析过程。但是，我们的谱独立性可以避免这些繁杂的分析。我们的结论在 $\Delta=\omega(1)$ 时依然是多项式时间。但是结论的不足之处是 $n$ 的指数和 $\delta$ 相关，所以当颜色数接近阈值时，混合时间是一个巨大的多项式，文献［25，32］的结论中也出现了相关问题。论文发表后，Chen、Liu 和 Vigoda[26] 得到了如下改进版结果，在定理 10-3 的条件下，如果再加上 $\Delta=O(1)$，则可以得到 $O(n\log n)$ 的混合时间。

最后，我们的递归耦合分析技术可能可以用于其他问题。利用谱独立性，我们本质上说明了任意图只要递归耦合收敛，吉布斯采样算法一定可以快速混合。在此之前，这种递归耦合和采样算法的关系只在 amenable 图[56] 以及平面图[164] 上被证明过。我们第一次在一般图上证明了这种联系。

# 10.3 混合时间分析

## 10.3.1 主定理证明

在本小节，我们证明主定理（定理 10-1）。我们实际证明一个更强的结论。我们先证明 $(\eta_0,\eta_1,\cdots,\eta_{n-2})$-谱独立性，这和文献［25］中的定义类似。

**定义 10-3**（$(\eta_0,\eta_1,\cdots,\eta_{n-2})$-谱独立性） 对于一个 $[q]^V$ 的分布 $\mu$，如果以下条件成立，我们称其有 $(\eta_0,\eta_1,\cdots,\eta_{n-2})$-谱独立性。令 $|V|=n$。对于任意 $0\leqslant k\leqslant n-2$，任意大小为 $k$ 的集合 $\Lambda\subseteq V$，任何合法的 $\sigma_\Lambda\in[q]^\Lambda$，影响矩阵 $\boldsymbol{\Psi}_\mu^{\sigma_\Lambda}$ 的谱半径满足

$$\rho(\boldsymbol{\Psi}_\mu^{\sigma_\Lambda})\leqslant\eta_k$$

因为吉布斯采样算法相对于 $\mu$ 可逆，所以它的转移矩阵有实数特征根。当 $\mu$ 有谱独立性时，如下定理说明了马尔可夫链的谱间隙。

**定理 10-4** 令 $\mu$ 为 $[q]^V$ 上的分布，其中 $n=|V|$。令 $\eta_0,\eta_1,\cdots,\eta_{n-2}$ 为一个序列，满足对于所有 $0\leqslant k\leqslant n-2$ 都有 $0\leqslant\eta_k<n-k-1$。如果 $\mu$ 有 $(\eta_0,\eta_1,\cdots,\eta_{n-2})$-谱独立性，则针对 $\mu$ 的吉布斯采样算法有如下谱间隙。

$$1-\lambda_2(\boldsymbol{P}_{\text{Gibbs}})\geqslant\frac{1}{n}\prod_{k=0}^{n-2}\left(1-\frac{\eta_k}{n-k-1}\right)$$

其中 $\lambda_2(\boldsymbol{P}_{\text{Gibbs}})$ 是转移矩阵 $\boldsymbol{P}_{\text{Gibbs}}$ 的第二大特征根。

对于 $q\geqslant 2$ 的一般分布证明定理，主定理（定理 10-1）是定理 10-4 的推论，这是因为如果 $\mu$ 有 $(C,\eta)$-谱独立性，则 $\mu$ 有（$\eta_0,\eta_1,\cdots,\eta_{n-2}$）-谱独立性，其中 $\eta_k=\min\{C,\eta(n-k-1)\}$。我们先给出定理 10-4 的证明，再利用定理 10-4 证明定理 10-1。

**吉布斯采样算法和局部随机游走**

为了证明定理 10-4，利用“局部到全局”的技术[63]，我们只需要分析如下局部随机游走。类似的方法在其他工作[25,32,64,66] 中也使用过。

**定义 10-4**（局部随机游走） 对于任意子集 $\Lambda\subseteq V$，任意合法的部分配置 $\sigma_\Lambda\in[q]^\Lambda$，定义 $U_{\sigma_\Lambda}=\{(u,c)\in\overline{\Lambda}[q]\mid\mu_u^{\sigma_\Lambda}(c)>0\}$ 上的局部随机游走 $\boldsymbol{P}_{\sigma_\Lambda}$ 为

$$\forall(u,i),(v,j)\in U_{\sigma_\Lambda},$$

$$\boldsymbol{P}_{\sigma_\Lambda}((u,i),(v,j))\triangleq\frac{1[u\neq v]}{|V|-|\Lambda|-1}\mu_v^{\sigma_\Lambda,u\leftarrow i}(j)\quad(10\text{-}2)$$

其中 $\overline{\Lambda}=V\setminus\Lambda$，$\mu_v^{\sigma_\Lambda,u\leftarrow i}$ 是在 $\Lambda$ 的配置固定为 $\sigma_\Lambda$ 且 $u$ 的取值固定为 $i$ 的条件下，$\mu$ 在 $v$ 上的条件边缘分布。

$\boldsymbol{P}_{\sigma_\Lambda}$ 被称为局部随机游走是因为它的每个状态都是局部一个点的取值。而吉布斯采样算法被称为全局随机游走，这是因为其每个状态是一个全局配置。我们强调局部随机游走转移概率的计算需要全局信息，而吉布斯采样算法的转移概率只涉及局部信息。

下面的引理 10-6 说明如果局部随机游走[⊖]的第二大特征根都小，则吉布斯采样算法的第二大特征根 $\boldsymbol{\lambda}_2(\boldsymbol{P}_{\text{Gibbs}})$ 也小。

**条件 10-5** 令 $\mu$ 为 $[q]^V$ 上的分布，其中 $n=|V|$。存在一个序列 $\alpha_0,\alpha_1,\cdots,\alpha_{n-2}$ 使得对任意 $0\leqslant k\leqslant n-2$，大小为 $k$ 的集合 $\Lambda\subseteq V$ 以及任意合法的 $\sigma_\Lambda\in[q]^\Lambda$，转移矩阵 $\boldsymbol{P}_{\sigma_\Lambda}$ 满足

$$\lambda_2(\boldsymbol{P}_{\sigma_\Lambda})\leqslant\alpha_k$$

其中 $\lambda_2(\boldsymbol{P}_{\sigma_\Lambda})$ 是 $\boldsymbol{P}_{\sigma_\Lambda}$ 的第二大特征根。

**引理 10-6**（文献 [63]） 令 $\mu$ 为 $[q]^V$ 上的分布，其中 $n=|V|$。令 $\alpha_0,\alpha_1,\cdots,\alpha_{n-2}$ 为一个序列，对所有 $0\leqslant i\leqslant n-2$ 都有 $0\leqslant\alpha_i<1$。如果 $\mu$ 以参数 $\alpha_0,\alpha_1,\cdots,\alpha_{n-2}$ 满足条件 10-5，则针对 $\mu$ 的吉布斯采样算法有如下谱间隙。

$$1-\lambda_2(\boldsymbol{P}_{\text{Gibbs}})\geqslant\frac{1}{n}\prod_{k=0}^{n-2}(1-\alpha_k)$$

其中 $\lambda_2(\boldsymbol{P}_{\text{Gibbs}})$ 是转移矩阵 $\boldsymbol{P}_{\text{Gibbs}}$ 的第二大特征根。

引理 10-6 就是推论 10-6。引理 10-6 建立了吉布斯采样算法和局部随机游走之间的联系，从而给出了一个分析吉布斯采样算法的强大工具。因为局部随机游走的状态数目相对于吉布斯采样算法呈指数级减小，所以局部随机游走更容易分析。

**局部随机游走分析**

剩下的工作是分析局部随机游走。

---

⊖ 局部随机游走 $\boldsymbol{P}_{\sigma_\Lambda}$ 是可逆的，所以它有实特征根。

本书主要的技术贡献是证明了如下引理。引理说明只要分布满足谱独立性，则所有局部随机游走的第二大特征根小。

**引理 10-7** 令 $\mu$ 为 $[q]^V$ 上的分布，其中 $n=|V|$。如果 $\mu$ 满足 $(\eta_0,\eta_1,\cdots,\eta_{n-2})$-谱独立性，则 $\mu$ 以参数 $\alpha_0,\alpha_1,\cdots,\alpha_{n-2}$ 满足条件 10-5 且

$$\forall 0\leqslant k\leqslant n-2: \quad \alpha_k=\frac{\eta_k}{n-k-1}$$

对于 $q=2$ 的情况，Anari、Liu 和 Oveis Gharan[25] 证明了一个和引理 10-7 类似的引理。对于一般情况，Chen、Liu 和 Vigoda[155] 也证明了类似的结论。他们的证明都基于线性代数分析。与之不同，用一个耦合分析证明了分布有谱独立性时，局部随机游走 $\boldsymbol{P}_{\sigma_\Lambda}$ 快速收敛，所以转移矩阵第二大特征根 $\lambda_2(\boldsymbol{P}_{\sigma_\Lambda})$ 有上界。具体而言，我们构造了耦合 $(X_t,Y_t)_{t\geqslant 0}$，并证明了如果 $\mu$ 有谱独立性，则两个链可以快速重叠（即 $X_t=Y_t$）。我们的证明是一个纯组合分析，分析借鉴了 Hayes[119] 的经典分析方法。此证明只给了 $\lambda_2(\boldsymbol{P}_{\sigma_\Lambda})$ 的一个上界，而文献 [25，155] 用他们定义的影响矩阵精确计算出了 $\lambda_2(\boldsymbol{P}_{\sigma_\Lambda})$。分析细节见 10.3.2 节。

易见定理 10-4 是引理 10-6 和引理 10-7 的推论。现在用定理 10-4 去证明主定理（定理 10-1）。

**定理 10-1 的证明：** 因为 $\mu$ 有参数为 $C\geqslant 0$ 且 $1\leqslant\eta<1$ 的 $(C,\eta)$-谱独立性（定义 10-2），根据定义 10-3，$\mu$ 有（$\eta_0$，

$\eta_1,\cdots,\eta_{n-2})$-谱独立性，其中

$$\eta_k=\min\{C,\eta(n-k-1)\}$$

由定理 10-4 可得

$$1-\lambda_2(\boldsymbol{P}_{\text{Gibbs}})\geqslant\frac{1}{n}\prod_{k=0}^{n-2}\left(1-\frac{\eta_k}{n-k-1}\right)\geqslant\frac{1}{n}\prod_{k=0}^{n-2}\left(1-\min\left\{\frac{C}{n-k-1},\ \eta\right\}\right)$$

$$=\frac{1}{n}\prod_{k=1}^{n-1}\left(1-\min\left\{\frac{C}{k},\ \eta\right\}\right)$$

所以谱间隙有如下下界。

$$\begin{aligned}1-\lambda_2(\boldsymbol{P}_{\text{Gibbs}})&\geqslant\frac{1}{n}\left(\prod_{k=1}^{2+2C-1}(1-\eta)\right)\left(\prod_{k=2+2C}^{n-1}\left(1-\frac{C}{k}\right)\right)\\&\geqslant\frac{(1-\eta)^{2+2C}}{n}\prod_{k=2+2C}^{n}\left(1-\frac{C}{k}\right)\\&\geqslant\frac{(1-\eta)^{2+2C}}{n}\exp\left(-\sum_{k=2+2C}^{n}\frac{2C}{k}\right)\\&\geqslant\frac{(1-\eta)^{2+2C}}{n}\exp\left(-2C\sum_{k=2}^{n}\frac{1}{k}\right)\\(\bigstar)\quad&\geqslant\frac{(1-\eta)^{2+2C}}{n}\exp(-2C\ln n)=\frac{(1-\eta)^{2+2C}}{n^{1+2C}}\end{aligned}$$

其中（★）成立是因为 $\sum_{k=2}^{n}\frac{1}{k}\leqslant\ln n$。

因为吉布斯采样算法的转移矩阵正定，所以所有特征根非负[63,165]。令特征根为 $1=\lambda_1(\boldsymbol{P}_{\text{Gibbs}})\geqslant\lambda_2(\boldsymbol{P}_{\text{Gibbs}})\geqslant\cdots\geqslant\lambda_{|\Omega|}(\boldsymbol{P}_{\text{Gibbs}})\geqslant0$，其中 $\Omega\subseteq[q]^V$ 是 $\mu$ 的支持集。吉布斯采样算法的绝对谱间隙（absolute spectral gap）有如下下界。

$$\gamma_\star = 1-\lambda_\star = 1-\max_{2\leqslant i\leqslant |\Omega|} |\lambda_i(\boldsymbol{P}_{\text{Gibbs}})| = 1-\lambda_2(\boldsymbol{P}_{\text{Gibbs}}) \geqslant \frac{(1-\eta)^{2+2C}}{n^{1+2C}}$$

根据命题2-6，我们有

$$T_{\text{mix}}(\varepsilon) \leqslant \frac{1}{\gamma_\star}\left(\log\frac{1}{\varepsilon\mu_{\min}}\right) \leqslant \frac{n^{1+2C}}{(1-\eta)^{2+2C}}\left(\log\frac{1}{\varepsilon\mu_{\min}}\right) \qquad \square$$

### 10.3.2 局部随机游走的耦合

本小节证明引理 10-7。我们的证明基于一个新的耦合分析。

**引理 10-7 的证明**

固定一个 $\Lambda \subseteq V$ 满足 $0\leqslant |\Lambda| \leqslant n-2$，以及一个合法部分配置 $\boldsymbol{\sigma}_\Lambda \in [q]^\Lambda$。为了简化记号，我们用 $\boldsymbol{\sigma}$ 表示 $\boldsymbol{\sigma}_\Lambda$。考虑式（10-2）中定义的 $\boldsymbol{P}_\sigma$。重申 $\boldsymbol{P}_\sigma$ 定义为

$$U_\sigma \triangleq \{(u,i) \in \overline{\Lambda}\times[q] \mid \mu_u^\sigma(i)>0\} \tag{10-3}$$

因为 $|\overline{\Lambda}| = |V\setminus\Lambda| \geqslant 2$且 $\boldsymbol{\sigma}$ 合法，所以 $|U_\sigma| \geqslant 2$。考虑随机游走 $\boldsymbol{Q}_\sigma$，

$$\boldsymbol{Q}_\sigma \triangleq \frac{n-|\Lambda|-1}{n-|\Lambda|}\boldsymbol{P}_\sigma + \frac{1}{n-|\Lambda|}\boldsymbol{I}_\sigma \tag{10-4}$$

其中 $\boldsymbol{I}_\sigma \in \mathbb{R}_{\geqslant 0}^{U_\sigma\times U_\sigma}$ 是单位矩阵。等价地，对于每步转移，以概率$\frac{1}{n-|\Lambda|}$，随机游走 $\boldsymbol{Q}_\sigma$ 停留在当前位置；否则，$\boldsymbol{Q}_\sigma$ 按照 $\boldsymbol{P}_\sigma$ 的规则转移。

定义 $U_\sigma$ 上的分布 $\boldsymbol{\pi}$ 为

$$\forall (u,i) \in U_\sigma, \quad \pi(u,i) \triangleq \frac{1}{n-|\Lambda|}\mu_u^\sigma(i) \tag{10-5}$$

注意到 $\sum_{i\in\Omega_u^\sigma}\mu_u^\sigma(i)=1$，其中 $\Omega_u^\sigma \triangleq \{i\in[q] \mid \mu_u^\sigma(i)>0\}$。所以 $\sum_{(u,i)\in U_\sigma}\pi(u,i)=1$ 和 $\pi$ 良定义。我们说明 $\boldsymbol{P}_\sigma$ 和 $\boldsymbol{Q}_\sigma$ 都相对于 $\pi$ 可逆。对任意 $(u,i),(v,j)\in U_\sigma$，我们验证细致平衡方程。如果 $u=v$，则可以验证

$$\pi(u,i)\boldsymbol{P}_\sigma((u,i),(v,j))=0=\pi(v,j)\boldsymbol{P}_\sigma((v,j),(u,i))$$

否则 $u\neq v$，那么

$$\begin{aligned}\pi(u,i)\boldsymbol{P}_\sigma((u,i),(v,j)) &= \frac{\mu_u^\sigma(i)\mu_v^{\sigma,u\leftarrow i}(j)}{(n-|\Lambda|)(n-|\Lambda|-1)}\\ &= \frac{\mathbb{P}_{X\sim\mu}[X_u=i\wedge X_v=j \mid X_\Lambda=\sigma]}{(n-|\Lambda|)(n-|\Lambda|-1)}\\ &= \frac{\mu_v^\sigma(j)\mu_u^{\sigma,v\leftarrow j}(i)}{(n-|\Lambda|)(n-|\Lambda|-1)}\\ &= \pi(v,j)\boldsymbol{P}_\sigma((v,j),(u,i))\end{aligned}$$

因为 $\boldsymbol{Q}_\sigma$ 是 $\boldsymbol{P}_\sigma$ 的 lazy 版本，所以 $Q_\sigma$ 也相对于 $\pi$ 可逆。根据式（10-3）和式（10-5），$\pi$ 的支持集为 $U_\sigma$。所以 $\boldsymbol{P}_\sigma$ 和 $\boldsymbol{Q}_\sigma$ 都有 $|U_\sigma|$ 个实特征根。令 $\lambda_2(\boldsymbol{P}_\sigma)$ 和 $\lambda_2(\boldsymbol{Q}_\sigma)$ 分别表示 $\boldsymbol{P}_\sigma$ 和 $\boldsymbol{Q}_\sigma$ 的第二大特征根。根据式（10-4）中 $\boldsymbol{Q}_\sigma$ 的定义，我们有如下命题。

**命题 10-8** $\lambda_2(\boldsymbol{Q}_\sigma)=\frac{n-|\Lambda|-1}{n-|\Lambda|}\lambda_2(\boldsymbol{P}_\sigma)+\frac{1}{n-|\Lambda|}$

命题 10-8 是一个基本的线性代数结论。对于 $\lambda_2(\boldsymbol{Q}_\sigma)$，我们有如下结论。

**引理 10-9** $\lambda_2(\boldsymbol{Q}_\sigma) \leqslant \dfrac{\rho(\boldsymbol{\Psi}_\mu^\sigma)+1}{n-|\Lambda|}$.

先用命题 10-8 和引理 10-9 来证明引理 10-7。假设 $\mu$ 有 $(\eta_0,\eta_1,\cdots,\eta_{n-2})$-谱独立性（定义 10-3）。由命题 10-8 可知，

$$\lambda_2(\boldsymbol{P}_\sigma)=\frac{n-|\Lambda|}{n-|\Lambda|-1}\left(\lambda_2(\boldsymbol{Q}_\sigma)-\frac{1}{n-|\Lambda|}\right)$$

$$\leqslant\frac{\rho(\boldsymbol{\Psi}_\mu^\sigma)}{n-|\Lambda|-1}\leqslant\frac{\eta_k}{n-k-1}\quad（其中 k=|\Lambda|）$$

上述不等式对于任意满足 $0\leqslant|\Lambda|\leqslant n-2$ 的 $\Lambda\subseteq V$ 和任意合法的 $\sigma\in[q]^\Lambda$ 都成立。这说明 $\mu$ 以参数 $\alpha_0,\alpha_1,\cdots,\alpha_{n-2}$ 满足条件 10-5，且 $\alpha_k=\dfrac{\eta_k}{n-k-1}$。

**耦合分析**

证明引理 10-9。我们用耦合分析给 $\lambda_2(Q_\sigma)$ 一个上界。定义矩阵 $\boldsymbol{A}$：

$$\boldsymbol{A}\triangleq\frac{1}{n-|\Lambda|}((\boldsymbol{\Psi}_\mu^\sigma)^{\mathrm{T}}+\boldsymbol{I})\tag{10-6}$$

其中 $\boldsymbol{I}$ 是单位矩阵。对于任意 $t\geqslant1$，定义

$$d(t)\triangleq\max_{x_0,y_0\in U_\sigma}d_{\mathrm{TV}}(Q_\sigma^t(x_0,\cdot),Q_\sigma^t(y_0,\cdot))\tag{10-7}$$

使用如下命题来给出 $\lambda_2(Q_\sigma)$ 上界。该命题指出

$$\forall t\geqslant 1,\quad |\lambda_2|^t\leqslant d(t)\triangleq \max_{x,y\in\Omega} d_{\mathrm{TV}}(P^t(x,\cdot),P^t(y,\cdot))$$

对随机游走 $Q_\sigma$ 证明如下引理。

**引理 10-10** 对任意 $t\geqslant 1$，$d(t)\leqslant \|\boldsymbol{A}^{t-1}\|_1$。

**证明**：根据式（10-4）中 $Q_\sigma$ 的定义和式（10-2）中 $P_\sigma$ 的定义，我们有

$$\forall (u,i),(v,j)\in U_\sigma,\quad Q_\sigma((u,i),(v,j))=\frac{\mu_v^{\sigma,u\leftarrow i}(j)}{n-|\Lambda|}$$

如果 $u=v$，则对任意 $j\in[q]$ 有 $\mu_u^{\sigma,u\leftarrow i}(j)=1[i=j]$。令 $X_0,X_1,X_2,\cdots\in U_\sigma$ 是由 $Q_\sigma$ 生成的随机序列，其中 $X_t=(X_t^{\mathrm{vtx}},X_t^{\mathrm{val}})$，$X_t^{\mathrm{vtx}}\in V\backslash\Lambda$ 且 $X_t^{\mathrm{val}}\in[q]$。由式（10-4）中 $Q_\sigma$ 的定义可知，给定 $X_{t-1}=(u,i)$，随机二元组 $X_t=(v,j)$ 可以由如下规则生成。

- 随机等概率采样 $v\in V\backslash\Lambda$。
- 从分布 $\mu_v^{\sigma,u\leftarrow i}(\cdot)$ 中采样 $j\in[q]$。

接着，我们定义耦合 $\mathcal{C}$。令 $(X_t)_{t\geqslant 0}$ 是从 $X_0=\boldsymbol{x}_0\in U_\sigma$ 开始的随机游走 $Q_\sigma$，$(Y_t)_{t\geqslant 0}$ 是从 $Y_0=\boldsymbol{y}_0\in U_\sigma$ 开始的随机游走 $Q_\sigma$，其中 $\boldsymbol{x}_0$ 和 $\boldsymbol{y}_0$ 达到式（10-7）中的最大值。考虑转移 $(X,Y)\to(X',Y')$。假设 $X=(u_x,i_x)$ 且 $Y=(u_y,i_y)$。新状态 $X'=(u'_x,i'_x)$ 和 $Y'=(u'_y,i'_y)$ 按照如下规则生成。

- 随机等概率采样 $v\in V\backslash\Lambda$，并令 $u'_x=u'_y=v$。
- 从 $\mu_v^{\sigma,u_x\leftarrow i_x}$ 和 $\mu_v^{\sigma,u_y\leftarrow i_y}$ 的最优耦合中采样，其中 $v=u'_x=u'_y$。

容易验证 $\mathcal{C}$ 是 $Q_\sigma$ 的合法耦合。我们有

$$\forall t\geqslant 1,\quad d(t)=\max_{x_0,y_0\in U_\sigma} d_{\mathrm{TV}}(Q_\sigma^t(\boldsymbol{x}_0,\cdot),Q_\sigma^t(\boldsymbol{y}_0,\cdot))\leqslant \mathbb{P}_{\mathcal{C}}[X_t\neq Y_t] \tag{10-8}$$

所以，只需要给式（10-8）右侧一个上界。

记 $X_t=(X_t^{\mathrm{vtx}},X_t^{\mathrm{val}})$ 且 $Y_t=(Y_t^{\mathrm{vtx}},Y_t^{\mathrm{val}})$。根据耦合过程 $\mathcal{C}$ 的定义，对于任意 $t\geqslant 1$ 都有 $X_t^{\mathrm{vtx}}=Y_t^{\mathrm{vtx}}$，且

$$\forall t\geqslant 1,u\in V\backslash\Lambda,\quad \mathbb{P}_{\mathcal{C}}[X_t^{\mathrm{vtx}}=Y_t^{\mathrm{vtx}}=u]=\frac{1}{n-|\Lambda|} \tag{10-9}$$

对任意 $t\geqslant 1$，定义一个向量 $\boldsymbol{e}_t\in\mathbb{R}_{\geqslant 0}^{V\backslash\Lambda}$ 使得

$$\forall u\in V\backslash\Lambda,\quad \boldsymbol{e}_t(u)\triangleq \mathbb{P}_{\mathcal{C}}[X_t^{\mathrm{vtx}}=Y_t^{\mathrm{vtx}}=u\wedge X_t^{\mathrm{val}}\neq Y_t^{\mathrm{val}}]$$

则对于任意 $t\geqslant 1$ 有 $d(t)\leqslant \mathbb{P}_{\mathcal{C}}[X_t\neq Y_t]=\sum_{u\in V\backslash\Lambda}\boldsymbol{e}_t(u)=\|\boldsymbol{e}_t\|_1$。根据式（10-9），我们有

$$\forall u\in V\backslash\Lambda,\quad \boldsymbol{e}_1(u)\leqslant \mathbb{P}_{\mathcal{C}}[X_t^{\mathrm{vtx}}=Y_t^{\mathrm{vtx}}=u]=\frac{1}{n-|\Lambda|} \tag{10-10}$$

重申对每个 $u\in V\backslash\Lambda$，$\Omega_u^\sigma\triangleq\{i\in[q]\mid \mu_u^\sigma(i)>0\}$，且随机游走 $Q_\sigma$ 的状态空间为 $U_\sigma=\{(u,i)\mid u\in\overline{\Lambda}\wedge i\in\Omega_u^\sigma\}$。对任意 $t\geqslant 2$，$u\in V\backslash\Lambda$，令 $\mathcal{E}_{t-1}$ 表示事件 $X_{t-1}=(v,i)\wedge Y_{t-1}=(v,j)$，我们有

$$\begin{aligned}\boldsymbol{e}_t(u)&=\mathbb{P}_{\mathcal{C}}[X_t^{\mathrm{vtx}}=Y_t^{\mathrm{vtx}}=u\wedge X_t^{\mathrm{val}}\neq Y_t^{\mathrm{val}}]\\&=\sum_{v\in V\backslash\Lambda}\sum_{\substack{i,j\in\Omega_v^\sigma\\ i\neq j}}(\mathbb{P}_{\mathcal{C}}[X_t^{\mathrm{vtx}}=Y_t^{\mathrm{vtx}}=u\wedge X_t^{\mathrm{val}}\neq Y_t^{\mathrm{val}}\mid \mathcal{E}_{t-1}]\mathbb{P}_{\mathcal{C}}[\mathcal{E}_{t-1}]\end{aligned}$$

$$= \sum_{v \in V\setminus\Lambda} \sum_{\substack{i,j \in \Omega_v^{\sigma} \\ i \neq j}} \frac{1}{n-|\Lambda|} d_{\mathrm{TV}}(\mu_u^{\sigma,v\leftarrow i}, \mu_u^{\sigma,v\leftarrow j})$$

$$\mathbb{P}_{\mathcal{C}}[X_{t-1}=(v,i) \wedge Y_{t-1}=(v,j)]$$

第一个等式成立是因为链式法则以及当 $t \geqslant 2$ 时，有如下事实成立：①$\mathbb{P}_{\mathcal{C}}[X_{t-1}^{\mathrm{vtx}}=Y_{t-1}^{\mathrm{vtx}}]=1$；②仅当 $X_{t-1}^{\mathrm{val}} \neq Y_{t-1}^{\mathrm{val}}$时，$X_t^{\mathrm{val}} \neq Y_t^{\mathrm{val}}$；③如果 $X_{t=1}^{\mathrm{vtx}}=Y_{t-1}^{\mathrm{vtx}}=v$，则 $X_{t-1}^{\mathrm{val}}$，$Y_{t-1}^{\mathrm{val}} \in \Omega_v^{\sigma}$，这是因为 $Q_\sigma$ 是 $U_\sigma$ 上的随机游走。最后一个不等式可以由 $\mathcal{C}$ 的定义推出。这是因为 $X_t^{\mathrm{vtx}}=Y_t^{\mathrm{vtx}}$从 $V\setminus\Lambda$ 中随机等概率采样得来，且 $X_t^{\mathrm{val}}$、$Y_t^{\mathrm{val}}$从 $\mu_u^{\sigma,v\leftarrow i}$ 和 $\mu_u^{\sigma,v\leftarrow j}$ 的最优耦合中采样得来。根据式（10-1）中矩阵 $\boldsymbol{\Psi}_\mu^\sigma$的定义，以及式（10-6）中 $\boldsymbol{A}$ 的定义，对任意 $u,v \in V\setminus\Lambda$，任意 $i,j \in \Omega_u^\sigma$使得 $i \neq j$，都有

$$\frac{1}{n-|\Lambda|} d_{\mathrm{TV}}(\mu_u^{\sigma,v\leftarrow i}, \mu_u^{\sigma,v\leftarrow j}) \leqslant \boldsymbol{A}(u,v)$$

所以，对任意 $t \geqslant 2$，任意 $u \in V\setminus\Lambda$，$\boldsymbol{e}_t(u)$都满足

$$\boldsymbol{e}_t(u) \leqslant \sum_{v \in V\setminus\Lambda} \sum_{\substack{i,j \in \Omega_v^{\sigma} \\ i \neq j}} \boldsymbol{A}(u,v)\mathbb{P}_{\mathcal{C}}[X_{t-1}=(v,i) \wedge Y_{t-1}=(v,j)]$$

$$= \sum_{v \in V\setminus\Lambda} \boldsymbol{A}(u,v)\boldsymbol{e}_{t-1}(v) = (\boldsymbol{A}\boldsymbol{e}_{t-1})(u) \tag{10-11}$$

所有 $\boldsymbol{e}_t$ 是非负向量且 $\boldsymbol{A}$ 是一个非负矩阵。结合式（10-8）、式（10-10）以及式（10-11），我们有对任意 $t \geqslant 1$，

$$d(t) \leqslant \|\boldsymbol{e}_t\|_1 \leqslant \|\boldsymbol{A}^{t-1}\boldsymbol{e}_1\|_1 \leqslant \|\boldsymbol{A}^{t-1}\|_1 \|\boldsymbol{e}_1\|_1 \leqslant \|\boldsymbol{A}^{t-1}\|_1 \quad \square$$

最后证明引理 10-9。首先介绍一些线性代数的基本知识。令$\boldsymbol{v} \in \mathbb{C}^n$ 为一个 $n$-维向量。对任意整数 $p \geqslant 1$，$\boldsymbol{v}$ 的 $\ell_p$-

范数定义为$\|\boldsymbol{v}\|_p=\left(\sum_{i=1}^{n}|\boldsymbol{v}_i|^p\right)^{1/p}$。令$\boldsymbol{A}\in\mathbb{C}^{n\times n}$为一个矩阵。对任意整数$p\geqslant 1$，$\boldsymbol{A}$的诱导$p$-范数定义为$\|\boldsymbol{A}\|_p=\sup_{\boldsymbol{v}\in\mathbb{C}^n:\|\boldsymbol{v}\|_p=1}\|\boldsymbol{A}\boldsymbol{v}\|_p$。令$\lambda_1,\lambda_2,\cdots,\lambda_n\in\mathbb{C}$为$\boldsymbol{A}$的特征根。矩阵$\boldsymbol{A}$的谱半径定义为$\rho(\boldsymbol{A})\triangleq\max_{1\leqslant i\leqslant n}|\lambda_i|$。

**命题 10-11**（文献［166］） 令$\boldsymbol{A}\in\mathbb{C}^{n\times n}$为一个矩阵。对任意$p\geqslant 1$都有$\rho(\boldsymbol{A})\leqslant\|\boldsymbol{A}\|_p$且$\lim_{k\to\infty}\|\boldsymbol{A}^k\|_p^{1/k}=\rho(\boldsymbol{A})$。

**引理 10-9 的证明：**重申$Q_\sigma$是$U_\sigma$上的随机游走，$\boldsymbol{\pi}$定义在式（10-5）中。因为$Q_\sigma$相对于$\boldsymbol{\pi}$可逆，分布$\boldsymbol{\pi}$的支持集为$U_\sigma$，由命题 2-8 和引理 10-10 可知，对任意$t\geqslant 1$，

$$|\lambda_2(\boldsymbol{Q}_\sigma)|^t\leqslant d(t)\leqslant\|\boldsymbol{A}^{t-1}\|_1$$

假设$\lambda_2(Q_\sigma)>0$，否则引理 10-9 显然成立。我们有

$$\forall t\geqslant 1,\quad \lambda_2(\boldsymbol{Q}_\sigma)^{\frac{t}{t-1}}\leqslant\|\boldsymbol{A}^{t-1}\|_1^{\frac{1}{t-1}}$$

令不等式两边$t\to\infty$，我们有

$$\lambda_2(\boldsymbol{Q}_\sigma)=\lim_{t\to\infty}\lambda_2(\boldsymbol{Q}_\sigma)^{\frac{t}{t-1}}\leqslant\lim_{t\to\infty}\|\boldsymbol{A}^{t-1}\|_1^{\frac{1}{t-1}}=\rho(\boldsymbol{A})$$

其中最后一个不等式成立是因为命题 10-11。注意到如果$\lambda\in\mathbb{C}$是$(\boldsymbol{\Psi}_\mu^\sigma)^{\mathrm{T}}$的一个特征根，则$\lambda+1$是$(\boldsymbol{\Psi}_\mu^\sigma)^{\mathrm{T}}+\boldsymbol{I}$的一个特征根，且$|\lambda+1|\leqslant|\lambda|+1$。根据$\boldsymbol{A}$的定义，我们有

$$\begin{aligned}\lambda_2(\boldsymbol{Q}_\sigma)&\leqslant\rho(\boldsymbol{A})=\frac{1}{n-|\Lambda|}\rho((\boldsymbol{\Psi}_\mu^\sigma)^{\mathrm{T}}+\boldsymbol{I})\\&\leqslant\frac{\rho((\boldsymbol{\Psi}_\mu^\sigma)^{\mathrm{T}})+1}{n-|\Lambda|}=\frac{\rho(\boldsymbol{\Psi}_\mu^\sigma)+1}{n-|\Lambda|}\end{aligned}$$ □

## 10.4 图染色模型的谱独立性

考虑更加一般的列表染色问题。我们用二元组$(G,\boldsymbol{L})$表示一个列表染色模型，其中$G=(V,E)$是一个简单无向图，$\boldsymbol{L}=\{L(v)\mid v\in V\}$是所有点的颜色列表。合法的列表染色给每个点$v\in V$一个颜色$X_v\in L(v)$，使得对于任意一条边$\{u,v\}\in E$有$X_u\neq X_v$。令$\Omega_{G,\boldsymbol{L}}$表示所有合法列表染色的集合，令$\mu_{G,\boldsymbol{L}}$为$\Omega_{G,\boldsymbol{L}}$上的均匀分布。

列表染色$(G,\boldsymbol{L})$上的吉布斯采样算法定义如下。马尔可夫链从任意列表染色$X\in\Omega_{G,\boldsymbol{L}}$开始。每一步更新执行如下操作。

- 随机等概率选择一个点$v\in V$。
- 从$L(v)\setminus\{X_u\mid\{v,u\}\in E\}$中随机等概率采样一个颜色来更新$X_v$。

我们证明如下列表染色的定理。

**定理 10-12** 令$(G=(V,E),\boldsymbol{L})$是一个列表染色模型，其中$\boldsymbol{L}=\{L(v)\mid v\in V\}$。令$\Delta\geqslant 3$是图$G$的最大度数，$\delta>0$是一个常数。如果$G$不含三角形，且对于任意$v\in V$都有

$$|L(v)|-\deg_G(v)\geqslant(\alpha^*+\delta-1)\Delta \tag{10-12}$$

列表染色模型$(G,\boldsymbol{L})$的吉布斯采样算法满足

$$T_{\mathrm{mix}}(\varepsilon)\leqslant(9\mathrm{e}^5 n)^{1+9/\delta}\log\left(\frac{M}{\varepsilon}\right)$$

其中 $M \triangleq \prod_{v \in V} |L(v)|$。

注意到，只要令 $M=q^n$，定理 10-3 就是定理 10-12 的一个推论。

为了证明定理 10-12，我们对列表染色模型定义一个偏序关系。令 $(G'=(V',E'),\boldsymbol{L}')$ 和 $(G=(V,E),\boldsymbol{L})$ 是两个列表染色模型，其中 $\boldsymbol{L}'=\{L'(v) \mid v \in V'\}$ 且 $\boldsymbol{L}=\{L(v) \mid v \in V\}$。当且仅当存在一个点 $v \in V$ 满足以下条件时，我们说 $(G',\boldsymbol{L}') \leq (G,\boldsymbol{L})$。

- $G'=G[V \backslash \{v\}]$。
- 对任意 $u \in \Gamma_G(v)$ 都有 $L'(u) \subseteq L(u)$ 且 $|L(u) \backslash L'(u)| \leqslant 1$。
- 对任意 $u \in V' \backslash \Gamma_G(v)$ 都有 $L'(u)=L(u)$。

这里，$\Gamma_G(v)$ 表示 $v$ 在图 $G$ 上邻居的集合。我们强调，根据上面的定义，对任意 $u \in \Gamma_G(v)$，可以把约束重写为 $L'(u)=L(u) \backslash \{c\}$，其中 $c$ 是某种颜色。颜色 $c$ 未必属于 $L(u)$（这种情况有 $L'(u)=L(u)$）且不同的 $u \in \Gamma_G(v)$ 可以取不同的颜色 $c$。

直观来说，$(G',\boldsymbol{L}') \leq (G,\boldsymbol{L})$ 说明我们可以用如下方法从 $(G,\boldsymbol{L})$ 中构造出 $(G',\boldsymbol{L}')$：删除一个点 $v$，从 $v$ 的每个邻居的颜色列表中至多删除一个颜色。我们说当且仅当对任意 $(G,\boldsymbol{L}) \in \mathscr{L}$，任意 $(G',\boldsymbol{L}')$ 满足 $(G',\boldsymbol{L}') \leq (G,\boldsymbol{L})$，我们有 $(G',\boldsymbol{L}') \in \mathscr{L}$ 时，列表染色模型集合 $\mathcal{L}$ 向下闭合。

模型$(G,\boldsymbol{L})$的下行闭包是包含$(G,\boldsymbol{L})$的最小向下闭合列表染色模型集合。

考虑满足如下条件的列表染色模型集合$\mathcal{L}$。

**条件 10-13** 令$\chi>0$，$0<\varepsilon_1<1$，$\varepsilon_2>0$。如下条件成立：

- $\mathcal{L}$中列表染色模型的最大度数不超过$\chi$。
- 对任意$(G=(V,E),\boldsymbol{L})\in\mathcal{L}$，合法列表染色存在，且对于任意点$v\in V$满足$\deg_G(v)\leqslant\chi-1$，都有

$$\forall c\in L(v):\quad \mu_{v,(G,L)}(c)\leqslant\frac{\varepsilon_1}{\deg_G(v)}\tag{10-13}$$

  对任意点$v\in V$，都有

$$\forall c\in L(v):\quad \mu_{v,(G,L)}(c)\leqslant\frac{1}{\varepsilon_2\chi+1}\tag{10-14}$$

  我们有如下定理。

**定理 10-14** 令$0<\varepsilon_1<1$和$\varepsilon_2>0$为两个常数。对任意$\chi>0$都有如下条件成立。令$\mathcal{L}$为向下闭合的列表染色模型集合，且以参数$\chi$、$\varepsilon_1$和$\varepsilon_2$满足条件 10-13。对任意$(G=(V,E),\boldsymbol{L})\in\mathcal{L}$，吉布斯采样算法的混合时间满足

$$T_{\mathrm{mix}}(\varepsilon)\leqslant\left(9\mathrm{e}^{\frac{2}{\varepsilon_2}}\right)^{\left(1+\frac{1}{(1-\varepsilon_1)\varepsilon_2}\right)}n^{1+\frac{2}{(1-\varepsilon_1)\varepsilon_2}}\log\left(\frac{M}{\varepsilon}\right)$$

其中$M=\prod_{v\in V}|L(v)|$。

定理 10-12 实际上是定理 10-14 的推论。我们有如下引理。

**引理 10-15** 令$(G=(V,E),\boldsymbol{L})$是一个列表染色模型，其

中 $G$ 不含三角形且 $\boldsymbol{L}=\{L(v)\mid v\in V\}$。令 $\Delta\geqslant 3$ 为图 $G$ 的最大度数，$\delta>0$ 为一个常数。假设

$$\forall v\in V,\quad |L(v)|-\deg_G(v)\geqslant(\alpha^*+\delta-1)\Delta$$

令$\mathcal{L}$是$(G,\boldsymbol{L})$的下行闭包，则$\mathcal{L}$以参数$\chi=\Delta$，$\varepsilon_1=1-\dfrac{\delta}{\alpha^*+\delta}$和 $\varepsilon_2=0.4+\delta$ 满足条件 10-13。

显然定理 10-12 是引理 10-15 和定理 10-14 的推论。

**定理 10-12 的证明：** 假设$(G,\boldsymbol{L})$满足式（10-12）中的条件。由引理 10-15 可得，$(G,\boldsymbol{L})$的下行闭包$\mathcal{L}$以参数$\chi=\Delta$，$\varepsilon_1=1-\dfrac{\delta}{\alpha^*+\delta}$和 $\varepsilon_2=0.4+\delta$ 满足条件 10-13。根据定理 10-14，我们有

$$T_{\mathrm{mix}}(\varepsilon)\leqslant\left(9\mathrm{e}^{\frac{2}{\varepsilon_2}}\right)^{\left(1+\frac{1}{(1-\varepsilon_1)\varepsilon_2}\right)}n^{1+\frac{2}{(1-\varepsilon_1)\varepsilon_2}}\log\left(\frac{M}{\varepsilon}\right)$$

注意到$\dfrac{2}{\varepsilon_2}=\dfrac{2}{0.4+\delta}\leqslant 5$，$\dfrac{1}{(1-\varepsilon_1)\varepsilon_2}=\dfrac{\alpha^*+\delta}{\delta(0.4+\delta)}\leqslant\dfrac{1}{\delta}\cdot\dfrac{\alpha^*}{0.4}\leqslant\dfrac{9}{2\delta}$。所以我们有

$$T_{\mathrm{mix}}(\varepsilon)\leqslant(9\mathrm{e}^5)^{\left(1+\frac{9}{2\delta}\right)}n^{1+\frac{9}{\delta}}\log\left(\frac{M}{\varepsilon}\right)\leqslant(9\mathrm{e}^5 n)^{1+9/\delta}\log\left(\frac{M}{\varepsilon}\right)\quad\square$$

我们在 10.4.1 节证明定理 10-14；在 10.4.2 节证明引理 10-15。

### 10.4.1 一般性定理的证明

我们给出定理 10-14 的证明。我们假设$\mathcal{L}$是一个向下闭

合的列表染色模型集合且它满足条件 10-13。令$\chi>0$，$0<\varepsilon_1<1$ 和 $\varepsilon_2>0$ 是条件 10-13 中的参数。对于任意列表染色模型 $(G,\boldsymbol{L})$（其中 $G=(V,E)$），重申 $\mu_{G,L}$ 是所有合法列表染色的集合。定义矩阵 $\boldsymbol{R}_{G,L}\in\mathbb{R}_{\geqslant 0}^{V\times V}$ 为

$$\forall u,v\in V,\quad R_{G,\boldsymbol{L}}(u,v)=\max_{c_1,c_2\in L(u)} d_{\mathrm{TV}}(\mu_{v,(G,\boldsymbol{L})}^{u\leftarrow c_1},\mu_{v,(G,\boldsymbol{L})}^{u\leftarrow c_2})\quad(10\text{-}15)$$

其中对于 $c=c_1$ 或 $c_2$，$\mu_{v,(G,\boldsymbol{L})}^{v\leftarrow c_1}$ 是在 $u$ 的颜色固定成 $c$ 的条件下，$\mu_{G,L}$ 在点 $v$ 上的边缘分布。矩阵 $\boldsymbol{R}$ 本质上和式（10-1）中的影响矩阵 $\boldsymbol{\Psi}_{\mu}^{\sigma_\Lambda}$ 一致，除去在 $u=v$ 时，当且仅当 $|L(v)|=1$（所以 $c_1=c_2$）时，$R_{G,\boldsymbol{L}}(v,v)=0$。即

$$R_{G,\boldsymbol{L}}(v,v)=\max_{c_1,c_2\in L(v)} d_{\mathrm{TV}}(\mu_{v,(G,\boldsymbol{L})}^{v\leftarrow c_1},\mu_{v,(G,\boldsymbol{L})}^{v\leftarrow c_2})=1[\,|L(v)|>1]$$

粗略来说，$R_{G,\boldsymbol{L}}(u,v)$ 是 $u$ 上颜色不同时对 $v$ 上颜色分布的影响。要使用定理 10-1，我们就要分析 $u$ 对其他所有节点的影响。

**引理 10-16** 对任意$(G=(V,E),\boldsymbol{L})\in\mathscr{L}$，

$$\forall u\in V,$$

$$\sum_{v\in V:v\neq u} R_{G,\boldsymbol{L}}(u,v)\leqslant\min\left\{\left(1-\frac{1}{3\mathrm{e}^{1/\varepsilon_2}}\right)(\,|V|-1),\frac{1}{(1-\varepsilon_1)\varepsilon_2}\right\}$$

我们先用引理 10-16 去证明列表染色的主定理（定理 10-14）。接着我们给出引理 10-16 的证明思路。

要证明定理 10-14，我们定义如下固定住一部分颜色的模型。

**定义 10-5**（固定住一部分颜色的模型） 令$(G=(V,E),$

$\boldsymbol{L}$)是一个列表染色模型。令 $\Lambda\subseteq V$ 为一个点的子集，$\sigma\in\bigotimes_{v\in\Lambda}L(v)$ 是一个 $\Lambda$ 上的染色。定义 $\mathrm{Pin}_{G,\boldsymbol{L}}(\Lambda,\sigma)=(\widetilde{G},\widetilde{\boldsymbol{L}})$ 为给定 $\sigma$ 后诱导出的新模型，其中 $\widetilde{G}=G\,[V\setminus\Lambda]$ 是 $G$ 在 $V\setminus\Lambda$ 上的导出子图，而且 $\widetilde{\boldsymbol{L}}=\{\widetilde{L}(v)\mid v\in V\setminus\Lambda\}$ 定义为对每个 $v\in V\setminus\Lambda$，

$$\widetilde{L}(v)=L(v)\setminus\{\sigma_u\mid u\in\Lambda\wedge\{u,v\}\in E\}$$

显然对任意 $\Lambda$ 和 $\sigma$，$\mathrm{Pin}_{G,\boldsymbol{L}}(\Lambda,\sigma)$ 在 $(G,\boldsymbol{L})$ 的下行闭包中。

现在我们证明定理 10-14。

**定理 10-14 的证明：** 我们只要证明任意 $(G,\boldsymbol{L})\in\mathscr{L}$ 有 $(C,\eta)$-谱独立性，这就可以证明定理 10-1。固定一个列表染色模型 $(G=(V,E),\boldsymbol{L})\in\mathscr{L}$。固定一个满足 $|\Lambda|\leqslant n-2$ 的 $\Lambda\subseteq V$ 以及一个合法部分染色 $\sigma_\Lambda\in\bigotimes_{v\in\Lambda}L(v)$。令 $(\widetilde{G},\widetilde{\boldsymbol{L}})=\mathrm{Pin}_{G,\boldsymbol{L}}(\Lambda,\sigma_\Lambda)$，其中 $\widetilde{G}=G[V\setminus\Lambda]$ 且 $\widetilde{\boldsymbol{L}}=\{\widetilde{L}(v)\mid v\in V\setminus\Lambda\}$。注意到对任意 $u\in V\setminus\Lambda$，$\widetilde{L}(u)$ 正好是给定 $\sigma_\Lambda$ 后点 $u$ 可取颜色的集合。由式（10-1）中 $\boldsymbol{\Psi}_\mu^{\sigma_\Lambda}$ 的定义可知对任意 $u,v\in V/\Lambda$ 满足 $u\neq v$，

$$\begin{aligned}\boldsymbol{\Psi}_\mu^{\sigma_\Lambda}(u,v)&=\max_{c_1,c_2\in\widetilde{L}(u)}d_{\mathrm{TV}}(\mu_{v,(G,\boldsymbol{L})}^{\sigma_\Lambda,u\leftarrow c_1},\mu_{v,(G,\boldsymbol{L})}^{\sigma_\Lambda,u\leftarrow c_2})\\&=\max_{c_1,c_2\in\widetilde{L}(u)}d_{\mathrm{TV}}(\mu_{v,(\widetilde{G},\widetilde{\boldsymbol{L}})}^{u\leftarrow c_1},\mu_{v,(\widetilde{G},\widetilde{\boldsymbol{L}})}^{u\leftarrow c_2})=R_{\widetilde{G},\widetilde{\boldsymbol{L}}}(u,v)\end{aligned}$$

再由 $\boldsymbol{\Psi}_\mu^{\sigma_\Lambda}$ 的定义可知，对任意 $v\in V/\Lambda$，我们有 $\boldsymbol{\Psi}_\mu^{\sigma_\Lambda}(v,v)=0$。因为$\mathscr{L}$向下闭合，所以 $(\widetilde{G},\widetilde{\boldsymbol{L}})\in\mathscr{L}$。根据引理 10-16，

$$\|\boldsymbol{\Psi}_\mu^{\sigma_\Lambda}\|_\infty=\max_{u\in V\setminus\Lambda}\sum_{v\in V\setminus\Lambda}\boldsymbol{\Psi}_\mu^{\sigma_\Lambda}(u,v)=\max_{u\in V\setminus\Lambda}\sum_{v\in V\setminus\Lambda;v\neq u}R_{\widetilde{G},\widetilde{\boldsymbol{L}}}(u,v)$$

$$\leqslant \min\left\{\left(1-\frac{1}{3e^{1/\varepsilon_2}}\right)(n-|\Lambda|-1), \frac{1}{(1-\varepsilon_1)\varepsilon_2}\right\}$$

所以 $(G,\boldsymbol{L}) \in \mathscr{L}$ 以参数 $C=\frac{1}{(1-\varepsilon_1)\varepsilon_2}$、$\eta=1-\frac{1}{3e^{1/\varepsilon_2}}$ 满足推论 10-2 中的有限一对多影响。根据推论 10-2，$(G,\boldsymbol{L})$ 上吉布斯采样算法的混合时间满足

$$T_{\text{mix}}(\varepsilon) \leqslant \frac{n^{1+\frac{2}{(1-\varepsilon_1)\varepsilon_2}}}{\left(\frac{1}{3e^{1/\varepsilon_2}}\right)^{2+\frac{2}{(1-\varepsilon_1)\varepsilon_2}}}\log\left(\frac{1}{\varepsilon\mu_{\min}}\right)$$

$$\leqslant \left(9e^{\frac{2}{\varepsilon_2}}\right)^{\left(1+\frac{1}{(1-\varepsilon_1)\varepsilon_2}\right)} n^{1+\frac{2}{(1-\varepsilon_1)\varepsilon_2}}\log\left(\frac{M}{\varepsilon}\right)$$

其中最后一个等式成立是因为 $\frac{1}{\mu_{\min}} \leqslant M = \prod_{v\in V} |L(v)|$。 □

接下来证明引理 10-16 中的两个上界。这两个上界可以用如下两个引理来证明。

**引理 10-17** 令 $\mathscr{L}$ 是一个向下闭合且以参数 $\chi>0$、$0<\varepsilon_1<1$ 和 $\varepsilon_2>0$ 满足条件 10-13 的列表染色模型集合。对任意 $(G=(V,E),\boldsymbol{L}) \in \mathscr{L}$ 有

$$\forall u \in V, \quad \sum_{v\in V: v\neq u} R_{G,L}(u,v) \leqslant \left(1-\frac{1}{3e^{1/\varepsilon_2}}\right)(|V|-1)$$

**引理 10-18** 令 $\mathscr{L}$ 是一个向下闭合且以参数 $\chi>0$、$0<\varepsilon_1<1$ 和 $\varepsilon_2>0$ 满足条件 10-13 的列表染色模型集合。对任意 $(G=(V,E),\boldsymbol{L}) \in \mathscr{L}$ 有

$$\forall u \in V, \quad \sum_{v \in V: v \neq u} R_{G,L}(u,v) \leqslant \frac{1}{(1-\varepsilon_1)\varepsilon_2}$$

引理 10-17 的证明思路为，首先利用文献［57，89，163］中的结论得出 $v$ 取每个颜色的概率上下界，然后得出全变差。引理 10-18 的证明思路是利用递归耦合技术分析文献［56］全变差的上界。接下来我们分别证明这两个引理。

**简单耦合分析：引理 10-17 的证明**

为了证明引理 10-17，我们需要使用列表染色的著名递归式。

**命题 10-19**（文献［57，89，163］） 令$(G=(V,E),\boldsymbol{L}) \in \mathcal{L}$ 是一个列表染色模型。令 $v_1,v_2,\cdots,v_m$ 表示 $v$ 在图 $G$ 上的邻居。令 $c \in L(v)$ 为一个颜色。令 $G_v$ 是 $G$ 在点集 $V \backslash \{v\}$ 上的导出子图。对于每个 $1 \leqslant i \leqslant m$，定义颜色列表 $\boldsymbol{L}_{i,c}=\{L_{i,c}(u) \mid u \in V \backslash \{v\}\}$，其中对每个 $j<i$ 的 $u=v_j$ 有 $L_{i,c}(u)=L(u) \backslash \{c\}$；对其他所有点有 $L_{i,c}(u)=L(u)$。对任意 $c \in L(v)$ 都有

$$\mu_{v,(G,\boldsymbol{L})}(c)=\frac{\prod_{i=1}^{m}\left(1-\mu_{v_i,(G_v,\boldsymbol{L}_{i,c})}(c)\right)}{\sum_{c' \in L(v)} \prod_{i=1}^{m}\left(1-\mu_{v_i,(G_v,\boldsymbol{L}_{i,c'})}(c')\right)}$$

我们先从条件 10-13 中得出边缘概率的上下界。

**引理 10-20** *令$\mathcal{L}$为一个向下闭合且以参数$\chi>0$、$0<\varepsilon_1<1$ 和 $\varepsilon_2>0$ 满足条件 10-13 的列表染色模型集合。对于每个$(G=(V,E),\boldsymbol{L}) \in \mathcal{L}$有*

$$\forall c \in L(v), \quad \frac{1}{\mathrm{e}^{1/\varepsilon_2} |L(v)|} \leqslant \mu_{v,(G,\boldsymbol{L})}(c) \leqslant \frac{1}{\varepsilon_2 \chi + 1}$$

**证明**：上界直接由条件 10-13 得出，所以我们证明下界。

固定一个$(G,\boldsymbol{L}) \in \mathscr{L}$。因为$\mathscr{L}$向下闭合，每个$(G_v,\boldsymbol{L}_{i,c}) \in \mathscr{L}$，其中$(G_v,\boldsymbol{L}_{i,c})$定义在命题 10-19 中。根据命题 10-19 中的递归式，我们有

$$\begin{aligned}
\mu_{v,(G,\boldsymbol{L})}(c) &= \frac{\prod_{i=1}^{m}(1-\mu_{v_i,(G_v,\boldsymbol{L}_{i,c})}(c))}{\sum_{c' \in L(v)} \prod_{i=1}^{m}(1-\mu_{v_i,(G_v,\boldsymbol{L}_{i,c'})}(c'))} \\
&\geqslant \frac{\left(1-\frac{1}{\varepsilon_2 \chi+1}\right)^{\chi}}{|L(v)|} \\
&\geqslant \frac{1}{\mathrm{e}^{1/\varepsilon_2} |L(v)|}
\end{aligned}$$

这就证明了下界。 □

现在，我们来证明引理 10-17。

**引理 10-17 的证明**：考虑一个列表染色模型$(G=(V,E),\boldsymbol{L})$。固定一个点$u$以及两个颜色$c_1, c_2 \in L(u)$。定义列表染色模型$\mathcal{L}_1=(G_u,\boldsymbol{L}_1)=\mathrm{Pin}_{G,\boldsymbol{L}}(\{u\},c_1)$，其中$G_u$是$G$在集合$V\backslash\{u\}$上的导出子图且$\boldsymbol{L}_1=\{L_1(w) \mid w \in V\backslash\{u\}\}$。定义列表染色模型$\mathcal{L}_2=(G_u,\boldsymbol{L}_2)=\mathrm{Pin}_{G,\boldsymbol{L}}(\{u\},c_2)$，其中$\boldsymbol{L}_2=\{L_2(w) \mid w \in V\backslash\{u\}\}$。则有

$$\forall v \neq u, \quad \mu_{v,(G,\boldsymbol{L})}^{u \leftarrow c_1}(\cdot)=\mu_{v,\mathcal{L}_1}(\cdot), \quad \mu_{v,(G,\boldsymbol{L})}^{u \leftarrow c_2}(\cdot)=\mu_{v,\mathcal{L}_2}(\cdot)$$

因为 $(G,\boldsymbol{L})\in\mathscr{L}$ 且 $\mathscr{L}$ 向下闭合，我们有 $\mathcal{L}_1$，$\mathcal{L}_2\in\mathscr{L}$。根据引理 10-20，对任意 $v\neq u$，

$$\forall_{C}\in L_1(v):\quad \mu_{v,\mathcal{L}_1}(c)\geqslant\frac{1}{\mathrm{e}^{1/\varepsilon_2}\,|L_1(v)|}$$

$$\forall_{C}\in L_2(v):\quad \mu_{v,\mathcal{L}_2}(c)\geqslant\frac{1}{\mathrm{e}^{1/\varepsilon_2}\,|L_2(v)|}$$

因为对任意 $v\in V$ 有 $\mathcal{L}_1$，$\mathcal{L}_2\in\mathscr{L}$，所以 $|L_1(v)|\geqslant 2$ 且 $|L_2(v)|\geqslant 2$（否则，条件 10-13 中的边缘概率上界不再成立）。根据 $\mathcal{L}_1$ 和 $\mathcal{L}_2$ 的定义，我们有 $|L_1(v)\cap L_2(v)|\geqslant\min\{|L_1(v),L_2(v)|\}-1$ 且 $\|L_1(v)|-|L_2(v)\|\leqslant 1$。所以我们可以耦合 $\mu_{v,\mathcal{L}_1}(\cdot)$ 以及 $\mu_{v,\mathcal{L}_2}(\cdot)$，耦合成功的概率至少为

$$\begin{aligned}
&\sum_{c\in L_1(v)\cap L_2(v)}\min\left\{\frac{1}{\mathrm{e}^{1/\varepsilon_2}\,|L_1(v)|},\frac{1}{\mathrm{e}^{1/\varepsilon_2}\,|L_2(v)|}\right\}\\
&\geqslant\frac{\min\{|L_1(v),L_2(v)|\}-1}{\mathrm{e}^{1/\varepsilon_2}\max\{|L_1(v)|,|L_2(v)|\}}\\
&\geqslant\frac{1}{\mathrm{e}^{1/\varepsilon_2}}\cdot\frac{\min\{|L_1(v)|,|L_2(v)|\}-1}{\min\{|L_1(v)|,|L_2(v)|\}+1}\\
&\geqslant\frac{1}{3\mathrm{e}^{1/\varepsilon_2}}
\end{aligned}$$

根据耦合不等式（命题 2-2），对任意 $c_1,c_2\in L(u)$ 以及任意 $v\neq u$，

$$d_{\mathrm{TV}}(\mu_{v,(G,\boldsymbol{L})}^{u\leftarrow c_1},\mu_{v,(G,\boldsymbol{L})}^{u\leftarrow c_2})=d_{\mathrm{TV}}(\mu_{v,\mathcal{L}_1},\mu_{v,\mathcal{L}_2})\leqslant 1-\frac{1}{3\mathrm{e}^{1/\varepsilon_2}}$$

根据定义 $\boldsymbol{R}_{G,L}$，我们有

$$\sum_{v\in V:v\neq u} R_{G,\boldsymbol{L}}(u,v)\leqslant\left(1-\frac{1}{3\mathrm{e}^{1/\varepsilon_2}}\right)(|V|-1) \qquad \square$$

**递归耦合分析：引理 10-18 的证明**

**定义 10-6**（自回避路径） 当且仅当每个 $v_i$ 和 $v_{i+1}$ 相邻，且对于任意 $i\neq j$ 都有 $v_i\neq v_j$ 时，$G$ 上的路径 $P=(v_1,v_2,\cdots,v_\ell)$ 是自回避路径（Self-Avoiding Walk，SAW）。

**引理 10-21** 令 $\mathcal{L}$ 是一个向下闭合的且以参数 $\chi>0$、$0<\varepsilon_1<1$ 和 $\varepsilon_2>0$ 满足条件 10-13 的列表染色模型集合。对任意 $(G=(V,E),\boldsymbol{L})\in\mathcal{L}$，任意两个不同的点 $u$，$v\in V$ 都有

$$R_{G,\boldsymbol{L}}(u,v)\leqslant\frac{1}{\varepsilon_1\varepsilon_2}\sum_{\substack{\text{SAW } P=(v_1,v_2,\cdots,v_\ell)\\ u=v_1 \text{ 且 } v=v_\ell}}\prod_{k=1}^{\ell-1}\frac{\varepsilon_1}{|\Gamma_G(v_k)\setminus\{v_i\mid i<k\}|} \tag{10-16}$$

其中 $\Gamma_G(v_k)$ 是 $v_k$ 在 $G$ 上的邻居。

我们强调式（10-16）中每个比值的分母都是正数，这是因为对所有 $1\leqslant k\leqslant\ell-1$ 都有 $v_{k+1}\in\Gamma_G(v_k)\setminus\{v_i\mid i<k\}$。

我们首先用引理 10-21 证明引理 10-18，接着证明引理 10-21。

**引理 10-18 的证明：** 固定$(G=(V,E),\boldsymbol{L})\in\mathcal{L}$。对任意点 $u\in V$ 以及任意整数 $\ell\geqslant1$，我们用 $P_\ell^u$ 表示所有从 $u$ 开始有 $\ell$ 个点的自回避路径。严格来说，$P_\ell^u\triangleq\{P=(v_1,v_2,\cdots,v_\ell)\mid P$ 是一个 SAW，$v_1=u\}$，我们有如下结论。

$$\forall u \in V, \ell \geqslant 1, \quad \sum_{\text{SAW } P=(v_1,v_2,\cdots,v_\ell) \in P_\ell^u} \prod_{k=1}^{\ell-1} \frac{\varepsilon_1}{|\Gamma_G(v_k) \setminus \{v_i \mid i<k\}|} \leqslant \varepsilon_1^{\ell-1} \tag{10-17}$$

我们先用式（10-17）去证明引理 10-18。由引理 10-21 可知，对任意 $u \in V$,

$$\begin{aligned}
&\sum_{v \in V: v \neq u} R_{G,L}(u,v) \\
&\leqslant \frac{1}{\varepsilon_1 \varepsilon_2} \cdot \sum_{v \in V: v \neq u} \sum_{\substack{\text{SAW } P=(v_1,v_2,\cdots,v_\ell) \\ u=v_1 \text{ 且 } v=v_\ell}} \prod_{k=1}^{\ell-1} \frac{\varepsilon_1}{|\Gamma_G(v_k) \setminus \{v_i \mid i<k\}|} \\
&\leqslant \frac{1}{\varepsilon_1 \varepsilon_2} \cdot \sum_{\ell=2}^{\infty} \sum_{\text{SAW } P=(v_1,v_2,\cdots,v_\ell) \in P_\ell^u} \prod_{k=1}^{\ell-1} \frac{\varepsilon_1}{|\Gamma_G(v_k) \setminus \{v_i \mid i<k\}|} (\bigstar) \\
&\leqslant \frac{1}{\varepsilon_1 \varepsilon_2} \cdot \sum_{\ell=2}^{\infty} \varepsilon_1^{\ell-1} = \frac{1}{(1-\varepsilon_1)\varepsilon_2} \qquad \text{（根据式（10-17））}
\end{aligned}$$

其中（★）成立是因为 $v \neq u$，所有被考虑的自回避路径至少有两个点。这就证明了引理 10-18。

我们接着对 $\ell$ 做数学归纳来证明式（10-17）。如果 $\ell=1$，式（10-17）的左边是 1，所以式（10-17）成立。假设式（10-17）对 $\ell \leqslant t$ 成立，我们证明 $\ell=t+1$ 的情况。令 $P_t^{u \to v}$ 为所有从 $u$ 到 $v$ 含有 $t$ 个点的自回避路径。严格来说，

$$P_t^{u \to v} \triangleq \{P=v_1,v_2,\cdots,v_t \mid P \text{ 是一个 SAW}, v_1=u, v_t=v\}$$

因此 $P_t^u = \bigcup_{v \in V} P_t^{u \to v}$。如果 $P \in P_{t+1}^u$ 是一个自回避路径使得 $P=v_1,v_2,\cdots,v_t,v_{t+1}$，那么前缀 $P'=v_1,v_2,\cdots,v_t$ 一定在集合 $P_t^{u \to v_t}$ 中且 $v_{t+1} \in \Gamma_G(v_t) \setminus \{v_i \mid i<t\}$。这个命题的逆命题也成立。这

就得出

$$P_{t+1}^{u}=\bigcup_{v\in V}\{(P,w)\mid P=(v_1=u,v_2,\cdots,v_t=v)\in P_t^{u\to v},\ w\in\Gamma_G(v)\setminus\{v_i\mid i<t\}\}$$

其中$(P,w)$是把$w$接在$P$的最后得到的路径。我们有

$$\forall u\in V,\quad \sum_{\text{SAW }P=(v_1,v_2,\cdots,v_{t+1})\in P_{t+1}^{u}}\prod_{k=1}^{t}\frac{\varepsilon_1}{|\Gamma_G(v_k)\setminus\{v_i\mid i<k\}|}$$

$$=\sum_{v\in V}\sum_{\text{SAW }P=(v_1,v_2,\cdots,v_t)\in P_t^{u\to v}}\sum_{w\in\Gamma_G(v)\setminus\{v_i\mid i<t\}}\prod_{k=1}^{t}\frac{\varepsilon_1}{|\Gamma_G(v_k)\setminus\{v_i\mid i<k\}|}$$

$$\leqslant\varepsilon_1\sum_{v\in V}\sum_{\text{SAW }P=(v_1,v_2,\cdots,v_t)\in P_t^{u\to v}}\prod_{k=1}^{t-1}\frac{\varepsilon_1}{|\Gamma_G(v_k)\setminus\{v_i\mid i<k\}|}\qquad(\bigstar)$$

$$=\varepsilon_1\sum_{\text{SAW }P=(v_1,v_2,\cdots,v_t)\in P_t^{u}}\prod_{k=1}^{t-1}\frac{\varepsilon_1}{|\Gamma_G(v_k)\setminus\{v_i\mid i<k\}|}$$

$$\leqslant\varepsilon_1^{t}\qquad(\text{根据归纳})$$

不等式（★）成立是因为$\Gamma_G(v)\setminus\{v_i\mid i<t\}=\Gamma_G(v_t)\setminus\{v_i\mid i<t\}$（因为$v_t=v$）。我们强调（★）是一个不等式而不是一个等式是因为$\Gamma_G(v)\setminus\{v_i\mid i<t\}$可能是空集。这就证明了式（10-17）。 □

现在证明引理 10-21。证明的方法是 Goldberg、Martin 和 Paterson[56] 提出的递归耦合。

我们先引入一些定义。令$(G,L)$是一个列表染色模型，其中$G=(V,E)$。固定一个点$u\in V$以及两个颜色$c_1,c_2\in L(u)$。令$w_1,w_2,\cdots,w_m$表示点$u$在图$G$上的邻居，其中$m=$

$\deg_G(u)$。对任意 $0\leqslant k\leqslant m$，我们定义一个列表染色模型 $(G_u, \boldsymbol{L}_{u,k}^{c_1,c_2})$，图 $G_u=G[V\setminus\{u\}]$ 由 $G$ 删除 $u$ 得来。颜色列表 $\boldsymbol{L}_{u,k}^{c_1,c_2}$ 由如下操作得出：对所有 $\ell<k$，从 $L(w_\ell)$ 中删除颜色 $c_1$；对所有 $\ell>k$，从 $L(w_\ell)$ 中删除颜色 $c_2$。严格来说，

$$\forall v\in V\setminus\{u\}:\quad L_{u,k}^{c_1,c_2}(v)=\begin{cases}L(v)\setminus\{c_1\} & \text{如果 } v\in\{w_1,w_2,\cdots,w_{k-1}\}\\ L(v)\setminus\{c_2\} & \text{如果 } v\in\{w_{k+1},w_{k+2},\cdots,w_m\}\\ L(v) & \text{如果 } v\notin\Gamma_G(u)\text{ 或 } v=w_k\end{cases} \tag{10-18}$$

**引理 10-22** 令$\mathscr{L}$为一个向下闭合且以参数$\chi>0$、$0<\varepsilon_1<1$、$\varepsilon_2>0$ 满足条件 10-13 的列表染色模型集合。对任意 $(G=(V,E),\boldsymbol{L})\in\mathscr{L}$，如下结论成立。固定一对点 $u,v\in V$。令 $w_1,w_2,\cdots,w_{\deg_G}(u)$ 表示 $u$ 在图 $G$ 上的邻居。令 $c_1,c_2\in L(u)$ 是取到式（10-15）中最大值的两个颜色（如果有取值相等的情况，则任意取出两种颜色），则

$$R_{G,L(u,v)}\leqslant\begin{cases}1 & \text{如果 } u=v\\ 0 & \text{如果 } u \text{ 和 } v \text{ 在 } G \text{ 上不连通}\\ \sum\limits_{k=1}^{\deg_G(u)}\alpha_k R_{G_u,L_{u,k}^{c_1,c_2}}(w_k,v) & \text{其他情况}\end{cases}$$

其中对所有 $1\leqslant k\leqslant\deg_G(u)$，

$$\alpha_k=\min\left(\frac{\varepsilon_1}{\deg_{G_u}(w_k)},\frac{1}{\varepsilon_2\chi+1}\right)$$

如果 $\deg_{G_u}(w_k)=0$，我们有 $\dfrac{\varepsilon_1}{\deg_{G_u}(w_k)}=\infty$，所以 $\alpha_k=\dfrac{1}{\varepsilon_2\chi+1}$。

现在我们用引理 10-22 证明引理 10-21。引理 10-22 的证明稍后给出。

**引理 10-21 的证明：** 假设$(G=(V,E),\boldsymbol{L})\in\mathcal{L}$，显然$(G_u, \boldsymbol{L}_{u,k}^{c_1,c_2})$也在$\mathcal{L}$中，所以我们可以递归使用引理 10-22。这就得出了对任意$(G,\boldsymbol{L})\in\mathcal{L}$，任意$u,v\in V$，

$$R_{G,\boldsymbol{L}}(u,v)$$

$$\leqslant \sum_{\substack{\text{SAW } P=(v_1,v_2,\cdots,v_\ell) \\ u=v_1 \text{ 且 } v=v_\ell}} \prod_{k=2}^{\ell} \min\left(\frac{\varepsilon_1}{|\Gamma_G(v_k)\setminus\{v_i \mid i<k\}|}, \frac{1}{\varepsilon_2\chi+1}\right) \tag{10-19}$$

如果$u$和$v$不连通，则$R_{G,\boldsymbol{L}}(u,v)=0$。这种情况下，式（10-16）的右边是 0（因为不存在从$u$到$v$的自回避路径），式（10-16）成立。接下来的证明中，我们假设$u$和$v$连通。

我们的目的是证明式（10-16）。比较式（10-16）和式（10-19），二者主要的不同是乘积中$k$的范围。我们会把最后一个$k=\ell$时的$\frac{1}{\varepsilon_2\chi+1}$替换成$k=1$时的$\frac{\varepsilon_1}{\chi}$，替换会损失一个因子$\frac{1}{\varepsilon_1\varepsilon_2}$。严格来说，根据式（10-19），我们有

$$R_{G,\boldsymbol{L}}(u,v) \overset{(\star)}{\leqslant} \frac{1}{\varepsilon_2\chi+1} \sum_{\substack{\text{SAW } P=(v_1,v_2,\cdots,v_\ell) \\ u=v_1 \text{ and } v=v_\ell}} \left(\prod_{k=2}^{\ell-1} \frac{\varepsilon_1}{|\Gamma_G(v_k)\setminus\{v_i \mid i<k\}|}\right)$$

（根据$0<\deg_G(v_1)\leqslant\chi$）

$$\leqslant \frac{\chi}{\varepsilon_1(\varepsilon_2\chi+1)} \sum_{\substack{\text{SAW } P=(v_1,v_2,\cdots,v_\ell) \\ u=v_1 \text{ and } v=v_\ell}} \left(\prod_{k=1}^{\ell-1} \frac{\varepsilon_1}{|\Gamma_G(v_k)\setminus\{v_i \mid i<k\}|}\right)$$

$$\leqslant \frac{1}{\varepsilon_1\varepsilon_2} \sum_{\substack{\text{SAW } P=(v_1,v_2,\cdots,v_\ell) \\ u=v_1 \text{ and } v=v_\ell}} \left(\prod_{k=1}^{\ell-1} \frac{\varepsilon_1}{|\Gamma_G(v_k)\setminus\{v_i \mid i<k\}|}\right)$$

不等式（★）成立因为式（10-19）且 $\ell\geqslant 2$（因为 $u\neq v$）。在上面的式子中，对任意 $1\leqslant k\leqslant \ell-1$ 有 $|\Gamma_G(v_k)\setminus\{v_i \mid i<k\}|>0$，这是因为 $v_{k+1}\in\Gamma_G(v_k)\setminus\{v_i \mid i<k\}$。

引理 10-21 得证。□

接着我们证明引理 10-22。

**引理 10-22 的证明：**固定一个模型$(G=(V,E),\boldsymbol{L})\in\mathscr{L}$。固定一个点 $u\in V$。令 $c_1,c_2\in L(u)$是取到式（10-15）中最大值的两个颜色（如果有取值相等的情况，则任意取出两种颜色）。我们的目的是给如下式子一个上界。

$$R_{G,\boldsymbol{L}}(u,v)=\max_{c_1,c_2\in L(u)} d_{\mathrm{TV}}(\mu_{v,(G,\boldsymbol{L})}^{u\leftarrow c_1},\mu_{v,(G,\boldsymbol{L})}^{u\leftarrow c_2})$$

如果 $u=v$，则 $R_{G,\boldsymbol{L}}(u,v)\leqslant 1$。如果 $u$ 和 $v$ 在 $G$ 上不连通，则 $R_{G,\boldsymbol{L}}(u,v)=0$。下面我们假设 $u\neq v$ 且 $u$、$v$ 在 $G$ 上连通。

令 $w_1,w_2,\cdots,w_m$ 是 $u$ 在 $G$ 上的邻居，其中 $m=\deg_G(u)$。我们用 $G$ 构造一个新图 $G'$。从 $G$ 中删除点 $u$，增加 $m$ 个新点 $u_1,u_2,\cdots,u_m$，再加 $m$ 条新边$\{u_i,w_i\}$。我们定义颜色列表集合 $\boldsymbol{L}'=\{L'(v) \mid v\in V\setminus\{u\}\cup\{u_1,u_2,\cdots,u_m\}\}$为

$$L'(v)\triangleq\begin{cases}L(u) & \text{如果 } v\in\{u_1,u_2,\cdots,u_m\}\\ L(v) & \text{如果 } v\in V\setminus\{u\}\end{cases}$$

这就定义了一个新的列表染色模型$(G',L')$。图 10-1 给出了一个例子。

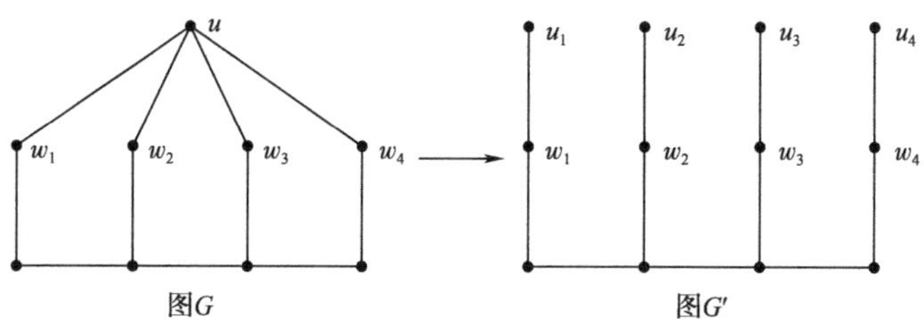


**图 10-1　分解点 $u$ 把 $G$ 变成 $G'$**

对每个 $0 \leqslant k \leqslant m$，我们定义$\{u_1,u_2,\cdots,u_m\}$上的部分染色$\sigma_k$为

$$\sigma_k(u_j) \triangleq \begin{cases} c_1 & \text{如果 } 1 \leqslant j \leqslant k \\ c_2 & \text{如果 } k+1 \leqslant j \leqslant m \end{cases}$$

所以我们有 $\mu_{v,(G,L)}^{u \leftarrow c_1} = \mu_{v,(G',L')}^{\sigma_m}$ 且 $\mu_{v,(G,L)}^{u \leftarrow c_2} = \mu_{v,(G',L')}^{\sigma_0}$。由三角不等式可得，

$$\begin{aligned} d_{\mathrm{TV}}(\mu_{v,(G,L)}^{u \leftarrow c_1}, \mu_{v,(G,L)}^{u \leftarrow c_2}) &= d_{\mathrm{TV}}(\mu_{v,(G',L')}^{\sigma_0}, \mu_{v,(G',L')}^{\sigma_m}) \\ &\leqslant \sum_{k=1}^{m} d_{\mathrm{TV}}(\mu_{v,(G',L')}^{\sigma_{k-1}}, \mu_{v,(G',L')}^{\sigma_k}) \end{aligned} \tag{10-20}$$

我们对每个 $1 \leqslant k \leqslant m$ 给 $d_{\mathrm{TV}}(\mu_{v,(G',L')}^{\sigma_{k-1}}, \mu_{v,(G',L')}^{\sigma_k})$ 一个上界。考虑耦合过程 $C$。

- 从 $\mu_{w_k,(G',L')}^{\sigma_{k-1}}$ 和 $\mu_{w_k,(G',L')}^{\sigma_k}$ 的最优耦合中采样 $c$ 与 $c' \in L'(w_k) = L(w_k)$。
- 从 $\mu_{v,(G',L')}^{\sigma_{k-1},w_k \leftarrow c}$ 和 $\mu_{v,(G',L')}^{\sigma_k,w_k \leftarrow c'}$ 的最优耦合中采样 $c_v$ 与 $c'_v$。

根据$\boldsymbol{\sigma}_k$和$\boldsymbol{\sigma}_{k-1}$的定义，它们只在$u_k$处不同。由$G'$的构造可知，$u_k$只和$w_k$相邻。给定$w_k$的颜色之后，$u_k$的颜色和$v$的颜色独立。所以，在这个耦合中，仅当$c\neq c'$时，我们知道$c_v\neq c'_v$发生。因为$c$、$c'$是从最优耦合中采样得来，我们有$\mathbb{P}_C[c\neq c']=d_{\mathrm{TV}}(\mu_{w_k,(G',\boldsymbol{L}')}^{\sigma_{k-1}},\mu_{w_k,(G',\boldsymbol{L}')}^{\sigma_k})$。所以，

$$
\begin{aligned}
d_{\mathrm{TV}}(\mu_{v,(G',\boldsymbol{L}')}^{\sigma_{k-1}},\mu_{v,(G',\boldsymbol{L}')}^{\sigma_k}) &\leqslant \mathbb{P}_C[c_v\neq c'_v]\\
&\leqslant d_{\mathrm{TV}}(\mu_{w_k,(G',\boldsymbol{L}')}^{\sigma_{k-1}},\mu_{w_k,(G',\boldsymbol{L}')}^{\sigma_k})\cdot\\
&\quad \max_{c,c'\in L'(w_k)} d_{\mathrm{TV}}(\mu_{v,(G',\boldsymbol{L}')}^{\sigma_{k-1},w_k\leftarrow c},\mu_{v,(G',\boldsymbol{L}')}^{\sigma_k,w_k\leftarrow c'})
\end{aligned}
$$

重申$G_u$是从$G$上删除$u$得来的，颜色列表$\boldsymbol{L}_{u,k}^{c_1,c_2}$定义在式（10-18）中。我们有

$$
\begin{aligned}
&d_{\mathrm{TV}}(\mu_{v,(G',\boldsymbol{L}')}^{\sigma_{k-1}},\mu_{v,(G',\boldsymbol{L}')}^{\sigma_k})\\
\leqslant\ &d_{\mathrm{TV}}(\mu_{w_k,(G',\boldsymbol{L}')}^{\sigma_{k-1}},\mu_{w_k,(G',\boldsymbol{L}')}^{\sigma_k})\cdot\\
&\max_{c,c'\in \boldsymbol{L}'(w_k)} d_{\mathrm{TV}}(\mu_{v,(G',\boldsymbol{L}')}^{\sigma_{k-1},w_k\leftarrow c},\mu_{v,(G',\boldsymbol{L}')}^{\sigma_k,w_k\leftarrow c'})\\
(\bigstar)=\ &d_{\mathrm{TV}}(\mu_{w_k,(G',\boldsymbol{L}')}^{\sigma_{k-1}},\mu_{w_k,(G',\boldsymbol{L}')}^{\sigma_k})\cdot\\
&\max_{c,c'\in L_{u,k}^{c_1,c_2}(w_k)} d_{\mathrm{TV}}(\mu_{v,(G_u,L_{u,k}^{c_1,c_2})}^{w_k\leftarrow c},\mu_{v,(G_u,L_{u,k}^{c_1,c_2})}^{w_k\leftarrow c'})\\
=\ &d_{\mathrm{TV}}(\mu_{w_k,(G',\boldsymbol{L}')}^{\sigma_{k-1}},\mu_{w_k,(G',\boldsymbol{L}')}^{\sigma_k})\cdot R_{G_u,L_{u,k}^{c_1,c_2}}(w_k,v)
\end{aligned}
\tag{10-21}
$$

等式（★）成立可以由$\boldsymbol{L}'(w_k)=L(w_k)=L_{u,k}^{c_1,c_2}(w_k)$以及$(G',\boldsymbol{L}')$和$(G_u,\boldsymbol{L}_{u,k}^{c_1,c_2})$的定义推出。

现在我们的任务是去分析$d_{\mathrm{TV}}(\mu_{w_k,(G',\boldsymbol{L}')}^{\sigma_{k-1}},\mu_{w_k,(G',\boldsymbol{L}')}^{\sigma_k})$。令$S$表示$\{u_1,\cdots,u_m\}$，我们定义两个列表染色模型$(G_1^*,\boldsymbol{L}_1^*)=$

$\mathrm{Pin}_{G',L'}(S,\sigma_{k-1})$ 和 $(G_2^*,\boldsymbol{L}_2^*)=\mathrm{Pin}_{G',L'}(S,\sigma_k)$。我们有 $\mu_{w_k,(G',L')}^{\sigma_{k-1}}=\mu_{w_k,(G_1^*,L_1^*)}$ 且 $\mu_{w_k,(G',L')}^{\sigma_k}=\mu_{w_k,(G_2^*,L_2^*)}$。于是

$$d_{\mathrm{TV}}(\mu_{w_k,(G',L')}^{\sigma_{k-1}},\mu_{w_k,(G',L')}^{\sigma_k})=d_{\mathrm{TV}}(\mu_{w_k,(G_1^*,L_1^*)},\mu_{w_k,(G_2^*,L_2^*)})\tag{10-22}$$

除此之外，$G_1^*=G_2^*=G_u$，而且 $(G_1^*,\boldsymbol{L}_1^*)$、$(G_2^*,\boldsymbol{L}_2^*)$ 都能通过 $(G,\boldsymbol{L})$ 删除点 $u$ 以及 $L(u_k)$ $(k=1,\cdots,m)$ 中至多一个颜色得到。因为 $\mathcal{L}$ 向下闭合，所以我们有 $(G_1^*,\boldsymbol{L}_1^*)$，$(G_2^*,\boldsymbol{L}_2^*)\in\mathcal{L}$。进一步地说，两个颜色列表的集合 $\boldsymbol{L}_1^*=\{L_1^*(v)\mid v\in V\backslash\{u\}\}$ 和 $\boldsymbol{L}_2^*=\{L_2^*(v)\mid v\in V\backslash\{u\}\}$ 只在 $w_k$ 上不同，且有 $L_1^*(w_k)=L(w_k)\backslash\{c_2\}$，$L_2^*(w_k)=L(w_k)\backslash\{c_1\}$。

我们证明如下辅助引理。

**引理 10-23** 令 $\deg_G(w_k)$ 表示 $w_k$ 在 $G$ 上的度数，则有

$$d_{\mathrm{TV}}(\mu_{w_k,(G_1^*,L_1^*)},\mu_{w_k,(G_2^*,L_2^*)})\leqslant\min\left(\frac{\varepsilon_1}{\deg_G(w_k)-1},\frac{1}{\varepsilon_2\chi+1}\right)$$

**证明**：我们只需要证明

$$\begin{aligned}&d_{\mathrm{TV}}(\mu_{w_k,(G_1^*,L_1^*)},\mu_{w_k,(G_2^*,L_2^*)})\\&=\max\{\mu_{w_k,(G_1^*,L_1^*)}(c_1),\mu_{w_k,(G_2^*,L_2^*)}(c_2)\}\end{aligned}\tag{10-23}$$

先说明式（10-23）可以得出引理。注意到 $(G,\boldsymbol{L})\in\mathcal{L}$，所以 $\deg_{G_u}(w_k)=\deg_G(w_k)-1\leqslant\chi-1$。因为 $(G_1^*,\boldsymbol{L}_1^*)$，$(G_2^*,\boldsymbol{L}_2^*)\in\mathcal{L}$，由条件 10-13 得出

$$\begin{aligned}\max\{\mu_{w_k,(G_1^*,L_1^*)}(c_1),\mu_{w_k,(G_2^*,L_2^*)}(c_2)\}&\leqslant\min\left(\frac{\varepsilon_1}{\deg_{G_u}(w_k)},\frac{1}{\varepsilon_2\chi+1}\right)\\&=\min\left(\frac{\varepsilon_1}{\deg_G(w_k)-1},\frac{1}{\varepsilon_2\chi+1}\right)\end{aligned}$$

现在只需要证明式（10-23）。假设条件 10-13 成立，式（10-23）中的分布良定义。令$(G_u, \widetilde{\boldsymbol{L}})$为一个列表染色模型，其中 $\widetilde{\boldsymbol{L}}=\{\widetilde{L}(v) \mid v\in V\backslash\{u\}\}$和$\boldsymbol{L}_1^*$、$\boldsymbol{L}_2^*$ 只在 $w_k$ 上不同，且 $\widetilde{L}(w_k)=L(w_k)$。对任意颜色 $c$，定义$n(c)$为$(G_u, \widetilde{\boldsymbol{L}})$中满足 $w_k$ 的颜色是 $c$ 的合法染色数。注意到如果 $c\notin \widetilde{L}(w_k)$，则 $n(c)=0$。定义

$$N \triangleq \sum_{c\in \widetilde{L}(w_k)\backslash\{c_1,c_2\}} n(c)$$

我们断言

$$d_{\mathrm{TV}}(\mu_{w_k,(G_1^*,L_1^*)}, \mu_{w_k,(G_2^*,L_2^*)})=\frac{\max\{n(c_1),n(c_2)\}}{N+\max\{n(c_1),n(c_2)\}} \tag{10-24}$$

这就得出了式（10-23），因为式（10-24）的右边等于 $\max\{\mu_{w_k,(G_1^*,L_1^*)}(c_1), \mu_{w_k,(G_2^*,L_2^*)}(c_2)\}$。为了证明式（10-24），我们先假设 $n(c_1)\geqslant n(c_2)$。则有

$$\begin{aligned}
&d_{\mathrm{TV}}(\mu_{w_k,(G_1^*,L_1^*)}, \mu_{w_k,(G_2^*,L_2^*)})\\
&=\frac{1}{2}\left(\sum_{c\in L(w_k)\backslash\{c_1,c_2\}}\left|\frac{n(c)}{N+n(c_1)}-\frac{n(c)}{N+n(c_2)}\right|+\frac{n(c_1)}{N+n(c_1)}+\frac{n(c_2)}{N+n(c_2)}\right)
\end{aligned}$$

根据 $n(c_1)\geqslant n(c_2)$

$$\begin{aligned}
&=\frac{1}{2}\left(\frac{N(n(c_1)-n(c_2))}{(N+n(c_1))(N+n(c_2))}+\frac{n(c_1)N+n(c_2)N+2n(c_1)n(c_2)}{(N+n(c_1))(N+n(c_2))}\right)\\
&=\frac{n(c_1)}{N+n(c_1)}
\end{aligned}$$

同样，如果 $n(c_2)>n(c_1)$，则有 $d_{\mathrm{TV}}(\mu_{w_k,(G_1^*,L_1^*)},\mu_{w_k,(G_2^*,L_2^*)})=\frac{n(c_2)}{N+n(c_2)}$。这就证明了式（10-24）。 □

结合式（10-22）和引理 10-23，我们有

$$
\begin{aligned}
d_{\mathrm{TV}}(\mu_{u_k,(G',L')}^{\sigma_{k-1}},\mu_{u_k,(G',L')}^{\sigma_k}) &= d_{\mathrm{TV}}(\mu_{w_k,(G_1^*,L_1^*)},\mu_{w_k,(G_2^*,L_2^*)}) \\
&\leqslant \min\left(\frac{\varepsilon_1}{\deg_G(w_k)-1},\frac{1}{\varepsilon_2\chi+1}\right) \\
&= \min\left(\frac{\varepsilon_1}{\deg_{G_u}(w_k)},\frac{1}{\varepsilon_2\chi+1}\right) \quad (10\text{-}25)
\end{aligned}
$$

其中 $G_u$ 是 $G$ 在 $V\setminus\{u\}$ 上的导出子图。根据式（10-20）、式（10-21）以及式（10-25），我们有

$$
R_{G,L}(u,v)\leqslant \sum_{k=1}^{\deg_G(u)} \min\left(\frac{\varepsilon_1}{\deg_{G_u}(w_k)},\frac{1}{\varepsilon_2\chi+1}\right)R_{G_u,L_{u,k}^{c_1,c_2}}(w_k,v)
$$

这就证明了引理 10-22。

### 10.4.2 边缘概率上界分析

我们证明引理 10-15，并证明这个边缘概率的上界分析是紧致的。

**引理 10-15 的证明**

注意到$\chi\geqslant 3$，我们断言每个$(G=(V,E),\ \boldsymbol{L}=\{L(v)\mid v\in V\})\in\mathcal{L}$满足

$$
\forall v\in V: |L(v)|-\deg_G(v)\geqslant(\alpha^*+\delta-1)\chi \quad (10\text{-}26)
$$

且 $G$ 不含三角形。首先注意到如果$(G',\boldsymbol{L}')$满足式（10-26）

且$(G,\boldsymbol{L})\preceq(G',\boldsymbol{L}')$，则$(G,\boldsymbol{L})$也满足式（10-26）。这是因为根据$\preceq$的定义，$(G,\boldsymbol{L})$是从$(G',\boldsymbol{L}')$中删掉一个点$v$，再从$v$邻居的颜色列表中至多删除一个颜色得到的。所以，只要$u$颜色列表的大小减小1，它的度数至少也减少了1。所以式（10-26）的左边不会增大。除此之外，容易看出$\mathscr{L}$里面所有的图都不含三角形。

根据式（10-26）和$\chi\geqslant 3$，对任意$(G,\boldsymbol{L})\in\mathscr{L}$，对每个点$v$都有$|L(v)|\geqslant\deg_G(v)+3(\alpha^*+\delta-1)\geqslant\deg_G(v)+2$。我们可以通过一个简单的贪心算法构造合法染色。所以对$\mathscr{L}$中的每个模型，合法的列表染色存在。

我们固定一个列表染色模型$(G=(V,E),\boldsymbol{L})\in\mathscr{L}$。我们先证明

$$\mu_{v,(G,L)}(c)\leqslant\frac{1}{(\alpha^*+\delta-1)\chi}\overset{(\star)}{\leqslant}\frac{1}{(0.4+\delta)\chi+1}\qquad(10\text{-}27)$$

其中（★）因为$\chi\geqslant 3$成立，所以我们可以取$\varepsilon_2=0.4+\delta$。给定$\Gamma_G(v)$上的任意一种染色，点$v$有至少$(\alpha^*+\delta-1)\chi$个可以取的颜色，所以边缘概率至多是$\frac{1}{(\alpha^*+\delta-1)\chi}\leqslant\frac{1}{(0.4+\delta)\chi+1}$。因为$\mu_{v,(G,L)}(c)$是这些条件概率的凸组合，所以上界得证。

固定一个点$v\in V$满足$\deg_G(v)\leqslant\chi-1$。我们证明$\mu_{v,(G,L)}(c)\leqslant\frac{1-\delta/(\alpha^*+\delta)}{\deg_G(v)}$，所以我们可以取$\varepsilon_1=1-\frac{\delta}{\alpha^*+\delta}$。令$\Gamma_G^+(v)=\Gamma_G(v)\cup\{v\}$。我们证明，给定任意$V\backslash\Gamma_G^+(v)$上的染色

$\sigma$，边缘概率 $\mu^{\sigma}_{v,(G,L)}(c) \leqslant \frac{1-\delta/(\alpha^*+\delta)}{\deg_G(v)}$。定义一个新的列表染色模型$(\widetilde{G},\widetilde{\boldsymbol{L}}) = \mathrm{Pin}_{G,L}(V\setminus\Gamma^+_G(v),\sigma)$，其中 $\mathrm{Pin}(\cdot)$定义在定义 10-5 中。因为$\mathscr{L}$向下闭合且$(\widetilde{G},\widetilde{\boldsymbol{L}}) \in \mathscr{L}$，令 $m = \deg_G(v) = \deg_{\widetilde{G}}(v)$，我们只需要证明

$$\forall c \in L(v) = \widetilde{L}(v),\quad \mu_{v,(\widetilde{G},\widetilde{L})}(c) \leqslant \frac{1-\delta/(\alpha^*+\delta)}{m} \tag{10-28}$$

注意到如果 $m=0$，式（10-28）显然成立。如果 $m=1$ 或 $m=2$，根据$(\widetilde{G},\widetilde{\boldsymbol{L}}) \in \mathscr{L}$，$\chi \geqslant 3$ 和式（10-27），我们有

$$\begin{aligned}\mu_{v,(\widetilde{G},\widetilde{L})}(c) &\leqslant \frac{1}{(\alpha^*+\delta-1)\chi} \leqslant \frac{1}{3(\alpha^*+\delta-1)} \\ &\overset{(\bigstar)}{\leqslant} \frac{1-\delta/(\alpha^*+\delta)}{2} \leqslant \frac{1-\delta/(\alpha^*+\delta)}{m}\end{aligned}$$

其中（★）成立是因为对任意 $\delta>0$ 都有$\frac{1}{3(\alpha^*+\delta-1)} \leqslant \frac{\alpha^*}{2(\alpha^*+\delta)}$。

现在我们假设 $m\geqslant 3$。令 $v_1,v_2,\cdots,v_m$ 表示 $v$ 在 $\widetilde{G}$ 上的邻居。对每个 $1\leqslant i\leqslant m$，定义 $s_i = |\widetilde{L}(v_i)|$。对任意颜色 $b$，如果 $b\in\widetilde{L}(v_i)$，令 $\delta_{i,b}=1$；如果 $b\notin\widetilde{L}(v_i)$，令 $\delta_{i,b}=0$。因为 $\widetilde{G}$ 是一个不含三角形的图，我们有对任意 $\forall c\in L(v)=\widetilde{L}(v)$，

$$\mu_{v,(\widetilde{G},\widetilde{L})}(c) = \frac{\prod_{i=1}^{m}(s_i - \delta_{i,c})}{\sum_{b\in L(v)}\prod_{i=1}^{m}(s_i-\delta_{i,b})} = \frac{\prod_{i=1}^{m}\left(1-\frac{\delta_{i,c}}{s_i}\right)}{\sum_{b\in L(v)}\prod_{i=1}^{m}\left(1-\frac{\delta_{i,b}}{s_i}\right)}$$

$$\leqslant \frac{1}{\sum_{b \in L(v)} \prod_{i=1}^{m} \left(1 - \frac{\delta_{i,b}}{s_i}\right)} \tag{10-29}$$

我们给分母一个下界。令 $s_v = |L(v)|$。根据代数平均几何平均不等式，

$$\begin{aligned} \sum_{b \in L(v)} \prod_{i=1}^{m} \left(1 - \frac{\delta_{i,b}}{s_i}\right) &\geqslant s_v \left(\prod_{b \in L(v)} \prod_{i=1}^{m} \left(1 - \frac{\delta_{i,b}}{s_i}\right)\right)^{1/s_v} \\ &= s_v \left(\prod_{i=1}^{m} \prod_{b \in L(v) \cap \widetilde{L}(v_i)} \left(1 - \frac{1}{s_i}\right)\right)^{1/s_v} \end{aligned} \tag{10-30}$$

其中因为 $\delta_{i,b}=1$，当且仅当 $b \in \widetilde{L}(v_i)$时，最后一个不等式成立。注意到$(L(v) \cap \widetilde{L}(v_i)) \subseteq \widetilde{L}(v_i)$且 $s_i = |\widetilde{L}(v_i)|$，这说明$|L(v) \cap \widetilde{L}(v_i)| \leqslant s_i$。我们有

$$\prod_{i=1}^{m} \prod_{b \in L(v) \cap \widetilde{L}(v_i)} \left(1 - \frac{1}{s_i}\right) \geqslant \prod_{i=1}^{m} \left(1 - \frac{1}{s_i}\right)^{s_i}$$

令 $p = (\alpha^* + \delta - 1)m + 0.5$。因为$(\widetilde{G}, \widetilde{\boldsymbol{L}}) \in \mathscr{L}$ 且 $m = \deg_G(v) \leqslant \chi - 1$，对所有 $1 \leqslant i \leqslant m$，

$$s_i \geqslant (\alpha^* + \delta - 1)\chi \geqslant (\alpha^* + \delta - 1)(m+1) \geqslant (\alpha^* + \delta - 1)m + 0.5 = p$$

注意到因为 $m \geqslant 3$，所以 $p > 1$。注意到$f(x) = (1 - 1/x)^x$ 在 $x \geqslant 1$ 时单调递增，所以我们有 $\prod_{i=1}^{m} \left(1 - \frac{1}{s_i}\right)^{s_i} \geqslant \left(1 - \frac{1}{P}\right)^{mp}$。根据式（10-30），我们有

$$\sum_{b \in L(v)} \prod_{i=1}^{m} \left(1 - \frac{\delta_{i,b}}{s_i}\right) \geqslant s_v \left(1 - \frac{1}{p}\right)^{\frac{mp}{s_v}}$$

因为$(\widetilde{G},\widetilde{\boldsymbol{L}})\in\mathscr{L}$且$m=\deg_G(v)\leqslant\chi-1$，$s_v\geqslant m+(\alpha^*+\delta-1)\chi\geqslant m+(\alpha^*+\delta-1)(m+1)\geqslant m+p$。根据$p>1$，我们有$\frac{1}{s_v}\leqslant\frac{1}{m+p}$且$\left(1-\frac{1}{p}\right)^{-\frac{mp}{s_v}}\leqslant\left(1-\frac{1}{p}\right)^{-\frac{mp}{m+p}}$。根据式（10-29），我们有

$$\mu_{v,(\widetilde{G},\widetilde{L})}(c)\leqslant\frac{1}{s_v}\left(1-\frac{1}{p}\right)^{-\frac{mp}{s_v}}\leqslant\frac{1}{m+p}\left(1-\frac{1}{p}\right)^{-\frac{mp}{m+p}}\quad(10\text{-}31)$$

为了证明式（10-28），我们定义如下函数

$$\begin{aligned}f(m)&\triangleq\frac{m+p}{m}\left(1-\frac{1}{P}\right)^{\frac{mp}{m+p}}\\&=\frac{(\alpha^*+\delta)m+0.5}{m}\left(1-\frac{1}{(\alpha^*+\delta-1)m+0.5}\right)^{\frac{m((\alpha^*+\delta-1)m+0.5)}{(\alpha^*+\delta)m+0.5}}\end{aligned}$$

根据定义$\mu_{v,(\widetilde{G},\widetilde{L})}(c)\leqslant\frac{1}{mf(m)}$。在引理10-24中，我们将会证明$f(m)$在$m\geqslant3$时是递减函数，所以我们有

$$f(m)\geqslant\lim_{x\to\infty}f(x)=(\alpha^*+\delta)\exp\left(-\frac{1}{\alpha^*+\delta}\right)$$

所以，

$$\begin{aligned}\mu_{v,(\widetilde{G},\widetilde{L})}(c)&\leqslant\frac{1}{mf(m)}\leqslant\frac{1}{m}\cdot\frac{1}{\alpha^*+\delta}\exp\left(\frac{1}{\alpha^*+\delta}\right)\\&\overset{(\star)}{\leqslant}\frac{1}{m}\cdot\frac{\alpha^*}{\alpha^*+\delta}=\frac{1-\delta/(\alpha^*+\delta)}{m}\end{aligned}$$

其中（★）成立是因为$\exp\left(\frac{1}{\alpha^*}\right)=\alpha^*$。这就对所有$m\geqslant3$证

明了式（10-28）。 □

**引理 10-24** 令 $\alpha^* \approx 1.763\cdots$ 是 $\alpha^* = \exp\left(\frac{1}{\alpha^*}\right)$ 的根且 $\delta>0$ 是一个实数。定义

$$f(x)=\frac{(\alpha^*+\delta)x+0.5}{x}\left(1-\frac{1}{(\alpha^*+\delta-1)x+0.5}\right)^{\frac{x((\alpha^*+\delta-1)x+0.5)}{(\alpha^*+\delta)x+0.5}}$$

函数 $f$ 在 $x\in[3,\infty)$ 时单调递增。

**证明：** 令 $a=\alpha^*+\delta-1>0.763$。计算导数可知 $f'(x)=A\cdot B$ 且

$$A=(2x^2(2ax-1)(2(a+1)x+1))^{-1}\left(1-\frac{2}{1+2ax}\right)^{\frac{x(1+2ax)}{1+2(a+1)x}}$$

$$B=1+2x-4a^2x^2+8a(1+a)x^3+x(-1+8a^3x^3-2ax(1+2x)+4a^2x^2(1+2x))\ln\left(1-\frac{2}{1+2ax}\right)$$

容易看出 $A>0$，所以我们只需要证明 $B<0$。注意到对任意 $x\geqslant 3$，$a\geqslant\alpha^*-1$，我们有

$$\begin{aligned}&-1+8a^3x^3-2ax(1+2x)+4a^2x^2(1+2x)\\&=2ax(1+2x)(2ax-1)+(8a^3x^3-1)>0\end{aligned}$$

由 $\ln(1-z)$ 的泰勒展开式可知

$$\ln\left(1-\frac{2}{1+2ax}\right)\leqslant-\frac{2}{1+2ax}-\frac{2}{(1+2ax)^2}-\frac{8/3}{(1+2ax)^3}-\frac{4}{(1+2ax)^4}$$

所以

$$B\leqslant 1+2x-4a^2x^2+8a(1+a)x^3+x(-1+8a^3x^3-2ax(1+2x)+4a^2x^2(1+2x))\cdot\left(-\frac{2}{1+2ax}-\frac{2}{(1+2ax)^2}-\frac{8/3}{(1+2ax)^3}-\right.$$

$$\left.\frac{4}{(1+2ax)^4}\right)\overset{(\star)}{<}0$$

其中（★）可以通过 Mathematica 代码验证如下。

```
Resolve[Exists[x,1+2x-4a^2x^2+8a(1+a)x^3+x(-1+
8a^3x^3-2a x(1+2x)+4
    a^2x^2(1+2x))* (-(2/(1+2a* x))-2/(1+2a* x)^2
    -(8/3)/(1+2a* x)^3-4/(1+2a* x)^4)>=0
    && a>763/1000 && x>=3]]
```

我们在证明中使用了 Mathematica 的 `Resolve` 命令，这是 quantifier elimination 算法的严格实现，这个算法可以验证多项式不等式[167]。 □

### 10.4.3 边缘概率上界分析的紧致性

我们的证明最后归结到边缘概率的上界：一个点 $v$ 取一个特定颜色的概率不超过 $v$ 度数的倒数。类似的性质也在空间混合性质的分析[56,57]，以及图染色模型多项式零点分析[52]中出现。一个自然的问题是，这种边缘概率上界的分析能否被改进。

我们证明条件 $|L(v)|>\alpha^*\Delta\pm O(1)$ 对边缘概率上界是紧致的。这说明定理 10-12 中的条件是我们目前分析技术所能得到的最好条件。不过我们也要指出，我们接下来的构造只对列表染色适用。

我们证明存在一个列表染色模型$(\boldsymbol{G},\boldsymbol{L})$，其中 $G$ 不含三

角形，只要对某个点 $v$ 有 $|L(v)|<\alpha^*\Delta-3$，则$(G,\boldsymbol{L})$就没有我们需要的边缘概率上界。考虑一个（$\Delta+1$）个点的星形图 $G=(V,E)$，其中 $V=\{v,v_1,v_2,\cdots,v_\Delta\}$ 且 $E=\{\{v,v_i\}\mid 1\leqslant i\leqslant\Delta\}$。定义颜色列表 $\boldsymbol{L}$ 为 $L(v)=[q]=\{1,2,\cdots,q\}$ 且对所有 $1\leqslant i\leqslant\Delta$ 有 $L(v_i)=[q-1]=\{1,2,\cdots,q-1\}$。

**命题 10-25** 如果 $q<\alpha^*\Delta-3$，则 $\mu_{v,(G,L)}(c)>\frac{1}{\deg_G(v)}=\frac{1}{\Delta}$，其中 $c$ 是颜色 $q$。

**证明：** 我们可以计算 $v$ 取颜色 $c=q$ 的概率。

$$\mu_{v,(G_1,L_1)}(c)=\frac{(q-1)^\Delta}{(q-1)(q-2)^\Delta+(q-1)^\Delta}$$

$$=\frac{1}{(q-2)\left(1-\frac{1}{q-1}\right)^{(\Delta-1)}+1}\geqslant\frac{1}{(q-2)\exp\left(-\frac{\Delta-1}{q-1}\right)+1}$$

如果 $q<\alpha^*\Delta-3$，我们可以验证$(q-2)\exp\left(-\frac{\Delta-1}{q-1}\right)+1<\Delta$。 □

注意到构造中 $G$ 是一棵树，这就说明不管图的围长有多大，这个边缘概率上界的障碍始终存在。

注意到条件 10-13 中式（10-13）里的上界只对 $\deg_G(v)\leqslant\chi-1$ 的点 $v$ 有要求，但是可以由上述构造得出对条件 10-13 的反例。类似边缘概率的上界障碍也出现在了文献［52，56−57］中。最后我们指出，这里讨论的障碍只对我们目前的分析技术成立，因为我们的分析最后归结到边缘概率的上界。我们仍然有可能通过其他方法验证谱独立性（定义 10-2）来改进颜色数和最大度数的关系。

## 10.5 本章小结

本章我们给出了一种一般分布谱独立性的定义，并且对图染色模型给出了一个新的吉布斯采样算法快速收敛的条件。相对于近似计数算法[52]，采样的时间复杂度有很大提升。但是，我们的运行时间的指数依然很大。新工作[26]在最大度数是常数的自旋系统上把混合时间改进为 $O(n\log n)$。一个重要的问题是如何在一般自旋系统上改进混合时间。另一个重要的问题是，在验证图染色模型的谱独立性时，我们能不能改进 $q$ 和 $\Delta$ 的关系以及对图的限制。

# 致谢

写到这里，我在南京大学的五年博士研究生活，以及十余年的学生生涯都已接近尾声。在此期间，我有幸受到了很多家人、老师以及同学的关心与支持。正是你们的帮助才使我不断成长，完成学业。

首先我要感谢我的导师尹一通老师。五年的时光转瞬即逝，第一次遇见尹老师还是在 2016 年的夏天。当年的我对算法研究充满着好奇和向往，尹老师的《概率与计算》课程，以及贝小辉老师的《近似算法》课程为我打开了一扇新世界的大门。现在回想，这一切好像就发生在昨天。在工作和学习上，尹老师为学生树立了很高的标准，严格要求，一以贯之。在博士低年级阶段，尹老师每周都和我讨论研究进展，逐字逐句地教我如何修改论文；在高年级阶段，尹老师鼓励我独立自主地展开研究工作，推荐我和同领域的专家合作交流。尹老师在工作上认真负责、一丝不苟的态度潜移默化地影响着我。尹老师不仅指导我完成博士学业，更深深地教育了我如何负责任地、有条理地做事情，如何面对生活和工作中的种种困难，如何把自己塑造成一个更加独立、更加成熟的人。

感谢爱丁堡大学的郭珩老师和上海交通大学的张驰豪老师。我在博士就读期间访问过两位老师。访问期间，两位老师不仅指导我做研究、写论文，也给予了很多生活上的帮助。这两段访问的经历是我博士期间非常美好的回忆。感谢南京大学的郑朝栋老师，在我遇到困难的时候，他给予了我很多关心与鼓励。感谢南京大学的姚鹏晖老师和林冰凯老师，姚老师和林老师多次帮助我修改论文，修改报告的PPT，在工作、学习和毕业去向上给予我很多指导。感谢我的论文合作者——耶鲁大学的 Nisheeth K. Vishnoi 教授、新墨西哥大学的 Thomas P. Hayes 教授、中国科学院计算技术研究所的何昆和孙晓明老师以及威斯康星大学麦迪逊分校的孙宇鑫同学，他们和我一起讨论问题，克服困难，并在论文撰写上为我提供了很多帮助。

感谢南京大学的李宣东老师、浙江大学的张国川老师、上海交通大学的陈翌佳老师、南京大学的姚鹏晖老师和林冰凯老师参与我的博士毕业答辩。在我完成毕业论文和准备毕业答辩的过程中，我的导师和其他很多老师都给予了我悉心的指导，他们分别是清华大学的段然老师，中国科学院软件研究所的夏盟佶老师，上海交通大学的张驰豪老师，东北师范大学的付治国老师，南京大学的李宣东老师、马晓星老师、姚鹏晖老师以及林冰凯老师。

感谢刘明谋、宋仁杰、陈海敏、钦明珑、王天行、陈小羽、刘弘洋、汪昌盛、王淳扬、吴旭东、张昕渊、赵铭南、董杨静、傅心语、姜勇刚、黄蕴琦、蒋炎岩、刘正阳、肖涛等朋友们多年以来对我的帮助，也要感谢我的室友陈钊民、李猛、丁文韬在生活上对我的支持与帮助。感谢都柏林圣三一大学的 Caroline Liu 同学不厌其烦地帮助我解决英文方面的问题。

感谢我的父母一路以来对我的支持与帮助，父母一直尊重和支持我的选择，没有你们的帮助我也无法走到今天。感谢我的女朋友宋乐乐女士，你的细致与体贴让我看到了生活的美好和温暖，也让我在未来更有前进的动力。

谢谢你们!

# 参考文献

[1] WAINWRIGHT M J, JORDAN M I. Graphical models, exponential families, and variational inference [J]. Foundations and Trends in Machine Learning, 2008, 1(1-2): 305-312.

[2] BISHOP C M. Pattern Recognition and Machine Learning[M]. Berlin: Springer, 2006.

[3] SINCLAIR A, JERRUM M. Approximate counting, uniform generation and rapidly mixing Markov chains[J]. Information and Computation, 1989, 82(1): 93-133.

[4] JERRUM M, VALIANT L G, VAZIRANI V V. Random generation of combinatorial structures from a uniform distribution[J]. Theoretical Computer Science, 1986, 43: 169-188.

[5] BEZÁKOVÁ I, ŠTEFANKOVIČ D, VAZIRANI V V, et al. Accelerating simulated annealing for the permanent and combinatorial counting problems[J]. SIAM Journal on Computing (SICOMP), 2008, 37(5): 1429-1454.

[6] ŠTEFANKOVIČ D, VEMPALA S, VIGODA E. Adaptive simulated annealing: A near-optimal connection between sampling and counting[J]. Journal of the ACM (JACM), 2009, 56(3): 18.

[7] DYER M E, FRIEZE A M, KANNAN R. A Random Polynomial Time Algorithm for Approximating the Volume of Convex Bodies

[J]. Journal of the ACM (JACM), 1991, 38(1): 1-17.

[8] JERRUM M, SINCLAIR A, VIGODA E. A polynomial-time approximation algorithm for the permanent of a matrix with nonnegative entries [J]. Journal of the ACM (JACM), 2004, 51(4): 671-697.

[9] JERRUM M, SINCLAIR A. Polynomial-time approximation algorithms for the Ising model [J]. SIAM Journal on Computing, 1993, 22(5): 1087-1116.

[10] MEZARD M, MONTANARI A. Information, physics, and computation[M]. New York: Oxford University Press, 2009.

[11] ISING E. Beitrag zur theorie des ferromagnetismus [J]. Zeitschrift für Physik, 1925, 31(1): 253-258.

[12] Jr FORNEY G D. Codes on graphs: normal realizations[J/OL]. Institute of Electrical and Electronics Engineers. Transactions on Information Theory, 2001, 47(2): 520-548. https://doi.org/10.1109/18.910573.

[13] KOLLER D, FRIEDMAN N, BACH F. Probabilistic graphical models: principles and techniques [M]. Cambridge: MIT press, 2009.

[14] SLY A. Computational transition at the uniqueness threshold [C]//Proceedings of the 51st Annual IEEE Symposium on Foundations of Computer Science (FOCS). Cambridge: IEEE, 2010: 287-296.

[15] LEVIN D A, PERES Y. Markov chains and mixing times[M]. Berkeley: American Mathematical Soc. , 2017.

[16] HUBER M. Perfect simulation[M]. Boca Raton: Chapman and Hall/CRC, 2016.

[17] ARORA S, BARAK B. Computational complexity: a modern approach[M]. Cambridge: Cambridge University Press, 2009.

[18] HÄGGSTRÖM O. The random-cluster model on a homogeneous tree[J]. Probability Theory and Related Fields, 1996, 104(2):

231-253.

[19] JONASSON J. Uniqueness of uniform random colorings of regular trees[J]. Statist. Probab. Lett. , 2002, 57(3): 243-248.

[20] WEITZ D. Counting independent sets up to the tree threshold [C]//Proceedings of the 38th Annual ACM Symposium on Theory of Computing (STOC). New York: ACM, 2006: 140-149.

[21] SLY A, SUN N. Counting in two-spin models on $d$-regular graphs [J]. The Annals of Probability, 2014, 42(6): 2383-2416.

[22] GALANIS A, ŠTEFANKOVIČ D, VIGODA E. Inapproximability for antiferromagnetic spin systems in the tree nonuniqueness region[J]. Journal of the ACM (JACM), 2015, 62(6): 50.

[23] GALANIS A, ŠTEFANKOVIČ D, VIGODA E. Inapproximability of the partition function for the antiferromagnetic Ising and hard-core models[J]. Combinatorics, Probability and Computing, 2016, 25(04): 500-559.

[24] WEITZ D. Counting independent sets up to the tree threshold [C]//Proceedings of the 38th Annual ACM Symposium on Theory of Computing (STOC). New York: ACM, 2006: 140-149.

[25] ANARI N, LIU K, GHARAN S O. Spectral Independence in High-Dimensional Expanders and Applications to the Hardcore Model[J]. Special Section Preview, 2020: 1319-1330.

[26] CHEN Z, LIU K, VIGODA E. Optimal Mixing of Glauber Dynamics: Entropy Factorization via High-Dimensional Expansion [J]. arXiv preprint, 2020, arXiv: 2011. 02075.

[27] JERRUM M. A very simple algorithm for estimating the number of $k$-colorings of a low-degree graph[J]. Random Structures & Algorithms, 1995, 7(2): 157-165.

[28] VIGODA E. Improved bounds for sampling colorings[J]. Journal of Mathematical Physics, 2000, 41(3): 1555-1569.

[29] CHEN S, DELCOURT M, MOITRA A, et al. Improved bounds

for randomly sampling colorings via linear programming[C]//Proceedings of the 30th Annual ACM-SIAM Symposium on Discrete (SODA). New York: ACM, 2019: 2216-2234.

[30] JERRUM M, SINCLAIR A. Approximating the permanent[J]. SIAM Journal on Computing (SICOMP), 1989, 18(6): 1149-1178.

[31] MOSSEL E, SLY A. Exact thresholds for Ising-Gibbs samplers on general graphs[J]. The Annals of Probability, 2013, 41(1): 294-328.

[32] CHEN Z, LIU K, VIGODA E. Rapid Mixing of Glauber Dynamics up to Uniqueness via Contraction[C]//Proceedings of the 61st IEEE Annual Symposium on Foundations of Computer Science (FOCS). Cambridge: IEEE, 2020: 1307-1318.

[33] WIGDERSON A. Mathematics and Computation: A Theory Revolutionizing Technology and Science[M]. Princeton: Princeton University Press, 2019.

[34] FRIEZE A, VIGODA E. A survey on the use of Markov chains to randomly sample colourings[J]. Oxford Lecture Series in Mathematics and its Applications, 2007, 34: 53.

[35] DE SA C, OLUKOTUN K, RÉ C. Ensuring Rapid Mixing and Low Bias for Asynchronous Gibbs Sampling[C]//Proceedings of the 33rd International Conference on Machine Learning (ICML). Cambridge: MIT Press, 2016: 1567-1576.

[36] NEWMAN D, ASUNCION A, SMYTH P, et al. Distributed inference for latent Dirichlet allocation[C]//Proceedings of the 20th International Conference on Neural Information Processing Systems (NIPS). New York: Curran Associates Incorported, 2007: 1081-1088.

[37] DOSHI-VELEZ F, MOHAMED S, GHAHRAMANI Z, et al. Large scale nonparametric Bayesian inference: Data parallelisation in the Indian buffet process[C]//Proceedings of the 23rd Annual Conference on Neural Information Processing Systems

(NIPS). New York: Curran Associates Incorported, 2009: 1294-1302.

[38] SMYTH P, WELLING M, ASUNCION A U. Asynchronous distributed learning of topic models[C]//Proceedings of the 22nd Annual Conference on Neural Information Processing Systems (NIPS). New York: Curran Associates Incorported, 2009: 81-88.

[39] YAN F, XU N, QI Y. Parallel inference for latent Dirichlet allocation on graphics processing units[C]//Proceedings of the 23rd Annual Conference on Neural Information Processing Systems (NIPS). New York: Curran Associates Incorported, 2009: 2134-2142.

[40] GONZALEZ J E, LOW Y, GRETTON A, et al. Parallel Gibbs Sampling: From Colored Fields to Thin Junction Trees. [C]// Proceedings of the 14th International Conference on Artificial Intelligence and Statistics (AISTATS): Vol 15. Berlin: Springer, 2011: 324-332.

[41] AHMED A, ALY M, GONZALEZ J E, et al. Scalable inference in latent variable models[C]//Proceedings of the 5th ACM International Conference on Web Search and Data Mining (WSDM). New York: ACM, 2012: 123-132.

[42] DE SA C, ZHANG C, OLUKOTUN K, et al. Rapidly mixing Gibbs sampling for a class of factor graphs using hierarchy width [C]//Proceedings of the 29th Annual Conference on Neural Information Processing Systems(NIPS). New York: Curran Associates Incorported, 2015: 3097-3105.

[43] DASKALAKIS C, DIKKALA N, JAYANTI S. HOGWILD! -Gibbs can be PanAccurate[C]//Proceedings of the 31st Advances in Neural Information Processing Systems (NIPS). New York: Curran Associates Incorported, 2018: 32-41.

[44] KANDASAMY K, KRISHNAMURTHY A, SCHNEIDER J, et

al. Parallelised Bayesian Optimisation via Thompson Sampling [C]//Proceedings of the 21st International Conference on Artificial Intelligence and Statistics (AISTATS). Berlin: Springer, 2018: 133-142.

[45] LINIAL N. Distributive graph algorithms Global solutions from local data[C]//Proceedings of the 28th IEEE Annual Symposium on Foundations of Computer Science (FOCS). Cambridge: IEEE, 1987: 331-335.

[46] NAOR M, STOCKMEYER L. What can be computed locally? [J]. SIAM Journal on Computing (SICOMP), 1995, 24(6): 1259-1277.

[47] FILL J A, HUBER M. The randomness recycler: a new technique for perfect sampling[C]//Proceedings of the 41st IEEE Annual Symposium on Foundations of Computer Science (FOCS). Cambridge: IEEE, 2000: 503-511.

[48] GUO H, JERRUM M, LIU J. Uniform Sampling Through the Lovász Local Lemma[J]. Journal of the ACM (JACM), 2019, 66(3): 18:1-18:31.

[49] ERDŐS P, LOVáSZ L. Problems and results on 3-chromatic hypergraphs and some related questions[G]//Infinite and finite sets 2nd[S. l]: Mathematica Societatis, 1975: 609-627.

[50] MOSER R A, TARDOS G. A constructive proof of the general Lovász Local Lemma[J]. Journal of the ACM (JACM), 2010, 57(2): 1-15.

[51] MOITRA A. Approximate Counting, the Lovász Local Lemma, and Inference in Graphical Models [J]. Journal of the ACM (JACM), 2019, 66(2): 10:1-10:25.

[52] LIU J, SINCLAIR A, SRIVASTAVA P. A deterministic algorithm for counting colorings with 2-Delta colors[C]//Proceedings of the 60th IEEE Annual Symposium on Foundations of Computer Science (FOCS). Cambridge: IEEE, 2019: 1380-1404.

[53] WEITZ D, SINCLAIR A. Mixing in time and space for discrete spin systems[M]. Berkeley: University of California, 2004.

[54] DYER M, SINCLAIR A, VIGODA E, et al. Mixing in time and space for lattice spin systems: A combinatorial view[J]. Random Structures & Algorithms, 2004, 24(4): 461-479.

[55] SALAS J, SOKAL A D. Absence of phase transition for antiferromagnetic Potts models via the Dobrushin uniqueness theorem[J]. Journal of Statistical Physics, 1997, 86(3): 551-579.

[56] GOLDBERG L A, MARTIN R A, PATERSON M. Strong Spatial Mixing with Fewer Colors for Lattice Graphs[J]. SIAM Journal on Computing (SICOMP), 2005, 35(2): 486-517.

[57] GAMARNIK D, KATZ D, MISRA S. Strong spatial mixing of list coloring of graphs[J]. Random Structures & Algorithms, 2015, 46(4): 599-613.

[58] BUBLEY R, DYER M. Path coupling: A technique for proving rapid mixing in Markov chains [C]//Proceedings of the 38th IEEE Annual Symposium on Foundations of Computer Science (FOCS). Cambridge: IEEE, 1997: 223-231.

[59] CHEN M-F. Trilogy of couplings and general formulas for lower bound of spectral gap[G]//Lect. Notes Stat. Probability towards 2000 Vol 128. Berlin: Springer, 1998: 123-136.

[60] SINCLAIR A. Improved bounds for mixing rates of Markov chains and multicommodity flow [J]. Combinatorics, Probability and Computing, 1992, 1(4): 351-370.

[61] OPPENHEIM I. Local spectral expansion approach to high dimensional expanders Part I: Descent of spectral gaps[J]. Discrete & Computational Geometry. An International Journal of Mathematics and Computer Science, 2018, 59(2): 293-330.

[62] KAUFMAN T, OPPENHEIM I. High order random walks: beyond spectral gap[J]. Combinatorica. An International Journal on Combinatorics and the Theory of Computing, 2020, 40

(2): 245-281.

[63] ALEV V L, LAU L C. Improved Analysis of Higher Order Random Walks and Applications[C]//Proceedings of the 52nd Annual ACM Symposium on Theory of Computing (STOC). New York: ACM. 2020: 1198-1211.

[64] CRYAN M, GUO H, MOUSA G. Modified log-Sobolev inequalities for strongly log-concave distributions[C]//2019 IEEE 60th Annual Symposium on Foundations of Computer Science. Cambridge: IEEE, 2019: 1358-1370.

[65] MONTENEGRO R, TETALI P. Mathematical aspects of mixing times in Markov chains[J]. Foundations and Trends in Theoretical Computer Science, 2006, 1(3): 237-254.

[66] ANARI N, LIU K, Oveis Gharan S, et al. Log-concave polynomials II: high-dimensional walks and an FPRAS for counting bases of a matroid[C]//Proceedings of the 51st Annual ACM Symposium on Theory of Computing (STOC). New York: ACM, 2019: 1-12.

[67] AWERBUCH B, LUBY M, GOLDBERG A V, et al. Network decomposition and locality in distributed computation[C]//Proceedings of the 30th IEEE Annual Symposium on Foundations of Computer Science (FOCS). Cambridge: IEEE, 1989: 364-369.

[68] LINIAL N. Locality in distributed graph algorithms[J]. SIAM Journal on Computing (SICOMP), 1992, 21(1): 193-201.

[69] KUHN F, MOSCIBRODA T, WATTENHOFER R. What cannot be computed locally! [C]//Proceedings of the 23th Annual ACM Symposium on Principles of Distributed Computing (PODC). New York: ACM, 2004: 300-309.

[70] KUHN F, MOSCIBRODA T, WATTENHOFER R. The price of being nearsighted[C]//Proceedings of the 17th Annual ACM-SIAM Symposium on Discrete Algorithm (SODA). New York: ACM, 2006: 980-989.

[71] KUHN F, WATTENHOFER R. On the complexity of distributed graph coloring[C]//Proceedings of the 25th Annual ACM Symposium on Principles of Distributed Computing (PODC). New York: ACM, 2006: 7-15.

[72] BARENBOIM L, ELKIN M. Deterministic distributed vertex coloring in polylogarithmic time[J]. Journal of the ACM (JACM), 2011, 58(5): 1-25.

[73] SARMA A D, HOLZER S, KOR L, et al. Distributed verification and hardness of distributed approximation[J]. SIAM Journal on Computing (SICOMP), 2012, 41(5): 1235-1265.

[74] FRAIGNIAUD P, KORMAN A, PELEG D. Towards a complexity theory for local distributed computing[J]. Journal of the ACM (JACM), 2013, 60(5): 1-26.

[75] BARENBOIM L, ELKIN M, PETTIE S, et al. The locality of distributed symmetry breaking[J]. Journal of the ACM (JACM), 2016, 63(3): 1-45.

[76] BARENBOIM L. Deterministic ($\Delta$+1)-Coloring in Sublinear (in $\Delta$) Time in Static, Dynamic, and Faulty Networks[J]. Journal of the ACM (JACM), 2016, 63(5): 47.

[77] CHANG Y-J, KOPELOWITZ T, PETTIE S. An exponential separation between randomized and deterministic complexity in the LOCAL model[C]//Proceedings of the 57th IEEE Annual Symposium on Foundations of Computer Science (FOCS). Cambridge: IEEE, 2016: 615-624.

[78] FRAIGNIAUD P, HEINRICH M, KOSOWSKI A. Local conflict coloring[C]//Proceedings of the 57th IEEE Annual Symposium on Foundations of Computer Science (FOCS). Cambridge: IEEE, 2016: 625-634.

[79] GHAFFARI M, KUHN F, MAUS Y. On the complexity of local distributed graph problems[C]//Proceedings of the 49th Annual ACM Symposium on Theory of Computing (STOC). New York:

ACM, 2017: 784-797.

[80] GHAFFARI M. An improved distributed algorithm for maximal independent set[C]//Proceedings of the 27th Annual ACM-SIAM Symposium on Discrete Algorithms (SODA). New York: ACM, 2016: 270-277.

[81] HARRIS D G, SCHNEIDER J, SU H-H. Distributed ($\Delta+1$)-coloring in sublogarithmic rounds[C]//Proceedings of the 48th Annual ACM Symposium on Theory of Computing (STOC). New York: ACM, 2016: 465-478.

[82] KUHN F, MOSCIBRODA T, WATTENHOFER R. Local computation: Lower and upper bounds[J]. Journal of the ACM (JACM), 2016, 63(2): 17.

[83] GHAFFARI M, SU H-H. Distributed degree splitting, edge coloring, and orientations[C]//Proceedings of the 28th Annual ACM-SIAM Symposium on Discrete Algorithms (SODA). New York: ACM, 2017: 2505-2523.

[84] PASKIN M A, GUESTRIN C E. Robust probabilistic inference in distributed systems[C]//Proceedings of the 20th conference on Uncertainty in artificial intelligence. Arlington: AUAI Press, 2004: 436-445.

[85] SMOLA A, NARAYANAMURTHY S. An architecture for parallel topic models[J]. Proceedings of the VLDB Endowment, 2010, 3(1-2): 703-710.

[86] FISCHER M, GHAFFARI M. A Simple Parallel and Distributed Sampling Technique: Local Glauber Dynamics[C]//Proceedings of the 32nd International Symposium on Distributed Computing (DISC). Cambridge: IEEE, 2018 121: 1-11.

[87] SINCLAIR A, SRIVASTAVA P, THURLEY M. Approximation algorithms for two-state anti-ferromagnetic spin systems on bounded degree graphs[J]. Journal of Statistical Physics, 2014, 155(4): 666-686.

[88] NGUYEN H N, ONAK K. Constant-time approximation algorithms via local improvements[C]//Proceedings of the 49th IEEE Symposium on Foundations of Computer Science (FOCS). Cambridge: IEEE, 2008: 327-336.

[89] LU P, YIN Y. Improved FPTAS for multi-spin systems[C]//Proceedings of the 17th International Workshop on Randomization and Computation (RANDOM). Berlin: Springer, 2013: 639-654.

[90] EFTHYMIOU C, HAYES T P, ŠTEFANKOVIC D, et al. Convergence of MCMC and Loopy BP in the Tree Uniqueness Region for the Hard-Core Model[C]//Proceedings of the 57th Annual IEEE Symposium on Foundations of Computer Science (FOCS). Cambridge: IEEE, 2016: 704-713.

[91] CAI J-Y, GALANIS A, GOLDBERG L A, et al. # BIS-hardness for 2-spin systems on bipartite bounded degree graphs in the tree non-uniqueness region[J]. Journal of Computer and System Sciences, 2016, 82(5): 690-711.

[92] JERRUM M, VALIANT L G, VAZIRANI V V. Random generation of combinatorial structures from a uniform distribution[J]. Theoretical Computer Science, 1986, 43: 169-188.

[93] GHAFFARI M, HARRIS D G, KUHN F. On Derandomizing Local Distributed Algorithms[C]//THORUP M. Proceedings of the 59th IEEE Annual Symposium on Foundations of Computer Science, FOCS. Cambridge: IEEE Computer Society, 2018: 662-673.

[94] BAYATI M, GAMARNIK D, KATZ D, et al. Simple deterministic approximation algorithms for counting matchings[C]//Proceedings of the 39th Annual ACM Symposium on Theory of Computing (STOC). New York: ACM, 2007: 122-127.

[95] GAMARNIK D, KATZ D, MISRA S. Strong spatial mixing of list coloring of graphs[J]. Random Structures & Algorithms, 2015,

46(4): 599-613.

[96] LI L, LU P, YIN Y. Correlation decay up to uniqueness in spin systems[C]//Proceedings of the 24th ACM-SIAM Symposium on Discrete Algorithms (SODA). New York: ACM, 2013: 67-84.

[97] SONG R, YIN Y, ZHAO J. Counting hypergraph matchings up to uniqueness threshold[J]. Information and Computation, 2019, 266: 75-96.

[98] YEDIDIA J S, FREEMAN W T, WEISS Y. Constructing free-energy approximations and generalized belief propagation algorithms [J]. IEEE Transactions on Information Theory, 2005, 51(7): 2282-2312.

[99] STRASZAK D, VISHNOI N K. Real stable polynomials and matroids: Optimization and counting[C]//Proceedings of the 49th Annual ACM Symposium on Theory of Computing (STOC). New York: ACM, 2017: 370-383.

[100] HINTON G E. A practical guide to training restricted Boltzmann machines[G]//Neural Networks: Tricks of the Trade. Berlin: Springer, 2012: 599-619.

[101] ALEXANDER K S. On weak mixing in lattice models[J]. Probability Theory and Related Fields, 1998, 110(4): 441-471.

[102] ALEXANDER K S. Mixing properties and exponential decay for lattice systems in finite volumes[J]. The Annals of Probability, 2004, 32(1A): 441-487.

[103] SPINKA Y. Finitary codings for spatial mixing Markov random fields[J]. The Annals of Probability, 2020, 48(3): 1557-1591.

[104] FILL J A. An interruptible algorithm for perfect sampling via Markov chains[C]//Proceedings of the 29th Annual ACM Symposium on Theory of Computing (STOC). New York: ACM, 1997: 688-695.

[105] PROPP J G, WILSON D B. Exact sampling with coupled Markov chains and applications to statistical mechanics[J]. Random Structures & Algorithms, 1996, 9(1-2): 223-252.

[106] HäGGSTRöM O, NELANDER K. Exact sampling from anti-monotone systems [J]. Statistica Neerlandica. Journal of the Netherlands Society for Statistics and Operations Research, 1998, 52(3): 360-380.

[107] HUBER M. Perfect sampling using bounding chains[J]. The Annals of Applied Probability, 2004, 14(2): 734-753.

[108] BHANDARI S, CHAKRABORTY S. Improved bounds for perfect sampling of $k$-colorings in graphs[C]//Proceedings of the 52nd Annual ACM Symposium on Theory of Computing (STOC). New York: ACM, 2020: 631-642.

[109] GUO H, JERRUM M. A polynomial-time approximation algorithm for allterminal network reliability[J]. SIAM Journal on Computing (SICOMP), 2019, 48(3): 964-978.

[110] DOBRUSHIN R L, SHLOSMAN S B. Completely analytical Gibbs fields[G]//Progr. Phys. Statistical physics and dynamical systems. Vol 10. Boston: Birkhäuser Boston, 1985: 371-403.

[111] DOBRUSHIN R L, SHLOSMAN S B. Constructive criterion for the uniqueness of Gibbs field[G]//Progr. Phys. Statistical physics and dynamical systems. Vol 10. Boston: Birkhäuser Boston, 1985: 347-370.

[112] HAEUPLER B, SAHA B, SRINIVASAN A. New constructive aspects of the Lovász local lemma[J]. Journal of the ACM (JACM), 2011, 58(6): 28.

[113] HARRIS D G, SRINIVASAN A. The Moser-Tardos Framework with Partial Resampling[C]//Proceedings of the 54th Annual IEEE Symposium on Foundations of Computer Science (FOCS). Cambridge: IEEE, 2013: 469-478.

[114] HARVEY N J, VONDRÁK J. An algorithmic proof of the

Lovász local lemma via resampling oracles[C]//Proceedings of the 56th Annual IEEE Symposium on Foundations of Computer Science (FOCS). Cambridge: IEEE, 2015: 1327-1346.

[115] HARRIS D G. New bounds for the Moser-Tardos distribution [J]. arXiv preprint, 2016, arXiv: 1610. 09653.

[116] DURRETT R. Probability: theory and examples [M]. 15th. Cambridge: Cambridge University Press, 2019.

[117] ALEXANDER K S. On weak mixing in lattice models[J]. Probability Theory and Related Fields, 1998, 110(4): 441-471.

[118] ALEXANDER K S. Mixing properties and exponential decay for lattice systems in finite volumes[J]. The Annals of Probability, 2004, 32(1A): 441-487.

[119] HAYES T P. A simple condition implying rapid mixing of single-site dynamics on spin systems[C]//Proceedings of the 47th Annual IEEE Symposium on Foundations of Computer Science (FOCS). Cambridge: IEEE, 2006: 39-46.

[120] BECK J. An algorithmic approach to the Lovász local lemma. I [J]. Random Structures & Algorithms, 1991, 2(4): 343-365.

[121] ALON N. A parallel algorithmic version of the local lemma[J]. Random Structures & Algorithms, 1991, 2(4): 367-378.

[122] MOLLOY M, REED B. Further algorithmic aspects of the local lemma[C]//Proceedings of the 30th Annual ACM Symposium on Theory of Computing (STOC). New York: ACM, 1998: 524-529.

[123] CZUMAJ A, SCHEIDELER C. Coloring nonuniform hypergraphs: a new algorithmic approach to the general Lovász local lemma[J]. Random Structures & Algorithms, 2000, 17(3-4): 213-237.

[124] Babu Rao KASHYAP K, MARIO S. Moser and Tardos meet Lovász[C]//Proceedings of the 43th Annual ACM Symposium on Theory of Computing (STOC). New York: ACM, 2011:

235-244.

[125] HARRIS D G, SRINIVASAN A. A constructive Lovász local lemma for permutations[J]. Theory of Computing. An Open Access Journal, 2017, 13: 17-41.

[126] HARRIS D G, SRINIVASAN A. The Moser-Tardos framework with partial resampling[J]. Journal of the ACM (JACM), 2019, 66(5): 36-45.

[127] SHEARER J B. On a problem of Spencer[J]. Combinatorica. An International Journal of the János Bolyai Mathematical Society, 1985, 5(3): 241-245.

[128] BEZÁKOVÁ I, GALANIS A, GOLDBERG L A, et al. Approximation via Correlation Decay When Strong Spatial Mixing Fails [J]. SIAM Journal on Computing (SICOMP), 2019, 48(2): 279-349.

[129] GUO H, LIAO C, LU P, et al. Counting hypergraph colorings in the local lemma regime[J]. SIAM Journal on Computing (SICOMP), 2019, 48(4): 1397-1424.

[130] GALANIS A, GOLDBERG L A, GUO H, et al. Counting Solutions to Random CNF Formulas [J]. SIAM Journal on Computing, 2021, 50(6): 1701-1738.

[131] JAIN V, PHAM H T, VUONG T D. Towards the sampling Lovász Local Lemma[J]. arXiv preprint , 2020, arXiv: 2011.12196.

[132] ACHLIOPTAS D, ILIOPOULOS F. Random walks that find perfect objects and the Lovász local lemma[J]. Journal of the ACM, 2016, 63(3): 1-29.

[133] HAEUPLER B, HARRIS D G. Parallel algorithms and concentration bounds for the Lovász Local Lemma via witness-DAGs [C]//Proceedings of the 28th Annual ACM-SIAM Symposium on Discrete (SODA). Philadelphia: SIAM, 2017: 1170-1187.

[134] HARRIS D G, SRINIVASAN A. Algorithmic and enumerative

aspects of the Moser-Tardos distribution[J]. ACM Transactions on Algorithms (TALG), 2017, 13(3): 1-40.

[135] KOLMOGOROV V. Commutativity in the algorithmic Lovász local lemma[J]. SIAM Journal on Computing (SICOMP), 2018, 47(6): 2029-2056.

[136] HARRIS D G. Oblivious resampling oracles and parallel algorithms for the Lopsided Lovász Local Lemma[C]//Proceedings of the 30th Annual ACM-SIAM Symposium on Discrete Algorithms (SODA). Philadelphia: SIAM, 2019: 841-860.

[137] ACHLIOPTAS D, ILIOPOULOS F, SINCLAIR A. Beyond the Lovász local lemma: Point to set correlations and their algorithmic applications [C]//Proceedings of the 60th IEEE Annual Symposium on Foundations of Computer Science (FOCS). Cambridge: IEEE, 2019: 725-744.

[138] HARVEY N J, VONDRÁK J. An Algorithmic Proof of the Lovász Local Lemma via Resampling Oracles[J]. SIAM Journal on Computing(SICOMP), 2020, 49(2): 394-428.

[139] HARRIS D G. New bounds for the Moser-Tardos distribution [J]. Random Structures & Algorithms, 2020, 57(1): 97-131.

[140] BORDEWICH M, DYER M E, KARPINSKI M. Stopping Times, Metrics and Approximate Counting[C]//Lecture Notes in Computer Science, Vol 4051: Proceedings of the 33rd International Colloquium on Automata, Languages and Programming (ICALP). Berlin: Springer, 2006: 108-119.

[141] BORDEWICH M, DYER M E, KARPINSKI M. Path coupling using stopping times and counting independent sets and colorings in hypergraphs[J]. Random Structures & Algorithms, 2008, 32(3): 375-399.

[142] FRIEZE A M, MELSTED P. Randomly coloring simple hypergraphs[J]. Information Processing Letters, 2017, 126: 39-42.

[143] FRIEZE A M, ANASTOS M. Randomly coloring simple hyperg-

raphs with fewer colors[J]. Information Processing Letters, 2017, 126: 39-42.

[144] JAIN V, PHAM H T, VUONG T-D. On the sampling Lovász Local Lemma for atomic constraint satisfaction problems[J]. arXiv preprint, 2021, arXiv: 2102. 08342.

[145] HUBER M. Approximation algorithms for the normalizing constant of Gibbs distributions[J]. The Annals of Applied Probability, 2015, 25(2): 974-985.

[146] KOLMOGOROV V. A Faster Approximation Algorithm for the Gibbs Partition Function[C]//Proceedings of the 31st Annual Conference on Learning Theory (COLT). New York: PMLR, 2018: 228-249.

[147] LIU C, KUEHLMANN A, MOSKEWICZ M W. CAMA: A Multi-Valued Satisfiability Solver[C]//Proceedings of the 2003 International Conference on Computer-Aided Design, ICCAD. Cambridge: IEEE Computer Society , 2003: 326-333.

[148] FRISCH A M, PEUGNIEZ T J. Solving Non-Boolean Satisfiability Problems with Stochastic Local Search[C]//NEBEL B. Proceedings of the 17th International Joint Conference on Artificial Intelligence (IJCAI). San Francisco: Morgan Kaufmann, 2001: 282-290.

[149] ALON N, SPENCER J H. Wiley Series in Discrete Mathematics and Optimization: The probabilistic method[M]. 4th. Hoboken: John Wiley & Sons, 2016.

[150] BORGS C, CHAYES J, KAHN J, et al. Left and right convergence of graphs with bounded degree[J]. Random Structures & Algorithms, 2013, 42(1): 1-28.

[151] DINUR I, KAUFMAN T. High Dimensional Expanders Imply Agreement Expanders[C]//Proceeding of the 58th IEEE Annual Symposium on Foundations of Computer Science (FOCS). Cambridge: IEEE Computer Society, 2017: 974-985.

[152] LI L, LU P, YIN Y. Correlation Decay up to Uniqueness in Spin Systems[C]//Proceedings of the 24th Annual ACM-SIAM Symposium on Discrete Algorithms (SODA). Philadelphia: SIAM, 2013: 67-84.

[153] GUO H, LU P. Uniqueness, spatial mixing, and approximation for ferromagnetic 2-spin systems [J]. ACM Transactions on Computation Theory (TOCT), 2018, 10(4): 1-25.

[154] SHAO S, SUN Y. Contraction: A Unified Perspective of Correlation Decay and Zero-Freeness of 2-Spin Systems[C]//LIPIcs. Proceedings of the 47th International Colloquium on Automata, Languages and Programming (ICALP). [S. l.]: Schloss Dagstuhl-Leibniz-Zentrum für Informatik, 2020: 96: 1-96: 15.

[155] CHEN Z, GALANIS A, ŠTEFANKOVIČ D, et al. Rapid mixing for colorings via spectral independence[C]//Proceedings of the 32nd ACM-SIAM Symposium on Discrete Algorithms (SODA). New York: ACM, 2021: 1548-1557.

[156] DYER M E, FRIEZE A M. Randomly Colouring Graphs with Lower Bounds on Girth and Maximum Degree[C]//Proceedings of the 42nd Annual IEEE Symposium on Foundations of Computer Science (FOCS). Cambridge: IEEE, 2001: 579-587.

[157] HAYES T P. Randomly coloring graphs of girth at least five [C]//Proceedings of the 35th Annual ACM Symposium on Theory of Computing (STOC). New York: ACM, 2003: 269-278.

[158] HAYES T P, VIGODA E. A non-Markovian coupling for randomly sampling colorings [C]//Proceedings of the 44th IEEE Annual Symposium on Foundations of Computer Science (FOCS). Cambridge: IEEE, 2003: 618-627.

[159] HAYES T P, VIGODA E. Coupling with the stationary distribution and improved sampling for colorings and independent sets [J]. The Annals of Applied Probability, 2006, 16 (3):

1297-1318.

[160] MOLLOY M. The Glauber dynamics on colorings of a graph with high girth and maximum degree[J]. SIAM Journal on Computing (SICOMP), 2004, 33(3): 721-737.

[161] HAYES T P. Local uniformity properties for glauber dynamics on graph colorings[J]. Random Structures & Algorithms, 2013, 43(2): 139-180.

[162] DYER M, FRIEZE A, HAYES T P, et al. Randomly coloring constant degree graphs[J]. Random Structures & Algorithms, 2013, 43(2): 181-200.

[163] GAMARNIK D, KATZ D. Correlation decay and deterministic FPTAS for counting colorings of a graph[J]. Journal of Discrete Algorithms, 2012, 12: 29-47.

[164] YIN Y, ZHANG C. Approximate counting via correlation decay on planar graphs[C]//Proceedings of the 24th Annual ACM-SIAM Symposium on Discrete (SODA). New York: ACM, 2013: 47-66.

[165] DYER M E, GREENHILL C, ULLRICH M. Structure and eigenvalues of heatbath Markov chains[J]. Linear Algebra and its Applications, 2014, 454: 57-71.

[166] HORN R A, JOHNSON C R. Matrix analysis[M]. Cambridge: Cambridge university press, 2012.

[167] STRZEBONSKI A W. Cylindrical Algebraic Decomposition using validated numerics[J]. Journal of Symbolic Computation, 2006, 41(9): 1021-1038.

# 附录

## 文中部分专业名词中英翻译对照表

| | |
|---|---|
| 绝对谱间隙 | absolute spectral gap |
| 非周期 | aperiodic |
| 伯努利不等式 | Bernoulli inequality |
| 正则路径 | canonical path |
| 条件独立性 | conditional independence |
| 配置 | configuration |
| 合取范式 | conjunctive normal form（CNF） |
| 约束满足问题 | constraint-satisfaction problem（CSP） |
| 计数 | counting |
| 耦合 | coupling |
| 依赖图 | dependency graph |
| 细致平衡方程 | detailed balance equation |
| 先下后上随机游走 | down-up random walk |
| 边/超边 | edge/hyper-edge |
| 执行日志 | execution-log |
| 面 | face |
| 逸度 | fugacity |
| 吉布斯分布 | Gibbs distribution |
| 吉布斯采样算法 | Gibbs sampling algorithm |
| 全局随机游走 | global random walk |

| | |
|---|---|
| 硬性约束 | hard constraint |
| 硬核模型 | hardcore model |
| 高维扩张器 | high dimensional expanders (HDX) |
| 导出子图 | induced graph |
| 推断 | inference |
| 影响 | influence |
| 不可约 | irreducible |
| 伊辛模型 | Ising model |
| $k$-次幂图 | $k$-th power graph |
| 拉斯维加斯算法 | Las Vegas algorithm |
| 学习 | learning |
| 线图 | line graph |
| 链接 | link |
| 利普希茨条件 | Lipschitz condition |
| 列表染色 | list coloring |
| 局部随机游走 | local random walk |
| 局部可检测标签 | locally checkable labeling (LCL) |
| 局部谱扩张器 | local-spectral expander |
| 局部到整体 | local-to-global |
| 对数凹分布 | log-concave distribution |
| 洛瓦兹局部引理 | Lovász local lemma (LLL) |
| 标记 | mark |
| 马尔可夫链蒙特卡洛 | Markov chain Monte Carlo (MCMC) |
| 马尔可夫随机场 | Markov random field (MRF) |
| 梅特罗波利斯算法 | Metropolis algorithm |
| 混合时间 | mixing time |
| 节点 | node/vertex |
| 1-骨架 | one-skeleton |
| 公开问题 | open problem |

| | |
|---|---|
| 可选停时定理 | optional stopping theorem |
| 预言机 | oracle |
| 配分函数 | partition function |
| 路径耦合 | path coupling |
| 逾渗 | percolation |
| 精确采样 | perfect sampling |
| 积和式 | permanent |
| 泊松时钟 | Poisson clock |
| 概率图模型 | probabilistic graphical model |
| 投影策略 | projection scheme |
| 递归耦合 | recursive coupling |
| 拒绝采样 | rejection sampling |
| 可逆 | reversible |
| 轮 | round |
| 采样 | sampling |
| 自回避路径 | self-avoiding walk（SAW） |
| 自归约 | self-reducibility |
| 单纯复形 | simplicial complexes |
| 模拟退火 | simulated annealing |
| 柔性约束 | soft constraint |
| 空间混合 | spatial mixing |
| 谱间隙 | spectral gap |
| 谱独立性 | spectral independence |
| 自旋系统 | spin system |
| 平稳分布 | stationary distribution |
| 全变差 | total variation distance |
| 联合界 | union bound |
| 唯一性条件 | uniqueness condition |

# 攻读博士学位期间的科研成果


[1] FENG W M, HE K, YIN Y T. Sampling constraint satisfaction solutions in the local lemma regime [C]//Proceedings of the 53rd ACM Symposium on Theory of Computing (STOC), Virtual Conference. New York: ACM, 2021: 1565-1578.

[2] 凤维明，尹一通，分布式采样理论综述[J/OL]. 软件学报. http://www. jos. org. cn/jos/article/abstract/6372? st=search.

[3] FENG W M, NISHEETHK V, YIN Y T. Dynamic sampling from graphical models [J]. SIAM Journal on Computing, 2021, 50 (2): 350-381.

[4] FENG W M, GUOH, YIN Y T, et al. Rapid mixing from spectral independence beyond the Boolean domain[C]//Proceedings of the 32nd ACM-SIAM Symposium on Discrete Algorithms, Virtual Conference. Philadelphia: SIAM, 2021: 1558-1577.

[5] FENG W M, THOMAS P H, YIN Y T. Distributed Metropolis sampler with optimal parallelism [C]//Proceedings of the 32nd ACM-SIAM Symposium on Discrete Algorithms, Virtual Conference. Philadelphia: SIAM, 2021: 2121-2140.

[6] FENG W M, HE K, SUN X M, et al. Dynamic inference in probabilistic graphical models [C]//Proceedings of the 12th Innovations in Theoretical Computer Science , Virtual Conference. [S.

l. ]: Schloss Dagstuhl-Leibniz-Zentrum für Informatik, 2021: 1-20.

[7] FENG W M, SUN Y X, YIN Y T. What can be sampled locally? [J]. Distributed Computing, 2020, 33: 227-253.

[8] FENG W M, GUOH, YIN Y T, et al. Fast sampling and counting $k$-SAT solutions in the local lemma regime[C]//Proceedings of the 52nd ACM Symposium on Theory of Computing. New York: ACM, 2020: 854-867.

[9] FENG W M, NISHEETH K V, YIN Y T. Dynamic sampling from graphical models[C]//Proceedings of the 51st ACM Symposium on Theory of Computing. New York: ACM, 2019: 1070-1081.

[10] FENG W M, YIN Y T. On local distributed sampling and counting[C]//Proceedings of the 37th ACM Symposium on Principles of Distributed Computing. New York: ACM, 2018: 189-198.

[11] FENG W M, SUN Y X, YIN Y T. What can be sampled locally? [C]//Proceedings of the 36th ACM Symposium on Principles of Distributed Computing. New York: ACM, 2017: 121-130.

# 攻读博士学位期间参与的科研课题

[1] 中华人民共和国科学技术部，国家重点研发计划，项目编号 2018YFB 1003200，“数据科学的若干基础理论”（课题年限 2018 年 5 月~2021 年 4 月），负责相关问题的研究。

[2] 国家自然科学基金，优秀青年基金项目，项目编号 61722207，“理论计算机科学”（课题年限 2018 年 1 月~2020 年 12 月），负责相关问题的研究。

[3] 国家自然科学基金，青年科学基金项目，项目编号 61702255，“多无线网络共存条件下分布式计算原语的算法理论研究”（课题年限 2018 年 1 月~2020 年 12 月），负责相关问题的研究。

[4] 国家自然科学基金，面上项目，项目编号 61672275，“局部采样的算法与复杂性”（课题年限 2017 年 1 月~2020 年 12 月），负责相关问题的研究。